中国国家标准汇编

562

GB 29171～29192

（2012年制定）

中国标准出版社　编

中国标准出版社

北　京

图书在版编目(CIP)数据

中国国家标准汇编:2012年制定.562:
GB 29171～29192/中国标准出版社编.—北京:
中国标准出版社,2013.10
ISBN 978-7-5066-7292-4

Ⅰ.①中… Ⅱ.①中… Ⅲ.①国家标准-
汇编-中国-2012 Ⅳ.①T-652.1

中国版本图书馆CIP数据核字(2013)第183727号

中国标准出版社出版发行
北京市朝阳区和平里西街甲2号(100013)
北京市西城区三里河北街16号(100045)

网址 www.spc.net.cn
总编室:(010)64275323 发行中心:(010)51780235
读者服务部:(010)68523946

中国标准出版社秦皇岛印刷厂印刷
各地新华书店经销

*

开本 880×1230 1/16 印张 38.75 字数 1 188 千字
2013年10月第一版 2013年10月第一次印刷

*

定价 220.00 元

出 版 说 明

1.《中国国家标准汇编》是一部大型综合性国家标准全集。自1983年起，按国家标准顺序号以精装本、平装本两种装帧形式陆续分册汇编出版。它在一定程度上反映了我国建国以来标准化事业发展的基本情况和主要成就，是各级标准化管理机构，工矿企事业单位，农林牧副渔系统，科研、设计、教学等部门必不可少的工具书。

2.《中国国家标准汇编》收入我国每年正式发布的全部国家标准，分为"制定"卷和"修订"卷两种编辑版本。

"制定"卷收入上一年度我国发布的、新制定的国家标准，顺延前年度标准编号分成若干分册，封面和书脊上注明"20××年制定"字样及分册号，分册号一直连续。各分册中的标准是按照标准编号顺序连续排列的，如有标准顺序号缺号的，除特殊情况注明外，暂为空号。

"修订"卷收入上一年度我国发布的、被修订的国家标准，视篇幅分设若干分册，但与"制定"卷分册号无关联，仅在封面和书脊上注明"20××年修订-1，-2，-3，……"字样。"修订"卷各分册中的标准，仍按标准编号顺序排列(但不连续)；如有遗漏的，均在当年最后一分册中补齐。需提请读者注意的是，个别非顺延前年度标准编号的新制定的国家标准没有收入在"制定"卷中，而是收入在"修订"卷中。

读者配套购买《中国国家标准汇编》"制定"卷和"修订"卷则可收齐由我社出版的上一年度我国制定和修订的全部国家标准。

3.由于读者需求的变化，自1996年起，《中国国家标准汇编》仅出版精装本。

4.2012年我国制修订国家标准共2 101项。本分册为"2012年制定"卷第562分册，收入国家标准GB 29171～29192的最新版本。

中国标准出版社

2013年8月

出版说明

目　　录

ICS 75.020
E 12

中华人民共和国国家标准

GB/T 29171—2012

岩石毛管压力曲线的测定

Rock capillary pressure measurement

2012-12-31 发布　　2013-07-01 实施

中华人民共和国国家质量监督检验检疫总局
中国国家标准化管理委员会　发布

前言

本标准按照GB/T 1.1—2009给出的规则起草。

本标准由全国石油天然气标准化技术委员会SAC/TC 355归口。

本标准起草单位：提高石油采收率国家重点实验室（中国石油勘探开发研究院）。

本标准主要起草人：张祖波、罗蔓莉、戴志坚、吕伟峰、洪颖。

岩石毛管压力曲线的测定

1 范围

本标准规定了测定岩石毛管压力曲线、计量仪器的技术指标、测定步骤与要求以及计算方法。

本标准适用于胶结岩样的压汞法、离心机法和半渗透隔板法毛管压力曲线的测定，其他类型岩心可参照执行。

2 规范性引用文件

下列文件对于本文件的应用是必不可少的。凡是注日期的引用文件，仅注日期的版本适用于本文件。凡是不注日期的引用文件，其最新版本（包括所有的修改单）适用于本文件。

SY/T 5336 岩心分析方法

3 压汞法

3.1 原理

汞对绝大多数岩石都是非润湿相，如果对汞施加的压力大于或等于孔隙喉道的毛管压力，汞就克服毛管阻力进入孔隙。根据进汞的孔隙体积分数和对应压力，就能得到毛管压力与岩样含汞饱和度的关系曲线，称之为压汞法毛管压力曲线。

由于汞的表面张力和润湿接触角比较稳定，常用注入型的压汞仪测得的毛管压力曲线换算孔隙大小及分布。假设孔隙系统是由粗细不同的圆柱形毛管束构成，则毛管压力与孔径间的关系如式（1）所示。

$$p_c = \frac{2\sigma\cos\theta}{r_c} \qquad \cdots\cdots(1)$$

式中：

p_c——毛管压力（绝对压力）的数值，单位为兆帕（MPa）；

σ——表面张力的数值，单位为牛每米（N/m）；

θ——润湿接触角的数值，单位为度（°）；

r_c——毛管半径的数值，单位为微米（μm）。

在实验室条件下，$\sigma=0.48$ N/m，$\theta=140°$，则得出式（2）：

$$p_c = \frac{0.735}{r_c} \qquad \cdots\cdots(2)$$

根据式（2）可以将毛管压力曲线换算为孔喉大小及分布曲线。

3.2 测量仪器的技术指标

3.2.1 最高工作压力不低于 8 MPa。

3.2.2 仪器体积分辨率不低于 0.01 mL。

3.2.3 内外压平衡下的压汞仪，空白试验体积变化的数据稳定，其平行试验的最大变化值小于平均值的 20％。

3.2.4 压汞仪真空度不低于133.4 Pa。

3.3 测定步骤及要求

3.3.1 样品

3.3.1.1 样品的选择应具有代表性，其孔隙体积不大于压汞仪最大进汞体积的90%。

3.3.1.2 测试前样品应经过除油。

3.3.1.3 岩样烘干按照SY/T 5336的规定执行。

3.3.1.4 样品应预先测得孔隙体积、孔隙度、岩样密度、空气渗透率。

3.3.2 汞的处理

3.3.2.1 使用前，应将汞清洗干净，保证汞液中无机械杂质和氧化膜。

3.3.2.2 对于按3.3.2.1处理后未能净化的汞，宜用酒精、丙酮、高锰酸钾进行清洗。

3.3.3 测定步骤

按照仪器的操作规程操作。

3.3.4 测定压力点的数目及分布

测定压力点的数目和分布应使毛管压力曲线光滑，拐点处应有控制点。

3.3.5 测定点的平衡时间

由计算机控制的压汞仪，所设定的平衡时间不应少于30 s（做标准样品例外）；人工控制的压汞仪，在进、退汞高峰点及其附近点，平衡时间不应少于60 s。对于渗透率小于1 mD的岩样，平衡时间应适当加长。

3.4 测定结果

3.4.1 计算

3.4.1.1 岩样孔隙体积的计算

3.4.1.1.1 当已知岩样质量、视密度和孔隙度时，则孔隙体积按式(3)计算：

$$V_p = \frac{m\phi}{\rho} \qquad \cdots\cdots(3)$$

式中：

V_p——孔隙体积的数值，单位为立方厘米（cm^3）；

m——岩样质量的数值，单位为克（g）；

ϕ——孔隙度的数值，以小数表示；

ρ——岩样的视密度的数值，单位为克每立方厘米（g/cm^3）。

3.4.1.1.2 当已知岩样总体积和颗粒体积时，则孔隙体积按式(4)计算：

$$V_p = V_b - V_g \qquad \cdots\cdots(4)$$

式中：

V_b——岩样的总体积的数值，单位为立方厘米（cm^3）；

V_g——岩样的颗粒体积的数值，单位为立方厘米（cm^3）。

3.4.1.2 汞饱和度的计算

汞饱和度按式(5)、式(6)计算：

$$\Delta S_{Hg}=\frac{(V_{i+1}-V_i)-(V_{k_{i+1}}-V_{k_i})\alpha}{V_p}\times 100 \quad \cdots\cdots(5)$$

$$S_{Hg}=\sum \Delta S_{Hg} \quad \cdots\cdots(6)$$

若$(V_{i+1}-V_i)\leqslant(V_{k_{i+1}}-V_{k_i})$，则令$\Delta S_{Hg}=0$。

式中：

ΔS_{Hg}——汞饱和度增量的数值，%；

V_{i+1}——压力p_{i+1}时进汞量的数值，单位为毫升(mL)；

V_i——压力p_i时进汞量的数值，单位为毫升(mL)；

$V_{k_{i+1}}$——压力为p_{i+1}时，空白试验体积测量值的数值，单位为毫升(mL)；

V_{k_i}——压力为p_i时，空白试验体积测量值的数值，单位为毫升(mL)；

α——仪器的体积常数，即压汞仪单位测量值所代表的体积变化；

S_{Hg}——累积汞饱和度的数值，%。

3.4.2 毛管压力曲线

以毛管压力的对数为纵坐标，累计汞饱和度为横坐标，在半对数坐标图上绘制毛管压力与汞饱和度的关系曲线。饱和度从右到左由0到100%。

3.4.3 孔喉分布直方图

以孔喉半径r为纵坐标，以对应的孔喉分布频率为横坐标作直方图。

3.4.4 毛管压力曲线上的特征参数

3.4.4.1 排驱压力(p_{cd})

排驱压力也称阈压，它是非润湿相开始连续进入岩样最大喉道时所对应的毛管压力。在半对数坐标中沿着毛管压力曲线平坦部分的第一个拐点做切线，切线延长与纵坐标轴相交的压力点即为排驱压力。

3.4.4.2 饱和度中值压力(p_{c50})

饱和度中值压力指进汞饱和度为50%时所对应的毛管压力。

3.4.4.3 中值半径(r_{50})

与饱和度中值压力相对应的喉道半径即为饱和度中值喉道半径，简称中值半径。

3.4.4.4 最大进汞饱和度(S_{max})

最大进汞饱和度是指最高试验压力时的汞饱和度值。

3.4.4.5 残余汞饱和度(S_{Hgr})

残余汞饱和度是指做退汞试验时，当压力由最高试验压力退到起始压力或当地大气压时在岩样中残留的汞饱和度。

3.4.4.6 退汞效率(W_e)

退汞效率W_e是指退汞试验时退汞体积与进汞体积比值的百分数，按式(7)计算。

$$W_e=\frac{S_{max}-S_{Hgr}}{S_{max}}\times 100 \quad \cdots\cdots(7)$$

式中：

W_e ——退汞效率的数值，%；

S_{max} ——最大进汞饱和度的数值，%；

S_{Hgr} ——残余汞饱和度的数值，%。

3.4.5 麻皮效应的校正

3.4.5.1 在做压汞试验的最初进汞阶段中，进汞量的增加是由于非润湿相汞在岩样粗糙表面的坑凹处的贴合而引起的虚假侵入体积。随着压力的逐渐增大，坑凹被汞占满，此时汞还并没有真正进入孔喉系统，压力也没有达到排驱压力。但在仪器进汞量中，如把这一部分的空腔体积累计到总孔喉系统的进汞量中，会造成进汞饱和度数值偏大，这一现象称为麻皮效应。麻皮效应所产生的附加饱和度应当进行校正。

3.4.5.2 麻皮效应的确定方法是首先确定排驱压力，过排驱压力点，作 X 轴的平行线，该平行线与毛管压力曲线相交点所对应的汞饱和度即为麻皮效应值。

3.4.5.3 在总进汞饱和度中减去麻皮效应值。

3.4.6 Auto Pore 系列压汞仪测定毛管压力曲线方法

Auto Pore 系列压汞仪测定毛管压力曲线方法参见附录 A。

4 离心机法

4.1 原理

将饱和润湿(非润湿)相流体的岩样，装入充满非润湿(润湿)相流体的离心机样盒中，使其在一系列选定的角速度下旋转(见图 1)、由于岩样内外流体密度不同、使得两种流体所受的离心力不同，借助两相流体的离心压力差，克服岩样的毛管压力，使非润湿(润湿)相流体进入岩样，排驱出其中的润湿(非润湿)相流体。离心机的转速越高，则两相流体的离心压力差越大，因而随着离心机转速的增大孔隙中润湿(非润湿)相流体不断被排驱出来。测量一系列稳定转速下润湿(非润湿)相流体的累积排出体积，即可获得岩样的离心法毛管压力曲线。

本方法适用于孔隙度大于或等于 10%、空气渗透率大于 5 mD 的岩样，其他岩心可参照执行。

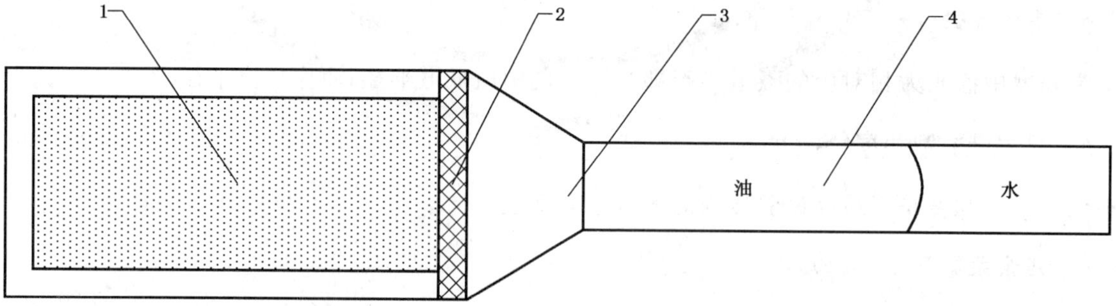

说明：

1——岩样；

2——多孔挡板；

3——岩样盒；

4——计量管。

图 1 离心法工作原理示意图

4.2 测量仪器的技术指标

4.2.1 测量仪器应是岩心分析专用高速离心机，岩样盒和工作转盘示意图见图 2 和图 3。

4.2.2 转速小于或等于 1 500 r/min 时的转速波动范围不超过±5%，转速大于 1 500 r/min 时的转速波动范围不超过±2%。

4.2.3 计量管的分辨率不低于 0.2 mL。

4.2.4 对计量管应用称重法每年进行一次标定，即标出读数刻度屏上单位刻度代表的实际流体体积，算出岩样盒系数。

4.2.5 应注意控制离心机转速，尽可能测得接近于排驱压力的转速，但应注意避开离心机转速共振区。

4.2.6 离心机试验温度变化应控制在±2 ℃。

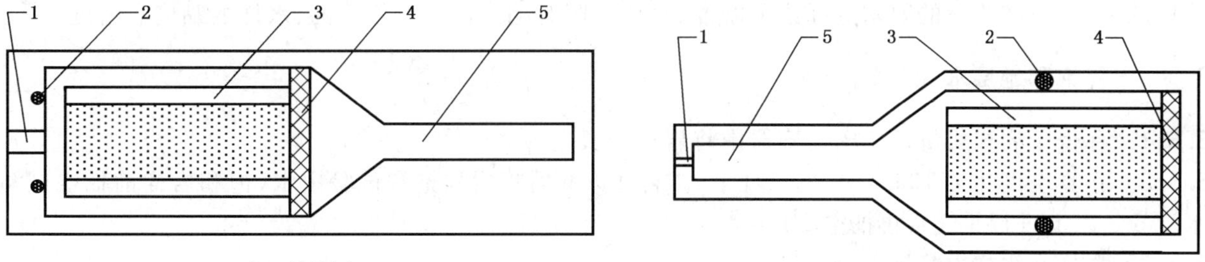

a） 油驱水　　b） 水驱油

说明：

1——排气孔；

2——密封圈；

3——衬套；

4——多孔挡板；

5——计量管。

图 2 岩样盒结构示意图

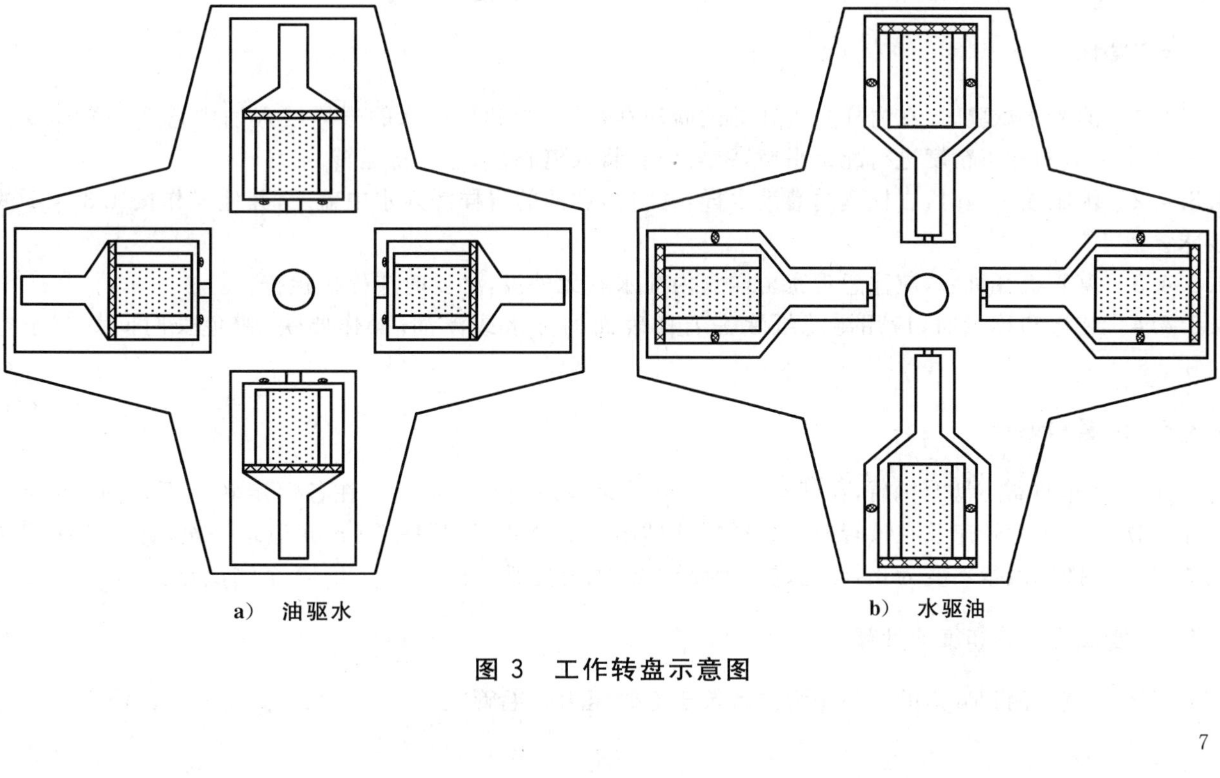

a） 油驱水　　b） 水驱油

图 3 工作转盘示意图

4.3 测定步骤及要求

4.3.1 岩样的准备

4.3.1.1 钻取直径大于或等于 2.500 cm,长度大于或等于 2.500 cm 的柱状岩样。

4.3.1.2 岩样清洗干净、烘干至质量恒定,并测量其几何尺寸、孔隙度和空气渗透率。

4.3.2 油、水样的配制

选用白油或用白土脱附后的中性煤油作试验油样,水样可按地层水分析资料人工配制。若无地层水资料时,可用标准盐水代替,其配方为:

$$NaCl : CaCl_2 : MgCl_2 \cdot 6H_2O = 7 : 0.6 : 0.4$$

特殊情况,可按用户的要求选择或配制油、水样。同时测定试验温度下油、水样的黏度和密度。

4.3.3 岩样饱和地层水

4.3.3.1 称得干岩样质量后于密封容器中将岩样抽真空。

4.3.3.2 在真空度达到 133.4 Pa 的条件下,维持 1.5 h 后将岩样饱和试验用水(饱和岩样前抽空试验用水 0.5 h 以上进行脱气),再抽空 1 h。

4.3.3.3 岩样在水样中静置至少 8 h。

4.3.3.4 取出湿岩样,用润湿的滤纸吸去岩样表面水分后称其质量,按式(8)计算出岩样饱和地层水体积。

$$V_{wi} = \frac{m_2 - m_1}{\rho_w} \qquad \cdots\cdots (8)$$

式中:

V_{wi}——岩样饱和地层水体积的数值,单位为立方厘米(cm^3);

m_2——湿岩样质量的数值,单位为克(g);

m_1——干岩样质量的数值,单位为克(g);

ρ_w——饱和地层水的密度的数值,单位为克每立方厘米(g/cm^3)。

4.3.4 装样

4.3.4.1 油驱水试验时,在岩样盒内灌满试验油样,并将饱和地层水的岩样浸入油中盖严。岩样盒按照所使用仪器的配重精度进行配重平衡,将岩样盒装入离心盘,上机待运转。

4.3.4.2 水驱油试验时,岩样盒内灌满水样,并将饱和油的岩样浸入水中盖严,其他操作按 4.3.4.1 的要求。

4.3.4.3 离心机开机后,应注意观察岩样盒内油水有无外溢,必要时应停机检查。

4.3.4.4 装样和称量时,应用湿滤纸除去岩样表面的浮水或浮油;操作要快,避免长时间暴露于空气中。

4.3.5 测量和记录

装有岩样的离心盘上机后,在试验温度下由低速逐渐向高速运转。在各恒定转速下,先每 20 min 记录一次离心机的转速及在该转速下岩样累计排出液的体积,以后每 10 min 记录一次,直至两次记录的岩样累计排出液量不变为止,即完成一个测试点,测得完整的曲线不少于 10 个测试点。

4.4 毛管压力和饱和度的计算

不同转速下两相流体的离心压力差就等于毛管压力。毛管压力按式(9)计算:

$$p_{ci}=1.097\times10^{-9}\Delta\rho L\left(R_e-\frac{L}{2}\right)n^2 \qquad (9)$$

式中：

p_{ci} ——岩样驱替毛管压力的数值，单位为兆帕（MPa）；

$\Delta\rho$ ——两相流体密度差的数值，单位为克每立方厘米（g/cm^3）；

L ——岩样长度的数值，单位为厘米（cm）；

R_e ——岩样的外旋转半径的数值，单位为厘米（cm）；

n ——离心机转速的数值，单位为转每分钟（r/min）。

相应的岩样内平均剩余含水饱和度按式（10）计算：

$$\overline{S_w}=\frac{V_{wi}-V_w}{V_{wi}}\times100 \qquad (10)$$

式中：

$\overline{S_w}$ ——平均剩余含水饱和度的数值，%；

V_{wi} ——岩样饱和地层水体积的数值，单位为立方厘米（cm^3）；

V_w ——在某离心机转速下，岩样累积排出的地层水体积的数值，单位为立方厘米（cm^3）。

5 半渗透隔板法

5.1 原理

在小于突破压力下，只有润湿相能通过半渗透隔板，将岩心放在隔板上，利用抽真空或加压方法在岩样两端建立驱替压差，把润湿相液体从孔隙中驱替出来所需的压力就等于这些孔隙的毛管压力。驱替过程中毛管压力平衡时可以得到岩样中相应的润湿相饱和度，用一系列毛管压力和润湿相饱和度值做图就可得到隔板法毛管压力曲线。

5.2 测量仪器的技术指标

5.2.1 常温常压毛管压力仪

5.2.1.1 常温常压毛管压力仪示意图见图4。

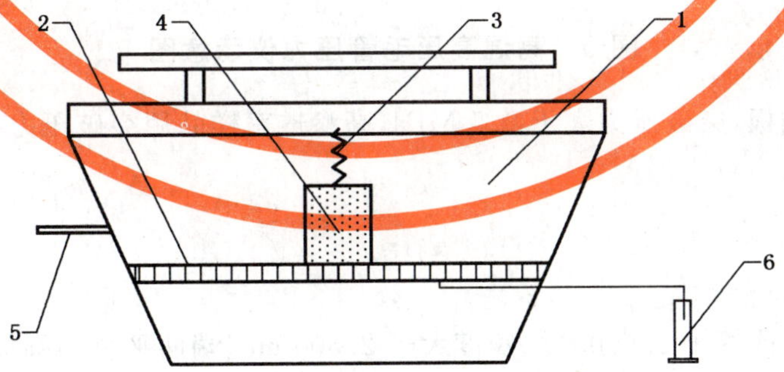

说明：

1——加压容器；

2——半渗透隔板；

3——弹簧；

4——岩样；

5——加湿气进口；

6——出口计量管。

图4 常温常压毛管压力仪示意图

5.2.1.2 加压容器耐压不低于 5 MPa。

5.2.1.3 亲水半渗透隔板，按突破压力可分 0.3 MPa 和 1.5 MPa 两种，最小过水压力为 0.005 MPa。高渗透率样品用突破压力小的隔板，否则反之。

5.2.2 高温高压毛管压力仪

5.2.2.1 高温高压毛管压力仪示意图见图 5。

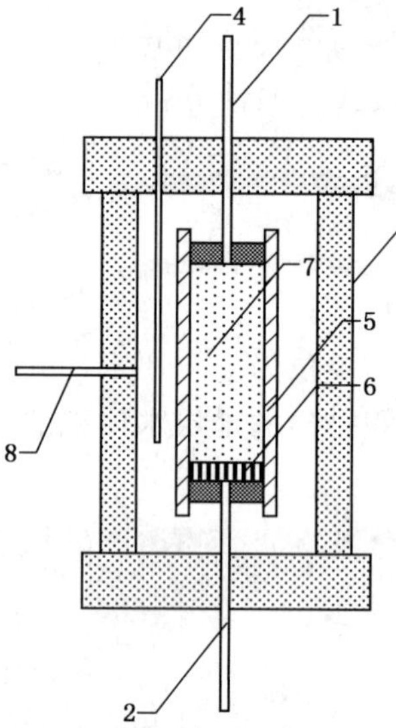

说明：

1——非润湿相流体入口；

2——润湿相出口；

3——岩心夹持器；

4——温度传感器；

5——胶套；

6——水湿隔板；

7——岩心；

8——围压入口。

图 5 高温高压毛管压力仪示意图

5.2.2.2 亲水半渗透隔板，突破压力大于 0.5 MPa，高渗透率样品用突破压力小的隔板，否则反之。

5.3 测定要求

5.3.1 岩样

5.3.1.1 选取直径大于或等于 2.500 cm、长度大于 2.500 cm、端面平整的圆柱岩样。

5.3.1.2 岩样清洗干净、烘干至质量恒定，并测量其几何尺寸、孔隙度和空气渗透率。

5.3.2 隔板

5.3.2.1 常温常压毛管压力仪的隔板，经抽真空及饱和蒸馏水后长期浸泡在蒸馏水中待用(15 天更换一次蒸馏水)。

5.3.2.2 测定前隔板需要试压，将隔板放在加压容器内，隔板上面加一薄层水以淹没隔板为准。逐渐加压(加湿氮气)到隔板的突破压力，以隔板出口不出气为合格。

5.3.2.3 高温高压毛管压力仪的隔板，经抽真空及饱和试验用水后浸泡在试验用水中待用。

5.3.3 测定温度

测定过程中,室内温度变化不超过±2 ℃。恒温箱控制温度允差为±1 ℃。

5.3.4 测定用油、水样的配制

测定用油、水样的配制应符合4.3.2的规定。

5.3.5 测定的平衡时间

5.3.5.1 常温常压毛管压力仪每个测定压力点平衡时间应不少于72 h。

5.3.5.2 高温高压毛管压力仪每12 h记录一次计量泵中水的增量。当连续两次读数差值小于孔隙体积的0.5%时,认为该压力点平衡。

5.3.6 岩样饱和地层水

岩样饱和地层水应符合4.3.3的规定。

5.4 常温常压毛管压力测定步骤

5.4.1 装样

半渗透隔板上放一层吸过水的滤纸(或用硅藻土),将饱和地层水的岩样放在滤纸上,岩样上端加一弹簧和一重块,使之与隔板充分接触,然后密封岩心室。装样及岩样称量时,采用湿滤纸除去岩样表面浮水,操作要快,避免岩样长时期暴露于空气中,将岩样放在称量瓶内称量。

5.4.2 建立压差

岩样装入半渗透隔板仪后,用加湿氮气按测定点的压力逐级由低压升到高压。测定点的压力分别为:0.007 MPa、0.014 MPa、0.028 MPa、0.055 MPa、0.103 MPa、0.241 MPa、1.241 MPa。

5.4.3 测定记录

在各恒定压力下,毛管压力达到平衡后,将样品从密封岩心室中取出装入称量瓶中,记录压力值及对应岩样的质量(或记录由岩样流出的液体体积),测得一条完整的毛管压力曲线不应少于7个测试点。

5.4.4 计算

5.4.4.1 饱和度的计算

含水饱和度采用式(11)计算:

$$S_w = \frac{m_i - m_1}{\rho_w V_p} \times 100 \qquad \cdots\cdots(11)$$

式中:

S_w——岩心含水饱和度的数值,%;

m_i——每个毛管压力平衡点岩样的质量的数值,单位为克(g);

m_1——干岩样质量的数值,单位为克(g);

ρ_w——地层水的密度的数值,单位为克每立方厘米(g/cm^3);

V_p——岩样的孔隙体积的数值,单位为立方厘米(cm^3)。

5.4.4.2 颗粒损失校正

岩样在试验过程中会有颗粒损失,造成饱和度值偏低,采用下列方法校正。完成试验后,烘干样品后称量，试验前、后干岩样的质量之差即为颗粒损失，然后均匀分布在各个试验点上即可。

5.5 高温高压毛管压力测定步骤

5.5.1 装样

将饱和地层水的岩样和隔板一起装入胶套中放入岩心夹持器，加围压，上下端充满试验流体后，加上试验时的围压和孔隙压力。

5.5.2 加温

打开烘箱电源，将温度设定为试验温度，开始加温直至围压内的温度传感器达到试验温度。

5.5.3 建立压差

用恒压泵或其他恒压装置在岩心两端建立试验压差，用油驱替岩心中的水，达到平衡条件后再进行下一个压力点的测量，压力逐级由低压升到高压，净围压保持不变。

5.5.4 测定记录

在各恒定压力下，毛管压力达到平衡后，记录压力值及被驱出的液体体积。测得一条完整的毛管压力曲线不应少于 7 个测试点。

5.5.5 其他

上述试验步骤同样适用于气驱水、气驱油和水驱油毛管压力曲线的测定。

6 数据修约

6.1 岩样长度值修约到 3 位小数，单位为 cm。
6.2 岩样直径值修约到 3 位小数，单位为 cm。
6.3 岩样面积值修约到 3 位小数，单位为 cm^2。
6.4 岩样体积值修约到 3 位小数，单位为 cm^3。
6.5 压力值修约到 3 位小数，单位为 MPa。
6.6 密度值修约到 4 位小数，单位为 g/cm^3。
6.7 质量值修约到 2 位小数，单位为 g。
6.8 退汞效率以百分数表示修约到 1 位小数。
6.9 岩样孔隙度值以百分数表示修约到 1 位小数。
6.10 岩样空气渗透率值修约成 3 位有效位数，单位为 mD。
6.11 饱和度值以百分数表示修约到 1 位小数。

7 报告内容及格式

7.1 报告内容应包括：

a） 岩心数量及其基本情况；
a） 试验所用油、气、水的性质；
b） 试验所用仪器和试验方法；
c） 数据表格和图；

d） 其他需要说明的内容。

7.2 压汞法岩石毛管压力曲线测定结果报告格式参见附录B。

7.3 离心机法岩石毛管压力曲线测定结果报告格式参见附录C。

7.4 常温常压隔板法毛管压力曲线测定结果报告格式参见附录D。

7.5 高温高压隔板法毛管压力曲线测定结果报告格式参见附录E。

附　录　A
（资料性附录）
Auto Pore系列压汞仪测定毛管压力曲线方法

A.1　样品要求

样品可用块状及碎粒，块状样品的最大几何尺寸不大于2.500 cm。

A.2　膨胀计选择

膨胀计分适用于块状和碎粒状样品的两种，膨胀计的选择应使最大压力下的注入汞体积占膨胀计最大可注入体积的75%，最好选在50%左右。

A.3　样品数据的计算

A.3.1　膨胀计毛管体积(Stem Vol)是指膨胀计测量毛细管的整个体积。

A.3.2　最大注汞体积是指样品的最大注汞量，可按式(A.1)计算：

$$V_{max}=V_p S_{Hgmax} \quad \cdots\cdots(A.1)$$

式中：

V_{max} ——最大注汞体积的数值，单位为立方厘米(cm^3)；

V_p ——孔隙体积的数值，单位为立方厘米(cm^3)；

S_{Hgmax}——最大进汞饱和度的数值，以小数表示。

A.4　注意事项

A.4.1　Auto Pore系列压汞仪，应采用自动模式操作，当采用手工操作时，应注意压汞电机的功率，不应在全功率的35%以上降压，以免损坏电机。

A.4.2　当用自编程序处理数据时，应按仪器《操作手册》中所列公式进行空白校正。

A.4.3　传感器的位置补偿，当低压(或高压)系统处在大气压下而所显示的压力读数与大气压相差0.000 7 MPa以上时，则应触发“Yes”键。

附　录　B
（资料性附录）
压汞法岩石毛管压力曲线测定结果报告格式

压汞法岩石毛管压力曲线测定报告的格式见表 B.1 及图 B.1。

表 B.1　压汞法岩石毛管压力测定数据表

油田	取样深度/m			
井号	孔隙度/%		岩样总体积/cm^3	
样号	渗透率/mD		饱和度中值压力/MPa	
层位	排驱压力/mPa		测定日期	

毛管压力/MPa	喉道半径/μm	累积进汞百分数/%	
		进汞过程	退汞过程

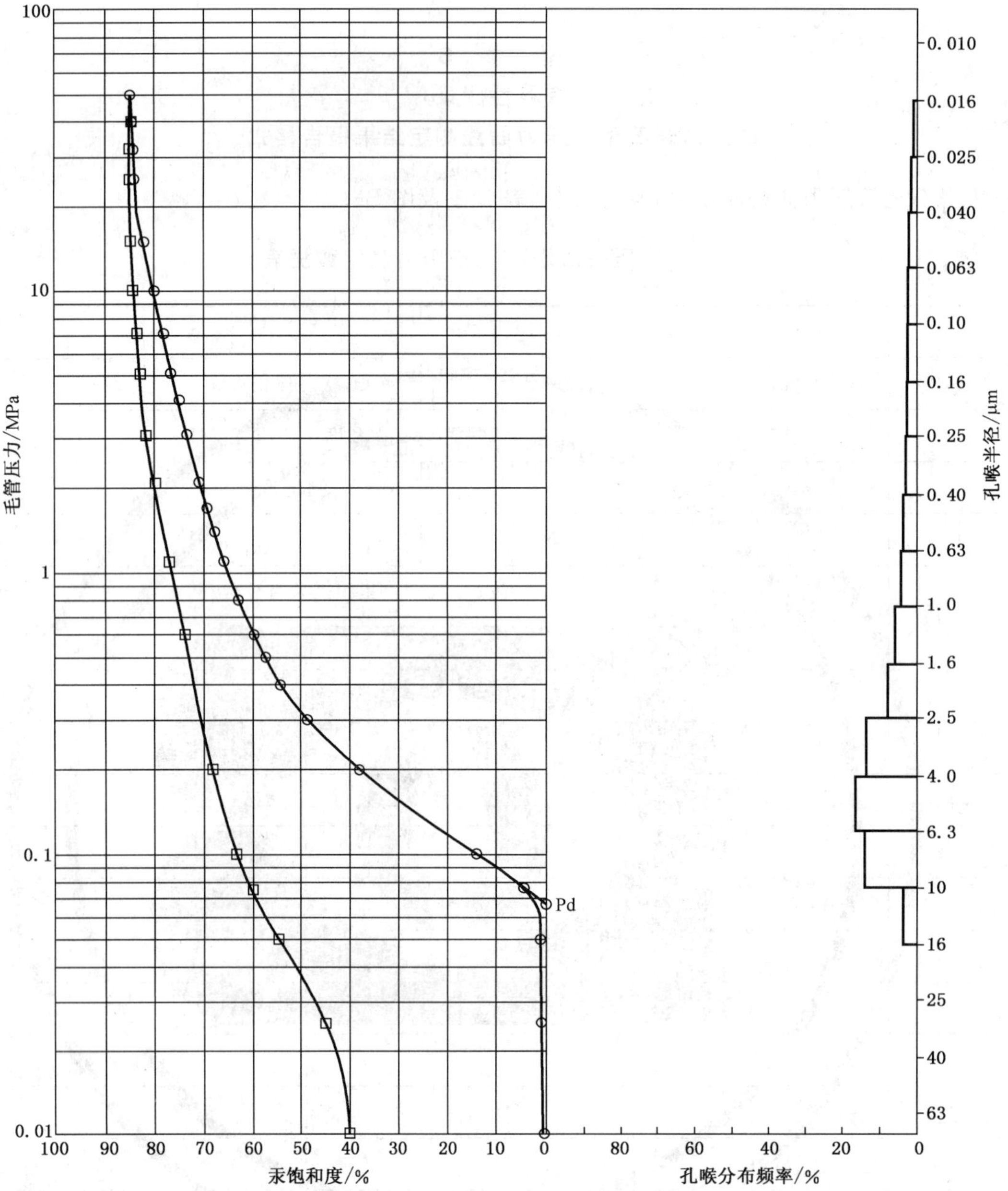

图 B.1 压汞法毛管压力曲线图

附　录　C
(资料性附录)
离心机法岩石毛管压力曲线测定结果报告格式

离心机法岩石毛管压力曲线测定报告的格式见表 C.1 及图 C.1。

表 C.1　离心机法岩石毛管压力测定数据表

<table>
<tr><td>油田</td><td colspan="2"></td><td>取样深度/m</td><td></td><td colspan="2"></td><td></td></tr>
<tr><td>井号</td><td colspan="2"></td><td>孔隙度/%</td><td></td><td colspan="2">束缚水饱和度/%</td><td></td></tr>
<tr><td>样号</td><td colspan="2"></td><td>渗透率/mD</td><td></td><td colspan="2">残余油饱和度/%</td><td></td></tr>
<tr><td>层位</td><td colspan="2"></td><td>排驱压力/MPa</td><td></td><td colspan="2">测定日期</td><td></td></tr>
<tr><td colspan="4">油驱水过程</td><td colspan="4">水驱油过程</td></tr>
<tr><td colspan="2">毛管压力/kPa</td><td colspan="2">含水饱和度/%</td><td colspan="2">毛管压力/kPa</td><td colspan="2">含水饱和度/%</td></tr>
<tr><td colspan="2"></td><td colspan="2"></td><td colspan="2"></td><td colspan="2"></td></tr>
<tr><td colspan="2"></td><td colspan="2"></td><td colspan="2"></td><td colspan="2"></td></tr>
<tr><td colspan="2"></td><td colspan="2"></td><td colspan="2"></td><td colspan="2"></td></tr>
<tr><td colspan="2"></td><td colspan="2"></td><td colspan="2"></td><td colspan="2"></td></tr>
<tr><td colspan="2"></td><td colspan="2"></td><td colspan="2"></td><td colspan="2"></td></tr>
<tr><td colspan="2"></td><td colspan="2"></td><td colspan="2"></td><td colspan="2"></td></tr>
<tr><td colspan="2"></td><td colspan="2"></td><td colspan="2"></td><td colspan="2"></td></tr>
<tr><td colspan="2"></td><td colspan="2"></td><td colspan="2"></td><td colspan="2"></td></tr>
<tr><td colspan="2"></td><td colspan="2"></td><td colspan="2"></td><td colspan="2"></td></tr>
<tr><td colspan="2"></td><td colspan="2"></td><td colspan="2"></td><td colspan="2"></td></tr>
<tr><td colspan="2"></td><td colspan="2"></td><td colspan="2"></td><td colspan="2"></td></tr>
<tr><td colspan="2"></td><td colspan="2"></td><td colspan="2"></td><td colspan="2"></td></tr>
<tr><td colspan="2"></td><td colspan="2"></td><td colspan="2"></td><td colspan="2"></td></tr>
<tr><td colspan="2"></td><td colspan="2"></td><td colspan="2"></td><td colspan="2"></td></tr>
<tr><td colspan="2"></td><td colspan="2"></td><td colspan="2"></td><td colspan="2"></td></tr>
<tr><td colspan="2"></td><td colspan="2"></td><td colspan="2"></td><td colspan="2"></td></tr>
<tr><td colspan="2"></td><td colspan="2"></td><td colspan="2"></td><td colspan="2"></td></tr>
<tr><td colspan="2"></td><td colspan="2"></td><td colspan="2"></td><td colspan="2"></td></tr>
<tr><td colspan="2"></td><td colspan="2"></td><td colspan="2"></td><td colspan="2"></td></tr>
<tr><td colspan="2"></td><td colspan="2"></td><td colspan="2"></td><td colspan="2"></td></tr>
<tr><td colspan="2"></td><td colspan="2"></td><td colspan="2"></td><td colspan="2"></td></tr>
<tr><td colspan="2"></td><td colspan="2"></td><td colspan="2"></td><td colspan="2"></td></tr>
<tr><td colspan="2"></td><td colspan="2"></td><td colspan="2"></td><td colspan="2"></td></tr>
<tr><td colspan="2"></td><td colspan="2"></td><td colspan="2"></td><td colspan="2"></td></tr>
</table>

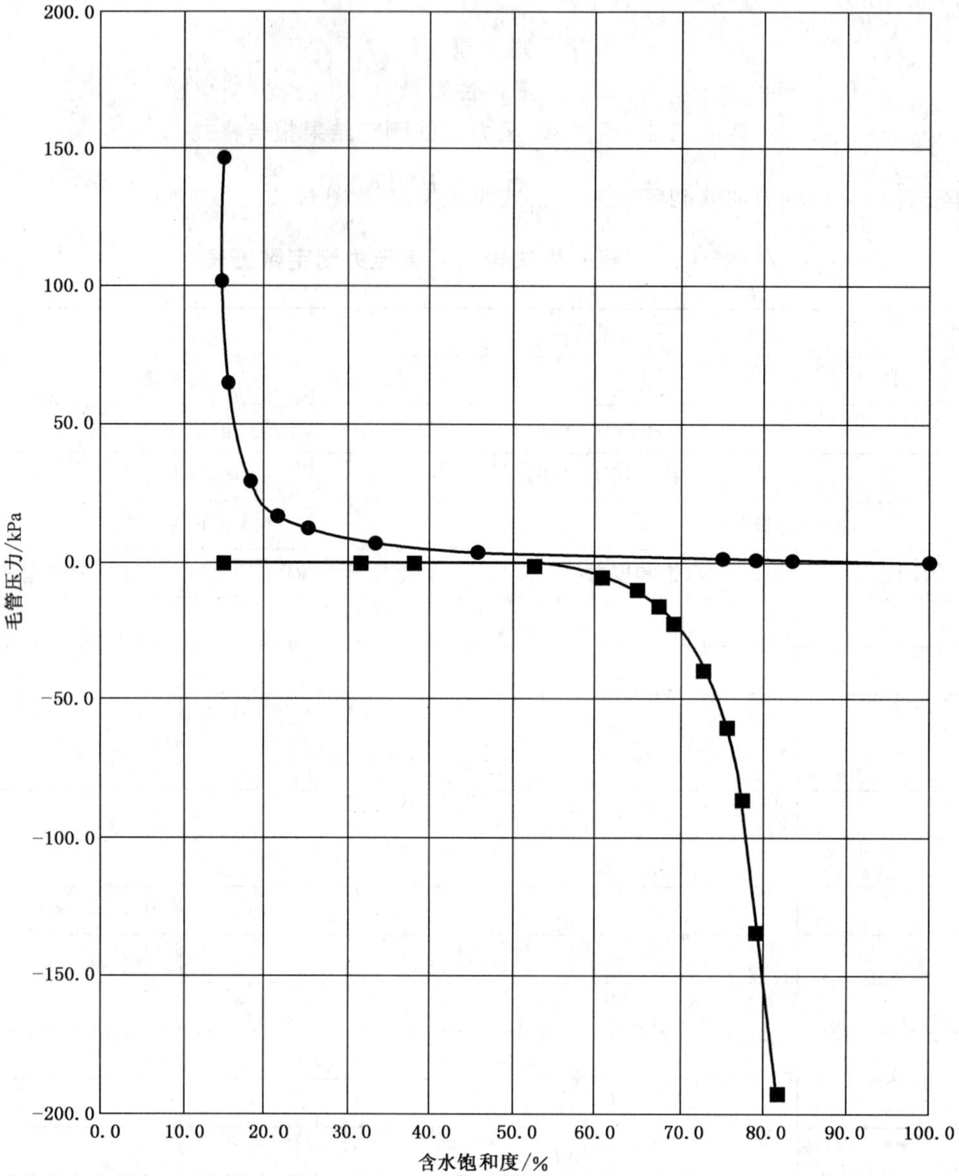

图 C.1 离心机法油水毛管压力曲线图

附　录　D
（资料性附录）
常温常压隔板法毛管压力曲线测定结果报告格式

常温常压隔板法毛管压力曲线测定结果报告见表 D.1 及图 D.1。

表 D.1　隔板法气-水毛管压力数据表

隔板法气-水毛管压力数据表						
油田：			层位：			
井号：			测试日期：			
岩心号	深度/ m	空气渗透率/ mD	孔隙度/ %	水饱和度/ %	毛管压力/ MPa	备注
103	1 756.20	8 900	33.0	100.00	0.000	
				33.48	0.007	
				15.31	0.014	
				12.65	0.028	
				11.80	0.055	
				11.26	0.103	
				11.20	0.241	
				10.28	1.241	
117B	1 759.83	5 723	35.0	100.00	0.000	
				48.22	0.007	
				23.28	0.014	
				18.59	0.028	
				15.93	0.055	
				14.90	0.103	
				14.77	0.241	
				13.94	1.241	

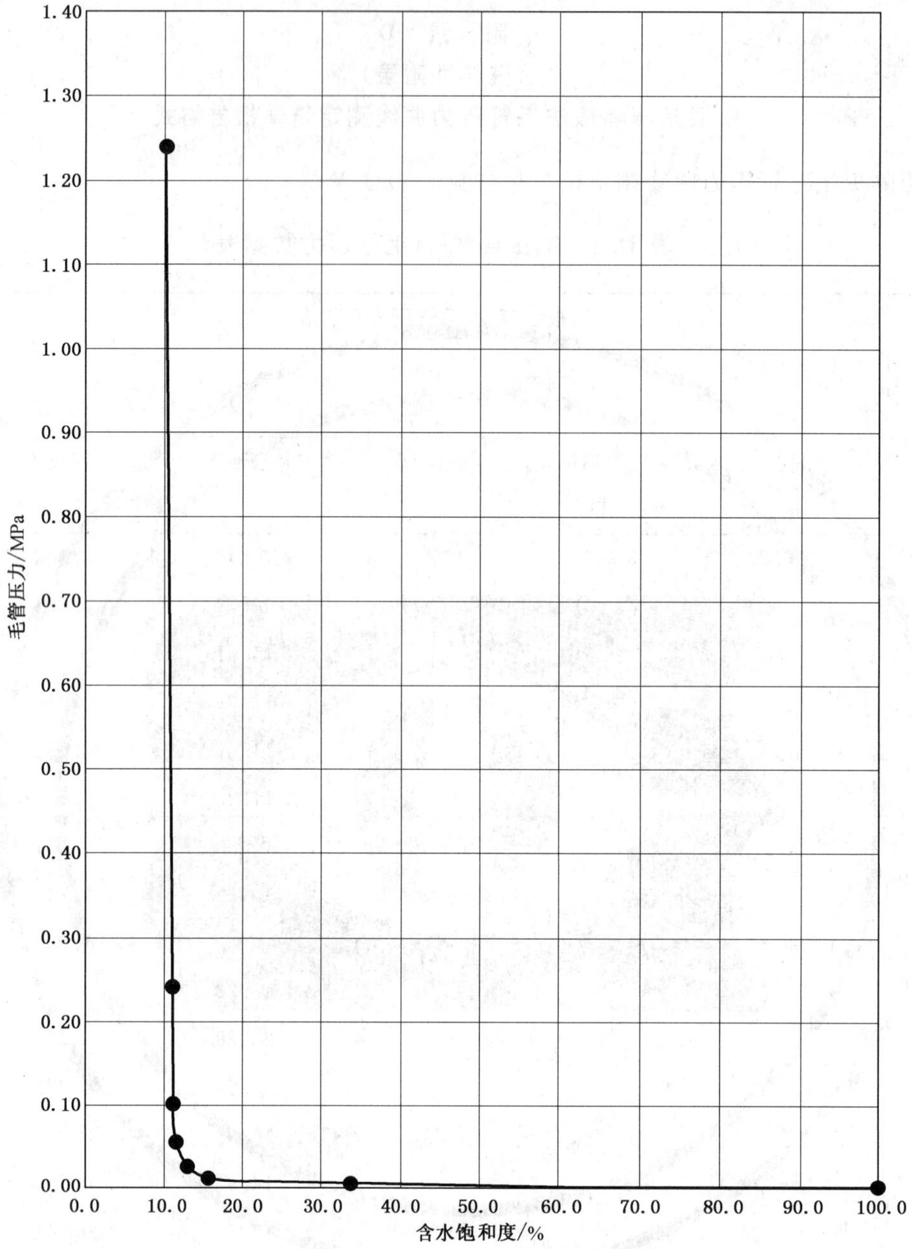

图 D.1　气-水毛管压力与饱和度关系曲线图

附 录 E
（资料性附录）
高温高压隔板法毛管压力曲线测定结果报告格式

高温高压隔板法毛管压力曲线测定结果报告见表 E.1 及图 E.1。

表 E.1 隔板法油水毛管压力数据表

隔板法油水毛管压力数据表						
油田：				有效围压：	20.0	MPa
井号：				孔隙压力：	3.45	MPa
层位：				测试温度：	70.0	℃
岩心号	深度/m	空气渗透率/mD	孔隙度/%	水饱和度/%	毛管压力/MPa	备注
m2		90.1	16.9	100.00	0.000	
				92.38	0.007	
				69.42	0.014	
				40.79	0.028	
				32.49	0.060	
				29.24	0.109	
				27.80	0.248	
				24.19	0.491	
				23.10	1.041	

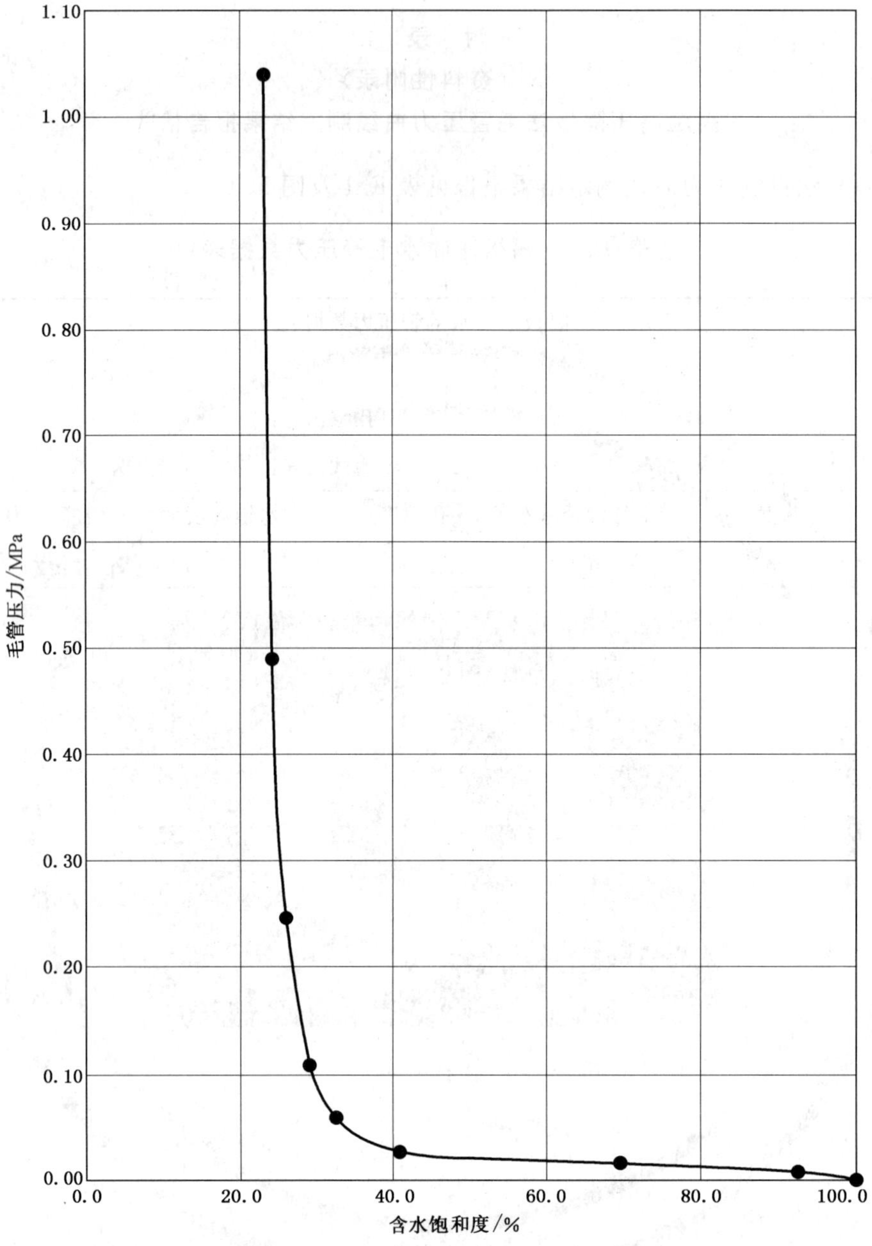

图 E.1 油水毛管压力与饱和度关系曲线

ICS 75.020
E 12

中华人民共和国国家标准

GB/T 29172—2012

岩心分析方法

Practices for core analysis

2012-12-31 发布　　　　2013-07-01 实施

中华人民共和国国家质量监督检验检疫总局
中国国家标准化管理委员会　发布

前　言

本标准使用重新起草法修改采用 API RP 40:1998《岩心分析推荐作法》(英文版)。

为便于使用,本标准做了下列编辑性修改:

——将标准名称改为:《岩心分析方法》。

——删除了 API RP 40:1998 的封面、前言、引言和政策性声明,删除了美国石油学会的环境、健康、安全使命及其指导原则。

——编写了本标准的前言。

——增加了本标准的范围,做为第 1 章,第 2 章与 API RP 40:1998 中的第 1 章对应,第 3 章与 API RP 40:1998 中的第 2 章对应,依次类推。

——“本出版物”一词改为“本标准”。

——将 API RP 40:1998 第 2、3、4、5、6、7 章中参考文献的脚注集中列于本标准的参考文献。

——将 API RP 40:1998 第 6 章中参考用表 6-7、表 6-8、表 6-9 放到附录 A 中。

——对英制的数据按国际单位进行了转换,并在括号内标注了原英制单位。

——删除了 API RP 40:1998 目次中图、表的编排,删除了每章中的目次。

——删除了 API RP 40:1998 表 8-9 岩性描述的标准缩写(按术语的字母顺序)和表 8-10 岩性描述的标准缩写(按缩写的字母顺序)。

——按照 GB/T 20000.2—2009 的规定作了如下修改:

1) 改写了 API RP 40:1998 中层次编号,例如将“第×章”改写为“×”;

2) 改写了 API RP 40:1998 中表、图、公式的编号,使用带圆括号的阿拉伯数字从 1 开始编号;

3) 为避免各章、条中的列项编号与章的编号相冲突,列项编号改为后带半圆括号的阿拉伯数字序号或进一步地采用后带半圆括号的小写拉丁字母序号。

——改正了 API RP 40:1998 中出现的编辑性错误:

1) API RP 40:1998 的 2.4.5 中 −40 ℉(−40 ℃)更改为 −4.44 ℃(−40 ℉);

2) API RP 40:1998 的 3.3.6 中 $\frac{3+\sqrt{\text{记数率}}}{\text{背景记数率}}>1$ 更改为 $\frac{3\sqrt{\text{记数率}}}{\text{背景记数率}}>1$;

3) API RP 40:1998 的 4.2.1.3 中 6.4 cm(1/4in)更改为 6.4 mm(1/4in);图 4-2(现图 3)中的标注“● 油的相对密度 34°API”应改为“○ 油的相对密度 34°API”;

4) API RP 40:1998 的 4.3.7.3 f 中 240 ℉(117 ℃)更改为 116 ℃(240 ℉);

5) API RP 40:1998 的 4.6.2 e 中 2.33 mm 应改为 2.38 mm;

6) API RP 40:1998 的 4.8.5 中 $\triangle_{wWCORR}$ 更改为 V_{wcorr};

7) API RP 40:1998 的 5.3.2.1.1.1 中公式(14) $\frac{P_1V_1}{z_1T_1}=\frac{P_1V_1}{z_2T_2}$ 更改为 $\frac{P_1V_1}{z_1T_1}=\frac{P_2V_2}{z_2T_2}$;

8) API RP 40:1998 的 7.5.1.5.2 中公式 a. $n-C_{15}+(\%)=[(>n-C_{15}\text{面积})/A_t]\times100$ 更改为 a) $n-C_{15^+}(\%)=[(>n-C_{15}\text{面积})/A_t]\times100$;

9) API RP 40:1998 的 7.7.3.1.3 中公式 $V_b=[(W/D_g)/1-\phi]]$ 更改为 $V_b=[(m/D_g)/(1-\phi)]$;

10） API RP 40:1998 的 7.3.1.3 表 7-2 中第二列第十一行＜30 改为≤30 见表 24。

本标准由全国石油天然气标准化技术委员会(SAC/TC 355)归口。

本标准起草单位:中国石化股份胜利油田分公司地质科学研究院、中国石油勘探开发研究院。

本标准主要起草人:曲岩涛、戴志坚、李桂梅、王胜、贾丽华、张泉、周静、崔红彦、张祖波、张莉莉、薛清太、吕思洲、李兴。

岩心分析方法

1 范围

本标准规定了岩心的钻取、处理、保存及岩心分析的准备、测试方法、技术要求及编写报告的格式。

本标准适用于在油气藏勘探、开发过程中，对钻井取心及井壁取心岩样的测试分析，其他岩心的分析亦应参照执行。

2 设计取心程序

2.1 概述

本章内容阐述取心程序设计、决策制定及影响因素的复杂性。

2.1.1 原理

取心程序的设计同很多工程项目一样，是以投资回报为前提的。以试井、测井、以往的岩心、岩屑或井壁取心等资料为基础设计的。

取心设计首先要确定取心目的。这项工作应由从事油层物理、油藏、地质、钻井和采油的技术人员来完成。其中的每项预算最终都应以较低的单位成本产出更多的油气产量为目的。取心设计需要多方面多因素的权衡，包括考虑预算、地理位置以及时间的制约。井眼大小、井斜角度、温度、压力以及岩石类型对取心工具的选择等。

做好设计和沟通是成功取心的关键。

2.1.2 目的

取心的目的就是获取油藏资料，从而利用这些资料更好的提高油气采收率。具体包括：地质、油层物理和油藏工程等方面的内容。

地质方面有岩石类型、沉积环境、孔隙类型、矿物成分、地球化学、岩石裂缝走向和地质图。

油层物理方面有储层渗透率资料（渗透率与孔隙度关系）、相对渗透率、毛管压力数据、精确测井计算资料（电性资料、颗粒密度、岩心伽马测井、矿物成分和阳离子交换能力等）和提高采收率研究。

油藏工程方面有储量估算（孔隙度、流体饱和度）和钻井完井研究资料（流体与储层配伍性研究、砾石充填所需的颗粒大小和岩石力学等资料）。

2.1.3 取心液

2.1.3.1 取心液的选择应考虑以下四点：

a) 安全性；

b) 取心的主要目的；

c) 环境因素；

d) 费用。

2.1.3.2 优先考虑安全因素。取心液或钻井液的选择取决于取心目的。钻井液应既能保持预测的地层压力，又能够起到清洁、润滑以及保持井眼稳定的作用。取心液应具有较低的静态相对滤失量和很低的动态瞬时失水率，以减小滤液对岩心的冲洗程度。

2.1.3.3 考虑环境因素所带来的资金预算。这就意味着要使用价格较高的钻井液,或使用额外的钻井液处理设备来满足环境保护的需求,以确保环境安全。

2.1.3.4 费用也是需要考虑的重要因素。在确定钻井液价格的同时,需要统计整个岩心分析所需的费用,并且估算岩心分析带来的收益。节省钻井液成本可能会增加岩心分析的费用,影响岩心分析的准确性。

2.1.3.5 具体选择哪种钻井液取心最好是很难直接确定的。水基、油基、泡沫以及空气/喷雾钻井液都曾成功的应用于取心,因此建议最好按照上述标准来分析钻井和岩心分析程序,选择合适的钻井液。

2.2 取心设备

2.2.1 概述

对取心设备进行了综述,包括选择特殊取心工具的指导原则。有关特殊取心的详细内容以及对取心工作的具体规定,应由相关部门告知。

2.2.2 原理

取心设备是为了把岩心从地下取到地面,以便进行地质和工程研究而设计的。取心工具在取心过程中发挥了重要作用,目前已经研制出了既能保持储层流体原始状态又能保持井底压力的专用取心设备。

2.2.3 设备

取心系统由连接在钻杆上的外筒和悬挂在外筒内旋转头总成上的内筒组成。取心钻头与岩心外筒的底部相连,岩心爪与岩心内筒的底部相连。钻井液由泵沿着钻柱、通过旋转头总成和内外筒之间的环形空间向下到取心钻头。

2.3 常规取心系统

2.3.1 常规岩心筒

常规取心工具的取心外径为44.5 mm~133.4 mm(1.75 in~5.25 in)。对于短半径的水平井,取心的长度可为0.46 m(1.5 ft),对于均质、胶结的厚层,取心的长度可以超过121.9 m(400 ft)。井眼大小、井斜角、岩石强度以及岩性决定一次起、下钻所取的岩心长度和直径。特殊取心系统的最终选择取决于储层、地理位置以及取心的目的。表1汇总了常规取心的一些常用选项。

表1 常规取心系统

内筒	岩心长度	特征
低碳钢	9.14 m~36.58 m(30 ft~120 ft)	现有岩心保存系统,高温适用
低碳钢	0.46 m(1.5 ft)	为小半径取心装置设计
高强度钢	36.38 m~121.9 m(120 ft~400 ft)	岩心筒强度,内、外筒稳定性好
玻璃纤维	9.14 m~27.43 m(30 ft~90 ft)	用于胶结储层,也可用于疏松储层。最高适用温度:普通树脂121℃(250 ℉),高温树脂176.7 ℃(350 ℉)
铝	9.14 m~27.43 m(30 ft~90 ft)	现有的岩心保存系统。最高适用温度:176.7 ℃(350 ℉)

表 1（续）

内筒	岩心长度	特征
带有塑料衬管的钢筒	9.14 m(30 ft)	现有的岩心保存系统。最高适用温度：82.2 ℃(180 ℉)，取心直径减少了 12.7 mm(0.5 in)
带有玻璃纤维衬管的钢筒	9.14 m(30 ft)	现有的岩心保存系统。最高温度：121 ℃(250 ℉)，取心直径减少了 12.7 mm(0.5 in)
带有铝制衬管的钢筒	9.14 m(30 ft)	现有的岩心保存系统。最高适用温度：176.7 ℃(350 ℃)，取心直径减少了 12.7 mm(0.5 in)

2.3.2 重型常规岩心筒

目前已经研制出了专门用于坚硬储层取心的重型取心工具，该工具加大了取心长度。重型丝扣可以给钻头施加更大的扭矩，增大取心工具的安全系数。取心工具的取心直径为 133.4 mm(5.25 in)，最适合于钻井时间占取心费用的比例最高情况下使用。当均质储层的取心长度较长或预测扭矩高于正常扭矩载荷时，重型取心工具的优势最明显。

目前的重型取心筒是由海上取心筒演变而来的。已经研制出的重型取心工具比现有的取心设备更牢固，主要用于海上取心。海上取心筒虽然增加了工具的安全系数，但是取心直径仅限 76.2 mm(3 in)。

2.3.3 岩心筒衬筒

在钢制的内岩心筒中使用岩心筒衬筒有两个主要功能：一是在取心过程中增加一个支撑岩心的装置，可改进取心的质量；二是提供一个岩心保存系统。PVC 和 ABS 塑料、玻璃纤维以及铝制衬筒都可以用来作为内岩心筒衬筒。衬筒滑入常规内岩心筒内，依靠岩心爪和摩擦力支撑在合适的位置。衬筒一般为 9.14 m(30 ft)，某些特殊用途的衬筒可以稍短一些。但是由于加工及材料处理的限制，衬筒的最大长度几乎没有超过 9.14 m(30 ft)的。

衬筒最适合疏松或裂缝性储层的取心。利用遥控对坚硬储层取心或者海上定位取心需要对岩心立即封存时，衬筒也能发挥适当的作用。塑料衬筒最高适用温度为 82.2 ℃(180 ℉)；玻璃纤维的衬筒最高适用温度为 121 ℃(250 ℉)；特殊耐高温树脂能在 176.7 ℃(350 ℉)的高温下工作。一般建议在超过 121 ℃(250 ℉)的情况下使用铝制衬筒。衬筒的使用也是有缺点的，能够减小岩心内筒有效直径了 12.7 mm (0.5 in)左右。

2.3.4 一次性岩心内筒

一次性岩心内筒和岩心筒衬筒具有相同的作用，在取心过程中支撑岩心，改进取心质量，同时作为岩心保存系统。但不像岩心筒衬筒那样，减小岩心的外径。一次性岩心内筒由铝、玻璃纤维以及低碳钢制成，具备各种尺寸，适用于多种常规取心系统。另外，玻璃纤维制成的岩心内筒的摩擦系数小，岩心容易进入岩心筒，减少了岩心卡住的现象。

2.3.5 大角度或水平井取心

由转盘或钻具驱动的常规取心筒可用于中等半径〔88.4 m～213.4 m(290 ft～700 ft)〕及长半径井的取心。大多数情况下都不用井下驱动来取心，当使用井下驱动时井斜角度就易发生变化。利用井下驱动装置能够在钻柱不转的情况下进行取心，通常将 9.14 m(30 ft)长的常规岩心筒放置在动力钻具的前面，在最佳取心动力配置下，动力钻具在低转速下能产生很高的扭矩。根据钻进的情况调节岩心筒的长度和岩心直径，通过调整轴承或轴承套可使岩心内筒居中而实现稳定。在马达和岩心筒之间放置一个特制的落球，这样可以使钻井液流出内筒。在取心之前，清理干净钻屑，启动井下取心工具进行取心。

某些情况下，在取心过程中有必要严格控制井斜角度。如果取心时不使用井下动力钻具，井斜角会相对容易控制一些。

2.4 特殊取心系统

2.4.1 概述

特殊取心系统能够满足不同的取心需要。保压和海绵取心筒可以获取更准确的含油饱和度资料，橡胶套筒和全密闭取心系统可以专门用于改进疏松储层的取心质量。而其他的一些特殊取心系统，在工程师和地质师使用时，都能发挥各自的特殊性能。表2中归纳了一些特殊的取心方法。

表2 特殊取心系统

取心系统	最大岩心尺寸	特殊应用
保压取心	95.3 mm×3.05 m(34.5 MPa) [3.75 in×10 ft(5000 psi)] 63.5 mm×6.1 m(69 MPa) [2.5 in×20 ft(10 000 psi)]	保压分析、流体饱和度、气体体积及气体组分分析
海绵衬管取心	88.9 mm×9.1 m(3.5 in×30 ft)	流体饱和度分析
密闭取心	101.6 mm×18.3 m(4.0 in×60 ft)	疏松地层取心
橡胶套筒取心	76.2 mm×6.1 m(3.0 in×20 ft)	疏松地层、裂缝地层以及砾岩地层取心
电缆回收取心	69.9 mm×9.1 m(2.75 in×30 ft)	不用起下钻柱的取心
电缆冲击井壁取心	25.4 mm×44.5 mm(1 in×1.75 in)	钻井、测井后取心
电缆钻井井壁取心	23.9 mm×44.5 mm(0.94 in×1.75 in)	钻井、测井后取心
井壁取心器	63.5 mm×3.05 m(2.5 in×10 ft)	钻井和测井后获得的岩心

2.4.2 保压取心

保压岩心筒能够在保持油藏压力的情况下取心，是公认的获取岩心含油饱和度资料的最好方法，在取心的同时采集油藏气体。因此保压取心特别适用于提高采收率方案的可行性评价及煤田甲烷气含量的估算。

保压岩心筒有两种尺寸：外径 152.4 mm(6 in)和 203.2 mm(8 in)，其取心外径分别为 63.5 mm (2.50 in)和 95.3 mm(3.75 in)。外径为 152.4 mm(6 in)的岩心筒取心直径为 63.5 mm(2.50 in)、取心长度可达 6.1 m(20 ft)，保持的最大压力为 69 MPa(10 000 psi[1)])。外径为 203.2 mm(8 in)的岩心筒取心直径为 95.3 mm(3.75 in)、取心长度达 3.05 m(10 ft)，保持的最大压力为 34.5 MPa(5 000 psi)。建议工作温度最高为 82 ℃(180 ℉)。

保压岩心筒是一种复杂的取心工具，需要技术熟练的现场工作人员来维护和使用保压取心筒。保压取心的操作规程将在 3.2.5 中介绍。

---

1)　1 MPa=145psi，标准中其他相同之处，不再另加说明。

2.4.3 海绵衬管取心系统

海绵衬管取心系统是为提高岩心含油饱和度的测量精度而发展起来的。海绵取心系统不采集油藏气体，只采集岩心提到地面时排出的油。

海绵取心系统的优点是提高了岩心含油饱和度的精度，且操作费用比保压取心低。在温度达到176.7 ℃(350 ℉)时，海绵达到稳定。海绵取心系统每次取心只限于取最大长度为9.14 m(30 ft)、直径为88.9 mm(3.5 in)的岩心。

2.4.4 密闭取心系统

密闭取心系统是为提高疏松地层的收获率而研制的。该系统采用岩心筒衬筒或一次性岩心内筒，同时利用一个特殊的岩心爪系统来获取易出故障的岩石。

密闭取心技术可以将对岩心的伤害降至最低，岩心内筒轻轻地滑过疏松岩心，然后用密封圈把岩心密封在取心筒内。该技术采用一个密闭岩心爪使得岩心能够自由进入岩心内筒，随后密封岩心内筒底部，完成取心。目前密闭取心系统只限于取直径为88.9 mm(3.5 in)或101.6 mm(4 in)的岩心，建议取心长度为9.14 m(30 ft)。在密闭岩心爪开始工作之前，如果上提取心工具离开井底，那么光滑的井眼和外露的岩心爪可能会导致岩心丢失。

2.4.5 橡胶套筒岩心筒

橡胶套筒取心系统最早用于提高疏松砂岩、砾石以及坚硬裂缝地层的取心。橡胶套筒岩心筒的独特之处在于取心过程中，其内筒顶部相对于岩心没有运动，外筒绕着岩心柱向下钻进。在钻进过程中，橡胶套筒逐渐把岩心柱包裹住。橡胶套筒的直径小于岩心直径，紧紧地裹住岩心，使其免受钻井液的冲刷。岩心由橡胶套筒支撑，因而有助于提高疏松地层的收获率。

橡胶套筒岩心筒只有一种规格，即每起下一次岩心筒取得的岩心直径为76.2 mm(3 in)、长度6.1 m (20 ft)。橡胶套筒本身的使用温度不能超过93 ℃(200 ℉)。建议不要在井斜角大于45°的井中使用该取心工具。另外，为了使设备复位，取心操作每隔0.61 m(2 ft)应停下来一次，但是在对裂缝地层取心时这种做法可能会导致岩心堵塞。当采用固定式钻探装置时，橡胶套筒取心系统的工作性能最好，该取心系统也适用于只发生微小移动的浮动钻探装置。

2.4.6 电缆回收取心筒

电缆回收取心工具的操作与常规取心系统基本相同，不同之处在于岩心内筒是由电缆提升到地面的。该取心工具利用泵把一个新的岩心内筒沿着钻柱下放到合适位置取另外一筒岩心，省去每取一次岩心都要把全部钻柱起下一次的做法，因而加速了取心进度。

与常规取心工具相比，电缆回收取心工具一般体积小、重量轻。这是远距离运输或用直升飞机运输时的优点。然而，由于整个内筒通过钻柱，取心直径的大小受到了限制。另外，为了防止把油气抽入井眼，在内筒提出时，应小心操作。

2.5 电缆井壁取心

2.5.1 概述

电缆井壁取心系统用于井眼完钻和测井后、下套管之前的取心。根据伽马射线测井或自然电位测井资料来确定取心工具的下放位置。这种取心提供地层小块岩样，适合于进行地质和工程研究。

2.5.2 冲击井壁取心

大多数电缆井壁取心都是通过冲击井壁取心系统进行的。冲击井壁取心工具把空心的、可回收的圆柱子弹射进裸眼井壁。电缆上的工具枪被下放到预定深度后，由地面控制的电脉冲点火发射，射出的子弹通过电缆仍然与工具枪相连，移动工具枪可将含有岩样的子弹从井壁上拉回。下井一次，可以取直径为25.4 mm(1 in)、长度为44.5 mm(1.75 in)的岩心66块。对于疏松以及中等硬度的地层设计有不同的子弹。最好在同一位置上使用子弹类型不同的岩心筒，直到取心收获率满意为止。

冲击井壁取心的优点是取心速度快，成本低以及在裸眼测井后能够在所希望的位置取心。缺点是子弹经常改变地层性质、击碎坚硬岩石或压实松软地层，导致井壁岩心分析资料的价值大大降低。在异常坚硬或破碎岩石、以及高渗透疏松砂岩，冲击井壁取心的收获率可能会很低。

2.5.3 钻井井壁取心

旋转或钻井井壁取心工具是为了改善因冲击作用造成电缆井壁岩样破碎而建立起来的。旋转井壁取心工具利用一个金刚石钻头来钻取每块样品，适宜于坚硬和松散岩石。钻具上附加的杠杆伸出从井壁采集样品，然后钻具和样品缩回工具包，样品存储在工具包内，取心工具移到一个新的位置再取样品。每次最多能取30块直径为23.9 mm(15/16 in)，长度为44.5 mm(1.75 in)的样品。

旋转井壁取心系统的优点在于可取到坚硬岩石的样品，适合做定量岩心分析。缺点是就钻井时间的费用而言，比冲击井壁取心高的多；同时对于疏松地层，取心收获率偏低。

2.5.4 井壁取心系统

目前出现了一些新型的井壁取心系统，基于两点原因在这里进行讨论。首先，与现有的井壁取心系统相比，这些取心方法可以在完钻测井后进行大量的、连续井壁取心；其次，这些新的取心工具的出现说明对于改进取心质量、降低取心费用仍然存在很大的空间。

第一套系统与常规岩心筒相似，这套系统的取心直径为63.5 mm(2.5 in)、取心长度达3.05 m(10 ft)。取心工具与常规钻柱连接在一起下到预定位置，利用固定把手将岩心筒推向井眼一侧，取心装置的操作与常规岩心筒一样。第二套系统利用一个可移动的造斜器引导常规岩心筒进入地层。两套系统都可在测井后获取高质量的岩样。

2.6 定向取心

定向岩心用于确定裂缝、应力场以及渗透率的方向。勘探、开发和钻井作业都利用这些资料进行裂缝油藏勘探、设计注水开发以及水平井的设计。

一般采用一个配有特殊划痕器的常规岩心筒，与一个记录初始划痕与磁场北极之间的相对位置的装置来进行定向取心。实验室中通过岩心与裸眼成像测井和古地磁方法的对比来定向岩心。表3列出了一些常用的岩心定向方法 。

表3 岩心定向方法

方　法	地点	注释
多点测斜	井	应停钻获取记录
电子测量	井	记录时间与方位的关系
古地磁法	实验室	连续记录每一间隔的方向
测井对比	实验室	需要岩心与井眼的可对比特征

2.7 取心钻头

2.7.1 概述

取心钻头是取心系统的基本组成部分。选择钻头、切削齿类型可根据钻头生产厂家提供的资料及在预计的取心情况下的水力学特征来确定。最终还应在取心目的的指导下结合钻头在现场的应用情况来选择钻头。

待钻岩石的硬度(压缩强度)、磨蚀度及岩性变化是影响切削齿选择的重要因素。当钻遇较硬地层时,一般建议使用抗冲击力强的小型切削齿钻头。

为疏松地层或中等硬度地层的设计的低侵入、唇面排水孔钻头,也可以用于坚硬地层或磨蚀性岩石,但是钻头的寿命可能会缩短。

表 4 是各种钻头资料的一览表。有关取心钻头的一些特殊细节和使用建议可由相关的钻头服务公司告之。

2.7.2 天然金刚石钻头

当地层异常坚硬(高压缩强度),对其他类型的钻头造成严重磨损时,可以使用天然金刚石取心钻头。大粒天然金刚石可以镶嵌在硬质合金表面,细粒金刚石可以侵入载体中形成潜铸式金刚石钻头。潜铸式金刚石钻头适用于超硬地层。

表 4 通用的取心钻头指南

岩石性质	岩石类型	取心钻头
超硬、磨蚀性岩石	石英、火成岩	天然金刚石
坚硬、磨蚀性岩石	砂岩、页岩、粉砂岩	表面镶有天然金刚石或 TSP 切削齿
坚硬、非磨蚀性岩石	石灰岩、白云岩、硬石膏	TSP 切削齿
有耐磨夹层的中等至坚硬岩石	砂岩、石灰岩、页岩	TSP 或表面镶有天然金刚石的切削齿
软至中等强度岩石	砂岩、白垩岩、页岩	PDC 切削齿,低流体侵入设计
无黏性层的软岩石	盐、硬石膏、页岩	PDC 或牙轮切削齿
软、黏性岩石	黏性土	PDC 切削齿,唇面排水孔

2.7.3 聚晶金刚石复合片钻头——PDC

聚晶金刚石复合片切削齿由人造金刚石制成,是由喷涂在硬质合金上微米级的一层金刚石砂粒烧结在一起而成的。聚晶金刚石层的厚度只有 0.51 mm～1.52 mm(0.020 in～0.060 in)。聚晶金刚石复合片钻头(PDC)可有效地用于松软到中等硬度地层的取心。这种钻头依靠剪切作用快速钻穿地层。由于聚晶金刚石复合片钻头(PDC)切削齿的几何形状所限,聚晶金刚石复合片钻头(PDC)很容易受到冲击伤害,因此不适于异常坚硬地层、裂缝发育地层或燧石地层。

2.7.4 热稳定金刚石钻头——TSP

热稳定金刚石产品与聚晶金刚石复合片钻头(PDC)相似,也是一种人造金刚石材料。主要区别是在制造热稳定金刚石钻头(TSP)的过程中对金属催化剂的浸提,使得热稳定金刚石钻头(TSP)的热稳定性较好。对于聚晶金刚石复合片钻头(PDC)来说太硬或磨蚀性太强的地层,适于采用热稳定金刚石钻头(TSP);而对于松软地层,一般不建议使用热稳定金刚石钻头(TSP)。

2.7.5 牙轮钻头

牙轮钻头是由安装在硬质合金齿或表面硬化的锯齿上的 4 个旋转的锥面组成。锥面上的切削齿旋转冲击井底,通过切削作用使地层破碎。由于钻进速度慢(切削——压缩破裂)以及运动部件多,一般不使用这种牙轮钻头。

2.8 钻头的流体排出特征

2.8.1 喉道排出

喉道排出方式使流体百分之百的通过取心筒鞋和钻头内径(喉道),带走钻头内部的岩屑,清洗钻头内部,确保岩心顺利进入岩心筒。

2.8.2 唇面排出

唇面排出的钻头把可能会通过钻头喉道的部分流体分流到钻头端面上,从而清洗钻头端面,减少岩心入筒时流体对岩心的冲刷作用。建议在松软地层和易碎地层使用唇面排出钻头。

2.8.3 低侵入分布

低侵入分布钻头使穿透速度达到最大,且把滤失侵入岩心的钻井液量降到最少。这种钻头设计有端面排液孔,减少了一定数量的切削齿,缩小了内岩心筒与钻头端面间的间隙。建议低侵入分布取心钻头用于松软至中等强度地层。若低侵入分布取心钻头用于较硬地层,可能会降低钻进速度,也可能损坏切削齿。

2.9 岩心爪

取心系统最关键的部分是岩心爪,岩心爪抓住岩心筒内的岩心并将其提升到地面。表 5 列出了岩心爪并给出了最适合的岩石类型。

很多情况下为了保证取心成功,需要利用两个或以上的岩心爪。含有页岩夹层的易碎砂岩需要用滑动的、片状岩心爪;为确保疏松砂岩地层取心成功,需要采用全密闭的岩心爪,也可以与开口环或卡瓦式的岩心爪配合使用以防钻遇坚硬岩石,提高岩心收获率。

表 5 岩心爪

类型	建议用处
开口环、弹簧型	胶结地层
套筒型	未知类型地层
卡瓦式	胶结储层,通常与活瓣型岩心爪或定向刀具共用
止动器或活瓣型	地质情况未知的胶结地层、裂缝地层及疏松地层
筐型	疏松地层,通常与另一种岩心爪联合使用
全密闭型	易碎的疏松地层

3 井场岩心处理方法及保存

3.1 概述

3.1.1 该章内容涉及有害物质和设备的使用与操作，不涉及使用有关的安全问题。用户在使用之前，应建立适当的安全、健康保证措施，确定规则的适用范围。

3.1.2 由于岩心分析的价值受到初次岩心处理的限制，因此应遵循最有效的途径进行井场岩心处理和保存。岩心处理的目的如下：

a) 获得能够代表地层的岩心；

b) 在岩心处理和保存期间，最大程度的减少岩心物性的改变。

岩心处理和保存主要面临以下问题：

a) 选择的保存材料与岩心不产生反应，选择保存岩心的方法要防止流体漏失和污染物吸附；

b) 根据岩石类型、胶结程度及流体类型选择合适的岩心处理和保存方法。

由于岩石的类型不同，要得到具有代表性的岩心数据时，需要增加其他的注意事项(见 3.4)。岩心在提出井口后都应尽快保存，尽可能减少与大气的接触。

3.1.3 岩心保存状态描述

对岩心保存状态的准确描述很重要，根据取心和保存方式的不同可分为：

a) 新鲜岩石是在油基泥浆或水基泥浆条件下新取的且在井场快速保存以防流体蒸发、避免与氧气接触的岩心。

b) 保存岩心与新鲜岩心相似，主要区别在于保存了一段时间，但在保存过程中采用不同方式尽可能避免岩心的蚀变(见 3.5)。

c) 清洗岩心是已经用溶剂清洗过的岩心，在描述中应注明溶剂类型、溶剂清洗顺序和温度等。

d) 复原岩心是将已清洗过的岩心重新放在储层流体中，以恢复储层条件下的原始润湿性的岩心，这是润湿性复原常用的一种方法，但不能保证岩心一定能恢复到储层条件下的润湿性。岩心最终的润湿性受与原油接触的条件，特别是原始含水饱和度、温度、时间影响。

e) 保压取心岩心是为了避免取心过程中流体饱和度的变化，在取心过程中应尽量保持储层压力。

单独用一种不足以描述岩心状态时，需要对钻井泥浆的类型、岩心处理、岩心保存及岩心的后续处理做一全面描述。

3.1.4 岩样选取

为了获得有代表性的地层岩心的分析结果，建议选择完整的岩心样品，保留整个岩心段。由于各种原因(见 3.3.1)，在井场对岩心选样是非常重要的。如果需要在井场选样，在选样过程中要切记，选样过程可能会影响将来的岩心分析工作及分析结果。为了保持岩心的完整性，应尽可能减少井场选样的几率。例如对于进行岩性描述的样品，可以从碎块岩心上选样，这样不破坏整块岩心的完整性。如果从整块岩心上选样，应在取走岩样的位置作一标记，标明取走岩样的长度、岩性及取样原因或其他相关信息。在完整的岩心段取样应采用不剧烈的碰撞方法取样。标准的取样过程应是统一的，这样可以避免人为的偏差。对于均质地层，其样品的选择相对简单；对于岩性变化很大，非均质孔隙型地层(例如砾岩、燧石、溶洞或裂缝性储层、薄层相间的页岩或砂岩等)，选样应特别谨慎，需要经验丰富的人员(如工程师，地质师等)按照建立的选样程序选择岩样，减小统计学偏差。

前面所述的岩心处理和保存过程适用于所有的常规取心岩心，其中很多做法可以用于井壁岩心或岩屑的处理和保存。这些做法被认为是最可靠最具有代表性的岩心分析方法。任何一种推荐做法都与岩心性质有直接关系。岩心处理过程以岩石类型和取心的目的为基础，全面了解岩心保存材料，在设计井场岩心处理以及保存程序之前，需仔细分析每项取心工作以及储层性质。

3.2 岩心处理方法

3.2.1 概述

获得岩心的方法有多种，可以将常规取心、全直径取心、连续取心方法分为两组，即使用标准钢内筒取心方法和利用一次性内筒(或衬筒)的取心方法。其他的取心方法，比如井壁取心和电缆取心方法，利用了特殊的设备来取心。一些特殊的取心过程，包括利用保压取心和海绵取心获得的岩心，其流体分析结果更能代表原始的地层条件。

为了减少钻井液的侵入，用标准内岩心筒取上来的胶结岩心一提到地面就应立即从岩心筒内取出。流体侵入可能会带来的不良影响如下：

a) 流体饱和度、地球化学性质以及溶解气平衡状态的改变；

b) 润湿性的改变；

c) 细小矿物以及隙间黏土的移动；

d) 黏土膨胀以及相关的机械性能的降低。

延误岩心出筒的任一原因都应报告。岩石类型不同则取心方法不同，操作注意事项不同，主要分为两类：

a) 基本处理过程——只需要简单的培训和一般经验，包括：
   1) 获得非常均质胶结岩心的可再用的标准钢制内岩心筒；
   2) 冲击或旋转取心得到的电缆井壁岩心。

b) 特殊处理过程——需要全面的培训及大量的设备，包括：
   1) 一次性内筒以及定向岩心筒。用于裂缝地层或疏松地层取心时，可保持力学稳定(Skopec 等人，1992)；
   2) 保压岩心筒。保持储层压力，当岩心提到地面时，使由于压力降低而产生的流体膨胀及流体排出量降至最低(Sattler 等人，1988)；
   3) 带有海绵衬筒的铝制岩心筒，位于标准钢制内筒内部。用来收集提升过程由于压力降低而排出的流体(Park，1983)。

使用任何内筒、衬筒都会导致取心直径减小。

3.2.2 岩心出筒

在一般情况下总是将岩心内筒置于水平位置，将岩心从中取出。需要注意的是在出筒的过程中应尽量减少机械震动。把岩心筒的一端稍微抬起，岩心就能够从岩心筒中滑出。如果岩心不能滑出，可以用一棍子从岩心筒的一端推一下岩心。也可以用锤子轻轻敲打使岩心运动，但是不要用锤子使劲敲打，以免岩心受到太大的震动。无论采用什么方法，都要力图使岩心承受最小的外来压力。如果上述方法都不能使岩心移动，就需要用流体将岩心推出岩心筒。如果需要这样做，那么就需要一个活塞装置来阻止流体直接与岩心接触及污染岩心。如果需要流体抽，应使用取心液，避免使用清水或其他外来的流体与岩心接触。如果使水通过活塞而接触了岩心，那么会在后来的岩心分析中得到的含水饱和度将会偏高，这是由于过高的筒内压力使得流体渗入岩心造成的。在岩心出筒的过程中所遇到的任何故障、产生的任何反常现象，例如用液体推岩心过程中的压力、岩心丢失等都应记录下来。

3.2.3 岩心标记和记录

如果场地允许，可在钻台上将岩心出筒并装入箱中，岩心标记和记录不应影响钻井或取心操作的进行。如果决定在钻台上处理岩心，那么在岩心筒附近的合适位置放置作有记号的盘子、箱子或者木钵。如果岩心放在钻杆堆放区，那么应预先留出一块两根钻杆长度的清洁区域放置岩心。

放置岩心时要注意岩心的方向及排列顺序。对岩心进行标记和记录，以便将来能够重新组合成完整的岩心段。保存岩心时应防高温、防潮及防脱水，即应避免日光直射、远离高温发动机、避雨、大风以及相对湿度较低的环境等。应将保存岩心的材料和设备置于靠近处理岩心的地点，以便迅速进行岩心处理操作。准确计算和记录岩心收获率，任何超额岩心收获率和缺失岩心收获率都应记录，如果没有特殊现象表明有例外情况出现，就应把超额收获岩心或缺失岩心从每次取心的底部对上，所有的特殊情况都应有记录。下列资料及现象有助于确定造成岩心超额收获或岩心缺失的原因：

a) 钻井参数——钻进时间、扭矩、钻时、泵压等；

b) 岩心情况——连续性、岩心碎块、诱导裂缝等；

c) 井下取心装置状况。

从顶部到底部为岩心标上深度，将超额收获岩心和缺失岩心分配给岩心底部。应在相邻岩心的顶部标出钻井深度。在超出收获率的情况下，会有两块岩心的深度相同，但是这两块岩心具有不同的编号。在测井数据与岩心数据以及取心井与非取心井对比之前，应将取心深度校准到测井深度，利用详细的岩心描述或岩心扫描可实现取心深度的校准。

建议在岩心出筒之前，将所有的岩心筒都放置在钻杆堆放区或钻台上。岩心摆放和标记应遵循如下规则：

a) 岩心底部首先出筒，第一块岩心应放在岩心盘、箱或钵的底部，以后出筒的岩心依次往顶部排列。

b) 注意保持岩心的排列顺序和放置方向，确保每一块岩心都在合适的位置上并且方向没有倒置。对于严重碎裂的岩心应装进厚的塑料袋，并置于合适位置。

c) 把端部不规则的岩心进行合理搭配，然后测量岩心收获率。

d) 不要清洗岩心（见 3.4、4.5 和 4.6）。如果岩心表面有多余的钻井液，可以用饱和了清洁钻井液的棉布来擦拭。

e) 用胶带将两支擦不掉颜色的红黑标记笔绑住，从上到下画平行线（见图 1）。当划线操作者从底部向上面对岩心时，红线应在右侧。为了避免混淆，应用一箭头指向岩心的顶部。

f) 用擦不掉颜色的笔沿横向从岩心顶部开始每隔 0.30 m（1 ft）画一条线，并对每条线标以恰当的深度。

g) 为了得到可靠的岩心分析结果，要求尽量缩短岩心暴露在空气里的时间，在移动、摆放、标记、保存岩心时，速度是十分关键的（见 3.5）。

h) 岩心应保护并且放置在有标号的集装箱内，以便运送到实验室（见 3.5）。建议在井场保护好整个岩心段，包括为实验室选取的岩样。

岩心即使在空气中暴露几分钟，也会造成严重失水及轻烃组分的大量挥发（与大气条件有关）。如果岩心不小心用水洗了，那么岩心应保存的岩心筒里，或者在保存之前保持原样放在那里，并将情况记录下来。

单位为英尺

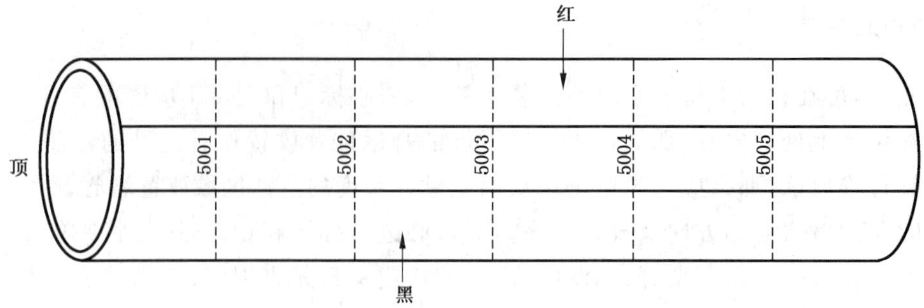

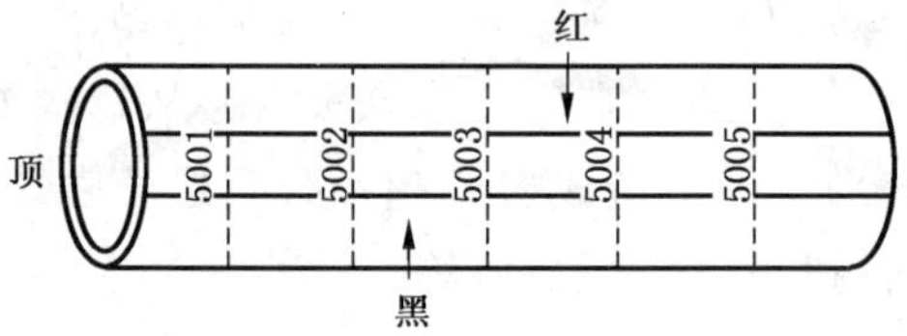

图 1 岩心标记

3.2.4 岩心衬筒和一次性内筒的处理

岩心衬筒与一次性岩心内筒能够提高疏松地层和裂缝地层的取心收获率，由塑料、玻璃纤维或者铝制成的，能够承受各种温度。当在疏松地层取心时，应用衬筒或一次性内筒，以承受循环变化温度。坚硬地层如页岩，最好用玻璃纤维或铝制内筒来取心以防出现卡钻和低收获率。某些取心液的添加剂，如腐蚀铝筒的添加剂能够释放出铝离子，可能会与岩心反应，改变岩心表面性质。

在疏松地层取心时，为了避免对岩石的压实，建议取心长度为 9.1 m(30 ft)或稍短点。若取心长度较长，则由于岩心上部材料的重压，使岩心底部产生过度压实而损坏岩心。岩心损坏后，其分析价值就受到限制。裂缝地层的取心长度也应短一些，这样可以避免卡钻。

应平滑无阻地将岩心筒提升到地面。在距地面 152.4 m(500 ft)时，应缓慢提升岩心筒，这样可将因压力降低太快引起的气体膨胀降到最小，避免对疏松岩心造成严重损坏。如果预计气体膨胀可能会带来损坏时，可以用便于气体漏出的带孔衬筒或带孔一次性内筒来取心。如果用带孔衬筒或带孔一次性内筒来保存岩心，那么应将所有的孔密封。也可以把整个带孔岩心筒段放到塑料带里以阻止流体的流失。

所有装满岩心的衬筒都可以放在钻台坡道上，用滑轮系统固定到钻台坡道的一端。岩心筒不要与井架碰撞，要轻轻的下放到钻台坡道上。装满岩心的内岩心筒连接处，特别是玻璃纤维或塑料制的，应用一块夹板支撑。当岩心筒吊在井架上时，夹板应附着在内筒上，按以下方式处理：

a) 夹住岩心筒以防岩心筒旋转和移动，取下岩心爪放到衬筒或一次性内筒长度的适当位置。岩心爪部件通常会影响定量岩心分析。

b) 可以用钻台坡道的加长部分将充满岩心的衬筒从内筒中整体取出，在取的过程中不能弯曲。按以下方式处理：

   1) 如果要取出整个衬筒，或处理整个一次性内筒，应确定筒内岩心的顶部位置，并在该位置切断衬筒。将岩心标明方向(红线在右，黑线在左)、深度及其他的信息(见 3.2.3)。从岩心顶部开始，每隔 0.30 m(1 ft)做一深度标记；

1) 原 API RP 40:1998 中的单位为英尺，为使用方便，保留图中原 API 的深度单位，1 ft=0.304 8 m。

2) （首选方法）如果没有地方来移动整个岩心内筒，应给内筒足够的支撑以防弯曲，每次拉出稍长于 0.91 m(3 ft)的衬筒，每隔 0.91 m(3 ft)做一个深度标记并切断岩心，且按照切断的顺序编号。当整段岩心都标完了深度时，就到达了岩心的顶部。

c) 用气动或电动圆锯把衬筒和岩心切断，每段长为 0.91 m(3 ft)。应用固定的圆锯来切割玻璃纤维衬筒和铝制衬筒，要注意避免岩心产生震动与转动，使用夹子夹岩心筒时要小心操作以免损坏岩心。也可以用装在衬筒或内筒上的夹板将 9.1 m(30 ft)长的整个岩心段固定以防弯曲，密封后运送到实验室，在实验室里可把岩心切成任意指定长度的岩样。这么做虽然大大减小了井场岩心处理的工作量，却增大了保存、选样以及运输岩心的难度。

d) 将与岩心不产生任何反应的浇铸材料（如环氧树脂）充满岩心与衬筒间的环型空间，将 0.91 m (3 ft)长的岩心固定。同样，也可以用与岩心不产生任何反应的流体充填环型空间来阻止蒸发。需要注意的是，密封长 0.91 m(3 ft)的岩心时应采用标准封盖。

e) 把 0.91 m(3 ft)长的岩心放到贴有标号的盒子里，垫上衬垫准备运送到实验室。用螺丝刀将木盖固定在木制岩心盒上，以避免用锤子敲打岩心盒导致岩心损坏。

3.2.5 保压取心

保压取心筒是获取原始流体饱和度的最有效的取心工具。当岩心从井底提到地面时，采用常规取心方法会导致压力降低，因此可用保压取心法取代常规取心方法。为了确保在实验室里得到准确的饱和度，应对岩心进行一系列的处理。首先把岩心筒放到一个特殊的岩心处理装置上，在整个系统保持一定压力的同时，用与岩心不发生任何反应的流体将内筒与外筒环型空间的钻井液排出，然后把整个岩心筒放到装满干冰的冷冻箱里（见 3.5.2.2）。

保压取心和后续处理应由受过专门培训的技术人员来操作。

以下对冷冻岩心的处理过程应在专业人员的指导下进行：

a) 从干冰里取出保压取心内筒，置于安全罩内，切出指定长度的岩心；

b) 把切好的岩心段放回干冰里。应注意岩心段的放置方式，确保岩心顶部、底部和位置容易辨认（见 3.2.3）；

c) 抬起岩心的一端，同时放置带标签的岩心帽，用软管夹夹紧（见 3.2.4）；

d) 标签上应注明公司的名称、取心压力、取心地点、取心的深度范围以及所处理岩心的长度；

e) 把处理的岩心段装入有干冰的密闭的岩心盒里。在岩心盒上标明取心次数、取心深度、公司名称、取心地点以及运输的相关信息。如果运输密闭岩心盒的时间超过 24 h，则应准备更多的干冰。

3.2.6 海绵取心

海绵取心装置可以提高储层流体饱和度的测量精度。当岩心从地下提到地面时，由于压力降低而产生的流体膨胀，会产生流体丢失，而海绵取心装置用海绵把岩心包裹起来，排出的流体都被海绵吸收。海绵取心装置由装在标准钢制内筒内的 6 片 1.52 m(5 ft)长的铝衬管组成。海棉取心处理按照 3.2.4 建立的程序进行。在大多数情况下，应用泵将衬管从取心装置中抽出来。铝衬管保存在 PVC 输送管里，输送管内充满了与岩石不发生反应的流体。PVC 输送管用刚性帽和胶皮气体膨胀帽密封端部。为了确定方向，每根海绵衬管都有一个端面被加工成斜面。

海绵取心筒送到实验室后应立即磨开，然后将岩心和海绵里的储层流体萃取出来（见 5.3.4）。

3.2.7 电缆井壁取心

电缆井壁取心可通过多种途径实现。冲击井壁取心利用爆炸使空心子弹射进地层，由于子弹进入地层时产生的作用力，会造成地层压实、压裂及岩石颗粒的重新排列，因此在处理这类岩心时应特别谨慎。

电缆井壁取心也可以利用钻头的旋转钻进实现，虽然这种方法对地层的伤害程度最小，但是并非每种岩石都能用该方法取心。如果岩心在从取心工具中取出时弄碎了，应把碎岩心归拢到一起，且岩心受到的任何损害都应做记录。也可使用其他的井壁取心设备包括压力驱动的取心容器取样。

当使用井壁取心方法时，应将易碎岩样放在带有金属盖子的塑料容器或者玻璃容器里。容器中不要采用易吸收液体的纸或其他材料作为减震材料，受热密封的塑料垫片对于钻井井壁取心来说是一种不错的岩心保存方法。在运送到实验室的过程中，所有的样品都要放稳减震(见 3.5.2.1)，贴好标签(见 3.2.3)。

3.2.8 电缆连续取心

在电缆连续取心过程中，钻柱在井下时，岩心筒就可以提上来，节省了起下钻时间，进而节约了取心费用。电缆连续取心适用于较长的垂直井段的取心，对于某些直井可以从地面一直取到井底。

3.2.8.1 电缆连续取心的深度标定

为了准确的标记电缆连续取心的深度，井场取心人员与钻井人员应进行良好的沟通。在常规取心过程中，钻井人员提供了取心段的上下深度。在标注取心深度时这可能会引起某些混淆，因为常规取心方法把取心段的顶部作为参照点来测量深度。而电缆连续取心是连续的，最好将前一段岩心的底部作为下一块岩心的顶部。通过监测相邻岩心之间的间隙可以减小岩心顶部深度的标注误差。按照电子表格的格式保持正确的计算步骤，可将岩心顶部深度的标注误差降至最低。电子表格记录的内容应包括取心次数、岩心段的顶、底深度、岩心收获率，并注明从哪个位置开始对岩心进行标记的。

除了需要按照下列程序校准深度外，所有的电缆连续取心都应按照 3.2.3 的说明来标注和标记。常规取心的岩心深度标记办法，不适用于电缆连续取心。电缆连续取心时，上一次掉下的岩心，可在下一次取上来。所以目前所取岩心的实际深度可能位于前一个取心段。同时，掉了岩心又取上来了，这就意味着取上来的岩心数多于常规取心。利用给岩心定取心号的程序来标出多余的岩心，防止把多块岩心定为相同深度。如果出现了超额岩心收获率，可以从岩心底部开始记录每块岩心的深度，以钻井人员给定的岩心底部作为记录岩心块的深度的起点，从岩心底部一直标到顶部。如果收获率为 100%或者大于 100%，那么应按照常规方法标记深度，即从岩心顶部开始记录深度。

对于岩心缺失的情况，可以用式(1)来确定缺失的岩心：

$$MC = (CDD - PDD) - (CBL + PC - VOLD) \qquad (1)$$

式中：

MC ——缺失的岩心长度，单位为米(m)；

CDD ——当前的钻井深度，单位为米(m)；

PDD ——前一次的钻井深度，单位为米(m)；

CBL ——岩心筒长度，单位为米(m)；

PC ——突出的岩心长度，单位为米(m)；

VOLD——空岩心筒部分的长度，单位为米(m)。

当出现岩心缺失时，岩心深度应从顶向底标，把缺失的岩心指定为底部的岩心。

3.2.8.2 电缆连续取心深度标定的另一种方法

也可用常规取心确定深度的方法来确定电缆连续取心的深度(见 3.2.3)。常规取心也可能存在收获率不足或者超出100%的现象。此时应从顶部开始，每隔0.30m(1ft) 做一深度标记，一直标到岩心最底部。要解决取心收获率不足或收获率超百的问题，首先将取心深度校准到测井深度。如果从顶部开始，每块岩心的深度标记都准确无误，而且每一块岩心都有唯一的岩心号，也可能出现同一深度有两块岩心的问题，但是这两块岩心能够被取心次数区分开。如果在井场对岩心收获率超百进行调整，则由于多次重新给岩心标号，可能会引起很大的混乱。

3.2.8.3 电缆连续取心岩心的冲洗

对于常规取心，应注意避免岩心受损，不能用不合适的流体来清洗岩心。如果对岩心存在潜在的伤害作用，例如水洗可能会损害岩心，那就应尽量不要用水清洗岩心。

3.2.8.4 电缆连续取心的分析

电缆连续井壁取心岩心的分析内容随操作者的不同而差异很大。电缆连续取心的岩心分析程序与常规取心有很大不同。对于常规取心，岩心送到实验室进行分析后，将分析结果调整到测井深度。而电缆连续取心的很多分析是在现场完成的，且有时岩心不存档。一个现场地质工作者应详细地描述岩性，将取心深度校准为测井深度。地质工作者还应注意烃类显示、孔隙变化及岩相变化情况。有些取心操作人员使用活动实验室来完成复杂的井壁电缆连续取心分析，其中包括岩心伽马射线扫描、紫外线照相、气相色谱以及孔隙度、密度、磁敏感性、矿物学和声学性质等。

3.2.9 定向岩心筒

利用电子多点测斜仪和特殊的岩心划痕设备来完成取心筒的定位。另外，古地磁岩石波形特征也可以用于取心定向。为了保证定向数据与深度成一定的比例关系，应遵循严格的操作程序。当一次性内筒与衬筒共同用于裂缝岩石取心时，更是如此。

3.3 现场取样及分析

3.3.1 概述

一般来说，不建议在井场选样。如果必须在井场选样，那就要尽量缩短岩心暴露在空气里的时间，采用安全、快速的方法有效地完成选样，降低损害程度。整个岩心块要保存在岩心盒里。

在井场进行选样的原因包括：

a) 取一小块作岩心描述或矿物学分析；

b) 岩心基本性质的测定；

c) 完井流体配伍性分析；

d) 润湿性研究；

e) 含油荧光检测；

f) 滞弹性应变恢复测量；

g) 煤炭分析的甲烷吸收研究。

从取心段取走的所有岩心应记录在现场数据表中(见3.3.3)，同时在取走岩心的空位置上，放置硬块以代表岩心。根据测试需求对选取的岩样进行保存、标记和包装，任何与取样相关的数据与岩样一同送到实验室。在适当的控制条件下，可以采用合适的移动实验设备现场进行样品测试。

锤子敲打可能会损坏岩心并影响分析结果。如果可能，选样时应尽量收集自然破裂的或细齿锯切掉的岩心碎片，尽量减小岩样尺寸来完成所需分析。把岩心单独包装，并且采用特殊的方法保存流体饱和度样品(见3.5)。

如果需要在现场详细观察岩心，那么岩样的处理和选样应尽量快，而且只有当观察岩心是十分必要时，才这么做。

3.3.2 岩心运输和后勤保障

运输方式应简便且能避免环境变化、机械震动以及误操作等带来的损坏。选择运输方式需要考虑的重要因素包括：

a) 实验室距井场距离；

b) 海上或陆上地理环境的变化；

c) 岩心的承受能力；

d) 天气情况；

e) 岩心的保存或包装方式；

f) 运费。

任何情况下，都应注意确保岩心在运输过程中能够保持固定。空运时，储存岩心的箱子不能受压，这是岩心保存中需要考虑的因素之一。不要把岩心堆积在一起，否则会造成岩心损坏。应谨慎使用不适于运输易碎物品的商用货车来运输岩心。从安全的角度考虑，用干冰冷冻的岩心，在运输过程中，应像运送化学试剂那样来对待。

在所有的运输方式中，运输清单应和岩心装在一起，清单的复印件邮寄或传真给收样人。运送岩心应遵循运输部门的有关规定。当使用标准岩心盒时，这些岩心盒可以堆积码放，也可用带子捆绑。

对于疏松岩心，为了运输中的存放和保存，在井场应进行冷冻或冷藏保存。如果要进行冷冻，应在运输之前将整个岩心冷冻以避免机械损坏。冷冻的岩心一般都置于隔热容器里，用干冰封存，用设备齐全的冷藏设备来运输。为了保证在运输过程中达到理想的状态，运输工具上应有温度监控设备以及记录装置(见 3.5.2.2)。

3.3.3 数据表

现场工程师或地质师应提供完整的数据表，这些数据表包括取心过程的完整记录，数据表中提供的信息有助于评价岩心分析数据。记录表还需要其他测试来对基本测试做一补充。这种做法将在时间最短、花费最少的条件下，获得最有用的结果。表 6 和表 7 给出了数据表的示例。

有关岩心的资料要尽量多，下面列出了所需要得到的资料：

a) 井别、井号、海拔高度以及卖方名称与合同号、电话、传真、地址等；

b) 钻井液的类型、成分以及测定的数据；

c) 岩心类型及所用设备；

d) 取心层位、取心层的顶部和底部深度；

e) 重要取心信息的标注及取心过程中的其他相关记录，如总取心时间、遇到的问题以及收获率；

f) 地层水的矿化度及产液数据；

g) 岩心保存指导及与空气接触的时间；

h) 分析要求；

i) 取心日志以及钻井记录；

j) 岩心描述；

k) 测井及泥浆测井(如果可能)。

表 6　岩心分析井场数据

<table>
<tr><td>准备人：</td><td>日期：</td><td>岩心编号：</td></tr>
<tr><td>操作人：____</td><td>取心公司____</td><td>岩心分析公司</td></tr>
<tr><td></td><td>联系方式/电话____</td><td>联系方式/电话</td></tr>
<tr><td>井别：____</td><td>油田/储层____</td><td>地址</td></tr>
<tr><td>井号：____</td><td>□垂直井 □斜井 □侧钻井</td><td>____</td></tr>
<tr><td>国家/省/县：____
____</td><td>合法井位/区块____
____</td><td>海拔____地面/平均海平面/钻台
____补心高度____</td></tr>
<tr><td>人员要求____</td><td>电话____传真____</td><td>地址____</td></tr>
<tr><td>发报告至____</td><td>电话____传真____</td><td>地址____</td></tr>
<tr><td>代理人____</td><td>电话____传真____</td><td>地址____</td></tr>
<tr><td>钻井合同____</td><td>电话____传真____</td><td>地址____</td></tr>
<tr><td colspan="3">取心液/钻井液：
类型/成分____ 密度____ g/cm³ 漏斗黏度____ s
失水速度____ cm³/30 min 氯化物含量____ mg/L pH 值____ 示踪剂____</td></tr>
<tr><td colspan="2">岩心类型
□常规____内筒类型：
□海绵____□定向桶
□保压____□其他____
井壁取心：□冲击 或 □机械钻取
设计的取心数量____获得的取心数量____</td><td rowspan="2">地层
____
预计的岩心位置
____
预计的岩心位置
____
预计的岩心位置
井斜____
总的取心收获率____
取心长度____单位____
取心时间____</td><td rowspan="2">深度（钻机）
取心层段____
岩心段收获率____
取心层段____
岩心段收获率____
取心层段____
岩心段收获率____
岩心直径____单位____
钻头类型____
收获率____
起下钻时间____</td></tr>
<tr><td>分析计划
□柱塞样品或□全直径
方法
□流体饱和度____
□孔隙度____
□颗粒密度____
□渗透率____
□地面伽马测井____
□特殊说明____</td><td>运输方式
□运输公司____
□陆运____
□空运____
□其他____
运输工具____
运出日期____</td></tr>
<tr><td colspan="2">岩心保存
暴露时间/气候____
备注____
____
方法
□塑料薄膜/类型____
□冷冻 □干冰或□液氮
□冷藏____℃
□岩心内筒
□岩心包裹和/或□浸入（类型）□树脂处理
□其他
实验室及长期保存____
特殊说明____
岩心邮寄及岩心的发送____</td><td colspan="2">估计原生水的矿化度____ mg/L
氯化物含量或估计的地层水电阻率____在____℃
预计的产能：□油
□凝析油
□干气

备注____
____
____
____
____
附取心测井曲线和岩心描述</td></tr>
</table>

表 7 基本岩心分析实验室数据

委托分析基本信息

日期:年____月____日

井名 :__________文件名 :__________

委托方:____

□全直径或□柱塞岩心:尺寸________单位________

分析方法特殊说明

□ 饱和度_________________________________

□ 孔隙度_________________________________

□ 渗透率_________________________________

□ 其他_______________________________

各方同意的实验目的:_____________________________

____

运输详细清单

运输工具____装货日期____岩心到达日期____

岩心到达时的状况:

□保存完好 □冷冻状态 □岩心有损坏

□已清洗 □其他

相关深度:钻井深度__________测井深度__________

真实垂直深度__________单位__________

岩心缺失段的位置:□底部 □中部 □顶部

扫描方法:

□CT □X 射线 □核磁共振 □荧光 □其他

岩心样品处理:

伽马射线处理(是/否)处理类型________________

分析之前的实验室保存方法________________________

选样方法___________________________________

样品套筒使用情况□是□否,套筒类型__________

正常岩心样品的直径____长度____单位____

钻取柱塞及刨平所用的流体________________________

分析之前的处理情况(冲洗、评估、重新饱和等)________

____

岩心储存情况(取走的岩心、储存位置、保存方式等)____

____

实验室分析人_____________________________________

其他的服务

□切片 □树脂处理 □照相:□黑白 □彩色

□紫外线 □其他

辅助实验____

____

分析方法与条件

岩心清洗:方法　条件

□未清洗　溶剂____________________

□蒸馏抽提　温度________单位________

□索氏抽提　压力________单位________

□CO_2/溶剂　时间____________________

□溶剂流动　体积和流速____单位____

□其他　其他____________________

烘干:　方法　条件

□常规烘箱　温度__________单位________

□真空烘箱　时间____________________

□湿度烘箱　相对湿度%________________

□其他

孔隙度:　方法

孔隙体积法	颗粒体积法	外观总体积法
□波义耳定律	□波义耳定律	□卡尺丈量法
□饱和法	□阿基米德法	□阿基米德法
□流体加和法	□V_b-V_g 法	□水银驱替法
□V_b-V_g 法	□其他	□V_b+V_p 法
□其他		□其他

条件及流体

围压(压力梯度与类型)______单位____

气体______________液体______________

压力______________

渗透率:　方法　条件

□稳态法　流体类型__________________

□非稳态法　围压__________单位__________

□探针法　套筒硬度__________________

□经验法　孔隙压力__________________

□没测定　克氏:□测定 □经验的 □没校正

□其他　惯性系数:□测定 □经验□没校正

饱和度:　方法　条件

□蒸馏抽提(DS)　温度__________单位______

□高温干馏　流体____________________

□其他　水密度______单位______

油密度______单位______

含盐量校正:　□校正了水体积

□校正了油质量 □没校正

质量保证:(分析报告的页码)__________________

说明/备注________________________________

异常数据__________________________

3.4 岩石类型及岩心处理的特殊注意事项

3.4.1 概述

“岩石类型”一词用来描述岩心的主要特征，主要是指胶结程度、是否有裂缝或溶洞存在、岩石成份(如页岩)和物理性质(如低渗透率)等。岩石的地质描述更加复杂，可以按照特定的岩石类型、结构、胶结类型、颗粒大小等分类。在设计井场岩心处理程序时，需要考虑很多因素。3.4.2～3.4.13 给出了各种岩石的常用操作指南。

3.4.2 胶结岩石

由于胶结作用，胶结岩石比较坚硬，这类岩石在井场无需作特殊处理。岩石的胶结作用定义为胶结物质在固体颗粒表面的沉淀过程。根据压实和胶结程度，可以把岩石描述为胶结的、弱胶结的和疏松的。胶结岩石一般包括石灰岩、白云岩、砂岩和燧石。

3.4.3 疏松岩石

疏松岩石几乎不含胶结物，基本上是压实在一起的沉积物。弱胶结岩石含少量胶结物，不足以使岩石坚硬。疏松岩石和弱胶结岩石最好用内岩心筒衬筒或者一次性岩心内筒来取心(见 3.2.4)。为了防止岩心破碎，取心时应十分小心，确保岩心顺利出筒并合理保存以便运输(见 3.5.2)。

3.4.4 含轻质油和气的疏松岩石

采用便捷有效的方式保存含有轻质油的岩心是十分重要的，应避免任何无谓的岩心移动。对含轻质油和气的疏松岩心常用的保护方法有两种，一是改变周围环境的方法，如冷冻法或冷却法；二是注环氧树脂、泡沫树脂等的力学固定法。在地面上处理这类岩心时，容易发生流体损失。对于大多数岩心来说，被提到地面后，由于消除了上覆压力，机械应力得以释放，当孔隙内压消失后，会有不同程度的气体膨胀。这些影响会改变岩心，改变程度取决于深度、储层压力、油的密度、流体性质、沉积类型以及取心过程等。取心操作应谨慎以防岩心筒内压力恢复。为了防止压力恢复，可以在内岩心衬筒或在一次性内岩心筒上预先钻孔[直径 3.18 mm(1/8 in)]。应限制取心段的长度，这样可以防止由于岩心自身的重量太大而损坏岩心。当岩心提到距井口 152 m(500 ft)时，为了防止对岩心造成损坏，应降低上提速度。如果使用冷冻方法来固结疏松岩心，不能在岩心没有全部冻结之前运输，因为部分冻结，容易造成岩心结构的损坏(见 3.5.2.2)。

当不使用环氧树脂或固定装置来固定岩心时，应在一次性内筒或衬筒与岩心之间的环型空间充满取心液，但是这种做法会改变流体饱和度和岩心表面的润湿特征。当使用环氧树脂或者泡沫时，应把环型空间的钻井液全部排净，填充的材料应恰好将岩心表面包裹住。

3.4.5 含稠油的疏松岩石

对含稠油疏松岩石的处理遇到的最大困难是如何防止或减少岩石中的油气膨胀。膨胀是气体从稠油中缓慢释放的结果，由于气体的低流度，气体不可能在短期内排出。岩石继续膨胀才能使分散气体变为连续的气相，至少需要岩石体积膨胀率在 6%～8%以上。在衬管中，含稠油的疏松砂岩岩心会迅速膨胀充满空的环型空间。一但岩心充满衬管后，气体的进一步释放，可能会产生活塞作用，使岩心从衬管的一端伸出，导致岩心超出 5%的长度。严禁将伸出的岩心头随意切掉。伸出的岩心应在衬管一端保持原位，可以轻轻地加一塑料端帽来保护伸出的岩心。

为了改善含稠油疏松砂岩的取心质量，需要考虑的事项如下：

a) 实行机械约束限制膨胀；

b) 想办法将气体排出；

c) 增加岩心强度。

a)项涉及到使用内径比取心钻头稍大的衬管[3.18 mm(1/8 in)]来减少岩心的径向膨胀。在岩心处理与保存的过程中，应避免衬管弯曲、岩心受热以及使岩心的伸出部分曝露时间过长。对岩心施加轴向约束有助于减少岩心的伸出。可以通过各种方式来施加约束，包括：

a) 用刚性的衬筒端帽代替胶皮端帽，用螺丝钉将端帽固定在衬筒上，并用螺丝刀拧紧；

b) 把衬筒切成与岩心盒等长的几段，然后置于强度足够的岩心盒内，这样岩心盒端面可以施加轴向约束。另外，可以用长度合适的木板将岩心楔进岩心盒内；

c) 可以利用现场工作人员所总结的各种处理方法，比如用专用圆筒储存或轴向保存方法等。

气体缓慢的从稠油内释放出来，这一过程可能会持续数月。建议用事先钻好孔的衬筒来缩短气体的流动通道、消除活塞效应。直径为3.18 mm(1/8 in)的孔眼在衬筒上的间距不超过衬筒半径。一般不推荐这种方法，因为它延长了岩心处理时间，有可能引起岩心损坏。如果需要，可以把岩心和衬筒放进一个圆筒内，然后利用惰性气体(N_2)加压来减少或停止气体释放，也可避免氧化。

虽然在一些情况下，对冷冻不是很了解，但冷冻含稠油的疏松岩心是必要的。冷冻具有以下效果：

a) 降低气体释放速度，减少气体释放的体积。

b) 增加油的黏度，抑制了膨胀作用。

c) 把间隙水也冷冻了，这在某种程度上增加了岩心的机械强度，限制了膨胀和破裂。由于孔隙水是盐水，为了保证岩心的机械强度，冷冻温度应降至－4.44 ℃(－40 ℉)以下(见3.5.2.2)。

在运输和储存含稠油疏松岩心的过程中，应对岩心施加机械约束和进行低温处理。在为岩心分析准备样品时，应缓慢升温，这样可以使释放出的气体逐渐消失。在此过程中应一直施加机械约束，直到岩心达到平衡时为止。由于油的高黏度和低相对渗透率，该过程可能会持续几周。

3.4.6 溶孔性碳酸盐岩

大溶孔可能会削弱岩石强度，增加取心难度。在多数情况下，脆性溶孔层段的岩心收获率都会降低，标准的胶结岩心的保存方法适用于这种岩性(见3.5)。

3.4.7 蒸发岩

除了溶解性这一点，一般情况下可以认为盐岩是胶结很好的岩石。在任何情况下，含盐岩石都不能用淡水清洗。因为湿度的任何微小变化，都可能引起盐岩物理性质的变化，因此含盐岩石应迅速擦干保持表面干燥状态进行保存。运输与储存含盐岩心时应牢记材料的可溶解性。蒸发岩、硬石膏、石膏或方解石成分的岩心不需要进行特殊处理。

3.4.8 裂缝性岩石

很多储层岩石具有天然裂缝。对于裂缝性储层，建议用一次性内筒、铝制的衬筒或玻璃纤维制的衬筒进行取心(见2.6与3.2.4)，可以使用定向岩心筒来确定裂缝的走向以及地应力的方向，(见2.6与3.2.4)。

3.4.9 富含黏土矿物的岩石

黏土矿物在岩石中的含量可能很少，但是对岩石性质的影响是很大的。主要从以下几点考虑黏土含量对岩石性质的影响：

a) 在岩心处理时，由于蒙脱石(一种膨胀性黏土)的存在，即使含量很少(1%)，其强大的膨胀能力、阳离子的交换能力及渗透虹吸能力对取心有很大影响。

b) 流体成分、化学组成以及表面润湿特征的变化或者外力干扰会引起间隙黏土矿物的流动，从而导致孔隙喉道堵塞、孔隙表面润湿性改变及其他物理变化。

c) 与天然孔隙流体相接触的黏土矿物处于热平衡状态，当与其他的流体接触时会改变这种平衡，从而导致黏土活性、阳离子交换能力的改变，进而改变力学特性及流动特征。

d) 如果有自由水存在，那么当围压消失时，即使自由水的性质与隙间水的性质相同，含有蒙脱石的页岩和砂岩也会产生膨胀。

应把含有蒙脱石和富含黏土矿物的岩心上的多余的流体或者泥饼擦掉后，立即保存(见 3.5.2)。

3.4.10 页岩

除介绍了含黏土矿物的岩石以外(见 3.4.9)，还有一些专门针对易碎页岩岩心处理的问题。易碎页岩具有低强度的易碎面，尽管在处理这类岩心时十分小心，也可能会在易碎面上裂开。一旦易碎页岩裂开了，有可能得不到足够大的岩样去用做岩心分析。

在处理易碎页岩岩心时，建议按照下列方式操作：

a) 避免移动岩心的次数过多；

b) 擦去多余的水；

c) 为了避免蒸发，应立即保存；

d) 用包装带或玻璃纤维带子垂直易碎面缠绕在岩心周围将岩心包好，可以减少进一步的破裂，也可以用受热收缩的塑料来包裹岩心。

页岩的渗透率很低，在长期储存过程中，不同的矿层之间不可避免的发生缓慢的潮气迁移。如果不对岩心施加约束，即使不进行干燥处理，也会导致岩心的滞后裂开。易碎页岩对温度的变化异常敏感，在运输和储存过程中应保持恒温。不允许把岩心冷冻，因为这样会产生大量的微裂缝和内部潮气流动。

如果有机物含量超过 20%，那么含油页岩对温度和氧化作用就会十分敏感。如果需要详细的岩心分析，分析速度应快。对于有机物含量不到 20%的含油页岩，其骨架强度越大，石英含量就越高，一般情况下不需要做特殊处理。

3.4.11 低渗透性岩石

流体蒸发是岩心存在的共同问题。对于低渗透率、低孔隙度的岩心就更为严重，因为蒸发相同体积的流体，对这类岩心的饱和度影响就更大一些。对于这些岩心来说，保存起来减少蒸发时间是十分关键的。某些岩样中存在的黏土矿物，不可逆蒸发可能导致岩心损坏。

3.4.12 煤

气体的原始含量、气体吸附特性、渗透率、相对渗透率、层理和裂缝分析、岩心组成以及力学特征等是煤层甲烷气生产分析的主要内容。现场可用解吸附筒对气体进行解吸附研究，处理煤层岩心的操作程序中应有关于这些特殊研究的说明。电缆取心筒、带有一次性内筒的岩心筒、衬筒以及保压取心筒都可以用于煤层取心。

通常用常规取心、钻井井壁取心、电缆连续取心得到的岩心或者钻屑，利用解吸附筒法来测定气体含量和气体解吸附速度。煤层岩心段密闭在一个筒里，在保持绝热的状态下测定气体的组分。利用解吸附筒来测定气体含量时需要估算当煤岩心提到地面时以及将岩样密封在解吸附筒前所丢失的气体体积。因为释放出来的气体并非完全为甲烷，所以应分析气体的组分。

保压取心方法不需要估算损失的气体，能够更准确地确定煤层中的原始含气量。压力筒内从煤层岩心中释放出来的气体体积是时间、温度和压力的函数。如果使用保压取心方法来取煤层岩心，那么需要在筒内放置一个温度传感器，且不需要取心液体冲洗(见 3.2.5)。在一个取心过程中，整个保压取心筒返回到井底温度下，在卸压前需平衡几天，然后才将取心设备取出。在降温和卸压阶段，应缓慢降温和卸压，以便产生较低的温度梯度和压力梯度。快速卸压会导致煤层岩心内部产生裂缝，快速冷却则可能会产生张力裂缝，这些都会影响岩心的渗透率以及力学性质。另外，也可将保压取心取得的煤层岩心切成0.30 m(1 ft)长的小段，放在解吸附筒中，以便测定含气量和气体的解吸附速度。

由于煤层岩心的非均质特性以及存在于小孔隙中的甲烷受压，现场处理煤层岩心应谨慎。粗心操作、衬筒弯曲或对岩心筒的猛烈碰撞都有可能使岩心破碎，而无法进行岩心分析。内部的气体压力增加了岩心破碎的几率，气体的消失也需要时间。如果打算用与煤接触的取心液进行流动测定和力学测试，那么取心液中不能包含能够使煤的结构发生改变的物质。

暴露在空气中的新鲜煤会很快氧化，改变煤的表面性质与吸附特性，应尽量缩短其与空气接触的时间。需要特别注意的是要首先从筒里取出岩心段，然后再用惰性气体或甲烷来冲洗筒。

应使用黄色、白色的标记笔或者蜡笔在岩心表面上标明岩心长度。任何保存方法都应避免潮湿，尽量缩短与空气接触的时间。不建议把煤层岩心冷冻，这样做也没必要。

3.4.13 硅藻土

硅藻土一般具有高孔隙度、低渗透率，由乳白色的石英以及含量不同的碎屑材料组成，一般采用一次性内筒或者衬筒来取心(见3.2.4)。

硅藻土可以在合适的环境条件下包裹保存。建议尽量恒温保存，不要对其冷冻。在井场以及运输过程中，应保持的温度为1.67 ℃～4.44 ℃(35 ℉～40 ℉)。

3.5 岩心的保存

3.5.1 概述

岩心保存是在岩心分析之前尽量保持其处于出筒前的状态。在岩心从钻取到提升至地面的过程中，岩心中的流体含量不可避免的随着压力、温度等因素的改变而改变，保压取心方法力图将压力、温度的影响程度降至最低(见3.2.5)。粗心操作或者误操作会引起岩心及所含流体的进一步的改变，使得岩心性质难以代表地层性质。

根据岩心分析的需要、分析之前保存时间的长短以及井场处理岩心时间的长短来确定岩心保存和包装的方法。用来测定饱和度以及特殊岩心分析的岩样应保存以便运送到实验室。为了获得可靠的岩心分析结果，应避免流体的蒸发、流失和氧化。岩心保存的另一个目的是防止在运送、储存过程中发生岩心损坏。胶结岩心强度足够无须进行特殊的处理，而疏松岩心和裂缝岩心应进行特殊的处理(见3.4)。

建议不要使用没有保护装置的玻璃容器、易变形的塑料、纸盒、软容器及密封罐等来保存岩心。

3.5.2 保存岩心的方法

没有哪种岩心保存方法是最好的，以往的经验有助于选择最佳的岩心保存方法。一般根据岩心的组成、胶结程度以及岩石结构特征来选择岩心的保存方法，因此，没有一种适用于所有岩石类型的通用方法。根据岩心分析的要求、运输方式、路途的长短等来确定分析用岩心的保存方法。下面的几种方法是实验室用来保存岩心的常用方法：

a) 机械固定法；

b) 环境控制保存法：冷却、调整湿度或冷冻方法；

c) 受热密封的塑料薄膜包装法；

d) 塑料袋包装法；

e) 浸液涂层法；

f) 一次性内筒或衬筒密封法；

g) 厌氧容器法。

3.5.2.1 机械固定法

所有的岩心在准备运送到实验室之前都应进行机械固定处理，特别是疏松岩心(见3.4.4与3.4.5)。用塑料、玻璃纤维或铝制的衬筒或一次性内筒钻取的岩心，可以用树脂、石蜡或者泡沫来充填岩心与套筒之间的环型空间。然而，由于树脂的黏度低，容易流入细小的裂缝中，因此只能使树脂充满环型空间，而不能加过高的压力使树脂进入岩心。

胶结岩心的固定处理很简单，只需用合适的材料把岩心包裹起来就可以了。但应把所有的岩心都当作是易碎的，谨慎处理(见3.3.2)。在对疏松岩心和裂缝岩心进行机械固定处理之前，要避免使其受到震动。

3.5.2.2 环境控制保存法

通过冷却或保湿来控制岩心所处的环境条件有助于岩心的保存(见第4章岩心制备)。岩心冷却主要使流体蒸发量降到最小，并且为岩心提供机械固定。该方法可有效地抑制岩心变干，其效果取决于取心液的类型、储层岩石和流体的性质。对于冷却处理的岩心，为了把岩心运到实验室，仍然需要进行机械固定处理(见3.5.2.1)。

冷冻保存的岩心应用干冰、液态氮或者电控冷冻冰柜冷冻。冷冻会导致流体在岩心内部扩散和运移，也可能使岩心断裂。冷冻通过升华作用导致流体大量蒸发，可将冷冻后的疏松岩心用6.35 mm (1/4 in)厚的冻盐水密封起来减少升华作用。如果在冷冻期间发生了脱水，则可能破坏岩心的结构。

冷冻是保存疏松岩心最常用的方法(见3.4.4和3.4.5)。冷冻对岩心岩石物性的影响仍然未知，如何冷冻含有隙间水的胶结岩心也是个亟待解决的问题。冰晶体的膨胀会对岩心结构造成不可逆破坏。冷冻对用清水洗过的岩心性质的影响大于用盐水钻井液冲洗过的岩心的影响，这些影响随含水饱和度的降低而降低。如果在岩心分析之前应把岩心的温度恢复到室温，那么要防止空气中的湿气凝结在岩心的表面。岩心解冻会引起岩心骨架内的某些流体的重新分布。

可以用特殊设计的保温箱，用控制湿度和温度的方法来保存岩心的流体饱和度及储层(矿物)特性。这种方法已经得到了广泛的应用，尤其当岩石中含有对湿度敏感的黏土矿物或黏土矿物中有束缚水时，其效果非常好(见3.4.9)。

3.5.2.3 热密封塑料薄膜包装法

有几种受热密封的塑料薄膜可以用来密封岩心。铝箔或聚乙烯可用来增加薄膜的强度。塑料薄膜可阻挡水汽和气体，抵抗化学反应和流体降解。该方法操作起来简便快捷，保存过程中应小心谨慎，防止把薄膜撕破或穿孔，密封之前应使薄膜保持平整光滑。用塑料薄膜包装前，要先用耐用材料把岩心棱角处包裹好。包好的岩心应标上井号和深度。

能否成功的应用这种方法，热密封是关键的一步。为了能够有效的密封，热密封材料温度要和薄膜制造厂家规定的温度一致，否则将影响密封效果。可以使用某些管状的薄膜，只密封两端。岩心包裹的两端空间应尽量小，如果岩心包开启不止一次，就应予留出多余的薄膜。当轻烃损失不影响分析结果时，可以用抽空的办法。为了降低氧化程度，可以用惰性气体如氮气来密封岩心。当岩心包裹抽空时，包裹会变得扁平，只要密封得好，就不会有问题。如果有必要，可用一个标准气体注射器把排出的气体直接取样，然后再把包裹重新密封好。岩心包裹应标上号码，并进行机械固定处理以便运输(见3.5.2.1)。任何时候岩心包裹都不能承受过高的温度。

3.5.2.4 塑料袋包装法

塑料袋只用于短期的岩心保存。岩心与塑料袋之间的空间应小一点，如果塑料袋太大，可以折叠起来使用。塑料袋上应清晰地作好标签并进行合适的机械固定处理。

3.5.2.5 浸液涂层法

当岩心在几小时内或者几天之内不做分析，且需要长途运输时，可以用浸液涂层的方法来保存岩心。浸液涂层也可以用塑料薄膜来增加岩心的强度。

特别提示：不要把岩心直接浸入到熔化的蜡或者其他塑性物质中。

在浸入熔化的材料中之前，应用塑料薄膜和铝箔包裹好岩心。所有的岩心块都应标上井号、深度等信息。用塑料薄膜包裹岩心的目的是阻止岩心以及孔隙流体与铝箔等外包装的接触，因为这种接触会引起铝箔的氧化、水汽的损失以及防氧化性能降低等。使用浸液涂层法时应注意下面几点：

a) 在保存岩心之前，准备一个加热用的容器，注意所有的安全事项，如果浸蘸时间过长，会使涂层无效；
b) 用塑料薄膜把岩心紧紧地包裹起来，把两端也都折叠好。包上几层塑料薄膜，这样可以防止薄膜穿孔；
c) 用几层铝箔包裹岩心，把两端折叠好，避免铝箔穿孔；
d) 在岩心上绕上一根金属丝，作为手柄；
e) 把用铝箔包裹好的岩心放到熔化的制作涂层的材料中。涂层材料应把岩心包裹起来，建议涂层厚度为 3.18 mm～6.35 mm(1/8 in～1/4 in)。通过多次浸液来完成涂层制作，在进行下一次浸液之前，上次浸液的涂层材料要变硬才行。建议借助于金属丝手柄将岩心悬挂在空气中可以使涂层变硬；
f) 把金属丝手柄沿边切断，将金属丝的端点处浸液，以截断蒸发或氧化的途径；

制作涂层的材料应具备下列特性：

a) 应能在较长的时间内保持稳定；
b) 成型后，不能与油、水反应，不能含有酸、油、溶剂以及其他的在成形后容易析出的物质；
c) 成型后，油、气、水的渗透性应很低；
d) 具有低熔点，熔点最好低于 93.3 ℃(200 ℉)。当熔解时黏度很低，如果浸蘸的时间很短，熔点稍高也可以使用；
e) 远离热源并且暴露在常温条件下时，应在 5 s～15 s 内变干而且不粘；
f) 成型后应具有一定的韧性、弹性和较强抗拉伸性的坚固体，在低于 82.2 ℃(180 ℉)时不会熔解。

像目前所有的岩心保存方法一样，还不确定浸液涂层法是否长期有效。

3.5.2.6 一次性内筒、衬筒以及钢管密封法

塑料、铝和玻璃纤维制成的一次性内筒或者衬筒是保存岩心的便捷工具。把取心内筒或衬筒的两端密封起来可以将岩心保存起来，但是该方法不作为长期保存的方法，只是作为快速处理，而且不需要特殊的设备。在运输之前应把衬筒的孔堵上，然后将岩心迅速运到实验室进行取样和分析。如果需要的话，还可以加上一个保存岩心的密封容器(见 3.5.2.2)。当使用的是常规取心筒时，可以用带有合适接头、密封帽、O 型密封圈的钢管、铝管、塑料管等来保存岩心。为了有效的密封岩心，管子及两端的零件不能与岩心、流体发生反应。按照 3.5.2.1 所阐述的方法，运输中，岩心应保持固定，以最大程度的减少运输中的岩心损坏。

3.5.2.7 厌氧容器法

进行岩心处理时，把岩心浸没在厌氧容器内的液体中可以防止岩心氧化、蒸发以及风干。厌氧容器是一个有密封盖的长条形容器，容器内装有除去了游离氧的液体。浸泡液体应与岩心及取心液体配伍，并且能够保持岩心目前的润湿性(见 3.6)。通常，下列液体作为浸泡液体：

a) 脱氧的地层盐水或添加了杀菌剂的人工配制的地层盐水；

b) 原油；

c) 除去了极性物质的精细矿物油。

同样，当采用厌氧容器来保存储层岩样时，要遵循有关的安全规定。

3.6 岩心处理过程中有关保持润湿性的方法

在取心期间、井场岩心处理期间或进行实验室分析之前的岩心储存过程中，岩心都有可能发生润湿性改变。这里仅讨论井场岩心处理期间的岩心润湿性。只有在取心或岩心分析过程的每一个步骤都非常严谨的情况下，利用所介绍的方法才能成功地保持岩心润湿性。

实验室岩心分析结果是否有效取决于如何保持和恢复润湿状态，但是很难找到一个初始参考点来定义原始润湿性。岩心从地层中取出后出就立即分析，建立一个判断润湿性的参照点。除非有必要，否则不要把岩心暴露在空气中时间过长。

润湿性的检测应在井场进行。在岩心表面做水滴和油滴的吸附实验，将观察到的现象记录下来。在多数情况下，这就是现场的润湿性检测内容。当然也可以进行更复杂的检测，但是需要一些特殊的设施，即：

a) 需要从刚取上来的全直径岩心上钻切柱塞岩样的设施。钻切柱塞岩样时任何耽搁都会使岩心表面的活性钻井液在毛管力和扩散作用下，进入先前没有被侵入的部分。应用人工配制盐水或精制实验室油作为切割岩心的液体；

b) 如果需要，可以用岩心夹持器和驱替装置驱替岩样。如果用稳定的对岩心无伤害的油相来驱替不稳定油相（由于温度和压力的变化，不稳定油相中的沥青或石蜡组分容易沉积出来），或许可以避免不稳定油相沉积所造成的伤害；

c) 由于吸入速度和程度是衡量多孔介质润湿性的重要指标，所以在现场配备吸入实验设施也是必需的。

不同储层岩心对保持其润湿性的条件不同，有时需要用实验来确定。在3.5.2中阐述了适用于控制流体损失的岩心保存方法。

3.7 注意事项

岩心分析的基本目的是获得能代表储层岩石性质的资料。在岩心钻取、处理和保存过程中都应尽量减少孔隙中流体损失和外来流体的污染。在岩心保存之前，不要用水或油来清洗岩心。要想得到有意义的岩心分析数据，就应采取合适的取心和处理程序。在进行岩心分析之前的取心、处理、保存、选样及岩心分析过程中，都有可能使岩心发生改变。为了准确确定岩心中的流体含量，应设计一套岩心处理和保存程序。进行岩样处理和保存时，注意以下方面：

a) 所有的岩心从岩心筒取出后应立即保存起来。即便在保存之后，岩心也不能暴露在极端的条件下。目前使用的岩心保存材料是否能做到长期有效还是个未知数。如果岩心准备长期储存，则应检验岩心保存材料的有效性。

b) 在岩心保存过程中，尽量缩小岩心和容器间的空隙，这样可以防止流体蒸发损失，减少容器内表面的冷凝损失，也有助于防止疏松岩样在运输过程中破裂。

c) 为了减少流体损失，不要用布、纸或内有毛细管的物品来接触岩心。

d) 制作涂层时，不要把岩心直接浸蘸到任何流体里。

e) 严格遵循疏松岩心保存的有关规定（见3.2.4和3.5）。

f) 不要把疏松岩石或者其他类型的岩石保存在同一个容器里，因为岩性差别太大，这样做可以降低疏松岩心的受损几率。

g) 如果岩心处理时的操作环境恶劣，或者用水洗过岩心，都应有记录。应提供一切与岩心相关的数据(见表6与表7)。

h) 每个保存岩心的容器都要贴上标签。如果需要保密,则数据用编码代替,记录在清单上。

i) 建议在取心过程中,应由熟悉现场取心和岩心保存工作的专业人员负责井场岩心处理和保存。如果做不到这一点,应把要求写清楚,交给取心公司的代表,代表应为取心工作负责。在岩心到达实验室准备分析之前,应处于保存状态。

j) 在操作取心设备和处理岩心材料的过程中,应遵守一切安全法规。井场的工作人员应穿工作服、戴手套、防护眼镜等以免接触有害物质。安全帽、工鞋以及护耳设备都应具备。在有毒气体如硫化氢的地方,工作人员需携带呼吸保护装置。操作取心设备和取心材料的所有现场人员应通过安全培训。

4 岩心筛选及制备

4.1 概述

该建议涉及有害物质和设备的使用与操作,但没有提到与使用有关的安全问题。建立安全、健康的使用方法是使用者的责任,应遵守有害物质和设备的使用与处理的相关规定。

4.2 岩心描述

4.2.1 原理

岩心检测以及描述的目的是判断岩性、沉积环境、结构以及全部或岩心切片的成岩特征。定性定量的岩心描述为常规岩心分析选样、相分析以及辅助储层研究提供基础资料,如储层质量和进一步的岩心分析等。岩心描述提供永久性的可以利用的岩心记录。

4.2.2 仪器及用品

建议使用下列设备来进行岩心描述:

a) 用于系统数据采集的记录表。

b) 显微镜或放大镜。

c) 测定长度的米尺。

d) 粒度仪。

e) 一些合适的化学制剂:

  1) 淡水或盐水,用来提高地质结构的能见度;

  2) 稀释的盐酸,用来鉴定碳酸盐矿物;

  3) 茜红素,用来区分方解石和白云石;

  4) 烃类溶剂,用于在紫外线下检测油的荧光性。

f) 取心测井、钻井报告、泥浆测井、井场丢失岩心的资料。

g) 岩心伽马测量。

h) 荧光灯。

4.2.3 注意事项

下面几点应注意:

a) 如果所描述岩心已经确定做特殊分析,那么在特殊分析完成之前,要避免样品接触空气和化学品。

b) 选择适当的测井曲线,测井记录的目的是准确描述岩心。在描述岩心时,系统的收集和记录数据是很重要的。

4.2.4 规程

规程如下：

a) 把待分析岩心置于观察台上。

b) 对照取心报告，检查岩心数量，确保在运输过程中没有丢失岩心。标注出在井场处理及运输过程中造成的岩心损坏和改变。

c) 对照累计取心深度，检查岩心盒的标号和顺序。

d) 从岩心的顶部开始，检查岩心的连续性和方向性，如果岩心是按照3.2.3中规定的顺序做的标记，则当红标记在右边时，岩心的顶部是朝上的。

e) 检查岩心盒中岩心段的顺序，逐盒逐块查找有破裂或者划痕的岩心。

f) 在每一岩心盒中测量并做进尺标记，进尺标记要精确到1 cm(1/2 in)。

g) 如果有井下伽马射线测井曲线，应把它与岩心伽马射线测量(见4.3)做一比较，来证实岩心段的深度与测井深度是一致的。

h) 在开始描述之前，划分整个取心层序。找出比较显著的岩心特征，例如单元、接触面、标志层(例如膨润土，煤)。

i) 利用标准术语，记录如下的主要特征：

1) 岩心的岩性(页岩，砂岩，石灰岩等)；

2) 颜色；

3) 层理(厚度、地层接触面以及风化情况)；

4) 显著的沉积特征；

5) 结构(粒度、棱角度/圆度和分选情况)；

6) 组成(颗粒、胶结物、化石)；

7) 孔隙类型；

8) 成岩以及构造特征；

9) 注意油斑和有关的荧光级别。

j) 描述精度精确到厘米级，某些细小的特征可能很重要，应记录下来。

k) 对非储层岩石也应进行描述，例如泥岩。岩性上的细微变化有助于确定岩心与测井曲线之间的关系，也有助于层位的划分。

l) 如果是定向取心，记录诸如宽度、范围、密度、方位等有关裂缝的信息，同时也要记录是否有胶结物和泥浆存在。如果可能，应区分是天然裂缝还是取心造成的裂缝。

4.3 岩心伽马测量与岩心光谱伽马测量

4.3.1 原理

伽马射线发生器(铀、钍和钾-40放射生成的子核)发出可以测定的伽马射线，射线可以随深度记录下来。如果在地面上记录的射线与地下记录的结果进行对比，可以将岩心深度校准为裸眼测井深度，来确定丢失岩心的层位。

4.3.2 设备

设备由一个运送岩心的传送带、减少伽马射线放射性背景值的铅制屏蔽器和伽马射线检测器组成。一个典型的伽马射线检测系统由一个屏蔽晶体闪烁器和一个光电倍增器组成。闪烁晶体通常由搀杂有铊的碘化钠[NaI(Tl)]构成。其他的闪烁晶体有碘化铯(CsI)，锗酸铋(BiGeO)等。

对检测器发出的信号进行处理，按照能量大小将伽马射线分类和记数。标准的伽马射线单位应提供以 APIU 为单位的总伽马数。当采用光谱伽马单位时，伽马数被转换成为钾、铀、钍的含量，以标准伽马射线测井的单位为计量单位。信号显示在计算机屏幕上或者以井下测井曲线的格式绘制，直接与井下测井曲线进行对比。

4.3.3 规程

规程如下：

a) 把记录器的读数设置为井下伽马测井的格式。

b) 进行从井底到地面的岩心伽马射线测量，这样与使用的井下测井的顺序相一致。

c) 岩心伽马射线测量应连续、平滑进行，与取心的间断处相一致。

d) 在靠近岩心的低部，重复记录，以建立测定的重复性。

4.3.4 优点

岩心伽马射线测量应用广泛，是建立取心深度与测井深度关系的有效方法。光谱伽马射线测量能够区分铀、钍和钾的含量，可以用来确定和区分页岩，特别是用于确定含有大量钾长石与云母的砂岩。

4.3.5 应用限制

当伽马射线很弱时，不能使用该方法，该方法还易受背景干扰。利用光谱伽马射线响应分析岩样的测量速度应低于用总伽马射线响应的测量速度。

4.3.6 校准

在测试岩心之前，应对设备进行校准，该校准对岩心尺寸和伽马射线的能量范围很敏感。校准是通过测定伽马射线对装有纯待测样品的响应进行的。总伽马射线仪需要一个装有钾(K-40)、铀(U-238)以及钍(T-232)的校准管，其中已知钾、铀以及钍的放射性。光谱伽马仪的校准需要同样放射元素，但是不同元素需要单独装在的不同校准管内。应测量一根空校准管，以确保背景的伽马射线对射线仪的干扰程度最小。转换器的速度应足够低，以便提供一个可以接受的背景噪音信号比，通常以记数率平方根的 3 倍与背景记数率的比值大于 1 为准。

4.3.7 精度

测量精度随着记数率平方根的变化而变化。

4.4 岩心成像

岩心成像是最基本的岩心资料。如果无法观看到岩心时，岩心成像可以提供岩心信息。岩心成像包括采用照相技术拍摄的岩心表面照片和岩心内部结构的图像如 X 射线照片，计算机 X 射线层析成像图片，磁共振图像，声波图像等。图像应包括取心深度以及说明记录强度范围的图例。

除了给出照片外，现代成像技术提供的大量信息，可以用来做常规岩心分析的基本数据，例如选样、岩相分析、油藏质量研究、辅助岩心分析及井下测井解释等。

4.4.1 照相方法

4.4.1.1 原理

通常在自然光(5 500 K)和紫外线光(254 nm～365 nm)下，用带有标准光标尺的相机给岩心照相。自然光照片可以显示岩性、沉积结构及其他岩心描述特征。紫外线光照片可以重点显示含油区，含油的颜色依次为:稠油为橙棕色,高密度的油为浅黄色,凝析油可以从浅白色到蓝白色,不含油的区域为紫色。某些矿物如白垩系的石灰岩的颜色也是紫色的。

4.4.1.2 优点

岩心照片提供的可视岩心资料,可以用来把碎的岩心重新拼凑起来,减少了处理岩心的数量。如果在选样后照相,岩心照片还可以用来确定岩样的位置。

4.4.1.3 应用限制

岩心照片的颜色不一定是岩心的真实颜色。重点显示的含油区可能需要把岩心浸湿后再照相。如果需要调整的话,需要标明颜色和大小的比例尺。

4.4.2 X 射线技术

4.4.2.1 原理

X 射线技术是用来观察岩心内部结构的一种无损害的方法。X 射线直接照射在岩心上,记录其衰减过程。采用以下方法可以提高图片清晰度,包括荧光技术、X 射线图片、计算机 X 射线层析成像图片(CT 扫描)。

这些方法的应用取决于它们对岩心内部密度变化的敏感程度。没有孔隙的致密区域和有孔隙的低密度的区域会有很大差别。要高清晰地显示出岩心内部的密度差异,就需要对岩心进行多方位测量,或者进行空间上的对比。

4.4.2.2 荧光检测技术

该技术是移动岩心通过 X 射线光源,衰减后的光束通过荧光屏,将信号放大,由摄像机记录下来。其图像可以在监视器上看到,也可以录在磁带上,并转换成数字格式以便以后处理和观看。输出图像沿着岩心长度是连续的。

由于岩心是移动的,图像的分辨率可能较低。但是可以确定密度变化、地质结构以及在塑料或玻璃纤维套筒中丢失岩心的位置,也可确定裂缝或严重受损区域。

4.4.2.3 X 射线放射照相法

把岩心放在 X 射线光源与 X 射线感光胶片之间,这样由岩心引起的 X 射线的衰减就会出现在胶片上,洗印出来的胶片就可以在透光桌上看出来,或者打印出黑白的图片来。

同一块岩心可以获得多幅图片,将图片并列排放。首先得到岩心的初始 X 射线照片,然后把岩心旋转 90°来获得第二幅图片。在把岩心剖切之前,应确定岩心的方向,因为它可确定层理的方向。

在制作 X 射线照相过程中,岩样是静止的,所以比荧光法的图像分辨率要高。X 射线技术能够检测和评估岩心内部的地质结构,例如层理面、裂缝和结核、岩性变化以及体积密度。

4.4.2.4 计算机层析 X 射线成像法(CT)

CT 技术采用一束高准直的 X 射线光束来扫描岩心,用装在另一端的检测器来测量岩心发射光束的强度。X 射线发射器和检测器绕着岩样旋转或移动。这样就测得一系列的 X 射线衰减图像,给出岩心内部 X 射线衰减系数的空间分布。

图像的分辨率取决于 X 射线束的厚度、扫描器中检测器的数量以及用来构建图像像素的大小。X 射线束的厚度在 2 mm～10 mm 之间。CT 能够检测和评估岩心的内部地质结构、层理面、裂缝和结核、岩性变化、体积密度等。把沿岩心轴线连续扫描的图像组合起来使用,可以获得平面图像以及三维图像。

4.4.2.5 优点

X射线技术可以提供优质客观的岩心资料。X射线图像具有与4.4.1.2中所叙述的岩心照片相似的无需外露岩心表面的优点。

4.4.2.6 应用限制

图像的分辨率不如拍照的照片。根据能量的不同,X射线的衰减与岩石所含矿物有关。X射线的某些应用仍然处于发展阶段。进一步研究X射线衰减与岩石之间的关系,或许能把该方法扩展到岩心分析的其他领域。

4.4.3 核磁共振(NMR)法

4.4.3.1 原理

利用核磁共振(NMR)成像技术来提供岩心内部流体的重建图像。当适当的射频激发能作用于原子核时原子核中低能级部分裂变为高能级,NMR测量就是基于这种原理,当激发能解除时,可以检测和计量出原子核从高能级恢复到低能级的速度。激发能是由原子核与磁场共振产生,核响应由调谐接受线圈测定。可以利用激发和检测过程中的磁场梯度来确定激发能原子核的位置。

岩心分析中用到的主要原子核是^{1}H。其他可以用做核磁共振的原子核有^{2}H,^{31}P,^{23}Na,^{13}C,当然并不局限于这些。

4.4.3.2 优点

磁共振图像是用无接触方法获得的,提供显示样品中流体位置的图像。4.4.2.5中介绍的X射线方法是将样品放在非金属夹持器中。

4.4.3.3 应用限制

该项技术不是用来描述岩心的,而是描述岩心中的流体。为了获得较强的信号,需要一个高密度的共振原子核。因此,低孔隙度的岩心将产生弱信号。顺磁性矿物和铁磁性矿物能够抑制或削弱信号,使图像变形。

4.5 岩心钻取及制备

4.5.1 原理

岩心分析的取样过程是由所需要的资料类型决定的。取样一般考虑以下因素:

a) 岩性分布情况。

b) 孔隙度和渗透率在岩层内的变化情况。

c) 烃类分布情况。

4.5.1.1 柱塞样品

柱塞样品应沿着与岩心轴线或层理面的垂面相平行或者垂直的方向,从全直径岩心上定向钻取。这些柱塞样品将提供有关岩石骨架性质的资料。见4.5.2.4柱塞样品的钻取。

4.5.1.2 全直径样品

在非均质程度严重的区域，应取全直径样品。以下情况都有可能发生，但是并不局限于此：

a) 溶孔性碳酸盐——孔洞可能会使样品的孔隙度测定发生偏差。所取的全直径样品应能够体现储层的孔洞和岩石相对比例。

b) 裂缝性储层——由于岩石的易碎性质，裂缝地区的取样可能比较困难。但是天然裂缝对于储层的渗透率有重要的影响，在可能的情况下应尽量取样。

c) 砾岩——如果砾岩内的砾石相对于岩样来说，尺寸较大，就会影响岩性的测定。为了得到有代表性的砾岩样品，样品的尺寸应足够大，尽可能的包括所有的砾石。

4.5.2 样品钻切、修整和包封

4.5.2.1 原理

应对岩心进行钻切和修整，使岩样的形状规则，通常用的岩样都是直圆柱状。非胶结的疏松岩样、碎裂岩样或者易碎岩样在分析前应固结。不管岩化程度如何，岩心的处理应保持在最小的程度。

4.5.2.2 仪器及用品

在岩心的钻取和修整中，通常用到下列仪器和用品：

a) 带有金刚石刀刃的大型切片锯。

b) 带有金刚石刀刃的修整锯。

c) 带有金刚石钻头的钻床，能够钻圆柱状样品。

d) 修整柱塞样品端面的砂轮或者锯子。

e) 输送各种冷却剂(盐水，油，空气，水，液氮等)的流体泵。

f) 擦不掉的书写用品，比如印度墨水。

g) 用于固结柔软、疏松或者易碎岩石的铅套、铝制或热收缩塑料套筒。

在进行钻取、修整以及固结之前，应收集下列信息：

a) 所需样品总数。

b) 所需尺寸以及方向。

c) 样品的确切取心深度，深度是如何标明的。

d) 钻切样品所用的冷却液(含有黏土以及页岩夹层的岩心对淡水很敏感，如果使用不合适的钻井液，就会损坏岩心)。

e) 岩心图像。

f) 如果需要，备好合适的保存钻切好的柱塞样品和岩心的材料。

4.5.2.3 注意事项

在钻切、修整以及固结样品的过程中，应注意下列事项：

a) 钻床、锯的操作者应穿带保护性物品，如耳塞、眼镜、手套以及其他必备的安全物品。

b) 润滑或冷却剂的流量要足以冷却钻头与锯片，移动切割工具时，不要触碰岩样。

4.5.2.4 规程

在制备各种岩样时，应按照下列步骤：

a) 柱塞样品的制备：

1） 用大小合适的钻头，在预定的位置钻取。应小心操作，才能使钻出的柱塞样品很直。如果在钻的过程中加的压力太大，钻头会弯曲导致柱塞样品变形；
2） 把柱塞样品切成所需长度，确保岩心端面平行。在修整过的柱塞样品端部贴上标签；
3） 根据要求为岩样贴标签、保存或储存。

b） 全直径样品的制备：
1） 选择切割的样品要比需要的稍长一些，这样可以进行打磨；
2） 岩样的端面要修整好，圆柱端面要尽量保持平行；
3） 给岩心做上明显的标记，保存起来。

c） 疏松样品——有两种制备方法。制备过程主要取决于岩心是否用冷冻、树脂灌注进行了固定处理或两者都未做。做了固定处理的岩心一般还是用钻取的办法，而对于没有做固定处理的岩心要进行全面进刀法切割。疏松样品的制备方法：
1） 做过固定处理的岩心——使用冷冻柱状岩心的方法，可将疏松岩心冷冻。对冷冻方法做适当的调整可以防止岩心解冻：
① 用干冰对岩心进行预冷却，用液态氮做冷却剂钻取岩心；
② 用合适的钻头，在指定位置钻取柱塞样品，小心操作以钻取垂直形状柱塞样品。在钻取过程中如果施加过大的压力，钻头将会弯曲，钻出的柱塞样品会变形。确保在钻取过中的液氮流量足以保持岩心处于冷冻状态，并且能把钻屑带走；
③ 修整柱塞样品时采用液氮冷却锯片，把柱塞样品切到合适的长度，确保岩样端面是平行的。在修整后的柱塞样品端面上做上标记并保存好；
④ 把柱塞样品装入事先称量的套筒中，在端面上装上事先称量的筛网；
⑤ 应把样品做好标记并保存好。

用树脂固定的岩心，可以用①～④所叙述的过程来进行，也可以用柱塞样品的处理过程来进行。

2） 未进行固定处理的岩心——可以用全面进刀技术来切割未经冷冻的岩心。应缓慢进刀，轻轻地将切下来的岩心柱从刀具上取下，装入事先称量的岩心套筒里，然后再把岩心端面进行修整。

4.6 岩心清洗

4.6.1 概述

在实验室进行孔隙度、渗透率等测定之前，应清除岩样中原有全部流体。一般通过冲洗、驱替或者与各种溶剂接触来除去烃类、水和盐。

4.6.2 仪器和用品

清洗用的仪器与方法在第5章中进一步阐述。

表8中列出了清洗烃类的溶剂，这些溶剂常用于常规岩心分析的岩心清洗。其中某些溶剂有特殊用途，例如氯仿对北美原油的清洗十分有效，甲苯对高含沥青原油清洗的效率很高。在没有搞清楚原油性质之前，应用各种溶剂对岩样清洗进行试验，检测哪种溶剂的清洗效率最高。

表 8 溶剂选择及应用

溶剂	沸点/℃	溶解性能
丙酮	56.5	油、水、盐
氯仿/甲醇 苯与醇的混合物(65/35)	53.5	油、水、盐
环己烷	81.4	油
氯化乙烯	83.5	油、少量水
己烷	49.7～68.7	油
甲醇	64.7	水、盐
二氯甲烷	40.1	油、少量水
石脑油	160.0	油
四氯乙烯	121.0	油
氧杂环戊烷	65.0	油、水、盐
甲苯	110.6	油
三氯乙烯	87.0	油、少量水
二甲苯	138.0～144.4	油

由于残余盐晶体对孔隙度、渗透率的测定有较大影响，因此对于地层水矿化度较高的岩样，需要进行除盐处理。可以用甲醇或者其他可溶解盐的溶剂来除掉盐。

用于清洗岩样的各种溶剂可以用物理和化学方法回收。

4.6.3 注意事项

在岩样清洗过程中，应注意下列事项：

a) 在使用溶剂之前，要建立安全和健康的操作方法，遵循有关规定。

b) 所选择的溶剂不应损害、改变或者破坏岩样的结构。

c) 在使用的过程中，氯仿会水解，并形成盐酸。

d) 在岩心清洗过程中，并不是所有的溶剂与设备都是配伍的，在选择设备和溶剂时，应考虑溶剂与设备的反应问题。

e) 在使用可燃溶剂时，要使用密闭的电加热器。安全注意事项：例如实验室的适当通风，灭火器放置在方便的位置以及安全喷水器都应放在明显的地方。

f) 清洗岩样应在通风橱中进行，而且应装有排风设备。

g) 温度对岩样的清洗效果应考虑，见 4.7 关于岩心干燥部分。

4.6.4 规程

4.6.4.1 直接加压溶剂冲洗

通过在室温下加压将一种或几种溶剂注入岩样来清洗岩样中的烃和盐，施加的压力大小取决于岩样的渗透率，压力在 68.95 kPa～6 894.76 kPa(10 psi～1 000 psi)之间。岩样装在承受上覆压力作用的套筒内或者装在可以使溶剂从岩样介质中流过的岩心夹持器中。把岩样洗干净所需的溶剂量取决于岩样中烃类以及所用的溶剂。当岩样中流出的溶剂清洁了，就可以认为岩样已经洗净了。在某些情况下，需要注入多种溶剂来清洗稠油，或者沥青含量高的原油。

4.6.4.2 用离心机冲洗

可以利用带有特殊设计转头的离心机向岩样喷射清洁热溶剂(从蒸馏容器),离心力使溶剂流过岩样,驱替并洗去油、水。转速从每分几百转到每分几千转,取决于岩心的渗透率及胶结程度。大多数溶剂都可以作为清洗剂。Conley 和 Burrows[14]的著作中有关于设备的使用和操作步骤的说明。

4.6.4.3 气驱溶剂抽提法

该方法对岩心内部进行重复溶解气驱,直到完全除掉岩心中的烃为止。留在岩心中的溶剂和水用烘箱干燥的方法除掉。

当含油岩心被取到地面后,由于降压,油中的溶解气从油中释放出来,将部分油和水从岩心中驱替出来,在大气压力作用下将导致气体填充到部分孔隙中。在一定的压力下,使含有溶解气的溶剂包围岩心,岩心中的孔隙将被溶剂完全充满。在这种情况下,溶剂与岩心中的油混合,如果再次降压至大气压力,将除掉部分残余油。

二氧化碳由于低燃点和不易暴炸,以及在大多数溶剂中的高溶解度,因此是最好的驱替气体。气驱溶剂抽提法可用的溶剂有石脑油、甲苯及某些溶剂的混合物。对于某些原油,如果用水浴、蒸汽浴或者电加热器把岩心室加热,可能会缩短清洗时间。该方法在常规岩心清洗方面已经得到了成功应用,例如在岩心内部压力为 1 378.95 kPa(200 psi)、外部压力为 6 894.76 kPa(1 000 psi)的情况下,用二氧化碳和甲苯溶剂循环大约 30 min 可以将岩心内部的烃类完全除掉。Stewart[15]对仪器设备以及使用过程进行了介绍。

4.6.4.4 蒸馏抽提法

可以用索氏抽提器及合适的溶剂来溶解和抽提油和盐水。抽提应通过管汇来进行,每个抽提器充满油水,由于虹吸作用,每个抽提器中的油水进入一个共同的蒸馏器中,来自蒸馏器的新鲜溶剂继续蒸发、冷凝,然后再汇集到各个抽提器中去。

根据抽提器虹吸出来的溶剂的颜色,可以判定岩心是否清洗干净。抽提应连续进行直到抽提物完全清洁为止。对于一种给定的溶剂,判断油已经完全除去的标准是在荧光下抽提液没有荧光显示。应注意到,把岩心中的油彻底洗净,可能需要一种以上的溶剂,事实上一种溶剂与岩心接触后,溶剂已经干净并不能表明岩心中的油已经彻底洗净了。在 5.3 中叙述了设备和洗油的详细过程。

4.6.4.5 液化气抽提法

液化气抽提法利用一个加压的索氏抽提器和凝缩的低沸点极性溶剂。液化气抽提过程就是用加压溶剂来清洗岩心的蒸馏抽提过程,通过低温蒸馏使溶剂重复循环使用。由于抽提是在室温或低于室温的情况下进行,因此该法适用于热敏感岩心,如含石膏岩心。

4.6.5 优点

清洗岩心的过程中,把岩心中原来含有的流体都清除掉,有利于下一步的测定。

4.6.6 应用限制

为了得到最优测试结果,不同的清洗方法可能需要不同的测试条件;其中某些方法可能更适用于清洗特殊的岩石类型或有特殊清洗要求的岩心。

4.7 烘干

表 9 中列出了常规岩心的烘干方法。

表 9 岩样烘干方法

岩石类型	方　　法	温度/℃
砂岩(黏土含量低)	常规烘箱 真空烘箱	116 90
砂岩(黏土含量高)	可控干湿度烘箱,相对湿度 40%	63
碳酸盐岩	常规烘箱 真空烘箱	116 90
含石膏岩石	可控干湿度烘箱,相对湿度 40%	60
页岩或者其他高含黏土岩石	可控干湿度烘箱,相对湿度 40% 常规真空烘箱	60

每块岩样应烘干至恒重为止,烘干时间不同,一般超过 4 h。

在对常规分析的样品进行干燥时,应注意下列问题:

a) 在制备样品的过程中,含有黏土的样品不能脱水。因此,在干燥这些样品时应小心操作。在某些情况下,为了保证不脱水,烘干温度应比表 9 列出的温度低。

b) 在制备含石膏样品时,注意不能脱水也不能改变晶体的结构。

c) 在使用蒸馏抽提方法时,要避免清洁用的溶剂腐蚀样品。

d) 在使用萃取方法时,不能人为的损坏岩心。

e) 常用的样品清洁标准是清洁萃取标准,但是很多溶剂并不能清洗掉所有的原油,清洁萃取标准所反应的是油在溶剂中的溶解性,而不是彻底的洗净。

f) 含沥青的岩样可能需要使用一种以上的溶剂循环清洗。

g) 把多种溶剂混合使用,会达到更有效的岩心清洗效果。

h) 在把充满溶剂的样品放到密闭的烘箱进行干燥之前,先放到通风橱中。

4.8 样品保存

实验室内样品的保存取决于两次分析间隔时间的长短以及分析的类型。保存的方法应确保岩心的整体结构不变,尽量避免不必要的干燥、蒸发以及氧化。

可以用 3.5 所叙述的方法,在实验室里保存样品。实验室里样品的冷冻应按照 3.4.4、3.4.5 以及 3.5.2.2 所介绍的方法。

5 流体饱和度的测定

5.1 概述

本章阐述了所建立的岩心分析专用技术,应用于不同的物性、尺寸以及不同取心方法获取的岩心样品。表 10 列出了确定岩心流体饱和度的基本方法。

5.2～5.5 阐述了表 10 中列出的全直径岩心、柱塞岩心和井壁取心的七种基本分析方法。把柱塞岩心定义为从全直径取心装置取出的岩心上钻取、制备的岩样。把井壁岩心定义为用钻头或某些类型的全井眼取心装置钻完的井壁上获取的岩心。

5.6～5.8 阐述了煤、油页岩和含石膏岩样的流体饱和度分析方法。煤、油页岩岩样可以用全直径取心装置获得,也可以从地表或浅层得到,但是需要非常规的、不同于普通油藏岩样常规的分析方法。同时,这些岩样的流体饱和度分析报告的格式也不同于通常的油藏岩心,是用质量百分比来表示,而不是用其所占孔隙体积的百分数来表示。

可以用来测定流体饱和度的无损害技术的扫描方法包含在5.5里。另外，对以前认可的测定流体饱和度的方法也在5.9中进行了介绍，但是没有推荐。

为使取心样品中的流体饱和度及其分布与储层取心之前一致，那么就要进行储层评价。在取心、岩心保存以及运输阶段，经常会使流体成分及其分布发生改变。实验室内岩样处理、加工以及检测过程中，会使流体的成分及其分布进一步发生变化。在这一部分对这些问题没有做详细论述，但是读者应明白，在岩心分析报告中最终流体饱和度的影响因素是十分复杂的。流体饱和度分析可能会改变岩心的润湿性，会影响岩心的进一步分析。

表10　岩石类型以及推荐的流体饱和度测定方法

岩石类型	推荐的测定方法
胶结的碎屑岩、碳酸盐岩	a,b,c,d,e,f
疏松岩石(含轻油)	c,d,e
疏松岩石(含重油)	c,c(*),e
溶洞性碳酸盐岩	b,d,e,f
裂缝性岩石	a,b,d
含黏土的岩石	a,c(*),e
蒸发岩	g,e
低渗透岩石	a,b,c,d,e,f
煤	h
页岩	a,b,c
油页岩	a(*)
硅藻土	c,e

注：a——常压干馏法；b——蒸馏抽提法(全直径岩样)；c——蒸馏抽提法(柱塞岩样)；
d——保压岩心分析法；e——溶剂冲洗法/KarlFisher；f——海绵取心法；
g——含石膏的岩心分析方法；h——煤样分析法；(*)——修改的方法。

5.2　常压干馏法

5.2.1　基本操作步骤

5.2.1.1　分析原理

通过高温干馏获得油、水饱和度。在高温干馏过程中，存在于粉碎的新鲜岩样中的油水首先变成蒸汽，然后冷凝并收集到一个集液管中。把相邻的、岩性相似的岩样放入水银泵中，计量注入到含有油和/或水的新鲜岩样中的水银量，从而确定气体饱和度。

5.2.1.2　仪器设备

下面是常压干馏法的仪器设备：

a）　不锈钢干馏杯——见图2。这种干馏杯可以装100 g～175 g粉碎的岩心。每个干馏杯配有带螺纹的盖子，加上密封垫防止冷凝气体的泄露，另一端与一根长的、不锈钢冷凝管连接。为了防止粉碎的岩样漏进冷凝管里，在干馏杯的底部放有一块粗筛网。

b） 恒温箱——见图 2。这种恒温箱适合放置多个干馏杯。最好使用长条状电加热组件。

c） 水浴箱——见图 2。冷凝管通过水浴箱，从而增强对所产生的气体的冷凝效果。

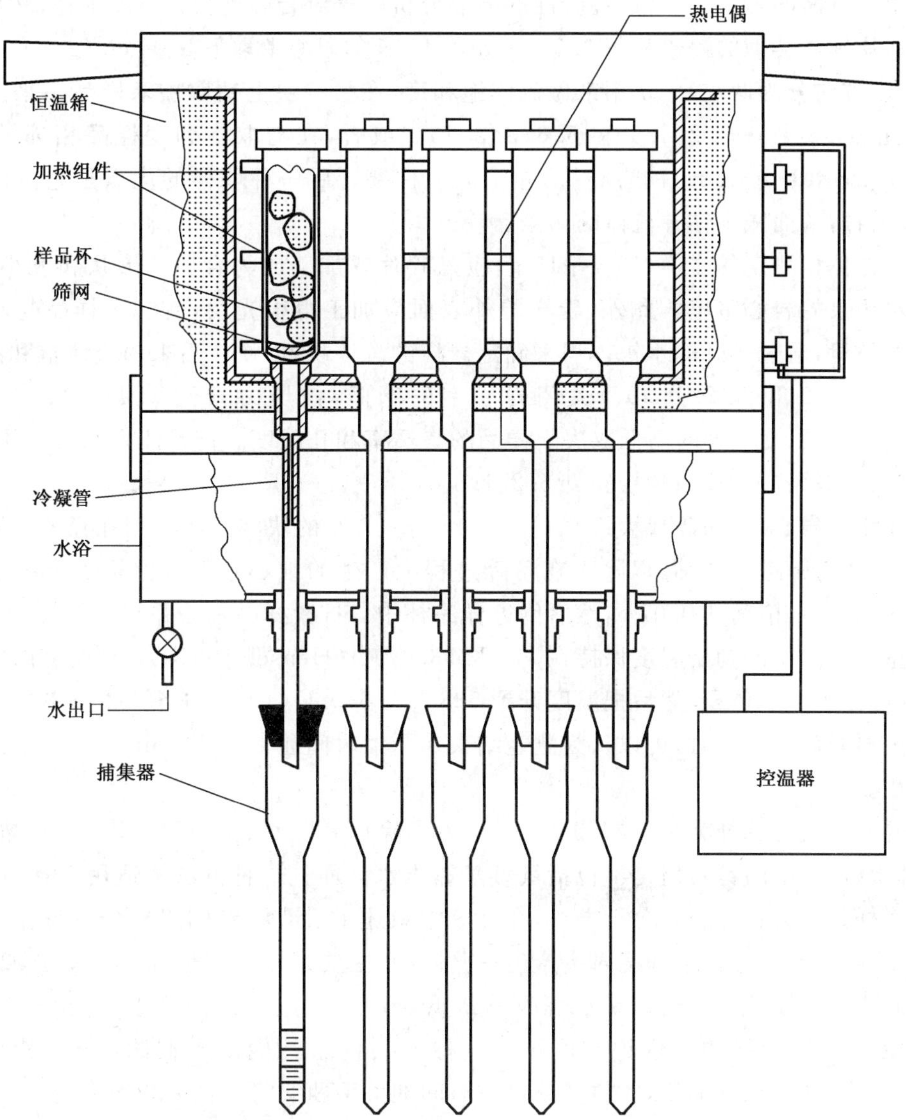

图 2 常压干馏不锈钢干馏仪和水浴箱

d） 校准的玻璃集液管——容积为不小于 15 mL 的离心机液体捕集管即可，集液管体积的大小依赖于干馏材料以及岩样中所含流体的多少，用一个胶皮塞子把集液管固定在冷凝管的下端。

e） 岩石锤和粉碎装置——地质锤或者瓦工锤都可以，典型的粉碎锤是能把岩心粉碎成碎屑。

f） 金刚石锯——配备有各种金刚石锯片的各种商业岩心锯都可以。

g） 水银泵——水银泵一般由岩心室、盖子以及阀构成。岩心室一般可以容纳总体积为 10 cm^3～15 cm^3 岩样，水银泵上配备有最小刻度为 0.1 cm^3 的游标尺，同时与最大压力为 6.895 MPa (1 000 psi)的压力表连接。

h） 离心分离机——一台能装 4 支 15 mL 离心管、带手摇曲柄的离心机即可，其他能容纳相同大小的离心管和离心力大体相同的离心机也可以。

5.2.1.3 操作步骤及注意事项

首先从全直径岩心上钻取样品，然后进行分析，该过程是逐步进行的，除了某些岩性，例如页岩、硬石膏、石膏、黏土含量高的岩石，通常这些岩性的岩心分析是先对岩心进行大概的描述，然后再选择性地进行分析。用地质锤或类似的锤子从每0.304 8 m(1 ft)长的岩心上取下5.08 cm(2 in)长、有代表性的岩样，然后按长度方向分为两块，一块用来做流体饱和度，在另一块上钻取柱塞样品用来测定渗透率以及波义耳定律孔隙度(见5.3.2.1.1和5.3.2.2.1)。或者，在与取饱和度样品相邻的部位取一块25.4 mm～50.8 mm (1 in～2 in)的岩心块，并钻取一柱塞。后一种取样的优点是它可以提供一块较大、较长的柱塞岩样，从而减少钻井流体的污染。

对于进行气体体积测定的岩样(10 g～15 g)应是碎片或加工成为合适的形状和大小，也就是使样品能够被放到水银泵的岩心室里。此外，岩样的外表面应加工得很光滑，有利于样品与水银之间的贴和。记录岩样的质量，通过排开的水银体积来确定岩样的总体积，以便在后来的流体求和法计算孔隙度时使用(见6.3.2.2.2和5.2.1.4)。关闭岩心室的阀门，使压力升到5.171 MPa～6.895 MPa (750 psi～1 000 psi)，压力上升的高低取决于样品的渗透率和孔隙度。记录注入水银的体积。(根据水银泵的校验程序，已对泵进行适当的校验见5.2.1.8。)

对于测定油水的岩心，应粉碎成大约6.4 mm(1/4 in)大小的块状。然后用孔径6.4 mm(0.25 in)(大约3～4目)的泰勒筛进行过筛，以除去在粉碎过程中产生的细小颗粒。称量一定数量的粉碎岩心(通常为100 g～175 g)，精确到0.01 g，然后倒进样品杯中。拧紧样品杯盖并与其他准备好的样品杯一起放到恒温箱里。恒温箱的初始温度保持在177 ℃(350 ℉)(Hensel,1982)，直到所有的岩样都不再出水为止，记录干馏出来的水体积，然后把温度升到538 ℃～649 ℃(1 000 ℉～1 200 ℉)。观察集液管，当所有的岩样不再释放出流体时，可以认为测定结束。干馏时间通常在20 min～45 min之间。记录所产生的油水体积。

把恒温箱的初始温度选择为177 ℃(350 ℉)是为了除掉孔隙水、被吸附的水、层间黏土水(例如蒙脱石)以及水合水(例如硫酸钙)，但是不包括氢氧基黏土水。而且这种方法不适用于含有石膏，或含有大量蒙脱石的岩样。作为特殊岩心分析方法，在5.8中叙述了含有石膏的岩样分析程序。对于含有蒙脱石的岩样，在获得准确的流体饱和度时会产生一些问题，主要是因为加热到177 ℃(350 ℉)(Brown,1961;Mackenzie 1970)已达到了氢氧基水解吸的最低温度。虽然在此温度下，黏土氢氧基水只损失5%，但是它可以影响到最终的油水饱和度值。这种方法优于其他的干馏法，例如平台法(Hensel,1982)。平台法认为，如果持续加热，收集到的水与时间的关系曲线将产生一个平台，在产生平台的时间内，所得到的只是储层的孔隙水。

在538 ℃～649 ℃(1 000 ℉～1 200 ℉)的最终干馏温度下会产生不正确的油体积。某些岩心中可能含有固态的烃类，例如干酪根、硬沥青等，这些物质在此温度下裂解。分析者应考虑矿物的组成，并对收集的油进行适当的校准。在特殊情况下，不应使用干馏法，而应考虑使用其他方法，例如蒸馏抽提法(Dean-Stark)(见5.3)。

引起油体积测定误差的其他方面有：

a) 冷凝管组装造成的误差。

b) 干馏杯密封圈的泄露。

c) 某些油的结焦和裂解。

应使用油体积校准曲线进行校准(见图3)。

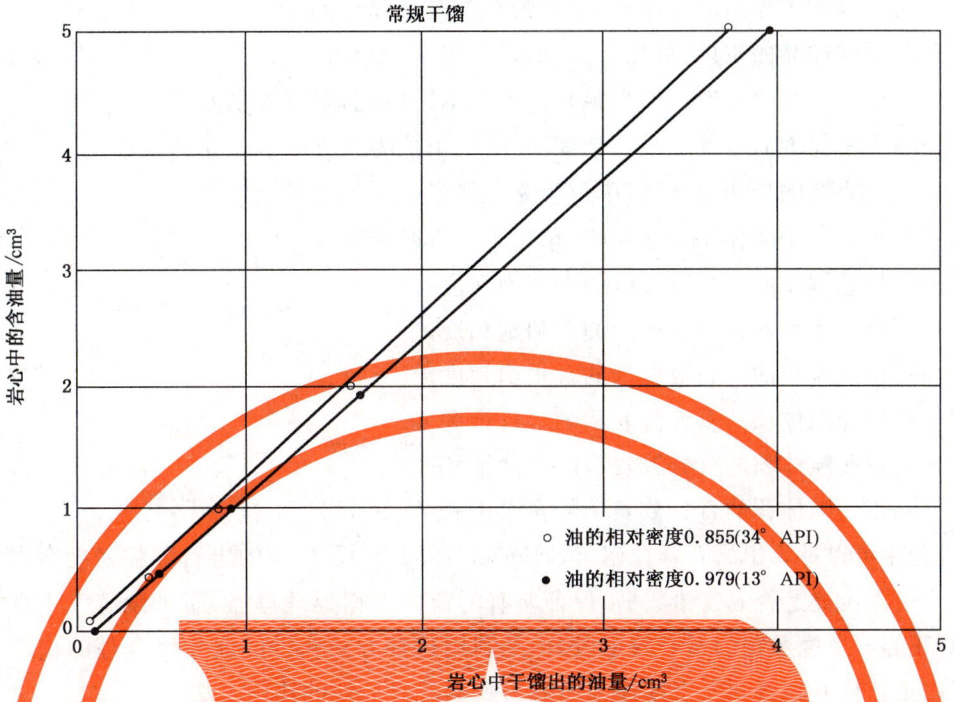

图 3　干馏油体积校准曲线

干馏过程结束后，收集到的“总”水量对于判断“孔隙”水是否被干馏出来并冷凝到集液管里是有帮助的。分析者可能会发现计算的样品颗粒密度有反常的趋势，如果初始“孔隙”水体积与最终的“总”水体积之间的差值与相邻样品的数据比较相差较大，那么实验室工作人员应对初始水体积进行校准，以获得合理的数据，并且应将这样的校准数据标注出来，使用一个下脚注标。

由于粉碎的岩心表面积大，特别是水容易蒸发，造成流体损失，所以应缩短粉碎岩心的暴露时间。

重要提示：由于在测定流体饱和度实验过程中使用水银，所以要执行安全与健康的操作准则，遵守相关的环境保护法律。

5.2.1.4　计算

可以把每块样品校准后的油体积(见图 3)、孔隙水以及气体体积表示为样品总体积的百分数，见式(2)~式(9)：

$$NDHg = WtHg/BvHg \quad (2)$$

$$BVRet = WtRet/NDHg \quad (3)$$

$$GB = (HgInj \times 100)/BVHg \quad (4)$$

$$OB = (OilVol \times 100)/BVRet \quad (5)$$

$$WB = (WatVol \times 100)/BVRet \quad (6)$$

$$GS = (GB \times 100)/(GB + OB + WB) \quad (7)$$

$$OS = (OB \times 100)/(GB + OB + WB) \quad (8)$$

$$WS = (WB \times 100)/(GB + OB + WB) \quad (9)$$

式中：

NDHg ——水银泵中样品的天然密度，单位为立方厘米每克(g/cm^3)；

WtHg ——水银泵中样品的原始质量，单位为克(g)；

BvHg ——水银泵中样品的总体积，单位为立方厘米(cm^3)；

WtRet ——干馏样品的质量，单位为克(g)；

HgInt ——用校准系数校准过的水银泵注入的水银体积，单位为立方厘米(cm^3)；

OilVol ——利用校准曲线校准过的干馏油体积，单位为立方厘米(cm^3)；

WatVol ——收集到的最初水体积，单位为立方厘米(cm^3)；

BvRet ——粉碎的干馏样品的总体积，单位为立方厘米(cm^3)；

GB ——以总体积的百分数表示的气体饱和度；

OB ——以总体积的百分数表示的含油饱和度；

WB ——以总体积的百分数表示的含水饱和度；

GS ——以孔隙体积的百分数表示的含气饱和度；

OS ——以孔隙体积的百分数表示的含油饱和度；

WS ——以孔隙体积的百分数表示的含水饱和度。

在测定过程中可以计算出岩石颗粒密度(Hensel，1982[16])。计算的岩石颗粒密度数据是一种质量控制手段，用它可以检查是否无读错数据、保证所有的流体数据处理得当，而且没有发生计算错误。这并不是确定真正岩石密度数据的最有效手段，但是利用这种方法获得的值能够合理的代表所测定的岩性。因此，可以把计算的岩石颗粒密度作为所获得数据质量好坏的评估方法。

5.2.1.5 优点

常压干馏法的优点包括：

a) 由于流体是从相对较大的岩心上收集的，这样既保证了具有较好的代表性，并且也增加了测定的精度。

b) 分析过程迅速，在几个小时内就提供了所需的数据。如果有足够多的样品杯，以及恒温箱内有足够的空间，在较短的时间内和投入不大的情况下，就可以分析很多样品。

c) 与其他靠质量差而获得流体体积的分析方法相比，干馏法是直接测定流体的体积。

d) 颗粒损失一般是指碎的砂岩以及某些碳酸盐岩，不会影响流体饱和度。

5.2.1.6 应用局限性

干馏法的应用限制包括：

a) 如果岩样中含有大量蒙脱石或石膏，在高温下析出水，那么含水饱和度(与孔隙度)就会偏高。同样会导致含油饱和度偏低，这是由于含油饱和度也是用孔隙体积百分数来表示的，而孔隙体积变大了。

b) 如果岩样中含有在高温下裂解的固态烃类(比如页岩)，那么分析得到的油饱和度(和孔隙度)可能会偏高。同样，会导致含水饱和度偏低，是由于孔隙水饱和度也是用孔隙体积百分数表示的，而孔隙体积变大了。

c) 需要油体积校准曲线。要获得原油体积校准曲线也不是切实可行的，但可使用基于报告或假定°API的通用校准曲线，对原油体积进行校准。

d) 第二块岩样用来确定岩心的总体积、天然密度以及气体体积。这块岩心在岩性上应和粉碎的岩心(用来测油、水饱和度)一致。

e) 蒸馏出来的液体可能会乳化。

5.2.1.7 准确度/精度

常压干馏法的准确度/精度如下：

a) 使用油体积校准曲线，所获得的油体积的准确度为测定值的±5%以内，可重复性为测定值的±2.5%以内。

b) 这种方法得到的水体积的准确度为测定值的±2.5%。

5.2.1.8 校准

常压干馏法的校准包括：

a) 用水和微量滴定管对带有刻度的玻璃计量管进行校准。玻璃计量管的清晰程度将影响读数，主要原因是没有完全润湿或弯液面模糊不清楚。

b) 测定总体积的水银泵用已知体积的钢标准块进行校准。另外，应在测定气体体积的压力下，确定泵及系统因子。在上述两种情况下，都应使用校准曲线和/或公式来进行校准。

c) 所有的天平都应进行日常维护。

d) 干馏仪应进行日常的抽空测试，以确保真空密封圈密封良好。

5.2.2 冲击井壁取心

5.2.2.1 分析原理

本方法是在常规干馏法的基础上进行了改进(见 5.2.1)。两种方法的主要区别是该方法的气、油和水的体积是利用同一块岩样分析得到的，而常规干馏法是利用相邻的两块岩样得到的。在井壁取心样品的分析中，所需要的岩样较小，为了能提供同样的分析精度，分析的设备也相应地缩小了。这种方法适用于旋转取心法取的岩样，但是会损坏岩样，将影响岩心的进一步分析。

5.2.2.2 仪器设备

适合分析井壁取心的干馏设备包括：

a) 不锈钢干馏杯——见图 4。整个设计与常压干馏法的干馏杯基本相同，比如干馏杯由一个样品杯、一个衬垫、盖子和一根长冷凝管组成。样品杯小了很多，一个瓶帽式盖子取代了螺旋盖，用标准瓶帽压制装置将这个瓶帽装到岩心杯上。和常压干馏杯相比，冷凝管较短，其外径、内径也较小。

b) 恒温箱——井壁取心的恒温箱其构成与常规干馏仪的恒温箱相同[见 5.2.1.2 b)]，这种恒温箱是专为装多个井壁干馏杯制定的。

c) 校准的玻璃集液管——不必使用 15 mL 的离心机捕集管，只需要集液管能收集少量的流体(例如最大为 5 mL)即可。集液管刻度应最小可读到 0.01 mL。

d) 水银泵——与常压干馏法的水银泵相同[见 5.2.1.2 g)]，但是使用较小的岩心室可提高总体积和气体体积的测量精度。

e) 能在广口瓶盖上开孔的设备(见 5.2.2.3)(选件)。

f) 一台能定性检测可燃气体的热金属丝气体检测器(见 5.2.2.3)(选件)。

g) 一台气相色谱仪(见 5.2.2.3)(选件)。

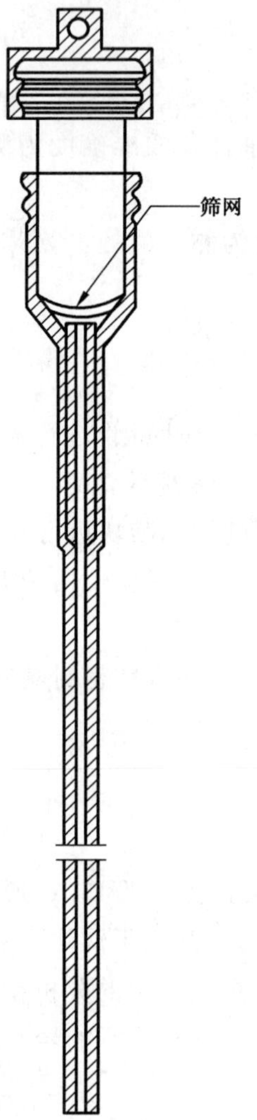

图 4 用于井壁取心分析的样品杯

5.2.2.3 操作步骤以及注意事项

5.2.2.3.1 操作步骤

在实验室接收岩样时，样品应密封在带螺旋盖的玻璃广口瓶中。岩样应按照取样深度由深至浅的顺序排列。在打开广口瓶之前，实验室工作人员先在广口瓶盖上钻一个小孔，并检测容器中的气体，这一过程在此不做详细讨论。这个可选过程是利用热金属丝检测装置来检测可燃气体，一些实验室利用色谱仪来测定顶部空间的气体组分。

在广口瓶里岩心样品的收获率（样品的长度）由刻在瓶壁上的记号标出。从广口瓶中把每块样品拿出来，并用单面刀片或实用小刀刮净钻井液的残留固体。对岩样做一简要描述并记录，内容包括岩石类型、颗粒或结晶体的大小、粉砂、泥质含量、化石情况、颜色、亮度、荧光分布以及肉眼可见的其他岩性特征。然后称量样品，精确到 0.01 g。

某些实验室可能会把准备好的样品留出来一部分，以便进行其他的分析，例如渗透率、粒度分布、X 衍射等。显然，这只限于原始样品的尺寸很大，例如长度为 50.8 mm(2 in)的岩心。即使这样，测定流体饱和度所用的岩心只是较小的一部分。更多实验室工作人员使用经验方法来得到井壁取心的渗透率数据。在此也不讨论估算渗透率的实际做法。

把岩心放在预先校准好的水银泵岩心室里，然后用水银排驱法确定岩心的总体积(见 6.2.1)。当岩心浸没在水银中后，把阀门关闭，并把压力上升到 5.171 MPa(750 psi)。对于致密(低渗透率)岩心，压力应升到 6.895 MPa(1 000 psi)。这个过程是测定填充在孔隙中的气体体积，并假设存在于孔隙其他部位的水和/或油的压缩性很小。

然后把岩心从岩心室里拿出来，并敲成更小的碎块，来观察水银渗透的模式，根据渗透模式可帮助预测可能的生产情况。

然后按照 5.2.1.3 中所描述的干馏过程进行干馏，包括记录初始的(孔隙)和收集到的总水体积以及使用油体积校准曲线等(见图 3)。

5.2.2.3.2 注意事项

井壁取心获得的岩心由于挥发，容易产生流体损失，所以在室温条件下应尽量减少暴露时间。

重要提示：由于此流体饱和度法需要使用水银，所以应遵守安全健康标准和相关的环境保护法律。

5.2.2.4 计算

油、孔隙水以及气体体积可以表示为如下所示的总体积百分数，见式(10)～式(15)：

$$GB=(HgInj\times100)/V_b \tag{10}$$

$$OB=(OilVol\times100)/V_b \tag{11}$$

$$WB=(WatVol\times100)/V_b \tag{12}$$

$$GS=(GB\times100)/(GB+OB+WB) \tag{13}$$

$$OS=(OB\times100)/(GB+OB+WB) \tag{14}$$

$$WS=(WB\times100)/(GB+OB+WB) \tag{15}$$

式中：

V_b ——岩样的总体积，单位为立方厘米(cm^3)；

HgInj ——利用水银泵校准系数校准过的注入水银体积，单位为立方厘米(cm^3)；

OilVol ——用油体积校准曲线校准过的收集到的油体积，单位为立方厘米(cm^3)；

WatVol ——原始收集到的水体积，单位为立方厘米(cm^3)；

GB ——以岩心总体积百分数表示的气体饱和度；

OB ——以岩心总体积百分数表示的含油饱和度；

WB ——以岩心总体积百分数表示的含水饱和度；

GS ——以岩心孔隙体积百分数表示的气体饱和度；

OS ——以岩心孔隙体积百分数表示的含油饱和度；

WS ——以岩心孔隙体积百分数表示的含水饱和度。

在测定过程中，可以通过对 Hensel 1982[16] 提出的方法稍加修正就可计算岩石颗粒密度。在许多不同的实验室中有时用到视密度，可以用岩样的骨架质量除以总体积来计算视密度。

5.2.2.5 优点

井壁取心干馏分析方法的优点包括：

a) 气、油和水的饱和度测定是用同一块岩样分析得到的。

b) 分析速度相对较快。

c) 这是一种“直接”测定方法，气、油以及水饱和度的测定是独立进行的。

5.2.2.6 应用局限性

井壁取心干馏法应用的局限性包括：

a) 蒸馏的液体可能会乳化。

b) 需要对油、水的体积进行校准。

c) 当油的体积小于 0.1 mL 时，很难准确测定。

d) 对于易碎的或疏松岩样当上覆压力释放时，由于岩样的膨胀，测定的气体体积可能会偏高。

e) 为了使液体的损失降到最低，在处理岩样时一定要小心，特别是水。当大气中的湿度较低时，可能发生水分流失。

f) 如果岩样中存在石膏或水化黏土(例如蒙脱石)，没有采取预防措施，在记录时只记录了“孔隙”水，那么得到的孔隙度和流体饱和度可能有误差。

g) 由于样品很小，同样样品中含有油水的量也很小，所以仪器设备的校验是十分关键的。流体体积的微小差异就会导致饱和度与孔隙度的误差偏大。

5.2.2.7 准确度/精度

井壁取心岩样干馏法的准确度/精度：

a) 这种方法的准确度主要取决于样品的量，特别是在确定油体积时。

b) 当分析的样品原始质量小于 3 g 时，此时应谨慎。

c) 当使用油体积校准曲线时，所得到的油体积的精度为测定值的±5%以内。

d) 水体积的精度为测定值的±3%以内。

5.2.2.8 校准

按常规干馏法 5.2.1.8 执行。

5.3 蒸馏抽提法(DEAN STARK)

5.3.1 柱塞岩样

5.3.1.1 分析原理

这种方法适合于柱塞岩心和旋转式井壁取心的岩样。蒸馏抽提法(Dean Stark)确定流体饱和度主要是把岩样中的水蒸馏出来，利用溶剂把油抽提出来。将岩样称重，加热溶剂使水蒸发。然后把水蒸汽冷凝下来收集在一个校准过的集液管里。将蒸发的溶剂也要冷凝下来，浸泡岩心，洗去油。然后岩心放在烘箱里烘干，称重，通过质量差来确定油的含量。

5.3.1.2 仪器和试剂

下面是适合这种分析方法的仪器设备，见图 5。这套仪器应安装在通风橱或有排气装置的房间里。

a) 总成——一般由电加热炉或者带有恒温控制的加热设备组成。一块样品的蒸馏/抽提装置包括加热长颈瓶，砂芯滤杯，水分捕集器或者校准的侧管，冷凝器。

b) 长颈瓶——长颈瓶是一种宽嘴长颈装置，在瓶颈的基部带有锯齿状的凸出以便支撑砂芯滤杯。

c) 水分捕集器——水分捕集器或侧管，带刻度部分的最小刻度为 0.1 mL。根据岩样含水的多少，来制做带刻度的水分捕集器的大小。与刻度部分的连接处有一根玻璃管或侧管，这根玻璃管被弯成 90°，在末端有个玻璃杯状的接头，在这个接头末端有一个滴孔，溶剂通过滴孔液滴能直接落在长颈瓶的中央，以保证能浸没下面的岩样。一种改进的水分捕集器(见图 6)能够测定水的质量。

d) 冷凝器——玻璃水循环冷凝器，带有一个大约长 300 mm(11.8 in)冷凝套管和一个内管(见图 5)。其底部带有滴孔，为了使水能从冷凝器和捕集器管壁上顺畅流下，内管应竖直放置。

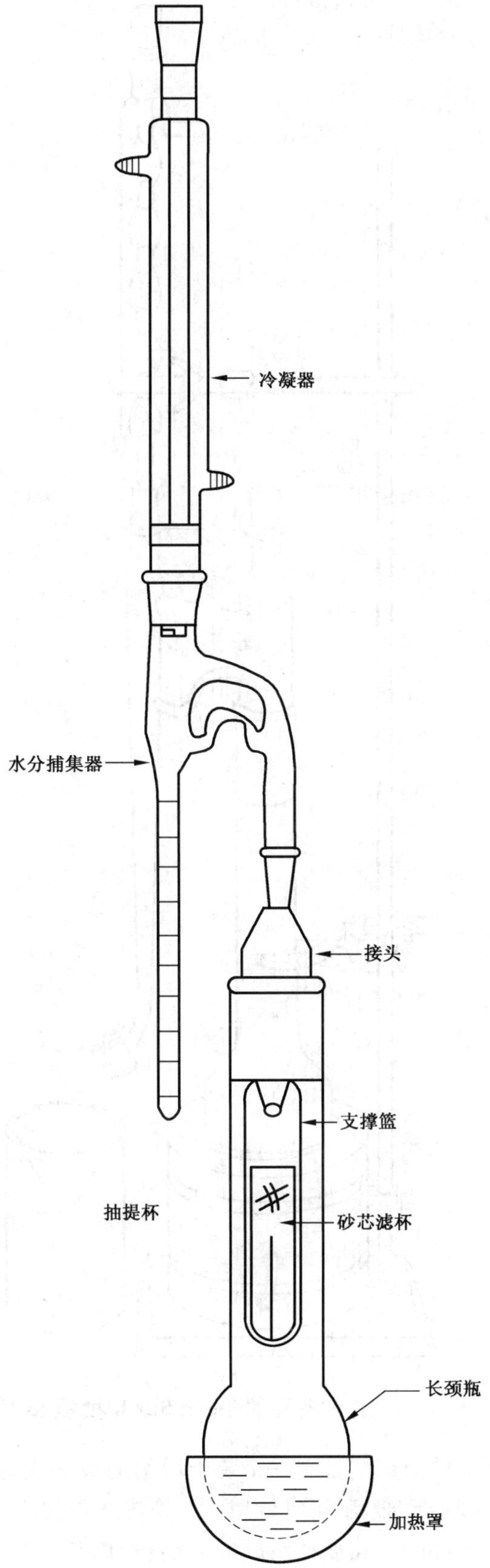

图 5　测定水体积的 Dean Stark 装置

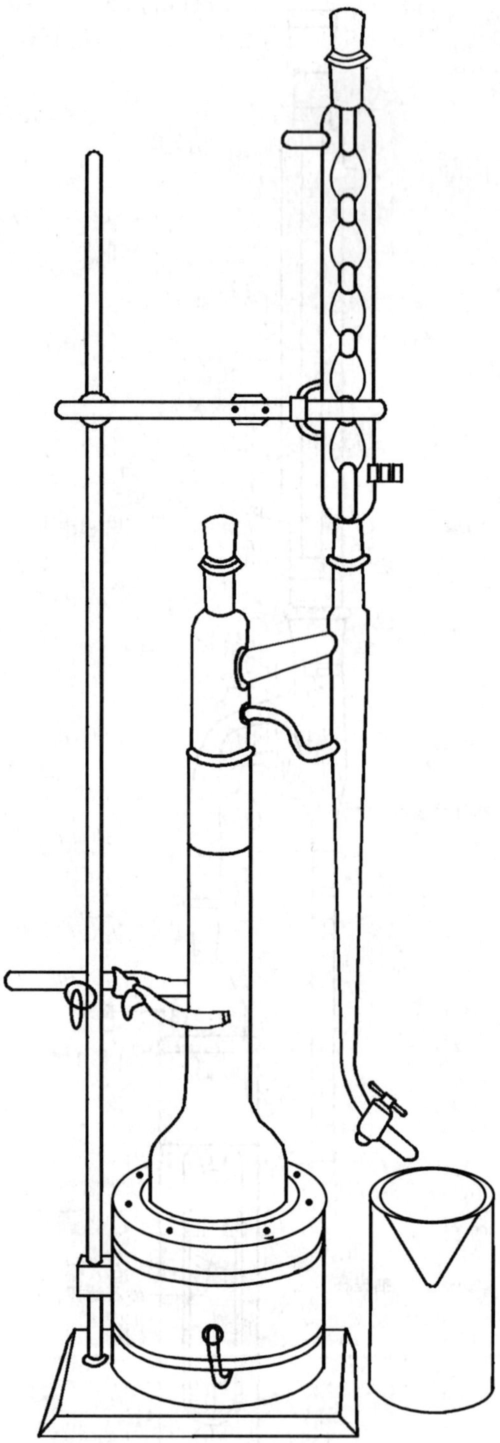

图 6　测定水质量的 Dean Stark 抽提装置

e)　干燥装置——在冷凝器的上部配备有一个装干燥剂的玻璃支撑管，在蒸馏抽提过程中使用这个玻璃支撑管盖住冷凝器顶部，不用时就用一个橡皮塞盖住冷凝器顶部。

f)　样品杯——建议使用底部是多孔玻璃制成的玻璃杯，用来盛装柱塞岩样。或者使用用纤维素材料制成的短管。但是，除了玻璃材料外，其他材料都有可能由于吸附了空气中的水而在质量上引起误差。另外，用玻璃制成的样品杯可以观察到岩样，并且在整个抽提过程中，能确保溶剂滴到岩样上，保证岩样能浸没在溶剂里。可以用一小片玻璃纤维盖在岩样上，以防止从冷凝器回流溶剂的冲蚀。

g) 抽提杯——内部装有虹吸管的杯子，可以用来支撑样品杯，并且可以交互地进行浸入与排驱循环。这样可以提高抽提效率。

h) 烘箱——具有温度控制误差为±2 ℃的对流烘箱或真空烘箱均可。应当优先选择防爆型的，非防爆型的也可以用。对于含有大量蒙脱石或其他黏土类矿物的样品，应使用湿度烘箱，以帮助保持一或两个水分子层，从而更接近于油藏条件下的黏土水化状态（干燥过程中，选择的湿度大小对于保持合适的黏土水化水是非常重要的）。

i) 防暴沸碎片——玻璃珠或氧化铝碎片可以放在加热长颈瓶的底部。这样做有助于减缓溶剂的“暴沸”，因为当溶剂中溶解的油增加时，溶剂容易暴沸。如果发生暴沸或者加热过快，将产生不希望的沸腾过程，溅出的溶剂将污染岩心，延长蒸馏抽提时间。

j) 溶剂——甲苯（分析纯）或者其他合适的溶剂。

5.3.1.3 操作步骤与注意事项

5.3.1.3.1 操作步骤

用于制备岩样的流体应与切割全直径岩心或井壁取心时所用的流体相配伍。这样可以保证用油基或水基流体取心的岩样残余油饱和度或水饱和度不变。对于冷冻的油砂样品，应使用液氮作为冷冻液。在切割好两个端面之后，将岩心上多余的流体擦去，在擦的过程中，所用的材料只能擦去表面的流体，而不得像海绵那样，把孔隙中的流体吸出来。这个过程可以形象地描述为使用橡皮擦的过程。岩样的表面应看起来干燥（带有灰暗的光泽），而没有多余的流体发光。样品杯/岩样应在分析天平上称其质量，精确到0.001 g。应快速完成此过程以使样品中的流体蒸发降到最低。在完成称量之后，岩样和/或样品杯应立即装到仪器里，或者储存到一个容器里，以防止进一步的蒸发，直到该样品被装到仪器里。储存时间应尽量的短。对每一个环节都进行称重的目的是确保弄清楚每个环节的质量损失。当使用样品杯时，应将它们保存在室温下并且干燥。

岩样用不吸收也不贡献水的溶剂抽提。可以加至少1%体积的水到溶剂中去，并且先把溶剂煮沸，直到水的浓度稳定为止。某些实验室加15%体积的水到溶剂中去。为了平衡蒸发而失去的水量，加入溶剂里的水量应多于这一平衡量。

装了干燥剂的水分捕集器保证大气中的潮气（湿度）不会影响收集到的水体积。

水可能会黏附在冷凝管或者捕集器的侧壁。这些黏附的流体会产生误差，特别是对那些孔隙度低的柱塞岩样。可以用实验室里的喷射瓶喷射的溶剂，或者末端带有小环的细金属丝把黏附的水滴驱逐掉，这个金属丝用来清除溶剂流不能清除的水珠。为了提高准确度，有时也用含活性剂的溶剂来调平溶剂与水的界面。但是通常不推荐使用含活性剂的溶剂，因为三相流体间的相互作用难以预测，而且可能会改变样品的润湿性。

蒸馏抽提过程至少要进行48 h。每天应观测水面，只有当收集到的水体积在24 h内没有变化时，蒸馏抽提过程才可以结束。根据岩样的大小与渗透率的高低，来决定蒸馏抽提时间的长短。应保证所用的溶剂能把所有的油都从整个柱塞岩样中抽提出来。当涉及到重油（高密度，高沥青质）时，需要用另一种溶剂（见4.1）来彻底清洗柱塞岩样。应把所有收集到的水体积记录下来。为了提高抽提的速度和工作效率，可以使用带有虹吸管的抽提杯。当收集的水量达到稳定后，为了提高抽提速度，对样品和样品杯进行再次操作时可供选择的设备及方法如下：

a) 把岩样放在有蒸汽的装置中，对油进行彻底地清洗。

b) 把岩样放入装有甲苯—CO_2的压力岩心清洗器里，对油进行彻底地清洗。这种做法局限于一定渗透率范围的低渗透样品，而且这些样品在清洗过程中本身不会发生变化。

c) 把岩样放在索氏抽提器中，交替进行浸泡和排驱过程，清洗油。

d) 把岩心放在流动洗油装置中,进行流动洗油。

e) 交替使用两种类型溶剂(如甲苯和甲醇)进行抽提。

可以用氯代甲烷在一个紫外线光源下观察岩心清洗的效果,如果还存在残余的油,就会有荧光,也可以通过测定颗粒密度的方法,对于一定类型的岩石,如果颗粒密度小于预计值,那么岩心需要继续进行清洗。

之后,岩样/样品杯应烘干至恒重。在放进烘箱之前,除非将多余的溶剂蒸发掉,否则饱和了过多可燃溶剂的岩样应在防爆对流或真空烘箱中烘干。这样做可以避免爆炸或着火。当岩样烘干后,应放在一个密闭的容器中冷却至室温,例如干燥器,然后称量。在烘干过程中,要保证烘箱内空气干燥。然而在测定孔隙度和渗透率时,对含有大量蒙脱石或其他黏土的样品,需要在带湿度的烘箱中烘干,以保持油藏条件下的水化状态(对测定渗透率和孔隙度来说,为了保持适当的水化水,烘箱的湿度大小是十分重要的)。

样品杯会破裂掉碎片、岩心颗粒会损失、含有高矿化度盐水的岩样表面会掉下沉淀的盐,如果没有考虑这些因素,就会引起测试误差。对于有沉淀盐的岩样,使用甲醇或者类似的溶剂就可以把盐除掉。然后将岩样烘干并称其质量。用总的液体质量损失减去捕集器中收集到的水量,就可以确定从岩样中洗出来的油量。

为了保持足够低的冷凝温度,冷凝器里的水要以适当的速度流动,这样蒸汽就会在冷凝管下部的三分之一处冷凝。

5.3.1.3.2 注意事项

考虑到安全问题,使用化学试剂时应该遵守法律规定。通常,有关安全方面的事项应注意以下几点:

a) 油可能含有致癌物,易燃。

b) 皮肤吸附和吸入一定量的甲苯后,会导致中毒。甲苯具有刺激性和麻醉性,极为易燃。

c) 很多其他的溶剂,在除油方面是有效的但同时也是危险的,有毒的。使用这类溶剂时,需遵守该类溶剂的使用规定及相关的环境保护法律。

d) 溶剂的蒸汽应在水捕集器顶端的水冷热交换器的下三分之一处进行冷凝。

e) 分析者应意识到海拔高度的改变会引起溶剂沸点的改变,由于溶解了盐也会使水的沸点发生改变,因此应对溶剂的沸点进行核实,确保足够高的温度使水能够蒸馏出来。当使用 KCl 钻井液时,其滤出液的含盐量可达 300 000 mg/L,因此沸腾时要比清水需要更高的温度。在这种情况下,使用邻二甲苯来代替甲苯。

5.3.1.4 计算

适合于这种分析法的计算公式见式(16)～式(19):

$$f_{wg}=\frac{m_w\times 100}{m_i} \qquad \cdots\cdots(16)$$

或:

$$f_{wv}=\frac{V_w\times \rho_w\times 100}{m_i} \qquad \cdots\cdots(17)$$

$$f_{sg}=\frac{m_d\times 100}{m_i} \qquad \cdots\cdots(18)$$

$$f_{og}=\frac{(m_i-m_d-m_w)\times 100}{m_i} \qquad \cdots\cdots(19)$$

式中:

f_{wg}——由重量法得到的水质量分数;

f_{wv}——由体积法得到的水质量分数；
f_{sg}——由重量法得到的固体质量分数；
f_{og}——由重量法得到的油质量分数；
m_w——水的质量，单位为克(g)；
m_i——原始样品的质量，单位为克(g)；
m_d——干岩样的质量，单位为克(g)；
V_w——水的体积，单位为毫升(mL)；
ρ_w——水的密度，单位为克每立方厘米(g/cm^3)。

一般用液体占岩心孔隙体积的百分数来表示饱和度。因此需要知道岩样的孔隙度，水的密度和油的密度。如果地层水含盐量很高那么水的密度应校准。

将会用到式(20)、式(21)：

$$S_w = \frac{V_w \times 100}{V_p} \quad \cdots\cdots (20)$$

$$S_o = \frac{m_o/\rho_o \times 100}{V_p} \quad \cdots\cdots (21)$$

式中：
S_o、S_w——分别为油水饱和度，%；
V_p——岩心的孔隙体积，单位为立方厘米(cm^3)；
m_o——油的质量，单位为克(g)；
ρ_o——油的密度，单位为克每立方厘米(g/cm^3)。

岩样的液体饱和度应精确到0.1%，比如含油22.1%，含水43.7%。

知道了含盐量和密度，利用蒸馏得到的水体积，可以计算岩样中盐水的体积，见式(22)：

$$V_{br} = \left(\frac{V_w \times \rho_w}{\rho_b}\right) \times \left(\frac{1\,000\,000}{1\,000\,000 - C_s}\right) \quad \cdots\cdots (22)$$

式中：
V_{br}——盐水的体积，对应于从柱塞岩样中收集到的蒸馏出来的水体积，单位为毫升(mL)；
V_w——从柱塞岩样中收集到的蒸馏出来的水体积(比如 Dean Stark 方法)，单位为毫升(mL)；
ρ_w——由蒸馏得到的水密度，单位为克每立方厘米(g/cm^3)；
ρ_b——含盐浓度为 C_s 的地层水密度，单位为克每立方厘米(g/cm^3)；
C_s——地层水中溶解盐的浓度，单位为毫克每升(mg/L)。

$$C_s = \frac{1\,000\,000 \times m_s}{m_b}$$

m_s——盐的质量，单位为克(g)；
m_b——地层水的质量，单位为克(g)。

5.3.1.5 优点

Dean Stark 方法的优点是：

a) 通常水量测定很准确；
b) 一般来说，不会损坏岩样，还可进行下一步的实验。但是润湿性可能会改变，一些含有黏土(例如蒙脱石)或石膏的岩石结构也会改变；
c) 所用的温度相对较低[100 ℃(212 ℉)]，因此只损失少量黏土中的水分；
d) 蒸馏操作较为简单，只需稍微注意。

5.3.1.6 应用局限性

这种方法的应用限制包括：

a) 由于下列原因，可能会使水的测量误差变大：

1) 当大气的湿度较大时，大气中的水会冷凝到冷凝器里。可以用装干燥剂的支撑管来避免这个问题；

2) 抽提仪与冷凝器的水循环系统应快速组装好，否则岩样中的水分可能在室温下就开始蒸发；

3) 水滴会粘到侧管或者冷凝器不清洁的玻璃壁上；

4) 地层水(含盐的孔隙水)中的盐会沉淀在岩心中，导致孔隙度和/或渗透率发生很大的变化，可以用甲醇清洗把盐除掉；

5) 当总矿化度超过 20 000 mg/L 时，应对高密度的盐水进行校准；

6) 没有完全烘干样品；

7) 长颈瓶接头处不严，或者蒸馏的温度太高，也可能循环水流动不充分，都会引起水损失；

8) 只有岩样的质量接近 0.1 mg 时，才考虑由空气引起的浮力影响；

9) 蒸馏时间可能不充分；

10) 如果岩样中含有大量的石膏(见 5.8)或蒙脱石黏土(含水化水)，测得的含水饱和度就会过高。如果油藏中存在水化水，在蒸馏和烘干的过程中被除掉了，那么渗透率、孔隙度数据就会发生改变(在烘干样品时可以使用湿度烘箱)；

11) 假如不知道油的真实密度，就需要设定油密度，因此在油饱和度计算中就会产生误差。

b) 油的体积并不是直接得到的，由于下列原因，可能会产生误差：

1) 正如上面所提到的那样，从岩心收集到的水不准确，或增加或减少了；

2) 岩心颗粒损失；

3) 岩心油清洗得不彻底；

4) 烘干时的温度高于蒸馏时的温度，这样有可能会把水化水除掉，从而增大了油体积。

c) 岩石润湿性可能会改变。

d) 黏土的结构可能会改变，从而使渗透率的测定不准确。

e) 对分析的准确性没有检测。

5.3.1.7 准确度/精度

由于没有注册的标样，所以不能对该方法的准确程度进行评估。但可用 5.3.1.8 的校准方法评价水体积的重复性。用同样的方法也可以来评价油体积的准确程度。对于相对较小的样品，或者是含有残余油水的含气饱和度较高的样品，液体饱和度的相对误差可达到测定值的±50%。当液体的量增加时，相对误差明显降低。

5.3.1.8 校准

应经常检查水测量的准确程度，以防测量误差。具体的校准方法如下：

a) 对于质量法，把一定量的水加入抽提仪，然后再与蒸馏油砂岩样相同的条件下进行蒸馏得到的水量作图，得到回归方程见式(23)：

$$m_{wc} = a \times m_w + b \qquad (23)$$

式中：

m_{wc}——校准后的水量，单位为克(g)；

a,b——分别为校准方程的斜率和截距。

由于仪器的冷凝效率不同，水体积的校准系数可能会不同。具有代表性的值为：$a=1.003\pm0.001$，$b=0.090\pm0.009$。

b) 对于体积法，用一个校准的玻璃量筒把已知体积的水移到水捕集器里。捕集器的最大误差为

0.02 mL。如果必要，可计算出体积校准系数，并对结果进行校准。

5.3.2 全直径岩心

5.3.2.1 分析原理

全直径岩心的蒸馏抽提方法和小岩心的(见5.3.1.1)基本相同。下面讨论操作步骤以及仪器的不同之处。

5.3.2.2 仪器设备

适合该方法的设备包括：

a) 长颈瓶——所用的长颈瓶应适合全直径岩样，应比分析柱塞岩样的大，为了除去油使用的溶剂量也大。

b) 捕集器——捕集器或者侧管应足够大，以适合大样品中大量的水。捕集器的带刻度部分的最小刻度应为0.1 mL。

c) 岩心抽提保护器——对于全直径岩心，一般不用岩心杯，取而代之的是用不吸水的滤布材料(原色棉花制成的长袜状材料)来防止全直径岩心的颗粒损失。样品杯一般用在柱塞岩样分析当中，没有制造适合全直径岩心的样品杯。

5.3.2.3 操作步骤

除了岩样质量应精确到0.1 g以外，其他的操作步骤与柱塞岩样的完全相同。同时48 h的清洗时间应延长，以便适合清洗大体积的样品。通常还需要较长的清洗时间与额外的清洗。

5.3.2.4 计算

见5.3.1.4中的公式。

5.3.2.5 优点

见5.3.1.5，当进行全直径岩心分析时，还有如下的优点：

a) 称量时的精度只需达到0.1 g，因此不需要高精度的分析天平。

b) 在处理和测试过程中，样品颗粒的损失问题不像柱塞岩样那样重要，但是仍然需要尽量减少为好。

c) 与柱塞岩样相比，收集到的水体积相当大，因此水的刻度只需精确到0.1 mL。

d) 由于油体积是用质量差方法确定的，因此较小的测试误差不会对最终结果产生像柱塞岩样那样程度的影响，含油饱和度非常低的岩样除外。

5.3.2.6 应用局限性

分析全直径岩心时，还有另外一些局限：

a) 需要一些规模更大、更贵的设备，如玻璃器具，烘箱，切割锯床等。

b) 需要较大的实验室空间。

c) 使用的溶剂较多，因此在相同的情况下需要较大的投资。储存和后期工作也相对比较复杂。

d) 需要较长的蒸馏、清洗时间，因此降低了数据报告的及时性。

e) 由于涉及到大量的蒸气和溶剂，为了健康和安全，分析过程中应仔细地监控和观察。

5.3.2.7 精度

见5.3.1.7。

5.3.2.8 校准

见 5.3.1.8。

5.3.3 保压取心的分析方法

5.3.3.1 简述

保压取心的分析目的是，在岩心筒从井底提到地面的过程中，通过阻止压力下降，使流体的膨胀降到最小，从而提供岩心流体饱和度数据。当岩心筒从井下提到地面时，一个球阀保持岩心筒的密封并且阻止原有压力的下降。另外，岩心筒可以补充压力以补偿由于地面温度的降低而导致压力的下降，使岩心筒保持预先设置的压力。

利用一种失水低的钻井液、较快的取心速度、低密度的钻井平衡液以及特殊设计的取心钻头，使岩心进入岩心筒之前，把钻井滤液对岩心的冲洗降低到最小。另外，在取心之前，内岩心筒一般都充满了低侵入的凝胶材料。当岩心进入岩心筒时，凝胶通过吸允置换岩心表面的钻井液，使泥浆滤液的侵入进一步减轻。

流体饱和度是实验室条件下存在于岩心内的油水百分数。由于冲洗导致原始流体饱和度的改变只能定性地解释。任何钻井滤液的侵入都会改变原始饱和度值，除非原始状态是水驱残余状态。对于低压储层，利用泡沫作为钻井液，滤液的侵入可以减到最小。采用前面的那些预防措施，在这种条件下的饱和度值接近原始饱和度值。

现场处理过程见 3.2.5 中的叙述。

5.3.3.2 分析原理

在实验室开始分析之前，用干冰将岩心保持冷冻状态。在干冰温度下，这种做法降低了孔隙压力，使水处于冷冻状态，使油也不流动，圈闭的气体既没有冷冻也没有液化。

当把岩心放在气体收集容器中进行解冻时，气体从溶液中释放出来，并且排出了油和水，排出的油和水被容器底部的收集管收集起来，气体被收集到容器里的真空部分。这些流体的量不能反映常规取心由于压力下降而产生的流体量，因为油藏中存在着不同的压力和温度。

由于油体积是用蒸馏抽提方法确定的，而分析过程中是采用气体驱替溶剂的方法进行的，因此为了获得最准确的值，应把岩心颗粒损失保持在最低。

如果在取心区域没有自由气体存在，而且岩心是在油的泡点压力以上钻取的，那么液体总饱和度相当于经地层体积系数校正后的油所占据的孔隙空间。饱和度的误差不应超过±5%。

滤液侵入分析可以用来评价原始流体饱和度的变化。如果可能，也可利用相对渗透率分流曲线来协助评价。侵入原理的详细阐述见 5.3.7。

5.3.3.3 仪器设备

下列仪器设备是进行保压取心分析所必需的。这些设备只是保压取心分析使用到的，不包括常规岩心分析所使用的仪器设备。具体包括：

a) 岩心储存盒——用来储存分析前冷冻岩心的盒子。岩心盒应足够大，以便能够放得下包在衬筒内每节 1.52 m(5 ft)长的岩心，以及保持岩心冷冻状态的足够干冰。盒子应隔热，以把干冰的升华降到最小。
b) 干冰——用于在分析开始之前，把岩心保持在冷冻状态。
c) 液氮——用于磨铣岩心筒，以及准备期间岩心的清洗、柱塞钻取、全直径岩心的磨平等。
d) 铣床——用于沿着内筒长度，在径向两侧磨铣，以便易于把冷冻岩心取下来。

e) 2 L 的杜瓦瓶——用于在清洗过程中定期把岩心放进液氮里,以帮助清洗和保持岩心处于冷冻状态。

f) 钻井液或者低侵入的凝胶清除工具——包括表面刮刀,绝缘手套,小锤子等。

g) 气体收集容器——是一种带压力表的容器,来确定从岩心以及岩心筒中释放出来的气体体积,并且可以进行气相色谱分析。

h) 气体圆筒(250 cm^3)——用于从气体收集容器里提取气体样品,以便进行色谱分析。

i) 离心机——用于离心气体收集器的捕集管,以便更好地将油、水、固体分离。

j) 加热灯——用于在提取气体样品前把气体收集容器里的气体进行混合。

k) 便携式真空泵——在收集气体之前,把气体收集容器以及 250 cm^3 的圆筒抽空。

l) 不锈钢管[直径为 76.2 mm(3 in),下端带有筛网]——将样品放在不锈钢管里面,防止在收集气体或蒸馏过程中岩样的颗粒损失。

m) 不吸水的滤布材料(医用长袜状材料)——在 CO_2 抽提过程中,用来包裹岩样,减小岩样的颗粒损失。

5.3.3.4 操作步骤

5.3.3.4.1 岩心准备过程

岩心准备过程包括:

a) 把岩心密封在钢管内,并放在装有干冰的箱子里冷冻,从井场运送到实验室。

b) 把每段钢管密封的冷冻岩心放在一个充满干冰的浅槽中,浅槽与铣床相连。沿钢管的长度方向,在径向两侧铣出两个沟槽,直到两沟槽的深度略小于钢管的壁厚。液氮在靠近磨铣的位置注入,以保证钢管与岩心的温度不高于干冰的温度。

c) 然后把钢管分为两半,把冷冻的岩心取出。

d) 利用刮刀或者刷子把冻在岩心上侵入不深的凝胶清理干净。定时地向岩心段上滴液氮以保持岩心冷冻。

e) 用肉眼观察岩心的岩性特征,并选择出要分析的岩心。

f) 以液氮为冷却剂,用金刚石锯将被选择的每段岩心两端切平,用塑料薄膜和或铝箔纸把这段冷冻岩心包起来,储存在干冰里,以备分析用。薄膜和铝箔纸保护岩心中的液体不蒸发。

g) 在磨铣岩心筒时应小心,确保安全操作。为了防止操作者受到伤害,在磨铣过程中应在岩心筒上放置一块大筛网,以保护操作者不受伤害,因为钻井液在冷冻的过程中会膨胀,引起过高的内部压力,导致岩心筒分开,从而伤害操作者。岩心筒中丢失岩心的地方充满了天然气,这些气体可能会在空气中燃烧。在磨铣过程中,岩心筒处于二氧化碳和氮气包围的环境中,才不会引起燃烧。

5.3.3.4.2 气体收集过程

气体收集过程如下:

a) 把端面磨平的冷冻岩心放在一个薄壁的金属圆筒中,在金属圆筒的底部放置一块细筛网,迅速称量,并放置到气体收集装置里(图 7)。

b) 将系统迅速装好,并抽空 45 s,以排掉空气,但是不能把岩心中的气体抽出来。然后让冷冻的岩心解冻到室温。

c) 释放的气体所带出来的油水收集在一个带刻度的接收管里,这个接收管与气体收集容器相连接;

d) 释放的气体被收集在一个收集容器里。系统装有压力表,用来观察气体收集容器里的压力。

如果气体收集容器里的压力超过 0 kPa(0 psig),那么打开第二个已事先抽空的附加容器,来收集更多的气体。

e) 记录大气压、室温、系统的压力以及产出的液体体积,当连续几次读数稳定时,就可以认为岩心已经完全解冻。

f) 释放的气体可能要用多个容器来收集。如果需要的话,分别用主收集容器与二级收集容器来收集气体样品。然后对气样进行分析,确定气体密度以及成份的摩尔分数;对收集到的油水体积进行计量,测定水中的氯化物与溴化物以及产出油的比重。

g) 将样品以及圆筒从收集器里取出,称量,然后放到事先已经准备好的蒸馏抽提仪器里。

5.3.3.4.3 蒸馏抽提过程(Dean Stark)

蒸馏抽提过程包括:

a) 样品装入蒸馏抽提仪器中(见 5.3.1.2),把系统连接好,开始加热,把岩心中剩余的水蒸馏出来,抽提剩余的油。

b) 当连续几次水的读数不再变化时,蒸馏过程结束,记录水的体积。然后把样品和样品杯取出,并放到真空烘箱里,除掉残留的溶剂,烘箱的温度设置为 116 ℃(240 ℉)。当样品彻底烘干时,从烘箱中取出样品和样品杯,在有干燥剂的情况下冷却,然后再次称量。

c) 利用气体收集过程中得到的油的密度,通过质量法确定清洗出来的油体积。对蒸馏出来的水体积进行校准,将水体积校准到气体收集阶段所得到的、具有相同含盐量的盐水的体积。如果气体收集阶段所排出的水被钻井滤液污染,那么就会与蒸馏抽提阶段排出的水的含盐量不同,因为岩心中间部位水的污染要小。

d) 在进行附加抽提过程之前,用不吸水的滤布材料(医用长袜状材料)把岩心和掉下来的砂粒包裹好,以减少颗粒损失。

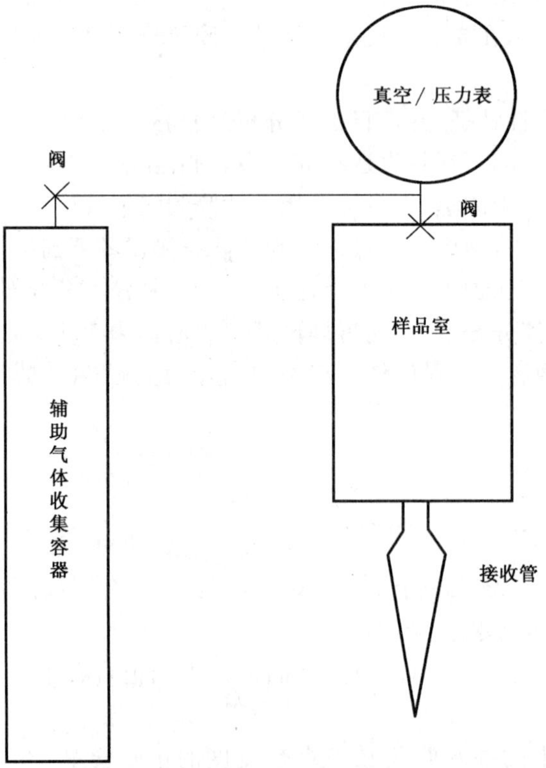

图 7 气体收集/压力衰竭系统

5.3.3.4.4 气驱溶剂抽提以及饱和度测定

气驱溶剂抽提以及饱和度的测试过程如下：

a) 把包好的岩心称重，并放到气驱溶剂抽提装置中，在 82 ℃(180 ℉)的温度下，用充满二氧化碳的甲苯溶液进行进一步的清洗。这一步骤是为了除掉所有的剩余油。这个清洗过程减少的质量就是所除掉的油的质量，利用前面计算的油密度，把其转换成体积。在实际操作过程中，用蒸馏抽提和气驱溶剂抽提所失去的总质量减去收集到的水的质量来确定油的量。

b) 然后将岩心放入对流烘箱(或真空烘箱)，在 116 ℃(240 ℉)的温度下烘至恒重，对于含有大量蒙脱石和其他黏土矿物的样品，可以用湿度烘箱来保留一个或两个水化黏土层，这样可以使黏土与水之间的交互作用更接近油藏条件(烘干时湿度的大小对于保留适当的水化黏土层是很重要的)。

c) 测定全直径岩心的孔隙度和水平空气渗透率。如果有多块样品一起分析，则根据有代表性部分的权重求平均值。

d) 利用测得的包括样品在内的各段岩心的总孔隙体积以及各段岩心所得到的油水来计算矿场油罐条件下的液体饱和度。从已知的收集气体系统的体积可以确定从样品中收集到的气体体积，然后用颗粒体积和总体积进行校准，此外，还要对总液体体积和含盐量进行校准。最后把气体体积校准为标准状况下的体积。

5.3.3.5 计算

这种方法使用了下面的计算公式，见式(24)～式(29)：

a) 标准温度压力下的气体体积 V_g 和收集到的气体质量 m_g 分别按式(24)、式(25)计算：

$$V_g=\frac{V_c\times P_c\times 520\times(1-f_a)}{14.7\times(492+1.8\times T)\times 6.895} \qquad (24)$$

$$m_g=0.001\,223\,2\times V_g\times\gamma_g \qquad (25)$$

式中：

V_c ——气体收集容器的体积，单位为毫升(mL)；

P_c ——容器压力，单位为千帕(kPa)；

T ——实验温度，单位为摄氏度(℃)；

m_g ——气体质量，单位为克(g)；

f_a ——空气所占的分数，小数；

γ_g ——气体相对密度，气体的密度与空气密度的比值，无因次；

标准状态下，空气的密度为 0.001 223 2 g/mL；

标准状态为 0 ℃，1 个大气压下的状态。

$(1-f_a)$为一个修正系数。当对气体收集器抽空时，系统中大部分空气被抽走，但仍存在 5%的空气，而且在密封盖处可能会有小的泄露，使空气进入了系统。通过分析气体收集容器中的气样来确定空气的量。

用气体质量来检验物质平衡，就是从样品中提取出的气、油以及水所造成的总质量损失应等于计算的质量损失。

b) 饱和度按式(26)、式(27)计算：

$$S_o=\frac{(V_{ogcc}+V_{oDS}+V_{og})\times 100}{V_p} \qquad (26)$$

$$S_w=\frac{(V_{wgcc}+V_{wDS})\times 100}{V_p} \qquad (27)$$

式中：

V_{ogcc} ——收集气体时得到的油体积，单位为毫升(mL)；

V_{oDS} ——蒸馏抽提得到的油体积，单位为毫升(mL)；

V_{og} ——CO_2 提取的油体积，单位为毫升(mL)；

V_{wgcc} ——收集气体时得到的水体积，单位为毫升(mL)；

V_{wDS} ——蒸馏抽提得到的水体积，单位为毫升(mL)；

S_o ——油饱和度，%；

S_w ——水饱和度，%；

V_p ——孔隙体积，单位为立方厘米(cm^3)。

c) 蒸馏抽提得到的水体积，见 5.3.2。

d) 孔隙体积和颗粒密度的校准。当盐没有从岩样中清洗出来时，根据气体收集和压力衰减过程中产出的盐水来校准孔隙体积和颗粒密度。或者也可以用甲醇将岩样中的盐清洗出来。

$$V_{pc} = V_p + \frac{V_w \times C_{NaCl}}{\rho_{NaCl}} \quad \cdots\cdots (28)$$

式中：

V_{pc} ——校准后的孔隙体积，单位为立方厘米(cm^3)；

V_p ——孔隙体积，单位为立方厘米(cm^3)；

V_w ——水体积，单位为毫升(mL)；

C_{NaCl}——NaCl 的浓度，单位为克每毫升(g/mL)，即每毫升蒸馏出的水中含 NaCl 的质量；

ρ_{NaCl}=2.165g/mL(NaCl 的密度)。

$$\rho_{gc} = \frac{m - (V_w \times C_{NaCl})}{V_b - V_{pc}} \quad \cdots\cdots (29)$$

式中：

P_{gc}——校准后的颗粒密度，单位为克每毫升，(g/mL)；

m ——岩样质量，单位为克(g)；

V_b——岩样总体积，单位为立方厘米(cm^3)。

5.3.3.6 优点以及应用局限性

优点以及局限性包括：

a) 保压取心是一个费用大，要求高，耗时长的工作。该取心方法要求是直井，同时还需特制的钻井液或泡沫液清洁井眼。

b) 实验室要尽量靠近井场，因为冷冻的岩心不适于远距离运输。实验室需要有经验的人指导以及必要的设备。

c) 保压取心岩心分析所提供的流体饱和度比常规岩心分析提供的流体饱和度更能代表原始油藏状态。在岩心上提的过程(压力降低)中，阻止流体从岩心中释放就能防止饱和度的改变。见蒸馏抽提清洗岩心的优点以及应用局限性(见 5.3.1.5 和 5.3.1.6)，以便更好的理解对确定饱和度的影响。

d) 为了获得更接近油藏实际的饱和度，取心过程应将对岩心孔隙的流体侵入减到最小。保压取心是阻止压力下降引起的饱和度变化，而不能避免钻井液对岩心的侵入。因此，只有滤液侵入最小时，所取岩心测得的饱和度才能代表油藏情况(见 5.3.7)。如果发生了大量的流体侵入，那么测得的饱和度只能代表侵入后的残余值。这对于评价三次采油方案是十分重要的。

e) 在取心的过程中，把钻井液的过平衡降到最小、使用低漏失的钻井液、在保持较高的岩心收获率的前提下，尽可能快地钻透地层，这样才能把对岩心的侵入减到最小。在某些情况下，例如衰竭井底压力，使用稳定的泡沫钻井液都会将流体侵入减到最小，但是如果在钻井过程中泡沫消失，岩心遭受高浓度表活剂的侵蚀，将发生严重的流体侵入。

f) 能够从岩心中收集油和水进行分析，这明显优于常规以及海绵取心。在取心结束时把存在岩心内所有的水都收集起来，可以确定取心过程中滤液的体积，即被排出的气、油和水的体积。已知了测量的饱和度值和滤液的体积，利用储层相对渗透率分流特征曲线，就可以定性地评价取心过程中饱和度的改变。

   相比较而言，在取心后，常规和海绵取心只能测定岩心中残余的滤液饱和度，因为在提升过程中，岩心中的流体被驱替出去了。但是大部分滤液位于岩心的周围，测定的滤液是不准确的，数值偏低。在常规取心中，尽管在用海绵取心中，排出的油是吸附在海绵上的，但由于压力的下降，含油饱和度也是减小的。如果含油饱和度接近残余状态，那么 K_g/K_o 将是由气驱排出很少的油的情况下的测定值。

g) 由于气体保存在保压取心的岩心里，就可能测定气体体积和组份。这对于评价注气的扫油效率是很有意义的。在注气后的残余饱和度状态下，高扫油效率区域内的残余饱和度可以评价各种岩石特性。

h) 将一段以上岩心的气油比求平均值的话，气油比与生产测试数据吻合得很好。

i) 对于整个岩心段，可以逐尺地测量油的比重，观察油的比重是否随深度发生变化。通过这种方法油的比重随深度的变化就可以观察出来。

j) 保压取心的岩心直径在 64.5 mm～95.3 mm (2.5 in～3.75 in)之间。较小直径岩心增加了岩样的比表面积，钻井滤液侵入的影响以及饱和度的改变都要比大岩心的严重。同其他的岩心分析一样，当岩心变小时，分析的准确度也降低了，所以当岩心直径增加时，保压取心的岩心分析误差会更小。

5.3.3.7 准确度/精度

这种分析方法的准确度/精度是：

a) 流体饱和度——每相流体的分析准确度如下：

   12) 气体收集过程：流体体积为±0.5 mL；水体积(蒸馏抽提)为±0.5 mL；

   13) 气驱溶剂抽提过程：油量为±0.1 g 或±0.1 mL。

b) 气体体积——气体体积由波义尔定律确定，气体体积的误差为实际的±2%，计算气体体积时各变量的准确度为：

   收集容器体积为±5 mL；

   收集容器温度为±1 ℃(0.5 ℉)；

   收集容器压力为±1.379 kPa(0.2 psia)；

   空气所占的分数为±0.5 mol%。

5.3.3.8 校准

关于这种方法的校准包括：

a) 应用去离子水来校准气体收集容器和蒸馏抽提仪的捕集器，去离子水称量精度应达到 0.01 g。用对应温度下的水密度把每一间隔的质量转换为体积。在捕集器上按每 10 mL 的间隔校准体积。用内插法确定两个校准过的体积之间的真实体积。

b) 应用一个准确的气体流量计或计量表来校准气体收集容器的体积，在校准体积前每个容器都要抽空，其体积测量的重复性应在 5 mL 之内。

c) 应在规定的时间间隔内校准天平。

5.3.4 海绵取心分析

5.3.4.1 分析原理

在海绵取心过程中，岩心进入一个1.27 cm(0.5 in)厚的聚氨脂或纤维素与聚氨脂混合制成的海绵衬套里，海绵衬套在铝制衬管里。当岩心提到地面时，膨胀的气体把原油排出，油被亲油的海绵衬套吸附(如果是水的话，就被亲水的海绵衬套吸附)。

亲油的海绵衬套由具有70%孔隙度的聚氨脂组成，很容易被压缩到没有孔隙度。在入井之前，海绵由盐水饱和。如果知道地层水的性质，就用与地层水相配伍的盐度和密度盐水来饱和海绵。从岩心内出来的油将排驱海绵内的水，油将在海绵孔隙的壁上形成一个薄层。

亲水海绵由纤维素纤维与聚氨脂混合制成。用油基钻井液取心时，在入井之前，海绵用无水矿物油饱和。目的是当岩心上提时，吸附岩心排出的水。

5.3.4.2 仪器设备

5.3.4.2.1 设备

需要高速台式锯，台式锯配有至少要有直径25.4 cm(10 in)碳化的刀刃和1.102 5 kW(1.5马力)的电机，来打开铝制岩心筒。

5.3.4.2.1.1 用于亲油海绵的分析设备

下列附加设备是分析亲油海绵所需要的：

a) 盛装海绵的容器(大的索氏抽提仪，金属罐等)。

b) 用于确定溶液中原油含量的分光计，例如：
   1) 可见分光计(检测原油颜色的亮度)；
   2) 紫外线——荧光分光计(检测芳香族化合物)；
   3) 红外分光计(NIR)(检测C-H键，沥青质)；
   4) 核磁共振(NMR)波谱仪(检测C-H键的改变)。

c) 分析天平用来准备原始提取液的标样，这个标样用于校准分光计响应。

d) 气相色谱(可选)。

5.3.4.2.1.2 亲水海绵分析设备

除了5.3.4.2.1所列的设备外，亲水海绵分析还需要标准的蒸馏抽提设备(例如Dean-Stark)，用来测定收集到的水体积(见5.3.2)。

5.3.4.2.2 试剂

5.3.4.2.2.1 亲油海绵分析

良好的原油溶剂应是：

a) 如果使用可见光分光计，应看不到颜色。

b) 如果使用紫外——荧光分光计，应看不到芳香族。

c) 如果使用红外分光计(NIR)或者核磁共振波谱仪(NMR)，应看不到C-H键(例如自由氢键的含氯氟烃或氯碳化合物)。

5.3.4.2.2.2 亲水海绵分析

任何标准的蒸馏抽提溶剂，例如甲苯。

5.3.4.3 操作步骤以及注意事项

5.3.4.3.1 井场处理

在井场，操作应小心，避免使海绵岩心衬套受到震动，因为这样会引起岩心的窜动，使岩心与海绵相对位置发生变化。虽然海绵取心应保持冷却，但是在岩心筒里就将其冷冻，在搬运时容易使岩心产生裂缝。

对于某些储层，如裂缝或溶洞性碳酸岩可能会断裂或楔入海绵，使海绵堆积到一起。采用较大直径的海绵取心就不容易发生此类问题。

岩心取回后应立即把岩心截断成岩心段[一般为1.524 m(5 ft)]，存放在运输的容器里，该容器里充满了与饱和海绵同样的流体。

5.3.4.3.2 亲油海绵分析

由于海绵提前用水饱和，而且是可以高度压缩的，应直接分析海绵中的油量，而不是从海绵中的水量以及孔隙度来计算出油量(就像蒸馏抽提法分析岩石的含油饱和度那样)。

由于油已经分散到亲油海绵内并形成了一薄层，采用机械压缩的方法，试图把油收集起来，不是一个好的方法。

使用一台配有大直径探头的核磁共振仪，如NMR成像仪，只要把要测定的海绵衬套从导电的铝制衬管中取出，就可以直接测定海绵内的油。随着测定费用的降低，以及NMR的普及，NMR直接测定的方法就更具有吸引力。

根据1993年的资料，最便宜、应用非常广泛的方法是用溶剂溶解海绵里的油，接着再用分光计确定溶液中的油量。由于在原油溶解步骤中，海绵会受到溶剂的损坏，因此应选择不损害海绵的溶剂或者是溶解的海绵不影响后来的分析。对于分光计分析，应建立一条校准曲线，即把已知质量或体积的原油注入到几片海绵里，接着用溶剂从海绵中提取油，然后测定分光计对提取液的响应。海绵片应从实际用的海绵中获取，如果在取心过程中使用了不同的海绵，那么对于新的海绵片，应做一条新的校准曲线。

5.3.4.3.3 亲水海绵分析

由于亲水海绵是容易吸湿的，因此应注意防止其从空气中吸收潮气，因为这将影响最终含水饱和度的分析。确定水的含量，通常的蒸馏抽提分析方法就可以了。

5.3.4.3.4 从岩心上分离海绵衬套与铝制衬管

在铝制衬管长度上(沿着衬管的轴线方向)，用台锯把衬管切割成相距180°的两个切口。切口深度为6.35 mm(0.25in)，这样锯片只能锯开铝制衬管，而不会锯到海绵衬套。也就是说，切割是在一对铝制中心定位片之间，而不是在中心定位片顶部(定位片把岩心固定在铝制衬管的中心)。

接下来，用刮刀切割海绵衬套，从衬管中取出每块岩心，以便修整。要注意岩心与衬管之间相对位移的变化。为了使切割的铝制衬管的长度与已修整的相应岩心块长度相等，应在衬管上作上标记，并把整个岩心和衬管的每一相应部位贴上标签。

为尽量减少在空气中暴露的时间，切割和密封岩心与海绵样品的过程要在30 min内完成。这样在分析原油含量时，就会尽可能减少由于岩心流体的蒸发和液态原油的氧化引起的误差。如果不立即分析海绵样品，分析前要仔细保存样品(见3.2.6提出的保存方法)。

每块修整后的岩心中的原油(或水)加上与之相对应的海绵衬套中的原油(或水)的体积除以岩心总孔隙体积，即为校准的岩心原油(或水)的饱和度。

5.3.4.3.5 **溶剂提取和光谱分析(亲油海绵)**

亲油海绵的操作步骤如下：

a) 用已知量的矿区原油制备海绵样品,并用已选择的溶剂提取海绵。用此提取液校准分光计的响应。

b) 将含有原油的海绵放入溶剂中,以下面的任一方式处理海绵：

1) 索氏(Soxhlet)抽提仪；

2) 浸泡并用力摇动；

3) 浸泡,在搅拌器中分离溶解海绵中的油。

若采用第2)、3)种方式,需要把海绵衬套与铝制衬管分开。

5.3.4.4 **计算**

5.3.4.4.1 **亲油海绵分析**

a) 确定溶剂提取液试样的分光计响应。

b) 已知提取液的总量,用以准备好的标准样进行校准,计算海绵吸入的原油总量,见式(30)：

$$V_{tc}=\frac{m_{tc}}{\rho_c}=\frac{R_a/R_{pwf}}{m_{ts}/\rho_c} \qquad (30)$$

式中：

R_{pwf}——在最终的提取液里,每份吸入矿区原油的海绵的分光计响应。用制备好的标准物质对响应进行标定,标准物质的组成包括一系列已注入了已知量矿区原油的海绵样品(本批次的)提取液。(例如在给定的光波波长下,一个给定的样品室中,测定出每份吸入矿区原油的海绵提取液的吸光度或荧光性)。R_{pwf}的单位与R_a的单位应相同；

R_a ——将一片海绵的提取液分成相等的若干份试样,其中一份试样的分光计响应。在计算的过程中,应是在与标定时具有相同的条件下测定标准物质的分光计响应,例如使用相同的样品室、相同的波长等等。R_a的单位与R_{pwf}的单位应相同；

m_{ts} ——从一片海绵里收集到的原始提取液的总质量。这个质量是在很小一部分等分样品被移出前称量的,单位为克(g)；

m_{tc} ——一片海绵中的原油总质量,单位为克(g)；

V_{tc} ——一片海绵中的原油总体积,单位为毫升(mL)；

ρ_c ——矿区原油的密度,单位为克每立方厘米(g/cm^3)。

5.3.4.4.2 **亲水海绵的分析**

已知盐水的含盐度和密度,就可根据由海绵中蒸馏出的水体积来计算海绵吸入的盐水体积,计算公式见式(31)：

$$V_{br}=\left(\frac{V_w\times\rho_w}{\rho_b}\right)\times\left(\frac{1\ 000\ 000}{1\ 000\ 000-C_s}\right) \qquad (31)$$

式中：

V_{br}——与从一片海绵中收集的蒸馏水体积相对应的盐水体积,单位为毫升(mL)；

V_w——从一片海绵中收集的蒸馏水体积(例如Dean-Stark方法),单位为毫升(mL)；

ρ_w ——蒸馏水密度,单位为克每立方厘米(g/cm^3)；

ρ_b ——含浓度为C_s的矿区盐水密度,单位为克每立方厘米(g/cm^3)；

C_s ——矿区盐水中溶解盐的浓度,单位为毫克每升(mg/L)。

5.3.4.5 优点及应用局限性

与保压取心相比,海绵取心成本低,操作简单(如5.3.3的叙述)。岩心中保留的油量(或水量)加上海绵吸收的油量(或水量),就可得到更准确的含油饱和度(或含水饱和度)值。

与保压取心不同的是,海绵取心中释放的烃气未被保存下来,也不可能进行分析。而且,用海绵取心应选择是测量校准的含油饱和度还是校准的含水饱和度,两者不能在同一块海绵岩心上测量。

5.3.4.6 准确度/精度

抽提与光谱分析相结合,亲油海绵分析的油体积误差为实际油体积的5%或0.2 mL以内,无论哪个参数,误差都比较大。亲水海绵分析的水体积误差在实际水体积的0.1 mL之内,若已知盐水的含盐度和密度,就可计算相应的盐水体积。由于水的体积可以直接测定,因而测定水的体积比测定油的体积更准确。相比之下,油样在溶剂中被高度稀释,光谱法也只能分析稀释溶液的某一等分试样。

5.3.4.7 校准

见5.3.1.8所述所有工业设备应遵循的标准校准过程。

5.3.5 产油页岩

5.3.5.1 分析原理

这一节涉及测定"产油页岩"——由黏土到粉砂粒级的颗粒组成的岩石,该岩石可能产油,测定这种岩石的孔隙空间流体饱和度需要特殊的要求。由于这种类型岩石渗透率低,可能存在结合紧密的束缚水或结构水,并且可能存在固体有机物,因而分析样品时需要特殊处理。建议含有固体有机物的样品不用干馏法分析,因为在高温下固体有机物也将产出油,这样就增加了油的体积。因此,测定液体饱和度时需要采用蒸馏法。

分析原理与5.3相同。如果所含的固体有机物不计入油的体积,应采用该方法。如果需要缩短分析时间,研碎岩样可以加速烃的排出。研碎的岩样还将缩短测定颗粒体积的平衡时间。

5.3.5.2 仪器

蒸馏抽提仪与5.3.1.2中描述的相同。为了研碎岩样,还需要研钵和研杵。

5.3.5.3 操作步骤/注意事项

操作步骤与5.3.1.3中的描述相同。如果要研碎岩样,以加速烃的排出或方便颗粒体积的测量,那么在研碎前应测定岩样总体积,并称其质量。用研钵和研杵研碎岩样并再次称量。如果研碎过程中有质量损失,应对岩石或流体体积进行校准。如果质量损失较高,应废弃该样品,使用另一块岩样。在整个分析过程中防止岩样的质量损失是准确测定油体积的关键。

5.3.5.4 计算

按5.3.1.4的规定进行计算。

5.3.5.5 优点

该方法的优点包括:

a) 可以用同一块岩样,进行全部测定。

b) 油体积中不包括固体有机物。

c) 可以准确测量颗粒密度。

5.3.5.6 应用局限性

该方法的应用限制包括：

a) 对岩样所使用的烘干方法影响着油体积。

b) 由于这类岩石渗透率低，需要很长的抽提时间。

c) 岩样质量损失是影响油含量测定的关键因素。

5.3.5.7 准确度/精度

正确的蒸馏和烘干方法可使含油量和含水量的测定误差在测量值的2%之内。由于岩石能快速再水化，从而降低油的体积，因此在烘干岩样时一定要注意。

5.3.5.8 校准

按5.3.1.8叙述的方法进行校准。

5.3.6 焦油(油)砂分析

5.3.6.1 分析原理

蒸馏抽提法可用于确定未胶结的焦油(油)砂的流体饱和度分析，但对操作步骤和数据描述需要做一些改进。在以下的章节中描述了需要改进的地方。

5.3.6.2 仪器

该方法使用的基本设备与5.3.1.2中描述的相同。

5.3.6.3 操作步骤/注意事项

取样前可把未胶结的岩心冷冻，钻取柱塞时应使用液氮作为润滑剂，接着把冷冻的柱塞装入用热缩聚氯乙烯(PTFE)制成的胶套中，以保证在沥青排出时柱塞岩样完整无损。然后把岩样放入蒸馏抽提仪中(见图5和图6)，用甲苯作为溶剂。如果岩样是在开采焦油砂储层时挖出来的，岩心可以不冷冻，实验岩样可以在体积/质量基础上进行分析。在这种情况下，试样可以直接装入到合适的样品杯里，如5.3.1.2f)所描述的方法。

为避免溶剂的强烈沸腾，将以最小的加热速度来达到沸点。必要时更换甲苯，以避免焦油聚集，以及紧接着的"暴沸"或加热过度。后面发生的情况可能延迟蒸馏/抽提过程，还有可能使整个实验失败。

如果沥青的初始沸点大于200 ℃ (392 ℉)，就可以直接确定油的含量。为了直接测定油量，将甲苯——沥青残留物转到容量瓶中，加入甲苯，直到总体积达到容量瓶的刻度。由容量瓶中取出试样并放在玻璃纤维滤纸上。蒸发甲苯，称量沥青的质量。然后计算沥青总质量。该方法称为Modified Dean-Stark(改进的蒸馏抽提法)或AOSI-3573[19]。

5.3.6.4 计算

样品的液体含量一般以质量百分数而不是孔隙体积百分数表示，见式(32)、式(33)：

$$S_w = \frac{V_w \times \rho_w}{m} \times 100 \qquad \cdots\cdots (32)$$

$$S_o = \frac{m - (V_w \times \rho_w) - m_d}{m} \times 100 \qquad \cdots\cdots (33)$$

式中：

S_w——水占样品质量的百分数，%；

S_o——油占样品质量的百分数，%；

V_w——采出的水体积，单位为毫升(mL)；

ρ_w——水的密度，单位为克每毫升(g/mL)；

m——原始样品的净质量，即除去了胶套的质量，单位为克(g)；

m_d——干样质量(清洁、干燥的样品质量)，单位为克(g)。

特别提示：实际应用时，可以假设水的密度为 1.00 g/mL。(ACOSA 法的计算见参考文献[19])。

5.3.6.5 优点/应用局限性

该方法的优点是：

a) 用一块样品可以确定液体含量。

b) 该方法非常迅速。

c) 计算简单。

d) 如果样品的焦油(油)含量高，必要时可以终止蒸馏过程，用清洁的甲苯更换烧瓶中已污染的甲苯。

5.3.6.6 准确度/精度

质量百分数应精确到 0.1%。虽然没有行业标准物质来验证，但质量百分数应在计算值的±0.5%范围内。对于大多数实际应用来说，该准确度是可以接受的。

5.3.6.7 校准

见 5.3.1.8。

5.3.7 滤液侵入分析(保压取心的岩心)

5.3.7.1 分析原理

滤液侵入分析的目的是，测定取心过程中侵入到岩心中的钻井泥浆滤液的量。通过把一种或几种已知量的示踪剂加入到钻井液系统中，测定岩心中的示踪剂含量，就可以确定泥浆滤液的侵入量。根据示踪剂的浓度/放射性/稀释的程度，就可以确定钻井泥浆滤液侵入到岩心中的量。知道了岩心中钻井泥浆滤液的含量就可以定性地评价取心过程中由于侵入而引起的饱和度改变，并据此计算地层水的矿化度(见 8.7)。

除了对使用各种不同的水基和油基取心液进行保压取心的研究外，还可以对滤液侵入进行研究。本标准未提出关于进行这方面研究的方法。如同广泛的取心液一样，复杂的岩石类型和潜在的示踪剂物质，这些阻碍了对其他技术标准化操作步骤的推荐。

应用储层相对渗透率分流特性提高了对流体饱和度变化的评价。通过使用低侵入型钻头，使钻井滤液的侵入和由于侵入而引起的饱和度改变降至最低。

用示踪剂物质跟踪钻井液系统。建议水基钻井液使用氚水，以下描述的过程均以此为基础。油基钻井液曾用氚化的十六烷作示踪剂。

充分循环钻井液系统，以便使示踪剂均匀混合。根据以往的经验使钻井液从井底到井口循环三次。在钻井取心期间，定期地抽取钻井液试样，其中示踪剂的浓度及放射性参数作为计算岩心中滤液浓度的基准。

在已选择的所有岩心段上钻取垂直柱塞，就会得到“柱塞”样品和“环形”岩样(见图 8)。从这些岩样中提取水,并用液体闪烁分析测定氚水的放射性。与钻井滤液相比,钻井液中降低的示踪剂浓度和放射性强度,应等于被地层水稀释的钻井滤液中的示踪剂浓度和放射性强度。据此可以确定钻井滤液侵入到岩心表面和内部的量,以及钻井滤液总侵入量。

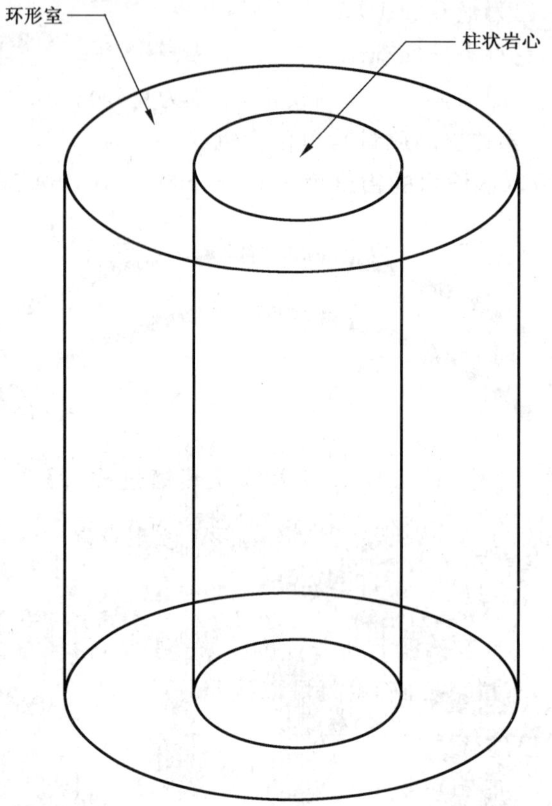

图 8　滤液侵入研究的柱塞和环形岩样

为了尽可能减少由于扩散或吸入引起的钻井泥浆滤液迁移到岩心内部,应在岩心取出后尽快在井场切割。如果这样做不可行,那么应在内岩心筒中快速冷冻并保存。Gidman 和 Conner 在 1992 年[20]曾报道,岩心冷冻可能引起一定的液体迁移,从而使评价的钻井滤液侵入量不准确。

5.3.7.2　仪器

应用的仪器如下:

a) 钻取样品的钻床,使用液氮作为钻头润滑剂。
b) 5.3.1.2 中描述的用于柱塞岩样分析的蒸馏抽提仪器。
c) 用于提取取心滤液的钻井液失水仪。

5.3.7.3　操作步骤/注意事项

操作步骤和注意事项包括:

a) 采用已制定的安全操作程序。
b) 标明为滤液侵入研究选择的岩心段。一般来说,在整个取心段中,大约每 1.22 m(4 ft)取一块样。
c) 在处理岩心、柱塞和环样时要格外小心,避免水分蒸发。
d) 应将所选择的全直径岩心段端面磨平,并且加工成长度为 50.8 mm～70.6 mm(2 in～3 in)的正圆柱体。在每个岩样的中心钻取垂直柱塞,提供分析用的柱塞样和环形样。

确定钻井泥浆滤液侵入程度还有其他方法,比如在整个岩心上,在垂直轴向上钻取柱塞样,然后再把柱塞样切割成许多薄片,分析每一个薄片样品的钻井液示踪剂。

e) 称取柱塞样和环形样的质量,将其分别放入 Dean-Stark 蒸馏抽提仪中,对岩样进行油和水的提取。实验过程中使用样品杯可减少颗粒损失。测量每个样品排出的水量,装入瓶中并做好标记。由于氚化水的化学和物理性质与水的几乎相同,因而蒸馏时无法从原来的水中分离出来。

f) 将岩样放入 116℃(240 ℉)的对流烘箱中烘干,直到恒重,记录每块干样品的质量。

g) 测定柱塞样的孔隙度。假设环形样与其相应的柱塞样有相同的孔隙度,用柱塞与环形样的质量比来确定相应的环形样的孔隙体积。

h) 计算柱塞样和环形样的含水饱和度。

i) 确定从每一对柱塞样和环形样中蒸馏出的水里含有钻井滤液的量。计算每块样品中钻井滤液与总水量的比值,并以样品孔隙体积的百分数表示。

j) 当使用氚水时,分析者应遵守相关的安全测量规程。

5.3.7.4 计算

适用于本方法的计算步骤如下:

a) 柱塞样和环形样的含水饱和度按式(34)、式(35)计算:

$$S_{wp}=\frac{S_{wtp}}{P_{vp}}\times 100 \tag{34}$$

$$S_{wd}=\frac{S_{wtd}}{P_{vp}\times(m_d/m_p)}\times 100 \tag{35}$$

式中:

S_{wp} ——以孔隙体积百分数表示的柱塞样的含水饱和度;

S_{wd} ——以孔隙体积百分数表示的环形样的含水饱和度;

S_{wtp} ——柱塞样中水的总体积,单位为毫升(mL);

S_{wtd} ——环形样中水的总体积,单位为毫升(mL);

P_{vp} ——柱塞样的孔隙体积,单位为立方厘米(cm^3);

m_d 和 m_p——分别表示环形样和柱塞样的质量,单位为克(g)。

b) 柱塞样和环形样中的滤液侵入量按式(36)、式(37)计算:

$$R_{dril}=\frac{A_s}{A_{dril}}\times 100 \tag{36}$$

$$R_{PV}=\frac{R_{dril}\times S_w}{100} \tag{37}$$

式中:

R_{dril} ——以总水量表示的钻井滤液侵入百分数,%;

R_{PV} ——以孔隙体积表示的钻井滤液侵入百分数,%;

A_s ——样品中氚元素活性,单位为微微居里每毫升(pCi/mL);

A_{dril} ——钻井液中氚元素活性,单位为微微居里每毫升(pCi/mL);

S_w ——以孔隙体积表示的含水饱和度。

5.3.7.5 优点/应用局限性

本方法的优点和应用限制包括:

a) 与其他常规或海绵取心法的岩心分析相比,用保压取心确定取心滤液侵入量的优点是,由于取心筒压力保持在原始取心压力下,取样时全部水量都保持在岩心内。因此,岩心段中含有的钻井滤液量在完成取心操作后、表面加工之前，就可以定量确定。

随着取心筒由井下提升到地面，在常规或海绵取心中，流体会从岩心中排出。在常规取心中，由于岩心周围含有大量的钻井滤液，随着取心筒的提升压力下降，首先排出的是含水滤液。由于排出了部分液体，钻井滤液的侵入量减少，由这种岩样测得的钻井滤液的侵入量只能是剩余的量。

可以选择水湿或油湿海绵衬套。亲水海绵衬套回收由气体排出的水量，可用于分析钻井滤液示踪剂。也可以用 Dean-Stark 抽提法以及分析收集到的水的方法，来分析岩心流体中的示踪剂。

b) 即使已知岩心段的钻井滤液含量，也不能定量地确定原始地层流体饱和度。钻井滤液排驱油和水。它排驱各相的量取决于原始地层流体饱和度、流体性质和地层性质。如果在原始状态，地层处在束缚水饱和状态下，那么滤液主要排驱的是油或气；相反，如果在原始状态，地层处于残余油饱和状态，那么滤液主要排驱的是水或气。在这两种极端情况之间，油和水的排驱取决于各自的相对渗透率。相对渗透率分流曲线可用于评价取心操作过程中流体饱和度的变化。

c) 建议钻井滤液示踪剂用氚水，因为用 Dean-Stark 抽提法可以从岩样中蒸馏出水。如果用的是离子示踪剂，或除氚化水以外还使用了其他的示踪剂，那么选择示踪剂的一个原则是油层岩石不会通过化学或生物作用，改变所选示踪剂的性质。水基泥浆钻井液中使用阴离子示踪剂，如溴化物、碘化物和硝酸盐，不同程度地获得了成功。许多油层水中都含有一定量的溴化物和碘化物，因此选择合适的示踪剂对准确分析地层水组份至关重要。硝酸盐示踪剂要求钻井液中加入杀菌剂，以防止微生物把硝酸盐还原成亚硝酸盐。

从岩心中提取离子示踪剂，与氚化水的提取相比，需要更长的时间和更大的工作量。这个过程的操作步骤见 8.7。离子示踪剂提供了半定量的水侵入结果。

d) 由于是在冷冻状态下把柱塞样和环形样放入 Dean-Stark 蒸馏抽提仪中，因而避免了气体从岩样中的释放。在蒸馏过程中，由气体释放引起的质量损失被包括在了由提取油时引起的质量损失里。油量按质量确定。如果岩样中存在大量的气体，那么由蒸馏抽提实验确定的含油饱和度可能产生明显的误差。因此，滤液侵入研究报告中只有含水饱和度。

5.3.7.6 准确度/精度

钻井滤液侵入岩心中程度的测量精度大约在 5%～20% 范围以内。同时使用几种钻井液示踪剂，可使测得的滤液侵入程度的可信度大大增加。由于目前还没有钻井滤液在井下侵入范围的公认标准，因此未见关于该方法准确度的资料。

5.3.7.7 校准

为了取得一致的结果，应对液体闪烁仪、阴离子示踪剂检测仪和离子色谱仪进行校准。

5.4 溶剂冲洗法（Karl Fischer 滴定）

5.4.1 分析原理

用不同溶剂按一定顺序通过动态混相驱替方法清洗柱塞岩样，并用 Karl Fischer 滴定法分析流出物中水的含量（见 ASTM D1364-90[21] 和 ASTM D4377-88[22]）。

5.4.2 仪器设备

适用于本方法的仪器包括：

a) 基本设备——包括注入溶剂用的岩心驱替系统和分析流出物的 Karl Fischer 滴定仪。岩心驱替系统由一套岩心夹持器组件、溶剂供给装置和相关的硬件组成。Karl Fischer 分析需要一台滴定仪、合适的 Karl Fischer 试剂、分析天平和注射器。

b) 岩心夹持器组件——Hassler 或静水压力型岩心夹持器、胶套、两端堵头、适当的围压和驱替压力的加压源。

c) 溶剂供给装置——一个恒速高压液相色谱(HPLC)泵,也可以用气动泵。泵可以是活塞泵,也可以是连续流动型的系统。恒压法需要一个高压气瓶,压力调节器和一个活塞式的中间容器。

d) 相关的硬件——由防腐管线,阀门组成,用于连接岩心夹持器和溶剂驱替系统。

e) Karl Fischer 滴定仪——体积或库伦滴定仪。

f) 分析天平——能称量 0.1 mg～1 000 g 的分析天平均可。

g) 注射器——容量为 0.1 mL～10 mL,塑料或玻璃制的。

h) 材料和试剂:

1) Karl Fischer 试剂:选择使用适合于滴定仪的试剂;
2) 甲苯:分析纯;
3) 甲醇:Karl Fischer 级;
4) 25 mL 带盖小玻璃瓶:盖内衬有聚四氟乙烯(PTFE);
5) 玻璃器具:容量约为 1 000 mL 的容量瓶,10 mL 的接收管;
6) 硝酸银:0.1 mol/L;
7) 标准溶液:含水 0.1%(质量)的甲醇标准溶液。

5.4.3 操作步骤/注意事项

5.4.3.1 操作步骤

本方法适合于确定全直径岩心和柱塞岩样的含水饱和度,也可以作为蒸馏抽提(Dean-Stark)法的替代方法。

a) 称量岩样精确到 0.1 g(假设用的是柱塞岩样),装入岩心夹持器。按设计的压力施加围压,在接收管中收集产出的所有液体,并记录体积。

b) 按顺序交替注入甲醇——甲苯溶剂,首先注入的溶剂应是与岩心中的流动相相混溶,即如果盐水是流动相则与甲醇混溶,那么首先注入甲醇;如果油是流动相则与甲苯混溶,那么就首先注入甲苯。

c) 所有的储存小瓶、注射器、或收集容器在使用前应称重或校准。

d) 用先注入的溶剂充满玻璃小瓶并密封,然后以适当的速度或压力向岩样中注入溶剂,用带塞子的容器收集流出物。操作时应格外小心,尽可能避免溶剂暴露在空气中。

1) 甲醇注入时,对流出物定期取样,并用硝酸银检测盐的含量。当硝酸银滴在流出液的等分样品中不形成沉淀时,注入结束;
2) 注入甲苯时,应连续注入,直到(a)流出液变清澈,或(b)流出液的折光指数与注入液的相等时,注入结束;
3) 尽快进行 Karl Fischer 滴定,以便尽可能减少由于吸潮引起的含水量变化[见步骤 g)～i)]。

e) 使用另一种溶剂重复步骤 d)。

f) 再用先使用的溶剂重复步骤 d)。

g) 对储存小瓶和流出物收集容器重新称量,计算溶剂的质量。

h) 用注射器抽取部分注入溶液,根据制造商推荐的步骤,用 Karl Fischer 滴定法分析水的含量。将注射器再次称量,以便确定分析溶剂的确切质量。要确保流出物是均匀的,然后采用上述步骤确定水的含量。测定结果以质量百分数或与之相等的 mg/L 表示。

i) 卸下岩样,用适当的方法烘干,称量,并用氦气注入法测定孔隙体积。

5.4.3.2 注意事项

Karl Fischer 滴定法的注意事项包括:

a) 为了安全合理使用所需要的各种化学试剂,包括 Karl Fischer 试剂,应首先阅读安全使用说明。

b) 甲醇非常容易从潮湿的空气中以及未彻底烘干的玻璃容器中吸收水分。而这种吸潮引起的质量变化又难于定量的确定,因此应尽量减少在空气中暴露的时间,尽快进行 Karl Fischer 滴定。

c) Karl Fischer 滴定法只需要少量的溶剂样品,因此,要分析的样品应具有代表性,以得出准确的结果。

5.4.4 计算

应进行以下计算:

a) 含水饱和度按式(38)~式(41)计算:

$$S_{wes}=m_{es}\times(S_{we}-S_{wi}) \qquad (38)$$

$$S_{ws}=\mathrm{Sum}S_{wes} \qquad (39)$$

$$S_{wb1}=\frac{S_{ws}}{(1-A)\times\rho_b} \qquad (40)$$

$$S_{wb2}=\frac{S_{wb1}}{V_p}\times 100 \qquad (41)$$

式中:

S_{wes} ——流出溶剂中的水量,单位为克(g);

m_{es} ——流出溶剂的质量,单位为克(g);

S_{we} ——流出物中的含水量,单位为克每克(g/g);

S_{wi} ——注入剂的含水量,单位为克每克(g/g);

S_{ws} ——岩样中含水量,单位为克(g);

$\mathrm{Sum}S_{wes}$——流出溶剂中的水含量总和,单位为克(g);

S_{wb1} ——岩样中含盐水量,单位为毫升(mL);

S_{wb2} ——样品含盐水饱和度,孔隙体积百分数;

ρ_b ——盐水密度,单位为克每毫升(g/mL);

A ——盐水的含盐量,每克盐水中盐的克数;

V_P ——岩样的孔隙体积,单位为立方厘米(cm^3)。

b) 含油饱和度:

如果岩样被完全饱和,含油饱和度可以由体积差来确定,见式(42):

$$S_o=100-S_{wb2} \qquad (42)$$

如果岩样含有初始气饱和度,应用质量差计算含油饱和度,见式(43)~式(45):

$$m_o=m_i-m_d-\frac{S_{ws}}{1-A} \qquad (43)$$

$$V_o=\frac{m_o}{\rho_o} \qquad (44)$$

$$S_o = \frac{V_o}{V_p} \times 100 \qquad \cdots\cdots (45)$$

式中：

S_o ——以孔隙体积(V_p)百分数表示的含油饱和度；

S_{wb2} ——岩样盐水饱和度，孔隙体积百分数；

m_o ——油的质量，单位为克(g)；

m_i ——岩样的原始质量，单位为克(g)；

m_d ——干样重，单位为克(g)；

S_{ws} ——岩样中的水量，单位为克(g)；

V_o ——油的体积，单位为毫升(mL)；

ρ_o ——油的密度，单位为克每毫升(g/mL)；

A ——盐水的含盐量，每克盐水含盐的克数；

V_p ——岩样的孔隙体积，单位为立方厘米(cm^3)。

c) 数据报告——流体饱和度用孔隙体积百分数表示，数据修约到0.1%。

5.4.5 优点

本方法的优点包括：

a) 可以测定任意范围的饱和度。
b) Karl Fischer 滴定法相当精确。
c) 对敏感矿物的伤害减到最小。
d) 该方法可从岩样中除去盐。
e) 因为试验过程中不用卸下岩样，从而避免了压力滞后的影响，所以可以用于专项岩心试验中确定饱和度。

5.4.6 应用局限性

这种方法的应用限制包括：

a) 甲醇易从周围空气中吸收水分。
b) 该方法的准确度取决于溶剂的处理和储存方法。
c) 要进行分析的样品应具有代表性。
d) 与蒸馏抽提法相比，该方法更复杂，成本更高。
e) 含油饱和度只能间接确定。含油饱和度是假设岩样无颗粒损失，用质量差确定。
f) 该方法不适合于含有岩盐，硫化物或含有能溶于甲醇的矿物的岩样饱和度测定。

5.4.7 准确度/精度

Karl Fischer 自动滴定法的精度为测定值的±0.5%以内。但本方法在处理和储存溶剂时，很难保持含水量不变，因而也降低了该方法的准确度。

5.4.8 校准

通过分析已知含水量的标准溶液来检查仪器。对于那些产生异常值的样品，在进行平行样分析时其重测率应达到产生异常值的样品的100%～110%。抽取总样品的10%进行平行样分析，其结果的相对偏差要小于2%。

5.5 扫描法

5.5.1 前言

目前已知几种扫描法测定岩样的含水、含油、含气饱和度的方法，包括：线性 X 射线吸收法、微波吸收法、计算机辅助层析成像（轴向）（CT）法、线性伽马射线吸收法、核磁共振（NMR）法。其中线性 X 射线吸收、伽马射线、微波吸收、和 CT 法被认为新兴的饱和度测定技术。用于确定饱和度的其他扫描方法还有无线电波共振和中子衰减成像技术。由于流体（质子）对中子射线的衰减要比岩石的大得。多，因而，中子射线照相技术确定流体饱和度很有潜力。因此，用中子射线成像法测定饱和度，不需要在地层流体中加入示踪剂。上述这些方法还未广泛应用在岩心分析上。

5.5.2 分析原理

X 射线、CT 和伽马射线技术是通过测定流体对高能电磁放射物的吸收量，来确定流体饱和度，该流体中含有具有高吸收性能的试剂，一般是高原子量的元素。微波吸收法是基于水分子吸收的微波能。NMR 基于当样品处于大的稳定磁场中时，当无线电频率发生变化时，通过探测包含在液体中的质子（^{1}H）、碳（^{13}C）、钠（^{23}Na）、磷（^{31}P）和氟（^{19}F）的含量来测定饱和度。

5.5.3 仪器

这些方法用的仪器都是相当精密和相当昂贵的。为医学应用制造的 X 射线和 CT 仪完全能满足饱和度测量，医用 NMR 往往不适合测定饱和度，微波和伽马射线吸收仪通常也要专门制造。

5.5.4 操作步骤/注意事项

使用扫描法时，为了准确测定饱和度，有几个参数应考虑，如能量标准的设置、示踪剂的材料及其浓度、含示踪剂的流体—岩石和流体—流体间的相互作用（参考各种方法的操作步骤和注意事项的文献资料）。

5.5.5 计算

由于所有的方法（NMR 法除外）均由固体基质和流体产生信号。为了建立校准曲线，至少需要测定两个已知饱和度（一般是 0～100％）的样品。然后按照式（46）计算油——盐水系统的未知饱和度：

$$S_w = \frac{U_{sat} - U_o}{U_w - U_o} \qquad \cdots\cdots(46)$$

式中：

S_w ——未知的盐水饱和度，以分数表示；

U_{sat}——在未知饱和度（S_w）下岩心的衰减；

U_w ——含盐水饱和度为 100％时岩心的衰减；

U_o ——含油饱和度为 100％时岩心的衰减。

U_{sat}，U_o 和 U_w 的单位应完全相同。

5.5.6 优点

这些方法的一个显著优点是能提供流体饱和度空间分布的资料，另一个优点是这些测量是没有流体侵入和非破坏性的。对于保存下来的岩心在进行流动试验前不需要提取流体（全直径岩心或者胶结致密岩心的流体提取非常困难）。利用该方法，在试验过程中可以监测饱和度的变化。

CT 和 NMR 成像技术的优点是能够提供三维流体饱和度分布。

微波和 NMR 方法的优点是能够确定未加任何示踪剂的岩心含水饱和度。因为微波和 NMR 法不需要示踪剂，因而在标准岩心分析中，可用于确定饱和度，并在岩心清洗和重新饱和后建立校准曲线。

5.5.7 应用局限性

X射线、CT和伽马射线技术的应用限制是只能测定由含示踪剂流体饱和的岩心饱和度。因此这些方法不适于基本岩心分析。

NMR法的限制是不能测定含有大量磁性物质、黏土或气体的岩心。

5.5.8 准确度/精度

表11中列出了用于测定饱和度的扫描方法的准确度。该表中列出的代表性准确度值只有在最佳校准和测量方法下才能达到。

5.5.9 校准

吸收法需要测量至少两个饱和度级别的信号强度，以建立相关仪器对饱和度反应的校准曲线。校准方法视仪器而定。

表11 扫描法测定饱和度的基本情况

方法	维数	示踪剂要求	准确度 饱和度单位	空间分辨率 cm	样品最大尺寸 cm(in)	被测流体
线性X射线	2	要	1	1.0	30.48(12)	油,水,气
计算机辅助层析成像	3	要	1	0.2	30.48(12)	油,水,气
伽马射线	2	要	3	0.1	30.48(12)	油,水,气
微波	2	不要	1	2.0	5.08(2)	水
核磁共振	3	不要	1	0.1	10.16(4)	油,水

5.6 煤样的分析

5.6.1 分析原理

基本岩心分析技术，如干馏法和溶剂蒸馏抽提法都不适合确定煤样的流体饱和度，因此建立了另一种煤样流体饱和度的分析方法。煤中的流体主要是水。含水率，或更确切地说，湿气的含量是煤的主要性质，应准确测定，以便对煤层做出正确地评价。本节中描述煤中湿气含量的测定方法包括将粉碎的样品在对流烘箱中脱水，并连续称量，直到达到恒重。质量损失相当于排出的水量，湿气的含量以占湿煤样质量的质量百分数表示。

5.6.2 仪器

适用于本方法的仪器如下：

a) 粉碎机——用虎钳、锥形物、或旋转式粉碎机把煤样破碎，破碎的颗粒尺寸要能通过孔径2.38 mm的筛网(美国8号筛)。

b) 干燥盘——干燥盘的大小应能铺展厚度小于2.5 cm的破碎样品，盘边高度小于3.8 cm。干燥盘应由在实验温度下不会融蚀的稳定材料制成。

c) 烘箱——使用能恒温107 ℃±3 ℃ (225 ℉±5 ℉)的机械通风烘箱。烘箱中的送风速度尽可能小，以致不会吹动煤样。烘箱带有一个气体接口，通过软管与氮气瓶相连，因为用氮气通风有助于降低煤样的氧化，而不使用空气。

d) 天平——用于称量样品的天平灵敏度为 0.1 g，并且其量程能足以满足样品和样品盘的质量。

e) 孔径为 2.38 mm 的筛网(美国 8 号筛)——筛子应足够大，能够容纳下已经准备好的样品，筛出大颗粒。

f) 玻璃干燥器——干燥器大到能足够装下制备好的样品和样品盘。建议要么不用干燥剂，要么用新鲜的带色标的干燥剂，因为不新鲜的干燥剂会释放湿气。

5.6.3 操作步骤/注意事项

5.6.3.1 取样

5.6.3.1.1 碎样

用钳式粉碎机或其他合适的粉碎机或设备，把煤样碾碎成能通过孔径为 2.38 mm 筛网(美国 8 号筛)的颗粒，至少有 95%的碎样能通过孔径为 2.38 mm 的筛网(美国 8 号筛)。

5.6.3.1.2 样品的量

确定水分含量的样品质量至少 500 g 左右。

5.6.3.2 称量

5.6.3.2.1 干燥盘

样品制备完成后，立即测定并记录清洁、干燥的干燥盘质量。把粉碎并过筛的煤样装入干燥盘，平铺开，厚度不超过 2.5 cm。

5.6.3.2.2 样品原始质量

测定并记录湿煤样和干燥盘的质量。将装有样品的干燥盘放入温度为 107 ℃±3 ℃(225 ℉±5 ℉)的烘箱中。

5.6.3.2.3 干样质量测定

煤样烘一小时后，由烘箱中取出，放在玻璃干燥器中，冷却。建议不使用干燥剂。冷却后立即称量并记录质量。煤样仍放回到烘箱，每间隔半小时重复称量步骤，直到连续两次称量的质量差小于煤样质量的 0.05%，测量结束。认为最终测定的质量就是干煤样质量加上干燥盘的质量。

5.6.4 注意事项

不要过分烘干煤样。如果在空气中烘干时间太长，煤会发生氧化。

5.6.5 计算

用式(47)计算含水率：

$$M=\frac{m_2-m_3}{m_2-m_1}\times 100 \qquad \cdots\cdots(47)$$

式中：

M——煤样的含水率，%；

m_1——空干燥盘质量，单位为克(g)；

m_2——湿煤样加干燥盘质量，单位为克(g)；

m_3——干煤样加干燥盘质量，单位为克(g)。

5.6.6 优点

该方法的主要优点是操作简单，不需要花费很大投资专门制造测量设备，也不需要对测定过程进行专门训练。测定煤的含水率目前已有更先进的设备(见参考文献[23]、[24]和[25])，但就基本岩心分析而言，此处描述的方法可以满足要求。

5.6.7 应用局限性

用此处描述的方法处理煤样，有些类型的煤有氧化的趋势。如果发生氧化，所测含水率将会很低；氧化增加了质量，因此所测干重太高。建议烘干时间保持在规定的范围之内，尽可能减小氧化的可能性。烘干时使用氮气强制通风，而不使用空气，有助于降低氧化的可能性。

5.6.8 准确度

因为这个方法的准确度只取决于天平的准确程度，所以准确度很高。因此该方法的准确度为±0.05%。

5.6.9 注意事项

同一位技术人员用相同的设备对同一块样品进行重复实验，其测定的含水率偏差应不超过±0.3%。不同实验室用相邻样品测定的含水率结果偏差应不超过±0.5%。

5.6.10 校准

建议用校准过的砝码调试天平，以保证天平正常工作。根据出厂的技术要求，由熟练的技术人员定期对天平校准，以保证测量的准确性。

5.7 油页岩

5.7.1 分析原理

油页岩定义为由含有不同量固体有机物(即甘酪根)的黏土到粉砂级的颗粒组成的岩石。这些样品中的固体有机物一般经液化可以产出油。分析这种低渗透和含有固体有机物的储层需要专门的技术。

通过高温干馏法可获得含油和含水饱和度，不用测量气体体积。流体饱和度用L/kg(gal/t)表示。

5.7.2 仪器

所用的仪器与常压干馏法相同(见5.2.1.2)，液体收集在15 cm^3 的离心分离管中。干馏过程中通常放出气体，如果要收集和测试这些气体，那么需要一个改造的玻璃容器。它的下部是校准的液体收集管，上部装有玻璃侧管，产出的气体通过侧管进入收集室或测量仪器。

5.7.3 操作步骤/注意事项

除以下步骤外，其他操作步骤与5.2.1.3描述的步骤相同：

a) 选择有代表性的样品，长度大约5.08 cm(2 in)。没有必要把样品分成两块，因为油页岩分析时不考虑测量渗透率。

b) 粉碎过程中，不要把粉碎的样品过筛，以免除去产生的粉末。

c) 不需要制备5.2.1.3中描述的为水银泵实验准备的平行样品，因为这里既不需要测定样品孔隙中的气体体积，也不需要测定孔隙度。

d) 油的焦化和裂化引起的损失忽略不计，如果损失较大，应进行机械油滞留量校准。

e) 要求烘箱的加热速度与安装好的加热组件和一些干馏杯的加热速度一致，即不要在设定的烘箱初始温度下测定孔隙水。烘箱设定的初始温度为538°C (1000°F)，当烘箱稳定在这个温度，并且所有的收集管内流体的体积不变时，认为干馏结束。

f) 在一定条件下(即样品含有各种甘酪根时)采出的油体积随加热速度的不同而改变。

g) 只有收集到的总水量用于计算最终含水率。

h) 由于由甘酪根中采出的油通常都含有大量的硫化物，并且放出有毒的蒸汽，因此干馏操作过程中应适当通风(即在通风柜中操作)。

5.7.4 计算

油和水的含量分别按式(48)、式(49)计算：

$$S_o = \frac{V_o}{m_{st}} \qquad \cdots\cdots(48)$$

$$S_w = \frac{V_w}{m_{st}} \qquad \cdots\cdots(49)$$

式中：

V_o ——油的体积，单位为毫升(mL)；

V_w ——水的体积，单位为毫升(mL)；

m_{st} ——样品质量，单位为克(g)；

S_o ——含油饱和度，单位为升每千克(L/kg)；

S_w ——含水饱和度，单位为升每千克(L/kg)。

5.7.5 优点

本方法的优点如下：

a) 可以用较大体积的样品。

b) 分析速度快。

c) 所有的测量均直接进行，与其他条件无关。

d) 可以使用标准干馏设备和操作方法。

e) 不需要特地把孔隙水从总水量中分出来。

f) 不需要油体积校准曲线。

g) 由于可以制备较大量的粉碎样品，因而更容易获得用于重复实验的样品，采用"堆锥四分取样法"进行分样。

5.7.6 应用局限性

该方法的应用限制包括：

a) 产出的油量可能与加热速度有关。

b) 由于乳化，很难准确读出集液玻璃管中的弯液面。

5.7.7 准确度/精度

该方法的准确度/精度为：

a) 油和水体积的准确度为测量值的±2.5%。

b) 重复测试时，对于低产样品，如产量为 11.4 dm^3/t～37.85 dm^3/t(3 gal/t～10 gal/t)，测试误差为±1.89 dm^3/t(0.5 gal/t)；对于高产样品，如产量为 75.7 dm^3/t～151.4 dm^3/t(20 gal/t～40 gal/t)，测试误差为±3.79 dm^3/t(1 gal/t)。

5.7.8 校准

玻璃容器的校准过程见 5.2.1.8。

5.8 含石膏的岩心

5.8.1 分析原理

含有石膏($CaSo_4 \cdot 2H_2O$)的岩心往往产自碳酸盐地层。这种地层常常带有孔洞和/或裂缝，是非均质的，因此最好采用全直径岩心分析方法。然而，对于全直径岩心(见 5.3.2)，通过蒸馏抽提法(Dean-Start)确定含石膏岩心的流体饱和度时，建议不用甲苯作为溶剂。因为当甲苯达到沸点时，石膏会脱水。如果岩心含有大量石膏，就会增加水的量，测定的孔隙体积也不正确。石膏脱水增加了孔隙体积，因而用于确定饱和度的孔隙体积也有误差。由岩样中提取的油量不受石膏的影响。

目前发展的一些技术，如 NMR 有希望对石膏定量化，而且今后有可能成为商业实验室的基本服务项目。Karl Fischer 滴定法(见 5.4.1)可通过确定冷溶剂抽提过程中洗涤溶剂的含水量来进行含石膏的岩心分析。然而，服务公司一般不用这种方法分析大量的样品。下面描述的是商业实验室采用的定性方法。

此处提出的定性方法是根据比较干馏和低温孔隙度以及相邻岩样的质量来校准石膏脱水饱和度。一个柱塞岩样在低温下通过压力循环溶剂进行清洗，这样从岩心中提取出来的油和水就不包含石膏内的化合水。接着用波义尔定律测试清洁岩样的孔隙度，然后蒸馏柱塞岩样，确定岩样的束缚水含量。低温与高温干馏的孔隙度之差用于计算岩样中所含石膏的总体积。石膏脱水排出的水体积大约使孔隙体积增加了 1.27 倍，其孔隙体积的增加是由于石膏(颗粒密度为 2.32 g/cm^3)脱水转化为硬石膏(密度 2.89 g/cm^3～2.98 g/cm^3)后收缩所致。测定干馏饱和度所使用的岩样是取自修整柱塞后剩下的那部分，或在钻取柱塞的相邻处取的样品。用常压干馏法(见 5.2)提取岩心中的流体包含石膏中的结晶水。由干馏数据可以确定流体求和法孔隙度，然后调整用干馏法确定的含水饱和度。调整后的含水饱和度会减少。因为碳酸盐分布是非均质的，也就是说平行岩样所含的石膏量并不相等，所以这种调整只能是定性的。

5.8.2 仪器

适用于该方法的仪器包括：

a) 高温干馏设备(见 5.2.1.2)。

b) 低温清洗仪，比如加压饱和容器要足够大，以使加压循环一种溶剂能同时通过几个岩样。

c) 波义尔定律孔隙度仪。

5.8.3 操作步骤

把要分析的岩心摆放到桌面上，并按标准做法拼接岩心(见 5.2.4)。对要分析的岩心每 0.304 8 m (1 ft)钻取一个柱塞样。如果要用 2.54 cm(1 in)直径的柱塞，岩样长度至少要 2.54 cm(1 in)。将柱塞岩样修整到合适的长度后称量，检测样品的荧光性并作记录。最初目测估计岩心烃饱和度有助于在压力清洗过程中更好地评价清洗效果。柱塞岩样应采用低温法清洗，以减少石膏的变化。

柱塞修整端和/或钻取柱塞岩样剩下的岩心中的液体饱和度采用常压干馏法(见 5.2.1.3)来确定。为了提高精度，尽可能用大的岩心。这样可以得到高温流体饱和度数据，并可计算流体求和法孔隙度(见 6.3.2.2.2 和 5.2.1)。

钻取的柱塞岩样放在压力容器中，用 1/3 丙酮、1/3 环己烷和 1/3 甲醇的共沸混合物清洗。岩样放在压力容器中，完全浸没在共沸混合物里。用空气或氮气在混合物顶部加压，迫使共沸混合物进入柱塞岩样的孔隙空间。对柱塞内和柱塞外的混合物循环加压，大约 24 h 后，检测岩样的荧光性，观察抽提是否彻底。如果柱塞显示有油的荧光性，就要把岩样放回到压力容器中，再次循环清洗。如果没有明显的含油荧光性显示，就认为岩样已经清洗干净。岩样放入 49 ℃（120 ℉）的真空烘箱中，烘干至恒重。岩样在真空烘箱中至少放置 24 h，以便从岩样中释放出共沸混合物。清洗和烘干过程应采用低温，以便尽可能减少柱塞岩样中石膏的变化。柱塞岩样清洗和烘干后，用波义尔定律孔隙度仪测定孔隙度。

测定柱塞岩样的波义尔定律孔隙度后，干馏柱塞岩样，使其产出石膏中的束缚水。柱塞岩样干馏后，再次称量，再次测定波义尔定律孔隙度。比较干馏孔隙度与低温孔隙度辨别含有石膏的岩心段。当高温孔隙度远远大于低温孔隙度时，表明石膏含量非常高。当这两个孔隙度值相近时，表明石膏含量较低。

用干馏法提取的油量不受石膏含量的影响。但用于计算含油饱和度的孔隙体积应对石膏含量作出校准，由校准的孔隙体积和油量计算含油饱和度。

5.8.4 注意事项

为防止石膏脱水，从加压饱和容器中取出样品进行烘干时要格外小心。用温度探针监测真空烘箱的温度。

5.8.5 计算

见常压干馏法（见 5.2）和流体求和法孔隙度的计算（见 6.3.2.2.2）。见 6.3.2.1.1“波义尔定律孔隙度仪的计算”。含油饱和度的计算见式（50）：

$$S_{oc}=\frac{V_o}{V_{br}\times\phi_{lt}} \qquad \cdots\cdots(50)$$

式中：

V_o ——由干馏柱塞岩样修整端或柱塞相邻岩样得到的油体积，单位为立方厘米（cm^3）；

V_{br}——干馏岩样的总体积，单位为立方厘米（cm^3）；

ϕ_{lt} ——柱塞样低温抽提后的孔隙度，%；

S_{oc}——调整后的含油饱和度，%。

若假设气体饱和度为零，含水饱和度的计算见式（51）：

$$S_{wc}=1-S_{oc} \qquad \cdots\cdots(51)$$

如果含气饱和度不是零，则用假设的脱水岩样颗粒密度计算含水饱和度，见式（52）～式（54）：

$$\Delta V_w=\frac{\rho_a}{\rho_g}\times(V_{br}\times\Delta\phi) \qquad \cdots\cdots(52)$$

$$V_{wcorr}=V_w-\Delta V_w \qquad \cdots\cdots(53)$$

$$S_{wc}=\frac{V_{wcorr}}{V_{br}\times\phi_{lt}} \qquad \cdots\cdots(54)$$

式中：

S_{wc} ——针对石膏脱水而调整后的含水饱和度，%；

ΔV_w ——石膏脱水产出的水体积，单位为立方厘米（cm^3）；

ρ_a ——脱水石膏的颗粒密度，单位为克每立方厘米（g/cm^3）；

ρ_g ——石膏的颗粒密度，单位为克每立方厘米（g/cm^3）；

$\Delta\phi$ ——柱塞岩样的高温与低温抽提的孔隙度差，%；

V_{wcorr}——针对石膏脱水而调整后的水体积，单位为立方厘米（cm^3）；

V_w ——由干馏柱塞的修整端或柱塞相邻岩样得到的水体积，单位为立方厘米（cm^3）。

或者，油水饱和度也可以按岩样质量来计算，见式（55）～式（61）：

$$f_{wat}=\frac{m_{wat}}{m_{wat}+m_{oil}} \qquad \cdots\cdots(55)$$

$$m_{ewat}=(m_{po}-m_{pr})\times f_{wat} \qquad \cdots\cdots(56)$$

$$m_{eoil}=(m_{po}-m_{pr})\times(1-f_{wat}) \qquad \cdots\cdots(57)$$

$$m_{gyp}=m_{pl}-m_{pr} \qquad \cdots\cdots(58)$$

$$V_{wcorr}=\frac{m_{ewat}}{\rho_{br}}-\frac{m_{gyp}}{\rho_{gw}} \qquad \cdots\cdots(59)$$

$$S_{oc}=\frac{m_{eoil}/\rho_{oil}}{V_{plt}} \qquad \cdots\cdots(60)$$

$$S_{wc}=\frac{V_{wcorr}}{V_{plt}} \qquad \cdots\cdots(61)$$

式中：

m_{po} ——钻切后的柱塞质量，单位为克(g)；

m_{pl} ——低温抽提后的柱塞质量，单位为克(g)；

m_{pr} ——干馏后的柱塞质量，单位为克(g)；

m_{wat} ——通过干馏抽提柱塞修整端或柱塞相邻岩样确定的水质量，单位为克(g)；

m_{oil} ——通过干馏抽提柱塞修整端或柱塞相邻岩样确定的油质量，单位为克(g)；

f_{wat} ——干馏抽提排出的液体中的含水量，%；

m_{ewat} ——估算的包括石膏束缚水的水量，单位为克(g)；

m_{eoil} ——估算的柱塞岩样的油量，单位为克(g)；

m_{gyp} ——柱塞岩样中的石膏结晶水量，单位为克(g)；

ρ_{br} ——地层盐水密度，单位为克每立方厘米(g/cm^3)；

ρ_{gw} ——石膏束缚水的密度，单位为克每立方厘米(g/cm^3)；

V_{wcorr} ——针对石膏脱水调整后水的体积，单位为立方厘米(cm^3)；

ρ_{oil} ——地层油密度，单位为克每立方厘米(g/cm^3)；

V_{plt} ——柱塞岩样低温清洗后的孔隙体积，单位为立方厘米(cm^3)；

S_{oc} ——考虑了由于石膏脱水引起的孔隙体积改变，计算的柱塞岩样的含油饱和度，%；

S_{wc} ——考虑了石膏束缚水及由于石膏脱水引起的孔隙体积改变，计算的柱塞岩样的含水饱和度，%。

5.8.6 优点

该方法的优点包括：

a) 通过压力循环来清洗岩样，对石膏的伤害最小。如果石膏未受到伤害，那么用于计算饱和度的孔隙体积更具有代表性。

b) 通过比较孔隙度就可以计算出石膏含量。

5.8.7 应用局限性

该方法的应用限制包括：

a) 低温清洗过程需要的时间长短，依赖于油的密度和岩心的渗透率。

b) 相比不含石膏的岩样，干馏的油和水饱和度值不够精确。

5.8.8 准确度/精度

该方法的准确度/精度如下：

a) 如果压力循环过程中保存了结晶水，则测定的孔隙体积能达到很好的准确度。

b) 因为石膏含量是通过比较孔隙度值求得的,因此用干馏法确定的含油和含水饱和度的精度会降低。

c) 用波义尔定律氦气法测得的孔隙度值比用流体加和法求得的孔隙度值更加可靠。两种方法所测结果吻合度越高,说明测试结果越可靠。

5.8.9 校准

两种方法所用的测定孔隙度的仪器应符合相应的孔隙度测定方法的标准。

6 孔隙度测定

6.1 概述

6.1.1 简述/公式

6.1.1.1 孔隙度定义为物质的孔隙空间体积与其总体积之比,是所有油层岩石的固有性质。为了合理地评价原始油/气储量,应了解油藏中碳氢化合物或水占据的孔隙空间体积。孔隙度的测定精度很大程度上取决于测定孔隙度所用的方法。电测井、核测井、密度测井以及声波测井方法可以在井筒中连续测定孔隙度。考虑到岩石孔隙体积是由测井的方法获得的,要对比到模拟油层条件下测定的岩心孔隙度,应对其进行校准。还应考虑岩心样品的差异,取样频率和岩样大小的影响。这里介绍的方法就是孔隙度值是在围压为 0 kPa～2 760 kPa (0 psi～400 psi)的情况下测定的。模拟上覆压力测定孔隙度的方法在 6.3.2.2.1.2 中讨论。

6.1.1.2 除非另有说明,这里描述的方法适用于由胶结和相对均质的岩心上钻取的圆柱状岩心柱塞。通常可用几种不同的方法获得岩心分析的孔隙度(见表 12)。测定的岩石总体积(V_b)与颗粒体积(V_g)之差即为孔隙体积(V_p),孔隙度(ϕ)由式(62)求出:

$$\phi=\frac{V_b-V_g}{V_b} \qquad \cdots\cdots(62)$$

由直接测定的孔隙体积(V_p) 和颗粒体积(V_g)求得的孔隙度(ϕ),见式(63):

$$\phi=\frac{V_p}{V_p+V_g} \qquad \cdots\cdots(63)$$

由直接测定的孔隙体积(V_p) 和总体积(V_b)求得的孔隙度(ϕ),见式(64):

$$\phi=\frac{V_p}{V_b} \qquad \cdots\cdots(64)$$

6.1.1.3 实验室中,一般测定两种类型孔隙度中的一种:即有效孔隙度或总孔隙度。传统意义上的孔隙度与当前由测井分析定义的孔隙度之间有些差别。为了保留孔隙空间几个分子层的黏土束缚水或矿物束缚水,岩心分析技术将复杂得多(见图 9)。

6.1.1.4 传统意义上,有效孔隙度被定义为对连通的孔隙空间的度量,由测定的岩样总体积与表观颗粒体积之差求得,也可以通过直接测量连通的孔隙空间求得。随准备的样品和所用的方法不同,测量的连通孔隙空间体积也有所差别。总孔隙度是岩样中总孔隙空间(既有连通的也包括孤立的)的度量,该孔隙度可用岩样的总体积、干岩样质量和分散岩样的颗粒体积来确定。

6.1.1.5 从测井解释的角度来说中,有效孔隙度被定义为游离流体占据的相互连通的孔隙空间。在这个定义中,有效孔隙度不包括黏土束缚水和矿物束缚水的体积,有些分析研究中,也不包括页岩内由毛细管力束缚的水。而且,在测井解释中,总孔隙度为岩石中被所有流体占据的体积(连通的和孤立的孔隙空间),包括被黏土束缚水占据的体积(见图 9)。

表 12　总体积、颗粒体积、孔隙体积测定方法

标题	方　法	目　的
6.2.1	阿基米德(浮力)水银浸没法	测定总体积
6.2.2	水银驱替法	测定总体积
6.2.3	卡尺测量法	测定总体积
6.2.4	用流体，而非水银的阿基米德法(浮力)	测定总体积
6.2.5	颗粒体积与孔隙体积求和得到总体积	测定总体积
6.3.1	由分散岩样的颗粒密度求总孔隙体积	颗粒体积测定
6.3.2.1.1	波义尔定律双室法	颗粒体积测定
6.3.2.2.1	波义尔定律单室法	直接测定孔隙体积
6.3.2.2.2	流体孔隙度求和法	大略的测定总体积与孔隙体积
6.3.2.2.3	液体饱和度法	直接测定孔隙体积
6.4	历史上使用过的方法	测定总体积，颗粒体积和孔隙体积
6.5	富含有机物的岩石	孔隙体积和吸附气

6.1.1.6　岩心分析经验表明，对于大多数油层岩石，很少有孤立的孔隙，因此，传统意义上的有效孔隙度和总孔隙度在测量上差别不大(见图 9)。在 99 ℃～116 ℃下完全干燥的岩样确定的有效孔隙度更接近于测井定义的总孔隙度。某些情况下，如火山岩，由岩心分析测定的有效孔隙度(连通的)与总孔隙度(连通的和孤立的)之间有明显的差异。此外，湿度烘干技术可在矿物表面保留一定量的束缚水。

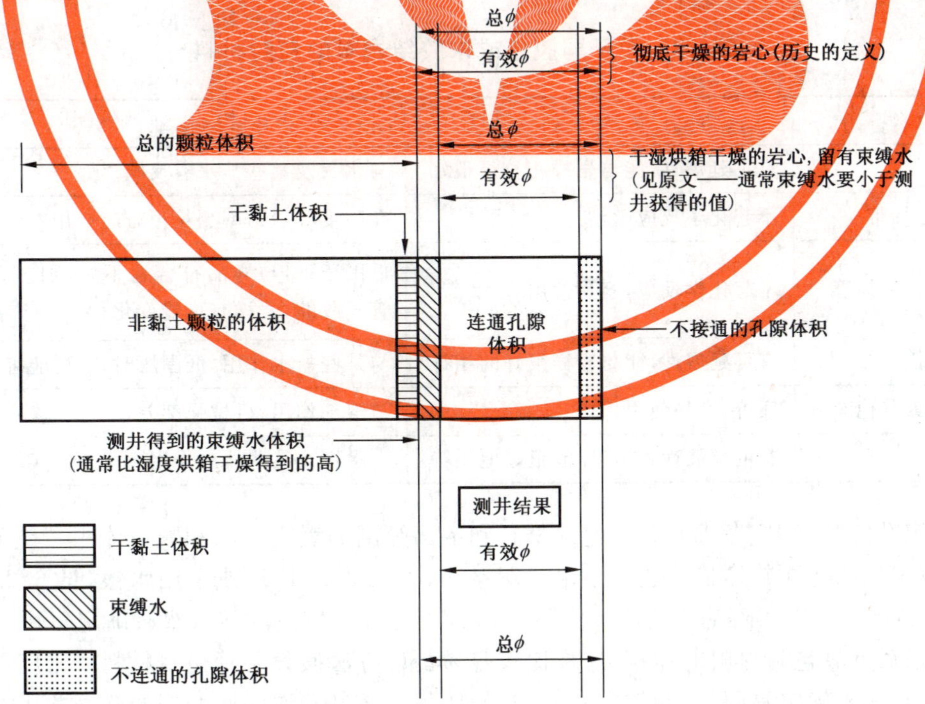

图 9　由岩心与测井分析定义的总孔隙体积和有效孔隙体积

6.1.1.7　测井分析中，关于有效孔隙度的定义并不完全一致(见图 9)。如果页岩中的伴生水(吸附的/阴离子游离水加上页岩内毛管力束缚的水)不作为有效孔隙空间的话，那么得到的孔隙度即为最低的孔隙度值。如果包括了吸附的/阴离子游离水(定义为单位孔隙体积的含盐度和阳离子交换能力或黏土平衡离子浓度的函数,mol/L(meq/cm^3)),那么就可得到较高的孔隙度值。采用了湿度烘干技术,干燥的岩心孔隙度正好在较高的孔隙度与总孔隙度之间。此时,很难选择与测井解释相吻合的岩心样品有效孔隙度的实验室测定条件。

6.1.1.8　实际上,当将岩心分析应用于整个油田时,孔隙度测量的另一方面是选择常规分析(小岩样)还是全直径分析。理论上,完全根据所分析地层的均质性决定采用那种类型的分析方式。许多砂岩是相当均质的,因此只分析有代表性的小岩样即可。另一方面,当由于孔隙结构或岩性,如碳酸盐中的溶洞或含裂缝的碳酸盐岩,造成储层的非均质性时,则全直径岩心分析法更为合适。因此,样品的大小应能满足岩心的孔隙结构和岩性的要求,并且取样方法也限制了样品的分析方式。

6.1.2　疏松岩样的分析

6.1.2.1　对疏松岩样的分析有特殊要求。术语"疏松"涉及广泛的岩心样品,从松散的到颗粒间无明显胶结物、完全未胶结的岩样。"疏松"指的是需要增加包封材料的任何柱塞样品,这些包封材料须经得起清洗、制备和测量。

6.1.2.2　这种类型的柱塞岩样一般装在金属或聚合物制成的包封材料中,这种包封材料可以封住岩样。表 13 列出了常用的包封材料及其优点和缺点。

6.1.2.3　为了便于流体流动,柱塞端面用筛网或其他多孔材料包住。筛网的筛孔尺寸小到能防止颗粒流失,但要足够大以避免移动的微粒堵塞。常用的筛网孔径为 0.07 mm 或 0.13 mm(200 目或 120 目)。一些胶结岩样只需要单层筛网,胶结很差的岩样需要更先进的端面处理方法,例如,可用两层筛网。一个筛网的筛孔较细,防止颗粒流失,为了增加机械强度加上第二个筛孔较粗的筛网。选择的筛网材料应与清洗和实验所用的溶剂及盐水不起反应。见表 13,一般采用高质量的不锈钢,如 316 号钢或镍铜合金做筛网材料。

表 13　用于弱胶结或未胶结岩样的包封材料

包封材料	优　点	缺　点
铅套筒	具可延展性,能与岩样相符得很好	与水银及某些盐水有反映
聚四氟乙烯带	不起化学反应	孔隙度和渗透率测量很难时应用
热缩性聚四氟乙烯管	不起化学反应,容易使用	低围压下,与样品符合地不好,加热和径向加压使管子收缩,岩样有可能变化。
铝套筒	有可延展性,能与岩样很好的相符	与某些盐水作用,低围压时,有可能符合不好
环氧树脂涂料或其他涂料	廉价,容易使用	与溶剂作用,机械强度差,有可能渗入到岩样中
锡皮	有可延展性,与岩样能很好地相符	与水银及某些盐水作用

6.1.2.4　测定孔隙度时,应考虑并确定包封材料和端面筛网的表观孔隙和颗粒体积。单个岩样包封材料的体积可以采用测定颗粒体积的波义尔定律双室法(见 6.3.2.1.1)或采用水银(见 6.2.1)或其他溶剂(见 6.2.4)测定总体积的阿基米德法。实际上,先测定包封材料的密度,然后确定每块岩样所用包封材料的质量,最后计算包封材料的体积,这样比较容易。该方法假设各片包封材料的密度不变。

6.1.2.5　同样,还要确定筛网的"颗粒"和"孔隙"的体积。通过选取一些相同的筛网并用波义尔定律双室仪,测定其固体体积来确定颗粒体积。然后,把测定的结果除以实验用筛网的数量,求出的平均值即为用于每个岩样的筛网颗粒体积。孔隙体积对实验方法更加敏感。对于波义尔定律法,以与实际样品相同的方式,通过把筛网与一个实心无孔的柱塞一起就可确定筛网的孔隙或孔洞体积。然后用波义尔单室法得出筛网的孔洞体积。

6.1.2.6 只要岩样用包封材料和筛网包封，就可以采用适合胶结岩样测试的分析方法来进行实验。在6.2.1.3中详细叙述了适合于需包封的疏松岩样的各种测量方法。

6.1.2.7 疏松岩样的物理性质决定了其对围压比胶结好的岩样更加敏感。所以，在低于原始有效地层压力下测定的值并不能代表油藏条件下的物理性质。因此，一般用波义尔定律单室法提高围压直接测定孔隙体积(见6.3.2.2.1.2)，和波义尔定律双室法测定颗粒体积(见6.3.2.1.1)来确定疏松岩样的孔隙度。

6.2 总体积测量方法(柱塞样品)

确定岩样的孔隙度时需要测定岩样的总体积。可以采用几种方法测定柱塞岩样的总体积，包括阿基米德浸没法、水银驱替法和卡尺测量法。

总体积也可以通过直接测量颗粒体积与孔隙体积求和计算。

选择用于测量孔隙度的岩样总体积最好在10 cm^3 以上。通常，岩样直径为2.54 cm～3.81 cm，长度至少为2.54 cm和3.81 cm的正圆柱形。如果不能取得规则尺寸的岩样，采取适当的措施，也可以选用不规则的岩样。

6.2.1 阿基米德(浮力法)水银浸没法

6.2.1.1 原理

把一个柱塞岩样浸没在水银中，称量岩样排开的水银，求得体积("阿基米德"原理)。

6.2.1.2 优点

这个方法的优点包括：

a) 如果无水银渗入，岩样还可用于以后的测试。

b) 若小心操作和准确测量，该方法具有很高的精度。

6.2.1.3 应用局限性

该方法的应用限制包括：

a) 岩样外表圈闭的空气会引起误差，得出的总体积偏高。

b) 水银会渗入表面有溶洞或渗透率极高的岩样中，导致总体积值偏低，这样的样品不适合再进行下一步的测试。表面有溶洞或有开放裂缝的岩样，不适合用水银浸没法测定总体积。但如果需用该方法分析这种岩样，岩样表面应用涂料密封或堵上表面溶洞，以免水银渗入。不应使用下列处理方式；

   1) 像热缩性聚四氟乙烯管这样的材料可用于包封岩样的圆柱表面，封住溶洞。测量的总体积应减去包裹物的体积，在聚四氟乙烯管与岩石的非溶洞表面之间不得有空气间隙；

   2) 岩样表面的溶洞可以被填满(例如用注膜黏土、石蜡、或一种环氧树脂)，这样，把岩样浸没在水银下就可以直接测定总体积。一般来说，填满溶洞是一种破坏性实验，应放在分析实验的最后一步进行；

   3) 对于有溶洞的岩样，还可用卡尺测量岩样的长度和直径，然后计算总体积(见6.2.3)。经验表明，用这种方法计算的总体积往往偏高。采用6.2.3.6提出的校准方法可改进数据的精度。

c) 由于铅水银会产生水银齐作用，该方法不适用于包在铅筒中的疏松岩样。在包封材料和岩样之间也可能滞留水银，因此，包封的岩样不用这种方法。

6.2.1.4 准确度

岩样浸没在水银中，如果无空气圈闭，温度保持恒定，测定时质量的波动在±0.015 g之内，那么总体积测定结果的重复性在±0.01 cm^3 以内。

6.2.1.5 仪器

适用于本方法的装置如图10。

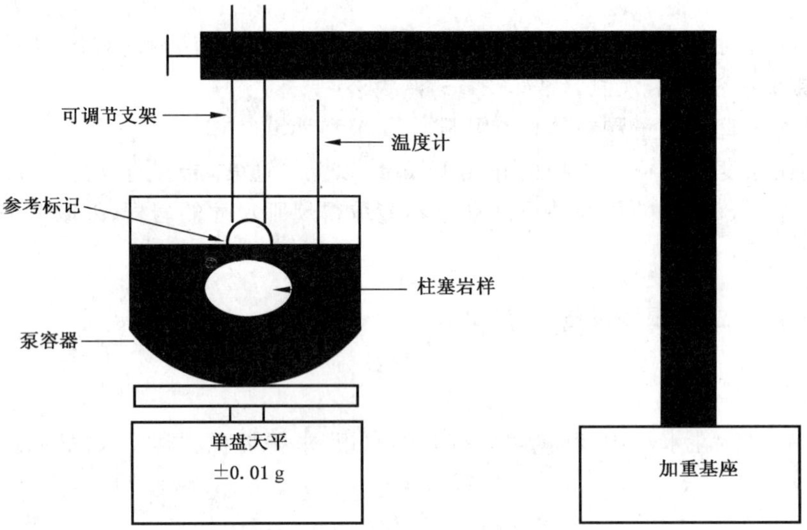

图10 阿基米德水银浸没装置

a) 准确度为±0.01 g的单盘电子分析天平。
b) 大小合适的容器，柱塞样品水平放置在容器内可以完全浸没，并且柱塞岩样不会接触到容器壁。
c) 容器中注满水银，使柱塞样品完全浸没。
d) 带有参考标记的、可调节的、末端分叉的支架。
e) 温度计。

用图10所示的阿基米德水银浸没法装置测定总体积(V_b)。把一个装有水银的杯子放在单盘电子天平上，把末端分叉的支架浸没到支架的参考标记处。参考标记定位在岩心柱塞顶部浸没到水银以下3 mm～7 mm处。然后用天平扣除皮重。从水银中提起支架，将要测量的柱塞样品竖直地浮在水银的表面。然后用支架把柱塞样品压入到水银中，用末端分叉的支架使柱塞样品浸没到相同的参考标记处不动。岩样不能接触容器壁。得出的质量相当于排开水银的质量。支架的合适材料是18号(直径1.0 mm)不锈钢丝。曾观察到较重规格的钢丝测量时质量不稳定(质量随时间变化)，因此就要延长天平的平衡时间。

6.2.1.6 计算

用式(65)计算总体积：

$$V_b = \frac{m_{Hg}}{\rho_{Hg}} \qquad \cdots\cdots(65)$$

式中：

V_b ——岩样总体积，单位为立方厘米(cm^3)；

m_{Hg}——被排开的水银的质量，单位为克(g)；

ρ_{Hg} ——水银密度(实验温度下),单位为克每立方厘米(g/cm^3)。

6.2.1.7 注意事项

用于支撑末端分叉支架的一个较重的承重基座是必不可少的,它可以保持岩样稳固地就位,以保证正确称量。在不同温度下使用正确的水银密度进行校准至关重要,见表 14。温度变化 5 ℃,就会使系统误差达到总体积的 0.02%。

6.2.1.8 操作步骤

表 14 不同温度下的水银密度[a]

温度/℃	水银密度/(g/cm^3)	温度/℃	水银密度/(g/cm^3)
18.0	13.551 2	27.0	13.529 1
19.0	13.548 7	28.0	13.526 6
20.0	13.546 2	29.0	13.524 2
21.0	13.543 8	30.0	13.521 7
22.0	13.541 3	31.0	13.519 3
23.0	13.538 9	32.0	13.516 8
24.0	13.536 4	33.0	13.514 4
25.0	13.534 0	34.0	13.511 9
26.0	13.531 5		

[a] 引自 Handbook of Chemistry and Physics, 71st Edition, 1990-1991, Editor-in-Chief: David R. Lide, Ph. d., CRC Press, Boca Raton, Florida.

为了获得稳定的质量,支架应与岩样以点接触。相对于柱塞样品的体积来说,如果支架的体积太大,将会测量出错误的质量。质量不稳定表示支架不合适,或水银渗入柱塞样品。可以通过比较岩样浸没水银前、后的质量,来确定样品是否发生水银渗入。

6.2.2 水银驱替法(体积驱替泵)

6.2.2.1 原理

利用连接有不锈钢样品室的体积驱替泵,用水银驱替法测定岩样总体积。

6.2.2.2 优点

该方法的优点是:

a) 测试速度快。

b) 该方法可以作为流体求和法测定孔隙度的组成部分。

c) 如果不发生水银渗入或吸附,该样品还可以在以后的分析测试中使用。

6.2.2.3 应用局限性

该方法的应用限制包括:

a) 岩样表面圈闭的空气将会使总体积变大。

b) 带有溶洞或具有极高渗透率的岩样,由于水银的渗入而导致总体积变小,所以这种样品不再适合进行下一步的测试(见 6.2.3)。

c) 多数水银驱替泵，岩样浸没到水银以下大约 50 mm。这个水银高度导致了到柱塞顶部约有 6.9 kPa (1 psi)的压力。由于水银对粗糙微观表面的波及，或水银侵入到大的孔隙，这有可能造成总体积系统地降低。在阿基米德水银浸没法中(6.2.1)，样品的浸没深度是最小的(3 mm～7 mm)。

d) 由于铅一水银的水银齐作用，该方法不适合于固封在铅筒中的疏松岩样。在包封材料与岩样之间也可能捕集水银。因此，装在包封材料中的岩样不用这种方法。

6.2.2.4 准确度

如果测量每块样品前泵都调整到零，且泵已经作了校准，则测量的重复性为$\pm 0.01\ cm^3$。

6.2.2.5 仪器

图 11 绘出了高压水银体积驱替泵的示意图。样品室可容纳的样品体积约为 $25\ cm^3$。

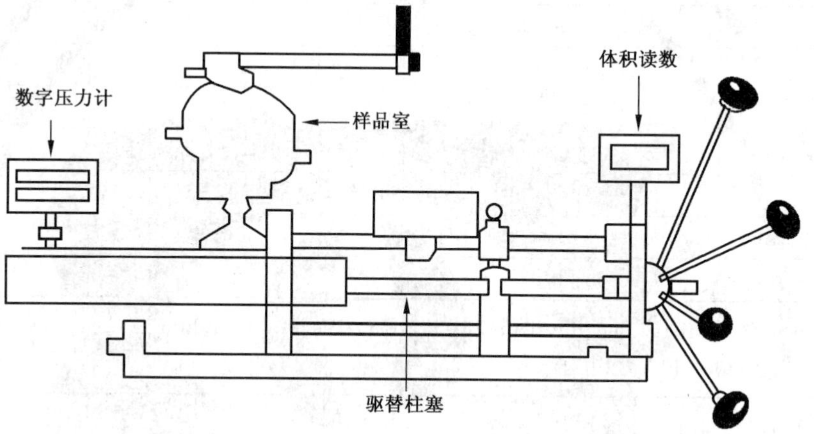

图 11 水银体积驱替泵

6.2.2.6 操作步骤及计算

通过水银驱替可测得规则形状的和不规则形状的岩样的总体积。未装入样品时，把水银充到岩心室的基准位置，此时仪器体积读数为零。然后降低水银液面，放入岩样，再次把水银充到样品室的基准位置，记录仪器体积读数，该读数与仪器体积读数为零时的差即为岩样的总体积。

6.2.2.7 注意事项

水银和样品室应是清洁的，并且没有表面膜、固体颗粒和油的存在。

6.2.2.8 校准

水银泵用已知体积的标准块校准。

6.2.3 卡尺测量法

6.2.3.1 原理

正圆柱形或其他规则形状的岩样可以用卡尺测量，得到总体积。用一个最小分度值为 0.002 cm 的千分尺或游标卡尺，测量岩样的长度和直径。最少测量 5 处。

特别提示：如果样品的总体积数据要用 6.2.3.6 提出的方法作校准，那么就可以用这种方法测量表面有溶洞和/或有张开裂缝的岩样。

6.2.3.2 优点

该方法的优点是：

a) 样品可用于其他测试。

b) 分析过程迅速。

6.2.3.3 应用局限性

该方法的应用限制包括：

a) 形状不规则的样品不能用这种方法测量。

b) 岩样表面不规则，可能使总体积偏大。

c) 对于 $V_p = V_b - V_g$ 的孔隙度法，一般不用卡尺测量法测总体积。$\phi = V_p / V_b$ 和孔隙体积直接测定（见 6.3.2.2）的情况下，总体积值的精度并不关键。岩石的类型（含有溶洞或裂缝）限制了卡尺测量法的使用，要求采用 6.2.3.6 中介绍的方法对数据进行校准。

d) 对于使用包封材料的疏松岩样，最好不用这种方法测量总体积。如果使用了，根据筛网和包封材料的厚度对样品的长度和直径进行校准。

6.2.3.4 准确度

对实际样品的测量，长度的绝对偏差在 ±0.15 mm 以内，直径的绝对偏差在 ±0.04 mm 以内，由此表明，重复测量的可信度为 99%（3% 标准偏差以内）。重复测量得到的总体积绝对偏差可达到 ±0.15 cm^3。为了提高准确度见 6.2.3.6。

6.2.3.5 仪器

可使用游标卡尺或数字卡尺。

6.2.3.6 操作步骤

对于圆柱或规则形状的样品，测量长度和直径时，至少要测量 5 个不同的位置，以减小不规则形状的影响，这样小的偏差就可以中和掉。对于表面无溶洞或开放裂缝的样品，选取几块，其基本尺寸要涵盖所有要分析的样品，用浸入法测量这些样品的总体积。接着，再用正确的卡尺测量法测量它们总体积。用卡尺测量法测量的总体积与用浸入法测量的总体积来确定校准因子，用这个校准因子将卡尺测量法得到的总体积校准到浸入法的总体积。

如果用数字卡尺，只用很少的时间就可以读取大量的数据。与游标卡尺相比，由于读数是以数字显示的，测量结果不易受人为因素的影响。数字卡尺可与计算机连接，因此，可以自动读取读数。在 60 s 内可以读取 10 个长度或直径的数据。

6.2.3.7 计算

由平均直径计算圆柱样品的横截面积，乘以平均长度即为总体积。对于非圆柱形样品可用适当的公式求得总体积。

6.2.3.8 注意事项

该方法的注意事项包括：

a) 沿岩样长度，至少要在 5 个均匀间隔的不同位置处测量直径。

b) 在岩样圆柱外围至少要在5个不同位置处测量长度。

c) 确保每次测量前，卡尺读数归零。

d) 测量表面不规则样品的长度和直径时，确保卡尺没有卡入溶洞或裂缝中，避免得出小于真实尺寸的测量结果。

6.2.4 其他流体的阿基米德法

6.2.4.1 原理

放在液体里的物体受到的浮力，等于排开液体的重量。

6.2.4.2 优点

方法的优点是：

a) 如果使用的方法得当，能获得精确的数值。

b) 完全饱和了液体的岩样还可以用于其他测试。

c) 测量总体积前，如果岩样用一种液体100％饱和，就可以由读出的质量计算孔隙体积、颗粒体积和颗粒密度。

6.2.4.3 应用局限性

本方法的应用限制包括：

a) 岩样中的液体可能不适合以后的试验，因此应除去。

b) 用这种方法不适合测量含有溶洞的岩样。

c) 不能用有可能引起岩样中可溶物溶解或岩石胶结物膨胀的液体。

d) 渗透率极高的样品含有溶洞或大孔隙，浸没在液体中时，液体会填满这些孔洞，结果减小了总体积(见6.2.2.3 b))。测定总体积前先填满孔洞，就可用浸入法直接测量总体积。

e) 对于装入包封材料内的疏松岩样，由于在岩样柱塞表面与包封材料之间可能捕集多余的流体，最好不用这种方法。

6.2.4.4 准确度

岩样浸没在液体中，在温度保持恒定时，如果岩样表面无空气圈闭，那么质量重复测量的精度在±0.015 g以内。总体积测量的准确度取决于测量时使用液体的密度和挥发性。如果操作得当，重复测量时总体积的精度应在±0.01 cm^3之内。

6.2.4.5 仪器

需要一台精确到1 mg的分析天平，细金属丝吊篮，液体容器和温度计。图12展示了现有的两种试验装置。

6.2.4.6 实验过程

6.2.4.6.1 用已知密度的液体，如无伤害的盐水、轻质精制油或高沸点的溶剂饱和岩样。对孔隙空间抽真空，注入饱和液，施加压力(见6.3.2.2.3.6)，样品彻底地被液体百分之百地饱和。

6.2.4.6.2 小心地把多余的液体从岩样表面除去(避免颗粒掉落)，将饱和的岩样在空气中称量。在除去岩样表面多余的液体时要特别小心，确保不会除去岩样表面孔隙中的液体。要避免使用由于毛细管作用从岩样表面孔隙中吸走液体的材料(如干毛巾)，也要避免用机械方法，像猛烈摇动这样的机械方法来除去岩样表面的多余液体。可以把岩样放在不起毛的布或用饱和液沾湿的纸巾上滚动擦掉岩样表面多余的饱和液体,或小心地用潮湿的布或手指擦掉岩样表面的多余液体。

6.2.4.6.3 一个烧杯中装满饱和液。首先把金属丝(最大直径 1.0 mm)吊篮连接到系在天平上的镫形吊环上,浸没到液体以下的基准标记处,天平扣除皮重。然后把岩样放在吊篮里,浸没到基准标记处,得到岩样的浸没质量[见图 12a)]。

6.2.4.6.4 图 12b)表示的是另一种方法的示意图。一个烧杯装满饱和液并放在天平上,然后把细金属丝吊篮浸没液体中到基准标记处,天平扣除皮重。然后把饱和岩样放在吊篮里,浸没到基准标记处,得到岩样的浸没质量。

6.2.4.6.5 通过求 100%饱和岩样在空气中的质量与干岩样质量之差,再除以饱和液密度即可计算孔隙体积。

特别提示:确定总体积时,用液体 100%地饱和岩样并不是必需的。只要岩样悬挂在液体中称量时不吸入液体,该方法测定的总体积就是准确的。然而,如果岩样不是 100%饱和的,那么由浸没质量计算的孔隙体积、颗粒体积和颗粒密度就不正确。

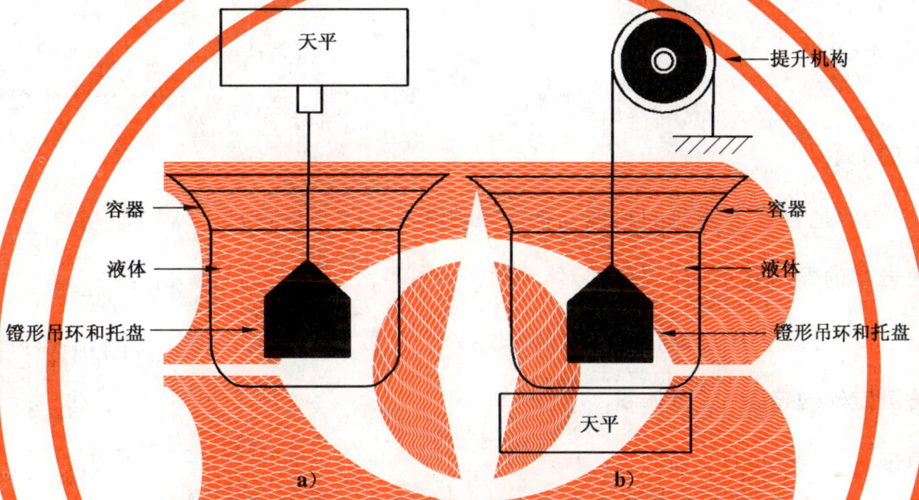

图 12 代替水银的其他流体的阿基米德(浮力)法装置

6.2.4.7 计算

由图 12a)所示的仪器测定的总体积等于饱和样(或已经恒重的不完全饱和的样品)在空气中的初始质量减去浸没质量,除以浸没液的密度。由图 12b)所示的仪器测定的总体积等于饱和样的浸没质量除以浸没液的密度,见式(66)、式(67):

$$V_{b_a}=\frac{m_{imma}-m_{imml}}{\rho} \quad \cdots\cdots(66)$$

$$V_{b_b}=\frac{m_{imml}}{\rho} \quad \cdots\cdots(67)$$

式中:

V_{b_a}、V_{b_b}——对应图 12 中 A、B 两种仪器测量得到的岩样总体积,单位为立方厘米(cm^3);

m_{imma} ——饱和液体的岩样在空气中的质量,单位为克(g);

m_{imml} ——饱和岩样在液体中的质量,单位为克(g);

ρ ——饱和液体密度,单位为克每立方厘米(g/cm^3)。

6.2.4.8 注意事项

该方法的注意事项包括:

a) 应小心安装仪器。仪器的安装应注意:要确保测量时岩样和金属丝吊篮完全浸没在液体中,呈悬挂式，不能接触到容器壁，只有一段竖直的金属丝（最大直径 1.0 mm）穿过液面。金属丝和流体都是清洁的。

b） 称量液体中的岩样时，在测定温度下，使用正确的液体密度至关重要。已知液体密度的精度至少应接近 0.005 g/cm³。液体密度 0.005 g/cm³ 的误差，可使孔隙度产生 0.5%的绝对偏差（孔隙度以百分数表示）、颗粒密度产生 0.01 g/cm³ 的绝对偏差。液体密度可用比重计、电子数字密度计和各种专门的比重天平测量。

c） 质量不稳定地降低或许表明液体渗入了岩样，这将导致总体积偏低。

d） 应将温度的波动减到最小，否则浸没液体的密度会改变。

e） 在擦拭饱和岩样表面时要特别小心，以免颗粒掉落或擦掉过多的饱和液体。合理的方法见6.2.4.6.2。

6.2.5 将直接测量的颗粒体积和孔隙体积求和计算总体积

6.2.5.1 计算

基本计算见式(68)：

$$V_b = V_g + V_p \tag{68}$$

6.3 孔隙体积的测量

总孔隙体积指的是岩样中连通的和孤立的全部孔隙空间。

6.3.1 由分散岩样的颗粒密度得到总孔隙体积

总孔隙体积等于分散岩样总体积与颗粒体积之差。分散岩样是为了使孤立的孔隙体积暴露。

6.3.1.1 干法测定颗粒密度/颗粒体积

6.3.1.1.1 原理

首先确定清洁岩样的总体积（见 6.2）。然后烘干，称量和分散岩样。分散后，把一部分已称量的岩样放入波义尔定律孔隙度仪中，测定颗粒体积（见 6.3.2.1.1）。岩样总的颗粒体积用胶结岩样的原始质量与放在孔隙度仪中的分散岩样的质量比值来计算。

6.3.1.1.2 优点

该方法的优点是：

a） 测试速度快。

b） 岩样可以用于需要分散岩样的补充实验，祥见补充试验 8。

6.3.1.1.3 应用局限性

该方法的应用限制包括：

a） 岩样需要干燥。

b） 不能用于含石膏的岩样。

c） 岩样中含有像岩盐这样的矿物，能溶于清洗液中，对这种岩样不能用这种测量方法。

d） 该方法假设孤立的孔隙体积在岩样烘干期间仍然保持孤立。

e） 如果水充入孤立的孔隙空间，且在干燥时未除去，则计算的颗粒体积（V_g）就会偏高。

6.3.1.1.4 准确度

该方法测定的颗粒密度的精确度在±0.01 g/cm³ 内。尽管没有可对照的孔隙度数据，但预计该方法的孔隙度精确度在±0.4孔隙度单位以内,甚至更高。

6.3.1.1.5 仪器

适用于该方法的仪器如下:

a) 可调节研磨盘间空隙的粉碎机。

b) 孔径为0.25 mm的分析筛(可选美国标准局规定的60目筛)。

c) 精确到0.1 mg的分析天平。

d) 用能测量粉状样品的波义尔定律孔隙度仪。即将岩样杯增加一个杯盖(将粉碎的岩样保持在样品杯中)。

6.3.1.1.6 操作步骤

该方法的操作步骤如下:

a) 岩样制备:
   1) 清洗;
   2) 在107 ℃(225 ℉)下烘干;
   3) 在干燥器中冷却;
   4) 称量岩样并记录质量(m);
   5) 重复以上步骤[第2)步~第4)步],直到质量m恒定不变;
   6) 确定总体积(V_b)(见6.2)。

b) 破碎岩样,并使破碎的岩样通过孔径为0.25 mm的分析筛(美国标准局规定的60目筛)。

c) 在99 ℃~116 ℃(210 ℉~240 ℉)下烘干用于颗粒体积测定的部分样品到恒重(m_d)。

d) 用波义尔定律双室法(见6.3.2.1.1)测定部分分散岩样的颗粒体积(V_{gd})。
   1) 校准带样品杯盖的孔隙度仪;
   2) 把已知质量(m_d)的破碎并烘干的岩样放入样品杯;
   3) 在带杯盖的样品室测定分散并烘干的岩样颗粒体积。

6.3.1.1.7 计算

该方法的计算过程见式(69)~式(71):

$$V_p = V_b - V_g \qquad (69)$$

式中:

V_p——总孔隙体积,单位为立方厘米(cm^3);

V_b——胶结岩样的原始总体积,单位为立方厘米(cm^3);

V_g——颗粒体积,单位为立方厘米(cm^3)。

$$V_g = V_{gd} \times \frac{m}{m_d} \qquad (70)$$

式中:

V_{gd}——放在孔隙度仪中的分散岩样的颗粒体积,单位为立方厘米(cm^3);

m——岩样原始质量,单位为克(g);

m_d——放在孔隙度仪杯中的部分分散干岩样的质量,单位为克(g)。

$$\rho_g = \frac{m_d}{V_{gd}} \qquad (71)$$

式中:

ρ_g——岩样的颗粒密度,单位为克每立方厘米(g/cm^3)。

6.3.1.1.8 注意事项

该方法的注意事项包括：

a) 应选择能代表整个样品的部分岩样测定颗粒密度。

b) 见 6.3.2.1.1.8 中波义耳定律双室法(岩样杯)测定颗粒密度的注意事项 a)～f)项。

6.3.1.1.9 校准

见 6.3.2.1.1.9 中波义耳定律双室法(岩样杯)颗粒体积的校准。

6.3.2 致密岩样的有效孔隙体积

岩样总体积减去颗粒体积即可计算出有效孔隙体积,也可以直接测量岩样的孔隙体积得到有效孔隙体积。

6.3.2.1 颗粒体积测定

6.3.2.1.1 波义耳定律双室法(岩样杯)测定颗粒体积

6.3.2.1.1.1 原理

波义耳定律:当温度为常数时,一定质量理想气体的体积与其绝对压力成反比,见式(72):

$$\frac{V_1}{V_2}=\frac{P_2}{P_1} \text{ 或 } P_1V_1=P_2V_2 \qquad (72)$$

为了准确测定颗粒体积,考虑温度的变化和非理想气体的特性,扩展的公式见式(73):

$$\frac{P_1V_1}{z_1T_1}=\frac{P_2V_2}{z_2T_2} \qquad (73)$$

用双室法测定岩样颗粒体积(V_g)时,应使用公式(75)。把气体在预先确定的基准压力[0.689 MPa～1.378 MPa(100 psig～200 psig)]下输入到已知体积(V_r)的参比室,然后把参比室中的气体扩散到与其相连的内装岩样的已知体积的样品室内,平衡压力降低,由此即可计算 V_g。此后由总体积减去 V_g,即得孔隙体积,进而计算出孔隙度。

6.3.2.1.1.2 优点

该方法的优点包括：

a) 实验样品在各方面均未损坏,可用于其他测试。

b) 操作迅速、简单,且有极好的重复性。

c) 也可以分析形状不规则和有溶洞的岩样。

6.3.2.1.1.3 应用局限性

该方法的应用限制包括：

a) 为了达到高的准确度,需要经常地、非常仔细地校准仪器。

b) 计算时既要考虑温度的变化,也要考虑大气压的变化。

c) 如果岩心表面有气体吸附,则得出的孔隙度会高于真实的孔隙度值。使用氦气能使这种可能性降至最低。

d) 若采用适当的技术,该方法也适用于被包封的疏松岩样。应准确测定包封材料和端部筛网的体积,并由测定的表观颗粒体积中减去。包封材料和筛网的体积测定方法是使用前面用的波义尔定律双室法的样品杯直接测定,或由包封材料质量及之前测定的包封材料的密度计算求出。

6.3.2.1.1.4 **准确度**

精确校准的系统测得的颗粒体积在真实值的±0.2%之内。相当于直径2.54 cm(1 in),长度2.54 cm (1 in)岩样的颗粒体积误差为±0.03 cm^3;或直径3.81 cm$\left(1\frac{1}{2}\text{in}\right)$,长度5.08 cm(2 in)岩样的颗粒体积误差为±0.1 cm^3。

6.3.2.1.1.5 **仪器**

测量颗粒体积的仪器由两个相连的已知体积的样品室组成,这种仪器的一个实例见图13。

特别提示:为了准确测定,需要在已知体积的参比室和样品室之间装一个零驱替体积的阀(如一个球形阀),或装一个已知驱替体积的阀。球形阀在转为关闭位置前,应总是通向大气的。用这种方式,把阀腔体积加入到校准的样品室体积中,这样测定就是准确的。换句话说,为了准确测量颗粒体积,还应准确测量阀的驱替体积,并在计算时加以考虑。

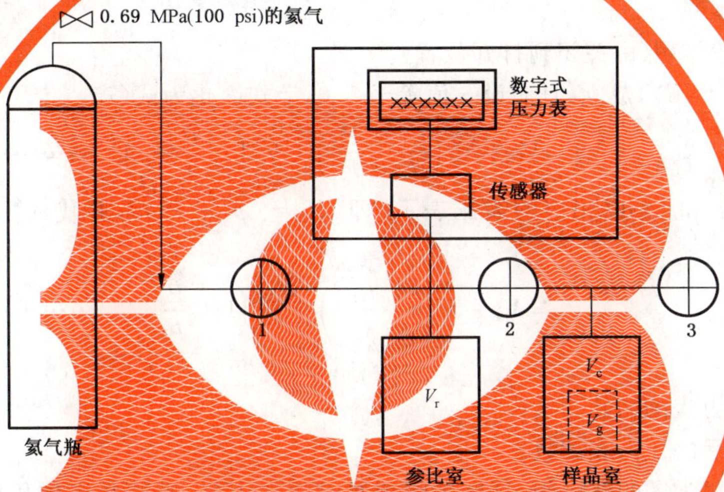

V_c——样品室体积;
V_g——样品的颗粒体积;
V_r——参比室体积。

图13 波义耳定律双室孔隙度仪

6.3.2.1.1.6 **操作步骤**

首先校准孔隙度仪,得出参比室体积(V_r)和样品室体积(V_c)。然后把柱塞岩心放入样品室。以预先确定的压力,一般为690 kPa~1 380 kPa(100 psig~200 psig),把氦气输入参比室。压力平衡大约30s,然后读出压力P_1(由数字传感器读出压力)并记录。接着气体膨胀进入样品室,系统达到平衡[见6.3.2.1.1.8,e)]后测量降低后的压力(P_2)。用6.3.2.1.1.7提出的气体定律方程计算岩样的颗粒体积。

6.3.2.1.1.7 **计算**

由参比室初始压力和最终系统压力,通过气体定律方程计算岩样的颗粒体积。孔隙体积为总体积与颗粒体积之差。

通过参比室和样品室内的气体质量平衡推导得出以下的颗粒体积计算公式,见式(74):

$$\frac{P_1 V_r}{z_1 T_{1r}}+\frac{P_a(V_c-V_g)}{z_a T_{1c}}=\frac{P_2 V_r}{z_2 T_{2r}}+\frac{P_2(V_c-V_g+V_v)}{z_2 T_{2c}} \quad \cdots\cdots\cdots\cdots(74)$$

式中：

P_1 ——参比室的初始绝对压力；

P_2 ——膨胀后的绝对压力；

P_a ——样品室的初始绝对大气压；

z_1 ——在 P_1 和 T_1 时的气体偏差因子；

z_2 ——在 P_2 和 T_2 时的气体偏差因子；

z_a ——T_1 和大气压时的气体偏差因子；

T_{1r} ——P_1 时参比室的绝对温度；

T_{1c} ——P_1 时样品室的绝对温度；

T_{2r} ——P_2 稳定后参比室的绝对温度；

T_{2c} ——P_2 稳定后样品室的绝对温度；

V_g ——颗粒体积；

V_c ——样品室体积；

V_r ——参比室体积；

V_v ——阀的驱替体积(由关闭到打开位置)。

如果等温条件($T_1=T_2$)成立，且假设 z 值等于 1.0，上式简化为式(75)：

$$V_g=V_c-V_r\left(\frac{P_1-P_2}{P_2-P_a}\right)+V_v\left(\frac{P_2}{P_2-P_a}\right) \qquad \cdots\cdots(75)$$

如果绝对压力 P_1 和 P_2 以相应的表压表示[即($P_1=(p_1+P_a)$]，并代入上式，进一步简化为式(76)：

$$V_g=V_c-V_r\left(\frac{p_1}{p_2}-1\right)+V_v\left(1+\frac{P_a}{p_2}\right) \qquad \cdots\cdots(76)$$

式中：

p_1——参比室压力表的初始读数；

p_2——系统平衡后的压力表读数。

如果使用驱替体积为零的球形阀，且在关闭前总是通向大气，则样品室体积中包括 V_v，而 $V_v=0$，上式进一步简化为式(77)：

$$V_g=V_c-V_r\left(\frac{p_1}{p_2}-1\right) \qquad \cdots\cdots(77)$$

特别提示：计算中忽略了偏差因子 z，或 0.1 cm^3 大小的阀门体积，得出的孔隙度值误差约为 0.5 孔隙度单位。

6.3.2.1.1.8 注意事项

该方法的注意事项包括：

a) 样品杯应保证每次重新组装后内体积不变。

b) 如果温度或大气压发生变化，应重新校准系统。

c) 柱塞岩心应完全、正确地烘干，有些岩样还需要特殊的烘干技术。

d) 当孔隙内水的矿化度(或者来自地层水，或者来自泥浆滤液)大于 100 000 mg/L 时，应用甲醇洗盐，除去盐分。如果孔隙内水的含盐度超过 100 000 mg/L，忽略了洗盐，那么可能使孔隙度降低 0.4 个孔隙度单位(一般孔隙度为 20%，含水饱和度为 50%的孔隙空间)。

e) 为准确测定颗粒体积，压力平衡是关键。一般可在 1 min～2 min 内达到平衡，但是渗透率和孔隙度低的岩心，需要较长的平衡时间(30 min～几小时)。时间越长，温度和大气压变化的可能性越大。

f) 应尽量减小与测定无关的体积或死体积(样品杯中未被岩样占据的体积)，否则测定的颗粒体积会有误差。可把已知体积的实心不锈钢标准块加入样品室中，填充短岩样剩下的空间。加入了实心标准块后，计算颗粒体积时应减去标准块的体积，从而得到岩样的颗粒体积。

特别提示：如果校准时不锈钢标准块是放在样品杯中，那么得到的 V_c 和 V_r 值则不应减去标准块的体积。

g) 为得到最好的分析结果，要测定岩样的孔隙体积应与参比室的体积接近。该方法对于小的、不规则岩样的准确性，可以通过测定类似大小的、已知颗粒密度的样品（如渥太华砂岩）来检验，其方法为先测体积较大的，接着是小的。

6.3.2.1.1.9 校准

孔隙度仪的校准方法因仪器不同而异。原则上要进行两次或多次测定，首先用已知体积的实心不锈钢标准块充满样品室，接着依次取出一个或几个标准块，分别代表样品室体积的80%，60%，40%和20%。校准仪器时，为使准确度达到最高，应取出足够的标准块，使 p_1 降低一半。

在预定的压力下，通常为 690 kPa～1 380 kPa (100 psig～200 psig)，把氦气输入参比室。压力平衡后（大约 30 s），记录 p_1（即数字传感器的读数）。然后，气体膨胀进入样品室。

系统达到平衡后（大约 30 s）测定降低的压力（p_2）。当阀门体积（V_v）为零，温度恒定时，且样品室中不锈钢标准块的体积 V_g 已知，就可与 6.3.2.1.1.7 中提出的相应公式联立方程组，求解得出 V_r 和 V_c。

当 V_v 不等于零，或温度发生变化时，求解变得更复杂，但原理相同。

特别提示 1：在某些系统中，方程被调整时，需要按标准块体积数据进行线性回归，以求出 V_c 和 V_r。

特别提示 2：应用固定质量的测试仪，或全量程的 0.02%（或更高）的辅助标准压力传感器，以 34.5 kPa (5 psi)为间隔，对压力传感器进行校准。传感器输出数据可以用回归方法的 4 阶多项式拟合“真实压力”。通过测量每个不锈钢标准块的体积与其已知体积比较进行校准检验。假设在测定的颗粒体积范围内，孔隙度绝对偏差在 0.5 个孔隙度单位以内，体积测试的绝对偏差应等于或小于 0.03 cm^3。

6.3.2.2 孔隙体积测量

6.3.2.2.1 波义耳定律单室法直接测定孔隙体积

6.3.2.2.1.1 低围压

6.3.2.2.1.1.1 原理

测定孔隙体积的仪器设备包括：一个可以充满气体的、已知体积和初始压力的参比室，然后将气体压入岩样的孔隙。岩样装在带有弹性胶套和末端堵头的岩心夹持器中。当围压施加到夹持器的外表面时，弹性胶套和末端堵头与岩样紧密相符。弹性胶套和末端堵头又把该压力传递到岩样上。这样孔隙体积用波义耳定律直接测定。这个过程与双室法不同，双室法测定的是颗粒体积，而非孔隙体积，其孔隙体积是由总体积减去颗粒体积计算得来的。

岩心夹持器可以是 Hassler 型、均匀受压的双轴向或三轴向装载室。低围压一般为 2.758 MPa (400 psig)或更低。对于胶结的坚硬岩石，这种类型的夹持器在低围压时引起孔隙空间的减小是不重要的。虽然通常称这种测量为“环境压力测量”，但是还是需要限制围压，因为压力对疏松岩石有明显影响。

在预定的压力 689.5 kPa～1 379 kPa (100 psi～200 psi)下，把氦气输入到已知体积（V_r）的参比室。然后将参比室的气体排入到岩样的孔隙空间。结果产生一较低的平衡压力，由此计算孔隙体积。

6.3.2.2.1.1.2 优点

本方法的优点包括：

a) 如果测试开始时样品是清洁、干燥的，那么到测试结束，岩样仍然是清洁的，可用于以后的实验。
b) 用同一种气体可先后测定孔隙度和渗透率。
c) 操作快速，而且简单。
d) 使用惰性气体可以消除岩石与饱和流体之间的伤害性反应。
e) 直接测定孔隙体积排除了 V_b 或者 V_g 的测试误差对孔隙体积影响，因为相对于孔隙体积来说，V_b 和 V_g 值太大，且 $V_p=V_b-V_g$。

6.3.2.2.1.1.3 应用局限性

本方法的应用限制包括：
a) 应对系统的死体积认真校准。
b) 计算时应考虑温度和大气压力的变化。
c) 岩样应是规则的正圆柱形，表面无溶洞或缺口（溶洞会降低孔隙体积，而岩样两端面不平行会使孔隙体积偏高）。在直径 2.54 cm(1 in)，长度 2.54 cm(1 in)的正圆柱岩样上，不平行端面两边长度相差 1.0 mm，引起的孔隙度误差就超过 1.5 孔隙度单位。
d) 岩样应洗去碳氢化合物并烘干，否则会使测定的孔隙度偏低。
e) 所用的气体应不被活性矿物吸附，如黏土或碳质材料。吸附会使孔隙体积偏高，用氦气就能使这种影响降至最低。
f) 有些低渗透率（<0.01 mD）岩样需要较长时间（30 min～几小时）压力才能达到平衡。时间越长，温度和大气压力变化的可能性越大。
g) 当孔隙内水的含盐度（或者是来自地层水，或者是来自泥浆滤液）大于 100 000 mg/L 时，岩样应用甲醇洗盐，除去盐分。若当孔隙内水的含盐度超过 100 000 mg/L，而忽略了洗盐步骤，则可能使孔隙度偏低 0.4 孔隙度单位（一般指的孔隙度为 20%，含水饱和度为 50% 的孔隙空间）。
h) 如果采用适当的预防措施，该方法可用于使用了包封材料的疏松岩样，但应确定筛网或包裹在柱塞表面的多孔金属板的孔隙体积，应由测定的孔隙体积中减去该体积，得出岩样的孔隙体积。可以准备一个直径等于岩样直径的实心、无孔隙、被包封的柱塞，作为岩样进行测试，由此得出筛网或多孔金属板的孔隙体积，以及包裹岩样末端包封材料重叠的体积。
i) 在低围压下测定孔隙度，由此得出的孔隙度值要高于油层的孔隙度。

6.3.2.2.1.1.4 仪器

基本装置见图 14 所示，与图 13（见 6.3.2.1.1.5）的波义耳定律双室法装置相似，主要区别在于样品室的设计，该装置的样品室排除了样品外围的体积。

6.3.2.2.1.1.5 操作步骤

首先校准孔隙度仪，得出参比室体积（V_r）和系统死体积（V_d）。接着，把一个清洁、干燥的柱塞岩心插入弹性胶套里。然后，在样品的每一端放入一个直径等于样品直径的末端堵头，与岩样的端面接触。在弹性胶套的外表面施加 2.758 MPa(400 psi)或更小的围压。如果岩样封闭在压力均匀分布的岩心夹持器中，则在末端堵头的外表面也施加了相等的围压（见图 14）。

在预定的压力（p_1），一般为 690 kPa～1 380 kPa (100 psig～200 psig)下，使氦气进入孔隙度仪的参比室（V_r）。记录压力，参比室的气体排入岩样的孔隙空间。记录降低了的平衡压力（p_2）。利用 6.3.2.2.1.6 中的公式计算孔隙体积。

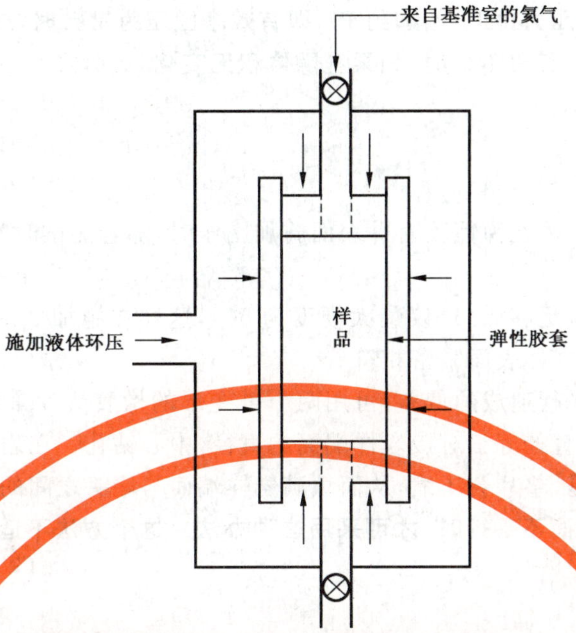

图 14 直接测量孔隙体积的等压加载室示意图

6.3.2.2.1.1.6 计算

在已知初始压力下,氦气由参比室膨胀直接进入多孔岩石,确定岩样孔隙体积。由参比室内的气体质量平衡、系统的死体积、阀门体积和岩样孔隙体积推导出以下的孔隙体积计算公式,见式(78)~式(80)。

$$\frac{P_1 V_r}{z_1 T_{1r}} + \frac{P_a (V_p + V_d)}{z_a T_1} = \frac{P_2 (V_r + V_p + V_d + V_v)}{z_2 T_2} \qquad (78)$$

式中:

P_1 ——参比室初始绝对压力;

P_2 ——膨胀后的绝对压力;

P_a ——岩样中的初始绝对大气压力;

z_1 ——P_1 和 T_1 时的气体偏差因子;

z_2 ——P_2 和 T_2 时的气体偏差因子;

z_a ——P_a 和 T_1 时的气体偏差因子;

T_{1r} ——P_1 时参比室的绝对温度;

T_1 ——P_a 时岩样孔隙空间的绝对温度;

T_2 ——P_2 平衡后岩样和参比室的绝对温度;

V_r ——参比室体积;

V_p ——岩样孔隙体积;

V_v ——阀门驱替体积(由关闭到打开位置);

V_d ——系统死体积。

如果等温条件($T_1 = T_2 = T_{1r} = T_1$)成立,那么

$$\frac{P_1 V_r}{z_1} + \frac{P_a (V_p + V_d)}{z_a} = \frac{P_2 (V_r + V_p + V_d + V_v)}{z_2} \qquad (79)$$

合并后得:

$$V_p = \frac{V_r \left(\dfrac{P_1 z_2}{P_2 z_1} - 1\right) - V_v}{1 - \dfrac{P_a z_2}{P_2 z_a}} - V_d \qquad (80)$$

特别提示：当岩样孔隙压力由 P_a 增加到 P_2，即有效净围压为常数时，或尽管有效净围压不是常数，但孔隙体积随净围压的变化忽略不计时，如果孔隙体积无变化，此时式(80)才成立。

6.3.2.2.1.1.7 注意事项

该方法的注意事项是：

a) 当使用液体而非气体在弹性胶套外表面施加围压时，随着测试时间的延长，气体可能扩散进入胶套外环形空间。

b) 弹性胶套的硬度应足够低(建议最大硬度为 50)，这样在施加低围压时，就可封住末端的金属堵头，并使胶套与岩样表面紧密相符。

c) 有时由于端面不平行造成的偏差，可用两个可变形的橡胶垫片来帮助成功地完成实验。每个垫片应是柔软的，直径等于对接岩样端面的直径，中心钻孔。在岩样端面与金属堵头之间插入一个垫片的作用是，垫片会压缩，从而填满岩样端面与堵头之间的空隙。

特别提示：只有岩样端面不平行时，才可采用这种办法。这个方法不适于端面平行的岩样。

6.3.2.2.1.1.8 校准

可以用以下设备和方法对该仪器进行校准：

a) 用专门用来校准的不锈钢实心标准块校准。标准块其体积已知，能够被放入到专门的样品室或能从样品室中取出。

b) 用一系列给定精密内孔的有孔标准块校准。用一系列有孔标准块代表不同的孔隙体积，其体积范围涵盖了所要测定的孔隙体积。向参比室注入气体，使其压力达到初始压力，接着将气体扩散进入专门的样品室或进入已知孔隙体积的放入样品室内的标准块。用多个钢标准块进行重复测试，将多个孔隙体积计算公式联立方程组，就可以同时解出参比室体积 V_r 和死体积。这些数值可作为常数，用于以后的孔隙体积测试。

系统的死体积(V_d)也可以用实心钢标准块作为岩样放在岩心夹持器内来确定，或者将两个堵头紧挨放入弹性胶套内，并施加与测定岩样时相同的低围压。进入参比室 V_r 的压力扩散进入钢标准块或紧挨的堵头，然后就可以用孔隙体积计算公式计算 V_d。只要系统不做改变，该值就可作为常数保留下来。已知孔隙体积的不锈钢检查标准块还可以通过合适的 V_r、V_d 值来确定，用来检验系统。这些检查可以用来验证日常设备运转是否正常。

6.3.2.2.1.1.9 准确度/精度

对于理想的圆柱样品，一个专门校准过的系统测得的孔隙体积绝对偏差在 $\pm 0.03\ cm^3$ 之内。实际岩样测定结果表明，总体积为 $50\ cm^3$ 的岩样，其测试绝对偏差在约 $\pm 0.1\ cm^3$ 以内，得出的孔隙度与真实值的绝对偏差在 ± 0.2 孔隙度单位以内。

6.3.2.2.1.2 高围压

6.3.2.2.1.2.1 测试原理

测试原理与低围压下的相似，但在这种方式的测试中，孔隙度是在高围压下测定的，这些试验数据可用来评估油藏压力条件下的油层孔隙度。与低围压时测定不同，应知道(1) 提高围压的压力梯度，及(2)采用的方法(均匀加压、三轴向加压、双轴向加压、或单轴向加压)，以便把测定结果扩展到油藏条件(如图 15 和图 16)。传统上，大多数常规孔隙体积的测试是采用施加均衡的围压(即在各个方向上都相等)进行的，因为这是一种相当容易达到和相对低费用的方法。这种方法提供的孔隙度数据是有效净围压(围压减去孔隙压力)的函数。对于某些油藏，还应测定更复杂和更耗时间的孔隙体积压缩系数，以便更准确地确定油藏条件下的孔隙度。测定压缩系数往往需要孔隙空间中存在液体，以便模拟液体—岩石相互作用的影响，如果有反应的话[42]，将超出了本标准的范围。

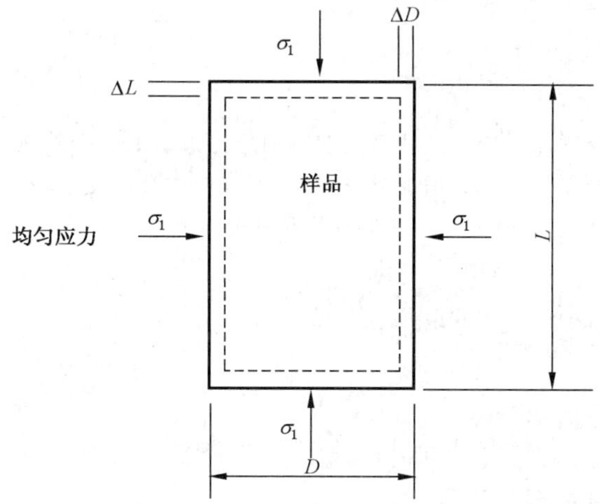

a)

在均匀应力作用下，样品在各个方向上受到的应力均相等，在轴向上发生的形变也相等。当施加的应力等于油藏垂向应力时（即上覆压力），孔隙度降低。

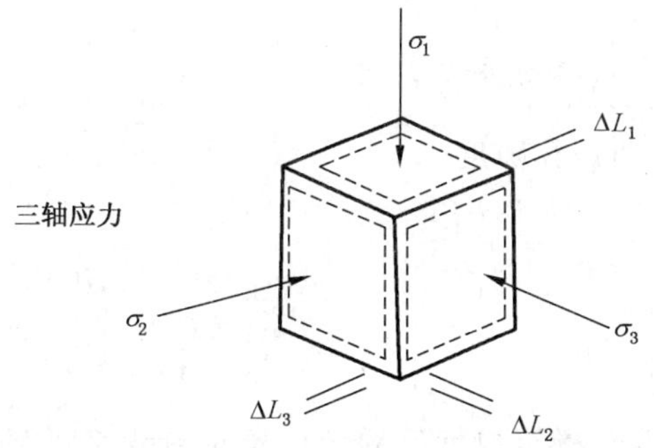

b)

在三轴向应力作用下，样品在三个主轴向的受力是不等的，每一个轴向发生的应变也不同。通常使用正方形或矩形棱柱体样品。

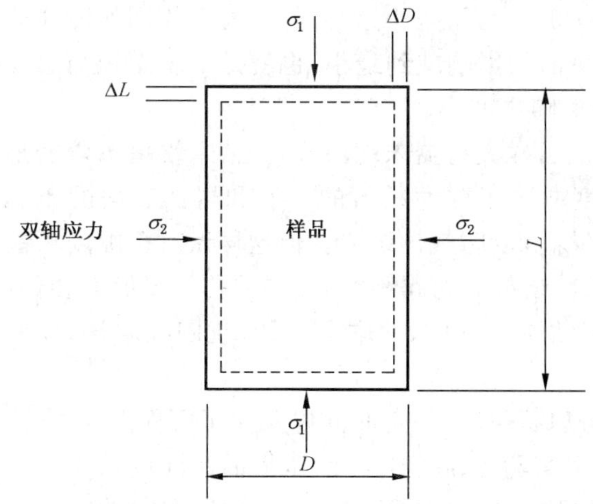

c)

双轴应力加载是三轴应力加载的一个特例。在双轴应力作用下的圆柱体，其平行轴向上的应力与样品周边所受到的应力是不同的，在轴向和径向均发生应变。

图15 实验室加载示意图

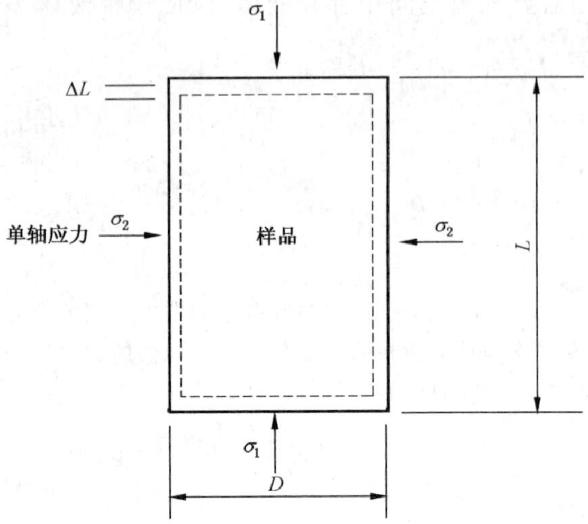

单轴向应力加载又是双轴向应力加载的一个特例，在平行轴向的应力增加时，这个力可以使样品所受的径向应力不变，应变只发生在圆柱样品的轴向上。

图 16　实验室和油层加载示意图

6.3.2.2.1.2.2　优点

该方法的优点包括：

a)　该方法的优点与低围压下的方法相似(见 6.3.2.2.1.1.2)。

b)　与零围压或低围压测试相比，高围压测试更接近原始油藏孔隙度。

6.3.2.2.1.2.3　应用局限性

该方法的应用限制如下：

a)　与低围压下应用局限性中的 a)～h)相似(见 6.3.2.2.1.1.3)。

b)　随着围压的增加，即使实际上岩样未压缩，弹性胶套也会将压力传递到颗粒表面的砂粒或溶洞之间，导致孔隙体积的降低。对于无溶洞的砂岩来说，这种压缩几乎不超过 0.2 孔隙度单位(举例来说，就是 10.0%的孔隙度会压缩到 9.8%)，即使存在，对孔隙度值一般也不会有明显的影响。对于有溶洞的岩样，这种误差是非常大的。为了减小这种误差，可以使用聚酯薄膜或金属内套筒。通过增加样品半径(r)的方法将表面的影响减到最小，也就是令表面积与总体积的比值等于 $2/r$，随着样品半径的增加，这个比值随之减小。

c)　初始围压应足够高，以密封弹性胶套与岩样以及岩样夹持器末端堵头，并使末端堵头紧密地压在岩样端面。弹性胶套对岩样表面的密封程度取决于弹性材料的韧性和岩样表面的粗糙程度。如果孔隙度与渗透率联测，密封压力应足够高，以防气体绕流。但这样做对孔隙度可能产生两种相反的影响。如果岩样夹持器末端堵头与岩样相符得不好，测得的孔隙度值就会偏高，这个影响可用岩样孔隙压缩系数来抵消。使用钻取得好的、两端平行的、正圆柱岩样，能将由于接触面相符得不好带来的误差降到最低。

d)　在任意高围压下测得的最终孔隙度值都可能与加压速度、稳定时间以及加压历程[43]有关。

e)　应知道或估计油藏的有效压力，以便合理地使用实验室确定的高围压下的孔隙度数据。实际油藏压力引起的孔隙体积的减少通常是不均匀的。多数油藏的主要压力是垂向的。这种垂向的有效压力等于单位面积上的上覆岩石重量减去油藏压力。上覆压力可由深度和井筒密度测井计算，或由假设岩石密度为 0.24 MPa/m^3(1.0 psi/ft^3)来估算。油藏压力可以测量，或在正常压力区域，设定油藏压力等于深度×静水柱梯度。

特别提示：近海油藏的上覆压力由水深和水的密度产生的压力，以及上覆岩石重量组成。

最常见的水平应力是垂向应力的分力，并且可由水力压裂或地层综合测试(泄漏试验)[45],[46]来预测。油藏平均有效应力是垂向和水平有效应力的平均值。因此，油藏平均有效应力一般小于均衡应力，等于垂向有效应力。

f) 岩石孔隙空间内含水，表明岩石较软，当施加围压时[42]，增加了孔隙体积降低的可能性。这里所讨论的常规分析是用清洁、干燥的岩样进行的，而油层中含有间隙水，这就带来了许多不确定因素，其重要性可通过对含水岩样进行专项实验定量化。而这种影响对于坚硬的、胶结好的岩石来说是很低的。

g) 低围压时，火成岩或疏松岩样就显出了明显的压缩性。

6.3.2.2.1.2.4 仪器

与低围压时用的仪器相似，但高围压测试时要用韧性弹性材料制成的套筒，能经受加压时施加的力，并且在压力降低时还能与岩样紧密相符。

6.3.2.2.1.2.5 操作步骤

高围压测试的步骤与6.3.2.2.1.1.5中讨论的低围压的操作步骤相似。

通常，选择提高围压的方法来确定岩样的孔隙体积。在下一个孔隙体积测定之前，每个围压下的岩样孔隙空间内的平衡压力一般要释放。6.3.2.2.1.1.6提出的公式用于计算孔隙体积。

6.3.2.2.1.2.6 计算

计算孔隙体积(V_p)的基本公式与低围压测定时的相同，但计算孔隙度时还应考虑由于围压增加引起的岩样总体积(V_b)的降低。所作的修改见式(81)：

$$\phi=\frac{V_p}{V_{b0}-\Delta V_p} \qquad (81)$$

式中V_{b0}为未加压时的样品总体积，ΔV_p等于初始V_p与任意压力下的V_p差。这里假设任意压力时总体积的降低与相同压力的孔隙体积的降低相等，见式(82)：

$$\phi=\frac{V_p}{V_g+V_p} \qquad (82)$$

式中V_p为任意压力的孔隙体积。这里假设在所有施加的围压下，压力为零时确定的颗粒体积(V_g)为常数，见式(83)：

$$\phi=\frac{V_p}{V_{bs}} \qquad (83)$$

测定每个压力下的孔隙体积(V_p)，岩样直径和长度，并计算总体积。这不是常规做法。

式中V_{bs}为相应压力下由样品长度、直径计算的总体积。

6.3.2.2.1.2.7 校准

仪器的校准与低围压中讨论的原理相同(见6.3.2.2.1.1.8)。对于高围压时系统测量的有效性，可由在选定的围压下测定钢标准块的孔隙体积来验证。

6.3.2.2.1.2.8 准确度/精度

合理的校准系统得出的孔隙体积的准确度与低围压时的准确度数量级相同(见6.3.2.2.1.1.9)，得出的孔隙度误差在±(0.2～0.3)孔隙度单位之间。

6.3.2.2.2 流体孔隙度求和法

确定孔隙度的"流体求和"法详细叙述见流体饱和度测试方法中的"常压干馏法"(见5.2)。由于岩样无需清洗和干燥，因此该方法能快速提供孔隙度数据。孔隙体积由测定采出的新鲜岩样中的油、气和水的体积相加求得。孔隙体积除以岩样的总体积求得孔隙度。

当遵循合适的操作步骤，且岩石相当均质，不含遇水易膨胀的矿物质(因为这会使水体积的确定变得复杂)时，则相邻岩样测定的波义尔定律孔隙度绝对偏差一般在±0.5孔隙度单位之内[47]。如果不采取特殊的预防措施和实验技术，流体求和法测得的孔隙度偏高，主要是因为从水合矿物中采出了多余的水。对于液体已蒸发的风化岩样该方法是无效的，因为在测定压力下注入的水银未能进入水已经蒸发的较小的孔隙中，这样测得的气体体积和孔隙度都偏低。

由测得的岩石和液体的体积计算颗粒密度，可把这个数值与根据岩性估计的颗粒密度相比较。计算的与估计的颗粒密度间的数量级差异，可以作为一种质量控制的检验，将揭示出是测量错误还是数据计算错误。但当岩石中含有外来矿物(重矿物或轻矿物)时，该方法不适用。因为这些条件下，颗粒密度变化不定，并且难于准确估算。

干馏时要破坏岩样，所以应选择相邻岩样进行渗透率测定。测定渗透率的岩样可用波义尔定律法测定孔隙度，并与流体求和法孔隙度相比较，以此作为质量控制的检验。虽然岩样与岩样不会完全一致，但数据应在偏差范围内。

6.3.2.2.3 液体饱和法

6.3.2.2.3.1 原理

用液体饱和法测量孔隙度(连通的孔隙空间)，涉及到孔隙体积的称量分析法，通过以下步骤获得：

a) 清洁、干燥岩样的质量；

b) 用已知密度的液体饱和后岩样的质量；

c) 浸没在与饱和液相同的液体中岩样的质量。

6.3.2.2.3.2 优点

本方法的优点包括：

a) 可同时处理很多岩样。

b) 可直接测定孔隙体积。

c) 见6.2.4.2中的a)和b)项。

6.3.2.2.3.3 应用局限性

本方法的应用限制包括：

a) 就测量消耗的总时间来说，该过程较慢。

b) 该方法基本上是准确的，但仅限于那些能被100%饱和，且能成功确定饱和质量的岩样。

c) 表面有溶洞的岩样，由于称量过程中，溶洞内的液体可能损失，可不用这个方法测定其孔隙度。如果有液体损失，孔隙体积中就不包含这部分体积，计算出的孔隙度就会偏低。但用这种方法可以准确确定含溶洞岩心的颗粒体积。

d) 见6.2.4.3的a)和c)项。

6.3.2.2.3.4 准确度

如果采用适当的技术，该方法确定的孔隙度(连通的孔隙空间)准确度应在0.5个孔隙度单位以内，颗粒体积误差应为真实值的±0.2%以内。

6.3.2.2.3.5 仪器

适用本方法的仪器包括：

a） 准确到 1 mg 的分析天平。

b） 能用于真空下装脱气液体的合适容器。

c） 真空干燥器和压力饱和装置。

d） 能使压力保持低于 13.3 Pa(0.1 mmHg)的适当真空源。

e） 已知密度的、已过滤的、低黏度、低蒸汽压的液体，用于饱和岩样。常用的液体包括：盐水、精制实验室油、葵烷甲苯。

f） 用于装浸在脱气液体里的饱和岩样的合适容器。

6.3.2.2.3.6 操作步骤

称量清洁、干燥岩样的质量。在称量干岩样前，应使用诸如 $CaCl_2$ 或硅胶这样的干燥剂烘干岩样。把称量后的干岩样放在容器中（真空干燥器和压力饱和装置），并抽真空大约 8 h。抽真空时，可注入 CO_2，以除去吸附在岩石表面的空气。一般使用在液体中有更好的溶解性的气体，来置换吸附的气体，如 O_2 或 N_2 气体。对于低渗透率岩样，需要重复几个周期抽真空和注 CO_2。在致密岩样中，为了驱出 N_2，CO_2 接触时间越长，真空循环需要的时间也越长。对于渗透率非常低的岩样，抽真空的时间应延长到 12 h～18 h(一昼夜)。

用于饱和清洁岩样的液体应不含溶解的空气。因此，液体在注入到岩样前应脱气。操作时要非常小心，避免脱气后的液体与空气接触。与盐水相比，碳氢化合物是强润湿液，如果只要求测定孔隙度，而不需要作其他的实验，则选择碳氢化合物作饱和液，不用盐水。

将脱气液体注入装有岩样的真空容器中，使岩样饱和。岩样完全浸没在液体中以后，继续抽真空 30 min 到 1 h。

最好的方式是对岩样周围的液体加压到 13 800 kPa～20 700 kPa (2 000 psi～3 000 psi)至少 4 h，以保证岩样完全饱和。加压饱和使液体进入了连通不好的孔隙空间或未发生自发吸入的孔隙。然后把岩样由饱和容器中取出，并称量浸没在饱和液体中的岩样质量。

小心地除去饱和岩样上多余的液体(避免颗粒掉落)，并在空气中称量。从饱和岩样表面除去多余的液体时，要非常小心，保证不会除去暴露在岩样表面孔隙中的液体，应避免使用那些由于毛细管作用把孔隙中的液体吸掉的材料(如干毛巾)，也应避免用任何机械方法，如猛烈抖动。除去多余液体的合适做法是把岩样放在潮湿的无纤维的布或纸巾上滚动，以吸掉多余的液体，或小心地用潮湿的布或手指擦拭岩样。

每批样品称量后，应精确测定饱和时所用的脱气饱和液的密度，因为除非使用 6.3.2.2.3.8 中式(87)的公式，否则饱和液的密度是误差产生的最大来源。见 6.2.4.6 描述的步骤确定总体积。由干岩样原始质量与液体密度，可直接计算颗粒体积[见 6.3.2.2.3.8 中的式(86)]。

称量前，一般把岩心柱塞放到带螺旋帽密封的容器中或其他充满脱气液体的合适容器中储存，在容器中充满液体是为了使容器中含有的空气减到最少。

6.3.2.2.3.7 注意事项

本方法的注意事项包括：

a） 为保证完全饱和，需要专门的预防措施。用这种方法，低渗透率岩心可能达不到完全饱和。

b） 为达到可接受的准确度，在确定饱和后岩样质量的同时，使用准确的液体密度是关键。

c） 孔隙体积的误差可能来自称量饱和岩样质量之前的不合理地擦拭岩样。

6.3.2.2.3.8 计算

本方法的计算步骤见式(84)～式(90)：

$$V_p = \frac{m_1 - m_d}{\rho_{l1}} \qquad \cdots\cdots(84)$$

$$V_b = \frac{m_1 - m_2}{\rho_{l2}} \qquad \cdots\cdots(85)$$

$$V_g = \frac{m_d - m_2}{\rho_{l2}} \qquad \cdots\cdots(86)$$

孔隙体积检验：$V_p = V_b - V_g$【按此式计算的 V_p 应与式(84)计算的 V_p 一致】

$$\phi = \frac{V_p}{V_b} = \frac{\dfrac{m_1 - m_d}{\rho_{l1}}}{\dfrac{m_1 - m_2}{\rho_{l2}}} \qquad \cdots\cdots(87)$$

如果温度恒定，饱和液与浸没液密度相等，相约消去液体密度，上式简化为：

$$\phi = \frac{m_1 - m_d}{m_1 - m_2} \qquad \cdots\cdots(88)$$

孔隙度检验【此处计算的结果应与式(87)的结果相一致】：

$$\phi = \frac{V_b - V_g}{V_b} \qquad \cdots\cdots(89)$$

$$\rho_g = \frac{m_d}{V_g} \qquad \cdots\cdots(90)$$

式中：

m_d ——干岩样的质量，单位为克(g)；

m_1 ——岩样饱和后的质量，单位为克(g)；

m_2 ——浸没在液体中岩样的质量，单位为克(g)；

ρ_{l1} ——饱和液体的密度，单位为克每立方厘米(g/cm^3)；

ρ_{l2} ——浸没液体的密度，单位为克每立方厘米(g/cm^3)；

ρ_g ——岩石颗粒密度，单位为克每立方厘米(g/cm^3)；

ϕ ——孔隙度，%

V_p ——孔隙体积，单位为立方厘米(cm^3)；

V_g ——颗粒体积，单位为立方厘米(cm^3)；

V_b ——总体积，单位为立方厘米(cm^3)。

6.4 富含有机物的岩石

最近几年，人们对开发煤层甲烷和天然气页岩油藏产生了浓厚的兴趣。煤层和含气页岩是典型的有机物含量高的裂缝性储层，在这种储层中，天然气原始储量中的大部分天然气吸附在有机物质上。由于在这种储层中大部分天然气原始储量由吸附气组成，因而在储量评价和产量预测时应要弄清楚吸附的总容量以及如何来开采(解吸附作用/吸收等温线)。油页岩含有固态有机物，通常利用加热液化产出石油。评价这类沉积的方法叙述在5.7。像此处，孔隙度一般不要求。

6.4.1 煤

目前，工业上还没有可行的方法测定煤样的孔隙度、渗透率或相对渗透率，也没有公开发表的可行的实验室测量标准。因此，测定含油和气储层岩石的孔隙度标准实验方法在煤层甲烷的研究中应加以改进。以下是反映目前实际状况的意见和参考。

由煤层产出甲烷时，可根据三个不同的参数定义“孔隙度”。计算煤层甲烷气地质储量的参数是：(1)煤层中的“原始气体含量”，相当于常规天然气层中充满气的孔隙中含天然气体积；(2)甲烷吸附在煤层表面的基质孔隙(微观)；(3)层理孔隙(天然的微裂缝孔隙)组成的双孔隙系统。层理网络为液体流动提供了通道和渗透性。

6.4.1.1 原始天然气储量

确定煤层天然气原始储量的唯一方法是采用保压岩心实验[48]。由保压取心筒中的煤层岩心中释放的气体体积被认为是时间、温度和压力的函数。

气体含量和解吸速度常常用解吸罐法测定[49]。所用的煤样通常用常规取心、井壁取心、电缆恢复和煤的钻屑方法获得。煤岩心(或切片)密封于金属罐中,岩样释放的气体体积用上述方法测量[48]。由金属罐解吸法确定气体含量时,需要估计岩心从井底到地面以及密封到金属罐前这一过程中的气体体积损失[50]、[51]。

即使保压岩心也常常放在金属罐中完成解吸过程,但用金属罐解吸法测定常规和井壁取心气体含量比保压取心法的费用低,是最常用的方法。把煤热解成无灰的程度后,比较由不同方法或岩样测得的气体含量[48]。由于释放的气体不一定100%是甲烷[52],还应分析气体的组分,确定甲烷的含量。

6.4.1.2 基质孔隙度

煤层的基质孔隙度一般大于层理孔隙度。然而,由于甲烷吸附在基质上,而不是以游离气的形式存在,在煤田甲烷含量测试中,很少选择常规油田或气田基质孔隙度的分析方法。如果需要常规孔隙体积,则用平衡湿度[53]和氦气波义尔定律孔隙度法测定基质孔隙度。

特别提示:用波义尔定律法,只要有吸附的气体就将得出错误的基质孔隙度,因此往往使用明显不吸附的氦气。

6.4.1.3 层理孔隙度

虽然煤层的孔隙度大部分为基质孔隙度,但层理网状系统为流体的流动提供了通道和渗透性。因此在确定孔隙体积压缩系数、以及气—水相渗或毛管压力测试所需的饱和度时,煤层的层理孔隙度测试至关重要。

层理孔隙度是净围压的函数。在均匀围压下,用煤层岩心测定层理孔隙度。用于疏松岩心[57]的包封材料也常用于煤层岩心。

用真空干燥器[55]中干燥的煤层岩心进行煤的孔隙度测定。煤的风化研究表明这种干燥方法改变了煤的结构[56],得出了错误的结果。用未干燥岩心测定层理孔隙度的合适方法称为混相驱法。这个方法中,饱和岩心的流体能被物理性质不同、但能与饱和液混溶的第二种流体排驱[57]。

混相驱法是应用了水中的示踪剂浓度,示踪剂发生吸附就会产生错误的结果[58]。在实验误差内,由水饱和的煤岩心,用氦气排驱水的非混相驱与混相驱示踪剂法[58]得出了相同的结果。

特别提示:在煤岩心的基质中常常残余有甲烷,影响孔隙度的测定。煤岩心用氦气饱和(用水蒸气饱和过的),接着抽真空,用于除去残余甲烷。

6.4.2 产气页岩

在含气页岩中,如泥盆系(Devonian),天然气可能以游离气的形式储存在基质或裂缝中,也可能以吸附气形式存在于有机物和黏土表面。可以认为地质储量的80%以上都是吸附气,由此可知需要气体吸附等温线重要性。对于煤层来说,页岩中吸附气的体积是煤层的1/5到1/50,为了提供准确的数据,测量仪器和方法应是专门设计的。正如煤层目前的情况一样,对于页岩的测量,目前也没有工业标准。

文献中页岩样的气体吸附等温线结果表明,目前不同实验室[59]之间的实验条件存在很大差异,这些差异产生不同的吸附实验结果,这就要求使用这些数据的人员要弄清楚实验条件是什么,报告中的结果是在什么条件下得到的。

在油藏模拟的模拟器中,常常把甲烷的吸附量作为压力数据的函数输入,其常用单位是 m^3/t(scf/ton)。因此,在进行模拟的过程中首先要弄清楚,测定的和报告中的等温线是否只针对吸附气体的,如果是代表总的吸附等温线,是否包括了吸附的气体以及储存于基质和/或裂缝的游离气体。

水的存在减少了吸附气的体积,干岩样的吸附实验不适合气藏的评价,因此要选择在平衡湿气的条件下对岩样进行吸附实验。

特别提示:目前还未规定建立代表油藏平衡湿气条件的方法。因此,许多吸附等温线测定都是在"恢复的"页岩,或干岩样上完成的。

随着测量技术在不断地改进,一些影响测量结果和数据报告的重要因素已经很明确了[59]。工程师利用这些数据,作为关键因素来论证实验室。应建立一些实验方法,使其测试数据能代表储层,这也是数值模拟技术的要求。

6.4.2.1 影响测试的关键因素

影响测试的因素包括:

a) 取心技术(包括取心液)。
b) 岩样的保存技术。
c) 岩样尺寸和形状(是否要破碎? 过筛到多大尺寸?)。
d) 岩样干燥条件。
e) 报告中单位为 m^3/t(scf/ton)的气体体积测试是否是在标准温度和压力下进行的。
f) 烘干或衡重样单位为 t,测量的吸附气量单位为 m^3/t(scf/ton)。
g) 总吸附气(包括孔隙中的游离气)的,还是只是吸附气的等温线。
h) 样品室校准技术。
i) 样品室的温度测量和控制。
j) 报告中岩样的密度(总的还是颗粒的;湿的还是干的)。
k) 每个吸附过程是否达到平衡? 是否是在选择的吸附时间时终止实验。
l) 岩样体积测定。
m) 实验前岩样抽真空。
n) 吸附测定中所用的气(一般是甲烷)。
o) "游离气体积"孔隙度测定时所用的气体(一般是氦气)。

6.4.2.2 仪器

图 17[60]绘出了测定吸附体积的仪器示意图。与常用的双室孔隙度仪相似。

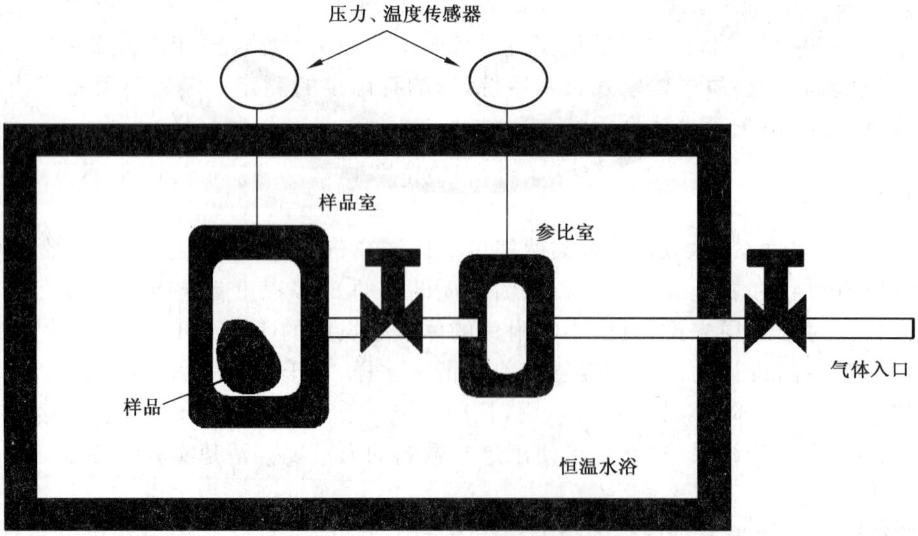

图 17 吸附体积测量

6.4.2.2.1 游离气(裂缝和基质)孔隙度

可使用以氦气作为气相的波义尔定律双室孔隙度仪(见图13)测定裂缝和基质孔隙体积。

6.4.2.2.2 吸附等温线

首先完成氦气的等温线测定,由此可得出吸附最小的自由气体积。然后把甲烷注入参比室,气体膨胀进入样品室。参比室再次与样品室隔开,并在较高压力下注入甲烷。重复这一过程,计算较高压力时吸附的气体。重复整个过程,直到达到所要求的压力。氦气与甲烷的等温线之差即代表吸附气的体积。给出了计算等温线的方程,以及影响测量准确度的误差分析验证因子[60]。

6.4.2.3 油页岩

因为从油页岩中采油是通过加热固体有机物来生产的,因而,评价油页岩时一般不需要测定岩石的孔隙度。见5.7中关于油量的测定。

7 渗透率的测定

7.1 概述

渗透率是多孔介质的一种性质,是允许流体通过能力的度量。多孔岩石或地层渗透率的测定就是测定流体通过该特定材料的能力。渗透性与电或热的传导性具有一定的相似性。当低速流为主时,渗透率的倒数代表孔隙介质对流体流动产生的黏滞阻力。习惯上把符合这种条件的流动称为"黏性流",或正式称为"斯托克斯流(stokes)"。通过测定流体在岩石中某一方向上的流动,就可得到岩石在该方向的渗透率。均质且各向同性介质的渗透率在各个方向上都相同。但是,实际岩石既不是完全均质的,也不是各向同性的。

7.1.1 定义

7.1.1.1 达西流

十九世纪中期,达西通过试验[64]和研究提出了流体通过多孔介质流动时,建立了变量之间的经验关系表达式,现在称为达西定律。简单地说,达西定律表明单位横截面积渗透性介质的体积流速(即体积流量)与势能梯度成正比,与流体的黏度成反比,该比例系数即为渗透率。因此,对于"斯托克斯流(stokes)"所需势能梯度等于流体的黏度与体积流量的乘积除以岩石的渗透率。液体水平流动的势能梯度或用低密度气体在任意方向上实际测量时的势能梯度等于压力梯度。

7.1.1.2 Forchheimer惯性阻力

Forchheimer在20世纪初的研究[65]认为,达西定律具有一定的局限性,仅限于低速体积流量。Forchheimer观察到在较高流量时,所需的势能梯度大于按照达西定律的预测值。该比例系数β即为多孔介质的惯性阻力。由于流体经过多孔介质弯曲通道运移时,伴随着无数的加速作用(即时间—速度在方向和大小的变化),因而使得惯性能消耗。这些加速作用引起第二种流动形式,即部分流动能通过黏性剪切转化为热能。

在油藏中,特别是远离生产井和注入井的地方,体积流量一般非常低,因此可以应用达西定律。但在具有高压力梯度的高流量近井地区可能引起不可忽视的惯性效应,称为"速敏表皮效应"。这种效应在产气井井眼附近和射孔井段特别普遍,因为这些地带,低黏度的气体能产生很高的流量。

实验室用气体测定高渗透性岩样(在这些岩石中最易观察到惯性效应)时,低速体积流量需要很低的压力梯度，因而很难测准。如果应用达西定律，较高的流量会使计算的渗透率偏低。7.2.1.3 中提出了一种测定渗透率时由于惯性阻力产生误差所允许的最大压力梯度的评估方法。另一个方法是进行多个流速测定，利用 Forchheimer 方程获得各个流速下的渗透率和惯性阻力。从实用的角度来看，用 7.4.1.1 提出的压力非稳定方法更为高效。

7.1.1.3 Klinkenberg 气体滑脱效应

即使合理考虑了惯性效应带来的影响，多孔介质气测渗透率仍取决于气体的平均自由程和绝对压力。这是由于存在一个被称为气体滑脱的现象，该现象首先由 Klinkenberg[66] 在石油工业中提出。虽然早在 1875 年[67] 的科学文献中就提出了气体通过小的毛细管流动时会发生气体滑脱的理论和实验数据，但以前的研究人员在渗透率的研究中忽略了气体滑脱这一现象。当忽略了气体滑脱时，由 Klinkenberg 方程或达西定律（惯性阻力忽略不计）计算的渗透率高于用与岩石不发生作用的液体测得的渗透率。若以百分数表达，对于高渗透率岩样来说，这个差值很小，但随着渗透率的降低，这个差值逐渐增大。用气体测渗透率时，用较高的平均孔隙压力可使差值降至最低。

为了避免孔隙压力对气体渗透率的影响，Klinkenberg 提出了用不同平均孔隙压力的气测渗透率外推到无穷大的孔隙压力的方法。它表示该外推的气体渗透率（现在称为“ Klinkenberg 渗透率”，K_∞）等于用与岩石不发生反应的液体（如清洁的精制油）测得的渗透率。

有些岩样，特别是含有一定量黏土的岩样在清洗和干燥过程中，将会对其气测渗透率结果产生影响。这种岩样的 K_∞ 往往大于用水测的值。对这类岩样需要专门的清洗和干燥技术。

7.1.1.4 液体

用液体测定渗透率消除了气体滑脱问题，在合理的流速下，惯性阻力一般忽略不计。因此，可用达西定律直接计算由单一流速测定的渗透率。然而，岩石组分与液体（特别是水溶液）的相互作用，微粒运移和微生物堵塞可能引起的渗透率变化需要特别加以注意。而且，在进行其他参数测定前，应除去保留在岩样中的液体。由于存在这些问题，常规渗透率测定多数用气体进行。但对于某些岩样，如对干燥方法敏感的岩样，只能选择用液体测定渗透率。

7.1.1.5 围压关系

多孔介质的渗透率对介质受到的净压缩应力的大小及其受力过程很敏感。随岩样夹持器围压的增加，岩石的渗透率降低。当围压由 1.5 MPa 或 2.0 MPa(200 psi 或 300 psi)增加到几十兆帕（几千 psi）时，可以观察到渗透率明显降低，渗透性较好的胶结砂岩可降低几个百分点，而含有微裂缝的低渗透砂岩其降幅可达一个数量级，甚至更高。一般来说，实验室测定渗透率时，要求达到近似油层压力，以获得与地下油藏真实渗透率最接近的测定值。此外，随着围压的逐渐增大，渗透率降低幅度逐渐减小，这种现象在压缩应力刚好低于引起岩样破裂的压力时更为明显。

7.1.2 渗透率的单位

7.1.2.1 惯用单位

为了使多孔介质影响渗透特性这一概念得到实际应用，定义了专用的单位“达西”。当黏度为 1 mPa·s (1 cP)的液体完全充满孔隙介质，在 1 MPa/cm(1 atm/cm)的压力梯度下，以 1 cm^3/s 的速度“层流”条件通过横截面积为 6.45 cm^2(1 $inch^2$)的孔隙介质流动时，该孔隙介质的渗透率为 1 达西(D)。简单地说，“层流条件”意味着“流动速度足够小，以致与压力或压力梯度成正比”。渗透率的单位“达西(D)”，作为物理量间的比例系数具有长度平方的量纲。若无特殊说明，下文中提及的渗透率只代表介质本身的性质，与流体无关。为方便起见，可采用毫达西（等于 0.001 D）作为渗透率单位。单位拼写的复数以标准化的形式出现在文献中。尽管建议不使用次级单位，但微达西(等于 0.001 mD 或 10^{-6} D)常用于低渗透的气藏致密砂岩渗透率的表示。而且，非常致密的岩石，如微裂缝的花岗岩，常用毫微达西(等于 0.001 μD 或 10^{-9} D)表示。

7.1.2.2 SI 单位(标准国际单位)

渗透率的基本 SI 单位 m^2 定义为：黏度为 1 Pa·s 的流体，在 1 Pa/m 的压力梯度下，以 1 m^3/s 的流速通过 1 m^2 截面积的流动，其渗透率即为 1 m^2。1D 等于 $0.986\ 923\times10^{-12}$ m^2。由于该单位的指数太小，在实际使用时极不方便，AIME 的石油工程师学会选择的渗透率单位是二次方微米(μm^2)，1 D(习惯单位)等于 0.986 923μ m^2。

7.1.2.3 水文学方面的典型单位

大多数环境工程师在水文学都有过采用固有渗透率、水利传导率和传导系数这些术语的经历。环境工程师、岩心分析人员或石油工程师所涉及到的流体流动的物理学概念都是相同的，但是不同专业领域所用术语不同，这是由各领域的不同用途所致。水文学家常常涉及到地下水在水层中的流动，在这种水层中，水的黏度、密度和压缩性变化相当小。在这些水层中，通过测定液柱高度差(即非流动井中水上升的高度)，即可方便地确定流动势能。在实验室中，模拟实验技术是把一系列水压计与水流通过岩样连接。水压计中水的高度在最靠近岩心上流端时最大，水柱高度(由水平基准面算起)向下流方向逐渐降低。

在油藏中，流体性质变化很大，一般存在一种以上的流体相，压力往往很大，以至于压力难以用水柱测量。压力由压力计或压力传感器直接测量。因此，这时所用计算渗透率公式中的压力应是水压而非水头。流动势能应由压力、流动速度以及流体和岩石的基础参数，通过适当偏微分方程计算所得，这些方程往往需要数值有限差分近似求解。

7.1.2.3.1 流动势差与压力差

驱使流体流动的动力是流体势差而非压力差，理解这点对于了解什么是流动势能并最终确定压力差如何合理应用于流动方程来说是至关重要，图 18 表示了流动势能与压力之间的关系。两个水箱，每个顶部都与大气连通，并在不同深度装有水位计管，两个水箱由小管连接加入相同深度的水。每个水箱中水面的压力为大气压，箱体内的压力随深度增加而增大。

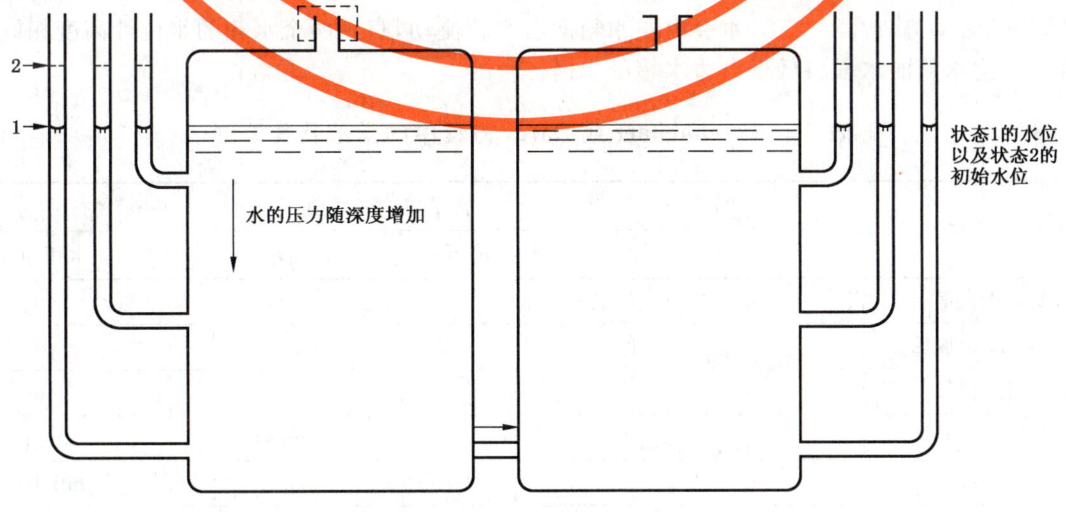

图 18 流动势与压差的关系

我们观察到每个水位计管中的水面高度是相同的，除了每个管中由于毛细管力的作用水面稍有上升外，均与水箱中的水面高度相同。水位计测压管中的水面高度是水箱内流动势能的度量，即使压力随深度增加，该流动势能在每个深度都是相同的。假如，只有压力是流动的驱动力，那么水箱底部较高压力的水就会朝较低压力的地方，向上流动。实际上并未观察到这个现象。假设每个水箱中各处水的密度为常数，那么各处的流动势能 φ 见式(91)：

$$\varphi = p - \rho g z / C_4 \qquad \cdots\cdots(91)$$

式中：

p ——不同深度 z 处的水压；

ρ ——水的密度；

g ——重力加速度；

C_4——常数(见表 15)。

水箱中任意深度的压力见式(92)：

$$p = p_1 + \rho g z / C_4 \qquad \cdots\cdots(92)$$

式中：

p_1——是空气-水界面的压力，为 1 大气压(1 atm)。

因此联立式(91)和式(92)，得到 $\varphi = p_1$，流动势能在任何深度都相同，在两个水箱中也是相同的；所以，在水箱内和两个水箱之间并不能产生流动。

条件 1：

a) 两个水箱的水装到相同的深度，且均敞开到大气压下。

b) 两个水箱中的压力随深度增加而增加。

c) 流动势能(由水位计管中的水位表示)在所有深度都相同，并且在两个水箱中也相同。

d) 因此，水箱内或水箱之间不发生流动。

条件 2：

a) 增加左边水箱中水面以上的空气压力，然后盖上排气孔。

b) 左边水箱中的流动势能增加，以水位计管中的水位表示。

c) 水由左边水箱向右边水箱流动，直到两个水箱水位计管中的水位相同为止。

现在，假定把空气通过通风口泵入左边的水箱，这样水以上的空气压力就大于大气压力，然后盖上通风口。我们就会观察到，连在左边水箱上的所有水位计的水面上升高度相同。除了增加管中水面高度所需的水量之外，水箱内的水面高度并未改变。开始时，右边水箱的状态不变，与右边水箱相比左边水箱水位计管中的水面高度较高(图 18 中的虚线)，由此我们得出结论，虽然两个水箱内水面高度相同，但左边水箱的流动势较高。当然，水会由左水箱向右水箱流动，直到两个水箱的水位计高度相同。当流动停止时，左边水箱的水面将低于右边水箱的水面。

表 15　Forchheimer 或 Darcy 方程中的常数及其单位

变量或常数	常量单位或数值			
	SI	SPE 优先选用	惯用单位	常用单位
A，流动横截面	m^2	m^2	cm^2	cm^2
b，Klinkenberg 滑脱因子	Pa	Pa	atm	psi
D，岩样直径	m	m	cm	cm
g，重力加速度	m/s^2	m/s^2	cm/s^2	cm/s^2
K，渗透率	m^2		darcy	millidarcy
L，岩样长度	m	m	cm	cm
M，气体分子量	kg/kg-mole	kg/kg-mole	g/g-mole	g/g-mole

表 15（续）

变量或常数	常量单位或数值			
	SI	SPE 优先选用	惯用单位	常用单位
P，绝对压力	Pa	Pa	atm	psia
p，表压	Pa	Pa	atm	psig
Δp，压力差	Pa	Pa	atm	psi
q，体积流速				
r，岩样或密封垫圈半径	m	m	cm	cm
S，压缩量				
s，流动距离	m	m	cm	cm
T，绝对温度	K	K	K	K
V_p，孔隙体积				
$V_{T'}$，油藏总体积				
ν_s，体积流量	m/s	m/s	cm/s	cm/s
β，惯性阻力	m^{-1}	m^{-1}	cm^{-1}	ft^{-1}
ρ，气体或液体密度	kg/m^3	kg/m^3	g/cm^3	g/cm^3
μ，气体或液体黏度	Pa·s	Pa·s	cp	cp
R，气体定律常数	8 314	8 314	82.05	1 205.8
C_1，达西或 Forch 方程常数	1.0	1.0	1.0	$6.804\ 6\times10^{-2}$
C_2，达西或 Forch 方程常数	1.0	10^{12}	1.0	1 000
C_3，Forch 方程常数	1.0	1.0	$9.869\ 2\times10^{-7}$	$3.237\ 9\times10^{-8}$
C_4，含 g 的方程中的常数	1.0	1.0	$1.013\ 3\times10^{6}$	68.950

在实验室测定单相气体渗透率时，"气头"差一般小于压力测定的精度，可以忽略不计。因此，压力差或压力梯度与任一方向上（水平或垂直）的流动势能差或流动势能梯度非产接近。单相液流测定渗透率的条件在 7.2.2 中有详细论述，只有在特定的条件下，可以用势能差或势能梯度代替压力差或压力梯度。

7.1.2.3.2 绝对渗透率

水文学上所用的绝对渗透率 K，虽然是根据水头和运动黏度 υ（而不是在 7.1.2.1 中达西方程中提到的动力黏度 μ）定义的，但它与 7.1.2.2 中的渗透率定义本质相同。运动黏度等于动力黏度除以流体的密度。单位时间内，单位运动黏度的液体，在单位势能梯度下，通过与流动方向垂直的单位截面积流动，则孔隙介质就有单位长度平方的绝对渗透率。如果用 SI 单位表示，绝对渗透率的单位是 m^2。

7.1.2.3.3 水力传导率

水力传导率 K'，不完全是孔隙介质的性质。它还取决于流动液体的运动黏度，而且只适用于地下水层。其单位即为速度单位，通常以"m/day"表示。若单位时间，单位体积的地下水以其常规的黏度通过垂直于流动方向的单位截面积流过时，则介质就有 1 单位长度/单位时间的水力传导率。水力传导率相当于渗透率（或绝对渗透率），见式（93）：

$$K'=\frac{K\rho g}{\mu} \qquad (93)$$

式中 K 为渗透率，其他符号定义同上。式(93)可采用任何一致的一组单位。用 SI 单位制时，K' 的单位为 1m/s。

7.1.2.3.4 传递系数

地下水层的传递系数 T，包括水层的厚度 b，及水层内水的运动黏度。传递系数为单位水压梯度下水的运动黏度通过单位宽度的水层传递速度。其单位是每单位时间的平方长度，一般为"m^2/day"。传递系数等于 $K'\times b$。可由渗透率计算，见式(94)：

$$T=\frac{K\rho g b}{\mu} \qquad \cdots\cdots(94)$$

关于绝对渗透率、水力传导率、传递系数的定义来自 Lohman[105]。几组单位的换算系数可在 *Ground Water*(1993)[106]中查到。

7.1.3 术语

7.1.3.1 特定渗透率

渗透率标准单位的定义要求孔隙介质只含一种均质的单相流体。这种严格控制介质性质的渗透率被称为特殊渗透率，但通常简称为渗透率，并以符号 K 表示。依此定义，渗透率完全是与测定液体无关的只代表孔隙介质性质的常数。当一定的矿物与流体接触发生相互作用，或在液体中有沉淀物生成时，这实际上已经产生了新的介质，新介质的渗透率与未发生变化的原介质的渗透率可能有差别。当出现这种情况时，为了表述清楚，介质和流体都应加以注明，例如，"硅化木(Woodbine)的盐水(也可以用淡水、原油、庚烷等)渗透率"。

以上定义，由于没有校准气体滑脱效应，得出的是未校准的渗透率，称为气体渗透率 K_g(或 K_{air}，K_{N2}，K_{He}等)，它与测定时使用的气体有关，并与平均孔隙压力有关。定义介质的渗透率时，应指定气体名称和平均孔隙压力这两个参数。当不受高流速的(Forchheimer)影响时，Klinkenberg 滑脱校准的气体渗透率为常数，并且与测定时使用的流体无关。

因为进行测定时的压力条件对渗透率可能有明显影响，所以也应指出。例如，平均孔隙压力为 0.223 MPa (32.3psia)和径向围压为 2.75 MPa(400 psi)的渗透率是 K_{air}；或静水力压力为 34.47 MPa (5 000 psi)的渗透率是 K_{∞}。第一个定义意味着：气体渗透率是用空气在平均孔隙压力 0.223 MPa (32.3 psia)，和施加在岩样夹持器胶皮筒上的围压为 2.75 MPa(400 psi)时测得的。因此，净轴向压力未知，净径向围压为 2.75+0.101−0.223 或约为 2.682 MPa(400+14.7−32.3 或大约 382 psi)。第二个例子中，测得的 Klinkenberg(滑脱校正)渗透率与所用的气体无关，也与平均孔隙压力无关(除非孔隙压力影响净压力)。测定时，施加了 34.5 MPa(5 000 psi)的径向和轴向相等的静压力。

7.1.3.2 有效渗透率和相对渗透率

本标准只涉及单相渗透率测定。因此，对有效渗透率和相对渗透率只作出定义。孔隙介质的有效渗透率是对孔隙介质存在多相流体流动时对其中某一单相流体传导率的度量，这里的饱和度是指某一单相流体饱和度(单相流体所占总孔隙体积的分数)。相对渗透率是特定流体相的有效渗透率与某一参考渗透率的比值(这里的流体饱和度是指各相的饱和度之和)。该参考渗透率可以是岩样的特定渗透率(Klinkenberg 渗透率)，或在指定饱和度下的单相流体的有效渗透率等。参考渗透率应加以说明。

History of Petroleum Engineering(API,1961)[102]，五卷中的第三本书是渗透率实验室测定早期工作的丰富参考资源，包括 Fancher，Lewis，和 Barnes[103]，和 Wyckoff，Botset，Muskat，和 Reed[104]等人首创的成果。

7.2 理论

单相渗透率测定可分为四个主要类型：包括用气体或液体在稳态或非稳态(瞬态)条件下测定，本节提出了气体和液体的稳态流动方程。几个实际变量(每个变量都有其优点和应用局限)将在7.3中描述,7.4中阐述瞬态压力下气体和液体渗透率的测定原理和方法,这些测定方法都是直接测定。

表16 气体渗透率测定的快速选择和参考指南[a]

参考章节	测定类型	渗透率范围 mD	仪器或用途	主要优点	主要缺点
7.3.1.1 7.3.1.1.1.1	轴向流,岩心柱塞稳态法	0.1~10 000	带有压力计,真空流量计的低压仪器	投资低,操作系统简单;便于比较的大数据	劳动强度大,操作费用高;低压;无滑脱校准;需检验惯阻力
7.3.1.1 7.3.1.1.1.2	轴向流,岩心柱塞稳态法	0.1~10 000	仪器带有电子传感器,高压岩心夹持器	自动化强;模拟地层压力;准确度和精度高	为了校准气体滑脱,需多次测定;应检验确保惯性阻力忽略不计
7.4.1.1 7.8.2	轴向流,岩心柱塞压力降落法	0.001~30 000	测试范围广;用系数b和β进行高压测试校准。	完全自动化;不需要流量计;能获得油层条件下的渗透率(K_∞)和K_g	由于带有高精度的压力传感器和自动数据采集系统,因而投资高
7.4.1.3 7.8.4	轴向流,岩心柱塞脉冲衰减法	0.000 01~0.1	用于渗透率极低的高压仪器	是测定超低渗透率的唯一方法;完全适合自动化;用同一台仪器可测孔隙度	需要高压,带有精密传感器,严格防泄漏的系统和数据采集系统,投资高
7.3.1.2	全直径岩心点式渗透率法	1~10 000	零压力,高密度,用于非均质岩心的定位测量	不需制备柱塞(建议用切片岩心);相对快速;可自动测量或制成便携式设备	零压力,无滑脱校准的渗透率在测定范围的下限较高;测定范围的上限有惯性阻力较高的倾向
7.4.1.2 7.8.3	全直径岩心的点式渗透率,压力降落法	0.001~30 000	零压力,高密度,用于非均质岩心的定位测量	不需制备柱塞(建议用切片岩心);相当快速;可自动测定;b,β系数校准	零压力,渗透率在测定范围的下限较高;自动化系统的投资高
7.3.1.3	全直径岩心的横向渗透率	0.02~500	全直径岩心(或柱塞)的方向渗透率,K_{max}和$K_{90°}$	能测定各个方向的水平渗透率;用整个岩样获得平均值	清洗和制备岩样花费大;不能多参数测量,只得到K_g
7.3.1.4	全直径岩心的径向渗透率	0.01~250	全直径岩心各方向的平均渗透	大岩样上测定平均"水平"渗透率	岩样制备困难;无径向压力;渗透率取决于中心"井筒"的条件

[a] 用气体代替液体的主要优缺点是:

优点:

a) 容易应用—不需要专门的饱和技术。

b) 与岩石无反应;对设备无腐蚀。

c) 重复测试无需清洗。

d) 岩心中的微粒迁移倾向比液体小。

e) 不含供微生物生长的环境,因此不需要专门过滤。

缺点:

a) 需要气体滑脱校准—特别是对于低渗样。

b) 测定高渗透率岩样时,有明显的高速惯性阻力的倾向。

c) 与液体相比,应用严格防漏的夹持器。

d) 某些情况下,渗透率对油层的代表性较差。

孔隙介质的渗透率也可以通过间接测定或用经验关系推导得出：例如孔隙度与颗粒尺寸（Kozeny[68]和 Carman[69]）；孔隙度和束缚水饱和度（Wyllie 和 Rose[70]）；压水银法测定的毛管压力、孔隙喉道和孔隙尺寸分布（Swanson[71]，Katz 和 Thompson 等人[72]）；有效电导率（Archie[73]，Ondracek[74]）；声波传导率（Biot[75]）；电动势（Moran[76]）；由于这些方法与直接测量法相比，精度低，且耗费时间长，本标准不予考虑。

所有的测定都是在假设需要大量的技术工作和努力使其环境达到等温条件下进行的。虽然温度可能影响渗透率测试，但大多数常规渗透率测量都是在室温或接近室温条件下进行的。

表 16 和表 17 分别是用稳态和非稳态方法的气体和液体渗透率测定的快速选择和参考指南，表中列出了每种方法的主要优缺点、渗透率范围和实际用途。

表 17　用液体测定渗透率的速查表和参考指南

参考章节	测定类型	渗透率范围	仪器或用途	主要优点	主要缺点
7.3.2.2	用液头的柱塞轴向流	1 000～40 000	液体通过高渗透率圆柱形岩样的重力流	简单，低成本（且测定流速时不需要电子天平）	低回压—难于保证岩心柱塞中无残余气体
7.3.2.1	轴向流，岩心柱塞稳态法	0.1～20 000	带有电子传感器，高压岩心夹持器的仪器	能自动测量；能模拟油层压力；渗透率对油层最具代表性	需要高压，严格防漏，带有精密传感器和数据采集系统—投资高
7.3.2.1 7.3.1.3.1	全直径岩心的横向流	0.005～500	全直径岩心的方向渗透率，K_{max}和$K_{90°}$	能测定各个方向的"水平"渗透率；不需要流量计：速度由Δp和t计算	与以上的轴向流相同；岩心的清洗，制备和处理花费非常大
7.3.1.4 7.3.1.4.2	全直径岩心的径向稳态流	0.002～250	全直径岩样各个径向方向的平均渗透率	在全直径岩样上测定平均"水平"渗透率	与上相同；难于制备样品；无径向压力；渗透率取决于中心"井筒"条件

7.2.1　气体稳态渗透率方程

首先引出稳态气体渗透率测定的一般方程。方程中考虑了气体滑脱和惯性阻力的参数，与通常实际采用的稳态测量相比显得有些复杂，且需要更多的测量。但它能统一了气体测量理论，并提供了应用达西方程的原则和指导方针，这是进一步实际应用稳态方法的基础。

与液体不同的是，气体具有高压缩性。而且，正常的实验室条件下，气体密度非常低，所以测量时重力影响可以忽略不计。在室温条件下，空气、氮气或氦气的黏度（分别见表 18，表 19 和表 20）低于室温下水的黏度的 1/50。因此，在给定的压力梯度下，气体的体积流量是相当高的，按达西定律的适用条件，偏离了 Stokes 流条件，所以气体滑脱现象或 Klinkenberg 效应需要专门处理。由于这些差别，建立与气体测量渗透率有关的方程的出发点是 Forchheimer 方程的差分形式，将 Klinkenberg 关系代入到 Forchheimer 方程得到式(95)：

$$-\frac{\mathrm{d}P}{\mathrm{d}s}=\frac{C_2\mu q_s}{C_1AK_g}+\frac{C_3\beta\rho_s^2}{C_1A^2} \qquad (95)$$

式中：

s ——沿流动方向的距离；

q_s ——单位时间气体通过 A 面积的体积流速；

A ——与气体流动方向垂直的面积；

$\mathrm{d}P/\mathrm{d}s$——沿 s 的压力梯度；

μ ——气体动力黏度；

K_g ——介质对特定气体的表观渗透率；

β ——惯性阻力系数；

ρ ——气体密度。

表 18 1大气压下的空气黏度(℉和 ℃)[a] μdyn·s/cm²

	温度/℉						温度/℃					
	50 ℉	60 ℉	70 ℉	80 ℉	90 ℉	100 ℉	0 ℃	10 ℃	20 ℃	30 ℃	40 ℃	50 ℃
0	176.8	179.6	182.3.	185.0	187.7	190.4	171.8	176.8	181.8	186.6	191.4	196.2
1	177.1	179.9	182.6	185.3	188.0	190.6	172.3	177.3	182.3	187.1	191.9	196.6
2	177.4	180.1	182.9	185.6	188.2	190.9	172.8	177.8	182.8	187.6	192.4	197.1
3	177.7	180.4	183.1	185.8	188.5	191.2	173.3	178.3	183.2	188.1	192.9	197.6
4	177.9	180.7	183.4	186.1	188.8	191.4	173.8	179.8	183.7	188.6	193.3	198.0
5	178.2	181.0	183.7	186.4	189.0	191.7	174.3	179.3	184.2	189.0	193.8	198.5
6	178.5	181.2	184.0	186.6	189.3	192.0	174.8	179.8	184.7	189.5	194.3	198.9
7	178.8	181.5	184.2	186.9	189.6	192.2	175.3	180.3	185.2	190.0	194.7	199.4
8	179.0	181.8	184.5	187.2	189.8	192.5	175.8	180.8	185.7	190.5	195.2	199.9
9	179.3	182.1	184.8	187.4	190.1	192.8	176.3	181.3	186.2	191.0	195.7	200.3

[a] 空气黏度由以下公式计算：

$$\mu_{air}=\frac{14.969T^{1.5}}{T+120}$$

式中：

T ——绝对温度,K(摄氏度+273)。

μ_{air}——大气压下的空气黏度,μdyn·s/cm²。乘以 10^{-4}转换为 cP,或乘以 10^{-7}转换为 Pa·s。

常数—Montgomerry[98] 和 Birge[99] 的研究结果。

常数 C_1,C_2,和 C_3 是适应以下气体流动方程所用的各组量纲,见表 15 中 SI 制、SPE 选用、传统的和常用量纲。注意以上方程出现的非标准符号大写字母 P 表示压力为绝对压力。小写字母 p 用于表示以下方程中的表压或差压。由于两个压力容易混淆,且常常因测量表压未按要求转化为绝对压力产生误差,因而,本标准采用以下规定,见式(96)：

$$P=p+P_a \qquad (96)$$

式中 P_a 是实际环境气压计压力转换为合适的单位(非当地空气压力,而是已转换为海平面压力)。

气体的密度见式(97):

$$\rho=\frac{MP}{zRT} \qquad (97)$$

式中 z 为气体偏差因子,理想状态下其值等于1。附录A1、A2、A3分别列出了空气、氮气和氦气作为温度和压力函数的 z 值。z 值由Beattie-Bridgeman状态方程[77]计算。表15列出了各组单位通用气体定律常数 R 的值,M 为气体的分子量。式(97)中的温度是绝对温度,以Kelvin度表示,见式(98):

$$T=℃+273.15=(℉-32)/1.8+273.15 \qquad (98)$$

表 19　1大气压下的氮气黏度(℉和℃)[a]

μdyn·s/cm²

	温度/℉						温度/℃					
	50 ℉	60 ℉	70 ℉	80 ℉	90 ℉	100 ℉	0 ℃	10 ℃	20 ℃	30 ℃	40 ℃	50 ℃
0	171.3	173.8	176.4	178.9	181.4	183.8	166.6	171.3	175.9	180.4	184.8	189.2
1	171.5	174.1	176.6	179.1	181.6	184.1	167.1	171.7	176.3	180.8	185.2	189.6
2	171.8	174.3	176.9	179.4	181.9	184.3	167.5	172.2	176.8	181.3	185.7	190.0
3	172.0	174.6	177.1	179.6	182.1	184.6	168.0	172.7	177.2	181.7	186.1	190.5
4	172.3	174.8	177.4	179.9	182.3	184.8	168.5	173.1	177.7	182.2	186.6	190.9
5	172.5	175.1	177.6	180.1	182.6	185.1	168.9	173.6	178.1	182.6	187.0	191.3
6	172.8	175.3	177.9	180.4	182.8	185.3	169.4	174.0	178.6	183.0	187.4	191.8
7	173.1	175.6	178.1	180.6	183.1	185.5	169.9	174.5	179.0	183.5	187.9	192.2
8	173.3	175.9	178.4	180.9	183.3	185.8	170.3	174.9	179.5	183.9	188.3	192.6
9	173.6	176.1	178.6	181.1	183.6	186.0	170.8	175.4	179.9	184.4	188.7	193.0

[a] 氮气黏度由以下公式计算:

$$\mu_{N_2}=\frac{13.85T^{1.5}}{T+120}$$

式中:

T ——绝对温度,K(摄氏度+273)。

μ_{N_2} ——大气压下的氮气黏度,μdyn·s/cm²。乘以 10^{-4} 转换为cP,或乘以 10^{-7} 转换为Pa·s。

常数——Montgomerry[98]和Birge[99]的研究结果。

当温度接近25 ℃,压力接近253 atm时,氮气黏度可由下式计算:

$$\mu_{N_2}[T,P]=\mu_{N_2}[T,1]-0.124\,74+0.123\,688P+1.054\,52E-03P^2-1.505\,2E-06P^3$$

式中:

$\mu_{N_2}[T,1]$ ——1个大气压下的氮气黏度(由上表可查),单位为μdyn·s/cm²。

P ——大气压力。该压力依据Gracki等人[97]数据的拟合,其最大偏差在0.1%内。0 ℃和50 ℃时的拟合压力值与25 ℃时的几乎相等。

表 20　1 大气压下的氦气黏度（°F 和 ℃）[a]　　μdyn・s/cm²

	温度/°F						温度/℃					
	50 °F	60 °F	70 °F	80 °F	90 °F	100 °F	0 ℃	10 ℃	20 ℃	30 ℃	40 ℃	50 ℃
0	191.7	194.2	196.8	199.32	201.8	204.4	187.0	191.7	196.3	200.8	205.4	209.8
1	191.9	194.5	197.0	199.6	202.1	204.6	187.5	192.1	196.7	201.3	205.8	210.3
2	192.2	194.7	197.3	199.8	202.3	204.9	187.9	192.6	197.2	201.7	206.3	210.7
3	192.4	195.0	197.5	200.1	202.6	205.1	188.4	193.1	197.6	202.2	206.7	211.2
4	192.7	195.3	197.8	200.3	202.9	205.4	188.9	193.5	198.1	202.7	207.1	211.6
5	193.0	195.5	198.1	200.6	203.1	205.6	189.3	194.0	198.6	203.1	207.6	212.0
6	193.2	195.8	198.3	200.8	203.4	205.9	189.8	194.4	199.0	203.6	208.0	212.5
7	193.5	196.0	198.6	201.1	203.6	206.1	190.3	194.5	199.5	204.0	208.5	212.9
8	193.7	196.3	198.8	201.3	203.9	206.4	190.7	195.4	199.9	204.5	208.9	213.4
9	194.0	196.5	199.1	201.6	204.1	206.6	191.2	195.8	200.4	204.9	209.4	213.8

[a] 氦气黏度由以下公式计算：

$$\mu_{He}=187.0\left(\frac{T}{273.1}\right)^{0.685}$$

式中：

T ——绝对温度，K（摄氏度＋273）。

μ_{He} ——大气压下的氦气黏度，单位为 μdyn・s/cm²，乘以 10^{-4} 转换为 cP，或乘以 10^{-7} 转换为 Pa・s。

常数——Montgomery[98] 和 Birge[99] 的研究结果。

根据 Gracki 等人[97] 的数据，氦气的黏度在温度 25 ℃时随压力的变化很小。在 37.0 atm 时比在 1.0 atm 低 0.43%，在 158.0 atm 时比在 1.0 atm 时高 0.17%。

7.2.1.1　气体滑脱系数的处理

Klinkenberg 点函数关系（即与样品的各个点有关，而非平均值）见式(99)：

$$K_g=K_{\infty}\left(1+\frac{b}{P}\right) \qquad \cdots\cdots(99)$$

特别提示：K_g 取决于压力。因此在积分 Forchheimer（或 Darcy）方程时，K_g 不能作为常数处理。公式(99)中，b 应与所用的压力单位相同。

遗憾的是滑脱系数 b 是既包含岩石特性又包含气体特性的参数，这就会引起混淆和其他问题。例如，用空气测量的 b 值，如果不加以说明，很有可能会被误用到另一种性质迥异的气体的相关计算中。由于气体特性很容易从气体滑脱系数中分辨出来，所以剩下的即为岩石相关特性。根据

Klinkenberg[66]，b 与气体分子的平均自由程 $\bar{\lambda}$ 有关，见式(100)：

$$\bar{\lambda}=\frac{br}{4cp} \qquad \cdots\cdots(100)$$

但是由动力学气体理论[78]，平均自由程由式(101)给出：

$$\bar{\lambda}=\frac{1.881\mu}{P}\sqrt{RT/M} \qquad \cdots\cdots(101)$$

式(100)和式(101)中，可以用任何一致的单位。由两式整理可得式(102)：

$$b=\left[14\ 432.8\mu\sqrt{T/M}\right]\left(\frac{c}{r}\right) \qquad \cdots\cdots(102)$$

式中：

P ——气体绝对压力；

R ——通用气体定律常数；

b ——Klinkenberg 气体滑脱系数，MPa(若 b 的单位为 atm，常数 14 432.8 则变成 6.77；若 b 的单位为 psi，常数 14 432.8 则变为 99.5)；

μ ——气体黏度，单位为毫帕·秒(mPa·s)；

T ——测定气体 b 时的绝对温度，单位为开氏温度(K)；

M ——气体分子量；

c ——无因次“接受系数”，根据 Klinkenberg[66]，该值稍小于 1；

r ——随机分布的毛管半径(空间的)，在 Klinkenberg 模型中近似于孔隙介质半径，单位为微米(μm)。

式(102)中，方括号中的系数仅取决于气体性质，圆括号中的系数与岩石有关。若我们把岩石相关系数 r/c 定义为岩石的“有效气体滑脱半径”r_b，则由式(102)可得式(103)：

$$r_b=\frac{99.5\mu}{b}\sqrt{T/M} \qquad \cdots\cdots(103)$$

那么，该 r_b 即为报告中推荐的气体滑脱因子，该参数与所用的气体及温度无关。在报告中除了 Klinkenberg 气体滑脱系数 b 值外还应有 r_b，或用 r_b 取代 b 值。

Klinkenberg 的随机分布毛细管模型，建立 r_b 与渗透率及孔隙度的关系，见式(104)：

$$r_b=C_b\sqrt{K_\infty/\phi} \qquad \cdots\cdots(104)$$

式中：

K_∞ ——Klinkenberg 渗透率，单位为微米的二次方(μm²)；

ϕ ——孔隙度，分数；

C_b ——常数。

在 Klinkenberg 模型中 C_b 等于 $\sqrt{24}/c$(约为 5)。如果我们分解这个“简单”模型，C_b 可以根据经验取得。图 19 双对数坐标中以 r_b 与 $\sqrt{24}/c$ 作图，拟合直线的斜率一致。由该关系计算的 C_b 约为 11。用氦气在几个岩心柱塞实验测得的数据显示出明显的分散。除了常数值以外，它们定性地反应 Klinkenberg 的模型。气体滑脱系数 b 或 r_b 预先处理为孔隙结构的函数，可能是造成数据点分散的原因。

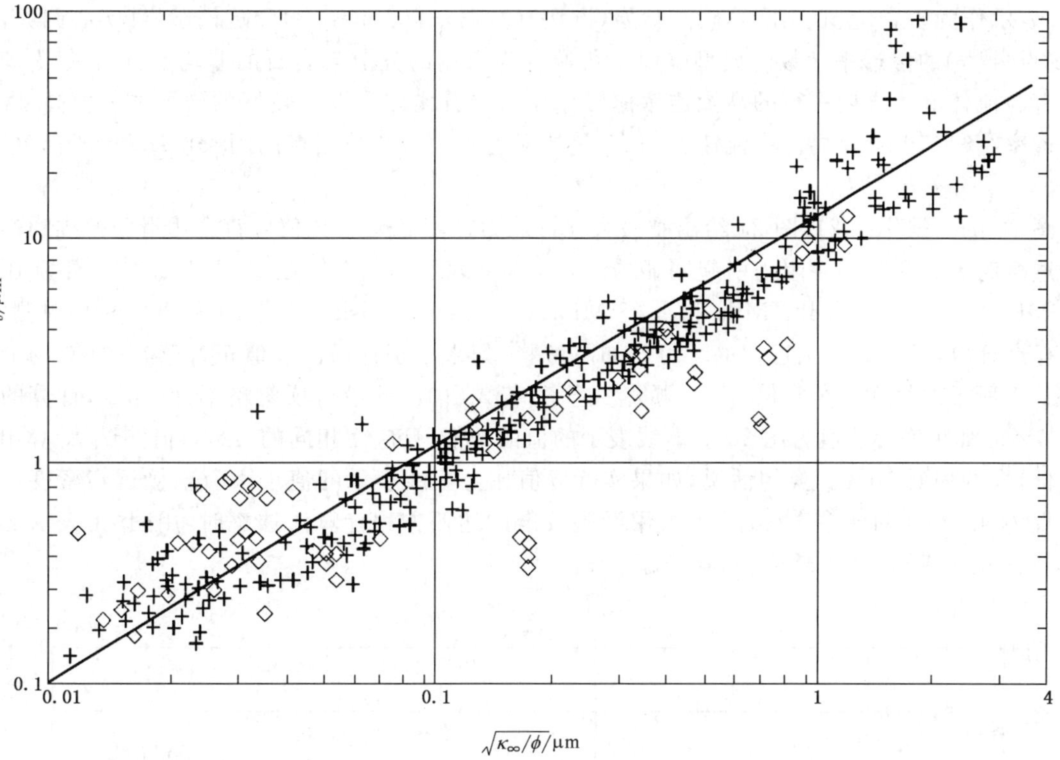

注：数据由 Jones 提供[79]。

图 19　与岩石有关的气体滑脱半径 r_b 与渗透率和孔隙度的关系

7.2.1.2　气体的稳态流—Forchheimer 方程

当上流和下流压力以及流速随时间不发生变化时即达到了稳态流。稳态时，通过岩样的质量流速为常数，并且不会随时间改变。见式(105)：

$$\rho q_s = \rho_r q_r \qquad (105)$$

下标 r 指的是测定质量流速的温度和压力的参考条件。因此，稳态时，等温条件下测试温度与流动气体的温度应相同，见式(106)：

$$Pq_s/z = P_r q_r/z_r \qquad (106)$$

把式(97)、式(99)和式(106)代入式(95)得出流动气体的等温稳态流的 Forchheimer 差分形式，气体滑脱校准系数满足如下方程，见式(107)：

$$C_1 \frac{-\mathrm{d}P}{\mathrm{d}s} = \frac{C_2 \mu P_r q_r z}{AK_\infty z_t (P+b)} + \frac{C_3 \beta M P_r^2 q_r^2 z}{A^2 RT z_r^2 P} \qquad (107)$$

该方程的积分形式可用于求出 K_∞，b，和 β。这就要求最少测量三次，最好不少于 6 次测量，以便使上流压力(或下流压力)的变化范围足够大，从而使平均孔隙压力和流动速度产生明显的变化。对于常规测量，在稳态条件下测量是不现实的。然而，对于多数情况，可以进行一次压降测试(见 7.4.1.1 和 7.4.1.2)就能获得足够的数据资料来计算这些参数。

7.2.1.3　滑脱效应校准的达西方程

式(107)的最后一项小到可以忽略不计时，便可简化为达西定律的差分形式，并对其进行气体滑脱效应校准后可作为实际常规测量的基础。低压力梯度产生低流速，即方程中最后项的平方值，因此数值极小，该项的数量级还取决于β的值和气体的密度。密度是温度、压力和所用气体的分子量的函数。

图 20 表示作为砂岩(空心圆圈)，碳酸盐岩(方块)(数据来自 Jones[79])和疏松砂岩(实心圆圈，数据来自 Geertsma[80])的渗透率函数的典型β值。普遍认为数据的分散与岩石的非均质性有关[79]。带有裂缝或具有与流体流动方向平行的高渗透率薄层存在的岩石比均质性比较好的岩石的β值高，因为在这些高渗透率"条带"上具有局部高流速。图 20 包括涵盖了大多数数据点的两条虚线和"拟合"最好的中心曲线。

根据图 20 的数据作图 21，图 21 给出了最大允许压力梯度$\Delta p/L$，该值应符合用滑脱校准的达西方程计算渗透率时不会由于惯性阻力引起明显的误差。曲线表示的是空气在 22.2 ℃(72 ℉)下流压力为 0.101 34 MPa，0.34 MPa，0.689 MPa 和 1.38 MPa(14.7 psia，50 psia，100 psia 和 200 psia)时测定值。由于β值有点分散，所以曲线是近似的。可作如下解释：如果个别样品的β值正好落在图 20 的上虚线上，采用图 21 所示的最大$\Delta p/L$值，用于测量渗透率，若式(107)的最后项忽略不计，那么，计算的渗透率则偏小 5%。如果实际β值为图 20 上虚线表示的值的 2 倍，且应用相同的$\Delta p/L$值测试，计算出的渗透率则太低，大约偏低 10%。换句话说，如果实际β值比上虚线表示的值小 10 倍(接近高密度点)，渗透率误差仅为 0.5%。对于多数样品，当采用滑脱校准的达西方程计算渗透率时，用图 21 表示的最大$\Delta p/L$值，产生的误差(由于惯性阻力)将小于 2%。

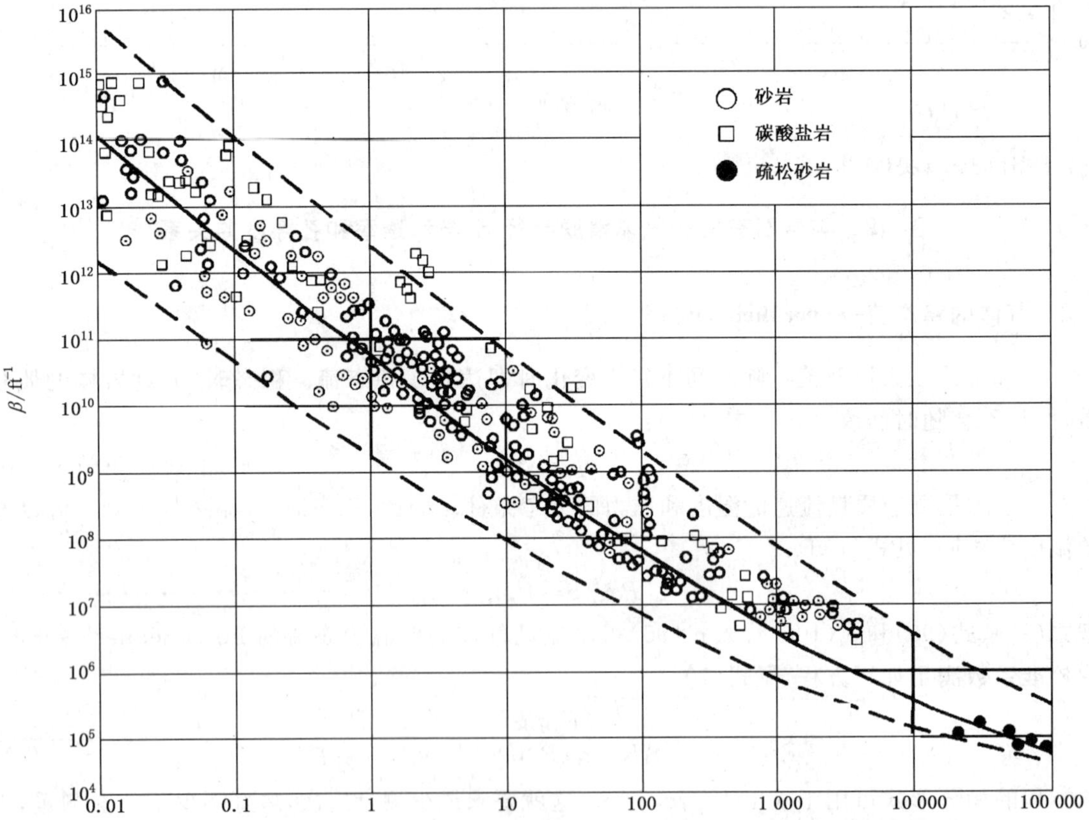

注：数据由 Jones 和 Geertsma 提供[79],[80]。

图 20　惯性阻力 β 与孔隙度的关系

正如推想的一样，由图 21 中的下流压力为 0.101 34(14.7 psia)的最高渗透率开始，最大可允许的压降随渗透率降低而增加。但渗透率低于 0.3 mD 时，$\Delta p_{max}/L$ 随渗透率降低而降低。该出乎预料的结果是由于气体滑脱造成的。最低渗透率处,滑脱效应最大,此时,气体流动速度大于无滑脱发生时的气体流动速度。

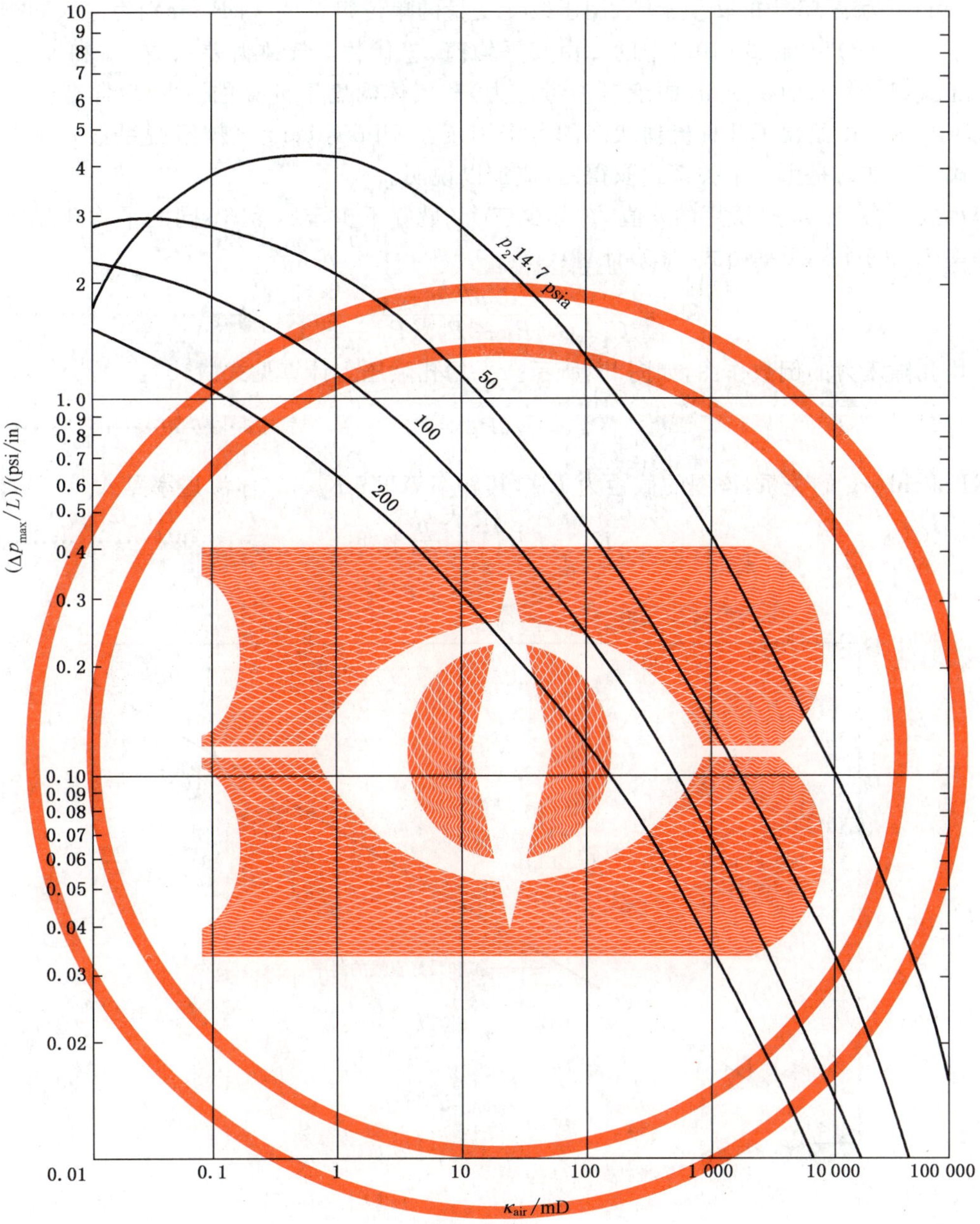

注:在 22.2 ℃(72 ℉)时的空气。

图 21 用于滑脱校准达西方程的可允许的最大总压力梯度

除了非常低的渗透率之外,随下流压力增加,最大可允许的总压力梯度降低。增加回压则增加了气体的密度,进而增大了式(107)最后项的比例。通过采用逐步增加的孔隙压力进行多次测量来校准 Klinkenberg 气体滑脱,这个结果可以得到证实。由于无意间引入了不可忽略的惯性阻力,在高孔隙压力下测定的视气体渗透率可能偏低。

最大 $\Delta p/L$ 值是气体的特性。氮气与空气的 $\Delta p/L$ 值相似,但氦气的较高。因为氦气的黏度较高,而且其分子量小于空气。在 7.8.1 中建立了计算其他气体和液体的 $\Delta p/L$ 值的方程。

当式(107)的末项忽略不计时,可满足 Stokes 流动条件。积分保留项经滑脱校准的达西方程可用于计算几种常用流动形态的 Klinkenberg 渗透率，见式(108)：

$$K_{\infty}=\frac{2C_2\mu P_r q_r z_m}{C_1 z_r G_f(P_1-P_2)(P_1+P_2+2b)} \quad\cdots\cdots(108)$$

式中 C_1 和 C_2 为表 15 中的转换常数，用于改变变量的单位组。P_1 和 P_2 分别为注入和排出绝对气体压力。为了进行积分，假设式(107)中的 z 由其平均值 z_m 代替。气体偏差系数 z_m 和 z_r 是在平均孔隙压力 P_m[见式(110)]，P_r(测定 q_r 的绝对参考压力)和气体温度下计算的。G_f 为含有长度量纲的几何因子。以下 7.3.1 中给出了几种流动状态的各个因子。Klinkenberg 气体滑脱系数 b 应由多次测量或相关关系确定。如果是由一个关系式取得的，应加以说明。

为求得由式(103)计算 r_b 所用的 b 值，在最少三个(最好不少于四个)不同的平均孔隙压力下测定视气体渗透率 K_g，每个渗透率由式(109)计算：

$$K_{\infty}=\frac{2C_2\mu P_r q_r z_m}{C_1 z_r G_f(P_1-P_2)(P_1+P_2)} \quad\cdots\cdots(109)$$

并以平均孔隙压力的倒数作图，如图 22 所示。平均孔隙压力计算见式(110)：

$$P_m=\frac{1}{2}(P_1+P_2) \quad\cdots\cdots(110)$$

依照 Klinkenberg 的关系，该图的截距为 K_{∞}，其斜率等于 $b\,K_{\infty}$，气体渗透率见式(111)：

$$K_g=K_{\infty}\left(1+\frac{b}{P_m}\right) \quad\cdots\cdots(111)$$

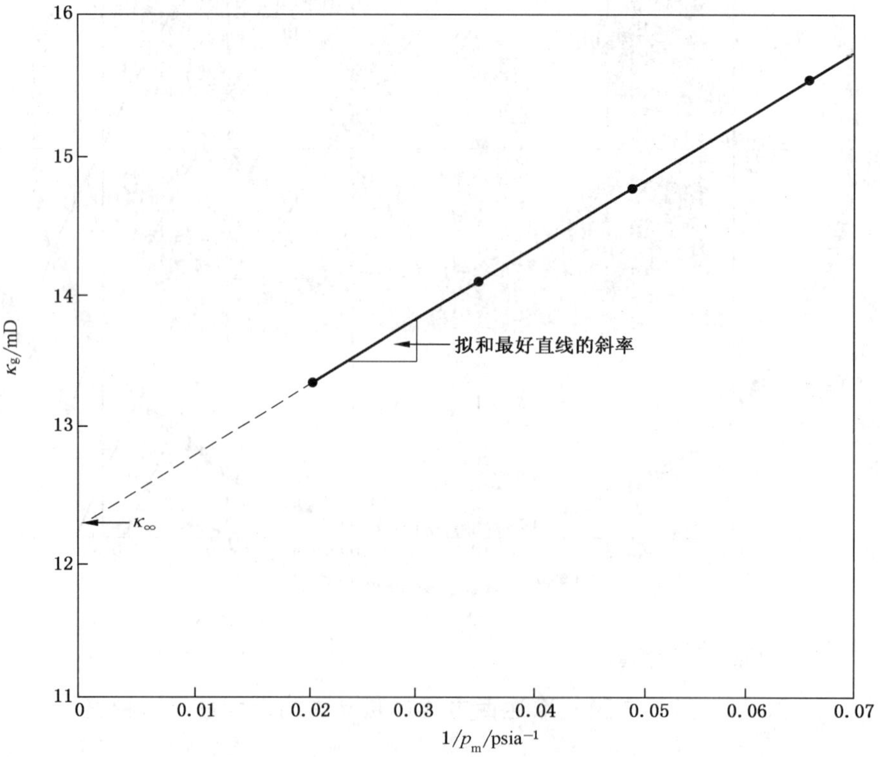

图 22　用于获得 Klinkenberg 气体滑脱因子 b 的图

通过线性回归可求得斜率和截距。该方法的实质是保证每次测量的惯性阻力可以忽略不计。否则，K_g将会很低，特别是在较高的 P_m 值时 K_g 将会更低。偏离直线的程度可以作为一致性的自检。在常规测量中，往往只报告式(109)计算的气体渗透率(无滑脱校准)。对于这些测定，有必要说明所用的气体及其平均孔隙压力。否则，该渗透率报告缺乏完整性。

7.2.2 液测稳态渗透率方程

与气体相比，液体的压缩性较低，密度和黏度较高。对于涉及到的低压差稳态测量，液体可以看作是非压缩性的流体。由于液体的密度较高，在测定渗透率时除了考虑水平流动外，一般不能忽视重力影响。液测渗透率时很少出现偏离达西定律的问题。在相同压力梯度下，较高黏度的液体比气体产生的体积流量要低的多，较高的液体密度在一定程度上补偿了与惯性阻力相关的黏度的影响。用达西定律计算测定液体渗透率所允许的最大 $\Delta p/L$ 值见 7.8.1。

流动液体分子间的平均自由程非常小以致于观察不到滑脱效应。但是，液体(特别是水溶液)能与岩石的组分相互作用，因而改变了岩石的渗透率。所以，用液体测定渗透率时应控制液体流速，避免在高流速时引起岩石中微粒的迁移。

考虑到重力影响的层流液测渗透率的达西表达式见式(112)：

$$\nu_s=\frac{q}{A}=\frac{-C_1K}{C_2\mu}\left(\frac{\mathrm{d}P}{\mathrm{d}s}-\frac{\rho g}{C_4}\frac{\mathrm{d}z}{\mathrm{d}s}\right) \qquad (112)$$

式中：

s ——沿流动方向的距离；

ν_s ——体积流量(单位时间内流体通过单位孔隙介质的体积)；

z ——纵坐标(向下递增)；

ρ ——液体的密度；

$\mathrm{d}P/\mathrm{d}s$ ——沿 s 的压力梯度；

μ ——液体的黏度；

K ——介质的渗透率；

q ——体积流速；

A ——垂直于流线的截面积；

C_1，C_2 和 C_4——使单位一致的常数，查阅表 15。

7.2.2.1 非压缩液体稳态流特例

式(112)可简化为几种特殊流动条件下的简单形式，具体如下。

7.2.2.1.1 液体的水平流

因为流动无垂向分量，故 $\mathrm{d}z/\mathrm{d}s=0$，对式(112)积分得式(113)

$$K=\frac{C_2q\mu}{C_1G_f(P_1-P_2)} \qquad (113)$$

式中 G_f 为含长度量纲的几何因子。对于轴向、横向或径向流的 G_f，分别由 7.3.1 中的式(117)、式(119)或式(120)给出。

7.2.2.1.2 液体的垂向流

根据流动方向可分为两种情况，$\mathrm{d}z/\mathrm{d}s$ 分别等于 $+1$ 或 -1：

a) 具 h 高度水头驱动的向下流动(图 23)，渗透率计算见式(114)：

$$K=\frac{C_2C_4q\mu L}{C_1A\rho g(h+L)} \qquad (114)$$

式中：

L ——岩样的长度；

h ——水头的高度。如果水头高度为零，这时的向下流动为自由流动，这种情况下的流速与岩样的长度无关。

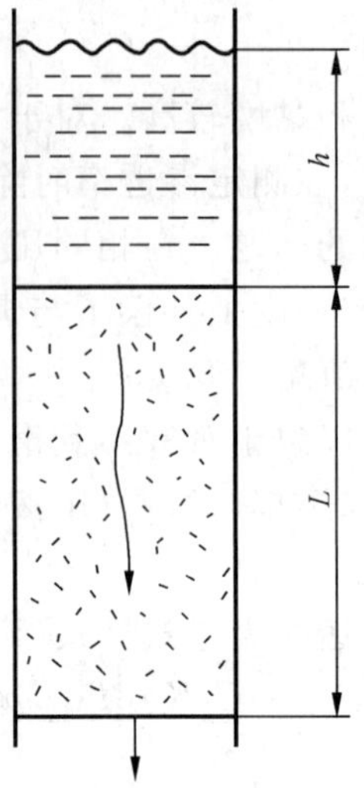

图 23　具驱动压头 *h* 的向下流动

b）具 h 高度水头驱动的向上流动(图 24),渗透率计算见式(115)：

$$K=\frac{C_2C_4q\mu L}{C_1A\rho gh} \qquad \cdots\cdots(115)$$

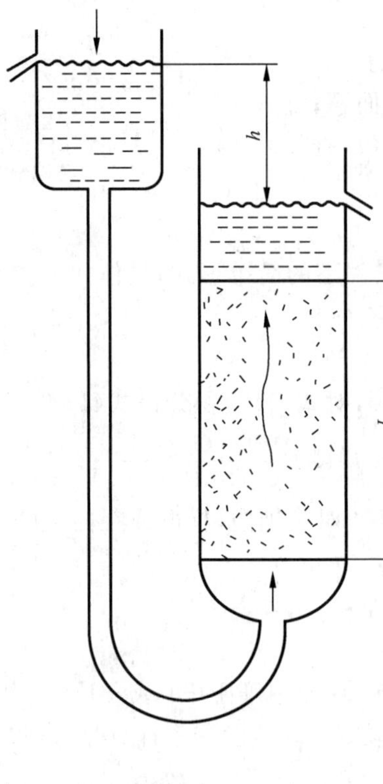

图 24　具驱动压头 *h* 的向上流动

如果施加压力差 Δp(在两个高度相等的测孔,用微差压力传感器测量,如图 25 所示达到稳态流,并且两个传输管线完全由测试液体充满),那么渗透率计算见式(116)：

$$K=\frac{C_2 q\mu L}{C_1 A\Delta p} \quad \cdots\cdots (116)$$

达到稳态流后(即 Δp 和流速不随时间变化),同时关闭进液阀和出液阀,使微差压力传感器达到平衡,读数为零。如果读数不为零,则应在稳态读数中扣除这个读数。

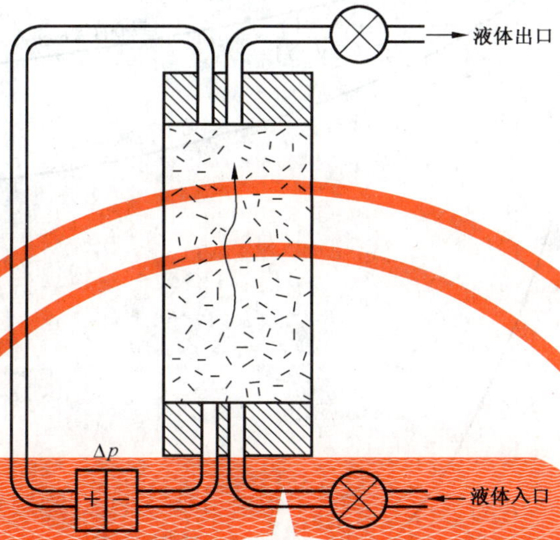

图 25 具有施加压差的液体向上流动

7.2.3 渗透率随净压力的增加而减小

储层岩石的渗透率随净上覆压力增加而减小。净压力一般定义为围压与平均孔隙压力之差。图 26 表示渗透率随净压增加而减小的典型曲线图。一般情况下低渗样品降低幅度较大。如图 26 中的零压力时 6-2、8-2 和 11-2 柱塞样的渗透率分别约为 700 mD、40 mD 和 10 mD。致密含气砂岩的渗透率(零压力时为 0.01 mD,甚至更低)在较高的净压下,可比其在零静压时降低达 10%,甚至更多。

7.3 稳态渗透率测定的实际应用

本节讨论了几种用气体和液体测定稳态渗透率的实用流程。同时讨论了每种方法的优点和应用局限(即速度、费用、精度、适用范围、可达到的压力水平,方向性测定以及对误差的敏感性等),并提出了克服主要缺点的注意事项。

虽然我们最终计算的是岩样渗透率,是其对流体传导性的度量,同时也是表征其流体流动特性的岩心传导率。传导率取决于流经长度、流动面积及岩样的渗透率。因此,通过合理地选择样品尺寸,可以扩展某些流动状态的可测量的渗透率范围。例如,当渗透率很高时,为了保持轴向流时的合理流速,可以制备小直径的长岩样。相反,对于低渗透率样品,则要求用大直径的短岩心。在其他条件相同的情况下,用 7.62 cm 长的柱塞能准确测定特高渗样品的渗透率,其渗透率将是 2.54 cm 长的柱塞测定同样岩心渗透率的三倍。

通常所测样品渗透率范围在 0.001 mD～3000 mD 之间,最大与最小测试范围之比大于 3×10^7。为了适应这个变化幅度,在渗透率仪中需要设置多范围压力和流速测量设备和(或)控制装置,或者制造可选择性比较强的多功能渗透率仪。为简单起见,以下列出的每种流程只给出了一组设备。

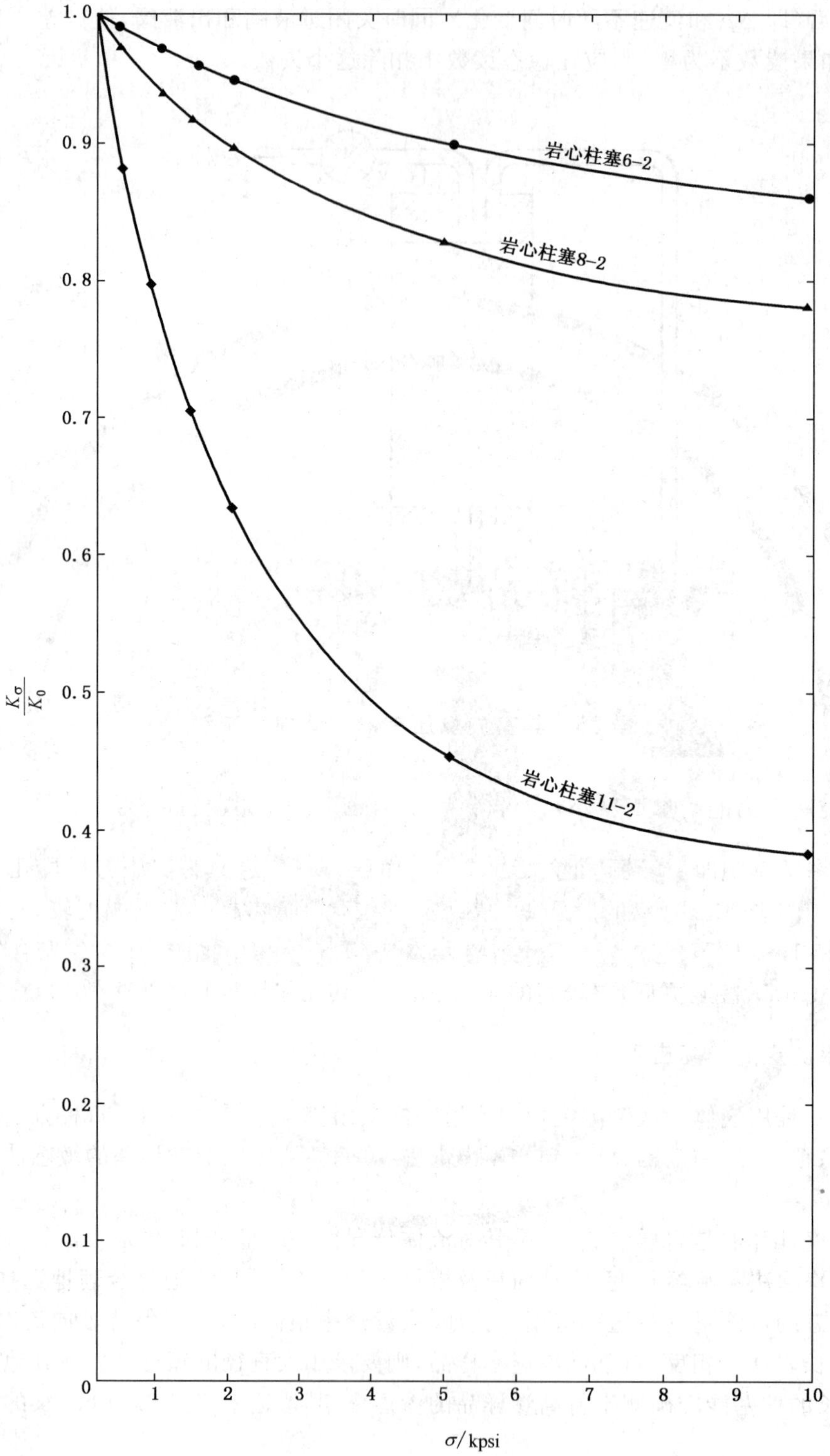

注：数据由 Jones 提供[81]。

图 26 增加净水压力时的渗透率降低

7.3.1 气体

7.3.1.1 气体的轴向稳态流

图 27 表示气体轴向流动示意装置图。把一个清洁、干燥的柱塞样或长为 L，直径为 D 的全直径岩心装在岩心夹持器中。夹持器内有一弹性套筒，用于密封及施加径向围压。通过以机械、气动或水力的方式对柱塞一端或两端施加压力，轴向压力即可传递到样品上，如果径向和轴向的压力在数量上相等，可以说样品为等压或静水加压。如果数量不等，样品则为双轴向加压。在相对低的压力（几个兆帕）下使用气体测量时，重力影响可以忽略不计，岩心夹持器可以水平放置，也可以垂直放置。

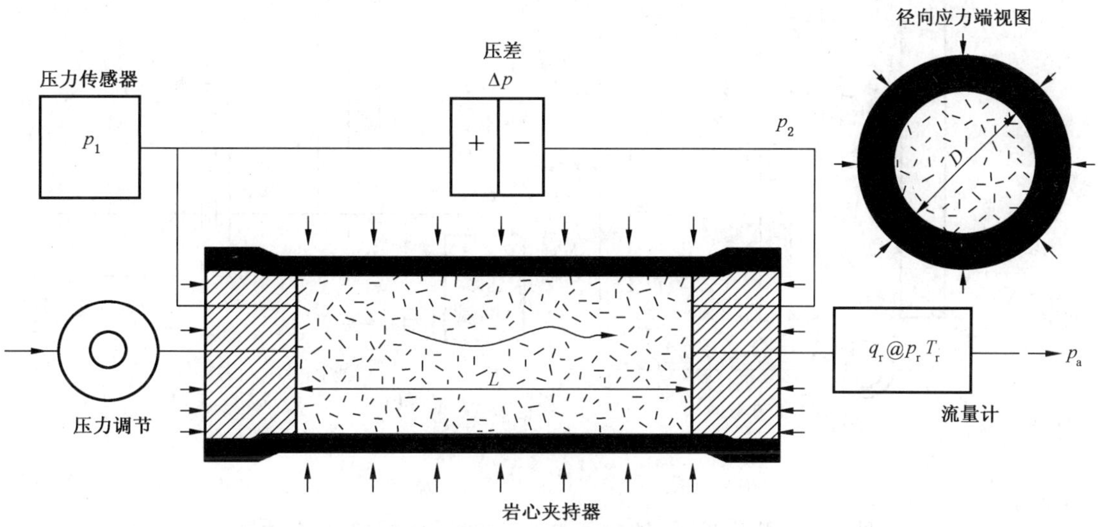

图 27 气体轴向渗透率仪示意图

柱塞两端的堵头装有轴向小孔以使气体可以由一端流到另一端。且每个堵头都有径向分布小槽，或其他方式使入口端气体充分分布到整个注入端面，并使流出端气体汇集到一起。堵头的每端最好还有第二个小孔，以便分别测量上流压力 P_1，和下流压力 P_2；上流压力和压差 Δp 或下流压力和压差如图 27 所示。连接测量压力设备的管线可用三通阀接入紧挨轴向孔的流动管线，这样压力较大时三通阀与岩样相应端面之间也不会产生明显的压降。每个支线与压力传感器的连接技术是关键，否则，动态压力效应可能对压力的测量产生影响。

特别提示：本标准中所采用的 Δp 总是负值，等于 P_1-P_2 或 p_1-p_2。正如前面表示的，大写字母 P 表示绝对压力，小写字母 p 为表压或压差。

流出管线可以直接与大气连通（当流量计在样品的上流时），既可连接到流速测量装置，也可连接到回压调节器，以便产生较高平均孔隙压力。后一种情况下，流量计既可以装在样品的上流，也可以装在回压调节器的下流。

可以用上流、下流压力或其他压力测定体积流速 q_r，无论如何测定，压力均以 P_r 表示绝对压力。这里假设测定液体的温度与流动气体的温度相同，换句话说，与质量流速成正比的数组 $(q_rP_r)/(z_rT_r)$ 可由质量流量计测定。质量流量计的校准及其结果在计算渗透率中的应用见 7.6.2。

7.3.1.1.1 仪器

7.3.1.1.1.1 低围压

图 28 表示简化的低压测定流动示意图。图 29 表示低压 Hassler 型岩心夹持器，该装置在直径

2.5 cm 或 3.8 cm，长 1.9 cm～7.6 cm 的岩心柱塞上通常施加 2.76 MPa(400 psi)的径向围压和待定的轴向压力。这些尺寸和压力已经成为常规低压岩心分析的标准。当气动或液压施加到橡胶套筒与岩心夹持器之间的环形空间时，径向压力传递到柱塞上。轴向压力一般是由安装在柱塞下端的螺丝传递。正常情况下，这个压力是不用测量的，由操作者来定。由于密封性以及控制压力受操作人员的主观影响且不可重现，建议不用 Fancher 型岩心夹持器。

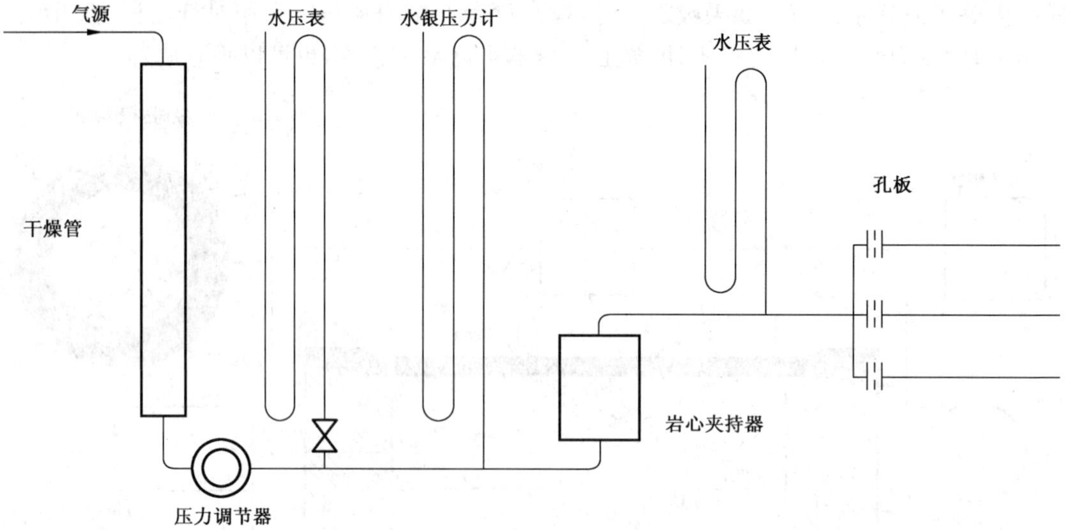

图 28　测量低压、轴向气体流动渗透率的简化流动图

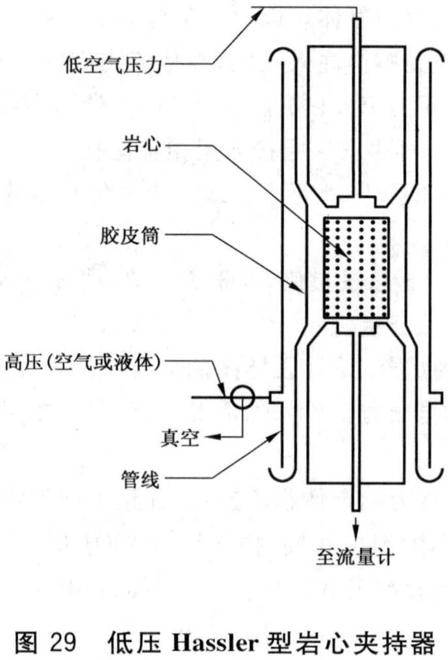

图 29　低压 Hassler 型岩心夹持器

7.3.1.1.1.2　**高围压**

图 30 表示通过水力加压最大可达 68.94 MPa(10 000 psi)的岩心夹持器。气体通过套筒时尽量减小漏失并防腐，为安全起见，加压时用液压油或重质矿物油。加压油通过连接柱塞内端与外部压力容器的管线的横截面时，岩心夹持器的轴向压力将减小。对于外径为 3.175 mm(1/8 inch)的管线，压力减小不是很严重，但是用直径较大的管线产生的轴向压力明显小于径向压力。室温下操作时，建议用厚度为 0.32 cm～0.64 cm(0.125 inch～0.25 inch)，硬度为 40～70(Shore A 级硬度)的氰橡胶(丁氰橡胶)套筒。对于低压可以使用硬度较低、厚度较薄的橡胶套筒。随着压力和温度的增加会出现冷流。当压力在 44.8 MPa(6 500 psi)以上时，为了延长套筒的寿命，要求胶皮筒的硬度大于 70。

图 31 为既可以用静水加压也可以用双轴向加压到柱塞的高压岩心夹持器。轴向压力由压力倍增器提供。无论是气动还是水力加压，压力都会施加到直径较大的活塞上而不是柱塞末端，产生的力通过直径较小的柱塞端传递到岩样上。压力与作用面积成反比。例如，如果活塞的面积比岩心柱塞端面大 10 倍，如果施加到活塞上的压力为 4.14 MPa(600 psi)，那么传递到柱塞的压力就为 41.36 MPa(6 000 psi)。如果轴向压力等于施加到橡胶筒的静水压力，那么岩心柱塞承受的就是静水加压。否则，即为双轴向加压。除了能提供不同的压力外，这种类型的岩心夹持器的主要优点是更换岩样时不需要拆卸，释放围压(通常用真空泵抽空膨胀套筒)，抽出岩样下端柱塞，取出岩样并装入新岩样。

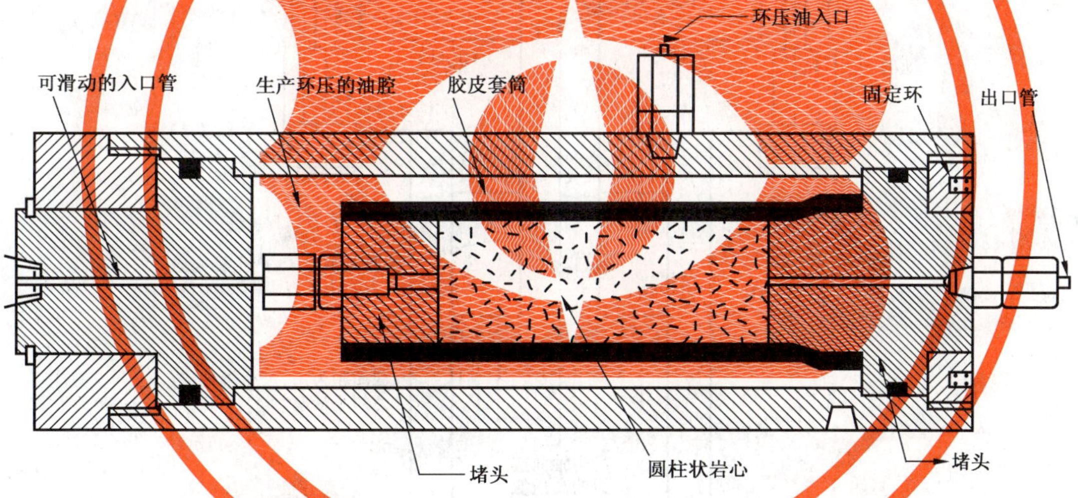

图 30　水力加压的高压岩心夹持器

必须切实做好安全防范工作，要确保所有涉及高压的部件在压力达到最大工作压力 1.5 倍以上时仍无永久变形，或者说应达到使用高压容器的国家或国际标准。

7.3.1.1.2　**计算**

由式(109)计算气体渗透率 K_g(见 7.2.1.3)。若在不同的平均孔隙压力下进行多次测定，可由 Klinkenberg 图(见图 22)，或由先前描述的线性回归求得 K_∞ 和 b 值。如果由关系式求得 b 值，则由式(108)计算 K_∞ 值。这些方法也用于以下列出的各种气体流动状态的计算。式(108)和式(109)的轴向流几何因子见式(117)：

$$G_f = \frac{\pi D^2}{4L} \quad\cdots\cdots\cdots(117)$$

通常若切割柱塞或全直径岩心时其轴向与岩石层理或渗透率走向平行，测定的渗透率习惯上称为“水平”渗透率，用 K_h 表示。同样，切割岩样的轴向与操作平台垂直，测得的渗透率称为“垂直”渗透率，用 K_v 表示。

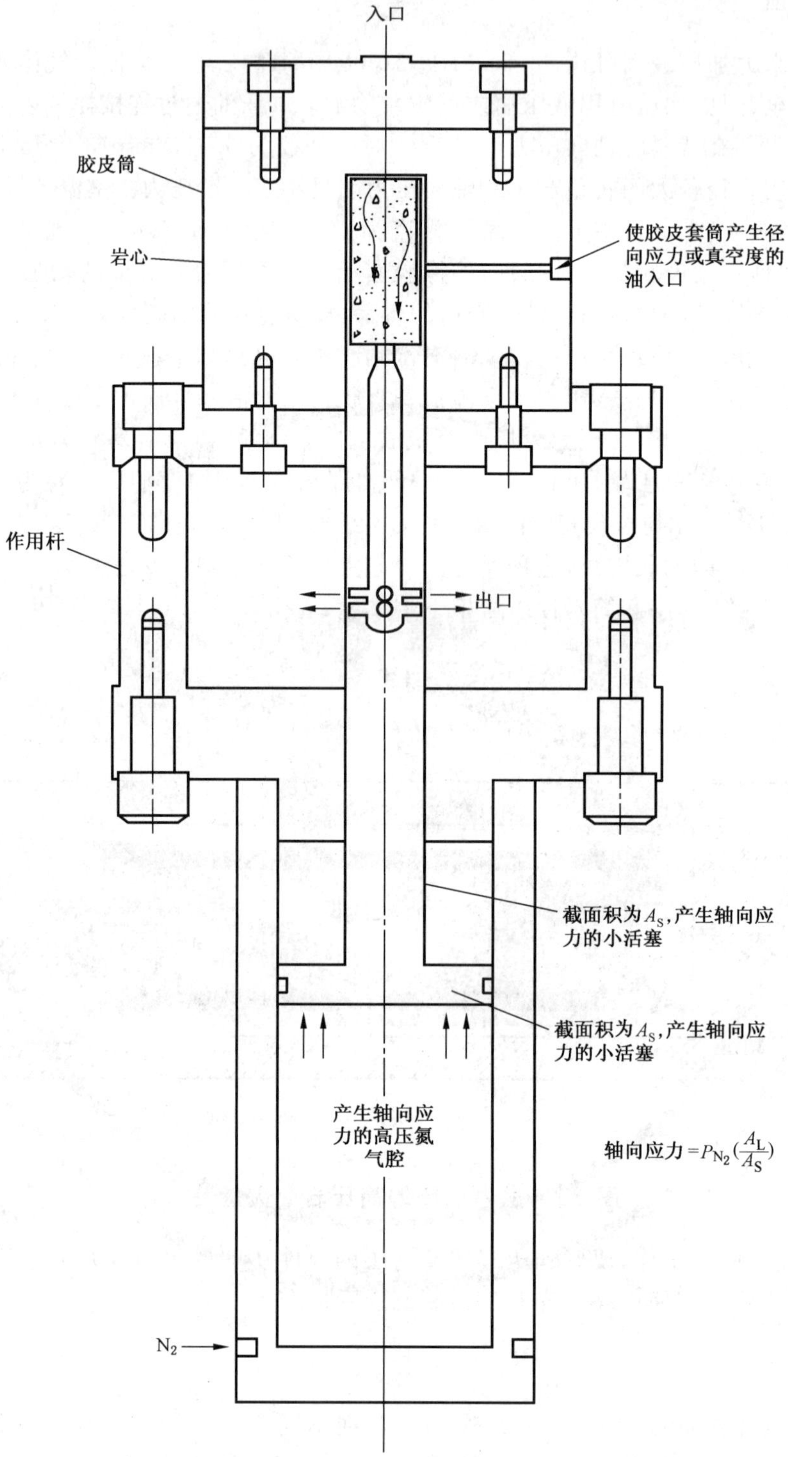

图 31　水力或双轴向加压的高压岩心夹持器

7.3.1.1.3　优点

该方法的优点包括：

a)　实验方法简单，很多年前就有工业标准。因此，有很多的历史数据便于直接比较。

b)　气体与岩石不会发生反应，因此在实验结束时样品仍然是干净的。

c) 该方法适应设备范围广。包括低压 Hassler 型岩心夹持器、压力计、针孔型体积流量计及手工进行数据采集，因而投资成本较低。

d) 流量计和压力传感器容易更换，这样就扩大了渗透率的测定范围。

7.3.1.1.4 注意事项及应用局限性

该方法的注意事项和局限性包括：

a) 用这种方法实际可测定的渗透率下限约为 0.1 mD。低渗透率岩石达到稳定状态需要的时间很长，而且流量测定相当不准确。

b) 低压测定的非滑脱校准的主要缺点(一般径向围压为 2.757 6 MPa，轴向压力未知)是所测岩石渗透率比真实值偏高，特别是致密岩样。理论上是由几个平均孔隙压力下的测定结果作出 Klinkenberg 滑脱校准，但常规测定只由一个压力下的测定结果作出校准，报告中很少提到这个压力。若不注明这个压力值，渗透率很难标准化，并且也不完善。另外，报告中应指出所用的气体和平均孔隙压力。如果由经验关系进行气体滑脱校准，报告中也应说明。

c) 特别是高渗透率岩样进行单点测量很难准确确定是否达到了层流状态，应随时检查测量过程，以保证不超过最大允许的 $\Delta p/L$。

d) 规则地钻切岩心柱塞的端面非常关键，特别是在高围压下。端面上若有突起，受到的压力就会不均衡而压碎岩样，这当然也适用于所有的圆柱状柱塞。

7.3.1.2 气体稳态点式渗透率测定

当气体由一密封的小直径管线尖端(或“探针”)向岩心切片表面，或非切片的整个岩样，或可渗透的岩石露头流动时，流动形态与半球状流动有些相似(图 32)。这种流动状态在小直径影响范围内，广泛应用于低廉、无损、零压力的气体渗透率测量。如果岩心未清洗，也未干燥，测定的渗透率为未知油水饱和度的有效渗透率。这种测量是在密闭的空间中进行的，以确定非均质地层的渗透率变化。进行这种测量的设备一般称为“点式渗透率仪”或“迷你渗透率仪”。

真正的半球状流动几何形态要求：a) 表面为较大平整均质的样品；b) 样品在紧挨探针处应有一半球状内腔，其半径 r_i 等于探针密封垫的内半径；c) 在探针与样品接触面以下样品向各个方向延伸范围很大(无限)；d) 除半球的内腔外，平面的各处应是密封的。因为这些条件是不能完全实现的，故 Goggin 等人[82]进行了无因次几何流动因子的数值计算，是在平整面较小、探针密封较小且内外半径有限的小岩心上进行的。

图 33 表示无因次因子与探针密封垫的外半径 r_o 与其内半径 r_i 的比值的关系。实际上，在较大岩样上的半球流动时，G_o 等于 2π。图 33 表示的关系可用于具有平整表面及对渗透率测定无影响的侧向宽度和深度足够大的外边界样品测试。为实用目的，该因子只有在样品的深度达到探头内径 4 倍以上且从探头轴心算起侧向周边达到内半径 r_i4 倍以上时样品测试才能产生较小的误差，同时，如果探头置于样品的圆柱表面，并且具有严格的密封条件，那么样品的半径至少为 $12r_i$，同时样品露头部分的边界有限时将产生更小的误差。参见 Goggin 等人[82]关于与邻近边界有关的无因次几何因子。

7.3.1.2.1 仪器

为测量气体渗透率(见图 32)，提供的探针应装有当挤压样品时，r_i 和 r_o 尺寸不变的(或可重复性的)软橡胶密封垫，并能保证对岩样施加恒定的、可重复的密封力。该密封力大小应适合于防止气体由密封垫与岩石之间的接触表面发生气串。密封垫内半径一般为 2 mm～3 mm，外半径与内半径的比值一般为 1.5～2.5。相对于小规模的非均质性来说，半径和比值较小会产生多解性，若采用较大的值，则可获得较高的平均渗透率值。如果岩心粗糙该尺寸还应放大。

探针必需放置在设置好的岩样测试点上，这个点应与岩样的深度轴向或其他参照点有关。将探针置于岩石表面，并对其表面密封。在 P_1 压力下，气体由探针输送到岩样。然后气体由岩样流出，排向大气。应做好调节探针内的压力、测量该压力和该压力下的体积流速得工作。根据预测的渗透率大小，选择流量计范围。当压力和流速达到稳态时记录下读数。

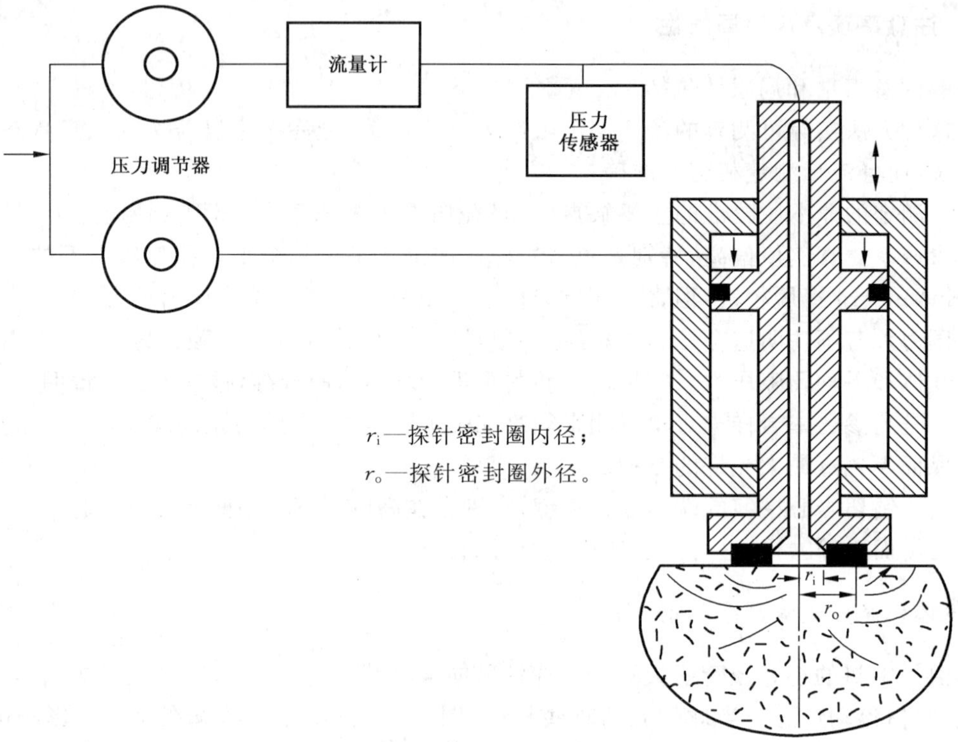

r_i—探针密封圈内径；

r_o—探针密封圈外径。

图 32　稳态探针渗透率仪简图

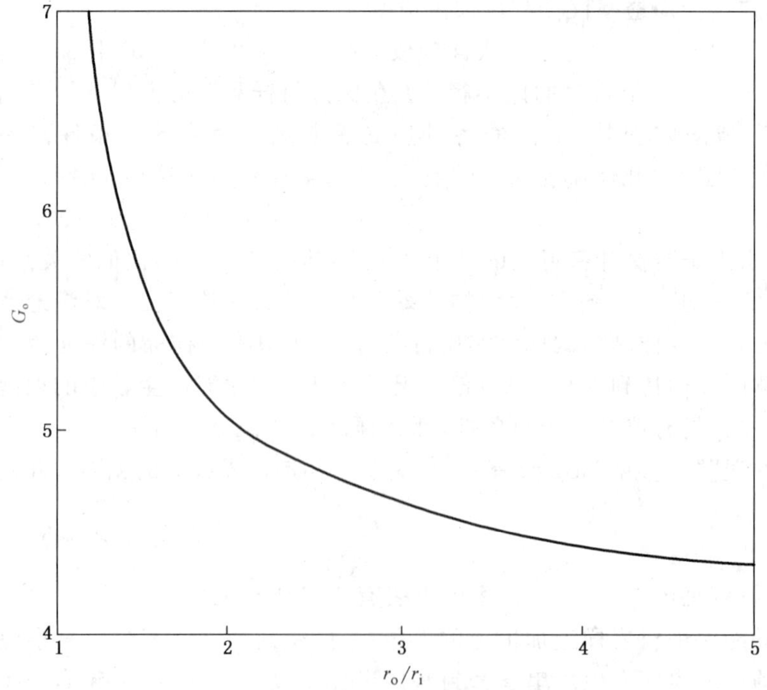

注：由 Coggin 等提供[82]。

图 33　点渗透率测量的无因次几何因子

7.3.1.2.2 计算

通过测量时的密封尺寸、大气压力和气体黏度，就能由式(109)计算 K_g，这里 p_1 为上流表压，

$$P_1 = p_1 + P_a$$
$$P_2 = P_a$$
$$P_r = P_1$$

其中轴向流几何因子改写为式(118)：

$$G_f = G_o r_i \qquad \cdots\cdots(118)$$

对于非均质样品所得渗透率是以探头密封半径为权的加权值，并且随半径的递增而减小。由于研究的岩样体积很小，应用合适的平均方法获得宏观渗透率值。

7.3.1.2.3 优点

该方法的优点包括：

a) 无需钻切岩心，具有无损、快速、成本低的优点，因此可以高密度测试。

b) 探针法只研究小体积的岩样。测量完全适合于研究含有薄层和小规模非均质性岩心渗透率的空间变化。也能测量整个岩心不同方向的渗透率变化。

c) 可以设计严格密封且便于井场和露头使用的便携式设备。

d) 流量计量程大，可测定的渗透率范围大约为 1 mD～10 000 mD。

7.3.1.2.4 注意事项和应用限制

该方法的注意事项和应用局限性包括：

a) 典型的探头密封顶端，岩样中的最小流动路径长度(由 r_i 到 r_o)范围是 0.2 cm～0.4 cm。大部分压力将在该距离内损失。这个流动路径比一般通过岩心柱的测试的流动路径小一个数量级。为了避免明显的惯性流动阻力，入口压力 p_1 应相应地降低。即使用 Goggin 等人[82]提出的"高速流动校准"关系求得 β，该校准也只能近似地应用于单一流速测量中，因为在大多数给定的渗透率范围内，至少通过加(或减)一个数量级的流速，才能改变其 β 值，但在较低的入口压力下，该校准是很困难的。

b) 测量过程中施加到岩石上的压力几乎为零，因此，渗透率趋于偏大。特别是致密样品。如果不进行 Klinkenberg 校准，渗透率偏大会更严重。

c) 除非探头顶端密封垫侧向加压且基座是绝对平整(未加压条件下)，否则其几何因子对施加到密封圈上的压力会非常敏感，因此该压力应具有很好的重复性。

d) 虽然这项技术可用于整个岩心的测试，但仍然需钻取岩心，以除去侵入的泥浆固体和其他表面杂质，并获得平坦、光滑的表面以便于探头顶部密封，否则很难确保密封。

e) 如果岩心表面未干燥，由于严重受到相对渗透率的影响，会使测量结果偏低。渗透率将随时间延长而增大，随着液体的蒸发或逐渐远离探头而使渗透率趋于稳定。

f) 定期检查探头顶端的密封垫是否有磨损和嵌入砂粒，若有必要必须更换密封垫。在一个平坦、光滑的不渗透表面进行周期渗漏试验，以便于检查裂缝或杂质。

g) 由于用这种方法研究的岩样体积小，应使用合适的算法求平均值以获得宏观渗透率。

7.3.1.3 气体的横向稳态流

该方法主要用于测定全直径岩心样品的方向性，如"水平渗透率"(但不仅限于此)。气体由全直径岩样的两直径夹角为 θ，筛网长为 L 的入口端横穿岩心，由与入口端相同大小的出口端流出(见图 34)。流动形态非常复杂，气体正交线性流的面积与整个气体流通路径不同。Collins[83]用保角映射变换计算

无因次几何因子，G_θ。（见图35），G_θ是筛网对应角θ的函数。通常测量两个方向的渗透率，一个方向为最大渗透率值（一般是沿主要裂缝或渗透率层流的方向），另一个是与最大渗透率呈90°方向的渗透率值。

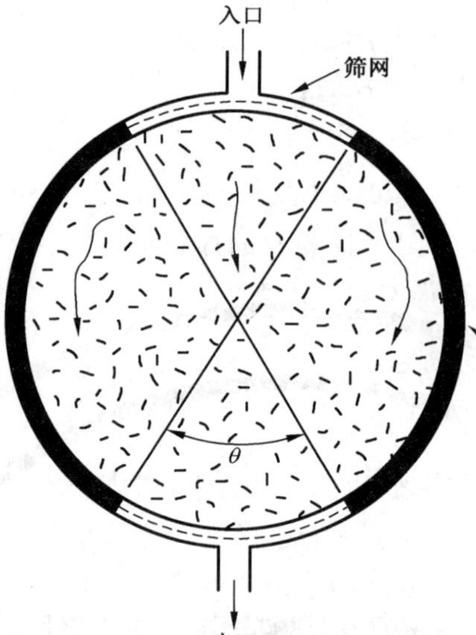

图34　气体或液体的横向流形态

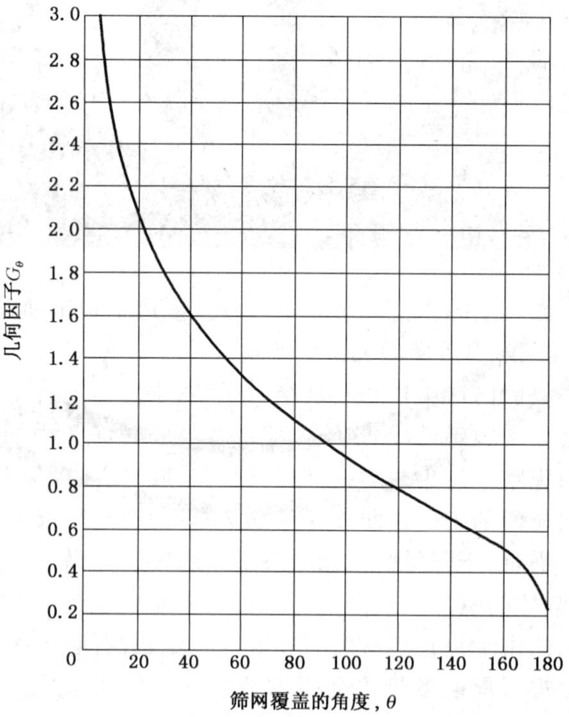

注：由Collins提供[83]。

图35　横向流的无因次几何因子

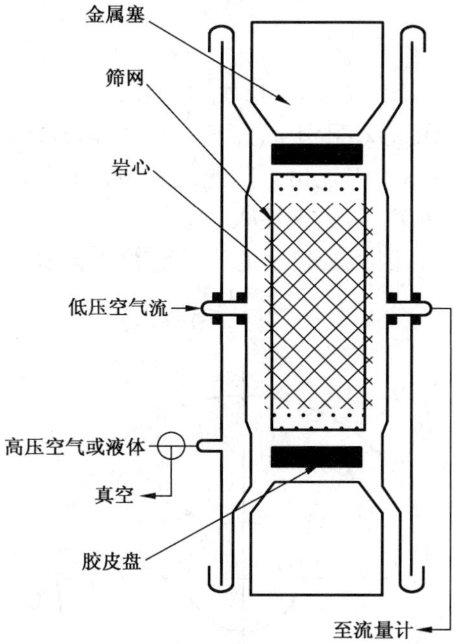

图 36 横向渗透率测量的 Hassler 型岩心夹持器

7.3.1.3.1 仪器和计算

用于计算横向流动的渗透率所需的测试和流动系统与稳态轴向流的相似。图 36 表示用于横向流渗透率测量的 Hassler 型岩心夹持器。气体由入口进入岩样，径向穿过岩样，由与入口相对的出口流出。两个开口与两个包裹整个岩样长度的网状筛网相连，如果每个筛网的对角是 90°，那么无因次几何因子 G_θ等于 1.0。密封材料应既不渗入筛网也不影响气体流动，岩样两端用软橡胶垫密封。

式(108)和式(109)中所用的横向流无因次几何因子计算见式(119)：

$$G_{\mathrm{f}}=\frac{L}{G_\theta} \quad \cdots\cdots\cdots\cdots (119)$$

全直径岩样可以放在一个较大的岩心夹持器中，以便在测量横向渗透率前(后)，可以通过测量轴向流在纵向上测量岩心的“垂直渗透率”(见 7.3.1.1.2)。

7.3.1.3.2 优点

该方法的优点包括：

a) 在全直径岩心上测量时，由于岩样体积较大，所测渗透率相对平均，就减少了小尺寸岩样非均质性带来的影响。
b) 在全直径岩样上，可进行正交测量来确定侧向渗透率。

7.3.1.3.3 注意事项和应用限制

该方法的注意事项和应用局限包括：

a) 全直径岩样很难精确地切割成正规形状。因此，在这样的岩样上进行垂向和侧向渗透率测定，不可能准确地得出常规定义的“垂直”和“水平”渗透率。
b) 由于岩样较大，要花费相当长的时间来清洗、干燥和达到稳定状态。因此，与柱塞相比，实验花费的时间要长，成本也更大。

c) 与气体滑脱及惯性阻力有关的注意事项和 7.3.1.1.4 轴向流的相同。

7.3.1.4 气体的径向稳态流

图 37 表示径向稳态流的流动形态。在一个长度为 L,外半径为 r_e 的清洁、干燥的圆柱状岩样上,沿轴向钻切一内径为 r_w 的小孔,除中心小孔外,上、下表面的其余部分密封。气体以压力 P_1 由未密封的圆柱面径向流入中心小孔,以 P_2 压力下流出。除此之外,流动系统和测量步骤与轴向流相同。原则上,流动方向可以反转,因此,气体在 P_1 压力下注入中心孔,在 P_2 压力下通过岩样的圆柱外表面流出。但是一般情况下,建议不从小孔注入,因为其较小的流动面积更容易受到注入流体中微小颗粒的伤害。

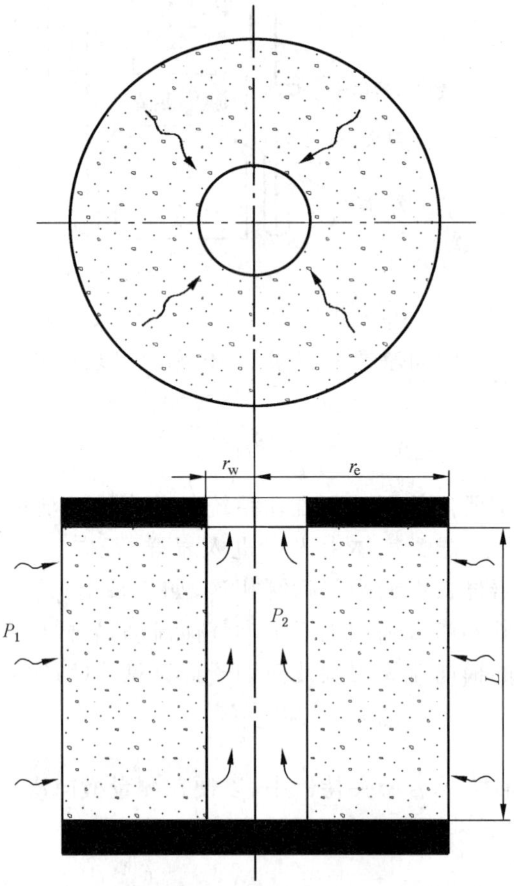

图 37 内径向流示意图

7.3.1.4.1 仪器和实验步骤

图 38 所示的全直径渗透率仪由三部分组成:大小能足以保持均匀的入口压力的小室、施加密封压力的活塞及浮动板组件,其中浮动板组件包括下部固定板、支点球、三个相隔 120°的弹簧和上浮动板。

岩心放在与下浮动板相连的橡胶密封垫上,使岩心中心孔与密封垫上的小孔对准。如果两端不平行,随着活塞压力增加,下流浮动板自动调节位置使其与岩心端面紧密结合。故增加活塞压力可以检测岩心两端与橡胶密封垫之间是否密封。随着压力的增加,如果流速降低则表明存在渗漏现象。如此反复试验,直到流速稳定。

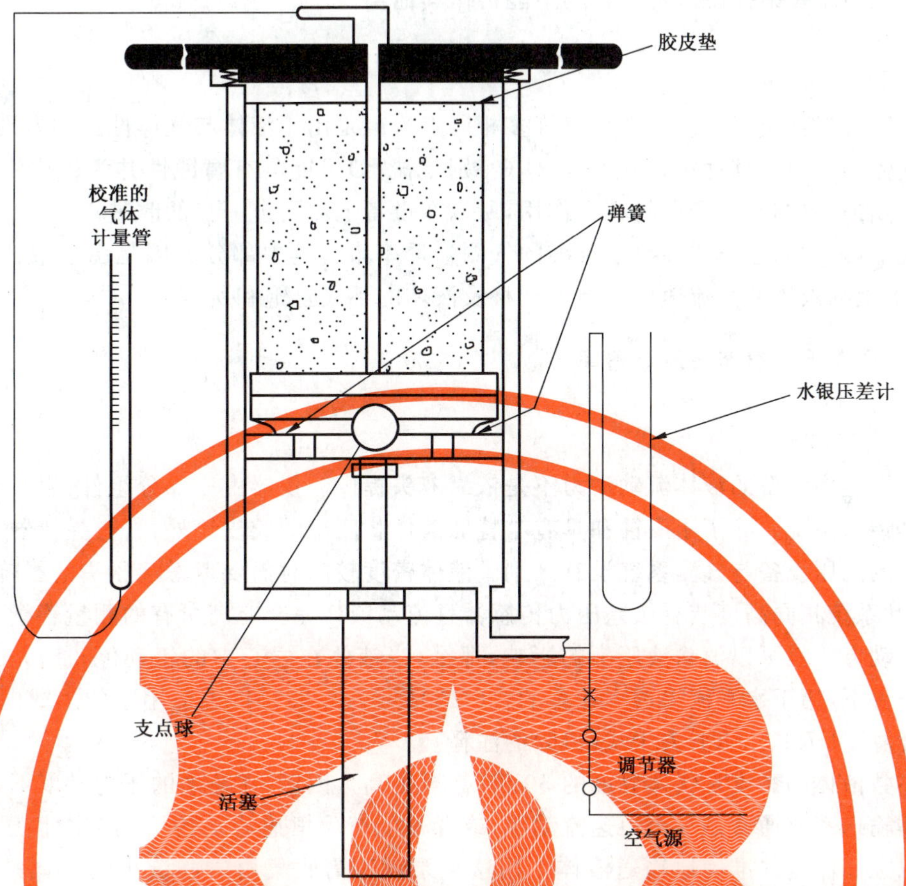

图 38 全直径径向流渗透率仪

7.3.1.4.2 计算

径向流动的流速和压降的测量方法与轴向流动测量方法相同。当流速和压降不随时间改变时即达到了稳态。由式(109)计算渗透率 K_g，径向流几何因子由式(120)求得：

$$G_f = \frac{2\pi L}{In[r_e/r_w]} \quad \cdots\cdots(120)$$

非均质岩样的平均渗透率在井眼附近的岩心渗透率所占比重较大(此处压力梯度最大)，随着半径的增大，远离井眼处的地层渗透率所占比重逐渐减小。

7.3.1.4.3 优点

渗透率测量值是在整个岩样长度和径向上的平均值。

7.3.1.4.4 注意事项和应用局限

该方法的注意事项和应用局限如下：

a) 渗透率值的准确关键取决于内井眼半径的大小。因为内径的微小变化(特别是小直径井眼)就会引起较大的渗透率误差。同样，井眼附近产生的裂缝或表面损伤将极大地影响表征渗透率。

b) 样品制备难，与其他方法相比费用较高。

c) 由于径向小孔的存在使得轴向压力无法平衡。因此，该方法不适于高压下模拟实际油层的渗透率测定。

d） 由于中心需要钻孔使得岩样一般不能再作其他实验。

7.3.2 液体

稳态液体渗透率仪与气体渗透率仪有许多相同点。但是由于液体与气体性质的差别，即：液体的黏度和密度比气体的大而压缩性小。此外，液体（特别是盐水）可能具有腐蚀性并为微生物的生长提供环境，同时盐水与岩石中的黏土和矿物相互作用，所以在设备上需要进一步的改进。

通常情况下，液测渗透率比经滑脱校准的气测渗透率小。其中部分原因是由于液体与黏土相互作用（特别是水溶液）、液体的高流速度使微粒迁移及液体的不完全饱和所致。

7.3.2.1 一定压差下的稳态液测渗透率

7.3.2.1.1 仪器

该类液测渗透率设备的液体流动动力不是依靠液头提供。仪器由三部分组件：岩心夹持器、压力测量系统和液体传递系统。除了耐腐蚀和具有与特殊液体相匹配的胶皮筒外，岩心夹持器、输送管线及测量液体渗透率的测压设备与气测系统没有区别。液体密度较高时需要考虑液压头的影响。假如在相同温度下，在流动系统相同高度装有微差压力传感器且流动液体完全充满所有的测量管线，通常情况下采用这种水平流动方式就可以消除液压头的影响，那么，当液体在岩心中的流动停止时，压差读数 Δp 应为零。在此条件下，用于水平流渗透率计算的式(113)(见 7.2.2.1.1)也适用于向上或向下流的垂直流动的渗透率计算(见 7.2.2.1.2 关于式(116)的注释)。

由于大多数液体的黏度是气体黏度的 50 倍(甚至更高)，因而，在相同的压力梯度下，液体流动速度相当慢。液体输送系统通常是一个恒速流动源，或者是能产生恒速流动的可调节的恒压源。单冲程活塞驱替泵可以控制流速并准确地输送液体。用这种泵就不需收集由岩心流出的液体来确定流速。但是，单冲程泵的体积有可能不足以使流速达到稳定状态。为了完全排除压力波动和流速的影响，对于“连续流动(once-through)”系统，推荐用两个这样的泵和一个改进的控制系统，而对于循环流动系统最好用三个这样的泵来驱替。

如果岩心渗透率不随黏土或矿物的相互作用而改变，系统缓慢地达到稳定状态是由于系统中积累了很高的压缩能，压缩能是系统中每个组件的体积与有效压缩系数的乘积。有效压缩系数是液体和容器压缩系数之和。在系统中采用高回压可以明显降低液体的压缩率(如果存在气体)从而消除气泡的影响，也可以通过真空泵排除系统及液体中的气体。用刚性更强的材料制作容器则能减小容器的压缩率。同时系统体积应尽可能小，输送液体体积(例如，由泵驱替注入到岩心柱塞的盐水及排出油)至少为直接由泵排驱的盐水体积的两倍。然而，直接泵出时可以不考虑液体的腐蚀作用。这时系统压缩量接近于零，渗透率保持不变意味着已经达到了瞬时稳定状态。

使用色谱型泵时，应保证其输送在整个应用范围之内。为了计算渗透率流速应单独测量，通过定时间隔多次在电子天平上称重容器中收集的产出液体即可测定流速，用质量累计速度除以液体密度计算体积流速。

恒压系统既可以用气源，也可以用液源，由容器排驱的脱气液体通过岩样。活塞储集器或可拆卸的橡胶胆中装有要驱替的液体，驱替液在驱替过程中要经过一压力传感器。而色谱型驱替泵驱替时，流速应单独测定。

7.3.2.1.2 操作过程和计算

所用液体在使用前应通过一精细的滤网彻底过滤。0.2 μm 的滤膜可以除去微生物及固体颗粒。把完全饱和的岩样小心地装入合适的岩心夹持器，保证在整个实验过程中不会有空气遗留在系统中，然后施加围压。在缺少其他渗透率数据时，最初应采用低压差 Δp 或低流速以使操作者得到一个最初的近似渗透率，由此建立流速和压降条件，并选择合适的测量设备。见7.8.1确定避免惯性阻力的最大$\Delta p/L$的讨论。但用液体测量时这并不是一个严重的问题。实验中要注意避免岩石掉粒。测试过程中应收集驱出物并观察污染情况。调解回压阀以获得所需净压力。

应严格控制温度以保证黏度不变，并避免体积流速随液体膨胀或压缩而改变。测定低渗透率岩心时，用较大的容器、活塞泵和低排驱速度尤为关键。在这种情况下，短时间内温度的微小变化都会引起较大的流速变化。热力学引起的体积膨胀速率临界因子Δq见式(121)：

$$\Delta q=\beta_{\mathrm{T}}V\frac{\mathrm{d}T}{\mathrm{d}t} \qquad (121)$$

Δq与泵的驱替速度有关。

式中：

β_{T} ——液体的体积热膨胀系数，$℃^{-1}$或$°F^{-1}$；

V ——驱替的液体体积；

$\mathrm{d}T/\mathrm{d}t$ ——温度变化的时间频率。

假定装有1 000 cm^3的正葵烷的活塞泵，在1.0 cm^3/h的泵驱替速度下，注入到低渗透率柱塞中，由于环境温度的变化，葵烷的温度以0.02 °F/m的速度增加。葵烷的热膨胀系数约为5.5×10^{-4}体积/°F·体积。因此，葵烷的热膨胀速度约为$5.5\times10^{-4}\times1\ 000\times0.02=0.011\ cm^3/min$。泵的驱替速度为0.016 6 cm^3/min，这就引起正常速度66%的误差。如果驱替速度增加10倍，误差降低到6.6%。此外，如果泵的体积减少到10 cm^3，误差只有0.066%。减小体积膨胀的另一种方式是增加泵的热容和改进其隔热性。

在常压输送系统中(该系统中的流速应单独确定)，如果上流压力是自动调节的，那么在其驱替容器中的液体的热膨胀问题就不是什么问题了。因为在这种情况下，尽管有热膨胀，压力仍然保持为常数。

当流速和压差都达到稳定后，记录读数，然后终止流动试验。试验液体应完全充满输送管线，出入端高度应相同。压差稳定后，读出的流量为零。如果读数不是零，那么应在稳定流的Δp中减去该读数。由式(113)用合适的空间几何因子G_{f}计算液体渗透率。轴向流、横向流和径向流的几何因子分别由公式(117)、式(119)和式(120)求出。由于上述的输送管线的限制，式(113)均可用于垂向、上流或下流轴向流以及水平流等三种流动形态的计算。

测完后，如果样品还要进一步分析，在取出岩样之后，随着围压降低岩样会膨胀，应注意避免液体和空气进入岩样。

7.3.2.1.3 优点

该方法的优点包括：

a) 层流中液测Stokes流比气测压差高，也更容易测定，特别是在高渗透率岩心测试中。

b) 不需要校准气体滑脱效应。

c) 液测渗透率对油层渗透率而言，更具代表性。

d) 不需要对岩样进行有可能伤害岩样的干燥处理。

e) 如果要用同样液体饱和的岩样作其他分析，则用液体测定渗透率更有利。

7.3.2.1.4 注意事项和应用局限

该方法的注意事项和应用局限包括：

a) 岩样的饱和、液体的准备和处理比气测更困难，也更费时间。

b) 耐腐蚀的高压泵和控制设备价格昂贵。

c) 应采取措施，避免流体与岩石组分反应。

d) 用液体稳态测定低渗透率岩心很难做到准确无误，需要很长时间才能达到稳定。极力推荐采用小体积、短岩心、低压缩量和非常严格的温度控制。

7.3.2.2 用水压头测量稳态液体渗透率

图 23 和图 24(见 7.3.2.1.2)表示轴向流的两种模式,在这两种模式中,液体在水压头的作用下以恒速恒压输送。图 24 所示模型测试准确且费用低,特别适用于测定中、高渗透率岩心,这种方式不需要泵,也不需要压力传感器。入口高度可调节的水箱和固定出口水箱均装有溢流排出管。在比岩样接受流速稍高的速度下液体由一个液面较高的供液容器通过计量阀流入水箱入口,多余液体从溢流管流出并收集起来以便进一步为供液容器循环使用。液体由水箱出口流入装在电子天平上的称量容器中。应确定的体积流速 q 由质量累计流速(由重量和时间求得)除以液体密度求得。由式(115)计算渗透率,式中 ρ 是测定温度时的液体密度,g 为测定时的重力加速度,h 是两个水压头的自由表面之间的高差。因为施加回压很小,所以应非常小心地排出包括岩心柱塞在内的所有系统中的残留空气。

对于渗透率非常高的岩样(10 D~40 D),图 24 的模型是非常有用的,由于毛细管力的作用,下流容器的溢流孔可使水压头的变化最小。在直径很小的小孔顶端的毛管力很大,可以产生相对较大的 Δp 变化。

7.4 非稳态渗透率测定的理论和应用

高速数据采集系统、精确的压力传感器以及数字计算机的出现使在瞬态或非稳态流条件下测定渗透率得以实现,而且简化了这一过程。瞬态测定利用体积固定的气罐或液罐。这些容器可以安装在样品的上流,使气体或液体注入待测岩样;也可以安装在下流,液体由岩样流出进入容器,或者分别安装在上下两个位置。当液流流出上流容器时,该容器的压力随时间减小。同样,当液流进入下流容器时,该容器的压力随时间逐渐增大。由容器体积和压力的瞬时变化可以计算出瞬时流速,因此不需要流速测量设备。

当液体膨胀时以消耗内能的方式使液体流动,这可由温度降低观察出来。同样,当液体压缩时,在液体上做功,其温度增加。因为瞬时流速是由压力的瞬时变化计算的,所以要保持等温条件,或测量出瞬时温度,并采用适当的数学方程处理。此处提出的方程假设为等温条件。

7.4.1 气体的瞬时压力技术

气体的热容低,与温度变化有关的影响可以通过用高热导材料制造容器和用与流动轴向平行的铜管包裹容器来消除。而且,当产生高流速时(高渗透率岩样)可选择使用氦气来消除温度影响,因为氦气的热扩散系数比空气和氮气高的多。

持续长时间测定低渗透率岩样时,由于环境温度变化及气体通过岩样流动时的焦耳-汤姆森(Joule-Thomson)膨胀,可能引起其他热问题,所以用极好的隔热材料并改善环境温度控制和减少测定时间来降低环境温度变化带来的影响。焦耳-汤姆森膨胀最好用氦气处理,它(在环境条件下)膨胀时温度增加,这一点与除氢气以外的所有气体都不同。这种升温过程可以中和由做功引发的温度降低。

主要有两大类瞬态压力技术被应用于实验室测定渗透率。一类称为“脉冲衰减”法。其特点是用上流和下流容器,其中一个容器(或两个容器)的体积相当小。容器和岩样都充入气体直至压力高达 7 MPa~14 MPa (1 000 psig~2 000 psig)以减少气体滑脱效应和压缩率。整个系统的压力达到平衡后,增加上流容器的压力(一般为初始压力的 2%到 3%)产生通过岩样流动的压力脉冲。这种方法非常适合于测定渗透率在 0.1 mD~0.01 μD 的低渗透率岩样。小压差和低渗透率实际上消除了惯性流动阻力。本标准只讨论“滞后时间”法。这些方法得出的所有渗透率值与稳态法所测值差不多。而“初始”瞬态提供了有关岩样非均质的信息,这已超出了本标准涉及的范围。

另一个方法称为“压力降落”法。其特点是只有上流容器,岩样的下流端向大气敞开。采用的上流压力相当低,约为 0.069 MPa~1.72 MPa(10 psig~250 psig),上流压力由所测岩心渗透率决定。在每一个不同的流速和平均孔隙压力下,一次压力降落得出的数据可以计算 6~30 个渗透率值。在一次瞬态试验过程中，流动条件的适当变化可以计算滑脱校准(Klinkenberg)渗透率 K_{∞}，克氏(Klinkenbergh)滑脱系数 b 和孔隙介质的惯性阻力 β。该方法可用于测定渗透率的范围为 0.001 mD～30 000 mD(通过使用多功能上流气罐和压力传感器)，它是对“脉冲衰减”法的补充。对于高渗透率岩样(渗透率大于 1 000 mD)，其 b 值很小，当岩样暴露在大气压力下时很难准确测定 b 值，此时由相关关系估算出的近似值更为可靠。

除了存在流动系统之间的物理差别之外，“脉冲衰减法”和“压力降落法”的流动方程的推导也完全不同。前者，同时解出达西方程和连续方程(质量守恒的另一种表达方式)。而压力降落法中滑脱校准的 Forchheimer 方程的稳态解用作一初始点。严格地说，不考虑个别瞬间质量流量沿岩样长度距离而增加(非稳态流)，对该解进行微分，然后代入连续方程，对其求积分以校准(或改进)最终的流动方程。重复迭代直到满足 Forchheimer 方程和连续方程。

稳态法和压力降落法之间的偏差取决于岩样孔隙体积与上流气罐体积的比值。当该比值很小时，稳态解几乎是精确的。随比值增大(V_p 较大，或气罐体积较小)，用于稳态解的校准也应逐渐增大。

7.4.1.1 压降法气体轴向流

7.4.1.1.1 仪器和操作步骤

压降法是利用一个上流气体管汇(见图 39)与能对直径为 D、长度为 L 的圆柱状岩样提供水力压力的岩样夹持器连接。一个校准了体积的上流气罐通过阀门与校准了体积的管汇连通或断开(选用不同体积的容器，以扩大渗透率测定范围)。岩样夹持器的出口通向大气，该出口装有阀门以便在启动后可以关闭。一个测量表压的精确压力传感器与岩样夹持器的上流管汇直接相连。

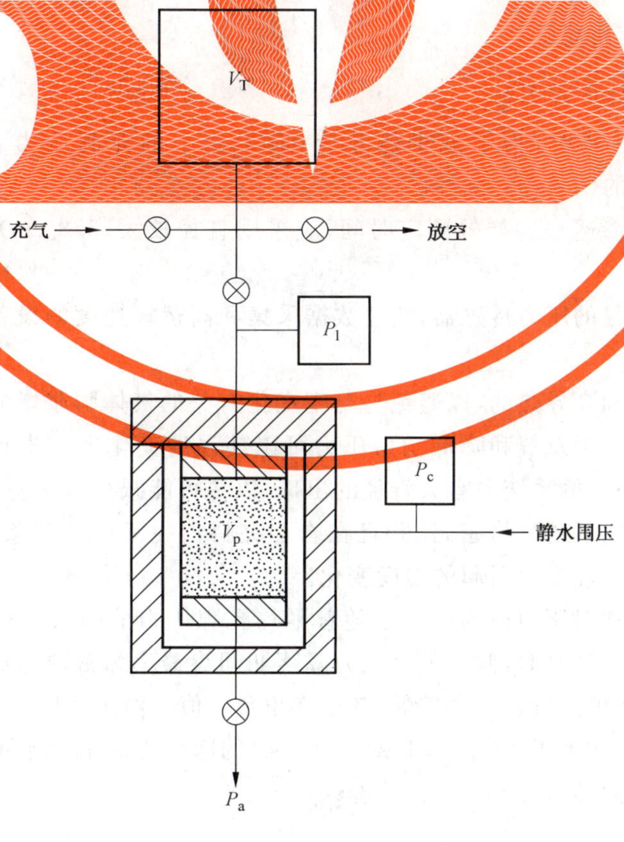

图 39 压力降落法气体渗透率仪示意图

气罐、管汇和岩样到出口阀均充满气体。热平衡几秒钟后，打开出口阀产生压力瞬变。当上流压力衰减到充满压力的 85%时整个岩样长度上建立了连续平滑的压力变化，开始采集数据，读出并记录选择间隔的压力和对应的时间。

7.4.1.1.2 计算

由轴向流压力下降数据计算 K_∞、b 和 β 的过程在 7.8.2 中讨论。

7.4.1.1.3 优点

该方法的优点包括：

a) 由一次压力降落试验，就能确定滑脱校准渗透率 K_∞，Klinkenbergh 滑脱系数 b(达 1 000 mD)和 Forchheimer 惯性阻力 β。

b) 利用这些测量结果可以计算出任意指定气体在任意一个平均空隙压力下未校准滑脱的渗透率 K_g，以便与常规测量做比较。

c) 该方法不需要流量计，流速由测量的压力—时间测量结果计算得到。

d) 对于一给定渗透率的岩心柱塞，由一个压力下降到另一个压力需要的时间与上流气罐的体积成正比。因此，通过用几个不同体积的气罐(低渗透率用小体积罐，渗透率越高采用的体积罐越大)就可以在很宽的渗透率范围内控制测定时间。

e) 如果用多体积的气罐和多功能传感器，可测渗透率范围为 0.001 mD～30 000 mD。

f) 未考虑偏离层流的现象，这是为了便于数据分析。

g) 高围压下测定的滑脱校准渗透率能更准确反映油层条件，特别是对于低渗透率岩样。

7.4.1.1.4 注意事项和应用局限

该方法的注意事项和应用局限包括：

a) 测定高渗透率柱塞时，为了减少热效应，应采用小的充满压力(＜0.17 MPa)，小直径(2.54 cm)较长的(≥5.08 cm)柱塞。

b) 为了尽量减少低渗透率岩样的测定时间，应采用直径较大(3.8 cm)长度较短(≤3.8 cm)的柱塞。

c) 该方法需要高质量的压力传感器，快速数据采集和高运算速度的设备，因此，实际应用时需要数字计算机。

d) 气罐应是高热容和高导热的，以避免与温度变化有关的气体膨胀影响，特别是高渗透率岩样。压力降落试验时使用氦气和降低初始压力可以使温度变化进一步减小。测定高渗透率岩样时，还要求在气体传输系统中有大直径的出口，以尽可能减少内压差。

e) 低渗透率岩样要求系统严格密封，并且在岩心夹持器中无窜流现象。采取适当的隔热措施，以便尽可能减少环境变化引起的温度变化。

f) 低渗透率岩样往往对压力极为敏感。随着平均孔隙压力的降低，净压力不断增加(用恒围压时)，渗透率降低。计算时，假设整个压力降落期间渗透率为常数。对于对压力异常敏感的岩样，这样假设计算出的渗透率会偏低，甚至得出负 β 值。由于净压力很低时渗透率会发生最为明显的变化，通过在大于 13.79 MPa(2 000 psi)的净压力和减少平均孔隙压力的变化进行测定，可使压力敏感性降至最低。

7.4.1.1.5 由 Klinkenbergh 渗透率计算气体渗透率

由于历来流行的稳态轴向气体渗透率测定没有 Klinkenbergh 校准，由这些结果已经建立了巨大的数据库。在同一油层常常需要用新的测量结果与以前的测量结果作比较，为了做到这一点，K_∞应是经气体滑脱校准的渗透率。由任何气体，在任何要求的温度和平均孔隙压力下计算未经滑脱校准的渗透率 K_g(可由 K_∞和 b 计算)的步骤如下：

a) 在测定的绝对温度 T 下，用合适的分子量、黏度和已测气体的 b 值计算岩样的"气体滑脱半径"r_b[见 7.2.1.1 中的式(103)]。

b) 通过计算的气体滑脱半径 r_b，用新气体的分子量和黏度，由式(102)中可得要求温度下的新气体的 b 值。

c) 由新的 b 值，测量的 K_∞和要求的平均孔隙压力，由式(111)计算新气体的 K_g。以上步骤联立为一个方程，见式(122)：

$$K_g = K_\infty \left[1 + \frac{\dfrac{b_m \mu_c}{\mu_m}\sqrt{\dfrac{T_c M_m}{T_m M_c}}}{P_{m_c}}\right] \quad \cdots\cdots(122)$$

式中，下标 m 代表测量气体或条件，c 代表计算 K_g 所要求的气体或条件。为了举例式(122)的用途，假设一特定的岩石，在 22.2 ℃(72 ℉)下用氦气测得 K_∞和 b 值分别为 10.62 mD 和 0.045 3 MPa (6.57 psi)。为了用该测定结果与取自相同油层的原有数据进行比较，需要计算平均孔隙压力为 0.124 MPa (18.0 psia)，温度为 23.9 ℃(75 ℉)时的 K_{air}。氦气的分子量为 4.002 6，23.9 ℃(75 ℉)时的黏度是 0.019 67 cP。空气的平均分子量是 29.0，75 ℉时的黏度是 0.018 37 cP。因此，由式(122)可得在温度为 23.9 ℃(75 ℉)平均孔隙压力为 0.124 MPa(18.0 psia)时的 K_{air}为：

$$K_{air} = 10.62\left[1 + \frac{\dfrac{6.57\times 0.018\,37}{0.019\,67}\sqrt{\dfrac{(75+459.7)4.002\,6}{(72+459.7)29.0}}}{18.0}\right] = 11.97\ \text{mD}$$

值得注意的是：许多早期的测量是在低压(一般 1.723 5 MPa～2.757 6 MPa)下进行的，如果新的测定结果是在较高的压力下进行的，即使用上述方法进行校准，岩石旧的 K_{ari}可能仍然较高。此外，原有的数据库可能没有进行这些校准计算所需的平均孔隙压力和温度。

7.4.1.2 压力下降法点式气测渗透率的测定

压力下降技术更适合点式渗透率的测定，并提供经气体滑脱和惯性阻力校准的气体渗透率测定，具有迅速、无损检测的特点。由于使用了稳态设备，通常试验是用表面平整或整个岩心样品在高密度、接近零压力的条件下进行的。

7.4.1.2.1 仪器和操作步骤

图 40 表示由 Jones[85]设计的仪器示意图。操作时，气体充入上流体积(一般用干的氮气)的压力约为 0.068 94 MPa(10 psig)。探针安装在样品上方，并通过探针控制器活塞上的固定气动加压，对岩样表面密封。

打开紧挨探针的内阀，压力开始降落。通过管汇中的内阀门，选择合适的测定渗透率的气体箱。当全部内体积与探针接触时，根据压力下降速度选择气体箱。如果下降速度比预先设定的值慢，则关闭连接到较大气体箱的阀门。

读出预先选择的时间间隔及相应经过的时间，并记录以便用于计算 K_∞。

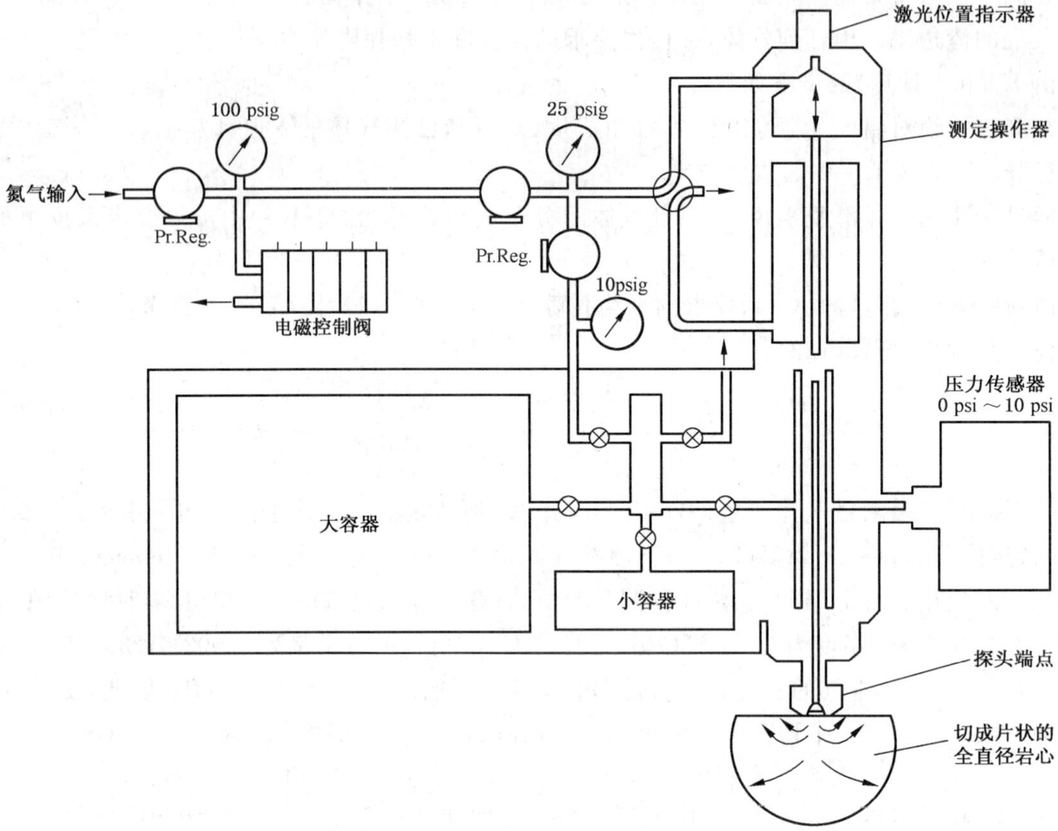

图 40 压力衰减渗透率点式测定仪图

7.4.1.2.2 计算

计算过程在 7.8.3 中讨论。

7.4.1.2.3 优点

该方法的优点包括：

a) 实测渗透率范围广(0.001 mD～30 000 mD)。

b) 测定时间范围在 2 s～35 s 之间变化。

c) 不需要流量计,只进行时间—压力测量。

d) 由一次压力下降试验可获得滑脱校准(K_{∞})和非滑脱校准的(K_g)渗透率。

e) 对于微小压差变化和低渗透率岩样引起的较大惯性阻力的影响也可用该技术在渗透率计算时消除影响。

f) 从不需切割岩心的层面上来说,该方法具有无损检测的优点。可以在岩层岩性变化大和渗透非均质性严重的岩心段高密度取样。

g) 通过改变探针顶端密封垫的尺寸可以适应不同体积的岩样试验。但一般来说,该体积变化相当小。

7.4.1.2.4 注意事项和应用局限

除了可通过计算过程处理惯性阻力和气体滑脱的问题外,用于稳态点渗透率测量(见 7.4.1.2.4)的注意事项和应用局限也适用于压力下降法的测量。

7.4.1.3 轴向气体流动的脉冲-衰减法

7.4.1.3.1 仪器

如图 41 所示的脉冲衰减仪器由体积为 V_1 的上流气体箱、能提供高围压(通常是等压的)的可装孔隙体积为 V_p 的岩样的岩心夹持器和体积为 V_2 的下流气体箱组成。其中一个压差传感器测量两个气罐之间的压差,另一个传感器测量下流气体箱的绝对压力。

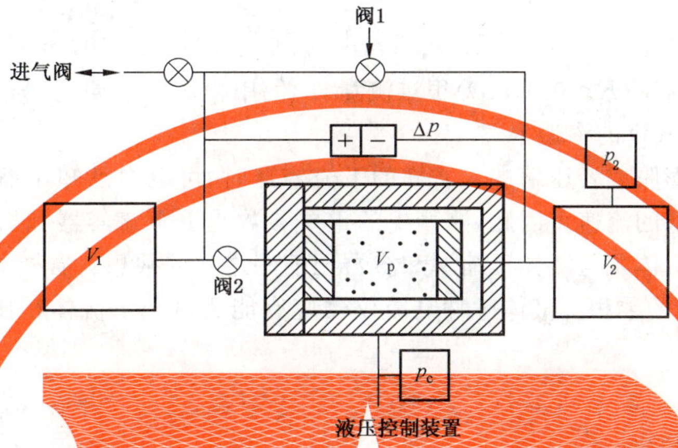

图 41 用于测定气体轴向流的脉冲衰减仪器

7.4.1.3.2 操作过程

打开阀 1、阀 2,两个气体箱和岩样注入气体(一般用于燥氮气)压力达 6.894 MPa～13.788 MPa (1 000 psig～2 000 psig)之间。充气时间应充足以使气体充分扩散进入低渗透率岩样内部。充气过程完成后,关闭充气阀,监测压力直到压力没有变化表明已达到了热力和压力平衡,该稳定压力为 $P_2[0]$。所有阀门应在打开或关闭时其内部体积不能改变。

压力平衡之后,关闭阀 1 和阀 2,上流气罐中的压力以 Δp_1(为 $P_2[0]$的 2%～3%)递增。等 V_1 中的压力稳定后(即 Δp_1 为常数)时,打开阀门 1 开始测量瞬时压力。

7.4.1.3.3 计算

计算细节见 7.8.4。

7.4.1.3.4 优点

该方法的优点包括:

a) 脉冲衰减法可用于测量超低渗样品(0.1 mD～0.01 mD),通过合理选择气罐体积和压力传感器范围,也可以扩展测试范围。
b) 不需要流量计,只进行时间—压力测定。
c) 该方法更适用于油层压力条件下的测量,提供更具代表性的渗透率。
d) 在同一台仪器上可同时或单独测定岩心孔隙度。

7.4.1.3.5 注意事项和应用局限

该方法的注意事项和应用局限如下:

a) 由于用这种方法能测量非常低的渗透率,所以仪器的严格密封非常重要,同时控制周围环境的温度变化也非常关键。

b) 即使利用了高回压，所测渗透率也是未经气体滑脱校准，测量值可能偏高。例如，如果氮气的 b 值为 0.689 4 MPa (100 psi)，柱塞的平均孔隙压力是 6.894 MPa (1 000 psia)，而所测气体渗透率比 K_∞ 高 10%。

7.4.2 液体瞬态压力法

7.4.2.1 液体轴向流脉冲衰减法

除非施加很大的压力梯度 0.689 4 MPa/cm～6.894 MPa/cm(100 psi/cm～1 000 psi/cm 或更大)，否则致密岩石的渗透率(K<0.1 mD)很难测量，即使用稳态法也要花费很长时间。但用脉冲衰减法就可以测量低达 0.01 mD 的渗透率。

当上流容器的液体膨胀或者压缩进入岩样的下流容器时，可以由已知压缩量的液体在充入容器时的压力变化速度计算很低的流速。因此，测量中的重要参数是上下流容器和岩样的有效压缩量。每个容器的有效压缩量是其内体积与液体压缩率和容器压缩率之和的乘积。岩样的压缩量是其孔隙体积与液体和 V_p 压缩率的总和的乘积。液体脉冲衰减仪器应有能测量上下流体积压缩量的装置(见 7.8.5.1)。

7.4.2.1.1 操作步骤

用脉冲衰减法进行液体渗透率测量时(图 42)，将完全被液体饱和的岩样装入岩心夹持器中，然后施加适当的围压(一般以水力加压)。在一定的围压下由于孔隙压力的不同引起岩心所受的静压力不同从而引起测试渗透率的变化。如 7.8.5 所述，要使该系统充满液体并加压到初始孔隙压力，则进液阀应在足够长的时间内保持打开从而使高压液体充分扩散进入岩样；让阀 1 和阀 2 继续保持打开状态并关闭进液阀，开始观测下流传感器直到显示压力稳定后关闭阀 1 和阀 2；通过旋转针型阀产生压力脉冲 Δp_1，注意：除针型阀之外，其他阀门在打开或关闭时其本身内体积都不应该发生变化。

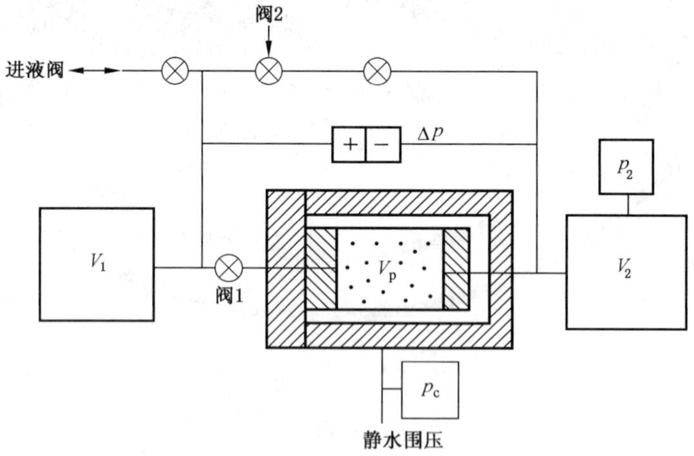

图 42 液体脉冲衰减渗透率示意图

打开阀 1 开始脉冲衰减试验。岩样两端产生略小于 Δp_1 的初始压差 $\Delta p[0]$，这是由于 1 号阀门关闭，由针型阀产生的，所以应在上流总体积 V_1 中除去上流死体积 V_d。因此，应计算出 $\Delta p[0]$(见 7.8.5 中的描述)。

7.4.2.1.2 均质岩样的表征

压力脉冲通过岩样期间上流压力下降，而下流压力在脉冲“发生”之前保持为常数。此后，上流压力继续降低下流压力上升。如果岩样相当均质且上流和下流的压缩量相等，那么，上流压力的降低量与下流压力的上升量应相当，同时由于 $\Delta p[t]$ 在半对数衰减曲线上呈线性降低，因此，平均孔隙压力应为常数，保持不变。

7.4.2.1.3 非均质岩样的表征

然而，如果岩样不是均质的，而是以具有相当高的液体传导率的裂缝系统和低传导率的基质孔隙为其特点，如果岩样的压缩量与上、下流容器的接近，或更大一些(小容器)，那么，在 $\Delta p[t]$ 已达到零以后，平均孔隙压力仍继续降低，半对数衰减曲线的直线产生变形。在这种情况下，$\Delta p[t]$ 会很快地被裂缝系统消耗，而液体则继续缓慢地扩散，进入致密岩石的基质。如果容器容量大于基质的孔隙总量，由于液体进入基质，几乎观察不到平均孔隙压力降低。关于非均质岩样测定的详细讨论参阅 Kamath 等人[92]的论述。

7.4.2.1.4 计算

轴向液体流动脉冲衰减测量计算的细节见 7.8.5.3。

7.4.2.1.5 优点

该方法的优点包括：

a) 液体测量时无需进行滑脱校准。
b) 高压液体渗透率测量比气体更能反映油层特征。
c) 可用于低渗透率(由大约 0.01 μD～0.1 mD)岩石的测量。
d) 充满液体中的系统压缩或膨胀所做的功很小，因此，与温度变化有关的功相当小。

7.4.2.1.6 注意事项和应用局限

该方法的注意事项和应用局限如下：

a) 保持等温条件至关重要。在充满高压液体的系统中，周围环境温度的微小变化都能引起很大的压力变化。
b) 需要精密的压力传感器和数据采集系统。
c) 高压脉冲测量低渗透岩样时，系统严格密封非常重要。
d) 注意防腐蚀、液体的匹配性、液体充分过滤及系统中气体的排空等常规事项。

7.5 准确度和精度

7.5.1 第一部分

7.5.1.1 概述

渗透率的定量分析和精确数值非常重要。所有的分析方法都会产生与操作者、设备及方法相关的随机性误差，这些都包括在试验的不确定性中。为了区别数据的真实性和由于试验不确定而产生的异常，建议在报告岩心分析数据时，同时提供这些数据测试时的不确定因素。

7.5.1.2 定义

7.5.1.2.1 测量精度(或重复性)

在测量范围内的随机测量中,测量结果重复出现的概率。测量精度由在同一个样品上的重复实验来确定,一般以标准差或相对标准差(也称偏差系数)来表示。

7.5.1.2.2 测量准确度

实验结果与真实值一致性程度的度量。测量值与真实值之间的差别称为误差。操作误差或系统误差可引起实验结果超出可允许的最大误差或公差。

7.5.1.2.3 偏移误差(或系统误差)

在整个测量周期内始终存在,并以同一方式影响所有的测量结果偏差。系统误差通常是由于仪器的偏差,或不合格的标定或操作过程引起的。

7.5.1.2.4 适用范围

除精度和准确度之外,在这里适合采用适用性的概念。渗透率的测试可在高精度和高重复性的条件下进行,这样所得出的结果与真实值非常接近。但是,这些高精度、准确的渗透率值与采样的地层条件下获得的渗透率值差别相当大。这种差别的原因包括:不同的压力条件、岩石—液体的相互作用、孔隙压力的差别,或如果不考虑气体滑脱时的气体组分等。

7.5.1.3 渗透率测定中的误差描述

准确度的概念需要已知岩样的真实值,事实并非如此,而是用经标准化协会承认的在科学或工业所鉴定好的标准参考样品所取代。这些标准物质定期与常规岩样一起分析,然后通过比较由重复分析已被鉴定标准值的标准物质计算的平均值而获得准确度。

渗透率测定中,合适的标准物质可以是天然岩心,也可以是可渗透的合成物质。然而,合成物质还不能以预先确定的渗透率准确合成。因此,每个标准物质在鉴定之前,应经过大量的实验,在此之后,还存在实验室常规处理时标准可能变化的风险。

7.5.1.4 内部标准(行业标准)

为了确定准确度,同时因为生产设备的系统误差或偏差,引入了固有(绝对)渗透率标准的概念。内部标准可以包括渗透率值范围很宽的的人造(和/或天然)岩样,这些标准物质已经由不同的操作者在不同的仪器上(认真校准过的)用要求的液体进行了重复性分析。在收集了大量的结果后计算岩样的平均值和标准差。如果与平均值偏差很小,即低标准差,那么就可以把该岩样作为内部标准物质,并且可以用于检验常规检测仪器的准确度以及校准结果的偏差。

现有各种合成的多孔可渗透介质材料,例如,多孔渗水性的陶瓷和玻璃、热熔塑料、玻璃或金属小球。制造商常常按指定的渗透率值提供这些材料,但只能作近似参考值。

7.5.1.5 测试方法上的误差

本文中提出的计算渗透率的所有公式均假设在等温条件下,流体通过均质的各向同性的岩样流动。因此,定义了按实验规定的各个流动方向(即,轴向、径向、侧向等)的平均或有效渗透率。除非每个样品内部及宏观结构都是由相互独立的因素决定,否则几乎不可能模拟真实流动特性。因为实际岩石不可能是各向同性的或均质的,因而,这种假设总是与实际的流动状态不符,从而用这一假设计算的渗透率、惯性阻力和滑脱因子与实际不符。

非稳态分析方程需要在压力瞬变过程中随时对非稳定质量流速进行校准。因此，应单独测量或者联合渗透率测量来确定岩样的孔隙体积。孔隙体积估算的不准确，将引起渗透率误差，特别是当 V_p 与气罐体积差不多大或比气罐体积大时更易引起渗透率误差。当容器体积相对较大时，V_p 的误差微不足道。

此外，瞬态法假设在整个实验期间渗透率为常数。孔隙压力的变化改变了施加在岩样上的净压力，因此，渗透率相应地也有微小变化。压力降落测量中，这个变化有可能影响惯性阻力(β)的计算。通过限定压力降落的数量和增加围压(使净压力的变化对渗透率影响减小，见图 26)就能使这些误差尽可能降低。

由于较大的惯性阻力使达西定律在不适用的条件下可能产生严重的错误结果。这些情况在稳态轴向流气体测定高渗透率岩样或稳态点式测定渗透率约为 10 mD 的样品时非常普遍。用非常小的 β 值可使这些误差降至最小。

由于不合理的样品制备技术，如不彻底的清洗，或对含有饱和盐水的样品在萃取前未除去结晶盐可能产生其他误差；高黏土岩样的不合理干燥，既可能使渗透率增大也可能使渗透率减小；切割或研磨岩样的端面时嵌入的微粒也能降低渗透率；岩心柱塞不平的凸起点也可能在高轴向压力下破碎，因而改变渗透率；不相容或脏的液体会引起堵塞，高速流体(特别是液体)也可能引起微粒迁移和堵塞。

进行低围压气测渗透率(未经气体滑脱校准)测试时，正确的结果报告中应包括所用的气体，平均孔隙压力和净压力。然而，如果想用这些未经气体滑脱校准的渗透率值准确预测油藏特性将是非常不合适的，特别是在低渗岩心分析中，气体滑脱校准是必不可少的。

7.5.1.6 设备组件误差

与实验设备有关的主要误差来源是：渗漏、岩样窜流、压力传感器的误差、流量计误差及环境温度的变化。此外，非稳态测试时非等温流体膨胀、容器体积的不准确校准和不充分的数据采集及采集速度也能引起误差。用点式渗透率仪时，准确放置探针位置和密封性也非常重要。

7.5.1.6.1 渗漏和岩样窜流

各种类型的渗透率仪都要经过对管线、装配、阀门、传感器、流量计和岩心夹持器的渗漏试验。岩心柱塞与岩样夹持器的橡胶套筒之间的液体窜流，或岩样与点渗透率仪的探针密封垫之间的窜流也会产生渗漏。由渗漏引起的误差量，一般随渗透率降低而增加。例如，测量渗透率为 3 D 的样品时，小的渗漏几乎不影响计算渗透率，相反，同样的渗漏速度对于渗透率为 0.001 mD 的岩样来说则是很严重的。

气测渗透率时，对于较大的渗漏处可以用皂液水试漏来确定渗漏位置。通过压力检测可以很容易地确定微小渗漏的位置。对系统的各个位置可以用通过气体加压并观察系统压力传感器读数的变化来确定渗漏位置。有时需要在岩样夹持器中装一个实心钢柱，把仪器的上流和下流隔开进行检测。有些仪器装有自动测漏程序。

增加围压(和/或降低胶皮筒的硬度)也能消除岩样的窜流。

7.5.1.6.2 压力传感器误差

压力传感器的精确度一般定义为，在全量程范围内，实际压力与输出压力偏差的和的平方根(RSS)与全量程(FS)读数的比值，用百分数表示。常见压力传感器的 RSS 精度为 0.5%或更高。大多数压力传感器至少提供两个调节器：调零调节器和档位调节器。调零调节器指的是施加压力为零时电信号输出为零。档位调节器指的是将电信号转换为输出压力并改变传感器的放大系数或倍增系数。有些传感器还装有一个或几个内线性调节器。压力传感器也受温度变化的影响。因此带有温度校准的压力传感器，其价格往往与温度校准的质量成正比。

用户应考虑“全量程精确度”的重要性。例如，0.5%精度的传感器，在全量程的10%内应用，在其压力读数内允许有5%的误差，这符合规范。根据RSS的定义，在某给定点的误差可以大于规定的全量程读数的RSS%。

如在7.6.1中提出的，能够多次数学归零校准和非线性拟合的适当校准技术使得传感器可重复性使用是其最重要的特性之一。现有的精密传感器的精度为量程的0.01%或0.02%。为了尽可能降低滞后影响，使用之前，传感器都要进行校准。例如，在压力降落测定中，首先对传感器的全量程压力进行校准然后进行逐步降低压力校准。

非稳态法对压力测量有特殊要求，需要计算压力-时间导数。因此，噪音或电压波动应最小，读数应不会被位数过少的模拟数字电压转换器(ADC)截去采集位数。首先用低噪音输出和屏蔽电缆的高质量传感器可使噪音降至最低。一种类似低通量滤波器可以与数字滤波器配合使用，也可采用适当高速的ADC(每秒1 000次转换)进行大量的数据采集，然后取其平均，或一个低速累加且能自动平均计算的ADC(每秒60次转换)。建议在非稳态测量中，使用最低为15位的ADC(全量程的0.031%)使舍位误差降至最低。

现有的高质量记时卡，其精确度在百万分之几。在操作过程中不给命令而在读ADC前后立即查询记时卡是必要的，因此，为了计算压力-时间导数，压力间隔应准确地与时间间隔对应。另外，压力间隔应足够大，以致测量中的噪音不会影响导数计算的准确性。对个别系统，通过试凑法可以确定最佳间隔。

压力降落数据的压力-时间导数与几何平均压力的非平滑图表明较大的噪音会过多地截掉时间或压力数据的位数。增大压力(和/或时间)间隔，增加ADC的变化(位数)，或者通过改进传感器的质量，一般就可以消除这一问题。汇编语言中应写上最大速度的采样程序。

7.5.1.6.3 流量计误差

稳态法取决于确定流速的准确度。在读出时间的同时，直接读出体积的设备的精度高于1%。间接读出体积的设备(校准的小孔、质量流量计和控制器)通常可以调节到高于1%的精度，但准确度则完全依赖于校准。若要满足整个渗透率范围，需要多种流量计。每一种流量计只能在其测定范围内应用，详细内容见7.6中有关质量流量计的校准。

7.5.1.6.4 环境温度的变化

温度的变化既影响体积，也影响液体的黏度。渗透率测定期间温度应保持不变。仪器既不要放在热风口也不要放在冷气风口附近，更不要放在太阳直射能引起温度较大变化的窗口附近。非稳态仪器中，液体容器内的温度变化速度应满足以下条件，即容器内液体温度的变化而引起的容器内流体压力的变化要小于液体从容器流出而引起的压力降低。

野外所用的点式渗透率测定中，温度变化将影响液体的黏度、流动速度和测试压力。

7.5.2 第二部分

7.5.2.1 报告中的误差描述

岩心分析报告中与误差有关的测量数据的描述基于以下两种方式：a)用于计算的测量值和一个与误差界限有关的作为以下计算的平均值；b) 实验室可以根据内部标准重复测量的、具有一定精度的测量值。

7.5.2.1.1 计算的误差界限

假定在一个岩样上进行大量的重复测量(一般多于100次)。如果测量只服从随机变量，一般认为数据服从正态或高斯分布。

其平均值$\overline{X}$为：

$$\overline{X}=\frac{1}{n}\sum_{i=1}^{n}X_i$$

标准偏差 s：

$$s=\sqrt{\frac{\sum_{i=1}^{n}(X_i-\overline{X})}{n-1}}$$

式中($x_i-\overline{x}$)是单次测量与平均值的偏差，n 是总测量次数。结果用$\overline{x}\pm s$ 表示。标准偏差是数据分散程度的度量。正态分布时，大约 68.3%的值落在平均值加减一个标准差区间内。变化系数 CV 是以百分率表示的相对标准偏差：

$$CV=100(s/\overline{X})$$

往往测量过程中的记录数据是有限的。也就是说：我们所用的是少数样品的统计数据，应将这些数据进行 t-分布分析，因此定义关于平均值的置信区间往往比引用偏差更恰当。置信区间是界限的估计，在此界限内，真实值以一定的概率出现。因此，建议报告岩心分析结果时引用下式：

$$\overline{X}\pm t(s/\sqrt{n-1})$$

即置信区间。在多数统计学教科书或 Fisher 和 Yates[94] 等人的统计表中可以查到 t 值。这些值以“自由度”$n-1$、“置信度”或概率的形式给出。常用置信度为 95%(依据标准偏差，调节少量的重复测量)。

以下的实例说明了这些概念。用一个样品进行了三次测量，计算的渗透率分别为 3.35 mD、3.18 mD 和 3.42 mD。由这三个数据计算的平均值和标准偏差为：

$$\overline{X}=3.32\ \text{mD}$$

$$s=0.12\ \text{mD}$$

自由度 t 值为 2(=$n-1$，其中 $n=3$)，95%的置信度为 4.303。因此，置信度区间为：

$$3.32\pm4.303(0.12/\sqrt{3-1})=3.32\pm0.37\ \text{mD}$$

换句话说，真实值落在 2.95 mD～3.69 mD 区间内的频率为 95%，表明测量无偏差。

通过气测渗透率与平均孔隙压力值的倒数进行线性回归计算出来的 Klinkenberg 渗透率，其线性回归系数 r 也应与渗透率值一起在报告中出现。如果仍然要求 95%的置信度，对于 4 点回归线，r 应大于或等于 0.95，对于三点回归线，r 至少为 0.97。若得出的 r 值低于上述的值，应检查岩心是否存在裂缝、溶洞或其他不规则的情况，如果存在，则应在数据表中说明。而且，在较高的平均孔隙压力下，应检查测量是否存在不可忽略的惯性阻力的可能性。

7.5.2.1.2 实验室报告的误差界限

常规岩心分析中，在一段时间内将积累大量的内部标准确定的柱塞样。实验室根据不同的渗透率范围，根据标准测量获得的具有准确度和精度的数据表是正确有效的。

Thomas 和 Pugh[95] 提出了渗透率测量中能获得准确度的概念。利用世界各地试验室采用标准柱塞进行的常规稳态测量，他们印证了有 99%的可能性(置信度)的数学推导的置信度区间，由此计算的其他置信度见表 21：

表 21 不同概率下的置信区间

K_g 范围/mD	63.8%(=平均 CV)	95%	99%
0.01～0.1	±8%	±16%	±21%
0.1～1.0	8	16	21
1～50	5	10	13
50～1 000	3	6	8

表中数据可作如下解释：如真实渗透率为 10 mD 的某个岩心，其渗透率处于表中 1～50 的范围。因此，如果全世界范围内的实验室用这个样品测量 1 000 次，那么，大约有 683 个(总数的 68.3%)测试数据会落在 9.5 mD～10.5 mD(真实值的±5%)的范围内。同样，预计 950 个样的渗透率值在 9.0 mD～11.0 mD 范围内，990 个测试数据落在 8.7 mD～11.3 mD(有 10 个测量值处于该范围以外)的范围内。

7.5.2.1.3 有效位数

报告中给出的位数应把测量值与误差一起考虑。例如，4.235 7±0.032 7 mD 的渗透率，应报告为 4.24±0.03 mD；即，认为误差发生在取整后的十位数上。根据上表，或许只有两个有效位是合理的(即 4.2 mD)，除非个别实验室得出的结论明显好于上表的结果。

7.6 仪器的校准

7.6.1 压力传感器的校准

本节内容适用于标准压力传感器，当标准压力传感器处于周围大气压时，读数应为零；也适用于绝对压力传感器，假如在高度真空环境时绝对压力传感器压力读数为零(绝对压力)。任何压力传感器应预先校准。即使传感器在工厂时已在规定的精度内进行了校准，在其流动系统配置中，还应用系统的模拟—数字转换器(ADC)重新校准。用一高质量的基本标准，如净重测试仪或精确的压力计和高差计，或用一个对主要标准可溯源的的次级标准压力传感器(最好准确到全量程的 0.01%～0.02%)都可完成这一校准。校准过程需要已知压力，记录电压读数或 ADC 输出结果。并在整个校准范围内以几乎相等的间隔(包括零压力)重复几次该测量过程。要求最少校准 21 个点(间隔为全量程的 5%)。

这些数据(对于全量程 0.1%～0.5%的数据如果是合理的直线)可用最小二乘法拟合出多项式。选择多项式阶数经验法则是：校准采取的数据点数至少是由多项式拟合计算的系数的两倍。一个四阶多项式选择 21 点或者更多就比较好。

一般来说，通过调节传感器的调零电位计使压力为零时传感器输出电压正好是零几乎是不可能的。而且，有些 ADC 的读数只能是正电压(若为负电压，则输出结果为零)。对于这些 ADC，传感器的零补偿应为足够大的正值使得零偏移绝不会产生负的零压力电压。用校准数据拟合的四阶多项式形式见式(123)：

$$p = a_0 + a_1\nu + a_2\nu^2 + a_3\nu^3 + a_4\nu^4 \qquad \cdots\cdots(123)$$

式中 p 是实际压力(由标准确定的)，ν 是每个数据点的传感器电压读数。如果零压力电压为负值，那么，由最小二乘法拟合的 a_0 将是负值。

在零压力时，零点的校准非常关键。例如，假定随时间和温度的变化，校准时出现了零压力电压偏移全量程的 0.5%，该零点偏移值虽然看起来不太严重，但是这也表示在压力读数为全量程的 10%时，有 5%的误差，或压力读数为全量程的 2%时，有 25%的误差。

为了避免这个问题，操作软件应保证为所有的传感器提供“数字调零”功能。除非式(123)中校准的 a_0 恒等于零，否则不能通过在所有测试中的电压读数中简单地减去零压力时的电压来校准零偏移，再把这些电压差值代入式(123)中。而应首先将式(123)变形为式(124)：

$$p = A_0 + A_1(\nu - \nu_0) + A_2(\nu - \nu_0)^2 + A_3(\nu - \nu_0)^3 + A_4(\nu - \nu_0)^4 \qquad \cdots\cdots(124)$$

为了完成这一变形，应找到校准当时的“最佳拟合”的零压力电压 ν_0。该值由所有的校准点数据计算，而非零压力时的电压读数首先由式(125)计算初始估计值：

$$\nu_0 = -a_0/a_1 \qquad \cdots\cdots(125)$$

将该值代入式(123),计算与电压值相符合的"最好拟合"压力(p_0)。如果 ν_0 值正确,那么 p_0 就刚好等于零。用式(126)得到新的估计值:

$$\nu_0[\text{new}]=\nu_0[\text{old}]-p_0/a_1 \qquad \cdots\cdots(126)$$

把新的零压力电压代入式(123),计算新的 p_0 值。然后,在将 ν_0、p_0 代入式(126)中值得出精确的 ν_0 值。继续这个过程,直到 $p_0\leqslant 1\times10^{-10}$。

接着,将上述确定的最终 ν_0 值代入式(124),通过最小二乘法拟合原始校准数据,确定 $A_0\cdots A_4$ 的系数。除了式(124)通过插入目前的 ν_0 值,消去零偏移之外,通过式(123)和式(124)得到相同的校准值。

对于一个特定的传感器,应在传感器的操作程序的适当文件中装入 $A_0\cdots A_4$ 的系数。当前的 ν_0 值应由特定仪器的操作程序预先确定。通过对传感器加压到仪器常用的最大压力可以测得当前 ν_0 值。然后传感器放空到大气压,并稳定(一般 30 s)后读出 ν_0 并储存,以备以后用于式(124)的计算。

与线性最小二乘法拟合相比,通过一个四阶多项式拟合使平均绝对偏差降低了 4~20 倍。式(124)还消除了零偏移。与未校准零偏差的校准相比,明显得到了全面改进(特别是在低压条件下)。式(124)中的系数 A_0,理论上应等于零。一般小于 1×10^{-8},计算和报告只是为了确保式(123)向式(124)变型成功。为了由 ADC 输出计算压力,应由式(124)消去 A_0。

7.6.2 质量流量计的校准

气体质量流量计反映的是质量流速,而不是体积流速。某些标准温度和压力条件(一般为环境温度和大气压)下气体通过质量流量计流动时的体积流速,由一些单独的设备(如低流速时,与质量流量计串连的皂泡流量计)测量。换句话说,也可以使用在精确内腔体积中有水银密封的浮动活塞的驱替设备。常常由质量流量计的电压(或换算读数)对该体积流速校准,因此,提出了一个可由测得的电压计算体积流速的公式。这不是一个正确的做法,因为不必要地限制了校准。只有当质量流量计处在精确地校准温度和压力条件下使用时,该体积流速的校准才是有效的。无论温度还是压力的变化都会引起校准误差,简单地改变程序就能避免这个问题。

因为质量流量计的输出与气体的质量流速成正比,因此,校准时通过皂泡流量计的体积流速应乘以标准流量计中的绝对压力(不是质量流量计中的压力)。该绝对压力一般为当时的大气压,可由高质量的水银气压计读出。该压力应转换为与渗透率计算的单位相同的单位(即 psia、Pa、或 atm)。此外,体积流速应除以标准流量计中的绝对温度(459.67+ ℉),或(273.15+ ℃)和由标准流量计中的温度和压力计算的气体偏差因子 z 的乘积。我们将以"质量流动因子"y_{mf} 定义该处理的结果,见式(127):

$$y_{\text{mf}}=\frac{qP_{\text{cal}}}{z_{\text{cal}}T_{\text{cal}}} \qquad \cdots\cdots(127)$$

上式的下标,cal 指的是校正时测量的体积流速对应的绝对压力和温度。

该方法的优点是校准过程不受操作时的压力和温度的限制。除了小仪器偏移外,质量流量计可在任意指定的压力和温度下操作。例如,通常允许流量计在上流条件下使用。上流操作的优点是:a) 不会因为岩心柱塞中的砂粒或微粒进入流量计而降低其准确性,b) 在质量流量计与岩心柱塞间无流动阻力,可以很快达到稳定状态。

由于仪器偏移,为了取得最好的精度,应在几个不同的压力和温度下校准质量流量计。切记,虽然校准是针对质量流量计的,皂泡流量计(或其他体积流量计)的压力和温度也用于计算质量流动因子。一般来说,温度和压力变化的影响很小,而且可以容易插值校准。

为了拟合校准数据,应采用与压力传感器描述相同的步骤,建立一个能校准零偏移的校准方程。在式(123)、式(124)、和式(125)中,p 和 p_0 分别由 y_{mf} 和 y_{mf0} 代替。如果每个压力只校准 6 到 8 个流速,那么，应该用二阶多项式代替四阶多项式。四阶多项式至少要取 11 个相等间隔的点。无论采用哪种多项式，都应在整个范围内通过计算 50 到 100 个点来对其进行仔细检验，以保证最终的方程在校准点之间不会产生出乎意料的结果。

通过关闭质量流量计上流和下流两端的阀门，并且保证绝对无流量通过流量计来确定零质量流速的电压（或仪器的读数）。稳定 30 s 后，记录由 ADC 输出的 ν_0，并从流动方程式(124)中减去。

计算气体渗透率时用了质量流动因子，见式(128)：

$$K_g = \frac{1.396\,9 \mu z_m y_{mf} T}{G_f(P_1 - P_2)(P_1 + P_2)} \qquad \cdots\cdots (128)$$

式中：

K_g ——非滑脱校准的气体渗透率，单位为毫达西(mD)；

μ ——气体黏度，单位为厘泊(cP)；

z_m ——在平均孔隙压力和目前温度下计算的气体定律偏差因子；

y_{mf} ——质量流动因子，$(cm^3/s)(psia/°R)$或$(cm^3/s)(psia/°K)$；

T ——测定时的绝对温度；单位与 T_{cal}，°R 或°K 的相同；

G_f ——对于特定流动形态的无因次几何因子，单位为厘米(cm)；

P_1 ——绝对上流压力，单位为兆帕(MPa)；

P_2 ——绝对下流压力，单位为兆帕(MPa)；

换句话说，计算渗透率时，用 $y_{mf}T$ 取代 $q_r P_r / z_r$。如果式(128)用的不是上面的单位，而是其他单位，那么，由 $2C_2/C_1$ 取代 1.396 9(见表 15)。

7.6.3 参考体积校准

非稳态气体渗透率包括气罐体积和应准确校准的死体积。一个简便的方法是与波义尔定律配合应用气体膨胀，使用 7 个到 8 个圆柱状钢柱塞，每个柱塞内有一体积精确测量的贯穿整个长度的轴向小孔。每个小孔的长度和直径至少应准确到 0.254 mm。这些柱塞与样品夹持器内应紧密结合，并由夹持器的橡胶套筒严格密封。小孔的体积应在最小接近 0 到最大约为要校准的气罐体积范围内。柱塞与柱塞之间的小孔体积的变化应大致相等。体积校准前，必须认真校准压力传感器应，在零压力时读数应为零。体积校准期间的环境温度变化应最小。

因为每种系统的结构稍有不同，这里将只说明波义尔定律校准的原理。波义尔定律规定，系统每部分中的气体总质量在膨胀前后相等；即无气体进入系统，也无气体由系统中释放。等温条件下，数组 (VP/z) 与 V 体积的气体质量成正比，数组中的 P 为绝对压力，z 是 V 体积中所含气体在一定温度和压力下的气体偏差因子。

参考图 43，假定几个钢柱柱塞之一装入了样品夹持器，并由橡胶套筒密封。那么，包括分离球阀内腔体积的气罐体积 V_0；上流死体积 V_1，其中包括传感器内的体积及柱塞上端的体积；钢柱塞中已知小孔的体积 V_H；以及下流死体积 V_2，均充入氦气或氮气到压力 p_1(表压)。为了测量尽可能准确，应由系统排出空气。重复充气—放气循环，系统应反复三次充气。然后关闭分离阀，V_0 释放到大气压，此后关闭放气阀。压力平衡后，读出并记录最终压力 p_1。

当分离阀打开时，膨胀气体由系统的低位进入 V_0。压力达到平衡后，读出并记录系统所有部分的最终压力 p_2。剩下的钢柱塞逐次放在样品夹持器中，并重复上述过程。应由相当精度的水银气压计读出大气压 p_a。

把膨胀前系统每部分的气体体积代入以下方程的左边，膨胀后的气体体积代入方程的右边，见式(129)：

$$(V_1+V_2+V_{Hi})\left(\frac{p_1+P_a}{z_1}\right)+V_0\left(\frac{P_a}{z_a}\right)=(V_1+V_2+V_{Hi}+V_0)\left(\frac{p_2+P_a}{z_2}\right) \quad \cdots\cdots\cdots(129)$$

每个钢柱塞得出一个类似的方程。重排这些方程，得式(130)：

$$V_{Hi}=V_0\left[\frac{\frac{p_2+P_a}{z_2}-\frac{P_a}{z_a}}{\frac{p_1+P_a}{z_1}-\frac{p_2+P_a}{z_2}}\right]-(V_1+V_2) \quad \cdots\cdots\cdots(130)$$

由线性回归的斜率和截距分别得出 V_0 和 $-(V_1+V_2)$，式中 V_H 是 y 的变量，方括号内的参数是每个柱塞的 x 的变量。

在岩心夹持器中插入一个实心钢柱塞，可得出上流死体积 V_1。由该体积膨胀的气体进入已知体积 V_0。写出与式(129)类似的方程，解出 V_1。当分离阀关闭时，瞬态渗透率测量的气罐体积 V_T 等于 V_1，或当分离阀打开时，气罐体积 V_T 等于 (V_0+V_1)。

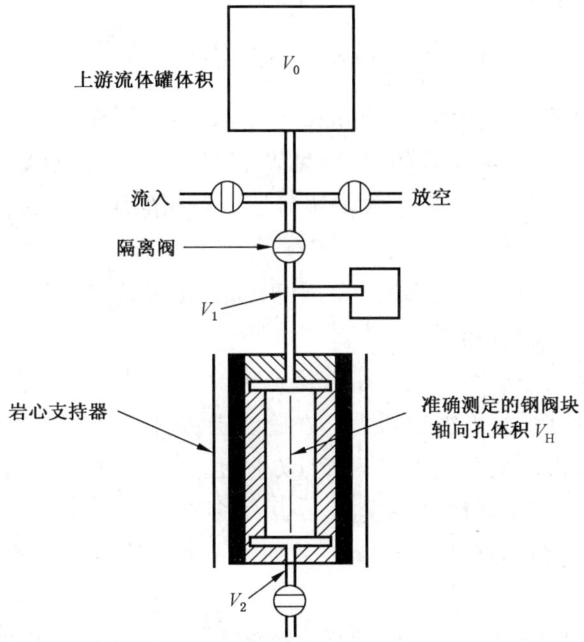

图 43　非稳态渗透率测定仪的体积校准示意图

7.7　不同测试方法渗透率计算公式

7.7.1　应用达西定律推导公式用于估算最大压差 Δp。

与黏滞流动阻力相比，惯性流动阻力可以忽略不计时，满足斯托克斯(stokes)流动条件，才能合理地应用达西方程。该附录的目的是给出用于轴向流渗透率测量时，估算最大可允许 Δp 的方程。如果不超过这个最大值，大多数情况下都能很好地应用达西方程。首先对气体的流动方程进行推导，进一步推导出液体的流动方程。

7.7.1.1　气体

气体稳态流的 Forchheimer 微分方程即式(107)(见 7.2.1.2)经过气体滑脱校准后，对长度积分得到式(131)：

$$\frac{C_1\Delta p}{L}=\frac{C_2\mu P_r q_r z_m}{AK_\infty z_r(P_m+f_{F0}b)}+\frac{C_3\beta MP_r^2q_r^2z_m(P_m+b)}{A^2RTz_r^2P_m(P_m+f_{F0}b)} \quad \cdots\cdots\cdots(131)$$

当方程右边第二项相对于第一项非常小时，f_{F0}实际上等于1.0。如果我们将所有的气体偏差因子假设为1.0(对于低压情况，这是一个合理的假设)，为了计算 q_r，将大气平均压力 P_m 设为参考压力 P_r，那么式(131)简化为式(132)：

$$\frac{\Delta p}{L}=\frac{C_2\mu\nu_m}{C_1K_\infty\left(1+\frac{b}{P_m}\right)}+\frac{C_3\beta MP_m\nu_m^2}{C_1RT} \quad\cdots\cdots(132)$$

式中：ν_m 为达西速度，$\nu_m=q_m/A$。式(132)还可写成式(133)：

$$\frac{\Delta p}{L}=\frac{C_2\mu\nu_m}{C_1K_\infty\left(1+\frac{b}{P_m}\right)}1+\frac{C_3K_g\beta MP_m\nu_m}{C_2\mu RT} \quad\cdots\cdots(133)$$

根据式(111)，用方括号内第二项的分子 K_g 代替数组 $K_\infty(1+b/P_m)$。括号内的整个第二项为无因次项，可以看作是"通过孔隙介质流动的雷诺数(Reynolds)"。Ruth 和 Ma[96] 提议把这个数称为"Forchheimer 数"，见式(134)：

$$N_{F_0}^*=\left(\frac{C_3}{C_2}\right)(K_g\beta\phi)\left(\frac{MP_m}{RT}\right)\left(\frac{\nu_m}{\phi\mu}\right) \quad\cdots\cdots(134)$$

式(134)右边的系数被归类于不同的 Forchheimer 数数组，Forchheimer 数为惯性流动阻力与黏滞阻力的比值。第一个系数包括使量纲一致的常数(见表15)。第二个系数是特性长度，类似于液体通过管线流动的雷诺数中的管线直径。下一个系数可认为是平均孔隙压力下的气体密度。最后一个系数由流体速度除以其黏度得到。用达西速度除以岩石孔隙度可求得流体速度。因此，其速度取决于流动的平均实际面积，而非表面积。该速度与气体密度的乘积就是气体通过柱塞的质量流量。特性长度中的孔隙度，与最后一个系数中的孔隙度相约。

管线流动时，雷诺数发生很小的变化就会引起层流突变为湍流，而通过孔隙介质的流动却不同，惯性阻力随着 Forchheimer 数的增加，平缓地增大。在管线层流时，流体实质上是无加速度的平行流线式流动。到达某个临界速度后，流动突然变得不稳定，方向也不断改变，因此就受到多次加速度的作用。相反，任何速度下，孔隙介质中的流动都是曲折的，经历了多次的加速运动，加速度随着质量流量的增加大幅度地平稳增大。而且，孔隙介质可以假定为一系列等小毛细管束。因此，观察不到压力梯度剧增时层流突然转变为湍流的现象。

当 Forchheimer 数为零时，所有的流动阻力来自黏滞剪切力，这时达西定律完全适用。当 Forchheimer 数等于1时，总流动阻力的一半来自黏滞剪切。如果 Forchheimer 数为9，只有1/10的总流动阻力来自黏滞剪切，其余90%来自惯性阻力。

式(134)中的星号用来区分式(144)定义的 Forchheimer 数，式(134)中用 K_∞ 取代 K_g，用于式(145)、(146)是合理的，但在以下的计算中要用到 N_{Fo}^*。

如果一个岩心柱塞存在压差 Δp，能够使得 N_{Fo}^* 等于0.005(即式(133)的方括号内的值等于1.005)，那么，达西方程(或相当于式(133)的方括号内的值等于1.0)计算的 K_∞ 将比真实值低0.5%。为了找到该压差 Δp，首先把式(133)中的 N_{Fo}^* 设置为0.005，然后解出 ν_m，见式(135)：

$$\nu_m=\frac{C_1K_\infty\left(1+\frac{b}{P_m}\right)\Delta p}{C_2\mu L(1.005)} \quad\cdots\cdots(135)$$

把该值和选择的 N_{Fo}^* 值代入式(134)，注意 $P_m=P_2+1/2\Delta p$，见式(136)：

$$\Delta p_{max}=(P_2+b)\left[1+\sqrt{\frac{2C_2^2RT\mu^2L(0.005)(1.005)}{C_1C_3MK_\infty K_g\beta(P_2+b)^2}}-1\right] \quad\cdots\cdots(136)$$

接下来的任务是找出合适的 β 值(考虑到 β 与 K_∞ 作图时的数值范围较大)。采取稍微保守的方法：将画在图20中的上虚线的 β 值除以10。这使得曲线位于中心实线之上，由于 K_∞ 的值较低，两曲线相差约3倍，并且渗透率最高时该曲线逐渐降到中心实线之下。因此，大多数岩心柱塞的实际β值，预计有时比选择的值低，而且采用达西方程(假设在测量渗透率时，由式(136)计算的Δp_{max}未超值)计算渗透率时产生的误差会小于0.5%。换句话说，如果柱塞的实际β值出现在上方的虚线上时，使用相同的Δp_{max}就会使计算的渗透率低0.5%。如果柱塞的实际β值为上方虚线所示值的2倍，误差将达到10%，等等诸如此类。Δp_{max}的值不能直接计算。式(136)中还包括b，K_g，和K_∞。为了制备表18，从Jones[79]用氦气测量岩心柱塞的大量数据而提出的关系中求取b值，见式(137)：

$$b_{He}=16.4K_\infty^{-0.382} \qquad\cdots\cdots(137)$$

式中b_{He}是氦气的Klinkenberg气体滑脱因子，MPa，K_∞是滑脱校准的渗透率，mD。为计算b_{air}，用式(121)提出的方法，将式(137)中的常数16.4改成5.71。由表15可以查到规定单位下的C_1，C_2，C_3以及R的值。

需要的K_{air}由式(138)计算：

$$K_{air}=K_\infty\left[1+\frac{b_{air}}{P_2+\frac{1}{2}\Delta p_{mar}}\right] \qquad\cdots\cdots(138)$$

因为Δp_{max}未知，式(136)中用K_∞作为K_g的初始估计值，解出Δp_{max}。把该值代入到式(138)中，解出K_{air}。现在，将K_{air}代入式(136)中，继续迭代，直到Δp_{max}不再变化。一般迭代4到10次即可。

室温条件下，下流压力分别为0.101 34 MPa，0.34 MPa，0.689 MPa和1.38 MPa(14.7 psia，50 psia，100 psia 200 psia)时的计算结果如表18所示。$\Delta p/L$表示"每单位长度岩心柱上的压力"。虽然这些比值与长度的关系较小，并且是用5.08cm长的柱塞计算的，但柱塞长度在2.54cm～7.62cm范围内变化时，精度满足要求。从下流压力为0.101 34 MPa(14.7 psia)时的最大渗透率开始，正如所预料的，最大可允许的压降随渗透率降低而增加。然而，渗透率低于0.3mD时，$\Delta p_{max}/L$随渗透率降低而降低。该出乎预料的结果是由气体滑脱引起的。渗透率最低时，滑脱最大，产生的气体流速高于无滑脱时的气体流速。在回压较高时，平均孔隙压力增加，气体流速降低。

渗透率较高时，$\Delta p_{max}/L$值随回压增加而降低。这主要是由于在给定的速度下，增大了气体密度，质量流量也随之增大，因此增加了惯性阻力。

7.7.1.2 液体

液体几乎是不可压缩的，且不受滑脱影响。因此，推导保持层流条件的最大压降比气体简单。Forchheimer数的值仍取为0.005，而且β与渗透率的关系与气体的相同，则液体方程见式(139)：

$$\frac{\Delta p_{mar}\rho_L}{L\mu_L^2}=\frac{1.211E12}{\beta K_L^2} \qquad\cdots\cdots(139)$$

式中：

Δp_{max}——层流的最大压降，单位为兆帕(MPa)；

L ——岩心柱塞长度，单位为厘米(cm)；

μ_L ——液体黏度，单位为厘泊(cP)；

ρ_L ——液体密度，单位为克每立方厘米(g/cm^3)；

β ——惯性阻力系数，单位为每厘米(cm^{-1})；

K_L ——柱塞的液体渗透率，单位为毫达西(mD)。

给定β值和K_L，式(139)左边适用于任意长度的岩心。结果绘于图44。用一个实例说明该图的用途：假设在压降为0.247 MPa(35.8 psi)，流体黏度为1.53 cp，密度为0.816 g/cm^{3}的条件下，我们确定6.45 cm长的岩心柱塞的渗透率。用达西定律计算的渗透率为99.8 mD。这就提出了这样的疑问：此时达西定律的运用是否合理？

由图 44 中,渗透率为 99.8 得出的值约为 6.36(纵坐标),即等于式(139)左边的值:

$$\frac{\Delta p_{\max}\rho_{L}}{L\mu^{2}}=6.36$$

因此:

$$\Delta p_{\max}=\frac{6.36\times2.50\times1.53^{2}}{0.816}=0.3144\ \text{MPa}(45.6\ \text{psi})$$

因为实际测量使用的 Δp 为 0.247 MPa(35.8 psi),该值小于所允许的最大值,我们得出结论:达西方程多半可得出有效的结果。

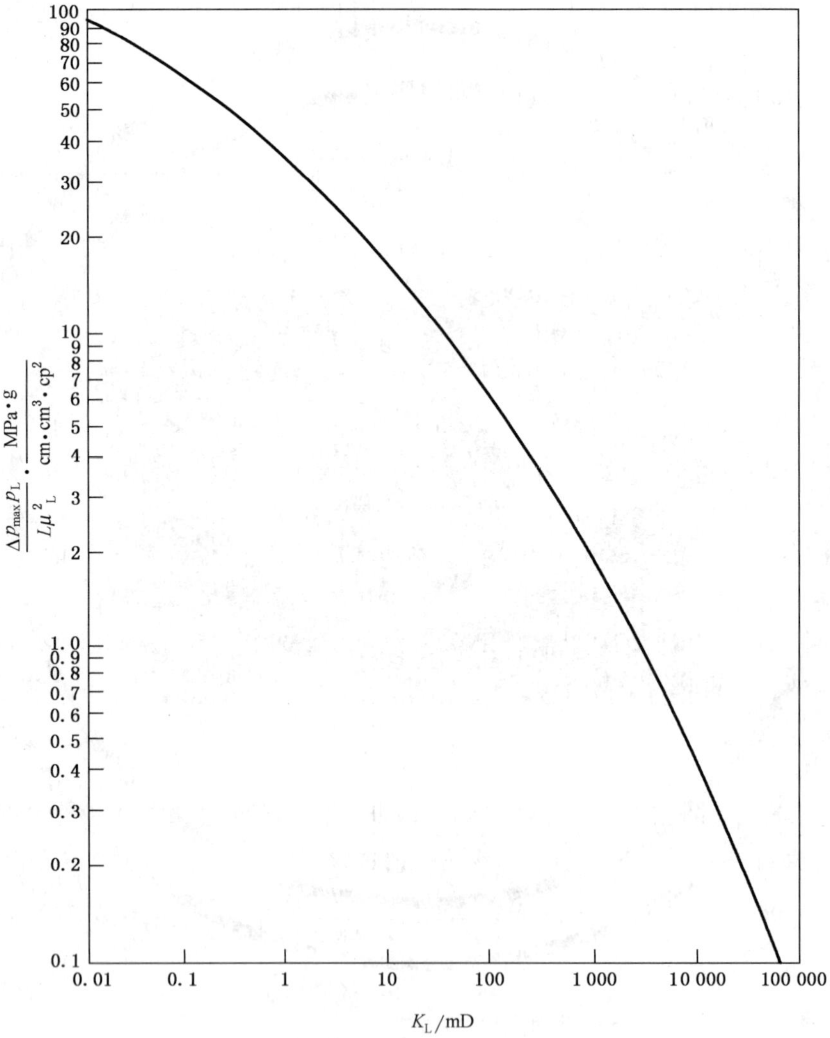

图 44　确定测量液体轴向流可允许的最大 Δp 图

7.7.2　气体轴向流压力降落法测量渗透率

Jones[84]提出的用压力降落法求取轴向流动方程的方法,从校准了气体滑脱的等温轴向流的稳态 Forchheimer 方程入手。通过式(107)(见 7.2.1.2)积分得出式(140):

$$\frac{(P_{1}-P_{2})(P_{m}+f_{F0}b)z_{r}}{P_{r}q_{r}z_{m}}=A_{1}+A_{2}\frac{P_{r}q_{r}(P_{m}+b)}{z_{r}P_{m}}\qquad\cdots\cdots(140)$$

其中 A_1、A_2、A 见式(141)至式(143):

$$A_1 = \frac{C_2 \mu L}{C_1 A K_\infty} \quad \cdots\cdots (141)$$

$$A_2 = \frac{C_3 \beta M L}{C_1 A^2 R T} \quad \cdots\cdots (142)$$

$$A = \frac{\pi D^2}{4} \quad \cdots\cdots (143)$$

假设 N_{Fo} 如式(144),E 如式(145):

$$N_{Fo} = \frac{q_r P_r A_2}{z_r A_1} \quad \cdots\cdots (144)$$

$$E = \frac{b N_{Fo}}{1 + N_{Fo}} \quad \cdots\cdots (145)$$

那么:由式(140)～式(145)可得式(146):

$$f_{Fo} = \frac{\left(1 - \frac{E}{P_1 - P_2} \ln\left[\frac{P_1 + E}{P_2 + E}\right]\right)\left(\frac{P_1 + P_2 + 2E}{P_1 + P_2}\right) + N_{Fo}}{(1 + N_{Fo})} \quad \cdots\cdots (146)$$

Forchheimers 常数 N_{Fo} 式(144)即惯性阻力与黏滞阻力的无因次比值,是"通过介质流动的雷诺数"。更完整的讨论参见参考文献,"Forchheimers 作用系数" f_{Fo} 式(146),是一个无因次数,其最大值为1(在 b 或 N_{Fo} 为零时),实际情况下,其最小值约为 0.95。

气体进入岩样时的瞬时流速,由全部相连的容器和岩心上端面以上的管汇体积 V_T 及压力-时间微分来确定,见式(147)、式(148):

$$q_{1,t} = \frac{V_T f_{Z,t}}{P_{1,t}}\left(\frac{-\mathrm{d}P_{1,t}}{\mathrm{d}t}\right) = V_T f_{Z,t}\left(\frac{-\mathrm{d}\ln[P_{1,t}]}{\mathrm{d}t}\right) \quad \cdots\cdots (147)$$

$$f_{Z,t} = 1 - \frac{P_{1,t}}{z_{1,t}}\left(\frac{\mathrm{d}Z_{1,t}}{\mathrm{d}P_{1,t}}\right) \quad \cdots\cdots (148)$$

是对非理想气体的校准。方程中的下标 1 指的是岩心上端的初始条件。因为所有的流动速度、压力(除大气压外)和气体偏差因子都与该位置有关,以下的方程将略去这个下标。下标 n 指的是时间,而不是位置。

一般来说,测量表压比式(147)要求的绝对压力更有用。因为岩样直接与大气压连通,表压就等于任意时刻作用在岩样的 Δp。如果我们将式(147)同时乘以和除以 p,使 dp=dP,就得到式(149):

$$q = \frac{-p V_T f_z}{p P}\left(\frac{\mathrm{d}p}{\mathrm{d}t}\right) = \frac{-p V_T f_z}{P}\left(\frac{\mathrm{d}\ln p}{\mathrm{d}t}\right) \quad \cdots\cdots (149)$$

现在可以定义瞬态流速函数 y,见式(150):

$$y \equiv -V_T\left(\frac{\mathrm{d}\ln p}{\mathrm{d}t}\right) = \frac{qP}{f_z p} \quad \cdots\cdots (150)$$

由任一对相邻的压力-时间点,式(150)的导数精确地近似于式(151):

$$y_n = \frac{V_t \ln\left[\frac{p_{n-1}}{p_n}\right]}{t_n - t_{n-1}} \quad \cdots\cdots (151)$$

在区间压力的中点,即两个压力的几何平均值,该近似值与 ln[p]与时间曲线(图 45)的斜率(导数)值最接近,见式(152):

$$p_{g_n} = \sqrt{p_{n-1} p_n} \quad \cdots\cdots (152)$$

这样,当上流瞬时压力为 p_{g_n} 时,可以马上计算 y_n。这是样品的平均孔隙压力,见式(153):

$$p_{m_n} = \frac{1}{2} p_{g_n} + p_\mu \quad \cdots\cdots (153)$$

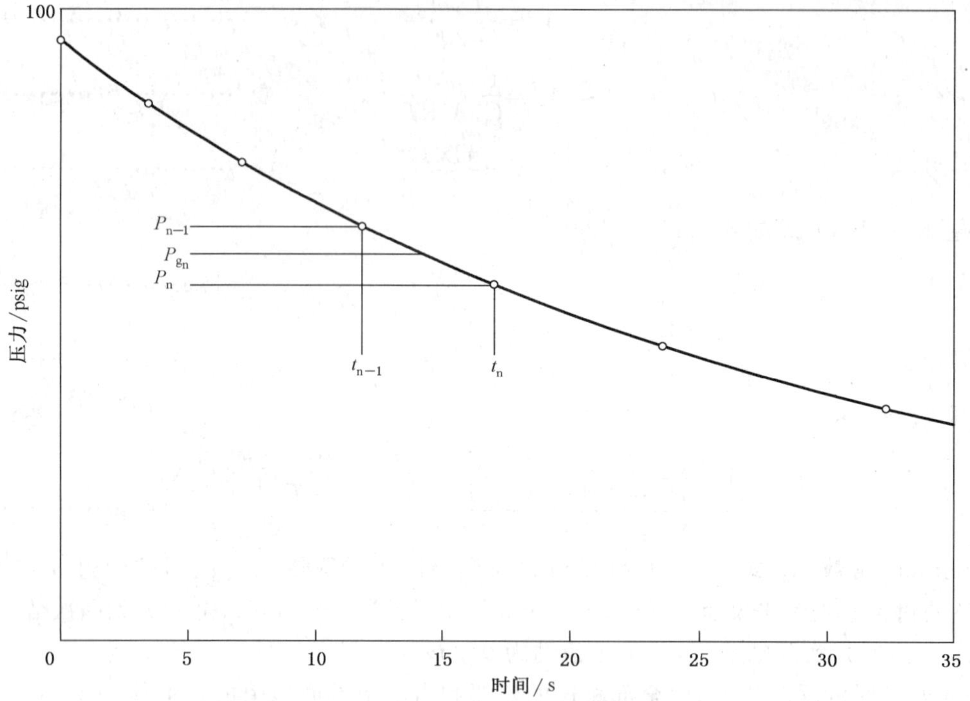

图 45 流动变量 y_n 与 p_{g_n} 的结构图

现在，除了一种复杂情况外，任何一组由压力降落法获得的 y_n、P_{g_n}、P_{m_n} 和 f_{z_n} 值都可用于计算式(140)中的流动变量。稳态流时，岩样中任一点的压力不随时间变化，在整个岩样长度上的质量流速为常数。复杂性在于对非稳态流来说实际情况并非如此。

无论何时，当在岩样中某点的压力随时间降低时，气体密度都会按比例降低，从而造成了气体质量的减少。因为在压力降落期间，除了出口端总是保持为大气压之外，上流压力连续降低导致整个岩样长度上的压力也降低。岩样中剩余气体质量的比例下降的同时气体的质量流速相应增加。因此，瞬时压力下降期间，任一给定时间段内，流出样品的气体质量流速大于进入样品的质量流速。如果气罐的体积 V_T 大于岩样的孔隙体积 V_p，那么质量流速相对增加量就很小。如果 V_p 与 V_T 相差不多，质量流速的增加就比较明显。当无限大气罐产生稳态流时，质量流速不增加。反之，当气罐体积为零时，由岩样排出的所有气体都来自岩样本身。

由于在任何一个瞬时压力下，整个岩心长度上通过任何一段距离的质量流量都不是常数，因而，我们不能直接用稳态方法求解。然而，正确的解可通过迭代法求出，即：通过将迭代连续性方程从流动性方程中分离。但是，在误差允许的范围内，什么情况下两个方程能同时满足：由流动方程的稳态解得到气体密度对时间求一阶偏导数，将其代入连续方程，由此方程推导出在不同的压力、滑脱因子及孔隙体积与容器体积比等条件下质量流量随着长度的变化规律。把经过校准的非恒定的质量流量代入到流动方程的微分形式，然后将流动微分方程重新对长度积分。重复这一过程，直到产生的变化可以忽略为止。对所有的实际情况，4 次迭代就可以满足要求。考虑到任意时刻质量流量的加权平均值的增加，可把校准后的流动速度代入流动方程的积分形式，得到式(154)、式(155)及式(156)：

$$q_{c_n} = q_n(1 + \gamma G_m[c_n, \gamma]) \qquad \cdots\cdots(154)$$

$$\gamma = \frac{2V_p}{3V_T} \qquad \cdots\cdots(155)$$

及

$$c_n = \frac{(P_a + b)^2}{2P_{g_n}(P_{m_n} + b)} \qquad \cdots\cdots(156)$$

对于非恒定气体质量流，其修正系数 $G_m[C_n,\gamma]$是 c 的函数，图 46 中的 γ 取某些值时适用。现在定义“校准的瞬时流速函数”γ_{c_n}；见式(157)：

$$\gamma_{c_n}=\frac{y_n f_{z_n}}{z_n}(1+\gamma G_m[c_n,\gamma])=\left(\frac{q_r P_r}{z_r P_g}\right) \quad\cdots\cdots(157)$$

式中 f_{z_n}[式(148)]是在压力 P_n时估算的，而 $P_n=p_{g_n}+P_a$。这个函数代入式(140)得到瞬态流的滑脱校准 Forchheimer 方程的积分形式，见式(158)：

$$\left(\frac{P_m+f_{Fo}b}{y_c z_m}\right)_n=A_1+A_2\left(\frac{y_c p_s(P_m+b)}{P_m}\right)_n \quad\cdots\cdots(158)$$

应根据上面方程中的每个 f_{Fo}值计算 Forchheimer 数[式(144)]。根据校准流动函数，Forchheimer 数见式(159)：

$$N_{Fo_n}=\frac{y_{c_n}p_{g_n}A_2}{A_1} \quad\cdots\cdots(159)$$

为了计算 f_{Fo_n}[式(145)]，还要计算已得到的每个数据点的 E_n[式(146)]。

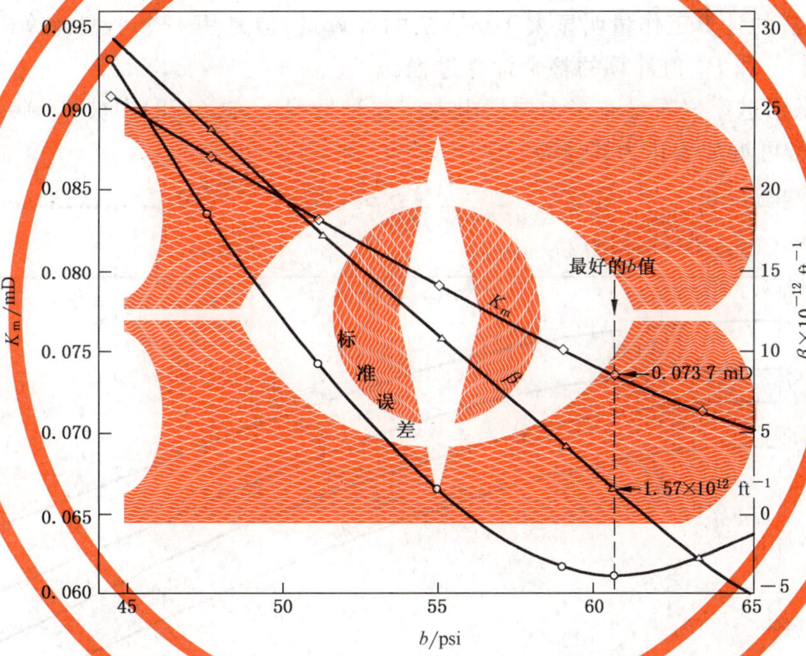

图 46　压力衰减法渗透率测定中非稳态质量流量的无因次校准系数

式(158)中的系数 A_1 和 A_2 分别用来求解 K_∞ 和 β，采用由全部的数据点建立的方程，用下述线性回归的方法，确定 A_1 和 A_2：

a)　计算初始估计滑脱因子 b 值。对于氦气，滑脱因子 b 见式(160)：

$$b[\text{首次计算}]=0.803\left(\frac{D^2}{\mu_{He}Ly_{c_m}}\right)^{0.467} \quad\cdots\cdots(160)$$

式中：y_{c_m}——对应于最低 P_g值的流动函数。

b)　对所有的 n 点解出 f_{Fo}；

c)　计算每个 n 点的 c_n[式(156)]和 y_{c_n}[式(151)和式(157)]；

d)　计算式(158)每个 n 点的左边和右边的项；

e)　进行线性回归，以求得 A_1 和 A_2；

f)　由这些值，计算每个 n 点的 N_{Fo}[式(159)]，E[式(145)]和 f_{Fo}[式(146)]；

g)　重复第 4 步到第 6 步，直到 f_{Fo}与其前一次迭代的值相差不超过 0.001。一般三次迭代就能满足要求；

h) 由最后一步线性回归计算标准误差 SE；

i) 选择新的 b 值，比首次估计值大 10%；

j) 用最新计算的一组 f_{Fo} 和新的 b 值，重复第 3 步到第 8 步；

k) 如果新的 SE 值低于前一个值，那么将 b 值增加 10%；否则，将原始 b 值减小 10%，重复第 10 步；

l) 继续增加或减小 b 值，重复第 10 步，直到获得最小的 SE 值。这一步相当于最小二乘法拟合求得的最佳 b,A_1 和 A_2 值。根据 A_1 和 A_2，分别计算 K_∞ 和 β，见式(141)和式(142)；

图 47 描述了 K_∞、β 和 SE 随 b 值的典型变化规律(为清晰起见，省略了 SE 的坐标)。随 b 值增加，计算的 K_∞ 和 β 值均降低。该例中，当 SE 最小时的校准 b 值为 0.417 8 MPa(60.6 psi)。在滑脱因子为 0.424 0 MPa (61.5 psi)时，计算的 β 值变为零，且当 bs 值较大时 β 值为负值。计算 β 为负值，通常表明 b 值太高。然而，渗透率对净压力微小变化的极端敏感性也可能产生负的 βs 值。由于 K_∞ 和 β 值总是随 b 值增加而降低，图 47 中表示的 K_∞ 和 β 值随 b 值的变化规律是最普遍的。

虽然压力降落法的计算工作量明显大于稳态法的计算量，但是用一个小型计算机几乎可在瞬间完成上述的包括 25 个 y 和 P_g 值计算的整个计算过程。

压差很小时，低渗透率岩石没有多大惯性阻力。这种情况下，式(158)中被 A_2 乘的项是很小的，f_{Fo} 几乎等于 1，式(158)可近似表达为式(161)：

$$y_{c_n} z_{m_n} = \frac{1}{A_1}(P_{m_n} + b) \quad \cdots\cdots\cdots\cdots (161)$$

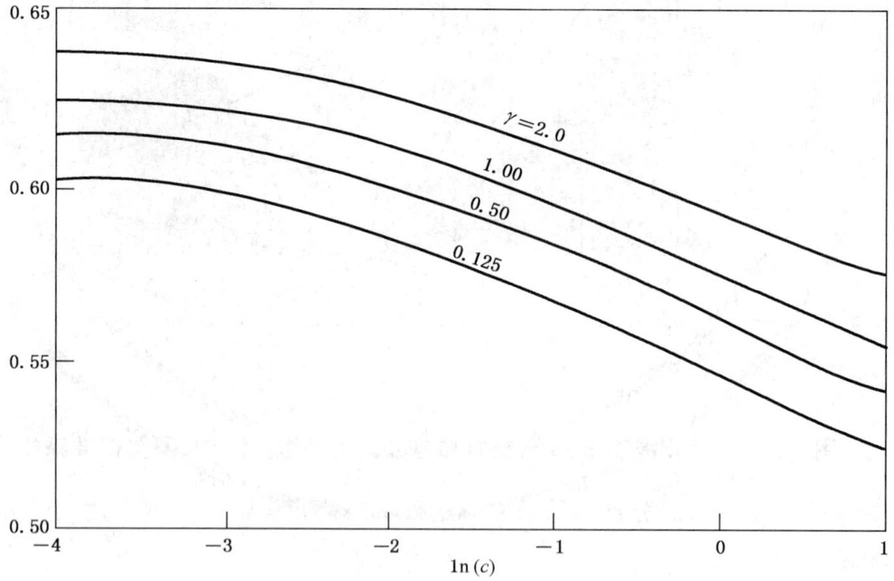

图 47　压力降落法的 K_∞、β 和标准误差随 b 值的变化规律

若要近似方程有效，$y_{c_v} z_{m_n}$ 与 P_{m_n} 的关系应是线性关系。式(161)是由压力降落法测定的，经气体滑脱校准的达西方程。其图像的斜率和截距分别等于 $1/A_1$ 和 b/A_1。因此，K_∞ 和 b 值由式(162)和式(163)计算：

$$K_\infty = \frac{C_2 \mu L(X)}{C_1 A} \quad \cdots\cdots\cdots\cdots (162)$$

和

$$b = \frac{c}{k} \quad \cdots\cdots\cdots\cdots (163)$$

式中：

c——截距；

k——斜率。

当 P_{m_n} 较高时，$y_{c_v} z_{m_n}$ 与 P_{m_n} 不是线性关系，表明这时惯性阻力不能忽略。

7.7.3 根据压力降落法、探针测量气体流动法计算渗透率

分别由式(151)和式(152)计算瞬时流动速度函数 y_n 和几何平均压力 p_{g_n}。计算结果代入式(164)、式(165)和式(166)：

$$\frac{\frac{1}{2}p_{g_n}+P_a+b^*}{y_n}=A_3+A_4\left[\frac{y_n p_{g_n}\left(\frac{1}{2}p_{g_n}+P_a+b^*\right)}{\frac{1}{2}p_{g_n}+P_a}\right] \quad\cdots\cdots(164)$$

$$A_3=\frac{C_2\mu}{C_1(G_0 r_i)K_\infty} \quad\cdots\cdots(165)$$

和

$$A_4=\frac{C_3\beta M}{C_1 G_{f_{f0}} RT} \quad\cdots\cdots(166)$$

上式中对应于 Forchheimer 项的无因次几何因子 $G_{f_{f0}}$ 应通过数值模拟来确定。如果可以确定该几何因子，那么就可由式(166)计算 β 值。只要用式(164)校准惯性阻力，那么，无论如何都能计算出 β 值。

值得注意的是，除了 A_3 和 A_4 含有不同的几何因子，以及用探针测渗透率时作了一定的简化外，式(164)本质上与式(158)(对轴向流)完全相同。这些简化包括：(a)省略了气体偏差因子 z 和 Forchheimer 作用因子 f_{fo}，压力很低时这些因子几乎等于 1；(b) 非稳态(空间上的)质量流的 y_n 值无需校准。用常用的密封探针测量，影响渗透率的岩石孔隙体积。与最小气罐体积相比非常小，以至于假定以恒定质量流速的稳态流计算渗透率时不会引起明显的误差。例如，采用内孔半径为 3.8 mm 的密封探针，当气罐体积为 5.2 cm^3 时的误差小于 0.1%。

式(164)中的 b^* 为气体滑脱因子。虽然理论上 b 值可由压力降落数据直接确定，但测定的平均孔隙压力范围太小(为充满压力的 10%甚至更小)不能保证 b 值的可靠性。用迭代法可以求得相关的 b^* 值。由式(167)计算其初始近似值：

$$b_{N_2}^*=0.22\sqrt{\frac{(G_0 r_i)}{\mu_{N_2} y_m}} \quad\cdots\cdots(167)$$

式中 y_m 对应于由压力降落数据得到的 p_g 的最低值。将最初估算的 b^* 值代入式(164)中计算等式左边和右边的项，求取每个 y_n 和 p_{g_n} 值。接着，用线性回归计算式(164)中的系数 A_3 和 A_4。重排式(165)，求得 Klinkenberg 渗透率的初始估计值，见式(168)：

$$K_\infty=\frac{C_2\mu}{C_1(G_0 r_i)A_3} \quad\cdots\cdots(168)$$

用这个 K_∞ 值，由关系式计算修正 $b_{N_2}^*$ 值，见式(169)：

$$b_{N_2}^*=6.9K_\infty^{-0.382} \quad\cdots\cdots(169)$$

将新的 b^* 值重新带入式(164)，重复以上步骤，直到相邻两次迭代的 b^* 相差小于 0.000 689 4 MPa (0.1 psi)，2 到 4 次迭代即可达到收敛。

当初始压力小于 0.068 94 MPa(10 psig)时，对于渗透率小于 0.1 mD 的岩样来说，惯性阻力实际上消失了。这时，式(164)中的 A_4 项可以忽略不计，Forchheimer 方程简化为经滑脱校准的达西方程，见式(170)：

$$K_\infty=\frac{C_2\mu y^*}{C_1(G_0 r_i)\left(\frac{1}{2}p_g^*+P_a+b^*\right)} \quad\cdots\cdots(170)$$

该方程可用于低渗透率岩样,只获得一到三个 y-p_g数据点的情况。y^* 和 p_g^* 指的是三个数据点中的任意一个点。再次进行迭代计算。由式(167)计算初始估计 b^* 值。通过计算 K_∞,修正该估计值式(170),然后将其代入式(168)。持续迭代,直到相邻两次迭代的 b^* 之差小于 0.000 689 4 MPa(0.1 psi)。一般 2 到 4 次迭代即可达到收敛。

任何气体在任意平均孔隙压力下的气体的渗透率 K_g均可由 7.4.1.1.5 提出的轴向流的 K_∞和 b^* 计算。

7.7.4 由脉冲衰减法、测定气体轴向流计算渗透率

岩样两端初始压差 $\Delta p[0]$稍小于 Δp_1(见 7.4.1.3.2),应根据气体质量平衡计算,见式(171):

$$\Delta p[0]=\Delta p_1\left(\frac{V_1-V_d}{V_1}\right) \quad \cdots\cdots(171)$$

式中的 V_1 为上流总体积,V_1 包括:上流气罐的内部体积;上流微差压力传感器的内腔体积;连接 1 号阀、2 号阀及充气阀的管线体积;上流死体积 V_d(1 号阀内部体积);上流末端柱塞及其连接管线。下流总体积 V_2 包括:下流气罐体积,传感器,及末端柱塞的体积;下流微差压力传感器的内腔体积;连接管线(包括与 2 号阀连接的管线)。应采用波义尔定律(见 7.6.3)仔细校准,以便求得 V_1,V_2 和 V_d。

监测微差压力和下流压力随着时间的变化情况。将达西定律的微分形式与连续方程联立推导出扩散方程,分析求解扩散方程得到的数据。假设初始时岩样内的孔隙压力均匀分布。在时间 $t=0$ 时,上流气罐在岩样的上流端施加了稍高的压力脉冲 $\Delta p[0]$。随着气体流动通过 V_1 进入岩样,V_1 中的压力降低。V_2 中的压力在短时间内保持为常数,直到压力脉冲通过岩样的全长。然后,V_2 中的压力上升。因为 $P_1[t]$降低,$P_2[t]$上升,$\Delta p[t]$连续减小,随着上流和下流压力趋于相等,$\Delta p[t]$逐渐达到零。压力衰减的速度取决于渗透率:渗透率越低,衰减的越缓慢。然后 Dicker 和 Smits[86] 提出了压差作为时间函数的一般解,之后由 Brace 等人[87] 做了基础工作,Bourbie 和 Walls[88] 提出了误差函数解,Hsieh 等人[89] 提出了一般分析解,另外 Chen 和 Stagg[90],Haskett 等人[91] 给出了其他结论,见式(172)、式(173):

$$\frac{\Delta(p[t])^2}{\Delta(p[0])^2}=2\sum_{m=1}^{\infty}\frac{a(b^2+\theta_m^2)-(-1)^m b\sqrt{(a^2+\theta_m^2)(b^2+\theta_m^2)}}{\theta_m^2(\theta_m^2+a+a^2+b+b^2)+ab(a+b+ab)}\exp[-\theta_m^2 t_D] \quad \cdots\cdots(172)$$

式中 θ_m是方程的根:

$$\tan\theta=\frac{(a+b)\theta}{\theta^2-ab} \quad \cdots\cdots(173)$$

a 是岩样孔隙的可压缩量(体积与压缩系数的乘积)与上流气罐体积的比值,由式(174)求出:

$$a=\frac{V_p(c_g+c_{v_p})}{V_1(c_g+c_{v_1})} \quad \cdots\cdots(174)$$

b 是岩样孔隙体积的压缩量与下流气罐体积的比值,由式(175)求出:

$$b=\frac{V_p(c_g+c_{v_p})}{V_2(c_g+c_{v_2})} \quad \cdots\cdots(175)$$

t_D是无因次时间,见式(176):

$$t_D=\frac{C_1K_gt}{C_2\mu\phi(c_g+c_{v_p})L^2} \quad \cdots\cdots(176)$$

式中 C_1 和 C_2 是使 t_D无因次化的折算系数,由表 15 查出。c_g、c_{v_p}、c_{v_1} 和 c_{v_2} 分别是气体、岩样的孔隙体积、上流和下流气罐的压缩系数。气体的压缩系数见式(177):

$$c_g=\frac{1}{P}\left(1-\frac{\mathrm{dln}[z]}{\mathrm{dln}[P]}\right)\equiv\frac{f_z}{P} \quad \cdots\cdots(177)$$

式(177)中,我们把圆括号内的一组引起偏离理想气体特性的值定义为 f_z。在实验压力下,该偏离不能忽略不计。Jones[107]给出了氮气 72 °F 时的 f_z值。如果系统由刚性材料制成的,例如厚壁容器,且相对于 V_1 和 V_2 来说,传感器的排驱体积很小,那么与 c_g相比,c_{v_1} 和 c_{v_2} 也是相当小的,此时,该偏离就可忽略不计。样品的岩性不同,孔隙体积压缩系数差别很大。然而,净围压高时,这个差别会降至最小,净压力为 34.47 MPa(5 000 psi)或更高时,孔隙体积压缩系数的差别一般小于 1.382×10^{-7} MPa^{-1} (2×10^{-5} psi^{-1})。压力 6.894×10^{-8} MPa^{-1}(1×10^{-5} psi^{-1})的 c_{v_p} 值等于压力 6.894 MPa(1 000 psi)时气体压缩系数的 1%,或压力为 13.788 MPa(2 000 psi)时气体压缩系数的 2%。

出现在式(172)左边项的压差平方(仅用于气体)见式(178):

$$\frac{\Delta(p[t])^2}{\Delta(p[0])^2}=\frac{P_1[t]^2-P_2[t]^2}{P_1[0]^2-P_2[0]^2}=\frac{\Delta p[t](P_2[t]+\frac{1}{2}\Delta p[t])}{\Delta p[0](P_2[0]+\frac{1}{2}\Delta p[0])}\quad\cdots\cdots(178)$$

如果运用式(173)中所有的根,并且所有的压缩系数均为常数,那么式(172)适用于所有的 a,b,t_D 值。Hasskett[91]等人把随时间变化的压缩系数合并到一个"修正的拟时间"中,从而将干扰的影响降至最低。然而,在适当的试验条件下,没有一个限制条件成为障碍,下面将会讨论这个问题。式(172)中使用压差的平方与 Hasskett 等人提出的使用拟压力几乎等效。因为此处提出的方法中,平均孔隙压力的变化太小,以至 z 因子和气体的黏度变化也非常小。式(179)中的分子与分母之比实际上等于 1。除了下面提出的平均孔隙压力变化较大的试验条件,建议使用拟压力。

式(172)未直接限制油罐的尺寸。有些研究人员使用的上流体积(a=0)较大,或下流体积(b=0)较大。其他人则主张容器体积大小与岩样孔隙体积大小类似(a 或 b=0.2 到 5)。一般来说,为了合理地缩短低渗透率岩样的测定时间,应至少有一个小体积的容器。

Dicker 和 Smits[86]给出了充分的理由,说明了为何要保证上流和下流容器体积相等,且体积很小。体积相等产生了一个理想的对称情况。压力脉冲穿过整个岩样后,上流容器降低的压力由下流容器增加的相等压力补偿,从而保持平均孔隙压力为常数,总的孔隙体积压缩量几乎保持不变,因为上流一半体积的平均压力(均质岩样)随时间降低,而下流一半体积的平均压力则以相同的量增加,流入岩样的气体质量流速等于同时刻流出岩样的气体质量流速。任一时刻的最大流速出现在均质岩样的中间。

对称性($a=b$)的另一个影响是式(173)的所有的偶数根在式(172)中被约去。a 和 b 值较小时(较大的气罐),式(173)的第一个根 θ_1 比 $(a+b)$的平方根略小。如果定义 f_1 为式(179):

$$f_1=\frac{\theta_1^2}{a+b}\quad\cdots\cdots(179)$$

那么,当 $a+b=0$ 时,$f_1=1.000$,并且随着$(a+b)$增大,f_1 逐渐降低,如图 48 所示。在这个图中,V_s是 V_1 和 V_2 中的较小者,V_L是 V_1 和 V_2 中的较大者。

式(173)第一个根的平方由式(180)求出:

$$\theta_1^2=f_1(a+b)\quad\cdots\cdots(180)$$

式(173)较大的根 θ_m,见式(181):

$$\theta_m=(m-1)\pi(\text{当 } a+b=0)\quad\cdots\cdots(181)$$

而且 θ_m随着$(a+b)$增加而逐渐增加。

除了初始时 t_D很小外,式(172)求和后只有第一项是有效的。当 a 等于 b 时,第二项为零。t_D为 0.1,且 $a=b=1$ 时,所有较高的项对第一项影响只增加 0.16%,a 和 b 值较小时,贡献更小。因此,如果不取最初时间,式(172)简化为一次指数形式,可写出式(182)和式(183):

$$\ln\frac{\Delta(p[f])^2}{\Delta(p[0])^2}=\ln f_0-\left(\frac{\theta_1^2K_g}{(c_g-c_{pv})\mu\phi L^2}\right)t\quad\cdots\cdots(182)$$

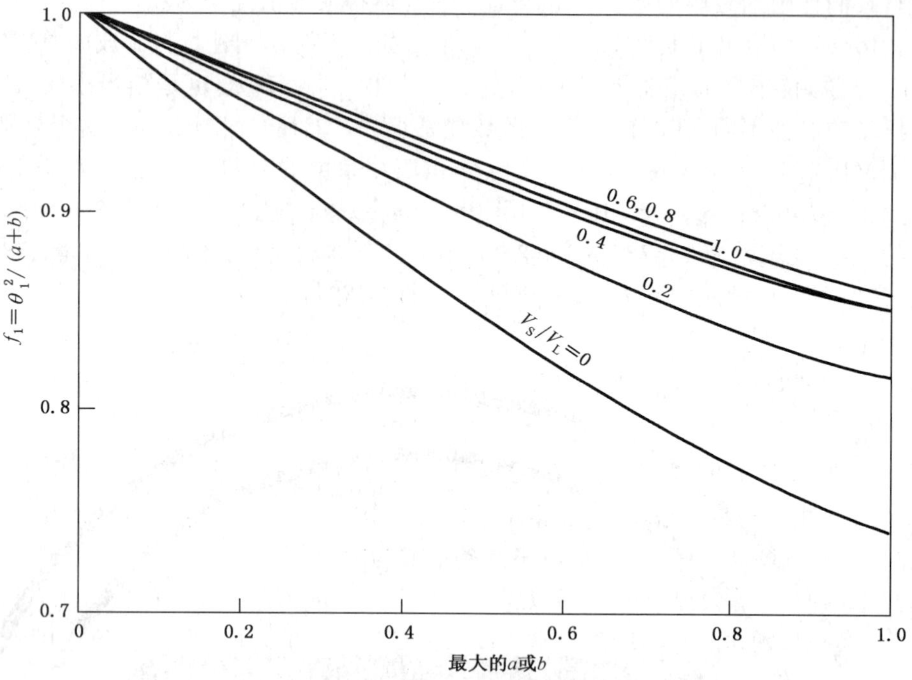

图 48　脉冲—衰减方程的初始根关系图

$$f_0=\frac{2\left[a(b^2+\theta_1{}^2)+b\sqrt{(a^2+\theta_1{}^2)(b^2+\theta_1{}^2)}\right]}{\theta_1{}^2(\theta_1{}^2+a+a^2+b+b^2)+ab(a+b+ab)} \quad \cdots\cdots(183)$$

因此，如果作出试验获得的 $\ln[\Delta(p[t])^2/\Delta(p[0])^2]$的值与时间的关系图，则图像为一条直线（初始阶段除外），该直线的截距为 $\ln[f_0]$，斜率为负，其绝对值见式(184)：

$$|斜率|=\frac{C_1\theta_1^2K_g}{C_2(c_g+c_{v_p})\mu\phi L^2}=\frac{C_1f_1(a+b)K_g}{C_2(c_g+c_{v_p})\mu\phi L^2} \quad \cdots\cdots(184)$$

式中 C_1 和 C_2 是表 15 中用来统一单位的常数。如果与 c_g 相比 c_{v_1} 和 c_{v_2} 可以忽略不计，那么其绝对值见式(185)：

$$|斜率|=\frac{C_1f_1AK_gp_m}{C_2\mu Lf_z}\left(\frac{1}{V_1}+\frac{1}{V_2}\right) \quad \cdots\cdots(185)$$

式(185)中的平均孔隙压力 P_m 为绝对压力。当 $a=b$ 时，岩样是均质的（或者 a 和 b 很小，比如小于 0.3），呈半对数衰减的直线段的 P_m 应是不变的。由式(186)计算：

$$P_m[t]=P_2[t]+\frac{1}{2}\Delta p[t] \quad \cdots\cdots(186)$$

测量期间可用最新读出的两个时间-压力值计算斜率，见式(187)：

$$|斜率|=\frac{\ln\dfrac{\Delta p[t_{n-1}]\left(P_2[t_{n-1}]+\frac{1}{2}\Delta p[t_{n-1}]\right)}{\Delta p[t_n]\left(P_2[t_n]+\frac{1}{2}\Delta p[t_n]\right)}}{(t_n-t_{n-1})} \quad \cdots\cdots(187)$$

初始阶段的斜率绝对值会很高（如果 $a\equiv b$），然后随时间增加急剧降低，最终成为常数。斜率为常数后，衰减曲线直线部分的截距和斜率可以通过线性回归求得，见式(188)：

$$\ln\frac{\Delta(p[t_n])P_m[t_n]}{\Delta(p[0])P_m[0]}=A_0+A_1t_n \quad \cdots\cdots(188)$$

式中：A_0 是截距，A_1 为斜率。只有使斜率为常数的那些数据点（由式(187)）可用于线性回归。根

据式(182),我们发现由截距可以求得 f_0,见式(189):

$$f_0 = \exp[A_0] \qquad (189)$$

式(183)说明如同 f_0 是 θ_1 的函数一样,f_0 是 a 和 b 的函数,显然,当 $a=b$,f_1 只比 f_0 稍大一点:$a=0.1$ 时,f_1 比 f_0 大 0.005 5%;$a=0.5$ 时,f_1 比 f_0 大 0.12%;$a=1.0$ 时,f_1 比 f_0 大 0.44%。表 22 中列出了 $a=b$ 时,不同 a 值对应的 θ_1^2、f_1、和 f_0 的值。当容器体积不相等(更准确地说是压缩量不等)时,由式(173)、(180)、和(183)可计算这些值。

图 49 表示不同 V_2/V_1 比值时的 f_1 和 f_0 的关系。因为 V_1 和 V_2 由校准确定,f_1 只能由 f_0 确定,渗透率由式(190)计算:

$$K_g = \frac{-A_2 C_2 \mu L f_z}{C_1 f_1 A P_m \left(\frac{1}{V_1} + \frac{1}{V_2}\right)} \qquad (190)$$

岩样的孔隙体积利用求得的 f_0 值根据式(191)计算:

$$V_p = \frac{aV_1}{1 + P_m c_{v_p} / f_z} \qquad (191)$$

式中 a 可由表 24 或由图 48 查到。有效净压力较高时(27.576 MPa~34.47 MPa),如果估算的 c_{v_p} 等于 5.5×10^{-8} MPa^{-1}(8×10^{-6} psi^{-1}),与真实值相比,可能不是太高就是太低,大约相差 2 到 4 倍,$P_m=6.894$ MPa(1 000 psia)时,根据假设得到的最大误差约为 1.6%;$P_m=13.788$ MPa(2 000 psia)时,最大误差约为 3.2%。净压力较低时,预计的 c_{v_p} 更高,变化也更大。

表 22 当 $a=b$($V_1=V_2$ 或 $S_1=S_2$)时的脉冲衰减常数

a=b	θ_1^2	$f_1=\theta_1^2/(a+b)$	$f_0=\exp$[截距]	f_1/f_0
0.0	0.000 000	1.000 000	1.000 000	1.000 000
0.1	0.196 711	0.983 553	0.983 500	1.000 055
0.2	0.387 016	0.967 539	0.967 334	1.000 212
0.3	0.571 166	0.951 944	0.951 500	1.000 466
0.4	0.749 404	0.936 755	0.935 999	1.000 808
0.5	0.921 963	0.921 963	0.920 826	1.001 235
0.6	1.089 064	0.907 553	0.905 980	1.001 737
0.7	1.250 923	0.893 516	0.891 458	1.002 309
0.8	1.470 744	0.879 840	0.877 255	1.002 947
0.9	1.559 725	0.865 514	0.863 366	1.003 646
1.0	1.707 053	0.853 527	0.849 789	1.004 399
1.1	1.849 910	0.840 868	0.836 516	1.005 202
1.2	1.988 469	0.828 529	0.823 544	1.006 053
1.3	2.122 896	0.816 499	0.810 866	1.006 947
1.4	2.253 350	0.804 768	0.798 477	1.007 878

在两个阀门关闭之前,微差压力传感器可采用电子方式或机械方式调零(当真实压差在 $P_2[0]$为零时)。如果传感器维持线性,即使参考压力由低变高(即当 P_2 由大气压升高到 6.894 MPa~13.788 MPa,其增量或敏感性可能产生了偏移,也不会引起误差,因为所有的 Δp 值都是相对的;这些值以比值的形式出现。

气体脉冲衰减测量的实际渗透率范围大约为 $1\times10^{-4}\mu m^2 \sim 1\times10^{-8}\mu m^2$。脉冲衰减时间与岩样长度近似成正比，与渗透率和平均孔隙压力成反比。脉冲衰减时间在很大程度上还取决于测定的总脉冲衰减程度。

一般情况下，容器体积 V_1 和 V_2 至少应等于预计的最大孔隙体积，因此，V_1 和 V_2 一般取待测岩样孔隙体积的 2 到 10 倍。无论对多大 V_p 体积比，半对数脉冲衰减曲线的直线段开始出现时所需时间大致相同。Kamath 等人[92]的研究表明对渗透率非均质性的敏感性也随着 a 和 b 的减小而降低（较大的气罐）。增加容器的体积可以增加渗透率的测量上限。然而，确定孔隙体积[式(191)]的灵敏度（即精度）也随体积的增大而降低。

或许该方法最耗时间的部分在于产生压力脉冲之前，使系统实现真实压力平衡。当系统中的压力达到一致时，驱动力为零。Jones[107]建议如果单独确定岩样的孔隙体积，压力平衡步骤可以省去。

7.7.5 脉冲衰减法测定液体轴向流的渗透率的计算

7.7.5.1 测量压缩量的仪器和测量过程

液体脉冲衰减测量仪器中，测量压缩量的一个简便方法增加一个带有微螺旋的针型阀（见图 42），其校准的总驱替体积（芯轴密封处的活塞横剖面积乘以其可达到的冲程长度）约为 0.02 cm^3～0.05 cm^3。1 号和 2 号阀应是打开和关闭时内体积不变。为了测量容量，在岩样夹持器中装入一个实心的钢圆柱，并施加围压。随着 1 号和 2 号阀的打开，将仪器中的全部空气利用真空装置抽出。然后整个系统内充入脱气液体，直至达到下流压力传感器全量程压力的 80%为止。压力稳定后，关闭 1,2 号阀。针型阀（3 号阀）要完全打开。当 1,2 号阀关闭时，微差压力计读数为零，读出的 p_2 值不变。记录测微计读数。然后旋转测微计，减少上流系统体积，直到微压差压力传感器读数为全量程，即 0.689 4 MPa（100 psi）为止。从初始值零开始，升高的压力为 Δp_1，由测微计读数计算的减少的体积为 ΔV_1。

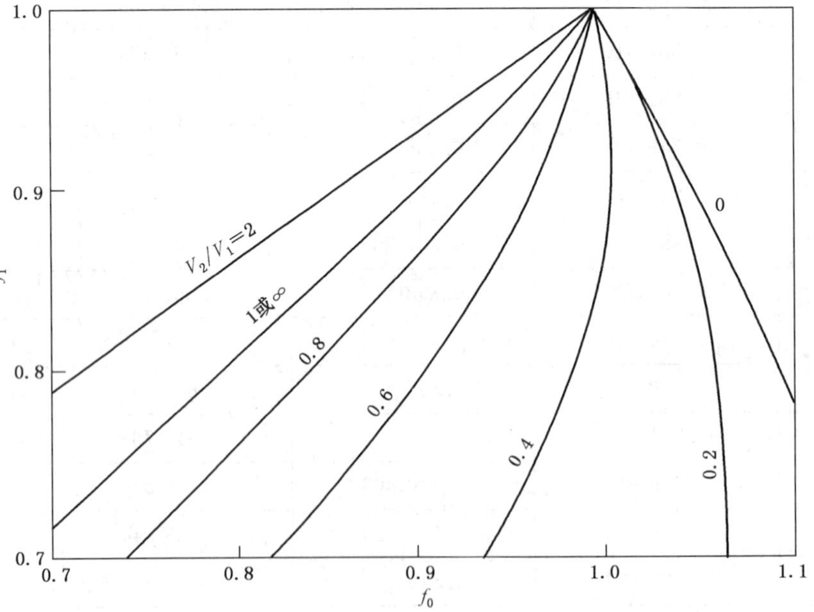

图 49 已知 V_2/V_1（气体）或 S_2/S_1（液体），根据 f_0 求解 f_1 的脉冲—衰减图

因为压缩量的测量不包括 1 号阀与岩样夹持器中钢柱塞上流末端之间的体积（即无效体积），因此，“上流压缩量” S_1 减去“无效体积压缩量” S_d，由式(192)计算：

$$S_1 - S_d = \frac{\Delta V_1}{\Delta p_1} \quad \cdots\cdots (192)$$

打开 1 号阀，确定 S_d。压差读数稳定到 Δp_2 以后，由式(193)计算上流无效体积压缩量：

$$S_d = \Delta V_1 \left(\frac{1}{\Delta p_2} - \frac{1}{\Delta p_1} \right) \quad \cdots\cdots (193)$$

由式(194)计算上流压缩量：

$$S_1 = \frac{\Delta V_1}{\Delta p_2} \quad \cdots\cdots (194)$$

为确定下流压缩量，首先拧松刚才旋紧的针形阀，回到初始读数。作为检查，微差压力计的读数应再次回零，下流传感器显示的是其初始读数。打开 2 号阀，读出下流传感器压力，$p_2[1]$。旋紧针型阀，直到下流压力稳定，$p_2[2]$ 与该传感器的全量程读数几乎相等。由测微计读数计算减少的体积 ΔV_2，并由式(195)计算压缩量：

$$S_2 = \frac{\Delta V_2}{p_2[2] - p_2[1]} - \frac{\Delta V_1}{\Delta p_1} - S_d \quad \cdots\cdots (195)$$

应对所用的每种液体，校准上述的压缩量。

7.7.5.2 渗透率测定步骤

为了进行脉冲衰减液体渗透率的测定，将一个饱和液体的岩样装入岩心夹持器中，然后选择适当高的围压(一般由水力加压)。如上所述，系统充满液体，加压到初始孔隙压力。进液阀打开足够长的时间，以便使高压液体扩散进入岩样。在 1 号阀和 2 号阀保持打开状态，关闭进液阀，监测下流传感器，直到压力不再变化。然后关闭 1 号和 2 号阀，旋紧针型阀，产生压力脉冲。所有的压力达到稳定后，由式 194 计算 $S_1 - S_d$。计算结果应与由校准求得的值相同。

打开 1 号阀，开始脉冲衰减。岩样两端的初始压差 $\Delta p[0]$ 略小于 $\Delta p[1]$，这是由于随 1 号阀关闭由针型阀产生的，因此，要在上流体积中扣除无效体积。所以，应用与产生压力脉冲的运行时间相对应的 $\Delta p[1]$ 和 ΔV_1 以及校准确定的 S_d 来计算 $\Delta p[0]$，见式(196)：

$$\Delta p[0] = \frac{1}{\dfrac{S_d}{\Delta V_1} - \dfrac{1}{\Delta p_1}} \quad \cdots\cdots (196)$$

7.7.5.3 脉冲衰减计算

式(172)和式(173)用于液体及气体的脉冲衰减测量的计算。然而，对于液体，式(172)左边的压差平方应由一次幂压差代替，见式(197)：

$$\frac{\Delta p[t]}{\Delta p[0]} = 2\sum_{m=1}^{\infty} \frac{a(b^2 + \theta_m{}^2) - (-1)^m b\sqrt{(a^2 + \theta_m{}^2)(b^2 + \theta_m{}^2)}}{\theta_m{}^2(\theta_m{}^2 + a + a^2 + b + b^2) + ab(a + b + ab)} . \exp[-\theta_m{}^2 t_d] \quad \cdots\cdots (197)$$

式(197)中的 a 和 b 指的是液体压缩量比值，见式(198)和式(199)：

$$a = \frac{V_p(c_L + c_{pv})}{V_1(c_L + C_{v_1})} \equiv \frac{S_{pv}}{S_1} \quad \cdots\cdots (198)$$

和

$$b = \frac{V_p(c_L + c_{pv})}{V_2(c_L + C_{v_2})} \equiv \frac{S_{pv}}{S_2} \quad \cdots\cdots (199)$$

式(176)中的 K_g 和 c_g 分别由 K_L 和 c_L 代替。

经过压力衰减最初阶段后，作 $\Delta p[t]/\Delta p[0]$ 的自然对数与时间的关系曲线，得到一条直线，见式(200)：

$$\ln\left[\frac{\Delta p[t_n]}{\Delta p[0]}\right]=\ln[f_0]-\left[\frac{C_1f_1KA}{C_2\mu L}\left(\frac{1}{S_1}+\frac{1}{S_2}\right)\right]t_n \qquad \cdots\cdots(200)$$

或与式(201)等效：

$$\ln\frac{\Delta p[t_n]}{\Delta p[0]}=A_0+A_1t_n \qquad \cdots\cdots(201)$$

式中 A_0 和 A_1，分别为直线的截距和斜率，由式(201)将压力衰减数据的直线部分通过线性回归求得。式(184)定义的 f_0 根据截距计算，见式(202)：

$$f_0=\exp[A_0] \qquad \cdots\cdots(202)$$

计算渗透率时要用的参数 f_1，根据 f_0 和校准的下流与上流容量的比值 S_2/S_1，借助图 49 查到。渗透率的计算见式(203)：

$$K_L=\frac{-A_1C_2\mu L}{C_1f_1A\left(\frac{1}{S_1}+\frac{1}{S_2}\right)} \qquad \cdots\cdots(203)$$

Amaefule 等人[93]采用的孔隙压力的范围为 3.477 MPa～31.023 MPa(500 psi～4 500 psi)。Kamath 等人[92]建议孔隙压力约为 6.894 MPa(1 000 psi)，脉冲压力约为孔隙压力的 20%，最好更高一些，约为净围压的 10%。假如可能，上流与下流容器的体积应当相等，其原因见气体脉冲衰减章节中的论述。如果研究的是非均质岩石的测定，则容器体积应稍小于或约等于待测岩样的孔隙体积；若要求相对稳态平均渗透率值，则容器体积应是岩样孔隙体积的 5 到 10 倍，或者更大。见 Kamath 等人[92]研究的关于非均质的“早期时间解”，这个问题超出了本手册的规定范围。

8 补充试验

8.1 概述

酸溶解度或碳酸盐含量、石油密度、地层水矿化度、粒度分布等石油基本性质及岩石特征数据也需通过岩心分析获得。因为这些数据有助于认识和解释岩心分析结果，因此本标准也包括了这些数据的测试分析。

8.2 岩石特性描述

岩石特性描述是岩心分析的主要部分。同时，岩性资料和基本岩心分析结合测井解释，为油藏评价提供了一个完整的构架。与地质资料相结合，岩心分析结果可以用于没有进行岩心分析的油层。岩性分析还为岩心分析结果，特别是异常分析结果的解释提供依据。异常分析结果可能是正确的，由岩石结构(或矿物)的变化引起。

8.2.1 岩石特性描述分析最好是用常规岩心分析所用的柱塞岩心进行，以便数据可以直接应用。在这些试验中，柱塞岩心不能受损，可以采用制备岩心试验样品时获得的岩样端面或与试样相同层面的岩心。用于岩石特性描述的岩心至少要 40 g(1 in^3)。

8.2.2 岩样的描述提供了有关样品质量和样品特性的重要资料。应采用双目显微镜，对抽洗过的样品进行描述。面孔率和孔隙类型(即粒间孔、溶洞、铸模孔)、钻井或取心效应(即钻井液侵入或引起的裂缝)、天然非均质性(黏土薄层、垂直于层理方向的岩性变化、成矿裂缝等)等都应记录下来。岩石的特性描述还应包括岩石结构和主要矿物组成。岩石结构分析包括粒度、分选性、磨圆度和颗粒形状等资料。矿物分析包括颗粒类型和含量等资料。许多情况下，也可以采用双目显微镜估计胶结物和基质的近似含量。

8.2.3 岩石的定量和半定量分析资料可由薄片、X 射线衍射(XRD)、整块岩石化学分析(通常用 X 射线荧光分析，XRF)和傅立叶变换红外光谱分析(FTIR)获得。用扫描电镜(SEM)可获得有价值的描述黏土矿物空间分布的资料。

8.3 粒度分布

粒度分布数据可用于：

a) 疏松岩层完井方案的工程应用。

b) 胶结和疏松岩层的砂岩非均质性评价和沉积环境解释的地质应用。

c) 评价不同相带地层测井曲线的油层物理应用。井壁取心分析通常利用粒度分布资料求渗透率。常用的分析方法包括湿法和干法筛分分析、沉降法粒度分析、薄片粒度分析和激光衍射粒度分析。

8.3.1 机械振动筛分析

8.3.1.1 原理

称取已知质量的分散岩样，振动岩样使其通过一系列孔眼逐渐变小的筛网。称出留在每个筛网上的岩样质量，得出的岩样粒径分析报告，以筛孔尺寸和剩余岩样的质量分数来表示粒径的分布规律。

8.3.1.2 仪器

本方法使用的仪器包括：

a) 机械筛分装置。

b) U.S.或 Tyler 筛分仪器(筛分仪应符合 ASTM 技术规范 E-11，试验用金属布的技术规范)[108]。

c) 天平(感量 0.01 g)。

d) 研钵和顶部圆滑的研杵。

e) 软鬃毛刷。

f) 干燥箱。

8.3.1.3 试验过程

筛子应清洗、干燥、称量，并按筛孔尺寸按上粗下细的顺序组成套筛。把一个底盘放在套筛的底下。表 23 列出了目前常用的筛网和相应的尺寸。

取一块有代表性的岩样，除去所含的油和盐分，然后烘干岩样中的溶剂和水分，称量。将岩样轻轻地破碎，称量并精确到 0.01 g [如果用 203.2 mm(8 in)直径的筛网，一般称取 100 g 岩样。]，放在套筛最上一层的筛网上，用机械筛分仪或手工震动套筛。颗粒向下通过套筛，直到留在筛网上的最小岩样颗粒直径大于最小筛网孔眼的尺寸。称量每个筛网上的岩样，用装有岩样的筛网质量减去空筛网的质量，就得到了留在每个筛网上的样品质量。报告中数据一般以每个筛网上的样品质量分数和样品累积质量分数来表示，数据通常有表格和图形两种表达形式(见表 24 和图 50)。

8.3.1.4 注意事项

本方法应注意：

a) 样品应完全除去残余油，有时还应除盐。除油过程应格外小心，避免颗粒掉落。

b) 样品应充分分散，减少未破碎的颗粒团块，否则，需进行人工破碎。

c) 筛网应用显微镜检查，确保无损。

d) 应用充足的时间振动筛网，以保证不同尺寸的颗粒完全筛出。

e) 天平应校准。

f) 在泥质砂岩中,静电会阻碍小于0.044 mm的微粒的降落(见8.3.3关于湿法筛分的区别)。

8.3.1.5 计算

本方法的计算见式(204)和式(205):

$$f_i = \frac{m_1 - m_2}{m} \times 100\% \quad \cdots\cdots(204)$$

式中:

f_i——留在每个筛网上的样品质量分数,%;

m_1——载有样品的筛网质量,单位为克(g);

m_2——载有样品的空筛网质量,单位为克(g);

m——样品质量,单位为克(g);

$$f = \sum f_i \quad \cdots\cdots(205)$$

式中:

f——各筛网上样品质量分数总和,%。

表23 目前常用的筛网尺寸

砂 粒	粒径/mm	U.S标准筛网/目
砾石	4.00	5
	3.36	6
	2.83	7
	2.38	8
	2.00	10
巨砂	1.68	12
	1.41	14
	1.19	16
	1.00	18
粗砂	0.84	20
	0.71	25
	0.59	30
	0.50	35
中砂	0.42	40
	0.35	45
	0.30	50
	0.25	60
细砂	0.21	70
	0.18	80
	0.15	100
	0.13	120

表 23（续）

砂　　粒	粒径/mm	U.S标准筛网/目
极细砂	0.11	140
	0.09	170
	0.07	200
	0.06	230
粉砂	0.05	270
	0.04	325
	0.03	430

表 24　筛分数据实例

粒径/μm	U.S标准筛网/目	各粒级质量分数	累积质量分数
>2 000	10	3.72	3.72
>1 000	18	12.69	16.41
>500	35	34.74	51.15
>250	60	21.74	72.89
>125	120	7.30	82.55
>88	170	2.36	85.63
>63	230	3.08	87.18
>44	325	1.55	87.08
>30	430	2.90	90.08
≤30	底盘	9.92	100.00

8.3.1.6　优点

本方法有以下优点：

a）对于胶结较差的砂岩，适用于对粒径大于 0.044 mm 的颗粒进行分类。该方法是标准的，也是准确的。

b）为了保证试验的重复性，样品可以重新组合。

c）为了做其他试验，样品可以重新组合，或按不同粒级分开保存。

d）试验简单，用很少的设备就可进行试验。

8.3.1.7　应用局限

本方法相当费时[对于 203.2 mm(8 in)直径的筛网，一个样品要用 1 h]，需要的样品量相当大，泥质砂岩和胶结好的砂岩得出的数据可能不准确。

8.3.1.8 准确度与精度

按照上述的注意事项，认真进行试验，预计总样品偏差小于3%，每个筛网偏差一般小于0.5%。

8.3.1.9 校准

参考文献是ASTM C-136(细粒和粗粒的集合物筛析标准)[109]和ASTM C-702(现场样品测试粒度的简化作法)[110]。

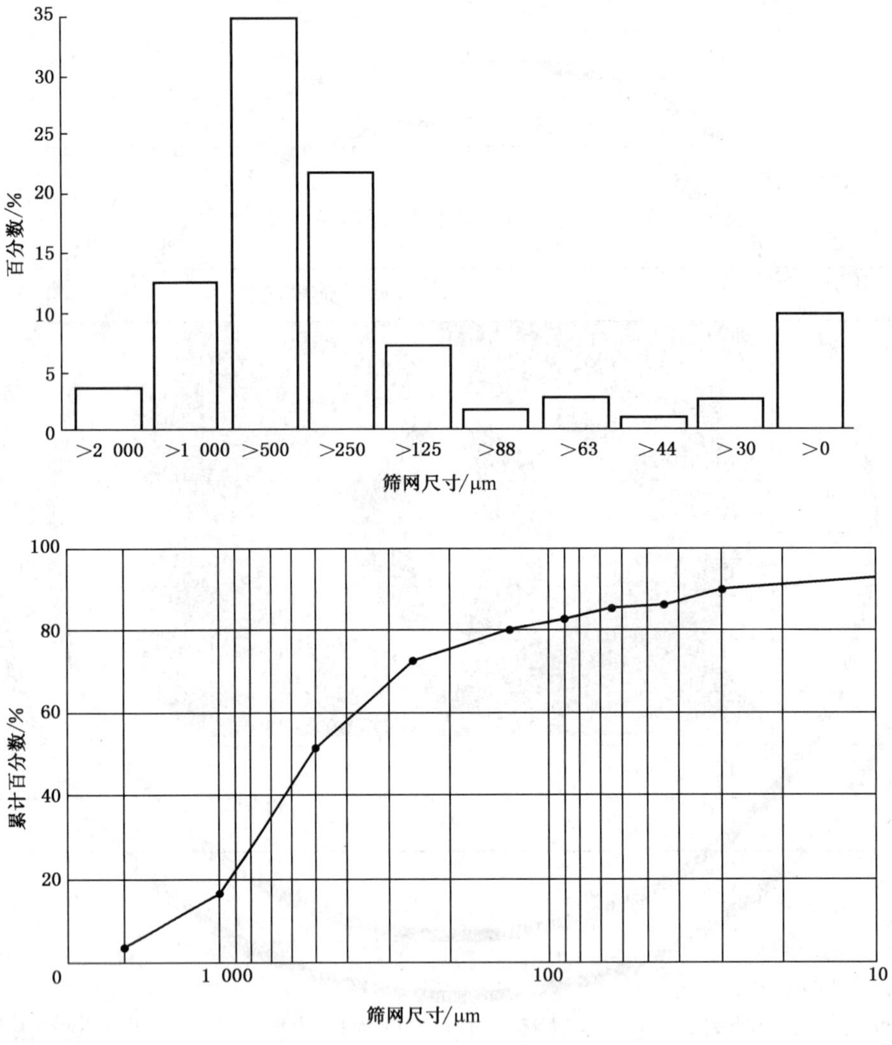

图50 筛分数据报告图例

8.3.2 声波振动筛分析

8.3.2.1 原理

除了利用声波振动使制备的样品通过筛网外，测定原理见8.3.1的论述。

8.3.2.2 仪器

本方法使用的仪器包括：

a) 声波筛分仪。
b) U.S.或Tyler筛分仪器(见8.3.1.2b)。
c) 天平(感量0.001 g)。
d) 研钵和顶部圆滑的研杵。
e) 软鬃毛刷。
f) 分样器。
g) 干燥箱。

8.3.2.3 分析过程

样品的制备和测量过程按8.3.1进行。把5 g～15 g制备好的样品放在套筛最上面的筛网上。调节振幅,有效搅动颗粒。有效筛分的振动时间取决于样品的颗粒大小和泥质含量的多少,一般在10 min～20 min。

8.3.2.4 注意事项

本方法包含以下注意事项:
a) 见8.3.1.4中的a)～f)项。
b) 与机械筛分分析相比,所测样品粒径更小,需要更准确地称量。

8.3.2.5 计算

见8.3.1.5。

8.3.2.6 优点

本方法的优点包括:
a) 该方法适用于粒径大于0.044 mm的样品进行粒度筛选。
b) 试验简单,并且使用的设备少。
c) 该方法比机械振动筛分分析法更快捷(每个样品大约用15 min)。
d) 声波法比机械法需要的样品少(5 g～15 g)。
e) 要再次试验,样品可以重新组合;或按粒级大小分类保存。

8.3.2.7 应用局限

本方法的应用局限如下:
a) 由于样品粒径较小,所取的样品应有代表性。
b) 如果筛网框架是塑料的,装入的微细样品可能产生静电滞留在筛网上,对本方法的使用带来麻烦,因此需要增加泥质砂岩的筛分时间。大多数情况下,大量增加筛分时间可能也不会把<0.044 mm的微粒筛到底盘中。

8.3.2.8 准确度

见8.3.1.8。

8.3.2.9 校准

见8.3.1.9。

8.3.3 湿法和湿/干结合分析

8.3.3.1 湿法筛分分析

湿法筛分分析指的是冲洗一个有代表性的样品通过各个筛网的技术。湿法筛分分析与机械振动或声波振动使样品通过一套筛网的干法筛分分析相反。虽然与干法筛分相比,湿法筛分分析需要的时间要长的多,但是对于泥质砂岩最好选择这种方法。

8.3.3.2 湿/干结合筛分分析

顾名思义,湿/干结合筛分分析是湿法和干法结合的技术。本方法也适用于泥质砂岩。首先对样品称量,然后湿选筛分通过 0.044 mm(325 目)的筛网,除去<0.044 mm 的颗粒。把留在 0.044 mm(325 目)以上的样品烘干,用在筛分分析(机械振动或声波振动)(见 8.3.1 和 8.3.2)中描述的干法进行筛分分析。

8.3.4 激光衍射分析

8.3.4.1 测定原理

将分散的样品置于合适的携带液中(携带液可以是油基的,也可以是水基的,取决于测试标准),搅拌或循环携带液,以保证颗粒分散。发射一个激光束通过分散的样品,利用微型计算机分析衍射光谱图。计算粒度分布的原理是 Fraunhofer(弗朗荷费)衍射理论:即经过散射的入射光的角度与粒径成反比,经颗粒散射的光的强度与颗粒数量成正比。

8.3.4.2 仪器和材料

本方法使用的仪器包括:

a) 激光发射设备/合适的计算机配置。
b) 样品分离机。
c) 天平(感量 0.000 1 g),并非所有的设备都需要。
d) 研钵和顶部圆滑的研杵。
e) 超声波发生器。
f) 悬浮溶液。
g) 烘箱。

8.3.4.3 分析过程

选取有代表性的岩样,除去其中的油,并烘干以排出溶剂。样品在测量前用超声波分离颗粒。将携带液装入容器,进行背景测量。在携带液中放入岩样并加入表面活性剂(一般是十二烷基磺酸钠),以降低表面张力和加速颗粒分散。将携带液与样品混合物重复循环并充分搅动,以保证颗粒均匀地分散。测量期间,发射已知固定波长的激光束通过携带液与样品的混合物。散射光照射光电探测器系统,并且根据 Fraunhofer(弗朗荷费)衍射理论,由散射光通量计算粒度分布。数据报告可以采用表格格式,也可采用图形格式来表述粒度分布范围(见表 24 和图 50)。

8.3.4.4 注意事项

本方法的注意事项如下:

a) 见 8.3.1.4 中的 a)和 b)项。
b) 仪器应进行校准(包括激光校准,光电探测系统校准等)。

c) 携带液应无气泡，在进入测量系统前无颗粒。

d) 样品应均匀地分散在携带液中，测量过程中应充分散开，不团块。

e) 应取有代表性的样品。

8.3.4.5 计算

由混合物的散射图计算粒度分布的算法十分复杂，且与样品的制备和性质有关。然而，运用以下公式可以描述衍射图谱的角度范围、粒度、散射光强度与颗粒量之间的关系。

衍射图谱的角度范围由式(206)求出：

$$\sin\theta = \frac{1.22\lambda}{d} \quad \cdots\cdots(206)$$

式中：

θ——谱图的第一个最小的半角，单位为度(°)；

λ——入射光波长，单位为微米(μm)；

d——颗粒直径，单位为微米(μm)。

散射光总强度由式(207)求出：

$$I = Knd^2 \quad \cdots\cdots(207)$$

式中：

I——总散射光，单位为瓦特(W)；

K——仪器校准常数，单位为瓦特每平方微米(W/μm²)；

n——颗粒数；

d——颗粒直径，单位为微米(μm)。

8.3.4.6 优点

本方法的优点包括：

a) 粒度测量范围可达到超微粒度(细粉砂和黏土级的粒度)。

b) 数据重复性好。

c) 本方法只需要少量样品(一般<1.0 g)。

d) 测量迅速(30 s 到几分钟)。

8.3.4.7 应用局限

本方法的应用局限包括：

a) 测量尺寸有限制，大于一定尺寸的样品不能测量。该限制一般出现在粗砂岩部分。如果粒度超过了这个限制，需要预先筛分，报告中应包括这一部分数据。

b) 仪器和附带的硬件价格昂贵。

8.3.4.8 校准

依据仪器手册的要求进行校准，一般包括准确的激光束校准、光电探测系统校准，以及使用一精确的标准校准衍射谱图。

8.3.4.9 精度

目前要建立准确度的标准，现有数据还不够充分。

8.3.5 薄片目测鉴定

8.3.5.1 测定原理

从疏松砂岩到胶结良好的砂岩样品都可用薄片法进行粒度分析。因为胶结良好的砂岩岩样颗粒很难被完全分散，所以选择本方法。本方法需要制备薄片，用偏光显微镜目测或用图像分析系统分析单个颗粒的大小。

8.3.5.2 仪器和材料

本方法使用的仪器包括：

a) 带有目镜微尺的偏光显微镜。

b) 薄片制备设备。

c) 玻璃载片。

d) 染色环氧树脂。

8.3.5.3 试验过程

通常用染色环氧树脂填充萃取的岩样，将岩样黏在玻璃载片上，研磨到大约 30 μm 的厚度，这个厚度使透射光能透过大多数砂岩颗粒。通过测量二维薄片的单个颗粒横截面的长轴尺寸来确定粒径大小。多数情况下，只需将疏松岩样分散在玻璃载片上的浸油中。尽管也包括其他种类的矿物(如长石)，但习惯将测量的尺寸限制为一种特定的碎屑岩矿物颗粒尺寸(一般指的是砂岩中的石英)。一般测量 200 个～300 个颗粒，实际测量数目取决于颗粒的分选程度，分选差的砂岩需要测量的颗粒数目比分选好的砂岩多。采用 Chayes(1956)[111] 描述的点数法随机选择颗粒。测量一般以毫米为单位，可以转换为惯用单位(in 和 ϕ 值等)。

8.3.5.4 注意事项

本方法的注意事项如下：

a) 薄片只能测量颗粒的二维尺寸。因为颗粒形状不规则，大小不等，又因为由磨圆度不好的颗粒组成的沉积物表现出了各向异性的空间结构(即首选的颗粒定向)，所以如果不作出基本假设对沉积物进行简化，用薄片测量就难以得到真实的粒度分布(Blatt 等人，1980)[112]。

b) 仪器应校准。

c) 薄片应能够代表储层。

d) 因为测量的颗粒相对较少，应谨慎操作以便取得有代表性的薄片样品。

e) 薄片测量应有足够的岩石颗粒以保证统计的可靠性。

f) 对于层间存在粒度分布差异的层状砂岩，粒度选择很难避免偏差。

8.3.5.5 计算

通过测微目镜，采用无因次量直观测量颗粒大小。根据所用的测微目镜的放大倍数，选择转换系数，按比例把这些无因次量转换为毫米，以体积频率为基础来计算粒度分布。

8.3.5.6 优点

本方法的优点包括：

a) 测量范围一般是 2 000 μm～31.2 μm(10 目～400 目 U. S. 筛网)。

b) 粒度分布的薄片测量适合于大多数储层岩石(砂岩和粗粉砂岩)。

c） 粒度用于储层描述时，该项技术是以岩石胶结程度为标准的。

8.3.5.7 应用局限

本方法的有以下局限性：

a） 本方法耗时，且仅限于颗粒二维的观测。

b） 设备和仪器价格昂贵。

c） 不能由薄片直接导出平均值和粒度分布，且可能出现偏差。但相对而言数据已够用了（Kellerhals 等人）[113]。

d） 图像分辨率（相关的放大倍数和薄片厚度）影响细小颗粒的测量（粉砂和黏土颗粒）。

8.3.5.8 准确度和精度

测量数据趋向小粒级，测量精度是所测量颗粒数目的函数。

8.3.5.9 校准

可以用筛析和其他方法测量的颗粒粒径来校准薄片测量的颗粒粒径（Rosenfel 等人，1953）[114]。

8.3.6 薄片图像分析

8.3.6.1 测定原理

用自动或半自动图像分析仪可估算疏松砂岩和胶结砂岩的粒度分布。8.3.6 提供的资料主要是疏松砂岩的粒度估算。

8.3.6.2 仪器和材料

本方法使用的仪器包括：

a） 图像分析仪。

b） 带光源的偏光显微镜。

c） 薄片制备设备。

d） 玻璃载片。

e） 染色环氧树脂。

8.3.6.3 分析过程（疏松砂岩）

将砂岩颗粒分散在玻璃载片上，使颗粒间不互相接触。用与显微镜相连的视频照相机组成的简易图像分析设备，得到每个颗粒的投影面积或直径（Mazullo 和 Kennedy，1985）[115]。用背景（较明亮的）和颗粒（较暗的）的光度差作为界限标准，把颗粒由背景中区分出来。一般需要 200 个～500 个颗粒，耗时 5 min～15 min。

8.3.6.4 分析过程（胶结砂岩）

对于胶结砂岩，由于砂粒相互接触，若采用 8.3.6 中描述的图像分析方法，则使粒度分析复杂化。但是，目前已出现了测量粒间孔隙中心间距来估算粒度的方法。

8.3.6.5 注意

本方法的注意事项如下：

a） 见 8.3.5.4。

b） 如果要测量的颗粒互相接触，则测量可能不准确，导致测量的直径比实际的大。

8.3.6.6 优点

本方法的优点包括：

a） 可快速获得原始数据，以数字形式存储数据。

b） 非常小的样品也可以分析。

8.3.6.7 应用局限

本方法有如下局限性：

a） 应谨慎选取近百个具有代表性的样品。要求仔细地将样品分散，在颗粒粘连时，更要谨慎选择。

b） 带有软件和视频照相的图像采集系统的价格比目测法高。

8.3.6.8 计算

应将测量数据转换为体积频率。可以通过：

a） 基于颗粒直径定义一系列粒径区间。

b） 对每个粒径区间的所有颗粒，按其半径求体积，并把每个粒径区间的体积相加。

c） 将所有粒径区间的体积求和，得到总体积。每个粒径区间的体积除以总体积并乘以100%，求得每个粒径区间的体积分数。

8.3.6.9 准确度和精度

已有证据表明本方法测量的数据是准确的，且与筛分法的结果相比稍有偏差(偏差的原因在于筛分法的颗粒形状和大小的可选择性)。

8.3.6.10 校准

应用图像分析系统时，应给定放大倍数的像素尺寸。

8.3.7 斯托克(Stokes)定律粒度分析

8.3.7.1 分析原理

将样品置于沉降筒液体中，通过监测悬挂在液体中的托盘质量的增值来确定颗粒的沉降速度。颗粒的沉降直径(具有等沉降速度的等密度小球的直径)由Stokes定律、Stokes定律的修正形式或Gibbs方程(Gibbs等人，1971[116])来计算。数据的格式与标准筛分分析相同。

8.3.7.2 仪器

本方法使用的仪器包括：

a） 研钵和顶部圆滑的研杵。

b） 软鬃毛刷。

c） 底部装载天平(感量0.001 g)或应力传感器。

d） 沉降筒及相应的计算机硬件。

e） 烘箱。

8.3.7.3 分析过程

样品制备按照8.3.1中的规定。样品预先称量(精确到0.001 g)并置于沉降筒内。颗粒的沉降速度与粒径、形状和密度有关。颗粒沉降到悬挂在精密天平或应力传感器的托盘上,悬挂托盘距沉降筒顶部的距离已知。由微型计算机采集质量和时间数据,根据这些数据计算沉降速度。根据仪器的类型以及所要测量的粒度范围,测量时间由几分钟到二十分钟不等。一般用 Stokes 定律的修正形式或 Gibbs 方程计算沉降粒径。如果试验终止时,试样未全部采出,那么,应放宽最终测量的等效沉降粒径的分类区间。

8.3.7.4 注意事项

本方法的注意事项如下:

a) 见 8.3.1.4 中的 a)、b)和 c)项。

b) 沉降筒应干净(液体密度应为恒量,测试完成后降落的悬浮颗粒应可以忽略不计)。

c) 颗粒应被均匀、分散的装入沉降筒,且在装入沉降筒后完全散开。

d) 用少量岩样时需要格外小心称量。

e) 应消除对流作用。

8.3.7.5 计算

一般用 Stokes 定律的修正形式或 Gibbs 方程根据沉降速度计算颗粒半径。

Stokes 定律见式(208):

$$\nu = \frac{2gr^2(\rho_g - \rho_f)}{9\mu} \qquad \cdots\cdots(208)$$

Gibbs 方程见式(209):

$$\nu = \frac{-3\mu + \sqrt{9\mu^2 + gr^2\rho_f(\rho_g - \rho_f)(0.015\,476 + 0.198\,41r)}}{\rho_f(0.011\,607 + 0.148\,81r)} \qquad \cdots\cdots(209)$$

式中:

ν——沉降速度,单位为厘米每秒(cm/s);

g——重力加速度,单位为厘米每二次方秒(cm/s^2);

r——颗粒半径,单位为厘米(cm);

ρ_g——颗粒密度,单位为克每立方厘米(g/cm^3);

ρ_f——液体密度,单位为克每立方厘米(g/cm^3);

μ——液体黏度,单位为毫帕·秒(mPa·s)。

8.3.7.6 优点

本方法的优点包括:

a) 测试快捷(几分钟到 20 min)。

b) 设备便宜。

c) 测量范围宽[可达到 25 μm (U.S. 500 目筛网)]。

8.3.7.7 准确度和精度

目前无现成资料。

8.3.7.8 校准

按照 Gibbs 等人(1971)[116]提出的要求进行校准。

8.4 原油密度

用蒸馏抽提法确定流体饱和度时(见 5.3),为了把油的质量转换为油的体积,应知道油的密度。采用油滴法、折射率法、密度瓶法、数字密度计法或核磁共振等方法，可以确定油的密度。

8.4.1 油滴法

8.4.1.1 分析原理

油滴法是在液体介质中悬浮一个油滴，油滴密度可用液体密度计或密度天平测量。

8.4.1.2 仪器

本方法的仪器包括：

a) 玻璃圆柱筒或透明的塑料圆柱筒。

b) 液体密度计或密度天平。

8.4.1.3 分析过程

在液体饱和度试验过程中，将岩心中取出的油滴，置于一装有乙醇和水的玻璃圆筒或塑料圆筒中。通过加入乙醇或水调节溶液密度，直到油滴保持悬浮状态，即搅动后油滴既不会上浮，也不会下沉，然后用液体密度计或密度天平测量溶液密度［在 ASTM D287-55[117] 中可以查到用液体密度计测量密度的正确做法。将测试温度调节到 15.6 ℃(60 °F)，观察标准密度，分别用表 5 和表 3 将密度转换为 ASTM-IP(美国版)[118] 密度。］，密度天平可以直接读出密度。一个转换液体重度和密度的简单图表是很有用的。

8.4.1.4 注意事项

本方法的注意事项如下：

a) 在调节乙醇-水溶液的密度之前，应除去粘附在油滴表面的气泡。

b) 每次加入乙醇或水以后，应搅动溶液，以保证溶液密度均匀。

8.4.1.5 优点

不需要精密仪器。

8.4.1.6 应用局限

调节乙醇和水的比例相当耗时。

8.4.1.7 准确度和精度

目前还没有现成的资料。

8.4.2 折射率法

8.4.2.1 分析原理

折射率法确定 20 ℃密度是最常用的确定原油密度的方法。原油是在液体总和法求取饱和度试验过程中，由岩心样品中获取的。本方法还用于确定脱气原油、油层测试原油、钻杆测试原油等的 20 ℃密度，这些情况下只需少量原油即可进行原油密度测试。

折射率法需要一些常见的已知 20 ℃密度的脱气原油样品，测量液体加和前和加和后的原油的折射指数，然后绘制原油的折射率与密度的关系曲线，进行简单的线性回归图解或计算得到原油密度。

8.4.2.2 仪器

本方法用的仪器包括：

a) 液体密度计。

b) 配套的玻璃器皿。

c) 玻璃滴管。

d) 折射仪(折射率范围为 1.30～1.90)。

8.4.2.3 分析过程

根据 ASTM D287-55,用液体密度计[117]或密度天平确定脱气原油样品的 20 ℃密度。用玻璃吸管从地面脱气原油中吸出有代表性的试样,并装入折射仪中,然后,对地面脱气原油试样进行液体加和分析蒸馏,确定样品的折射率(见 5.2 井壁和常规岩心分析确定流体饱和度的蒸馏法),确定采出油的折射率。绘制蒸馏前的折射率和蒸馏后的折射率与 20 ℃密度的关系曲线,用图解法或计算法确定 20 ℃密度。

8.4.2.4 注意事项

本方法的注意事项如下:

a) 应用折射仪测量已知折射率的液体来校准折射仪。

b) 折射仪的棱镜和目镜玻璃片应彻底地清洗。

c) 进行测量时,折射仪棱镜应正对目镜固定放置。

d) 测量之前,应除去油中的水分和固体物质。

e) 原油应是浅色的,而且要用薄膜折射仪。

8.4.2.5 计算

可以将地面脱气原油的 20 ℃密度与折光指数进行简单的线性回归。利用折射率、斜率和截距计算 20 ℃密度。

8.4.2.6 优点

本方法的优点包括:

a) 方法简单、快捷,数据准确合理。

b) 不需要精密设备。

c) 试验仅需少量样品(0.03 mL)。

8.4.2.7 准确度和精度

如果进行了适当的校准且测定过程中谨慎操作,则用本方法确定的 20 ℃密度与由 ASTM D287-55[117]确定的密度偏差在 15.6 ℃时应为±0.007 g/cm^3(±1°API)。

8.4.3 密度计法(微密度瓶法)

8.4.3.1 原理

用小密度瓶测定和计算的 20 ℃密度来确定油样的密度。

8.4.3.2 仪器

本方法用的仪器包括:

a) 天平(感量 0.01 g);

b) 校准的密度瓶——可以用薄壁玻璃做成的 U 型毛细管制作密度瓶。利用不同长度、内径的玻璃管可制成各种尺寸的密度瓶。应用已知密度的液体(可以用无气的蒸馏水)完全充满或充到标准线来校准体积。

8.4.3.3 试验过程

称量一个清洁、干燥的密度瓶的质量,把一部分要分析的油倒入密度瓶。确定密度时,最好采用较大量的样品。对密度瓶二次称量,计算油质量,将油质量除以毛细管体积确定油的密度。油的密度除以相同测试温度下的水的密度来计算油的密度,从而计算 20 ℃密度。

8.4.3.4 注意事项

相对于油的质量,密度瓶的质量应尽量减小。这样可以减少由质量差引起的误差,使测量更准确。

8.4.3.5 计算

以下是本方法的计算过程,见式(210)、式(211)和式(212):

$$\rho_o = \frac{m_2 - m_1}{V} \tag{210}$$

式中:

ρ_o ——油的密度,单位为克每立方厘米(g/cm^3);

m_2 ——装有油的密度瓶质量,单位为克(g);

m_1 ——初始密度瓶质量,单位为克(g)。

$$\rho = \frac{\rho_o}{\rho_w} \tag{211}$$

式中:

ρ ——相对密度;

ρ_w ——水的密度,单位为克每立方厘米(g/cm^3)。

$$\rho_{API} = (141.5/\rho) - 131.5 \tag{212}$$

式中:

ρ_{API}——API 密度。

8.4.3.6 优点

本方法的优点包括:

a) 使用经过了校准密度瓶,测得的数据是准确的。

b) 测量快速。

8.4.4 数字密度计法

8.4.4.1 分析原理

数字密度计的测量原理基于充满液体的空心振荡器的自然频率的变化。振荡器的频率变化与装入样品后振荡器的质量变化有关,因而与样品密度有关。

8.4.4.2 仪器

需要一个数字密度计。

8.4.4.3 试验过程

通过测量充满空气和充满蒸馏水的震荡器频率确定仪器的校准常数。将试样注入震荡器,测定震荡器频率，由 8.4.3.5 提出的方法计算 API 密度。

8.4.4.4 优点

本方法快速而准确。

8.4.4.5 应用局限

需要的试样量相对较多。

8.4.5 核磁共振(NMR)法

8.4.5.1 分析原理

NMR 法测定原油黏度的原理基于黏度与引起 NMR 自旋点阵弛豫的分子移动和旋转扩散之间的 Stoke 关系。可以使用 ^{1}H 或 ^{13}C NMR。方法的主要优点是能用于原油或油——水乳化液、岩心柱塞或全直径岩心内的原油及溶解在抽提液中的原油的黏度测定。

8.4.5.2 仪器

具有 ^{1}H 或 ^{13}C 化学漂移能力的傅立叶变换 NMR 分光计。对于 NMR 扩散测量，需要一个场梯度在 100 gauss/cm 以上的脉冲梯度 NMR 探针。

8.4.5.3 分析过程

用一个逆向接收或饱和接收脉冲序列来测量 ^{1}H 或 ^{13}C 自旋点阵弛豫时间(T1)，然后由建立的关系图确定黏度和 20 ℃密度。分析岩心内的原油最好用 ^{13}C NMR，因为不需要在岩心中的油相和水相之间区分化学漂移。

利用一定的稳定脉冲磁场梯度能直接进行液体中的移动扩散的 ^{1}H NMR 测量。脉冲顺序通常为 90°和 180°射频(RF)脉冲，以后是具有磁场梯度脉冲的 90°—T—180°自旋回波。磁场梯度扩散引起自旋回波振幅的不可逆损失，因为只有未扩散到具有不同磁场的区域的核子将重新聚焦。中间脉冲时间(T)保持的很短(大约 1 ms)，以防止在孔隙壁阻碍扩散。通过化学漂移光谱，也可以通过用 Mn-EDTA 加水消除水的信号，使油和水的信号分开。油的扩散系数可能与黏度有关，通过 Stoke 定律和 20 ℃密度，根据黏度与 20 ℃密度关系曲线可计算油的扩散系数。

8.4.5.4 优点

NMR 法的优点包括：

a) 操作快捷、无侵入且能自动分析。
b) 本方法适用于散装油、柱塞岩心或整个岩心中的原油以及溶解在抽提液中的原油。
c) 需要制备少量的试样。
d) 可以测量油-水乳化液。
e) 对于 ^{1}H NMR 需要的油量很少(<0.1 mL)。

8.4.5.5 应用局限

NMR 法的应用局限如下：

a) NMR 光谱仪价格昂贵；
b) 由于 T1 与黏度的关系在 1 000 mPa·s(1 000 cP)以后变平，T1 法只能用于黏度 1 000 mPa·s(1 000 cp)(API 度约为 15°API)以下的原油。该限制不适用于 NMR 扩散测量，因为 NMR

扩散测量只受所用的磁场梯度强度的限制。

8.5 原油性质

8.5.1 原油性质(色谱法/烃汽化法)

岩屑和岩心样品中的残余油可以定量分析油的体积和评价原油的组分性质。对这些数据作出解释,可得到以下资料:

a) 改变过程——原油性质受一个或几个改变过程控制,这些改变影响原油在油藏中的聚集。在岩石孔隙空间发现的残余烃的组分变化反映了改变过程造成的原油性质的变化。

b) 烃产物的类型——地面岩石基质中残余烃的组分很少能够反映压力下降造成的原始油藏组成物中失去的组分。中间介质和重组分的分布可以用于预测烃产物的类型(非生产性的、气、凝析油或油)。

c) 岩石性质的变化(渗透率)——压力下降过程中的组分挥发受烃类分子大小和挥发性的影响,也受渗透率的影响。组分差别往往与渗透率及渗透率的变化有关。

d) 污染(钻井液及添加剂)——通过与岩样分析相同的过程可分析钻井液及添加剂的污染。可利用组分对比和烃比率技术把烃类与钻井污染物区别开来。

e) 采出的油与岩屑或岩样中油的关系。

8.5.2 分析原理

本方法将岩屑或岩样中的残余油直接在色谱柱上气化,用火焰离子检测器(FID)检测色谱柱分离的组分,由记录输出结果获得峰高和面积。

8.5.3 仪器

本方法使用的仪器包括:

a) 色谱仪——包括内有适合于分离的固定相和火焰离子检测器的大孔径毛细管柱(内径0.5 mm)。

b) 蒸发室(低无效体积,准确的温度控制,均匀的温度分布)。

c) 样品蒸发皿(石英管)。

d) 积分仪。

e) 天平(感量 0.001 g)。

8.5.4 分析过程

选择有代表性的样品(0.01 g~1.0 g)置于一石英样品蒸发皿中(岩屑应用水漂洗,以除去其中的钻井液,在装入样品蒸发皿前干燥 2 h~4 h)。所用的样品量取决于油的饱和度、检测器性能和色谱柱的界限。将加了样品的样品蒸发皿称量后放入蒸发室。人体皮肤表面的油份可能会造成污染,因此要避免用手直接接触。

烃类在不会产生裂解的温度下蒸发,当温度高于 320℃时,将会使大分子裂解。蒸发的气体直接经过色谱柱而不发生分离。在设计的速度下,提高色谱柱温度可提高分辨率。将火焰离子检测器的输出结果转换为 mV(峰高)或 mV·s(面积)。由保留时间可确定特定峰值。

8.5.5 注意事项

本方法的注意事项如下:

a) 样品应具有代表性。

b) 大量的样品增加可重复性，但将会影响峰的分辨率。

c) 高束缚水饱和度可能引起检测器反映的消失，特别是对于较轻的中间组分。

d) 需要准确称量（±0.001 g）。

e) 在干燥样品期间，避免加热样品失去轻烃组分。

8.5.6 计算

8.5.6.1 残余烃体积的定量化，见式(213)：

$$A_{nt}=A_t/m \qquad (213)$$

式中：

A_{nt}——归一化面积；

A_t——总面积；

m——样品质量，单位为克(g)。

8.5.6.2 变化过程——指数可以表格化，以区别组分的变化。

以下是用于确定烃产物类型、来源和变化过程的几种指数类型：

a) $n\text{-}C_{15+}(\%)=[(A_{n\text{-}C15+})/A_t]\times100$

b) n-烷烃(%)=$[(A_{n\text{-}C}$组分面积$)/A_t]\times100$

c) $(n\text{-}C_{17}+n\text{-}C_{18})/(C_{姥鲛烷}+C_{植烷})=(h_{n\text{-}C17}+h_{n\text{-}C18})/(h_{姥鲛烷}+h_{植烷})$

d) $C_{姥鲛烷}/C_{植烷}=h_{姥鲛烷峰高}/h_{植烷峰高}$

e) $CPI=\left|\dfrac{\sum h_{n-C_{17}\sim C_{31}}}{\sum h_{n-C_{16}\sim C_{30}}}\right|+\left|\dfrac{\sum h_{n-C_{17}\sim C_{31}}}{\sum h_{n-C_{18}\sim C_{32}}}\right|$

式中：

CPI——碳优势指数；

$A_{n\text{-}C15}$——正十五烷组分面积，其余类推；

$n\text{-}C_{15}$——正十五烷质量分数，其余类推；

$h_{n\text{-}C17}$——正十七烷的峰高，其余类推。

饱和烃中的正构烷烃、姥鲛烷、植烷以峰面积归一化的方法计算各组分的质量分数，见式(214)：

$$n-C_i=\frac{A_i f_i}{\sum A_i f_i}\times100\% \qquad (214)$$

式中：

$n\text{-}C_i$——某烃组分的质量分数，用百分数表示；

A_i——某烃组分的峰面积；

f_i——某烃组分的质量校正因子。

因正构烷烃各组分、姥鲛烷、植烷的质量校正因子接近1，故式(214)可简化为式(215)：

$$C_i=\frac{A_i}{\sum A_i}\times100\% \qquad (215)$$

一般根据以下规则预测烃产物：

a) 非烃产物——较轻组分的百分数相当高，总面积相当低。

b) 气体产物——较轻组分的百分数相当高，中间组分的百分数较低，总面积相当高。

c) 油产物——中间组分和重组分的百分数相当高，总面积高。

8.5.7 优点

本方法的优点包括：

a) 所需样品少(0.01 g～1.0 g)。

b) 不需要进行溶剂抽提和样品分离。

c) 可以同时检测油的组分和残余烃含量。

8.5.8 应用局限

束缚水可能会干扰检测效果，特别是较轻的中间组分。

8.5.9 准确度

准确称取样品和小心控制操作条件得出的油体积的重复性误差在3%以内。组分分布的重复性取决于操作条件和色谱柱状态的维护，并且可以通过重复试验进行检验。

8.5.10 校准

仪器校准实质上是为了获得一致的结果。关键在于：

a) 组分标识——单峰标识基于滞留时间，滞留时间取决于载气流动速度、色谱柱温度和色谱柱固定相状态。应预先校准载气的流动速度，对系统应进行常规渗漏检查。可以测量指定峰的保留时间，用指定的组分(如正烷烃)的样品产生的峰进行校准。

b) 检测仪反映的校准——根据标准检查峰的分辨率和系统噪点，相对面积应保持一致，相对标准差一般为2%～3%。

c) 重复性——用同一试样进行重复试验可以评价重复性。用指定的指数以及加权标准化的总面积一起检查重复性。

8.6 酸溶解度

8.6.1 原理

通常利用岩屑和岩心样品的酸溶解度试验来评价 HCl 或土酸(HCl/HF 混合液)与储层岩石的反应。试验结果可用来评价酸化增产作业能否成功、井眼附近的堵塞能否排除、进行地层伤害的敏感性评价、确定碳酸盐岩中方解石/白云石的比例以及确定碳酸盐岩中的石英含量。该试验方法适用于确定油田作业需要的酸的体积及确定酸的反应系数。

酸溶解度试验是确定地层对酸的敏感性的重要试验。将质量已知的干燥样品放在过量酸中，滞留一定时间。然后干燥样品，重新称量，利用质量差来计算被酸溶解掉的物质的百分数。

8.6.2 仪器和材料

测定酸溶解度的仪器包括：

a) 天平(感量0.001 g)。

b) 测定 HCl 溶解度的配套玻璃器皿(烧杯、漏斗、刻度量筒等)。

c) 用于测定土酸溶解度的配套的聚乙烯或聚丙烯烧杯、漏斗、刻度量筒等。

d) 研钵和研杵。

e) 0.18 mm(U.S.80目)筛网。

f) 烘箱。

g) 耐酸滤纸。

h) 15%(质量百分数)的 HCl。

i) 土酸(12% HCl+3% HF)。

j) 合适的安全设备(防护面罩、防护围裙等)。

8.6.3 方解石含量分析(HCl 溶解度)

选取一个有代表性的样品,除油并干燥到恒重以确保除去了溶剂和水分。将样品充分分散,得到几克小于 0.18 mm(U. S. 80 目筛网)的样品。称出大约 1 g 样品,在 150 mL 的 15% HCl 溶液中静置 60 min~65 min。准备过滤仪器,并称量滤纸。过滤酸与样品的混合物,并用去离子水冲洗。干燥滤后的样品并称量,利用质量差来计算物质的酸溶解度。

8.6.4 方解石加白云石总量分析(HCl 溶解度)

白云石也溶于 80 ℃的 HCl,利用 8.6.3 的分析过程,得到在此温度下的总碳酸盐含量(方解石+白云石)。

8.6.5 总酸溶解量分析(土酸溶解度)

将碳酸盐和硅酸盐物质如长石和黏土,溶解于 HCl 和 HF 的混合物中,一般把这种混合物称为土酸(泥酸)。虽然可以使用各种浓度的 HCl 和 HF,但最常用的是 12% HCl 和 3% HF 的混合物。若在上述过程(8.6.3),采用耐 HF 的仪器,可得出总酸溶解度(即碳酸盐、长石、氧化铁、黏土等)。

8.6.6 注意事项

试验过程是质量分析过程,需要严格遵守操作过程,也需要能够实现重复分析的试验室技术。

特别提示:采用 8.6.3、8.6.4 和 8.6.5 所描述的分析过程处理酸溶液时,应采取适当的安全措施。

8.6.7 计算

以下是本方法的计算过程:

方解石含量(HCl,室温),见式(216):

$$C_1 = \frac{m_{\mathrm{ini}} - m_{\mathrm{fin}}}{m_{\mathrm{ini}}} \times 100\% \qquad \cdots\cdots(216)$$

式中:

C_1 ——酸溶解量,%。

m_{ini}——初始样品质量,单位为克(g);

m_{fin}——最终样品质量,单位为克(g)。

总碳酸盐含量(HCl,80℃),见式(217):

$$C_2 = \frac{m_{\mathrm{ini}} - m_{\mathrm{fin}}}{m_{\mathrm{ini}}} \times 100\% \qquad \cdots\cdots(217)$$

式中:

C_2 ——酸溶解量,%。

m_{ini}——初始样品质量,单位为克(g);

m_{fin}——最终样品质量,单位为克(g)。

白云石含量见式(218):

$$C_3 = C_2 - C_1 \qquad \cdots\cdots(218)$$

式中:

C_3——白云石含量,%。

总酸溶解含量(土酸),见式(219):

$$C_4 = \frac{m_{\mathrm{ini}} - m_{\mathrm{fin}}}{m_{\mathrm{ini}}} \times 100\% \qquad \cdots\cdots(219)$$

式中：

C_4 ——总酸含量，%。

m_{ini}——初始样品质量，单位为克(g)；

m_{fin}——最终样品质量，单位为克(g)。

8.6.8 优点

这项技术并不复杂，只需简单的设备。

8.6.9 应用局限

本方法的应用局限如下：

a) 由于样品是分散的，且试验是在过量的酸中进行，因而得出的结果只代表岩石的最大反应能力。

b) 室温下，菱铁矿可溶于 HCl 中，因此可能会影响方解石含量的计算。

8.6.10 校准

天平应该经过校准。

8.7 地层水矿化度的测定

因为测定地层水的矿化度有助于进行岩心分析资料的解释和电测井评价[119],[120]，所以需要根据岩心中的含水来确定地层水的矿化度。矿化度或总矿化度(TDS)定义为地层水中所有溶解的固体的总和，以每千克溶液中溶解的毫克盐量表示(mg/kg)，相当于百万分之一[mg/L(ppm)]。往往用地层水中的氯离子含量计算矿化度，并以 NaCl 当量表示。然而，如果由测定的电阻率计算矿化度，则该矿化度值代表由所有溶解电解质离子贡献的 NaCl 当量。地层水矿化度的测量结果基于在储层条件下的地层水中的化学离子和气体在大气环境条件下仍然保留在地层水中这一假设。对于地层盐水离子浓度接近溶解度极限而言，情况并非如此，即在储层温度和压力下可溶解的，但在大气条件下难于溶解。

取心作业过程中，取心液(泥浆)可能侵入岩心并稀释地层水。有三个因素可以尽量降低泥浆滤液对地层水的稀释：用低侵入的取心钻头取岩心、使用低失水量的取心液及岩心取到地面后，立即在井场选取分析用岩样[121],[122],[123]。用来分析地层水矿化度的柱塞岩心，应从岩心的中心钻取，因为此处远离滤液侵入量最大的岩心外表(见 5.3.7)[122]。为了避免水由柱塞岩心中蒸发，柱塞岩心应在取出后立即密封(见 3.5)。为了防止示踪剂迁移和逆流吸入，将岩心从岩心筒中取出后，可以在井场从岩心中部钻取柱塞样品。不被推荐使用冷冻全部岩心的办法，因为岩心冷冻会使岩心表面有盐份析出[124]。

如果已知地层水和泥浆滤液的矿化度，可以通过地层水的矿化度估算岩心被取心液冲刷的程度(但可能受非均匀分布的影响)。即使不知道地层水的矿化度，如果取心液中含有化学示踪剂，假设该化学示踪剂在地层水中的含量很低，如氚水、溴化物或碘化物(见 5.3.7)[125]，那么也可以估算岩心被水基取心液冲刷的程度。

如果取心液中含有高浓度的钾，因为氯化钾是取心液中盐的主要来源，那么钾离子就可以用作示踪剂。地层水中，钠与钾的比值远远大于 1。分析地层水中的阳离子(钠和钾)提供了一种确定岩心中是否有取心液的方法。用钾离子作为示踪剂只能提供取心滤液侵入岩心范围的定性表征，而取心液化学示踪剂，如氚化水、溴化物或碘化物，则可以提供定量的评价。这些阴离子在化学性质上不会被可能含有像钾离子的阳离子的岩体所稀释。

8.7.1 地层水萃取

为了测量地层水的矿化度，首先，应把水从岩心中分离出来。通过用不混溶的液体驱替或离心等机械方法，从岩心中驱出地层水。当地层水接近束缚水饱和度时，可能无法用机械方法排出地层水，那么就用水从岩心中萃取盐，由萃取的盐量和岩心中的初始含水量计算矿化度。

8.7.1.1 **离心法**

8.7.1.1.1 **原理**

通过离心岩样可以排出包括地层水的岩心液体。

8.7.1.1.2 **仪器**

本方法使用的仪器包括：

a) 离心机和样品夹持器。

b) 配套玻璃器皿。

8.7.1.1.3 **分析过程**

离心机驱动力至少为重力的 1 000 倍，离心力作用在岩样的重心处。离心样品夹持器是一个带有接收容器、底部钻孔的气密组件。岩样敞口放在与质量相匹配的离心样品夹持器中，离心至少 1 h，如果渗透率低于 100 mD，最好离心一夜。用分液漏斗或移液管由盐水层中吸出水样，将盐水样品从由冲洗岩心的混合液中分离出来，保存该样品，以备测定矿化度。

8.7.1.1.4 **注意事项**

本方法的注意事项如下：

a) 应控制离心机的温度，以减少水从岩样夹持器中损失的可能性。

b) 从开始处理岩心到把地层水样品置入到测定矿化度的样品容器中的所有步骤，都应采取措施避免水份蒸发。

8.7.1.1.5 **优点**

本方法的优点包括：

a) 岩样不必是圆柱形状或胶结岩心。

b) 岩样中含有地层原油时，本方法不会影响结果的有效性。

8.7.1.1.6 **应用局限**

本方法的应用局限如下：

a) 对于低渗透率样品，离心出地层水需要的时间很长。

b) 只有岩心含有足够高的地层水饱和度时才能用本方法进行这项试验，这样在现有的最高离心速度下，才能把这部分水排出。

c) 当离心力作用在未施加机械约束的岩样上时，离心力有可能不可逆地改变岩石骨架，改变孔隙度和渗透率，因此这样的岩样就不适合以后的岩心分析试验。

d) 排出的地层水的矿化度可能不代表地层压力和温度条件下的地层水矿化度。

8.7.1.1.7 **准确度或精度**

分离技术的准确度或精度受到由井场到试验室岩心保存、处理、地层水样品萃取等操作的影响。蒸发相对小的样品或低盐水饱和度($S_w \leqslant 5\%$)的岩样有影响，有可能使测定的矿化度增加。随地层水体积的增加，百分误差明显降低。小心谨慎处理岩心，可以使岩心矿化度的误差小于总矿化度的 2%[120]。

8.7.1.2 非混相流体冲洗

8.7.1.2.1 分析原理

通过非混溶液驱替、冲洗可以排出岩心中的地层水。

8.7.1.2.2 仪器

本方法使用的仪器包括：

a) Hassler 型或三轴向岩心夹持器。
b) 溶剂泵。
c) 配套玻璃器皿。

8.7.1.2.3 分析过程

将柱塞岩心置于 Hassler 型夹持器橡胶套筒或三轴向岩心夹持器样品室中，使液体通过岩样骨架流动。这一过程的细节在 4.6.4.1 中描述。与水不混溶的液体是一种精制矿物油或像甲苯这样的有机溶剂。与水不混溶的液体与水之间的黏度差越高，驱替出地层水的可能性越大。用分液漏斗或移液管由盐水层中吸出水样，将盐水样品从由冲洗岩心的混合液中分离出来，保存该样品，以备测定矿化度。

8.7.1.2.4 注意事项

本方法的注意事项如下：

a) 驱替地层水用的液体在水中的溶解度应很低，这样就不会改变萃取的地层水的矿化度。
b) 处理岩心、冲洗以及把盐水移到测定矿化度的样品容器时，要小心操作避免水分的蒸发。

8.7.1.2.5 优点

岩样中含有原油时，用这种方法不会干扰结果的有效性。

8.7.1.2.6 应用局限

本方法的应用局限如下：

a) 对于低渗透率样品，驱替出地层水需要的时间很长。
b) 本方法只适用于岩心的盐水饱和度随着压力降低而降低的样品，即岩心是从水层或油-水过渡带取出的。
c) 如果驱替过程加在岩心上的净水压力超过净地层上覆压力，那么岩样的孔隙度就会被压缩且不可恢复，这样的岩样就不适合用于以后的岩心分析试验。
d) 岩样形状应是圆柱形的。
e) 岩心中排出的水的矿化度不一定代表地层压力和温度条件下的地层水矿化度。

8.7.1.2.7 准确度或精度

见 8.7.1.1.7。

8.7.2 岩心中盐分的水萃取

从干燥岩样中萃取地层水的盐分。

8.7.2.1 仪器

本方法使用的仪器包括：

a) 研钵和研杵。
b) 天平。
c) 干燥器。
d) 配套玻璃器皿。

8.7.2.2 分析过程

选择大约 50 g 含水饱和度已知的样品,尽可能从靠近测定饱和度试验的样品处的岩心中选择小的试样。最好的做法是使用以前测定饱和度时用过的样品。

样品应除油处理,Dean-Stark 甲苯萃取岩心中的盐分是合适的方法。将岩样在研钵中研磨到大约 1.19 mm(16 目),放入烘箱中烘干到恒重,取出在干燥器中冷却后,称量岩样,并移置到烧瓶内。加入 100 mL 蒸馏水,用力搅拌混合物几分钟。放置 1 h,期间再继续搅拌几次。将得到的盐溶液过滤,或轻轻地倒出上层的混合液,保存滤液或混合液,以备测定矿化度。

8.7.2.3 注意事项

本方法的注意事项如下:

a) 如果怀疑岩样含有黏土矿物,应在测定岩心含水量的干燥步骤时,使用温度约为 60 ℃(140 ℉),湿度为 45%的恒湿烘箱。这样做是为了防止失去黏土矿物中的结合水和物理状态束缚水(不影响矿化度)[126],从而避免过高估算岩心含水量,导致地层水的矿化度偏低。由于在恒湿条件下干燥,不会使黏土矿物脱水,因此加到样品中的 100 mL 水的检测不到的水分将使黏土再水化。
b) 所有步骤包括从岩心保存到把盐水试样移到测定矿化度的样品容器,要小心操作避免水分蒸发。

8.7.2.4 优点

本方法简单,使用设备少,测定时间短。

8.7.2.5 应用局限

本方法的应用局限如下:

a) 岩样中的油干扰地层水含量的测定。烃类中的挥发性组分,在干燥阶段将会损失,从而使含水量过高。
b) 如果岩心中含有硫化物矿物,在岩心处理、储存或盐分提取过程中,就会被氧化,如黄铁矿氧化时产生水溶性硫酸铁盐,这会导致萃取的盐量增加。
c) 如果岩心中含有可溶于盐的固相(矿化度与地层盐水平衡),即硬石膏或氯化钠,在干燥和萃取过程中,由于萃取时水量远远高于岩样量,就可把这些盐萃取出来,因而使地层水的矿化度增高。
d) 样品遭到破坏。
e) 计算出的地层水的矿化度有可能不代表地层压力和温度条件下的地层水矿化度。

8.7.3 地层水矿化度的测定

测定地层水的矿化度,可以用氯离子的化学测定法、折射率法、电阻率测量法。矿化度可表示为:地层水中百万分之几的氯化钠(虽然其他盐类一般用百分含量表示),相当于每千克溶液中含有的氯化钠的毫克数(氯化钠和水)。

测定地层水的矿化度还有其他几种分析方法。包括离子色谱、原子吸收和电感耦合等离子体光谱。这些方法联合应用能够准确地确定地层水中的阳离子和阴离子组分,但需要的设备比 8.7.3.1、

8.7.3.2 和 8.7.3.3 所述方法需要的设备昂贵得多。

8.7.3.1 化学法测定氯离子

利用由岩心中排出的未稀释的盐水溶液、通过冲洗岩样过滤得到的滤液或在浸滤过程用的水样测定氯离子浓度。水的矿化度由地层水中百万分之几的氯化钠表示(mg/kg)。

8.7.3.1.1 仪器和试验过程

API RP 45[127]中详细描述了测定氯离子的仪器、试剂和过程(油田水分析推荐作法和 ASTM D512-89[128]水中氯离子的标准实验方法)。ASTM 列出了四种方法:方法 A——水银量滴定、方法 B——硝酸银滴定、方法 C——比色法、方法 D——离子选择电极,最好用方法 B。其中描述的计算将给出氯离子而不是氯化钠的矿化度。8.7.3.1.3 中描述了氯化钠的计算方法。

8.7.3.1.2 注意事项

注意事项如下:

a) 盐水样品应稀释到滴定溶液和设备的最佳范围内。

b) 做氯离子的空白测定,以校准玻璃容器和试验用水中存在的氯离子。

8.7.3.1.3 计算

采用以下计算过程:

a) 直接计算岩样中排出的地层水的矿化度。通过氯离子滴定测量的盐溶液的摩尔浓度,可以转化为氯化钠含量,mg/kg,见式(220):

$$C_{NaCl} = 1\,000 \times N_1 \times MW_{NaCl}/D_w \qquad \cdots\cdots(220)$$

式中:

C_{NaCl}——NaCl 含量,mg/kg。

其中 N_1 见式(221):

$$N_1 = V_2 \times N_2/V_1 \qquad \cdots\cdots(221)$$

N_1 ——测得的盐溶液的摩尔浓度,单位为毫摩尔每毫升(mmol/mL);

V_1 ——滴定的盐溶液体积,单位为毫升(mL);

N_2 ——氯离子试剂的当量浓度(即硝酸银),单位为毫摩尔每毫升(mmol/mL);

V_2 ——滴定终点氯离子试剂的体积,单位为毫升(mL);

D_w ——地层水的密度,单位为克每毫升(g/mL);

MW_{NaCl}——NaCl 的摩尔质量=58.5 g/mol。

b) 当岩心不能排出地层水,盐由水萃取时,地层水中原来存在的盐通过反算获取。将用化学法测定的矿化度换算为由岩样获取的氯化钠总毫克数。该数值表示由样品地层水中得到的总矿化度。总矿化度以盐的毫克数除以通过饱和度测定得到的地层水的体积质量,用于计算地层水中的盐的浓度,该值以百万分之几的氯化钠表示。

由岩心样品浸滤得到的氯化钠溶液,通过氯离子滴定确定的毫克数计算见式(222)、式(223):

$$m_{NaCl} = N_1 \times 58.5 \times V_w \qquad \cdots\cdots(222)$$

$$N_1 = V_2 \times N_2/V_1 \qquad \cdots\cdots(223)$$

式中:

m_{NaCl}——NaCl 质量,单位为毫克(mg);

N_1 ——测得的盐溶液的摩尔浓度,单位为毫摩尔每毫升(mmol/mL);

V_1 ——滴定的盐溶液体积,单位为毫升(mL);

N_2 ——氯离子试剂的摩尔浓度(即硝酸银),单位为毫摩尔每毫升(mmol/mL);

V_2 ——滴定终点氯离子试剂的体积，单位为毫升(mL)；

V_w ——用于浸滤或萃取样品的水体积，单位为毫升(mL)。

假如岩样不含油，地层水的质量直接由岩样干燥前与干燥后的质量差求得。干燥过程应按6.3.2.2.3.6的说明进行。

地层水的矿化度(mg/kg)由式(224)求得：

$$S=\frac{m_{NaCl}\times 1\ 000}{m_{dcs}+m_{NaCl}} \quad \cdots\cdots(224)$$

式中：

S ——地层水矿化度，单位为毫克每千克(mg/kg)；

m_{NaCl} ——NaCl 质量，单位为毫克(mg)；

m_{dcs} ——地层水质量，单位为克(g)；

m_{NaCl} ——NaCl 质量，单位为克(g)。

如果岩样含油，以下的计算可以提供近似的矿化度值。但须确定该样品或相邻样品的流体饱和度。岩样所含水量由式(225)计算：

$$M=V_b\times\phi\times S_w\times D_w \quad \cdots\cdots(225)$$

其中，V_b 由式(226)计算：

$$V_b=[(m/D_g)/(1-\phi)] \quad \cdots\cdots(226)$$

式中：

m ——干岩样质量，单位为克(g)；

D_g ——颗粒密度，单位为克每立方厘米(g/cm^3)；

ϕ ——孔隙度，小数表示；

V_b ——岩样总体积，单位为立方厘米(cm^3)；

S_w ——含水饱和度，%；

D_w ——地层水密度，单位为克每立方厘米(g/cm^3)。

如果颗粒密度还未测定，则采用所测地层有代表性的值。假设地层水的密度以1.0为初始估计值，用式(224)计算矿化度以后，就可以根据计算的拟矿化度，用新的密度重新计算式(225)，用式(224)重新计算矿化度。

8.7.3.1.4 优点

本方法的优点如下：

a) 方法迅速，方便。

b) 能准确确定氯化物。

8.7.3.1.5 应用局限

本方法的应用局限如下：

a) 结果以氯化钠表示，实际测定的是与银离子形成稳定沉淀的阴离子，而不是单测氯离子。本方法不能检测出溶液中存在的硫酸盐和重碳酸盐。

b) 其他的卤化物，如溴化物和碘化物，也按氯化物来测定。

8.7.3.1.6 准确度或精度

当地层水可以通过离心或非混溶液冲洗采出时，矿化度(mg/kg)测定的准确度受测定矿化度方法的控制，地层水样品的氯离子滴定的准确度约为总矿化度的±1%～2%。API RP 45 报告的精度约为1%，准确度约为现有量的2%。当地层水的盐由干岩心萃取时，确定地层水的矿化度(mg/kg)受水含量测定的限制[120]。McCoy 等人[120]报告的油田数据，用油基泥浆，在油——水接触面取的岩心测定的氯化物矿化度(油基泥浆),与产出水的矿化度一致,误差平均在1%之内。干岩心样品水萃取获得的氯化物浓度约为2 000 OBM(油基泥浆)(用与8.7.2和8.7.3相似的方法)。

8.7.3.2 折射率测定

通过测定折射率可估算水的离子组成。折射率与氯化钠及其他盐的离子浓度有直接关系。可由文献数据绘制不同矿化度和氯化钠溶液温度下的标准图(见图51)[129][130]。如果已知折射率,以百万分之几的氯化钠(mg/kg)表示的地层水的矿化度,可用测定的折射率根据该图确定。

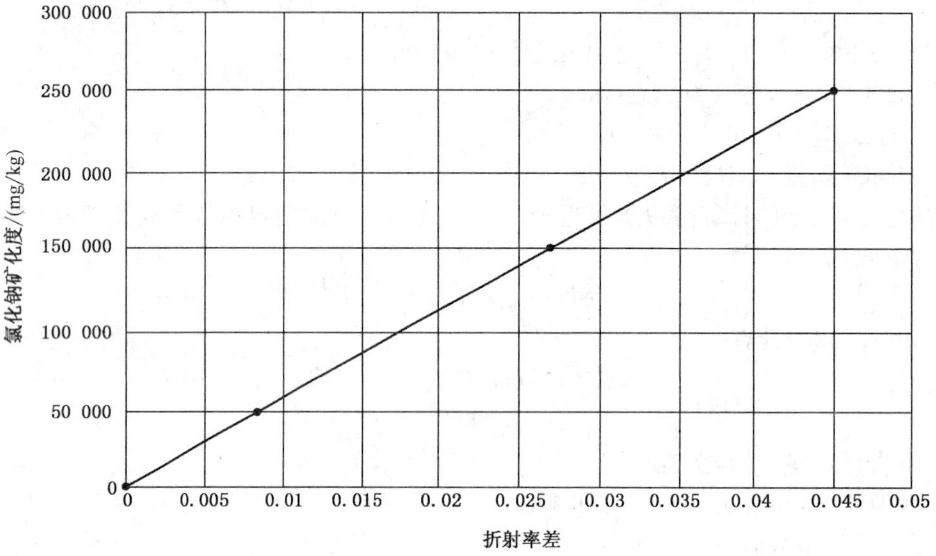

图51 蒸馏水与盐水折射率的差

8.7.3.2.1 仪器

本方法使用的仪器包括:

a) 折射仪。

b) 配套的玻璃器皿。

8.7.3.2.2 分析过程

用已知浓度的氯化钠溶液校准仪器,得出与图51类似的关系图。仪器和分析过程的细节可在ASTM D542:1985(孔隙水萃取和用折射仪测定固体溶解盐含量的标准试验方法,测定盐水样品的折射率)中查到。用标准图(见图51)和相应的计算,将折射率转换为地层水的矿化度值。

8.7.3.2.3 注意事项

折射率值应校准到标准温度。

8.7.3.2.4 优点

本方法的优点包括:

a) 测量迅速。

b) 确定的是氯化钠的总当量浓度。

8.7.3.2.5 应用局限

水中的所有离子均按氯化钠计算。

8.7.3.2.6 **准确度或精度**

见 8.7.3.1.6 的说明，根据 ASTM D4542，用折射仪测定矿化度，准确度应在±300 mg/kg 矿化度之内。

8.7.3.3 **电阻率测量**

通过测量电阻率可评价水的总离子组成。在很宽的浓度范围内，电阻率的变化与氯化钠和其他盐的离子浓度变化相反。图 52 是表示各种矿化度和温度下氯化钠溶液的电阻率值的标准图。如果已知电阻率，那么，就能根据这种图，用测量的电阻率值来确定地层水的矿化度以百万分之几的氯化钠表示(mg/kg)。

8.7.3.3.1 **仪器**

本方法使用的仪器包括：

a) 电阻率样品室。

b) 电阻率仪。

c) 配套的玻璃器皿。

8.7.3.3.2 **操作过程**

用已知浓度的氯化钠溶液校准电阻率样品室，得出一个与图 52 所示的类似关系图。浸滤岩心得到的一部分样品放在电阻率样品室中，用一合适的电阻率仪测量其电阻率值。用标准图(图 52)经过适当的计算，将电阻率值转换为地层水的矿化度值。关于仪器和操作过程的详细资料可在 ASTM D1125-82(水的电导率的试验方法[131],[132])中查到。

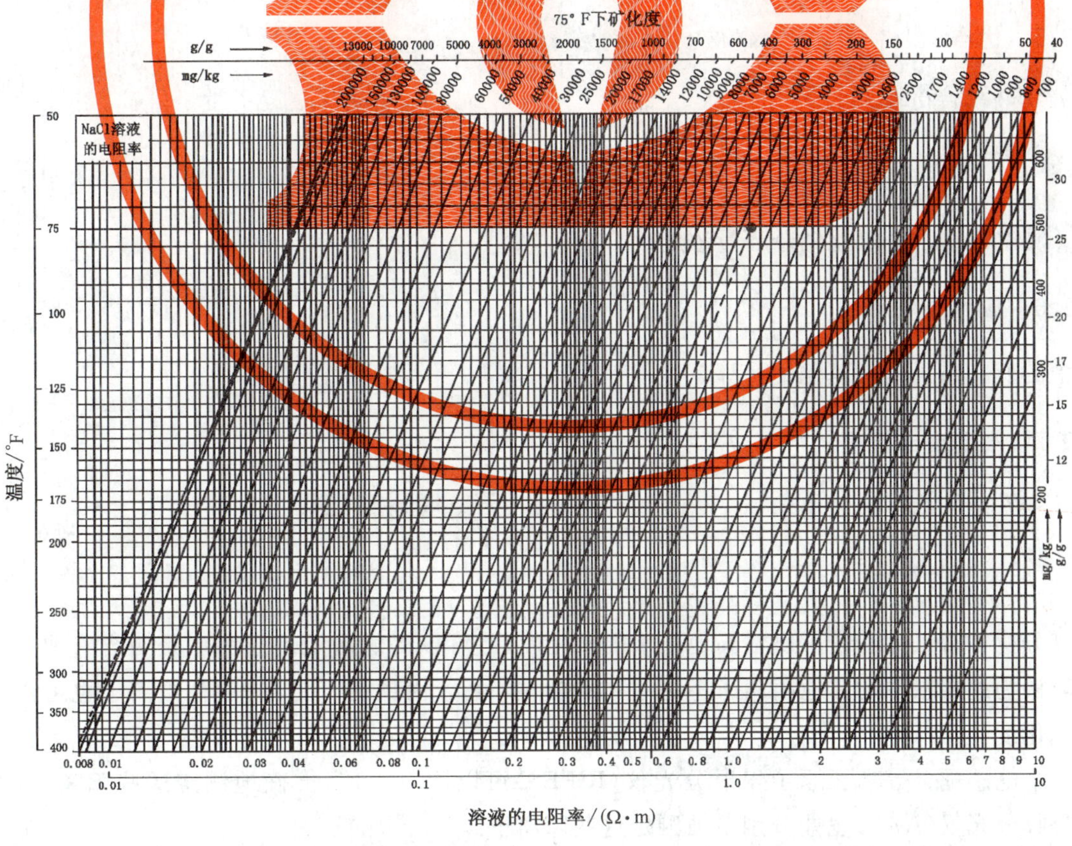

图 52 确定矿化度的电阻率与温度和矿化度的转换图表

8.7.3.3.3 注意事项

本方法的注意事项包括：

a) 应对电阻率仪和样品室校准。

b) 电阻率值应校准到标准温度下。

c) 在进行测量前，电阻率样品室的电极应是清洁的。

d) 根据 Worthington 等人[132]描述的方法，用已知的标准盐溶液，在整个测量量程范围内检测或校准样品室电极的电池常数。

e) 硫化氢可能会使校准好的电极发生变化。

8.7.3.3.4 计算

本方法的计算过程如下：

a) 可以直接计算由岩样排出的地层水的矿化度。用图 52[127]绘出的曲线，将盐溶液的电阻率直接转换为每千克溶液盐的毫克浓度。

b) 当样品不能排出地层水，用水萃取样品中的盐时，地层水原有的矿化度通过反算求得。由电阻率测量法求得的矿化度，转换为由岩样浸滤所含的氯化钠总毫克数。该数值代表岩样地层水的总盐量。用毫克总盐量和由饱和度试验得到的地层水的体积质量，计算地层水的盐浓度，该值以百万分之几的氯化钠表示。按照 8.7.3.1.3 b)提出的过程，求得地层水的矿化度(mg/kg)。

8.7.3.3.5 优点

本方法的优点包括：

a) 测量迅速。

b) 电阻率数据与电法测井的测量值有直接关系。

c) 测定的结果是氯化钠总当量浓度。

8.7.3.3.6 应用局限

水中的所有离子均按氯化钠计算。

8.7.3.3.7 准确度或精度

见 8.7.3.1.6 的一般说明和 ASTM D1125[131]关于电阻率专门资料。

8.7.3.4 阳离子的测定

直接分析钠、钾、钙和镁可以估算地层水的矿化度，并可以提供确定地层水中是否含有取心液的方法。一般认为地层水中的其他阳离子不超过矿化度的 5%。由钠、钾、钙、镁四种阳离子也可以估算地层水的矿化度。

用一个电感耦合等离子原子发射分光仪(ICPES)可以同时迅速、准确地测定这些阳离子的浓度。用原子吸收分光仪(AAS)也能分别单独测定这些阳离子。

有些先进的钻井液/取心液中含有高浓度的钾。大多数地层水中，钠与钾的比值远远大于 1。因此对于钾基取心液，就可以根据地层水中钾与钠的比值，估算取心液的侵入程度。

8.7.3.4.1 仪器和操作过程

ASTM D4191[133]中详细描述了用原子吸收分光仪(AAS)测定阳离子——钠,ASTM D4192[134]测定阳离子——钾,和 ASTM E508[135]测定阳离子——钙的仪器和操作过程。ASTM D1976[136]中详细描述了用 ICPES 测定阳离子——钠的仪器和操作过程。

8.7.3.4.2 注意事项

本方法的注意事项包括:

a) 通常情况下,即使含有大量的硫酸根、重碳酸根离子以及少量的其他阴离子,计算矿化度时,仍假设阴离子均为氯离子。
b) 用 Na/K 比值估计取心液的侵入,需要了解钾与取心液中的钠膨润土以及与地层岩石中的黏土的相互作用状况。
c) 需要了解局部蒸发,及其对样品制备的影响。
d) 分析操作应由经过培训的人员在安装有固定设备的试验室中进行。

8.7.3.4.3 计算

采用 8.7.3.1.3 中描述的计算方法,用阳离子的原子量代替氯化钠的分子量,可以得到未稀释盐水的氯化钠含量。岩心浸滤液也可用于计算阳离子浓度。

8.7.3.4.4 优点

本方法的优点包括:

a) ICPES 和 AAS 都是准确的分析方法。
b) 用这些数据可以估计取心液的侵入程度。
c) 阳离子分析可以提供更完整的矿化度图,取代当假设钠是唯一的阳离子时,总矿化度只是根据氯离子分析求得。

8.7.3.4.5 应用局限

缺少 ICPES 和 AAS 法有效性的资料,且分析费用高。

8.7.3.4.6 准确度或精度

见 8.7.3.1 的一般说明和 ASTM D4191、D4192、E508 和 D1976 等更专门的资料[133]~[136]。一般来说,AAS 和 ICPES 测定的阳离子的浓度,准确度和精度能达到 1%和 2%。

9 编写报告

9.1 概述

岩心分析程序的一个主要部分是数据文件报告。典型的报告格式由表格、图和数字组成,这些资料构成了测试程序的永久记录。这样的报告将提供给用户并按正常的程序由试验室归档。

表 25 和表 26 是在井场和试验室建立的数据文件表格,有助于认识或解释数据的注释,以附件或附注的方式提供,还应考虑实际分析与公认标准间的偏差。这种偏差可能包括:

a) 特殊的取心条件；

b) 对设计的取心液作出的更改；

c) 对井场、试验室的岩心处理及保存方法所做的必要改变；

d) 特殊的试验室操作过程等。报告还应包括有关试验方法的文字说明，不留下任何问题或疑问。

9.2 报告格式

报告一般分三种格式：表格报告、图形报告和数字报告。

9.2.1 表格报告

表格报告应包括所有的数据，这些真实的、并被制成表格的数据应以一种便捷的方式表现。表25和表26列出了表格所需的各项参数。孔隙度值应精确到0.1%，而颗粒密度值要精确到0.01 g/cm^3，渗透率值不少于三位有效数字。数据的特殊表示形式可由用户与分析人员共同确定。建议报告的有效数字位数如下：

孔隙度值为3位 （例如，0.251或25.1%）；

颗粒密度值为3位（例如，2.65 g/cm^3）；

饱和度值为3位 （例如，50.5% PV）；

孔隙体积值为4位（例如，21.85 cm^3）；

渗透率值为3位 （例如，$2.55\times10^{+3}$mD）。

9.2.2 图形报告

图形常被利用来直观描述各种岩心数据并提供给用户。随着计算机绘图软件的发展，目前已有大量图形格式可供选用，其中包括横剖面图、直方图和岩心数据剖面（测井）。选择哪种图形格式，由岩心分析项目所决定；然而有两种图已经被广泛接受，建议在每个基本岩心分析报告中都包括这两种图，即：渗透率与孔隙度关系图和岩心数据与深度（井深或海拔高度）关系图。

9.2.2.1 渗透率与孔隙度关系

大多数岩心分析报告中包括渗透率与孔隙度关系图，即，孔隙度绘在直线x轴上，渗透率绘在对数y轴上（井壁取心报告很少包括这种关系图）（见图53）。某些最佳拟合直线是“估计的”，而其他的则是利用曲线拟合方法推导的。后者很难获得好的拟合结果，这取决于数据点的数量和在拟合曲线以外或太分散的数据点，可能对数学上的研究有影响。标准的图形标注还应包括：分析报告的其他部分所采用的基本数据以及假设、注释或每幅图的比例尺。坐标轴比例的选择与数据有关，根据分析范围，可能变化很大，一般选择的图形比例应使所有的数据点都落在图内，且保持座标轴的刻度以2，5或10的单位递增。

9.2.2.2 岩心数据剖面图

岩心剖面测井是由多图件构成的，有时叫做“岩心分析测井”（见图54）。该图提供了岩心数据随样品深度变化的直观图形，一般包括：自然伽马、渗透率、孔隙度、储层流体饱和度、体积密度或颗粒密度测井。推荐纵向深度比例尺为每127.0 mm/30.5 m（5 in/100 ft），水平比例尺根据测井项目不同单独选择，使数据分布在整个图内。标准图形标注还应包括：岩心分析报告的其他部分所采用的基本数据以及假设、注释或每幅图的比例尺。

表 25　岩心分析井场数据

准备人：____	日期：____	岩心编号：____
操作人：____	取心公司____	岩心分析公司____
	联系方式/电话____	联系方式/电话____
井别：____	油田储层____	地址____
井号：____	□垂直井 □斜井 □侧钻井	____
国家/省/县：____ ____	合法井位/区块____ ____	海拔____地面/平均海平面/钻台 ____补心高度____
人员要求____	电话____传真____	地址____
发报告至____	电话____传真____	地址____
代理人____	电话____传真____	地址____
钻井合同____	电话____传真____	地址____

取心液/钻井液：
类型/成分____　密度____ g/cm³　漏斗黏度____ s
失水速度____ cm³/30 min　氯化物含量____ mg/L　pH 值____　示踪剂____

取心类型 □常规　　内筒类型： □海绵　　□定向桶 □保压　　□其他 井壁取心：□冲击 或 □机械钻取 设计的取心数量____获得的取心数量____	地层/层位 ____ 预计的岩心点____ ____ 预计的岩心点____ ____ 预计的岩心点____ 井斜____ 总的取心收获率____ 取心长度____□m 取心时间____	深度(钻机) 取心层段____ 岩心段收获率____ 取心层段____ 岩心段收获率____ 取心层段____ 岩心段收获率____ 岩心直径____□cm 钻头类型____ 收获率____ 起下钻时间____
分析计划 □柱塞样品或□全直径 方法 □流体饱和度 □孔隙度____ □颗粒密度 □渗透率____ □地面伽马射线____ □特殊说明____	运输 □运输公司____ □陆运____ □空运____ □其他____ 运输工具____ 运出日期____	
岩心保存 暴露时间/气候____ 注意事项____ ____ 方法 □塑料薄膜/类型____ □冷冻 □干冰或□液氮 □冷藏____ ℃ □岩心内筒 □岩心包裹和/或□浸入(类型)□树脂处理 □其他 实验室及长期保存____ 特殊说明____ 岩心邮寄及岩心的发送____	估计原生水的矿化度____ mg/L 氯化物或估计的电阻率____在____℃ 预计的产能：□油 □凝析油 □干气 备注____ ____ ____ ____ ____ 附取心测井曲线和岩心描述	

表 26　基础岩心分析实验室数据

委托分析基本信息

日期：______年______月______日

井名 ：__________文件名 ：__________

委托方：____

□全直径或□柱塞岩心：尺寸__________□cm

测试项目　　　　　　方法及特殊说明

□ 饱和度(油、水、气)________________________________

□ 孔隙度________________________________

□ 渗透率________________________________

□ 颗粒密度________________________________

□ 其他________________________________

各方同意的检测目的：____________________________

____

运输详细清单

运输工具______运出日期______岩心到达日期______

岩心到达时的状况：

□保存完好 □冷冻状态 □岩心有损坏

□已清洗 □其他

相关深度：钻井深度__________测井深度__________

真实垂直深度__________□m

岩心缺失段的位置：□底部 □中部 □顶部

扫描方法：

□CT □X 射线 □核磁共振 □荧光 □其他

岩心样品处理：

伽马射线处理(是/否)处理类型________________

分析之前的实验室保存方法________________________

选样方法________________________________

样品套筒使用情况□是□否，套筒类型__________

正常岩心样品的直径______长度______□cm

钻取柱塞及刨平所用的流体________________________

分析之前的处理情况(冲洗、评估、重新饱和等)________

____

岩心储存情况(取走的岩心、储存位置、保存方式等)____

____

实验室分析人____

其他的服务__________

□切片 □树脂处理 □照相：□黑白 □彩色

□紫外线 □其他

辅助实验____

____

分析方法与条件

岩心清洗：方法　　条件

□没清洗　　溶剂____________________

□蒸馏抽提　　温度________□℃

□索氏抽提　　压力________□kPa

□CO_2/溶剂　　时间____________________

□溶剂流动　　体积_____ cm^3 流速_____ cm^3/s

□其他　　其他____________________

烘干：　方法　　条件

□常规烘箱　　温度__________□℃

□真空烘箱　　时间____________________

□湿度烘箱　　相对湿度%________________

□其他

孔隙度：方法

孔隙体积法	颗粒体积法	外观总体积法
□波义耳定律	□波义耳定律	□卡尺丈量法
□饱和法	□阿基米德法	□阿基米德法
□流体加和法	□V_b-V_g 法	□水银驱替法
□V_b-V_g 法	□其他	□V_b+V_p
□其他		□其他

条件及流体

围压(压力梯度与类型)____________□kPa

气体__________液体______________

压力__________

渗透率：方法　　条件

□稳态法　　流体类型________________

□非稳态法　　围压____________□kPa

□探针法　　套筒硬度________________

□经验法　　孔隙压力________单位________

□没测定　　克氏：□测定 □经验的 □没校正

□其他　　惯性系数：□测定 □经验的□没校正

饱和度：方法　　条件

□蒸馏抽提(DS)　　温度__________□℃

□高温干馏　　流体________________

□其他　　水密度____□g/cm^3□kg/m^3

油密度____□g/cm^3□/kg/m^3

含盐量校正：　□校正了水体积

□校正了油质量 □没校正

质量保证：(分析报告的页码)____________________

说明/备注：________________________________

异常数据：________________________________

委托公司：		日期：
井号：		其他信息：
井别：		
合法井位/区块：		
层位：		
分析井段：		
国家、省、县：		
油田/储层：		

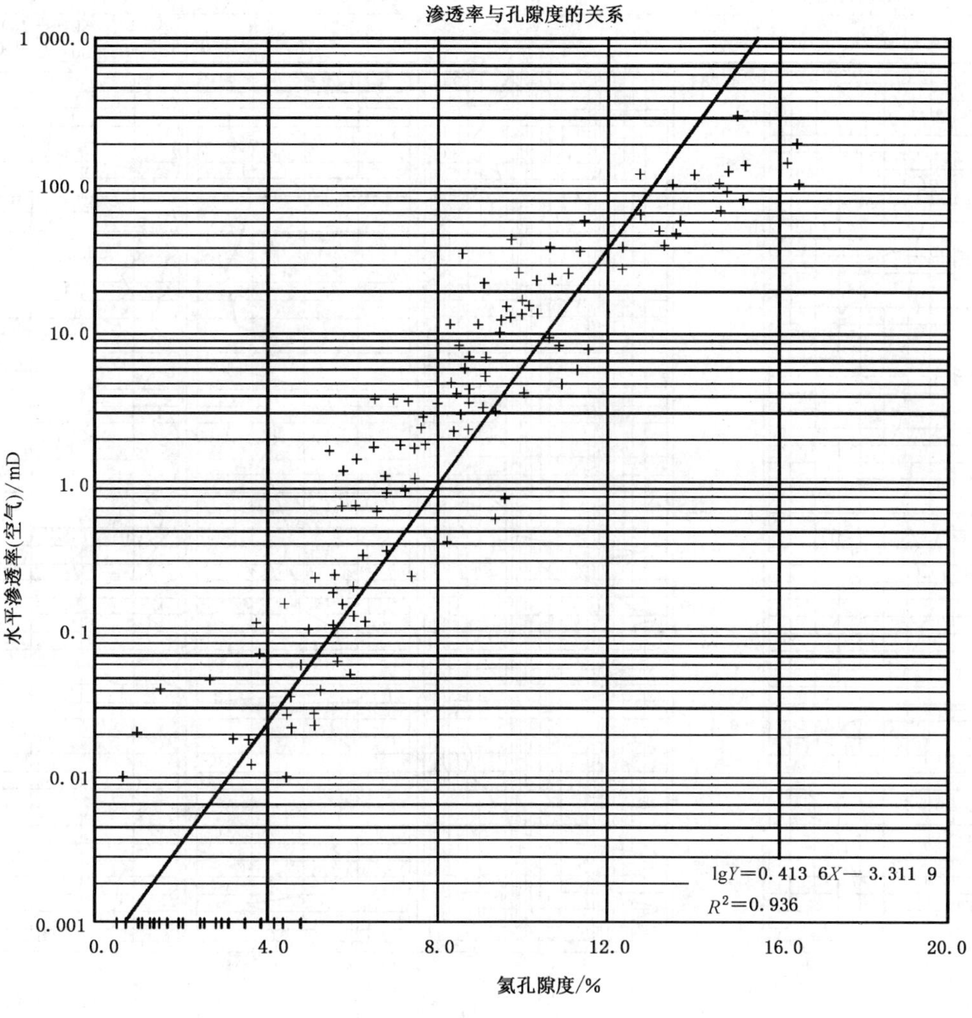

图 53　渗透率与孔隙度关系图

委托公司：		日期：
井号：		其他信息：
井别：		
合法井位/区块：		
层位：		
分析井段：		
国家、省、县：		
油田/储层：		

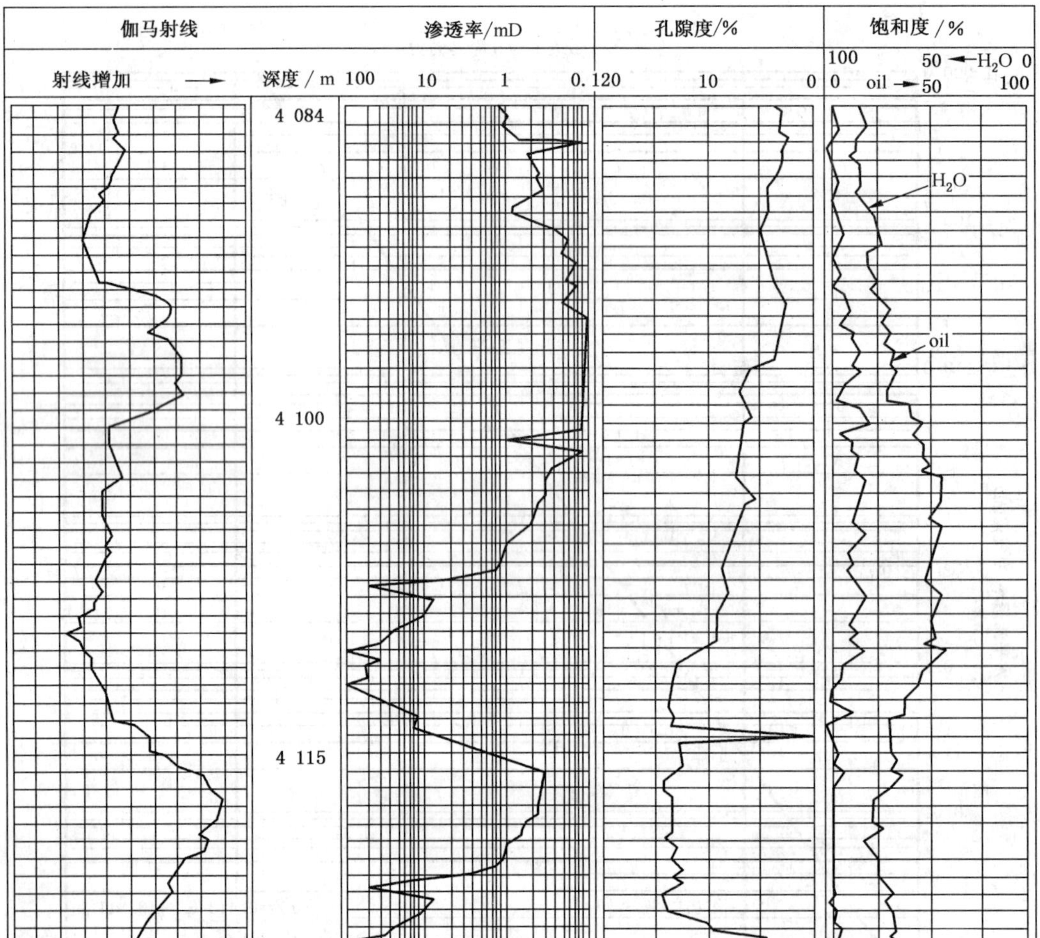

图 54 岩心数据剖面

9.2.3 数字报告

目前技术的发展，提供了以数字格式自动记录岩心分析数据的方法。作为存储结果，初始数据（原始数据）和计算数据（最终结果）都逐步由计算机系统完成。目前的技术为数据集的采集和存储提供了大量的可供选择的方法。

数字岩心分析交换标准（DCIS）定义了任何类型的物理存储介质（如软盘、磁带、光盘等）的逻辑数据构成。物理格式是存储定位和组成在物理介质上的数据的一种方式。将逻辑格式和物理格式绑定的具体方式取决于介质和存取机理,这不属于本标准的讨论范畴。

9.2.3.1 数字格式

DCIS 格式由以下单元组成:

a) 逻辑记录—— 一组 8 字节或数据代码。

b) 逻辑文件—— 一组相关的逻辑记录。

按字节标准,DCIS 数据是一个 8 字节顺序流,字节 k 优先于 k+1。不允许数据加密,不允许高阶字节;原则上,所有的数据均以 ASCII 表示(ASCII 32 到 ASCII 126)。只有 ASCII 13(回车)和在每个记录的终点的 ASCII 10(换行)例外。回车和换行联用表示逻辑记录的终点。所有的记录紧接着以前记录的字节位置,在回车——换行联用处开始。

逻辑文件的排列应按照图 55 的实例。

29	记录数	逻辑文件标题
225	最大记录长度	
16	逻辑文件体标题记录号	
公司:	××××××公司	逻辑文件体标题
井别:	××××	
井号:	××××××	
段:	×××	
区:	××××××	
地区:	××××××	
油田:	××××	
地层:	××××	
省:	××××	
县:	××××	
岩心类型:	有塑料衬筒的常规岩心	
钻井液类型:	××	
海拔:	××××××	
报告日期:	××××××	
分析人:	×××	
9	逻辑文件体栏标题号	
样品号		逻辑文件栏标题
深度(m)		
样品类型		
渗透率(mD)		
孔隙度(%)		
含油饱和度(%)		
含水饱和度(%)		
岩性		

1	1234全直径岩心	12.3	35.5	30.0	42.0	砂岩:棕色,地层声波测井仪,微声波侧井仪	主体
2	1235或柱塞岩心	10.3	30.2	29.0	50.8	砂岩:棕色,地层声波测井仪,微声波侧井仪	
3	1236或井壁取心等	0.3	8.5	21.3	62.3	砂岩:棕色,地层声波测井仪,微声波侧井仪	

图 55 DCIS 逻辑文件实例

9.2.3.2 逻辑文件标题

提供关于逻辑文件的其他内容的通用资料。其中的每个记录,以回车终止,接着是换行字符。在记录行 1,字节 1 的逻辑位置开始,出现的信息是:

a) 记录 1——记录数,以 ASCII 代码表示的正整数,右边对齐,中间无逗号,如果需要,前面加空格,用来定义包含在逻辑文件中的数字逻辑记录。该数值包括逻辑文件标题中的记录。

b) 记录 2——最大记录长度:以 3 个 ASCII 代码表示的非负整数,右边对齐,如果需要,前面加空格。0 值表示记录的最大长度未知。正值表示逻辑文件无记录,其大小将超出最大记录长度。正值与实际最大记录长度无关,它只需要一个上限值。

9.2.3.3 逻辑文件体标题

基本岩心分析报告中显示的数字应完全按复印件的格式和排列。这部分最大允许 15 个记录,每个记录都以 ASCII 代码表示,左边对齐,允许后边代空格(按 ASCII 空格代码设计)。只有在这个程序中,第一个记录除外,"逻辑体标题记录数"由两个代码表示。右边对齐,正整数。在这个记录中,逻辑文件体标题至少由以下记录组成:

a) 逻辑文件体标题记录数(包括在计数中);
b) 公司名称;
c) 井号;
d) 油田;
e) 地层;
f) 省;
g) 县;
h) 岩心类型;
i) 泥浆类型;
j) 海拔高度(KB);
k) 报告日期;
l) 分析人。

其中每个记录的第一个字符应定义记录标题(例如:公司、井号、油田等)。用一个冒号把定义与数值隔开。

9.2.3.4 逻辑文件体

包括了岩心分析数据的主体,对复印件报告中的每个样品用一个记录。由以下几部分组成:

a) 栏标题——给出接着下一个程序所遵循的设计信息。其中的信息将提供每栏数据的定义,最大允许 25 个记录。该程序的每个记录均以 ASCII 代码表示,左边对齐,后边可以是空格(按 ASCII 空格代码设计)。唯一的例外是该程序第一个记录——"逻辑文件体列标题的记录数",它由两个字符表示,右对齐,正整数。要注意的是,记录数以"逻辑文件体标题记录数"表示,可在逻辑文件体标题中查到,包括标题栏记录数列出的行号。至少应包括以下内容:
    1) 逻辑文件体标题栏中的记录数(包括逻辑文件体标题栏);
    2) 样品号;
    3) 深度;
    4) 样品类型(柱塞、全直径等)。

    该程序中的附加记录应列入附加数据栏的设计(例如渗透率、含油饱和度等)。应包括测量单位(%、g、cm^3 等)。
b) 主体——该程序包括岩心分析数据的主体,其设计由先前的程序定义。分析的每个样品的各个数据栏,至少由两个 ASCII 空格代码隔开。该设计应与报告的复印件设计相同。

9.3 质量保证

质量保证/质量控制(QA/QC)是岩心分析过程必不可少的组成部分,它是所有的试验室技术和管理的基础。QA/QC 影响所有的技术决策、人员培训、人员选择、分析设备选择、设备和仪器的使用以及对定义的标准和质量控制方法的遵守。此外，QA/QC还影响操作过程，即：常规步骤检查、文件编制控制和质量检验控制。切割岩心之前，做计划时应考虑QA/QC。质量保证是对于获取数据的整个过程和操作步骤的检验。成本限制和使用数据的目的可以决定试验方法并充分利用获得的数据。数据能否很好地代表原始地层情况，不太好确定，应由评估工程师和/或终端用户对其作出评价。

质量控制是评价试验方法或仪器的一个必不可少的过程。其过程由目前的研究确定，得出可定义的误差界限或试验室根据可比较的标准样品的测量值建立的精度的综述。

质量控制数据由每一个直接的或间接的测量值与测量过程一起提供，它提供质量保证的起点。质量控制是实验室和最终用户双方的责任。

报告中不需要公布专利过程的细节。

高标准的QA/QC取决于分析人员、管理人员、试验室领导和QA管理者对质量过程严格执行规章(议定书)的承诺。标准化国际组织和国家测量鉴定机构是两个致力于建立质量保证标准的组织。

9.4 QA/QC规约

9.4.1 步骤1

a) 保证标准操作步骤(SOP)与样品类型及管理人员的说明一致。
b) 承担所有或部分样品的保管。
c) 提供的设备/仪器与SOP指定的一致。
d) 根据SOP指定进行分析(包括校准)。
e) 由分析得出数据并保证数据在控制界限内。
f) 保存所有的结果、设备控制、校准检查以及与SOP文本要求一致的文本。
g) 保存所有的QA/QC数据控制图表。

9.4.2 步骤2

a) 检查程序上对样品类型的要求，并保证其符合SOP标准。
b) 检查所有产生的数据及计算。
c) 检查QA/QC标准并确定数据在界限以内。
d) 如果数据不在QA/QC界限内，评价结果需要重新分析，当已经超过了界限时，要在报告中注释。
e) 形成最终报告，并将其提交给实验室领导。

9.4.3 步骤3

a) 检查最终报告数据，并把新的数据组与以前完成的数据作出比较，看其是否一致。
b) 检查数据是否在可接受的QA/QC标准界限内。
c) 如果需要并且可能的情况下，安排重新分析样品。
d) 检查最终报告的分析质量、管理文件及其完整性。确认所有的实验室程序和文件满足机构和客户的要求。

9.4.4 步骤4

a) 进行随机和非随机地选择最终报告完整性的检查。检查包括文件验证、数据处理和报告叙述的评价。
b) 检查最终报告的分析和文件的完整性，是否满足客户或合同的要求及报告的适时性。
c) 报告提交给上级管理者。

d) 半年一次，用空白样品进行系统检查，定期进行评价研究。

编写报告的表格数据应按表 27～表 32 列出的格式。表 33 列出了某些 SI 单位、换算因数和岩心分析常用的公式。表 34 列出了常用术语。

表 27 基本柱塞岩心分析报告[a]

<table>
<tr><td colspan="6">委托公司</td><td colspan="3">日期：</td></tr>
<tr><td colspan="3">井号</td><td colspan="3"></td><td colspan="3" rowspan="7">其他信息：</td></tr>
<tr><td colspan="3">井别</td><td colspan="3"></td></tr>
<tr><td colspan="3">合法井位/区块</td><td colspan="3"></td></tr>
<tr><td colspan="3">层位</td><td colspan="3"></td></tr>
<tr><td colspan="3">分析井段</td><td colspan="3"></td></tr>
<tr><td colspan="3">国家、省、县</td><td colspan="3"></td></tr>
<tr><td colspan="3">油田/储层</td><td colspan="3"></td></tr>
<tr><td>样品号</td><td>深度[b]
m 或 ft</td><td>代表井段
m 或 ft</td><td>气体渗透率[c]
K_h、$K_{h\infty}$[d]、K_v、$K_{v\infty}$[d]
mD</td><td>孔隙体积[e]
cm^3</td><td>孔隙度[c]
%</td><td>颗粒密度
g/cm^3</td><td>油、水、气饱和度
%</td><td>岩性</td></tr>
<tr><td></td><td></td><td></td><td></td><td></td><td></td><td></td><td></td><td></td></tr>
<tr><td></td><td></td><td></td><td></td><td></td><td></td><td></td><td></td><td></td></tr>
<tr><td></td><td></td><td></td><td></td><td></td><td></td><td></td><td></td><td></td></tr>
<tr><td></td><td></td><td></td><td></td><td></td><td></td><td></td><td></td><td></td></tr>
<tr><td></td><td></td><td></td><td></td><td></td><td></td><td></td><td></td><td></td></tr>
<tr><td></td><td></td><td></td><td></td><td></td><td></td><td></td><td></td><td></td></tr>
<tr><td colspan="9">[a] 这个格式也可用于旋转井壁取心的岩心分析报告。
[b] 表示的深度是钻井的深度，精确到 1/100 m 或 1/10 ft(0.01 m 或 0.1 ft)。
[c] 应指定围压。见表 26，测量时用的压力类型和数量。
[d] 应指定流动试验所用的气体类型，以及是否校正了滑脱和惯性阻力(外推或关系)。
[e] 可选的，供 QA/QC 数据的使用。</td></tr>
</table>

表 28　基本全直径岩心分析报告

委托公司		日期：
井号		其他信息：
井别		
合法井位/区块		
层位		
分析井段		
国家、省、县		
油田/储层		

样品号	深度[a] m 或 ft	气体渗透率[b] K_{max}[c]，$K_{90°}$[c]，K_v[c] mD	孔隙体积[d] cm^3	孔隙度[b] %	颗粒密度 g/cm^3	油、水、气饱和度 %	岩性

[a] 全直径岩心分析，还应标出样品的顶深和底深。
表示的深度是钻井的深度，精确到 1/100 m 或 1/10 ft(0.01 m 或 0.1 ft)。
[b] 应指定围压，见表 26 测量期间所用的压力类型和数量。
[c] 应指定流动试验所用的气体类型，以及是否校正了滑脱和惯性阻力(见表 26)。
K_{max}不是最大渗透率，而是测量的两个水平渗透率中的较大的渗透率值，$K_{90°}$是与 K_{max}呈 90°的水平渗透率值。
[d] 可选的，供 QA/QC 数据的使用。

表 29 基本井壁取心岩心分析报告

委托公司		日期：
井号		其他信息：
井别		
合法井位/区块		
层位		
分析井段		
国家、省、县		
油田/储层		

取样长度 cm 或 in	深度[a] m 或 ft	渗透率（经验的） mD	孔隙度 BV %	孔隙体积[b] cm^3	油、水饱和度（蒸馏） %	油、气饱和度[c] %	可能的产物[d]	临界含水饱和度[e]（经验的） %	气体传感器组件[f]	岩性

[a] 表示的深度是电缆深度，精确到 1/100 m 或 1/10 ft（0.01 m 或 0.1 ft）。
[b] 可选的，供 QA/QC 数据的使用。
[c] 任选的。
[d] 除产出液体外，任选的。
[e] 任选的，估计油层含水饱和度，在此基础上预测产水量（由关系获得的经验值）。
[f] 通过测量插入井壁容器或输送岩心的容器内的热电阻线的传导率，测量存在的烃类气体。

表 30　基本油湿海绵岩心分析报告

<table>
<tr><td colspan="3">委托公司</td><td colspan="3"></td><td colspan="5">日期：</td></tr>
<tr><td colspan="3">井号</td><td colspan="3"></td><td colspan="5" rowspan="7">其他信息：
用于计算的原油密度，________
□g/cm³　□kg/m³</td></tr>
<tr><td colspan="3">井别</td><td colspan="3"></td></tr>
<tr><td colspan="3">合法井位/区块</td><td colspan="3"></td></tr>
<tr><td colspan="3">层位</td><td colspan="3"></td></tr>
<tr><td colspan="3">分析井段</td><td colspan="3"></td></tr>
<tr><td colspan="3">国家、省、县</td><td colspan="3"></td></tr>
<tr><td colspan="3">油田/储层</td><td colspan="3"></td></tr>
<tr><td>样品号</td><td>深度[a]
m 或 ft</td><td>气体渗透率[b]
K_{max}[c]，$K_{90°}$[c]，K_{v}[c]
mD</td><td>孔隙体积[d]
cm^3</td><td>孔隙度
%</td><td>颗粒密度
g/cm^3</td><td>海绵含油饱和度[e]
%</td><td>岩心含油饱和度
%</td><td>总含油(岩心+海绵)饱和度
%</td><td>含水饱和度
%</td><td>岩性</td></tr>
<tr><td></td><td></td><td></td><td></td><td></td><td></td><td></td><td></td><td></td><td></td><td></td></tr>
<tr><td></td><td></td><td></td><td></td><td></td><td></td><td></td><td></td><td></td><td></td><td></td></tr>
<tr><td></td><td></td><td></td><td></td><td></td><td></td><td></td><td></td><td></td><td></td><td></td></tr>
<tr><td></td><td></td><td></td><td></td><td></td><td></td><td></td><td></td><td></td><td></td><td></td></tr>
<tr><td></td><td></td><td></td><td></td><td></td><td></td><td></td><td></td><td></td><td></td><td></td></tr>
<tr><td></td><td></td><td></td><td></td><td></td><td></td><td></td><td></td><td></td><td></td><td></td></tr>
</table>

[a] 全直径岩心分析，还应标明样品的顶深和底深。
表示的深度是钻井的深度，精确到 1/100 m 或 1/10 ft(0.01 m 或 0.1 ft)。

[b] 应指定围压，见表 26 测量期间所用的压力类型和数量。

[c] 应指定流动试验所用的气体类型，以及是否校正了滑脱和惯性阻力(见表 26)。
K_{max}不是最大渗透率，而是测量的两个水平渗透率中的较大的渗透率值，$K_{90°}$是与 K_{max}呈 90°的水平渗透率值。

[d] 可选的，供 QA/QC 数据的使用。

[e] 应指定标准条件。

表 31　基本全直径保压岩心分析报告

委托公司		日期：
井号		其他信息：
井别		
合法井位/区块		
层位		
分析井段		
国家、省、县		
油田/储层		

样品号	深度[a] m 或 ft	气体渗透率[b] K_{max}[c]，$K_{90°}$[c]，K_{v}[c] mD	孔隙体积[d] cm^3	孔隙度[b] %	颗粒密度 g/cm^3	压力下降油、水饱和度 %	总的在标准条件下的油、水饱和度[e] %	岩性

[a] 全直径岩心分析还应标明样品的顶深和底深。

表示的深度是钻井的深度，精确到 1/100 m 或 1/10 ft(0.01 m 或 0.1 ft)。

[b] 应指定围压，见表 26 测量期间所用的压力类型和数量。

[c] 应指定流动试验所用的气体类型，以及是否校正了滑脱和惯性阻力(见表 26)。

K_{max}不是最大渗透率，而是测量的两个水平渗透率中的较大的渗透率值，$K_{90°}$是与 K_{max} 是呈 90°的水平渗透率值。

[d] 可选的，供 QA/QC 数据的使用。

[e] 应指定标准条件。

表 32 基本岩心裂缝分析报告

<table>
<tr><td colspan="3">委托公司</td><td colspan="2"></td><td colspan="4">日期：</td></tr>
<tr><td colspan="3">井号</td><td colspan="2"></td><td colspan="4" rowspan="7">其他信息：</td></tr>
<tr><td colspan="3">井别</td><td colspan="2"></td></tr>
<tr><td colspan="3">合法井位/区块</td><td colspan="2"></td></tr>
<tr><td colspan="3">层位</td><td colspan="2"></td></tr>
<tr><td colspan="3">分析井段</td><td colspan="2"></td></tr>
<tr><td colspan="3">国家、省、县</td><td colspan="2"></td></tr>
<tr><td colspan="3">油田/储层</td><td colspan="2"></td></tr>
<tr><td>样品号</td><td>深度[a]
m 或 ft</td><td>气体渗透率[b]
K_h，N-S[c] K_h，
E-W[c] K_h，
NW-SE[c] K_h，
NE-SW[c]
mD</td><td>气体
渗透率[b]
K_v[c]
mD</td><td>孔隙体积[d]
cm^3</td><td>孔隙度[b]
%</td><td>颗粒密度
g/cm^3</td><td>油、水
饱和度
%</td><td>岩性</td></tr>
<tr><td></td><td></td><td></td><td></td><td></td><td></td><td></td><td></td><td></td></tr>
<tr><td></td><td></td><td></td><td></td><td></td><td></td><td></td><td></td><td></td></tr>
<tr><td></td><td></td><td></td><td></td><td></td><td></td><td></td><td></td><td></td></tr>
<tr><td></td><td></td><td></td><td></td><td></td><td></td><td></td><td></td><td></td></tr>
<tr><td></td><td></td><td></td><td></td><td></td><td></td><td></td><td></td><td></td></tr>
<tr><td></td><td></td><td></td><td></td><td></td><td></td><td></td><td></td><td></td></tr>
<tr><td colspan="9">[a] 全直径岩心分析，还应标明样品的顶深和底深。
表示的深度是钻井的深度，精确到 1/100 m 或 1/10 ft(0.01 m 或 0.1 ft)。
[b] 应指定围压，见表 26 测量期间所用的压力类型和数量。
[c] 应指定流动试验所用的气体类型，以及是否校正了滑脱和惯性阻力。
[d] 可选的，供 QA/QC 数据的使用。</td></tr>
</table>

表 33 单位和换算

量	惯用单位	SPE 选用的公制单位	换算系数(换算系数乘惯用单位得公制单位)
t—时间	d	s	8.640 0×10^{4}
	s	d	1.157 4×10^{-5}
L—长度	ft	m	3.048×10^{-1}
	in	mm	2.54×10
A—面积	sq ft	m^{2}	9.290×10^{-2}
	sq in	mm^{2}	6.451 6×10^{-2}
V—体积、容积	liter	dm^{3}	1.0
	ft^{3}	m^{3}	2.831 685×10^{-2}
m—质量	lbm	kg	4.535 942×10^{-1}
	kg	g	1.0×10^{3}
	g	kg	1.0×10^{-3}
T—温度	℉	℃	(℉-32)/1.8
	℃	℃	1.0
	°R	K	5/9
	K	K	1.0
p—压力	atm(760 mm Hg at 0℃ or 14.696 lbf/in^{2})	MPa	1.013 25×10^{-1}
		kPa	1.013 25×10^{2}
	bar	MPa	1.0×10^{-1}
	bar	kPa	1.0×10^{2}
	lbf/in^{2}(psi)	MPa	6.894 757×10^{-3}
	lbf/in^{2} mm Hg(0 ℃)	kPa	6.894 757
	torr	kPa	1.333 224×10^{-1}
	dyne/cm^{2}	Pa	1.0×10^{-1}
q—流量	ft^{3}/D	m^{3}/d	2.831 685×10^{-2}
	U. S. gal/min(liquids)	dm^{3}/s	6.309 020×10^{-2}
	ft^{3}/D	cm^{3}/s	3.277 413×10^{-1}
u—体积速度(流动或地面的)	ft/D	m/d	3.048×10^{-1}
	ft/D	cm/d	3.048×10
	ft/D	mm/d	3.48×10^{2}
	ft/s	m/s	3.048×10^{-1}
ρ_{gas}—密度(气体)	lbm/ft^{3}	kg/m^{3}	1.601 846×10
	lbm/ft^{3}	g/m^{3}	1.601 846×10^{4}

表 33（续）

量	惯用单位	SPE 选用的公制单位	换算系数(换算系数乘惯用单位得公制单位)
ρ_w，ρ_o—密度	lbm/U. S. gal(liquids)	kg/m³	$1.198\ 264\times10^{2}$
	lbm/U. S. gal(liquids)	g/m³	$1.198\ 264\times10^{-1}$
	lbm/ft³	kg/m³	$1.601\ 846\times10$
	lbm/ft³	g/m³	$1.601\ 846\times10^{-2}$
	g/m³	kg/m³	1.0×10^{3}
	g/m³	kg/dm³	1.0
	°API	Specific gravity	141.5/(131.5+°API)
ρ_{ma}—密度(固体)	lbm/ft³	kg/m³	$1.601\ 846\times10$
υ—黏度(运动)	cm²/s	mm²/s	1.0×10^{2}
	Ft²/hr	mm²/s	$2.580\ 64\times10$
	cSt mm²/s	1.0	
μ—黏度(动力)	dyne-s/cm²	Pa·s	1.0×10^{-1}
	cP	Pa·s	1.0×10^{-3}
	lbm/(ft-hr)	Pa·s	$4.133\ 789\times10^{-4}$
	cP	(Ns)/m²	1.0×10^{-3}
σ_S—表面张力	dyne/cm	m(milli)N/m	1.0
γ_g—界面张力(IFT)	dyne/cm	m(milli)N/m	1.0
K—绝对/特定渗透率	Darcy(d)	μm²	$9.869\ 233\times10^{-1}$
	millidarcy(mD)	μm²	$9.869\ 233\times10^{-4}$
	Microdarcy(μmD)	μm²	$9.869\ 233\times10^{-7}$
ω—角速度	rpm	rad/s	$1.047\ 198\times10^{-1}$

表 34 术语[a]

术　语	术　语
K_a—空气渗透率，mD	lbm—磅
K_h—水平渗透率，mD	lbf—磅力
K_v—垂直渗透率，mD	lbm/ft³—磅/立方英尺
K_∞—等效液体渗透率(校正 Klinkenberg)，mD	kg/m³—千克/立方米
$K_{90°}$—与水平渗透率(K_{max})呈 90°的渗透率，mD	g/m³—克/立方米
K_{max}—两个呈 90°方向的水平渗透率其中值较高的一个	g/cm³—克/立方厘米
℃—摄氏度	lbm/US—磅/US 伽仑
°F—华氏度	cSt—厘沱

表 34（续）

术　语	术　语
°R—兰金度	cP—厘泊
K—开氏温度	d—天
cm^3—立方厘米	s—秒
dm^3—立方分米	S_g—气体饱和度，%
ft—英尺	S_o—含油饱和度，%
ft^2—平方英尺	S_w—含水饱和度，%
in—英寸	ϕ—孔隙度，%
m—米	ϕ_e—有效孔隙度，%
m^2—平方米	ϕ_t—总孔隙度，%
mm^2—平方毫米	V_p—孔隙体积
μm^2—平方微米	V_b—总体积
Pa—帕	V_g—颗粒体积
kPa—千帕	V_{gas}—气体体积
kg—千克	V_o—油体积
g—克	V_w＝水体积
ρ_g—颗粒密度	ρ_b＝总密度
[a] SI 公制单位系统和 SPE 标准公制单位，SPE，Dallas，1984。	

附 录 A
（资料性附录）
气体定律偏差因子表

气体定律偏差因子表见表 A.1、表 A.2 及表 A.3。

表 A.1 由 Beattie-Bridgemann 状态方程计算得到的空气气体定律偏差因子

压力 p	华氏温度单位下的空气偏差因子								压力 p	摄氏温度单位下的空气偏差因子							
psia	55 ℉	60 ℉	65 ℉	70 ℉	75 ℉	80 ℉	85 ℉	90 ℉	psia	0℃	5℃	10℃	15℃	20℃	25℃	30℃	35℃
0	1.000 00	1.000 00	1.000 00	1.000 00	1.000 00	1.000 00	1.000 00	1.000 00	0	1.000 00	1.000 00	1.000 00	1.000 00	1.000 00	1.000 00	1.000 00	1.000 00
10	0.999 68	0.999 70	0.999 72	0.999 73	0.999 75	0.999 77	0.999 79	0.999 80	10	0.999 57	0.999 62	0.999 66	0.999 69	0.999 73	0.999 76	0.999 79	0.999 82
20	0.999 35	0.999 39	0.999 43	0.999 47	0.999 51	0.999 54	0.999 57	0.999 61	20	0.999 15	0.999 23	0.999 31	0.999 39	0.999 46	0.999 52	0.999 58	0.999 64
30	0.999 04	0.999 10	0.999 15	0.999 21	0.999 26	0.999 31	0.999 36	0.999 41	30	0.998 73	0.998 86	0.998 97	0.999 08	0.999 19	0.999 28	0.999 37	0.999 46
40	0.998 72	0.998 80	0.998 88	0.998 95	0.999 02	0.999 09	0.999 16	0.999 22	40	0.998 31	0.998 48	0.998 64	0.998 78	0.998 92	0.999 05	0.999 17	0.999 28
50	0.998 40	0.998 50	0.998 60	0.998 69	0.998 78	0.998 87	0.998 95	0.999 03	50	0.997 90	0.998 11	0.998 30	0.998 48	0.998 66	0.998 82	0.998 97	0.999 11
60	0.998 09	0.998 21	0.998 33	0.998 44	0.998 54	0.998 65	0.998 75	0.998 84	60	0.997 48	0.997 73	0.997 97	0.998 19	0.998 39	0.998 59	0.998 76	0.998 93
70	0.997 78	0.997 92	0.998 06	0.998 18	0.998 31	0.998 43	0.998 54	0.998 66	70	0.997 07	0.997 36	0.997 64	0.997 89	0.998 13	0.998 36	0.998 57	0.998 76
80	0.997 47	0.997 63	0.997 79	0.997 93	0.998 08	0.998 21	0.998 34	0.998 47	80	0.996 66	0.997 00	0.997 31	0.997 60	0.997 88	0.998 13	0.998 37	0.998 59
90	0.997 17	0.997 35	0.997 52	0.997 69	0.997 84	0.998 00	0.998 15	0.998 29	90	0.996 26	0.996 63	0.996 98	0.997 31	0.997 62	0.997 91	0.998 18	0.998 43
100	0.996 87	0.997 06	0.997 26	0.997 44	0.997 62	0.997 79	0.997 95	0.998 11	100	0.995 85	0.996 27	0.996 66	0.997 03	0.997 37	0.997 69	0.997 98	0.998 26
110	0.996 57	0.996 78	0.996 99	0.997 20	0.997 39	0.997 58	0.997 76	0.997 93	110	0.995 45	0.995 91	0.996 34	0.996 74	0.997 12	0.997 47	0.997 79	0.998 10
120	0.996 27	0.996 51	0.996 73	0.996 95	0.997 17	0.997 37	0.997 57	0.997 76	120	0.995 05	0.995 55	0.996 02	0.996 46	0.996 87	0.997 25	0.997 61	0.997 94
130	0.995 97	0.996 23	0.996 48	0.996 71	0.996 94	0.997 16	0.997 38	0.997 58	130	0.994 66	0.995 20	0.995 71	0.996 18	0.996 62	0.997 03	0.997 42	0.997 78
140	0.995 68	0.995 96	0.996 22	0.996 48	0.996 72	0.996 96	0.997 19	0.997 41	140	0.994 26	0.994 85	0.995 39	0.995 90	0.996 38	0.996 82	0.997 24	0.997 62
150	0.995 39	0.995 68	0.995 97	0.996 24	0.996 51	0.996 76	0.997 01	0.997 24	150	0.993 87	0.994 50	0.995 08	0.995 63	0.996 13	0.996 61	0.997 05	0.997 47

表 A.1（续）

压力 p	华氏温度单位下的空气偏差因子								压力 p	摄氏温度单位下的空气偏差因子							
psia	55 ℉	60 ℉	65 ℉	70 ℉	75 ℉	80 ℉	85 ℉	90 ℉	psia	0℃	5℃	10℃	15℃	20℃	25℃	30℃	35℃
160	0.995 10	0.995 41	0.995 72	0.995 72	0.996 01	0.996 01	0.996 29	0.996 56	160	0.993 49	0.994 15	0.994 77	0.995 35	0.995 89	0.996 40	0.996 87	0.997 32
170	0.994 81	0.995 15	0.995 47	0.995 78	0.996 08	0.996 37	0.996 64	0.996 91	170	0.993 10	0.993 81	0.994 47	0.995 08	0.995 66	0.996 19	0.996 70	0.997 17
180	0.994 53	0.994 88	0.995 22	0.995 55	0.995 87	0.996 17	0.996 46	0.996 75	180	0.992 72	0.993 47	0.994 16	0.994 81	0.995 42	0.995 99	0.996 52	0.997 02
190	0.994 25	0.994 62	0.994 98	0.995 33	0.995 66	0.995 98	0.996 29	0.996 59	190	0.992 34	0.993 13	0.993 86	0.994 55	0.995 19	0.995 79	0.996 35	0.996 87
200	0.993 97	0.994 36	0.994 74	0.995 10	0.995 45	0.995 79	0.996 11	0.996 43	200	0.991 96	0.992 79	0.993 56	0.994 28	0.994 96	0.995 59	0.996 18	0.996 73
210	0.993 69	0.994 10	0.994 50	0.994 88	0.995 25	0.995 60	0.995 94	0.996 27	210	0.991 59	0.992 46	0.993 27	0.994 02	0.994 73	0.995 39	0.996 01	0.995 69
220	0.993 42	0.993 85	0.994 62	0.994 66	0.995 05	0.995 42	0.995 77	0.996 12	220	0.991 21	0.992 12	0.992 97	0.993 37	0.994 50	0.995 20	0.995 84	0.996 54
230	0.993 15	0.993 60	0.994 03	0.994 45	0.994 85	0.995 23	0.995 60	0.995 96	230	0.990 84	0.991 80	0.992 68	0.993 51	0.994 28	0.995 00	0.995 68	0.996 31
240	0.992 88	0.993 35	0.993 80	0.994 23	0.994 65	0.995 05	0.995 44	0.995 81	240	0.990 48	0.991 47	0.992 39	0.993 26	0.994 06	0.994 81	0.995 52	0.996 17
250	0.992 61	0.993 10	0.993 57	0.994 02	0.994 45	0.994 87	0.995 28	0.995 66	250	0.990 11	0.991 15	0.992 11	0.993 00	0.993 84	0.994 62	0.995 35	0.996 04
260	0.992 35	0.992 85	0.993 34	0.993 81	0.994 62	0.994 70	0.995 11	0.995 52	260	0.989 75	0.990 82	0.991 82	0.992 75	0.993 62	0.994 44	0.995 20	0.995 91
300	0.991 32	0.991 90	0.991 46	0.992 99	0.993 51	0.994 01	0.994 49	0.994 96	300	0.988 33	0.989 57	0.990 71	0.991 78	0.992 78	0.993 71	0.994 59	0.995 40
400	0.988 91	0.989 68	0.990 41	0.991 12	0.991 80	0.992 46	0.990 9	0.993 70	400	0.984 98	0.986 60	0.988 12	0.989 52	0.990 84	0.992 07	0.993 21	0.994 28
500	0.986 76	0.987 70	0.988 61	0.989 48	0.990 32	0.991 13	0.991 90	0.992 65	500	0.981 90	0.983 91	0.985 78	0.987 51	0.989 13	0.990 64	0.992 06	0.993 37
600	0.984 86	0.985 98	0.987 05	0.988 08	0.989 07	0.990 02	0.990 94	0.991 83	600	0.979 11	0.981 49	0.983 70	0.985 76	0.987 67	0.989 45	0.991 12	0.992 68
700	0.983 22	0.984 50	0.985 73	0.986 92	0.988 05	0.989 15	0.990 20	0.991 22	700	0.976 62	0.979 35	0.981 89	0.984 25	0.986 45	0.988 50	0.990 41	0.992 19
800	0.981 85	0.983 29	0.984 67	0.986 00	0.987 28	0.988 50	0.989 68	0.990 82	800	0.974 42	0.977 50	0.980 35	0.983 01	0.985 47	0.987 77	0.989 92	0.991 92
900	0.980 74	0.982 33	0.983 86	0.985 32	0.986 73	0.988 09	0.989 39	0.990 65	900	0.972 53	0.975 93	0.979 08	0.982 02	0.984 74	0.987 28	0.989 65	0.991 85
1 000	0.979 89	0.981 63	0.983 29	0.984 89	0.986 42	0.987 90	0.989 32	0.990 69	1 000	0.970 93	0.974 65	0.978 09	0.981 29	0.984 26	0.987 02	0.989 60	0.992 00
1 100	0.979 31	0.981 18	0.982 97	0.984 70	0.986 35	0.987 94	0.989 47	0.990 94	1 100	0.969 65	0.973 66	0.977 37	0.980 81	0.984 01	0.986 99	0.989 77	0.992 35
1 200	0.979 00	0.980 99	0.982 90	0.984 74	0.986 51	0.988 21	0.989 84	0.991 41	1 200	0.968 67	0.972 95	0.976 92	0.980 60	0.984 02	0.987 19	0.990 16	0.992 91

表 A.1（续）

压力 p	华氏温度单位下的空气偏差因子								压力 p	摄氏温度单位下的空气偏差因子							
psia	55 ℉	60 ℉	65 ℉	70 ℉	75 ℉	80 ℉	85 ℉	90 ℉	psia	0℃	5℃	10℃	15℃	20℃	25℃	30℃	35℃
1 300	0.978 94	0.981 05	0.983 08	0.985 03	0.986 90	0.988 69	0.990 42	0.992 08	1 300	0.968 00	0.972 54	0.976 74	0.980 64	0.984 26	0.987 62	0.990 76	0.993 68
1 400	0.979 15	0.981 37	0.983 50	0.985 56	0.987 51	0.989 40	0.991 22	0.992 96	1 400	0.967 63	0.972 41	0.976 83	0.980 93	0.984 74	0.988 28	0.991 57	0.994 64
1 500	0.979 61	0.981 93	0.984 16	0.986 30	0.988 35	0.990 33	0.992 23	0.994 05	1 500	0.967 56	0.972 56	0.977 18	0.981 47	0.985 45	0.989 15	0.992 60	0.995 80
1 600	0.980 32	0.982 73	0.985 05	0.987 28	0.989 41	0.991 47	0.993 44	0.993 34	1 600	0.967 79	0.972 99	0.977 80	0.982 26	0.986 40	0.990 24	0.993 82	0.997 16
1 700	0.981 28	0.983 78	0.986 18	0.988 48	0.990 69	0.992 81	0.994 85	0.996 82	1 700	0.968 32	0.973 69	0.978 67	0.983 29	0.987 57	0.991 55	0.995 25	0.998 70
1 800	0.982 48	0.985 05	0.987 52	0.989 90	0.992 18	0.994 36	0.996 74	0.998 49	1 800	0.969 13	0.974 66	0.979 79	0.984 55	0.988 96	0.993 06	0.996 88	1.000 43
1 900	0.983 91	0.986 56	0.989 09	0.991 53	0.993 87	0.996 11	0.988 27	1.000 34	1 900	0.970 21	0.975 90	0.981 16	0.986 04	0.990 57	0.994 78	0.998 69	1.002 34
2 000	0.985 58	0.988 28	0.990 88	0.993 37	0.995 76	0.998 05	1.000 26	1.002 38	2 000	0.971 57	0.977 38	0.982 76	0.987 75	0.992 38	0.996 69	1.000 69	1.004 42
2 100	0.987 47	0.990 22	0.992 87	0.995 40	0.997 84	1.000 18	1.002 43	1.004 60	2 100	0.973 20	0.979 12	0.984 60	0.989 68	0.994 40	0.998 79	1.002 87	1.006 68
2 200	0.989 57	0.992 37	0.995 06	0.997 64	1.000 11	1.002 49	1.004 78	1.006 98	2 200	0.975 08	0.981 09	0.986 66	0.991 82	0.996 62	1.001 08	1.005 23	1.009 09
2 300	0.991 89	0.994 72	0.997 44	1.000 06	1.002 57	1.004 98	1.007 30	1.009 53	2 300	0.977 20	0.983 29	0.988 93	0.994 16	0.999 02	1.003 54	1.007 75	1.011 67
2 400	0.994 40	0.997 27	1.000 02	1.002 66	1.005 20	1.007 63	1.009 98	1.012 23	2 400	0.979 57	0.985 71	0.991 41	0.996 70	1.001 61	1.006 18	1.010 44	1.014 40
2 500	0.997 11	1.000 00	1.002 77	1.005 43	1.007 99	1.010 45	1.012 82	1.015 09	2 500	0.982 16	0.988 35	0.994 10	0.999 43	1.004 38	1.008 99	1.013 28	1.017 28
2 600	1.000 00	1.002 91	1.005 70	1.008 38	1.010 95	1.013 43	1.015 81	1.018 10	2 600	0.984 97	0.991 20	0.996 97	1.062 33	1.007 32	1.011 96	1.016 27	1.020 30
2 700	1.003 07	1.005 99	1.008 79	1.011 48	1.014 07	1.016 55	1.018 94	1.021 24	2 700	0.987 99	0.994 23	1.000 03	1.005 41	1.010 42	1.015 07	1.019 41	1.023 45
2 800	1.006 31	1.009 23	1.012 04	1.014 74	1.017 33	1.019 83	1.022 22	1.027 94	2 800	0.991 20	0.997 46	1.003 27	1.008 66	1.013 67	1.018 34	1.022 69	1.026 74
2 900	1.009 71	1.012 64	1.015 45	1.018 15	1.020 74	1.023 23	1.025 63	1.027 94	2 900	0.994 61	1.000 86	1.006 67	1.012 06	1.017 08	1.021 75	1.026 10	1.030 16
3 000	1.013 27	1.016 19	1.019 00	1.021 69	1.024 28	1.026 78	1.029 17	1.031 47	3 000	0.998 20	1.004 44	1.010 23	1.015 62	1.020 63	1.025 29	1.029 64	1.033 69

表 A.2　由 Beattie-Bridgemann 状态方程计算得到的氮气气体定律偏差因子

压力 p	华氏温度单位下的氮气偏差因子							
psia	55 ℉	60 ℉	65 ℉	70 ℉	75 ℉	80 ℉	85 ℉	90 ℉
0	1.000 00	1.000 00	1.000 00	1.000 00	1.000 00	1.000 00	1.000 00	1.000 00
10	0.999 75	0.999 77	0.999 79	0.999 81	0.999 83	0.999 84	0.999 86	0.999 87
20	0.999 50	0.999 54	0.999 58	0.999 62	0.999 65	0.999 69	0.999 72	0.999 75
30	0.999 26	0.999 32	0.999 38	0.999 43	0.999 48	0.999 53	0.999 58	0.999 63
40	0.999 02	0.999 10	0.999 17	0.999 25	0.999 32	0.999 38	0.999 45	0.999 51
50	0.998 78	0.998 88	0.998 97	0.999 07	0.999 15	0.999 24	0.999 32	0.999 40
60	0.998 55	0.998 67	0.998 78	0.998 89	0.998 99	0.999 09	0.999 19	0.999 28
70	0.998 32	0.998 45	0.998 58	0.998 71	0.998 83	0.998 95	0.999 06	0.999 17
80	0.998 09	0.998 24	0.998 39	0.998 54	0.998 68	0.998 81	0.998 94	0.999 06
90	0.997 86	0.998 04	0.998 20	0.998 37	0.998 52	0.998 61	0.998 82	0.998 96
100	0.997 64	0.997 83	0.998 02	0.998 20	0.998 32	0.998 64	0.998 70	0.998 85
110	0.997 42	0.997 63	0.997 84	0.998 03	0.998 22	0.998 41	0.998 58	0.998 75
120	0.997 20	0.997 43	0.997 60	0.997 87	0.998 09	0.998 28	0.998 42	0.998 66
130	0.996 98	0.997 24	0.997 48	0.997 71	0.997 93	0.998 15	0.998 36	0.998 56
140	0.996 77	0.997 04	0.997 10	0.997 55	0.997 79	0.998 03	0.998 25	0.998 47
150	0.996 56	0.996 85	0.997 13	0.997 40	0.997 66	0.997 90	0.998 14	0.998 37
160	0.996 36	0.996 67	0.996 46	0.997 23	0.997 52	0.997 79	0.998 04	0.998 29
170	0.996 15	0.996 48	0.996 80	0.997 10	0.997 39	0.997 67	0.997 94	0.998 20
180	0.995 95	0.996 30	0.996 63	0.996 95	0.997 26	0.997 56	0.997 84	0.998 12
190	0.995 76	0.996 12	0.996 47	0.996 81	0.997 15	0.997 44	0.997 75	0.998 04

压力 p	摄氏温度单位下的氮气偏差因子							
psia	0℃	5℃	10℃	15℃	20℃	25℃	30℃	35℃
0	1.000 00	1.000 00	1.000 00	1.000 00	1.000 00	1.000 00	1.000 00	1.000 00
10	0.999 65	0.999 69	0.999 73	0.999 77	0.999 80	0.999 83	0.999 86	0.999 89
20	0.999 30	0.999 39	0.999 46	0.999 54	0.999 60	0.999 67	0.999 73	0.999 78
30	0.998 96	0.999 08	0.999 20	0.999 31	0.999 41	0.999 50	0.999 59	0.999 68
40	0.998 62	0.998 78	0.998 94	0.999 08	0.999 22	0.999 34	0.999 46	0.999 57
50	0.998 28	0.998 49	0.998 68	0.998 86	0.999 03	0.999 19	0.999 33	0.999 47
60	0.997 95	0.998 19	0.998 43	0.998 64	0.998 84	0.999 03	0.999 21	0.999 37
70	0.997 61	0.997 90	0.998 17	0.998 43	0.998 66	0.998 88	0.999 09	0.999 28
80	0.997 29	0.997 62	0.997 92	0.998 21	0.998 48	0.998 73	0.998 96	0.999 18
90	0.996 96	0.997 33	0.997 68	0.998 00	0.998 30	0.998 58	0.998 85	0.999 09
100	0.996 64	0.992 05	0.997 44	0.997 79	0.998 13	0.998 44	0.998 73	0.999 00
110	0.996 32	0.996 77	0.997 19	0.997 59	0.997 95	0.998 30	0.998 62	0.998 92
120	0.996 01	0.996 50	0.996 96	0.997 39	0.997 79	0.998 16	0.998 51	0.998 83
130	0.995 69	0.996 23	0.996 72	0.997 19	0.997 62	0.998 02	0.996 40	0.998 75
140	0.995 38	0.995 96	0.996 49	0.996 99	0.997 45	0.997 89	0.998 29	0.998 67
150	0.995 08	0.995 69	0.996 26	0.996 80	0.997 29	0.997 76	0.998 19	0.998 60
160	0.994 78	0.995 43	0.996 04	0.996 60	0.997 13	0.997 63	0.998 09	0.998 52
170	0.994 48	0.995 17	0.995 82	0.996 42	0.996 98	0.997 50	0.997 99	0.998 45
180	0.994 18	0.994 91	0.995 60	0.996 23	0.996 83	0.997 38	0.997 90	0.998 38
190	0.993 89	0.994 66	0.995 38	0.996 03	0.996 67	0.997 26	0.997 80	0.998 31

表 A.2（续）

压力 p psia	华氏温度单位下的氮气偏差因子								压力 p psia	摄氏温度单位下的氮气偏差因子							
	55 ℉	60 ℉	65 ℉	70 ℉	75 ℉	80 ℉	85 ℉	90 ℉		0℃	5℃	10℃	15℃	20℃	25℃	30℃	35℃
200	0.995 56	0.995 95	0.996 31	0.996 67	0.997 01	0.997 34	0.997 65	0.997 96	200	0.993 60	0.994 41	0.995 17	0.995 87	0.996 53	0.997 14	0.997 71	0.998 25
210	0.995 37	0.995 77	0.996 16	0.996 53	0.996 89	0.997 23	0.997 56	0.997 88	210	0.993 31	0.994 16	0.994 96	0.995 69	0.996 38	0.997 03	0.997 63	0.998 19
220	0.995 18	0.995 60	0.996 01	0.996 39	0.996 77	0.997 13	0.997 43	0.997 81	220	0.993 03	0.993 92	0.994 75	0.995 52	0.996 24	0.996 91	0.997 54	0.998 13
230	0.995 00	0.995 44	0.995 86	0.996 26	0.996 66	0.997 03	0.997 39	0.997 74	230	0.992 75	0.993 68	0.994 54	0.995 35	0.996 10	0.996 80	0.992 46	0.998 07
240	0.994 82	0.995 27	0.995 71	0.996 13	0.996 54	0.990 93	0.997 30	0.997 67	240	0.992 47	0.993 44	0.994 34	0.995 18	0.995 96	0.996 69	0.997 38	0.998 02
250	0.994 64	0.995 11	0.995 57	0.996 00	0.996 43	0.996 83	0.997 22	0.997 60	250	0.992 20	0.993 21	0.994 14	0.995 02	0.995 83	0.996 59	0.997 30	0.997 96
260	0.994 46	0.994 95	0.995 42	0.995 88	0.996 32	0.996 74	0.997 15	0.997 54	260	0.991 93	0.992 98	0.993 95	0.994 85	0.995 70	0.996 49	0.997 22	0.997 91
300	0.993 78	0.994 35	0.994 89	0.995 41	0.995 91	0.996 39	0.996 86	0.997 31	300	0.990 89	0.992 08	0.993 20	0.994 24	0.995 20	0.996 11	0.996 95	0.997 74
400	0.992 30	0.993 04	0.993 75	0.994 43	0.995 08	0.995 71	0.996 32	0.996 91	400	0.988 51	0.980 08	0.991 54	0.992 89	0.994 16	0.995 34	0.996 44	0.997 42
500	0.991 12	0.992 02	0.992 89	0.993 72	0.994 53	0.995 30	0.996 04	0.996 75	500	0.986 74	0.988 32	0.990 18	0.991 85	0.993 39	0.994 84	0.996 18	0.997 44
600	0.990 24	0.991 30	0.992 32	0.993 30	0.994 24	0.995 14	0.996 00	0.996 85	600	0.984 78	0.987 04	0.989 14	0.991 09	0.992 91	0.994 60	0.996 18	0.997 66
700	0.989 67	0.990 88	0.992 04	0.993 15	0.994 22	0.995 25	0.996 24	0.997 20	700	0.983 43	0.986 02	0.986 02	0.990 64	0.992 71	0.994 64	0.996 44	0.998 11
800	0.989 40	0.990 74	0.997 04	0.993 28	0.994 27	0.995 62	0.996 72	0.997 79	800	0.982 44	0.985 32	0.988 00	0.990 18	0.992 79	0.994 94	0.996 94	0.998 81
900	0.989 43	0.990 91	0.992 32	0.993 68	0.994 99	0.996 25	0.997 46	0.998 62	900	0.981 80	0.984 96	0.987 89	0.990 61	0.993 15	0.995 50	0.997 69	0.999 74
1 000	0.989 76	0.991 36	0.992 89	0.994 36	0.995 77	0.997 13	0.998 44	0.999 69	1 000	0.981 31	0.984 93	0.988 10	0.991 04	0.993 78	0.996 32	0.998 69	1.000 90
1 100	0.990 39	0.992 09	0.993 73	0.995 30	0.996 81	0.998 26	0.999 001	1.001 00	1 100	0.983 56	0.985 22	0.988 61	0.991 76	0.994 68	0.997 40	0.999 93	1.002 29
1 200	0.991 31	0.993 11	0.993 73	0.995 30	0.996 810	0.998 260	0.999 661	1.002 54	1 200	0.981 96	0.985 83	0.989 42	0.992 76	0.995 85	0.998 73	1.001 41	1.003 90
1 300	0.992 51	0.994 41	0.996 23	0.997 97	0.999 65	1.001 26	1.002 81	1.004 30	1 300	0.982 70	0.986 76	0.990 53	0.994 03	0.997 28	1.000 20	1.003 12	1.005 74
1 400	0.993 99	0.995 97	0.997 87	0.999 69	1.001 44	1.003 12	1.004 74	1.006 29	1 400	0.983 76	0.988 00	0.991 93	0.995 58	0.998 97	1.002 12	1.005 05	1.007 78
1 500	0.995 75	0.997 80	0.999 76	1.001 65	1.003 46	1.005 21	1.006 88	1.008 94	1 500	0.985 15	0.989 55	0.993 62	0.997 40	1.000 91	1.004 17	1.007 21	1.010 04

表 A.2（续）

压力 p	华氏温度单位下的氮气偏差因子								压力 p	摄氏温度单位下的氮气偏差因子							
psia	55 ℉	60 ℉	65 ℉	70 ℉	75 ℉	80 ℉	85 ℉	90 ℉	psia	0℃	5℃	10℃	15℃	20℃	25℃	30℃	35℃
1 600	0.997 77	0.999 88	1.001 91	1.003 851	1.005 72	1.007 51	1.009 24	1.010 90	1 600	0.986 86	0.991 38	0.995 58	0.999 47	1.003 08	1.006 45	1.009 58	1.012 49
1 700	1.000 0	1.002 21	1.004 29	1.006 28	1.008 20	1.010 04	1.011 81	1.013 51	1 700	0.988 86	0.993 50	0.997 80	1.001 79	1.005 50	1.008 94	1.012 15	1.015 14
1 800	1.002 58	1.004 79	1.006 90	1.008 94	1.010 89	1.012 77	1.014 58	1.019 31	1 800	0.991 17	0.995 89	1.000 28	1.004 35	1.008 13	1.011 65	1.014 93	1.017 98
1 900	1.005 35	1.007 59	1.009 24	1.011 81	1.013 79	1.015 70	1.017 54	1.019 30	1 900	0.993 73	0.998 55	1.003 01	1.007 15	1.010 99	1.014 57	1.017 90	1.021 00
2 000	1.008 34	1.010 61	1.012 79	1.014 89	1.016 90	1.018 83	1.020 69	1.022 48	2 000	0.996 61	1.001 47	1.005 98	1.010 17	1.014 06	1.017 68	1.021 05	1.024 19
2 100	1.011 56	1.013 85	1.016 05	1.018 16	1.020 19	1.022 14	1.024 02	1.025 82	2 100	0.999 73	1.004 63	1.009 18	1.013 40	1.017 33	1.020 98	1.024 39	1.027 56
2 200	1.014 99	1.017 29	1.019 50	1.021 63	1.023 67	1.025 63	1.027 52	1.029 34	2 200	1.003 10	1.008 02	1.012 59	1.016 84	1.020 79	1.024 47	1.027 89	1.031 08
2 300	1.018 62	1.020 93	1.023 15	1.025 28	1.027 33	1.029 30	1.031 19	1.033 01	2 300	1.006 70	1.011 63	1.016 22	1.020 47	1.024 46	1.028 12	1.031 56	1.034 76
2 400	1.022 44	1.024 75	1.026 97	1.029 10	1.031 15	1.033 12	1.035 01	1.036 84	2 400	1.010 55	1.015 46	1.020 04	1.024 30	1.028 26	1.031 95	1.035 38	1.035 89
2 500	1.026 45	1.028 75	1.030 96	1.033 09	1.035 13	1.037 10	1.038 99	1.040 81	2 500	1.014 58	1.019 49	1.024 05	1.028 30	1.032 23	1.035 93	1.039 36	1.042 56
2 600	1.030 63	1.032 92	1.035 12	1.037 24	1.039 27	1.041 23	1.043 11	1.044 92	2 600	1.018 82	1.023 71	1.028 24	1.032 47	1.036 40	1.040 06	1.043 48	1.046 66
2 700	1.034 99	1.037 25	1.039 43	1.041 53	1.043 55	1.045 50	1.047 36	1.091 6	2 700	1.023 26	1.023 71	1.008 24	1.032 47	1.036 40	1.048 75	1.043 48	1.046 66
2 800	1.039 47	1.041 73	1.043 89	1.045 92	1.047 97	1.049 90	1.051 73	1.033 53	2 800	1.027 88	1.032 67	1.037 13	1.041 28	1.045 15	1.053 29	1.052 11	1.055 24
2 900	1.044 12	1.046 35	1.078 49	1.050 54	1.052 52	1.054 43	1.056 26	1.058 02	2 900	1.032 67	1.037 40	1.041 81	1.045 91	1.049 73	1.053 29	1.056 61	1.059 71
3 000	1.048 91	1.051 10	1.053 21	1.055 24	1.057 20	1.059 07	1.060 88	1.062 62	3 000	1.037 62	1.042 28	1.045 63	1.050 67	1.034 44	1.057 96	1.061 23	1.064 29

表 A.3 由 Beattie-Bridgemann 状态方程计算得到的氦气气体定律偏差因子

压力 p	华氏温度单位下的氦气偏差因子								压力 p	摄氏温度单位下的氦气偏差因子							
psia	55 ℉	60 ℉	65 ℉	70 ℉	75 ℉	80 ℉	85 ℉	90 ℉	psia	0℃	5℃	10℃	15℃	20℃	25℃	30℃	35℃
0	1.000 00	1.000 00	1.000 00	1.000 00	1.000 00	1.000 00	1.000 00	1.000 00	0	1.000 00	1.000 00	1.000 00	1.000 00	1.000 00	1.000 00	1.000 00	1.000 00
10	1.000 38	1.000 38	1.000 37	1.000 37	1.000 37	1.000 36	1.000 36	1.000 36	10	1.000 40	1.000 39	1.000 38	1.000 38	1.000 37	1.000 36	1.000 36	1.000 35
20	1.000 76	1.000 75	1.000 74	1.000 74	1.000 73	1.000 73	1.000 72	1.000 71	20	1.000 79	1.000 78	1.000 77	1.000 75	1.000 74	1.000 73	1.000 72	1.000 71
30	1.001 14	1.001 13	1.001 12	1.001 11	1.001 10	1.001 09	1.001 08	1.001 07	30	1.001 19	1.001 17	1.001 15	1.001 13	1.001 11	1.001 09	1.001 08	1.001 06
40	1.001 52	1.001 50	1.001 49	1.001 48	1.001 46	1.001 45	1.001 46	1.001 43	40	1.001 58	1.001 55	1.001 53	1.001 50	1.001 48	1.001 46	1.001 44	1.001 41
50	1.001 89	1.001 88	1.001 86	1.001 84	1.001 83	1.001 81	1.001 80	1.001 78	50	1.001 98	1.001 94	1.001 91	1.001 88	1.001 85	1.001 82	1.001 79	1.001 77
60	1.002 27	1.002 25	1.002 23	1.002 21	1.002 19	1.002 17	1.002 16	1.002 14	60	1.002 37	1.002 33	1.002 29	1.002 26	1.002 22	1.002 19	1.002 15	1.002 12
70	1.002 65	1.002 63	1.002 60	1.002 58	1.002 56	1.002 54	1.002 51	1.002 49	70	1.002 76	1.002 72	1.002 67	1.002 63	1.002 59	1.002 55	1.002 51	1.002 47
80	1.003 03	1.003 03	1.002 97	1.002 95	1.002 92	1.002 90	1.002 87	1.002 85	80	1.003 16	1.003 11	1.003 06	1.003 01	1.002 96	1.002 91	1.002 87	1.002 82
90	1.003 41	1.003 38	1.003 35	1.003 32	1.003 29	1.003 26	1.003 23	1.003 20	90	1.003 55	1.003 49	1.003 44	1.003 38	1.003 33	1.003 28	1.003 23	1.003 18
100	1.003 78	1.003 75	1.003 72	1.003 68	1.003 65	1.003 62	1.003 59	1.003 56	100	1.003 95	1.003 88	1.003 82	1.003 76	1.003 70	1.003 64	1.003 58	1.003 53
110	1.004 16	1.004 12	1.004 09	1.004 06	1.004 02	1.005 98	1.009 5	1.003 91	110	1.004 34	1.004 27	1.004 20	1.004 13	1.004 06	1.004 00	1.004 30	1.004 23
120	1.004 54	1.004 50	1.004 46	1.004 42	1.004 38	1.004 34	1.004 30	1.004 77	120	1.004 73	1.004 65	1.004 58	1.004 50	1.004 43	1.004 36	1.004 30	1.004 23
130	1.004 91	1.004 87	1.004 83	1.004 78	1.004 74	1.004 70	1.004 66	1.004 62	130	1.005 13	1.005 04	1.004 96	1.004 88	1.004 80	1.004 73	1.004 65	1.004 58
140	1.005 29	1.005 24	1.005 20	1.005 15	1.005 11	1.005 06	1.005 02	1.004 98	140	1.005 52	1.005 43	1.005 34	1.006 25	1.005 17	1.005 09	1.005 01	1.004 93
150	1.005 67	1.005 62	1.005 57	1.005 52	1.005 47	1.005 42	1.005 38	1.005 33	150	1.005 91	1.005 81	1.005 72	1.005 63	1.005 54	1.005 45	1.005 37	1.005 29
160	1.006 04	1.005 99	1.005 94	1.005 88	1.005 83	1.005 78	1.005 73	1.005 68	160	1.006 30	1.006 20	1.006 10	1.006 00	1.005 91	1.005 81	1.005 72	1.005 64
170	1.006 42	1.006 36	1.006 31	1.006 25	1.006 20	1.006 14	1.006 09	1.006 04	170	1.006 70	1.006 59	1.006 48	1.006 37	1.006 27	1.006 17	1.006 08	1.005 99
180	1.006 80	1.006 73	1.006 68	1.006 62	1.006 56	1.006 50	1.006 45	1.006 39	180	1.007 09	1.006 97	1.006 86	1.006 75	1.006 64	1.006 54	1.006 44	1.006 34

表 A.3（续）

压力 p	华氏温度单位下的氮气偏差因子								压力 p	摄氏温度单位下的氮气偏差因子							
psia	55 ℉	60 ℉	65 ℉	70 ℉	75 ℉	80 ℉	85 ℉	90 ℉	psia	0℃	5℃	10℃	15℃	20℃	25℃	30℃	35℃
190	1.007 17	1.007 11	1.007 04	1.006 98	1.006 92	1.006 86	1.006 80	1.006 75	190	1.007 48	1.007 36	1.007 24	1.007 12	1.007 01	1.006 90	1.006 79	1.006 69
200	1.007 55	1.007 48	1.007 41	1.007 35	1.007 28	1.007 22	1.009 16	1.007 10	200	1.007 87	1.007 74	1.007 62	1.007 49	1.007 37	1.007 26	1.007 15	1.007 04
210	1.007 92	1.007 85	1.007 78	1.007 71	1.007 65	1.007 58	1.007 52	1.007 45	210	1.008 26	1.008 13	1.007 99	1.007 87	1.007 74	1.007 62	1.007 50	1.007 39
220	1.008 30	1.008 22	1.008 15	1.008 08	1.008 01	1.007 94	1.007 87	1.007 81	220	1.008 66	1.008 51	1.008 37	1.008 24	1.008 11	1.007 98	1.007 86	1.007 74
230	1.008 67	1.008 59	1.008 52	1.008 44	1.008 37	1.008 30	1.008 23	1.008 16	230	1.009 05	1.008 90	1.008 75	1.008 61	1.008 47	1.008 34	1.008 21	1.008 09
240	1.009 05	1.008 97	1.008 89	1.008 81	1.008 73	1.008 66	1.008 58	1.008 51	240	1.009 44	1.009 28	1.009 13	1.008 98	1.008 84	1.008 70	1.008 57	1.008 44
250	1.009 42	1.009 71	1.009 62	1.009 54	1.009 46	1.009 37	1.009 29	1.009 22	250	1.009 83	1.009 67	1.009 51	1.009 35	1.009 21	1.009 06	1.008 92	1.008 79
260	1.009 80	1.009 71	1.009 62	1.009 54	1.009 46	1.009 37	1.009 29	1.009 22	260	1.010 22	1.010 05	1.009 62	1.009 54	1.009 46	1.009 37	1.009 29	1.009 22
300	1.011 29	1.011 19	1.011 09	1.010 99	1.010 90	1.010 81	1.010 71	1.010 62	300	1.011 29	1.011 19	1.011 39	1.011 21	1.011 03	1.010 86	1.010 69	1.010 53
400	1.015 02	1.014 88	1.014 75	1.014 62	1.014 50	1.014 37	1.014 25	1.014 13	400	1.015 67	1.015 41	1.015 15	1.014 91	1.014 68	1.014 45	1.014 23	1.014 01
500	1.018 73	1.018 56	1.018 40	1.018 24	1.018 08	1.017 92	1.017 77	1.017 62	500	1.019 53	1.019 21	1.018 90	1.018 59	1.018 30	1.018 01	1.017 74	1.017 47
600	1.022 42	1.022 22	1.022 02	1.021 83	1.021 64	1.021 45	1.021 27	1.021 09	600	1.023 38	1.022 29	1.022 62	1.022 26	1.021 91	1.021 57	1 021 24	1.020 92
700	1.026 09	1.025 86	1.025 63	1.025 41	1.025 19	1.024 97	1.024 76	1.024 55	700	1.027 21	1.026 76	1.026 33	1.025 90	1.025 50	1.025 10	1.024 72	1.024 34
800	1.029 74	1.029 48	1.029 22	1.028 97	1.028 72	1.028 47	1.028 23	1.027 99	800	1.034 02	1.030 51	1.030 01	1.029 53	1.029 07	1.028 62	1.028 18	1.027 76
900	1.033 38	1.033 09	1.032 80	1.032 51	1.032 23	1.031 95	1.031 68	1.031 42	900	1.034 82	1.034 24	1.033 68	1.033 15	1.032 62	1.031 21	1.031 63	1.031 15
1 000	1.037 00	1.036 68	1.036 35	1.036 04	1.035 73	1.035 42	1.035 12	1.034 83	1 000	1.038 59	1.037 95	1.037 34	1.036 74	1.036 16	1.035 60	1.035 06	1.034 54
1 100	1.040 61	1.040 25	1.039 90	1.039 55	1.039 21	1.038 87	1.038 54	1.038 22	1 100	1.042 35	1.041 65	1.040 97	1.040 32	1.039 69	1.039 07	1.038 48	1.037 90
1 200	1.044 20	1.043 81	1.043 42	1.043 05	1.042 67	1.042 31	1.041 95	1.041 60	1 200	1.046 09	1.045 33	1.044 60	1.043 88	1.043 20	1.042 53	1.041 88	1.041 26
1 300	1.047 77	1.047 35	1.046 93	1.046 53	1.046 13	1.045 73	1.045 35	1.044 97	1 300	1.049 81	1.048 99	1.048 20	1.047 43	1.046 69	1.045 97	1.045 27	1.044 59

表 A.3（续）

压力 p	华氏温度单位下的氦气偏差因子								压力 p	摄氏温度单位下的氦气偏差因子							
psia	55 ℉	60 ℉	65 ℉	70 ℉	75 ℉	80 ℉	85 ℉	90 ℉	psia	0℃	5℃	10℃	15℃	20℃	25℃	30℃	35℃
1 400	1.051 33	1.050 87	1.050 43	1.049 99	1.049 56	1.049 14	1.048 72	1.048 32	1 400	1.053 52	1.052 64	1.051 79	1.050 96	1.050 16	1.049 39	1.048 64	1.047 92
1 500	1.054 87	1.054 38	1.053 91	1.053 44	1.052 98	1.052 53	1.052 09	1.051 65	1 500	1.057 21	1.056 27	1.055 36	1.054 48	1.053 63	1.052 80	1.052 00	1.051 22
1 600	1.058 39	1.057 88	1.057 37	1.056 88	1.056 39	1.055 91	1.055 44	1.054 98	1 600	1.060 89	1.059 88	1.058 92	1.057 98	1.057 07	1.056 20	1.055 34	1.054 52
1 700	1.061 90	1.061 36	1.060 82	1.060 30	1.059 78	1.059 27	1.058 77	1.058 28	1 700	1.064 54	1.063 48	1.062 46	1.061 47	1.060 51	1.059 58	1.058 67	1.057 80
1 800	1.065 40	1.064 82	1.064 26	1.063 70	1.063 16	1.062 62	1.062 10	1.061 58	1 800	1.068 19	1.067 07	1.065 99	1.064 94	1.063 92	1.062 94	1.061 99	1.061 07
1 900	1.068 88	1.068 27	1.067 68	1.067 10	1.066 52	1.065 96	1.065 40	1.064 86	1 900	1.071 81	1.070 64	1.069 50	1.068 39	1.067 33	1.065 29	1.065 29	1.064 32
2 000	1.072 35	1.071 71	1.071 09	1.070 47	1.069 87	1.069 28	1.068 70	1.068 13	2 000	1.075 43	1.074 19	1.072 99	1.071 84	1.070 72	1.069 63	1.068 58	1.067 56
2 100	1.075 80	1.075 13	1.074 48	1.073 84	1.073 21	1.072 59	1.071 98	1.071 38	2 100	1.079 02	1.077 73	1.076 48	1.075 27	1.074 09	1.072 96	1.071 86	1.070 79
2 200	1.079 24	1.078 54	1.077 86	1.077 19	1.076 53	1.075 88	1.075 25	1.074 62	2 200	1.082 60	1.081 25	1.079 94	1.078 68	1.077 46	1.076 27	1.075 12	1.074 01
2 300	1.082 66	1.081 94	1.081 23	1.080 53	1.079 84	1.079 17	1.078 50	1.077 85	2 300	1.086 17	1.084 76	1.083 40	1.082 08	1.080 80	1.079 57	1.078 37	1.077 21
2 400	1.086 07	1.085 32	1.084 58	1.083 85	1.083 14	1.082 43	1.081 74	1.081 07	2 400	1.069 72	1.088 26	1.086 84	1.085 47	1.084 14	1.082 85	1.081 61	1.080 40
2 500	1.089 47	1.088 69	1.087 92	1.087 16	1.086 42	1.085 69	1.084 97	1.084 27	2 500	1.093 26	1.091 74	1.090 27	1.088 84	1.087 46	1.086 13	1.084 83	1.083 58
2 600	1.092 85	1.092 04	1.091 24	1.090 46	1.089 69	1.088 93	1.088 19	1.087 46	2 600	1.096 79	1.095 21	1.093 68	1.092 20	1.090 77	1.089 39	1.088 04	1.086 74
2 700	1.096 22	1.095 38	1.094 56	1.093 75	1.092 95	1.092 17	1.091 40	1.090 64	2 700	1.003 0	1.098 66	1.097 08	1.095 55	1.094 07	1.092 63	1.091 24	1.089 90
2 800	1.099 58	1.098 71	1.097 86	1.097 02	1.096 19	1.095 38	1.094 59	1.093 81	2 800	1.037 9	1.102 10	1.100 47	1.098 88	1.097 35	1.095 87	1.094 43	1.093 04
2 900	1.102 93	1.102 03	1.101 14	1.100 28	1.099 43	1.098 59	1.097 77	1.096 96	2 900	1.072 8	1.105 53	1.103 84	1.102 21	1.100 62	1.099 09	1.097 61	1.096 17
3 000	1.106 26	1.105 33	1.104 42	1.103 53	1.102 65	1.101 79	1.009 41	1.100 10	3 000	1.107 5	1.108 94	1.107 20	1.105 51	1.103 88	1.102 30	1.100 77	1.099 29

参 考 文 献

[1] Anderson,B. ,"Wettability Literature Survey—Part 1:Rock-Oil-Brine Interactions and the Effects of Core Handling on Wettability," Journal of Petroleum Technology (October 1986) 1125-1144.

[2] Auman,J. B. ,"A Laboratory Evaluation of Core Preservation Materials,"Society of Petroleum Engineers Reprint 15381,1986.

[3] Cornwall,C. K. ,"Core Preservation-An Alternative Approach,"Society of Core Analysts European Conference Reprint,1990.

[4] Cuiec,L. E. ,"Evaluation of Reservoir Wettability and Its Effect on Oil Recovery,"Interfacial Phenomena In Petroleum Recovery,N. R. Morrow,ed. ,Marcel Dekker,Inc. ,NY,1990,319-375.

[5] Hunt,P. K. and S. L. Cobb,"Core Preservation With a Laminated,Heat-Sealed Package," SPE Formation Evaluation Symposium,December 1988.

[6] Morrow,N. R. ,"Wettability and Its Effect on Oil Recovery,"Journal of Petroleum Technology (December 1990) 1476-1484.

[7] Park,A. ,"Coring Part 2:Core Barrel Types and Uses,"World Oil,April 1985.

[8] Park,A. ,"Coring Part 2:Planning the Job,"World Oil,May 1985.

[9] Park,A. ,"Improved Oil Saturation Data Using Sponge Core Barrel,"SPE Production Operations Symposium,February 27-March 1,1983,Oklahoma City,OK,p. 87-91.

[10] Sattler, A. R. ,Heckes,A. A. ,and Clark,J. A. ,"Pressure Core Measurements in Tight Sandstone Lenses During the Multiwell Experiment," SPE Formation Evaluation Journal (1988), 645-650.

[11] Skopec,R. A. ,Mann,M. M. ,Jeffers,D. ,and Grier,S. P. ,"Horizontal Core Acquisition and Orientation for Formation Evaluation,"Society of Petroleum Engineers Drilling Journal,Vol. 7, No. 1,p. 47-54,1992.

[12] Swanson,R. G. ,"Sample Examination Manual,"American Association of Petroleum Geologists,Tulsa,OK,1985.

[13] Worthington,A. E. ,Gidman,J. ,Newman,G. H. ,"Reservoir Petrophysics of Poorly Consolidated Rocks,Part I. Wellsite Procedures and Laboratory Methods,"Society of Core Analysts Conference (1987)Paper Number 8704.

[14] Conley,F. R. ,and Burrows,D. B. ,"A Centrifuge Core Cleaner,"Journal of Petroleum Technology,VIII,61,October 1956.

[15] Stewart, Charles R. , U. S. Patent Number 2, 617, 719, "Cleaning Porous Media," November 11,1952.

[16] Hensel,Jr. ,W. M. ,"An Improved Summation-of-Fluids Porosity Technique,"Society of Petroleum Engineers Journal,April 1982,pp. 193-201,Society of Petroleum Engineers,Richardson, Texas.

[17] Brown, G. , The X-Ray Identification and Crystal Structures of Clay Minerals, Mineralogical Society (Clay Minerals Group),London,1961.

[18] Mackenzie,R. C. ,Differential Thermal Analysis,Academic Press lnc. ,New York,1970.

[19] Alberta Oil Sands Index (AOSI)-3573,"Round Robin Study of Analytical Procedures of Various Laboratories on Assay Analysis of Athabasca Tar Sands," 1974, Alberta Oil Sands

Technology and Research Authority (AOSTRA) Information Center, Edmonton, Alberta, Canada (telephone 403/427-8382). Published by the Canadian Petroleum Association Oil Sands and Heavy Oil Committee.

[20] Gidman,J. ,and Conner,F. J. ,"The Effects of Freezing on Tracer Distribution in Cores," presented at EUROCAS Ⅲ,Advances in Core Evaluation,1992.

[21] ASTM D 1364-90:Test Method for Water in Volatile Solvents (Fischer Reagent Titration Method),American Society for Testing and Materials,100 Barr Harbor Drive,West Conshohocken, Pennsylvania 19428.

[22] ASTM D 4377-88:Method for Water in Crude Oils (Karl fischer) Titration,American Society for Testing and Materials,100 Barr Harbor Drive,West Conshohocken,Pennsylvania 19428.

[23] ASTM D2013:Method for Preparing Coal Samples for Analysis,American Society for Testing and Materials,100 Barr Harbor Drive,West Conshohocken,Pennsylvania 19428.

[24] ASTM D2961:Total Moisture in Coal Reduced to No. 8 (2. 38 mm) Top Sieve Size (Limited Purpose Method),American Society for Testing and Materials,100 Barr Harbor Drive,West Conshohocken,Pennsylvania 19428.

[25] ASTM D3302:Test Method for Total Moisture in Coal,American Society for Testing and Materials,100 Barr Harbor Drive,West Conshohocken,Pennsylvania 19428.

[26] Baldwin,B. A. ,and Yamanashi,W. S. ,"NMR Imaging of Fluid Saturation Distributions in Cores,"Society of Core Analysts,3rd Annual Conference,Dallas,Texas,August 20-21,1989.

[27] Blackband,S. J. ,Mansfield,P. ,Barnes,J. R. ,Clague,A. D. ,and Rice,S. A. ,"Discrimination of Crude Oil and Water in Sand Bore Cores With NMR Imaging,"Society of Petroleum Engineers Formation Evaluation Journal,Volume 1,No. 1,pp. 31-34,February 1986.

[28] Brown,A. ,and Marriott,F. T. ,"Use of Tracers To Investigate Drilling-Fluid Invasion and Oil Flushing During Coring,"SPE Reservoir,Engineering,1988,pp. 1317-1322.

[29] Coles,M. E. ,Muegge,E. L. ,and Marek,B. F. ,"Use of Attenuation Standards for CAT Scanning Applications Within Oil and Gas Production Research," Society of Core Analysts Symposium,SCA-9223,Transactions,1992.

[30] DiFoggio,R. ,Calkin,C. L. ,Ellington. ,W. E. ,Setser,G. G. ,"Improved Method for Extraction and Ouantification of Hydrocarbon Content of Sponge Core Liners,"Society of Core Analysts, 4th Annual Conference,SCA-9019,Dallas,Texas,August 14-16,1990.

[31] Graue,A. ,Kolltvelt,K. ,Llen,J. R. ,and Skauge,A. ,"Imaging Fluid Saturation Development in Long-Core Flood Displacements,"Society of Petroleum Engineers Formation Evaluation Journal,December 1990,pp. 406-412.

[32] Levine,J. E. ,"New Pressure-coring Techniques Accurately Evaluate Reservoir,"Oil and Gas Journal,January 21,1980,pp. 63-66.

[33] Lovelace,K. B. ,and Armstrong,F. E. ,"A Study of Core Invasion by Water-Base Mud Filtrate Using Tracer Techniques,"Drilling and Production Practice 1961,API,104-113.

[34] Oak,M. J. and Erlich,T. ,"A New X-ray Absorption for Measurement of Three-phase Relative Permeability," SPE Paper 14420 presented at the Society of Petroleum Engineers Annual Technical Conference,1985.

[35] Owen,L. B. ,"Rapid,Room-Temperature Quantitative Analysis of Oil in Sponge Core," Society of Core Analysts,4th Annual Conference,SCA-9021,Dallas,Texas,August 14-16,1990.

[36] Park,A. ,and Devier,C. A. ,"Improved Oil Saturation Data Using Sponge Core Barrels,"

Society of Petroleum Engineers, Production Operation Symposium, SPE-11550, Oklahoma City, 1983.

[37] Parson, R. W., "Microwave Attenuation—A New Tool for Monitoring Saturations in Laboratory Flooding Experiments," Society of Petroleum Engineers Journal, Volume 15, No. 4, pp. 302-310, 1975.

[38] Tibbitts, G. A., Reed, M. G., and McCarter, M., "New Coring System Reduces Filtrate Invasion, Advances in Core Evaluation—Accuracy and Precision in Reserves Estimation," EUROCAS I, London, May21-23, 1990, pp. 55-77.

[39] Vinegar, H. J., Tutunjian, P. N., Edelstein, W. A., and Roemer, P. B., "13C NMR of Whole Cores," SPE Preprint 19590, 64th Annual Technical Conference, San Antonio, Texas, October8-11, 1989.

[40] Vinegar, H. J., Tutunjian, P. N., Crabtree, P. T., Raffaldi, F. J., DiFoggio, R., and Edelstein, W. A., "NMR Spectroscopy of Tight Gypsum-Bearing Carbonates," The Log Analyst, September-October 1991, Volume 32, #5, pp. 527-535.

[41] Wellington, S. L., and Vinegar, H. J., "X-ray Computerized Tomography," Journal of Petroleum Technology, Volume 39, No. 8, pp. 885-898, August 1987.

[42] Thomas, D. C. and Pugh, V. G., "A Statistical Analysis of the Accuracy and Reproducibility of Standard Core Analysis," The Log Analyst, March-April 1989, p. 71-77.

[43] Luffel, D. L. and Howard, W. E., "Reliability of Laboratory Measurement of Porosity in Tight Gas Sands," SPE Formation Evaluation, December 1988, p. 705-710.

[44] Keelan, D. K., "Automated Core Measurement System for Enhanced Core Data at Overburden Conditions, SPE 15185," presented at Rocky Mountain Regional Meeting, Billings, MT, May 19-21, 1986.

[45] Rhett, D. W., "Long Term Effects of Water Injection on Strain in North Sea Chalks," Third North Sea Chalk Symposium, June 1990, Copenhagen, Session 1.

[46] Rhett, D. W. and Teufel, L. W., "Stress Path Dependence of Matrix Permeability of North Sea Sandstone Reservoir Rock," 33rd U. S. Symposium on Rock Mechanics, Santa Fe, New Mexico, June 8-10, 1992.

[47] Fertl, W. H., Abnormal Formation Pressures, pp. 2-3.

[48] Breckels, I. M. and VanEekelen, H. A. M., "Relationships Between Horizontal Stress and Depth in Sedimentary Basins," JPT, Sept. 1982, p. 2191.

[49] Woodland, D. C. and Bell, J. S., "In-Situ Stress Magnitudes from Mini-frac Records in Western Canada," JPTC, Sept.-Oct 1989., p. 22.

[50] W. Hensel, "Summation-of-Fluids Porosity Technique," SPEJ, April 1982, p. 193.

[51] Law, B. E. and Rice, D. D., editors, Hydrocarbons from Coal, AAPG, in preparation.

[52] Mavor, M. J., Close, J. C. and McBane, R. A., Formation Evaluation of Exploration Coalbed Methane Wells, presented at the Petroleum Society of CIM/SPE International Technical Meeting, Calgary, June 10-13, 1990, CIM/SPE 90-101, 101-1.

[53] Diamond, W. P. and Levine, J. R., "Direct Method Determination of the Gas Content of Coal: Procedures and Results," U. S. B. M. Report of Investigations 8515 (1981).

[54] Smith, D. M. and Williams, F. I., "A New Method for Determining the Methane Content of Coal," Proceedings of the 16th Intersociety Energy Conversion Engineering Conference (1981) 1267-1272.

[55] Hanson, W. B., "Chemistry of the Western Interior USA Coalbed Gases Based upon De-

sorption of Subsurface Coal Samples,"presented at Rocky Mountain Section of AAPG,Denver,Colorado,September 16-19,1990.

[56] Berkowitz,N.,An Introduction to Coal Technology,Academic Press,New York,1979.

[57] Meyers,R. A.,editor:Coal Structure,Academic Press,New York,1982.

[58] Dabbous, M. K.,Reznik,A. A.,Tabor,J. J. and Fulton,P. F.,"The Permeability of Coal to Gas and Water,"SPEJ (December 1974),556-565.

[59] Nelson,C. R.,editor,Chemistry of Coal Weathering,Elsevier,New York,1989.

[60] Lerner,D. B.,Dacy,J. M.,Raible,C. J.,Rathmell,J. J.,Swanson,G. and Wall,J. D.,"SCA Guidelines for Sample Preparation and Porosity—Measurement of Electrical Resistivity Samples,Part Ⅱ Sample Preparation and Porosity Measurement,"The Log Analyst,(March-April 1990),57-63.

[61] Gash, B. W.,"Measurement of'Rock Properties'in Coal for Coalbed Methane Production," presented at the 66th SPE Annual Technical Conference and Exhibition, Dallas, Texas, October6-9,1991,SPE 22904.

[62] Lancaster,D. E. and Hill,D. G.,"A Multi-Laboratory Comparison of Isotherm Measurements on Antrim Shale Samples,Otsego County,MI,"Proceedings of the 1993 Society of Core Analysts (April 9-11,1993) Paper 9303.

[63] Lu,X.,Li,F. C. and Watson,A. T.,"Adsorption Measurements in Devonian Shales," Proceedings of the 1993 Society of Core Analysts (April 9-11,1993) Paper 9302.

[64] Darcy,Henry,Les Fontaines Publiques de la Ville de Dijon,Victor Dalmont,Paris,1856.

[65] Forchheimer, P.,"Wasserbewegung durch Boden," Zeits. V. Deutsh. Ing.,1901,45,1782-88.

[66] Klinkenberg,L. J.,"The Permeability of Porous Media to Liquids and Gases,"Drilling and Production Practice,1941,200-213.

[67] Kundt,A. and Warburg,E.,Poggendorfs Ann. Physik.,1875,155,337 and 525.

[68] Kozeny J.,"Uber Kapillare Leitung des Wassers im Boden,Sitzungsber,"Akad. Wiss. Wien,Math. Naturw Klasse,Abt. II A,1927,136,271-306.

[69] Carman,P. C.,"Fluid Flow through Granular Beds,"Trans. Inst. Chem. Eng.,London, 1937,15,150-156.

[70] Wyllie,M. R. J. and Rose,W.,"Some Theoretical Considerations Related to the Quantitative Evaluation of the Physical Characteristics of Reservoir Rock for Electrical Log Data,"Trans., AIME,1950,189,105-118.

[71] Swanson,B. E.,"A Simple Correlation Between Permeabilities and Mercury Capillary Pressures,"J. Pet. Tech.,1981,33,2498-2504.

[72] Katz,A. J. and Thompson,A. H.,"Quantitative Prediction of Permeability in Porous Rock,"Phys. Rev. B,1986,34,8179-81.

[73] Archie,G. E.,"The Electrical Resistivity Log as an Aid in Determining Some Reservoir Characteristics,"Trans.,AIME,1942,146,54-62.

[74] Ondracek,G.,"Effect of Microstructure on Conductivity of Composite Materials,"Zeits. fuer Metallkunde,Sept. 1986,77,No. 9,603-610.

[75] Biot, M. A. and Willis,"Elastic Coefficients of Theory of Consolidation,"J. Appl. Mech.,1957,57,594-601.

[76] Moran,J. H. and Papaconstantinou,C. M.,"A Novel Dynamic Measurement of Permea-

bility,"SPEJ,December 1981,670-8.

[77] Hougen,O. A. and Watson,K. M.,Chemical Process Principles,Part Two,Thermodynamics,John Wiley & Sons,New York,fifth printing,Sept. 1949,482-3.

[78] Prutton,C. F.,and Maron,S. H.,Fundamentals of Physical Chemistry,The Macmillan Company,Revised Edition,1951,23 and 49.

[79] Jones,S. C.,"Using the Inertial Coefficient,β,to Characterize Heterogeneity in Reservoir Rock,"paper SPE 16949 presented at the 1987 SPE Annual Technical Conference and Exhibition,Dallas,Sept. 27-30.

[80] Geertsma,J.,"Estimating the Coefficient of Inertial Resistance in Fluid Flow Through Porous Media,"SPEJ,October 1974,445-50.

[81] Jones,S. C.,"Two-Point Determinations of Permeability and PV vs. Net Confining Stress,"SPE Formation Evaluation,March 1988,235-41.

[82] Goggin,D. J.,Thrasher,R. L.,and Lake,L. W.,"A Theoretical and Experimental Analysis of Minipermeameter Response Including Gas Slippage and High Velocity Flow Effects,"In Situ,12,No. 1&2,1988,79-116.

[83] Collins,R. E.,"Determination of the Transverse Permeabilities of Large Core Samples from Petroleum Reservoirs,"J. of App. Physics 23,No. 6,June 1952,681-4.

[84] Jones,S. C.,"A Rapid Accurate Unsteady-State Klinkenberg Permeameter,"SPEJ,Oct. 1972,383-97;Trans. AIME,253.

[85] Jones, S. C., "A New, Fast, Accurate Pressure-Decay Probe Permeameter," SPE Formation Evaluation,Sept. 1994,193-99.

[86] Dicker,A. I. and Smits,R. M.,"A Practical Approach for Determining Permeability from Laboratory Pressure-Pulse Decay Measurements,"paper SPE 17578 Presented at the 1988 SPE International Meeting on Petroleum Engineering,Tianjin,China,Nov. 1-4.

[87] Brace,W. F.,Walsh,J. B.,and Frangos,W. T.,"Permeability of Granite Under High Pressure,"J. Geophysical Research,1968,73,2225-36.

[88] Bourbie, T. and Walls,J.,"Pulse Decay Permeability:Analytical Solution and Experimental Test,"SPEJ,Oct. 1982,719-21.

[89] Hsieh,P. A. et al.,"A Transient Laboratory Method for Determining the Hydraulic Properties of'Tight'Rocks —I Theory,"Intl. J. Rock Mech. Min. Sci. and Geomech. Abstr.,1981,18,245-52.

[90] Chen,T. and Stagg,P. W.,"Semilog Analysis of the Pulse-Decay Technique of Permeability Measurement"SPEJ,Dec. 1984,639-42.

[91] Haskett,S. E.,Narahara,G. M.,and Holditch,S. A.,"A Method for the Simultaneous Determination of Permeability and Porosity in Low-Permeability Cores,"SPEFE,Sept. 1988,65-88.

[92] Kamath,J.,Boyer,R. E.,and Nakagawa,F. M.,"Characterization of Core-Scale Heterogeneities Using Laboratory Pressure Transients,"SPEFE,Sept. 1992,219-27.

[93] Amaefule, J. O.,et al.,"Laboratory Determination of Effective Liquid Permeability in Low-Quality Reservoir Rocks by the Pulse Decay Technique,"paper SPE 15149 presented at the 1986 SPE California Regional Meeting,Oakland,April2-4.

[94] Fisher,R. A.,and Yates,F.,Statistical Tables for Biological,Agricultural and Medical Research,Oliver and Boyd,London,1963.

[95] Thomas,D. C.,and Pugh,V. J.,"A Statistical Analysis of the Accuracy and Reproduc-

ibility of Standard Core Analysis,"The Log Analyst,March-April 1989.

[96] Ruth,D. and Ma,H. ,"On the Derivation of the Forchheimer Equation by Means of the Averaging Theorem," Transport on Porous Media,Kluwer Academic Publishers,The Netherlands, 1992,7,255-64.

[97] Gracki,J. A. ,Flynn,G. P. and Ross,J. ,"Viscosity of Nitrogen,Helium,Hydrogen,and Argon from-100 to 25 up to 150-250 atm,"J. Chem. Phys. ,November 1969,59 (9),3856-63.

[98] Montgomery,R. B. ,J. Meteorology,1947,4,193.

[99] Birge,R. T. ,Am. J. Phys. ,1945,13,63.

[100] Licht,Wm. ,Jr. and Stechert,D. G. ,J. Phys. Chem. ,1944,48,23.

[101] Chapman and Cowling,The Mathematical Theory of Nonuniform Gases,Cambridge U. Press,London,1939,223-5.

[102] C. E. Reistle,Jr. ,History of Petroleum Engineering,American Petroleum Institute,New York,1961,827 ff.

[103] Fancher,G. H;Lewis,J. A;and Barnes,K. B,"Some Physical Characteristics of Oil Sands,"Pennsylvania State College Mineral Industries Experiment Station Bulletin No. 12,65,1933.

[104] Wyckoff,R. D;Botset,H. G;Muskat,M;and Reed,D. W. ,"The Measurement of the Permeability of Porous Media for Homogeneous Fluids," Review of Scientific Instruments, 4, 394,1933.

[105] Lohman,S. W. ,Ground-Water Hydraulics,Geological Survey Professional Paper,1972, 708,4-6.

[106] Ground Water,31,No. 3,May-June 1993,519.

[107] Jones,S. C. ,"A Technique for Faster Pulse-Decay Permeability Measurements in Tight Rocks,"paper SPE 28450 presented at the 1994 SPE Annual Technical Conference and Exhibition, New Orleans,LA,Sept. 25-28,907-14.

[108] ASTM Specification E-11,Specification for Wire Cloth Sieves for Testing Purposes,American Society for Testing and Materials,100 Barr Harbor Dr. ,West Conshohocken,PA 19248.

[109] ASTM C-136,Standard Method for Sieve Analysis of Fine and Coarse Aggregates,American Society for Testing and Materials,100 Barr Harbor Dr. ,West Conshohocken,PA 19248.

[110] ASTM C-702,Practice for Reducing Field Samples of Aggregate for Testing Size,American Society for Testing and Materials,100 Barr Harbor Dr. ,West Conshohocken,PA 19248.

[111] Chayes,F. ,Petrographic Modal Analysis,An Elementary Statistical Appraisal,Wiley, New York,1956,p. 113.

[112] Blatt,H. ,Middleton,G. ,and Murray,R. ,Origin of Sedimentary Rocks,Prentice-Hall, Inc. ,New Jersey,1980,p. 782.

[113] Kellerhals,R. ,Shaw,J. ,and Arora,V. K. ,"On Grain Size From Thin Sections,"Journal of Geology,Volume 83,1975,pp. 79-96.

[114] Rosenfeld,M. A. ,Jacobson,L. ,and Ferm,J. C. ,"A Comparison of Sieve and Thin Section Techniques for Size Analysis,"Journal of Geology,Volume 61,1953,pp. 114-132.

[115] Mazullo,J. and Kennedy,S. ,"Automated Measurement of the Nominal Sectional Diameters of Individual Sedimentary Particles,"Journal of Sedimentary Petrology, Volume 55 (4), July 1985,pp. 593-595.

[116] Gibbs,R. J. ,Matthews,M. D. ,and Link,D. A. ,"The Relationship Between Sphere Size And Settling Velocity,"Journal of Sedimentary Petrology,Volume 41,No. 1,March 1971,pp. 7-18.

[117] ASTM D287-55, Method of Test for API Gravity of Petroleum, * American Society for Testing and Materials, 100 Barr Harbor Dr., West Conshohocken, PA 19248.

[118] ASTM-IP, Petroleum Measurement Tables (American Edition), American Society for Testing and Materials, 100 Barr Harbor Dr., West Conshohocken, PA 19248.

[119] Coleman, M. L., Jones, M. R. O., and Cox, M. A., "Analysis of Formation Water Sample from Core," North Sea Oil and Gas Reservoirs-Ⅱ, Graham and Trotman (1990).

[120] McCoy, D. D., Warner, H. R. Jr., and Fisher, T. E., "Water Salinity Variations in the Ivishak and Sag River Reservoirs, Prudhoe Bay Field," SPE 28577, presented at the SPE 69th annual Technical Conference and Exhibition, September25-28, 1994, New Orleans, Louisiana.

[121] Wylie, G. S., Rathmell, J. J., and Tibbitts, G. A., "Coring Technology for Point McIntyre Wells," SPE 26353, presented at the SPE 68th annual Technical Conference and Exhibition, October 3-6, 1993, Houston, Texas.

[122] Bloys, J. B., Rathmell, J. J., Kriel, W. A., Spence, A. P., Wylie, G. S., and Ray, C. R., "Development and Application of Mineral Oil Base Mud and Tracer for Low Invasion Coring at Point McIntyre," SPE 26326, presented at the SPE 68th annual Technical Conference and Exhibition, October 3-6, 1993, Houston, Texas.

[123] Tibbitts, G. A., Reed M. G., and McCarter, M., "New Coring System Reduces Filtrate Invasion," presented at the Society of Core Analysts, First European Core Analysis Symposium, London, U. K., May 21-23, 1990.

[124] Gidman, J., and Conner, F. J., "The Effects of Freezing on Tracer Distribution in Cores," Proceedings of the Society of Core Analysts, Third European Core Analysis Symposium, London, U. K., September 14-16, 1992.

[125] Brown, A., and Marriott, F. T., "Use of Tracers to Investigate Drilling-Fluid Invasion and Oil Flushing During Coring," SPE Reservoir Engineering, 1988, pp. 1317-1322.

[126] Nagra, S. S., Nelson, H. W., and Gorden, H. M., "Interpretation of Water Salinities Obtained From Oil Based Cores in the Deep Basin of Western Canada," Paper No. 82-33-53, presented at 33rd Annual Technical Meeting of the Petroleum Society of CIM, Calgary, 1982.

[127] API Recommended Practice 45, Recommended Practice for Analysis of Oil-Field Waters, Second Edition, November 1968 (reissued July 1981), American Petroleum Institute, 1220 L Street, N. W., Washington, D. C. 20005.

[128] ASTM D512, Standard Test Method for Chloride Ion in Water, American Society for Testing and Materials, 100 Barr Harbor Dr., West Conshohocken, PA 19248.

[129] ASTM D4542, Standard Test Method for Pore Water Extraction and Determination of Soluble Salt Content of Soils by Refractometer, American Society for Testing and Materials, 100 Barr Harbor Dr., West Conshohocken, PA 19248.

[130] Washburn, E. W., editor, International Critical Tables of Numerical Data, Physics, Chemistry and Technology, Volume Ⅶ, First Edition, McGraw-Hill, New York, 1930, p. 73.

[131] ASTM D1125, Method for Test for Electrical Conductivity for Water, American Society for Testing and Materials, 100 Barr Harbor Dr., West Conshohocken, PA 19248.

[132] Worthington, A. E., Hedges, J. H., and Pallatt, N., "SCA Guidelines for Sample Preparation and Porosity Measurement of Electrical Resistivity Samples, Part I—Guidelines for Preparation of Brine and Determination of Brine Resistivity for Use in Electrical Resistivity Measurements," The Log Analyst, 1990, 20-28.

[133] ASTM D4191,Standard Test Method for Sodium Water by Atomic Absorption Spectrophotometry, American Society for Testing and Materials,100 Barr Harbor Dr. ,West Conshohocken, PA 19248.

[134] ASTM D4192, Standard Test Method for Potassium in Water by Atomic Absorption Spectrophotometry,American Society for Testing and Materials,100 Barr Harbor Dr. ,West Conshohocken,PA 19248.

[135] ASTM E508,Standard Test Method for Calcium and Magnesium in Iron Ores by Atomic Absorption Spectrophotometry, American Society for Testing and Materials, 100 Barr Harbor Dr. , West Conshohocken,PA 19248.

[136] ASTM D1976,Standard Test Method for Elements in Water by Inductively-Coupled Argon Plasma Atomic Emission Spectrophotometry, American Society for Testing and Materials, 100 Barr Harbor Dr. ,West Conshohocken,PA 19248.

[137] Anderson,J. B. and Kurtz,D. D. ,"RUASA,An Automated Rapid Sediment Analyzer," Journal of Sedimentary Petrology,Volume 49,1979,pp. 625-627.

[138] Anderson,J. B. ,Wolfteich,C. ,Wright,R. ,and Cole,M. L. ,"Determination of Depositional Environments of Sand Bodies Using Vertical Grain-Size Progressions,"Transactions Gulf Coast Association of Geological Societies,Volume XXXⅡ.

[139] API RP 60,Recommended Practices for Testing High Strength Proppants Used in Hydraulic Fracturing Operation,First Edition,February 1989,pp. 1-21.

[140] API RP 58,Recommended Practices for Testing Sand Used in Gravel Packing Operations, First Edition,March 1986,pp. 1-13.

[141] API RP 56,Recommended Practices For Testing Sand Used in Hydraulic Fracturing Operations,First Edition,March 1983,pp. 1-13.

[142] ASTM C136-849,Standard Method for Sieve Analysis of Fine and Coarse Aggregates,December 1984,pp. 76-79.

[143] ASTM C702,Standard Methods for Reducing Field Samples of Aggregate to Testing Size,March 1975,pp. 421-424.

[144] ASTM C-117-69,Standard Method of Test for Materials Finer Than No. 200 (75 Micrometer) Sieve in Mineral Aggregates by Washing,October 1969 (Reapproved 1974),pp. 69-70.

[145] Komar,P. D. ,and Chi,B. ,"The Analysis Of Grain Size Measurement By Sieving And Settling-Tube Techniques,"Journal of Sedimentary Petrology, Volume 54, No. 2, June 1984, pp. 603-614.

[146] Griffin,T. G. ,"Extended Range Particle Size Distribution Using Laser Diffraction Technology,A New Perspective," Proceedings of the Society of Core Analysts,Fifth Technical Conference, August 1991,No. 9126.

[147] Saucier, R. J. , "Considerations in Gravel Pack Design," Journal of Petroleum Technology,February 1974,pp. 205-212.

[148] Frock,H. N. and Weiss,E. L. ,"Particle Size Control Using Light-Scattering Technology,"Powder and Bulk Engineering,February 1988.

[149] Weiss,E. L. and Frock,H. N. ,"Rapid Analysis of Particle Size Distribution by Laser Light Scattering,"Powder Technology,1976,PP. 287-293.

[150] API Manual of Petroleum Measurement Standards,Chapter 9,"Density Determination", Section 1,"Hydrometer Test Method for Density,Relative Density (Specific Gravity),or API Gravity

of Crude Petroleum and Liquid Petroleum Products",June 1981,PP. 1-7.

[151] Tutunjian,P. N. and Vinegar,H. J. ,"Petrophysical Applications of Automated Proton High Resolution NMR Spectroscopy," SCA 4th Annual Technical Conference Paper, August 1990, No. 9020.

[152] Vinegar,H. J. ,Tutunjian,P. N. ,Edelstein,W. A. ,and Roemer,P. B. ,"13C NMR of Whole Cores," 64th Annual Conference of the Society of Petroleum Engineers, October 1989, No. 19590,pp. 201-221.

[153] Karger, J. , Pfeifer, H. , and Heink, W. , Principles and Application of Self-Diffusion, Measurements by Nuclear Magnetic Resonance, Advances in Magnetic Resonance, ed. John Waugh, Academic Press,New York,pp. 1-89.

[154] ASTM C136-849,Standard Test Method for Pore Water Extraction and Determination of Soluble Salt Content of Soils by Refractometer,ASTM Comm. D-18,pp. 746-748.

[155] Brown,A. A. ,Berry IV,W. R. ,Coates,G. R. ,Fertl,W. H. ,Hoyer,W. A. ,Patchett, J. G. , and Ransom, R. C. ; W. H. Lang, Jr. , chairman, "SPWLA Reprint Volume Shaly Sand," Society of Professional Well Log Analysts,July 1982,Section V,Cation Exchange Models.

[156] Hill,H. J. ,Shirley,O. J. ,and Klein,G. E. ,edited by Waxman,M. H. ,and Thomas,E. C. ,"Bound Water in Shaly Sands—Its Relation to Qv and Other Formation Properties,"The Log Analyst,Volume XX,No. 3,1979.

[157] API RP 45,Recommended Practice for Analysis of Oil-Field Waters,American Petroleum Institute,July 1981.

ICS 75.010
E 11

中华人民共和国国家标准

GB/T 29173—2012

油气地球化学勘探试样测定方法

Determination method for samples of geochemical exploration for oil and gas

2012-12-31 发布 2013-07-01 实施

中华人民共和国国家质量监督检验检疫总局
中国国家标准化管理委员会 发布

前言

本标准按照 GB/T 1.1—2009 给出的规则起草。

本标准由全国石油天然气标准化技术委员会(SAC/TC 355)提出并归口。

本标准主要起草单位:中国石油化工股份有限公司石油勘探开发研究院无锡石油地质研究所。

本标准参加起草单位:中国石化集团资产经营管理有限公司合肥培训测试中心、桂林矿产地质研究院有色金属桂林矿产地质测试中心、中国地质调查局青岛海洋地质研究所、中国地质科学院地球物理地球化学勘查研究所、中国石油集团东方地球物理勘探有限责任公司、核工业二0三研究所、新疆油田公司实验检测研究院。

本标准主要起草人:卢丽、宁丽荣、李吉鹏、李武、李广之、胡斌、袁子艳、庄晓蕊、金生、邵海宁、王光华、高国平、史蔚林。

油气地球化学勘探试样测定方法

警告：使用本标准的人员应有正规实验室工作的实践经验，并经过培训。本标准并未指出所有可能的安全问题。使用者有责任采取适当的安全和健康措施，并保证符合国家有关法规规定的条件。

1 范围

本标准规定了油气地球化学勘探试样的酸解烃、溶解烃、顶空间轻烃、热释烃、游离烃、蚀变碳酸盐(ΔC)、热释汞、稠环芳烃、芳烃及其衍生物总量的测定方法和精密度要求。

本标准适用于油气地球化学勘探试样的酸解烃、溶解烃、顶空间轻烃、热释烃、游离烃、蚀变碳酸盐(ΔC)、热释汞、稠环芳烃、芳烃及其衍生物总量的测定。

2 规范性引用文件

下列文件对于本文件的应用是必不可少的。凡是注日期的引用文件，仅注日期的版本适用于本文件。凡是不注日期的引用文件，其最新版本(包括所有的修改单)适用于本文件。

GB/T 622 化学试剂 盐酸

GB/T 629 化学试剂 氢氧化钠

GB/T 2306 化学试剂 氢氧化钾

GB/T 6379.2—2004 测量方法与结果的准确度(正确度与精密度)第2部分：确定标准测量方法重复性与再现性的基本方法

GB/T 6682—2008 分析实验室用水规格和试验方法

GB/T 12804—1991 实验室玻璃仪器 量筒

GB/T 12806—1991 实验室玻璃仪器 单标线容量瓶

GB/T 18340.5—2010 地质样品有机地球化学分析方法第5部分：岩石抽取物和原油中饱和烃分析气相色谱法

SY/T 6062—2008 石油与天然气地表地球化学勘探技术规范

3 试剂与材料

3.1 试剂

3.1.1 水

水应符合 GB/T 6682—2008 中规定的3级。

3.1.2 盐酸溶液

按照 GB/T 622 要求，一份浓盐酸加六份蒸馏水，混匀。加热煮沸以除去烃类气体。

3.1.3 硝酸溶液

水与硝酸按6∶1配比。

3.1.4 氢氧化钠溶液

按照 GB/T 629 要求配制浓度为 $\rho(NaOH)=300$ g/L、$\rho(NaOH)=50$ g/L 氢氧化钠溶液，冷却后，煮沸除去烃类气体。

3.1.5 氢氧化钾溶液

按照 GB/T 2306 要求配制浓度为 $\rho(KOH)=300$ g/L 氢氧化钾溶液，冷却后，煮沸除去烃类气体。

3.1.6 过饱和氯化钠溶液

配制的过饱和氯化钠溶液，需煮沸 30 min，冷却备用。

3.1.7 正己烷

优级纯。具有共轭 π 键的化合物有干扰，所用试剂应纯化消除干扰。

3.1.8 无水硫酸钠

在烘箱中于 105 ℃±2 ℃烘 2 h，置于干燥器中冷却备用。

3.2 材料

3.2.1 氮气或氦气

$\varphi(N_2)$ 或 $\varphi(He_2)\geqslant 99.99\%$。检测蚀变碳酸盐时，载气需净化消除二氧化碳。

3.2.2 氢气(爆炸性危险品)

$\varphi(H_2)\geqslant 99.9\%$。经过活化后的 5 Å 分子筛、活性炭和硅胶净化器净化。

警告：氢气是爆炸性危险品，应采取有效安全措施加以防范。

3.2.3 空气

经活化后的 5Å 分子筛、硅胶和活性炭净化器净化。

3.2.4 氧气

$\varphi(O_2)=98\%$。

3.2.5 轻烃混合标准气

国家标准物质，为甲烷、乙烷、乙烯、丙烷、丙烯、异丁烷、正丁烷、异戊烷和正戊烷混合标准气。

3.2.6 标准汞

国家二级标准物质。

警告：汞有剧毒，必须采取有效的防毒措施。

3.2.7 二氧化碳标准气

国家二级标准物质。

3.2.8 萘、甲基菲标准物质

国家二级标准物质。

3.2.9 磨口烧瓶

容量 500 mL。

3.2.10 量筒

容量 500 mL,符合 GB/T 12804—1991 规定的 A 类。

3.2.11 分液漏斗

容量 125 mL 、500 mL。

3.2.12 单标线容量瓶

容量 100 mL,符合 GB/T 12806—1991 的要求。

3.2.13 真空活塞

T 形三路。

3.2.14 止血钳

长度 14 cm、16 cm。

3.2.15 密封容器

容量 2 mL～250 mL。

3.2.16 注射器

容量 25 μL、50 μL、100 μL、1 mL、5 mL、10 mL。

3.2.17 捕汞管

用纯黄金丝和石英管或镀金材料加工。

3.2.18 静电过滤膜

直径为 12 mm。

4 仪器与设备

4.1 气相色谱仪

气相色谱仪应满足 GB/T 18340.5—2010 中的 4,检测蚀变碳酸盐时需具有热导检测器。

4.2 红外线气体分析仪

配有计算机、数据工作站。

4.3 测汞仪

热释炉炉温大于 350 ℃(控温精度±1 ℃)。

4.4 荧光分光光度计

扫描式,波长范围:激发波长为 200 nm～500 nm,发射波长为 200 nm～650 nm。

4.5 紫外/可见分光光度计

扫描式,波长范围为:200 nm～800 nm。

4.6 多孔热释炉

温度范围 50 ℃～350 ℃,控温精度±2 ℃。

4.7 分解炉

炉温大于 600 ℃(控温精度±1 ℃)。

4.8 氧化炉

炉温大于 500 ℃(控温精度±1 ℃)。

4.9 机械真空泵

大于 0.5 L/s。

4.10 振荡器

振动频率 0-200 次/min。

4.11 水浴锅

恒温范围 30 ℃～80 ℃,控温精度±2 ℃。

4.12 玻璃脱气管

用 95 玻璃或 GG17 玻璃参照图 A.1 给出的尺寸加工。

4.13 热释管

用 95 玻璃或 GG17 玻璃参照图 B.1 给出的尺寸加工。

4.14 真空表

－0.1 MPa。

4.15 色谱柱

能分离二氧化碳与其他组分的色谱柱。

4.16 分析天平

感量 0.1 mg、0.1 g。

4.17 交流电子稳压电源

3 kVA,220 V,50 Hz。

5 酸解烃测定 气相色谱法

5.1 样品制备

5.1.1 样品加工

野外采集的样品在阴凉通风的室内晾干,手工碎样,全部通过孔径为 0.419 mm 筛,混匀。缩分后取不小于 160 g 装于牛皮纸样品袋内。含盐碱或易返潮的试样用带磨口塞的广口瓶装，供测定用。

5.1.2 试样制备

5.1.2.1 试漏

参照图 C.1 装配好脱气系统，抽真空至接近－0.1 MPa。停止抽真空 15 min 后真空度降低不得超过 0.01 MPa，否则应查明原因，处理后，重新试漏，直到满足真空度要求为止。

5.1.2.2 脱气

脱气步骤：

a) 称取粒径为 0.419 mm 试样 50 g 置于磨口烧瓶中，对于岩屑(心)样品可适当减少称样量，接到脱气系统上，进行脱气；
b) 加氢氧化钾溶液至图 C.1 的 B 处，磨口烧瓶置于 40 ℃的水浴锅中，缓慢滴加盐酸溶液，同时摇动烧瓶，至不再产生气泡时，停止加盐酸，平衡 20 min；
c) 用玻璃注射器抽取脱出气体，记录脱出气体的体积，以排水集气法将气体注入盛满过饱和氯化钠溶液的密封容器内，供测定用。气体体积大于 7.5 mL 时，必须重新取试样脱气。

5.2 气相色谱分析

5.2.1 测定前准备

5.2.1.1 打开气相色谱仪气路系统和电路系统，排除堵、漏。

5.2.1.2 根据各仪器的操作步骤启动仪器和控制系统，输入分析参数，参照表 D.1 设置仪器分析操作条件。

5.2.1.3 点燃氢火焰离子化检测器，检查色谱基线的稳定性。

5.2.1.4 当仪器稳定后，根据色谱工作站说明书、标准物质浓度和采用的定量方法制定标准曲线。

5.2.2 样品测定

5.2.2.1 仪器校准

正式测定样品前，先对标准气测定三至五次，标准气测定相对误差≤3%时，方可测定样品。在测定过程中要定时用标准气检查仪器受控状态。

5.2.2.2 测定

用微量注射器准确抽取适量气体，注入气相色谱仪，启动程序，采集数据，自动进行定性和定量计算。

5.3 计算方法

5.3.1 校正因子

按式(1)计算组分 i 的校正因子：

$$F_i = C_{si} \cdot V_s / A_{si} \qquad \cdots\cdots (1)$$

式中：

F_i ——组分 i 的校正因子，μL/(mV·s)；

C_{si} ——标准气组分 i 的浓度，mol/mol；

V_s ——标准气进样量，μL；

A_{si}——标准气中组分 i 的峰面积，mV·s。

5.3.2 组分含量

按式(2)计算酸解烃组分的含量：

$$X_i = \frac{F_i \cdot V_t \cdot A_i}{m \cdot V_i} \quad \cdots\cdots (2)$$

式中：

X_i——样品中酸解烃组分 i 的含量，μL/kg；

V_t——脱气体积，mL；

A_i——试料中酸解烃组分 i 的峰面积，mV·s；

V_i——试料进样体积，mL；

m——试样称取质量，kg。

6 溶解烃测定 气相色谱法

6.1 样品制备

6.1.1 样品加工

按 SY/T 6062—2008 采集水样，取好的水样应在 24 h 内脱气。

6.1.2 试样制备

6.1.2.1 试漏

参照图 E.1 装配好脱气系统，抽真空至接近−0.1 MPa。停止抽真空 15 min 后真空度降低不得超过 0.01 MPa，否则应查明原因，处理后，重新试漏，直到满足真空度要求为止。

6.1.2.2 脱气

脱气步骤：

a) 用量筒取大于 500 mL 水样加入分液漏斗中，接到脱气系统上，进行脱气；

b) 加氢氧化钠溶液至图 C.1 的 B 处，将磨口烧瓶置于 60 ℃的水浴锅内，加入水样 500 mL，脱气 15 min；

c) 用玻璃注射器抽取脱出气体，记录脱出气体的体积，以排水集气法将脱出气体转入盛满过饱和氯化钠溶液的密封容器内，供测定用。

6.2 气相色谱分析

同 5.2。

6.3 计算方法

6.3.1 校正因子

校正因子计算同 5.3.1。

6.3.2 组分含量

按式(3)计算溶解烃组分的含量：

$$X_i = \frac{F_i \cdot V_t \cdot A_i}{V \cdot V_i} \quad \cdots\cdots (3)$$

式中：

X_i ——样品中溶解烃组分 i 含量，$\varphi(i)/10^{-6}$；

V_t ——脱气体积，mL；

A_i ——样品中溶解烃组分 i 的峰面积，mV·s；

V_i ——进样体积，mL；

V ——脱气时水样量，L；

F_i ——组分 i 的响应因子，μL/(mV·s)。

7 顶空间轻烃测定 气相色谱法

7.1 样品制备

7.1.1 土、岩屑、岩心样品制备

将土、岩屑，其中泥浆冲洗干净、岩心，敲碎至粒径 0.5 cm 以下，取样后迅速装入 300 mL 预先已加入 100 mL 过饱和氯化钠溶液的密封容器中，剩余 50 mL 空间，立即密封，倒置达到气、液(固)相平衡后才能分析。

7.1.2 水样制备

取水样至 250 mL 刻度，立即密封，倒置达到气、液相平衡后才能分析。

7.2 气相色谱分析

7.2.1 测定前准备

同 5.2.1。

7.2.2 样品测定

7.2.2.1 仪器校准

同 5.2.2.1。

7.2.2.2 测定

测定步骤：

a) 现场检测样品时，要用振荡器以 100 次/min～120 次/min 的频率振荡 30 min，气、液(固)平衡，使样品瓶内气泡完全集中在顶空间，待测；对于一些不易直接取气的样品，要将气体样品转移至易取气的密封容器内，在转移的过程中不能漏气；

b) 用注射器向样品瓶或密封容器内注入适量过饱和氯化钠溶液，使瓶内为正压；

c) 同 5.2.2.2。

7.3 计算方法

7.3.1 校正因子

校正因子计算同 5.3.1。

7.3.2 组分含量

按式(4)计算顶空间气体组分的含量：

$$X_i = \frac{F_i \cdot A_i}{V} \qquad \cdots\cdots (4)$$

式中，

X_i ——顶空间气体中组分 i 含量，$\varphi(i)/10^{-6}$；

A_i ——顶空间气体中组分 i 的峰面积，mV・s；

V ——进样试料体积，L；

F_i ——组分 i 的相应因子，μL/(mV・s)。

8 热释烃测定　气相色谱法

8.1 样品制备

8.1.1 样品加工

野外采集的样品在阴凉通风的室内晾干，手工碎样，全部通过 0.176 mm 孔径筛，混匀。缩分后取不小于 30 g 装于牛皮纸样品袋内，含盐碱或易返潮的试样用带磨口塞的广口瓶装，供测定用。

8.1.2 试样制备

8.1.2.1 试漏

将脱气管接到真空系统，抽真空至－0.1 MPa，停止抽真空。15 min 后真空度降低不得超过 0.01 MPa，否则应找出漏气原因，处理后，重新试漏，直到满足真空度要求为止。

8.1.2.2 脱气

脱气步骤：

a) 地表样品称取粒度为 0.176 mm 的试样 10.0 g，对于岩屑(心)样品可适当减少称样量，置于热释管内，接到脱气系统上，进行脱气；
b) 热释炉恒温在事先实验优选的温度，温度不超过 250 ℃。将热释管插入热释炉中，保持 45 min；
c) 取出热释管，稍冷后，注入氢氧化钠溶液，吸收二氧化碳并将气体赶至量气管顶部；
d) 用玻璃注射器缓慢抽取量气管中气体，记录脱出的气体体积。注入事先已注满过饱和氯化钠溶液的密封容器中，供测定用。当脱气体积大于 2.0 mL 时应重新脱气。

8.2 气相色谱分析

同 5.2。

8.3 结果计算

8.3.1 校正因子

校正因子计算同 5.3.1。

8.3.2 组分含量

按式(5)计算热释烃组分的含量：

$$X_i = \frac{F_i \cdot V_t \cdot A_i}{m \cdot V_i} \quad \cdots\cdots\cdots\cdots (5)$$

式中：

X_i——样品中热释烃组分 i 的含量，μL/kg ；

V_t——脱气体积，mL；

A_i——试料中热释烃组分 i 的峰面积，mV·s；

V_i——试料进样体积，mL；

m——试样称取质量，kg 。

9 游离烃测定 气相色谱法

9.1 样品制备

野外现场用专有钻具、或通量箱、或大气采样器等采集的游离气样品，利用排水取气法保存在密封容器中，运回实验室作为试样，或现场直接分析测试。

9.2 气相色谱分析

9.2.1 测定前准备

同 5.2.1。

9.2.2 样品测定

9.2.2.1 仪器校准

仪器校准同 5.2.2.1。

9.2.2.2 测定

测定步骤：

a) 用玻璃注射器向盛有游离气的密封容器中注入饱和盐水，使瓶内为正压；

b) 同 5.2.2.2。

9.3 计算方法

9.3.1 校正因子

校正因子计算同 5.3.1。

9.3.2 组分含量

按式(6)计算游离烃组分的含量：

$$X_i = F_i \cdot A_i / V \quad \cdots\cdots\cdots\cdots (6)$$

式中：

F_i——组分 i 的响应因子，μL/(mV·s)；

X_i——样品的游离烃组分 i 含量；$\varphi(i)/10^{-6}$；

A_i——样品的游离烃组分 i 的峰面积，mV·s；

V——注入试料体积，L。

10 蚀变碳酸盐 ΔC 测定

10.1 样品制备

称取至少 2 g 的粒径 0.148 mm 样品放入 500 ℃的氧化炉中，恒温 500 ℃通氧氧化 1 h。冷却。然后称取一定量制备好的样品于 600 ℃恒温密封分解炉中 60 min，分解出的二氧化碳气体接红外线气体分析仪或气相色谱仪测定。

10.2 测定方法

10.2.1 红外光谱法

10.2.1.1 校正因子的确定

在稳定的红外线气体分析仪条件下，进样口端注入不同量的标准二氧化碳气体，进行检测。以标准气中二氧化碳的量(mg)为纵坐标，峰面积为横坐标作图，斜率即为校正因子 F(参见图 F.1)。

10.2.1.2 样品测定

按照样品制备过程分解出的二氧化碳气体直接进红外仪检测。(测定装置示意图见图 G.1)。

10.2.2 气相色谱法

10.2.2.1 校正因子的确定

分别注入不同量的标准二氧化碳气进行色谱测定，绘制二氧化碳量(mg)与色谱峰面积的关系曲线(参见图 H.1)。斜率即为校正因子。

10.2.2.2 样品测定

测定步骤：

a) 打开气相色谱仪气路和电路系统，根据各仪器的操作步骤启动仪器和控制系统，输入分析参数，参照表 I.1 设置仪器分析操作条件；
b) 仪器稳定后，根据色谱工作站说明书，按 10.2.2.1 操作确定校正因子；
c) 正式测定样品前，先对某固定含量的标准气测定三至五次，标准气测定相对误差≤3%时，方可测定样品。在测定过程中要定时用标准气检查仪器受控状态；
d) 按照样品制备过程分解出的二氧化碳气体直接进气相色谱仪检测。(气相色谱法测定顺序及装置示意图参考图 J.1、K.1)。

10.3 结果计算

10.3.1 校正因子 F 计算

根据式(7)和(8)计算校正因子 F：

$$F=\frac{m_{S2}-m_{S1}}{A_{S2}-A_{S1}} \qquad \cdots\cdots(7)$$

$$m_S=1.98C_s\cdot V_s \qquad \cdots\cdots(8)$$

式中：

F ——蚀变碳酸盐的校正因子，mg/(mV·s)；

m_{S2}、m_{S1}、m_S ——标准二氧化碳的质量，mg；

A_{S2}、A_{S1} ——标准二氧化碳峰面积，mV·s；

1.98 ——二氧化碳密度，mg/mL；(20℃,0.103MPa)；

C_s ——标准二氧化碳气体浓度，$\varphi(CO_2)/10^{-2}$；

V_s ——标准二氧化碳进样体积，mL。

10.3.2 ΔC 含量计算

按式(9)计算蚀变碳酸盐质量分数：

$$X_{\Delta c}=\frac{F\cdot A_y}{m}\times 100 \quad \cdots\cdots\cdots\cdots (9)$$

式中：

$X_{\Delta c}$——试样中蚀变碳酸盐质量分数；$\omega(\triangle C)/10^{-2}$

A_y ——试样的蚀变碳酸盐峰面积，mV·s；

m ——试样量，mg。

11 热释汞测定

11.1 样品制备

野外采集的样品在阴凉通风的室内晾干，手工碎样，通过0.074 mm孔径筛混匀。缩分为不小于10 g装于牛皮纸样品袋内，试样注意防潮，待测定。

11.2 热释汞测定

11.2.1 消除大气中汞干扰

大气中的汞干扰测定，大气应与测定系统隔离，以消除隔离。

11.2.2 标准曲线绘制

将不同浓度的汞标准系列直接注入回收率大于85%的捕汞管中，进测汞仪中测定吸光度值。以吸光度为纵坐标，标准汞进样量为横坐标绘制标准工作准曲线。根据表L.1查出室温时的饱和汞蒸气浓度，计算标准汞进样量。

11.2.3 仪器校准

测定样品前，5次平行注入同一含量的饱和汞蒸气或同一含量标准溶液，测量吸光度值。相对标准偏差小于或等于3%，合格。

11.2.4 样品测定

11.2.4.1 手动测定

称取制备好的样品50 mg置于恒温250 ℃的热释炉中热释6 min后，30 s内取出捕汞器放入脱汞炉中，按照表M.1操作条件启动测汞仪，按照图N.1和图N.2操作顺序进行吸光值测定。

11.2.4.2 自动测定

称取制备好的样品50 mg放入全自动测汞仪的进样盘中，启动仪器操作程序进行吸光值测定。(操作程序参见图N.3)

11.3 结果计算

11.3.1 根据工作曲线计算响应因子

根据式(10)计算响应因子：

$$K=\frac{(m_{S2}-m_{S1})}{(A_{S2}-A_{S1})W_Y} \qquad \cdots\cdots (10)$$

式中：

K ——汞的响应因子，10^{-9}/A；

m_{S2}、m_{S1}——标准汞进样量，ng；

A_{S2}、A_{S1}——标准汞吸光度值；

W_Y ——样品量，g。

11.3.2 计算样品中汞含量

按式(11)计算样品中汞含量：

$$X=K\cdot A_Y \qquad \cdots\cdots (11)$$

式中：

X ——样品中汞含量，ng/g；

A_Y——样品吸光度值。

12 稠环芳烃测定 荧光光谱法

12.1 样品制备

12.1.1 地表样品、水下沉积物、岩屑(心)的处理方法

地表样品及水下沉积物称取20.0 g粒径为0.176 mm的样品，岩屑(心)称取1.00 g～5.00 g粒径为0.176 mm的样品，加入30 mL正己烷，振荡20 min，放置12 h以上。再振荡20 min。放置1 h，澄清。将清液导出，加入0.5 g无水硫酸钠，待测。

12.1.2 水样的处理方法

量取100 mL清洁水样或10.0 mL油田水，加10.0 mL正己烷，用手振荡至少10次，放气。再振荡5 min，将溶液转入分液漏斗，分层，弃去水相。有机清液导出，加入0.5 g无水硫酸钠，待测。该处理方法应在取样后24 h内完成。

12.1.3 原油样品的处理方法

称取100.0 mg原油，加入正己烷溶解后，转入100.0 mL容量瓶中，用正己烷稀释至刻度，摇匀。吸取上述溶液1.00 mL置于100.0 mL容量瓶中，用正己烷稀释至刻度。摇匀，待测。

12.2 稠环芳烃测定

12.2.1 标准溶液配制

称取0.100 0 g色谱纯萘、甲基菲国家二级标准物质分别置于100 mL容量瓶中，加入正己烷稀释

至刻度，此标准溶液 $\rho(B)=1.00$ mg/mL。

12.2.2 标准曲线制定

12.2.2.1 萘标准曲线的制定

吸取萘标准液 $\rho(B)=1.00$ mg/mL，加入正己烷配制成不同浓度的标准系列。在激发波长 265 nm，发射波长 320 nm 处测定荧光强度。绘制荧光强度—浓度标准曲线。

12.2.2.2 甲基菲标准曲线的制定

吸取甲基菲标准液 $\rho(B)=1.00$ mg/mL，加入正己烷制备成不同浓度的标准系列。在激发波长 265 nm，发射波长 360 nm 处测定荧光强度。绘制荧光强度—浓度标准曲线。

12.3 样品测定

12.3.1 二维荧光测定

在激发波长 265 nm 条件下，在发射波长为 320 nm、360 nm 处对样品进行测量[1)]。

12.3.2 三维荧光测定

在计算机的 SCAN 程序中，以激发波长 200 nm，发射波长 300 nm～500 nm，激发、发射狭缝宽度 0.5 nm 的条件下对样品进行扫描。

12.4 结果计算

12.4.1 二维荧光组分含量按式(12)计算：

$$X_i=\frac{C_i \cdot V}{m} \qquad (12)$$

式中：

X_i ——样品中相当于标准组分 i 的质量分数，$\omega(i)/10^{-9}$；

V ——试样溶液体积，mL；

m ——试样称取量，kg；

C_i ——试样中组分 i 浓度 $\rho(i)/\mu g \cdot mL^{-1}$。

12.4.2 三维荧光结果如下：

——荧光立体图主峰位置 TA(λex/λem)；

——其他特征峰位置 Ti(λex/λem)；

——征峰荧光强度比值按式(13)计算：

$$R=\frac{F_A}{F_i} \qquad (13)$$

式中：

R ——特征峰荧光强度比值；

F_A ——主峰荧光强度；

F_i ——其他特征峰荧光强度。

——主峰徒度按式(14)计算：

$$K=\frac{F_A}{F_A-F_B} \qquad (14)$$

---

1) 荧光强度低可能是荧光猝灭、需稀释后测定。

式中：

F_B——主峰位置沿发射方向位移 35 nm 处的荧光强度。

13 芳烃及其衍生物总量测定 紫外光谱法

13.1 样品制备

13.1.1 地表样品、水下沉积物、岩屑(心)的处理方法

称取地表样品及水下沉积物 20.0 g 粒径为 0.176 mm 的样品，岩屑(心)1.00 g～5.00 g 粒径为 0.176 mm 的样品，加入 30 mL 正己烷，振荡 20 min，放置 12 h 以上。再振荡 20 min。放置 1 h，澄清。将清液导出加入 0.5 g 无水硫酸钠，待测。

13.1.2 水样的处理方法

量取 100 mL 清洁水样或 10.0 mL 油田水，加入 10.0 mL 正己烷，用手振荡不少于 10 次，放气。再振荡 5 min，将溶液转入 125 mL 分液漏斗中，分层，弃去水相。有机清液导出，加入 0.5 g 无水硫酸钠，待测。该处理方法应在取样后 24 h 内完成。

13.1.3 原油样品的处理方法

称取 100.0 mg 原油，加入正己烷溶解后，转入 100.0 mL 容量瓶中，用正己烷稀释至刻度，摇匀。吸取上述溶液 1.00 mL 置于 100.0 mL 容量瓶中，用正己烷稀释至刻度。摇匀，待测。

13.2 芳烃及其衍生物总量的测定

13.2.1 标准溶液配制

称取 0.100 0 g 色谱纯苯、萘、菲标准物质分别置于 100 mL 容量瓶中，加入正己烷稀释至刻度，此标准溶液 $\rho(\mathrm{B})=1.00$ mg/mL。将上述标准液用正己烷稀释 100 倍作为工作标准溶液，$\rho(\mathrm{B})=10$ μg/mL。

13.2.2 标准曲线制定

将浓度为 $\rho(\mathrm{B})=10$ μg/mL 的标准溶液加入正己烷制备成不同浓度的标准系列，在波长为 200 nm～360 nm 范围内以正己烷为空白，扫描标准系列，读取它们的特征峰的吸光度“A”值。绘制吸光度—浓度标准曲线。

13.2.3 样品测定

在波长为 200 nm～360 nm 范围，对样品进行吸光度测量。

13.3 结果计算

结果计算中测定结果为对应波长处组分名称和相对含量。

$$X_i=\frac{C_i\cdot V}{m} \qquad \cdots\cdots\cdots\cdots (15)$$

式中

X_i ——样品中相当于标准组分 i 的含量，$\omega(i)/10^{-9}$；

C_i ——试样中组分 i 浓度，$\rho(i)/(\mu\mathrm{g}\cdot\mathrm{mL})^{-1}$；

V ——试样溶液体积，mL；

m ——试样称取量，kg。

14 精密度

14.1 精密度计算公式

方法绝对精密度按 GB/T 6379.2—2004 标准规定统计(置信度 95%),计算公式见表 1。

表 1 方法绝对精密度

测定方法	水平范围	重复性限 r	再现性限 R
酸解烃测定 气相色谱法 (以甲烷计算 μL/kg)	$m>1.0$	$r=0.62641\ m^{0.7788}$	$R=1.1266m^{0.7040}$
溶解烃测定 气相色谱法 ($\varphi(CH_4)/10^{-6}$)	$m>1.0$	$r=0.2978\ m^{0.9145}$	$R=0.2990\ m^{0.9245}$
顶空间轻烃测定气相色谱法 ($\varphi(CH_4)/10^{-6}$)	$m>1.0$	$r=0.5035\ m^{0.8287}$	$R=0.6168\ m^{0.8066}$
热释烃测定 气相色谱法 (以甲烷计算 μL/kg)	$m>1.0$	$r=0.8631+0.1997\ m$	$R=0.7245+0.2484\ m$
游离烃测定气相色谱法 ($\varphi(CH_4)/10^{-6}$)	$m>1.0$	$r=0.8507\ m^{0.7295}$	$R=1.6987\ m^{0.6473}$
蚀变碳酸盐 ΔC 测定 ($\omega(\triangle C)/10^{-2}$)	$20>m>0.5$	$r=0.0792+0.0731\ m$	$R=0.0945+0.0746\ m$
热释汞测定 $\omega(Hg)/10^{-9}$	$100>m>5.0$	$r=1.6003+0.0678\ m$	$R=1.8387+0.0671\ m$
稠环芳烃测定 荧光光谱法 $\omega(B)$,10^{-9}	$600>m>20$	$r=0.6807\ m^{0.7267}$	$R=0.4929\ m^{0.8402}$
芳烃及其衍生物总量测定 紫外光谱法 $\omega(B)/10^{-9}$	$1500>m>40$	$r=0.4424\ m^{0.8203}$	$R=0.3035\ m^{0.9213}$
注：r—重复性限,R—再现性限,m—平均值。			

14.2 质量要求

在同一实验室,由同一操作者使用相同设备,按相同的测试方法,并在短时间内对同一被测对象相互独立进行测试获得的两次独立测试结果的测定值,在表 1 给定的水平范围内,这两个测试结果的绝对差值不超过重复性限 r,或超过重复性限 r 的情况不超过 5%。重复性限 r 按表 1 给出的公式计算,酸解烃测定 气相色谱法、溶解烃测定 气相色谱法、顶空间轻烃测定 气相色谱法、热释烃测定 气相色谱法、游离烃测定 气相色谱法,当 $m\leqslant1.0$ 时,不做质量要求。

在不同的实验室,由不同的操作者使用不同的设备,按相同的测试方法,对同一被测对象相互独立进行测试获得的两次独立测试结果的测定值,在表 1 给定的水平范围内,这两个测试结果的绝对差值不超过再现性限 R ,或超过再现性限 R 的情况不超过 5%,再现性限 R 按表 1 给出的公式计算,酸解烃测定 气相色谱法、溶解烃测定 气相色谱法、顶空间轻烃测定 气相色谱法、热释烃测定 气相色谱法、游离烃测定 气相色谱法,当 $m\leqslant1.0$ 时,不做质量要求。

附 录 A
（资料性附录）
脱 气 管

脱气管结构见图 A.1。

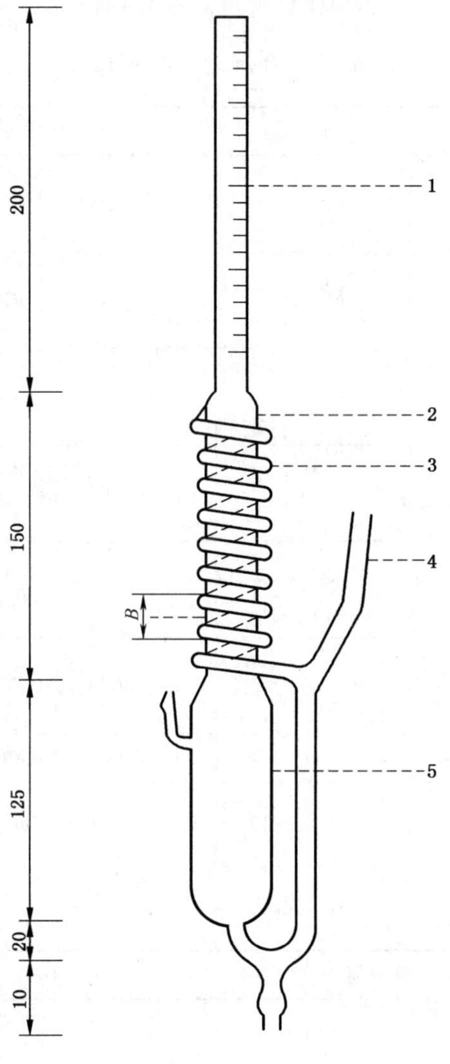

1——量气管：$\phi_{内}$：11 mm，$\phi_{外}$：14 mm；
2——吸收管 a：$\phi_{内}$：22 mm，$\phi_{外}$：25 mm；
3——吸收管 b：$\phi_{内}$：5 mm，$\phi_{外}$：7 mm；
4——进气管：$\phi_{内}$：5 mm，$\phi_{外}$：8 mm；
5——贮液管：$\phi_{内}$：37 mm，$\phi_{外}$：40 mm。

图 A.1 脱气管结构图

附　录　B
（资料性附录）
热　释　管

热释管结构见图 B.1。

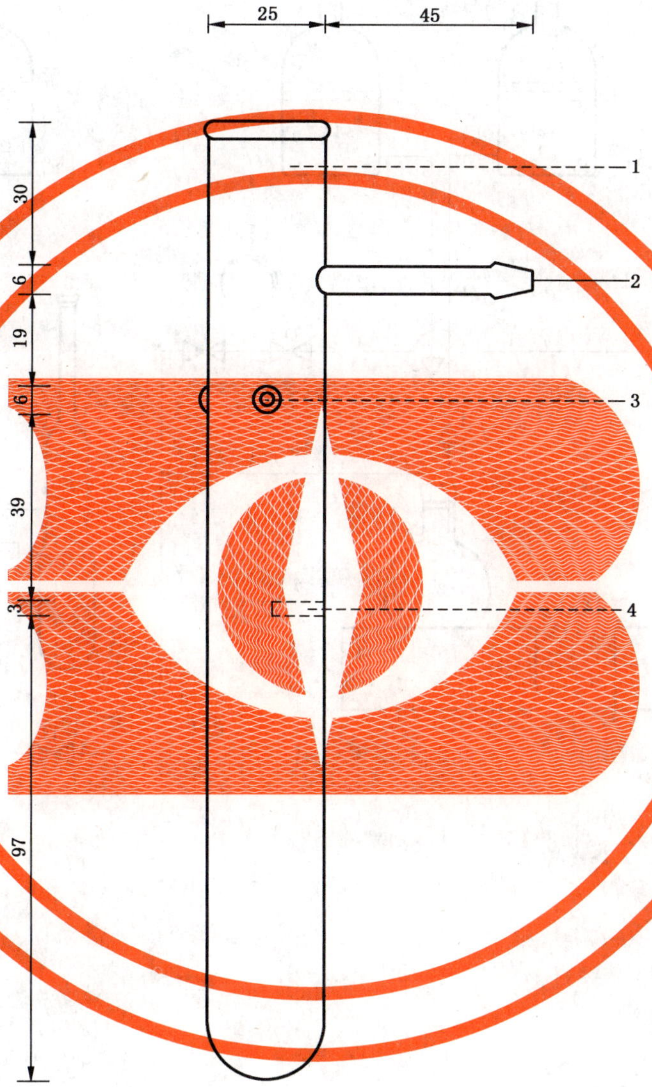

1——热释管：$\phi_{内}$：22 mm，$\phi_{外}$：25 mm；
2——支管 a：$\phi_{内}$：4 mm，$\phi_{外}$： 6 mm；
3——支管 b：$\phi_{内}$：2 mm，$\phi_{外}$：6 mm；
4——挡板：壁厚 3 mm。

图 B.1　热释管结构图

附 录 C
（资料性附录）
酸解烃脱气装置

酸解烃脱气装置如图 C.1 所示。

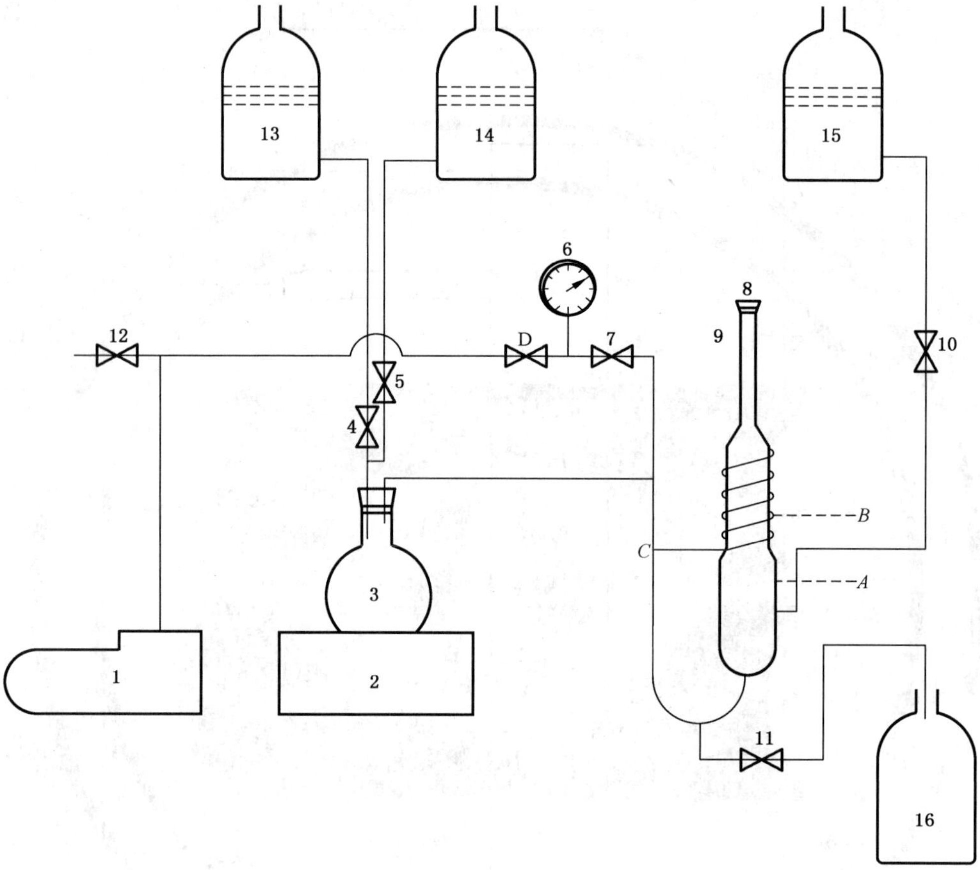

1 ——真空泵；
2 ——水浴锅；
3 ——平底烧瓶；
4、5、7、12 ——真空活塞；
6 ——真空表；
8 ——脱气管；
9 ——密封塞；
10、11、D ——止血钳；
13 ——盛盐酸溶液的瓶；
14 ——盛蒸馏水的瓶；
15 ——盛氢氧化钾溶液的瓶；
16 ——盛废氢氧化钾溶液的瓶。
A 抽真空时氢氧化钾溶液液面位置；
B 脱气时氢氧化钾溶液液面位置；
C 用蒸馏水驱赶气体时截止位置；

图 C.1 酸解烃脱气装置示意图

附　录　D
（资料性附录）
色谱操作条件实例

表 D.1　色谱操作条件实例

柱型	Al_2O_3 PLOT 毛细柱
柱长/m	30～50
柱内径/mm	0.53
载气	氮气
柱流速/(mL/min)	6～10
氢气流量/(mL/min)	30
空气流量/(mL/min)	300
进样方式	分流进样
尾吹气流量/(mL/min)	20
汽化室温度/℃	150～200
色谱柱温度/℃	120
氢火焰离子化检测器温度/℃	200～250
进样量/μL	20～100

附　录　E
（资料性附录）
溶解烃脱气装置

溶解烃脱气装置示意图见图 E.1。

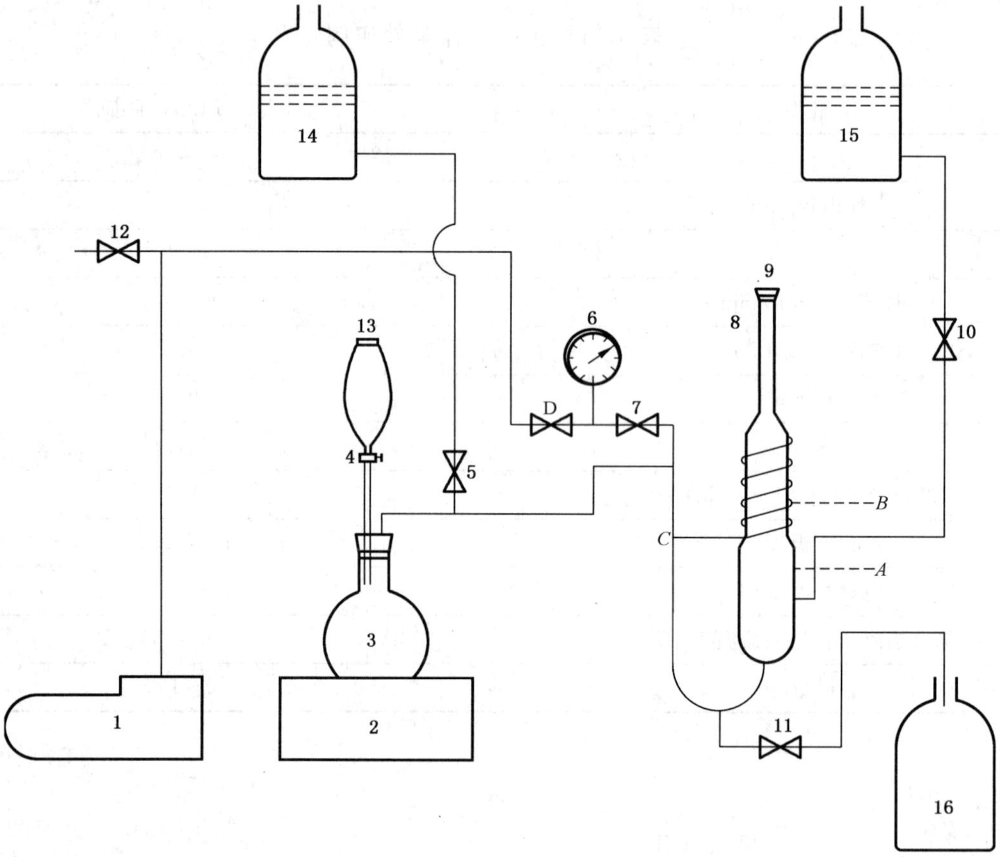

1　　——真空泵；
2　　——水浴锅；
3　　——平底烧瓶；
4　　——两通活塞；
5、7、10、11、12、D——止血钳；
6　　——真空表；
8　　——脱气管；
9　　——密封塞；
13　　——分液漏斗；
14　　——蒸馏水；
15　　——氢氧化钠溶液瓶；
16　　——废氢氧化钠溶液瓶。
A　抽真空时氢氧化钠溶液液面位置；
B　脱气时氢氧化钠溶液液面位置；
C　用蒸馏水驱赶气体时截止位置。

图 E.1　溶解烃脱气装置示意图

附 录 F
（资料性附录）
红外光谱法工作曲线

红外光谱法工作曲线图 F.1。

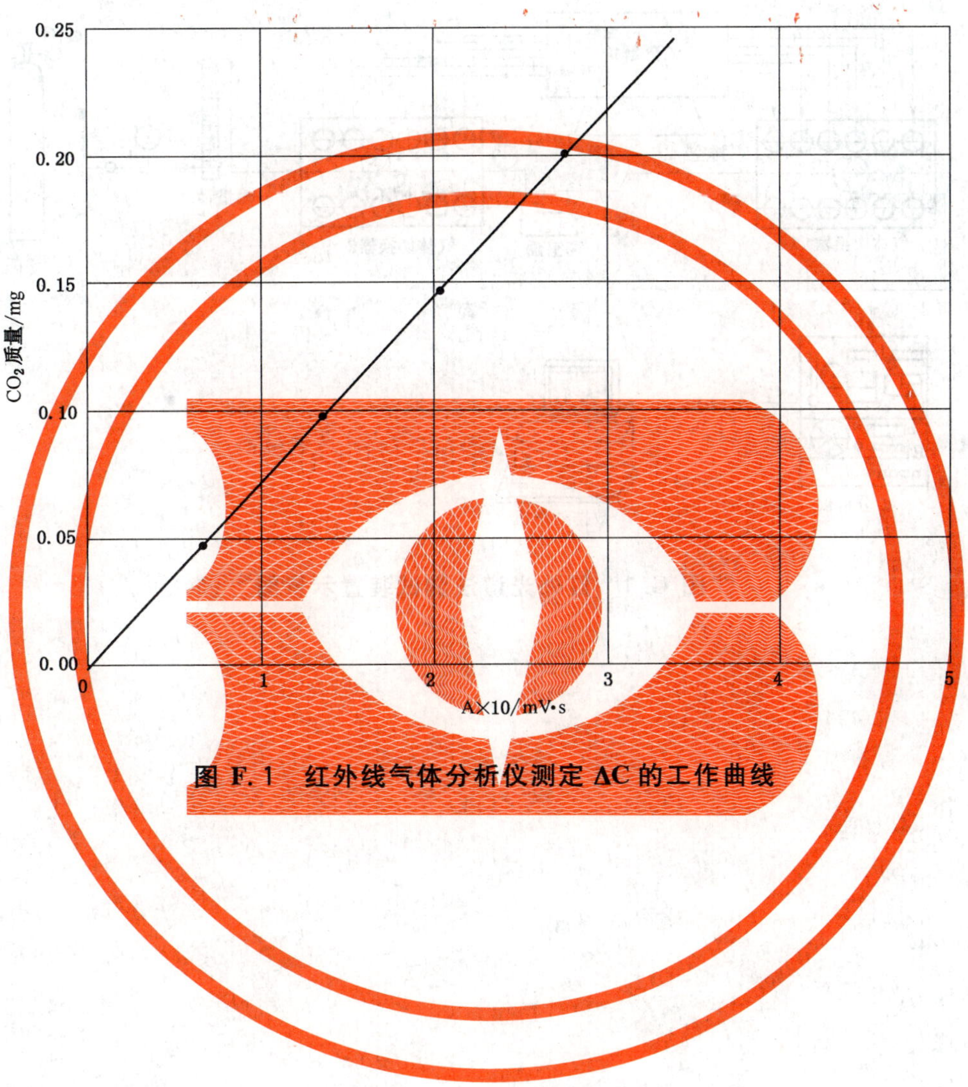

图 F.1 红外线气体分析仪测定 ΔC 的工作曲线

附　录　G
（资料性附录）
红外光谱法测定装置

红外光谱法测定装置示意图G.1

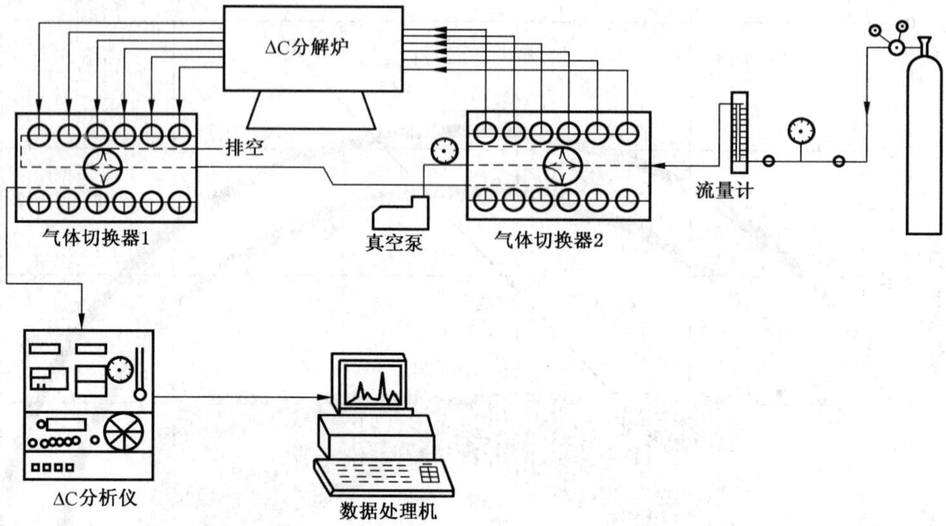

图G.1　红外光谱法测试装置示意图

附　录　H
（资料性附录）
气相色谱法工作曲线

气相色谱(TCD)测定 ΔC 的工作曲线见图 H.1。

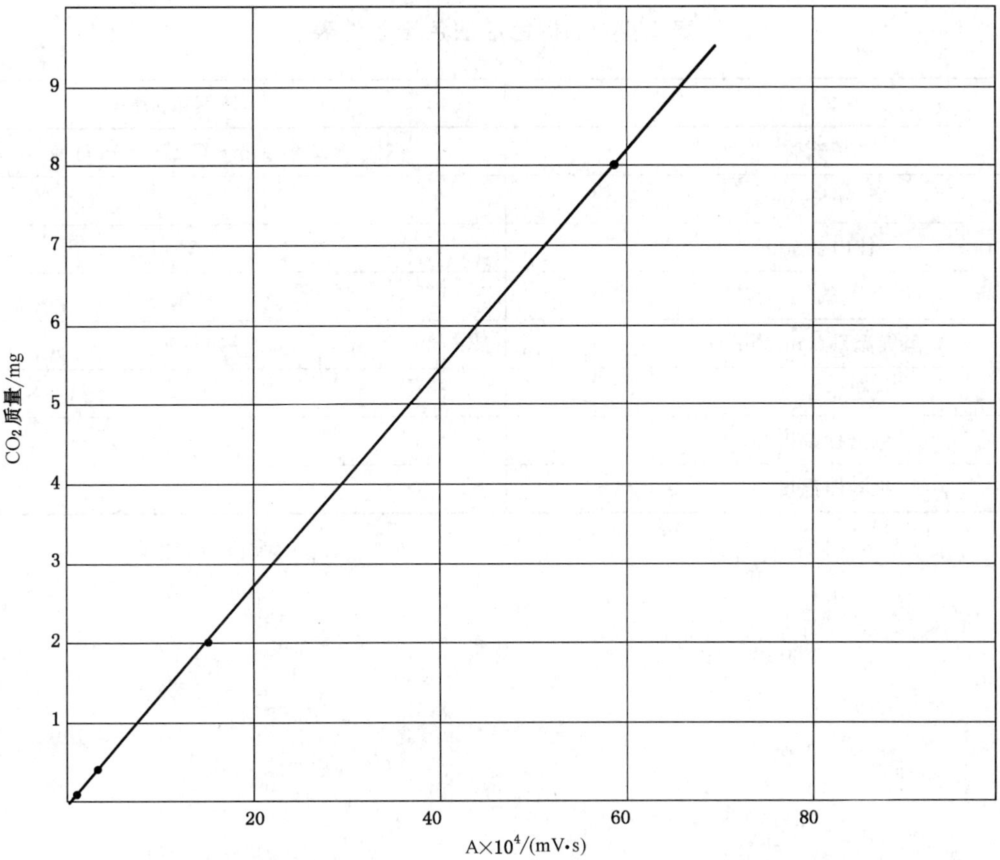

图 H.1　气相色谱(TCD)测定 ΔC 的工作曲线

附　录　I
（资料性附录）
气相色谱法色谱条件参考

表 I.1　气相色谱法色谱条件表

柱型	不锈钢填充柱
填充物	0.249 mm～0.176 mm 硅胶
柱长/m	2
柱内径/mm	3
载气	氢气
氢气流量/(mL/min)	40～50
汽化室温度/℃	100
色谱柱温度/℃	40
检测器温度/℃	150

附 录 J
（资料性附录）
六通阀切换

六通阀切换示意图 J.1。

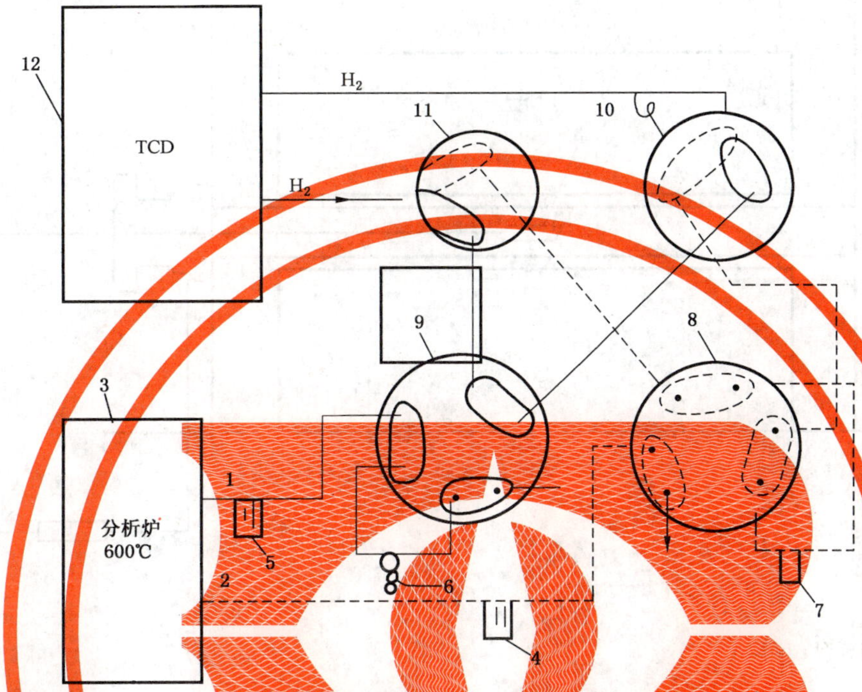

1、2　——两个通道；
3　——分解装置；
4、5　——冷阱；
6、7　——吸附柱；
8、9　——平面六通阀；
10、11　——平面三通阀；
12　——气相色谱仪。

图 J.1　六通阀切换示意图

附　录　K
（资料性附录）
气相色谱法测定 ΔC 试样分解装置

气相色谱法测定 ΔC 试样分解装置示意图见图 K.1。

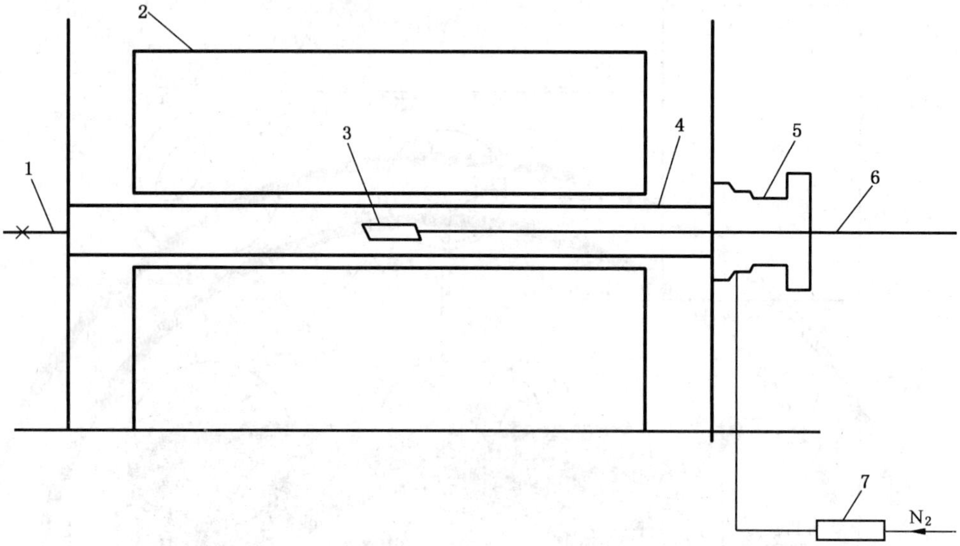

1——排气口；
2——炉体；
3——盛样品的瓷舟；
4——石英管；
5——卡口；
6——进样杆；
7——净化器。

图 K.1　ΔC 试样分解装置示意图

附　录　L
（规范性附录）
常温下饱和汞蒸气压

饱和汞蒸气浓度与温度关系参见表 L.1。

表 L.1　饱和汞蒸气浓度与温度关系

室温 /℃	饱和汞蒸气浓度 /(ng/mL)	室温 /℃	饱和汞蒸气浓度 /(ng/mL)
3.0	2.923	22.0	15.540
4.0	3.203	23.0	16.870
5.0	3.515	24.0	18.300
6.0	3.860	25.0	19.850
7.0	4.236	26.0	21.500
8.0	4.644	27.0	23.280
9.0	5.088	28.0	25.190
10.0	5.566	29.0	27.250
11.0	6.078	30.0	29.460
12.0	6.632	31.0	31.830
13.0	7.247	32.0	34.370
14.0	7.907	33.0	37.100
15.0	8.630	34.0	40.030
16.0	9.410	35.0	43.170
17.0	10.250	36.0	46.600
18.0	11.150	37.0	50.200
19.0	12.120	38.0	54.000
20.0	13.180	39.0	58.200
21.0	14.310	40.0	62.600

附 录 M
（资料性附录）
手动测汞仪条件实例

表 M.1 手动测汞仪条件实例

载气	无汞载气
气泵流量/(L/min)	1
透过率/T	38%
吸光度噪声/A	≦0.000 2
载气流速/(L/min)	0.5
脱汞时间/s	30
测汞室室温变化	≤2 ℃
热释时间/min	6(通氧气有催化剂时，干燥 0.5，热释 1.5)
热释炉温度/℃	250(通氧气有催化剂时 240)

附　录　N
（资料性附录）
热释汞测定装置

热释汞测定装置示意图见图 N.1,测定装置示意图见图 N.2、图 N.3。

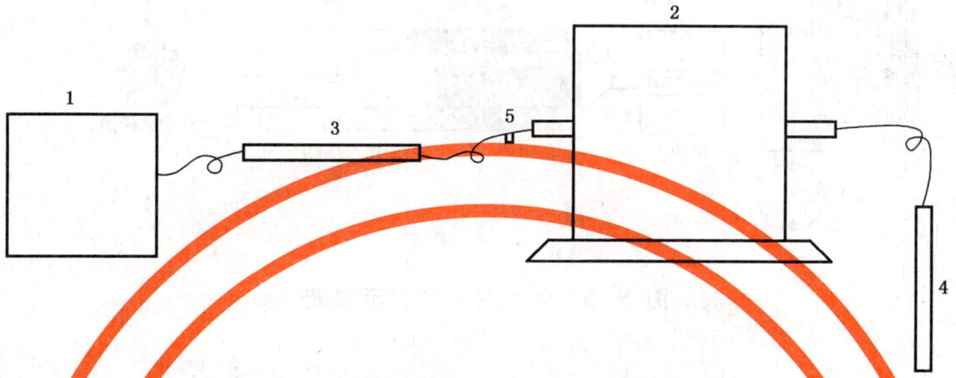

1——空气泵；
2——热释炉；
3——捕汞管；
4——净化管；
5——静电过滤膜。

图 N.1　热释汞装置示意图

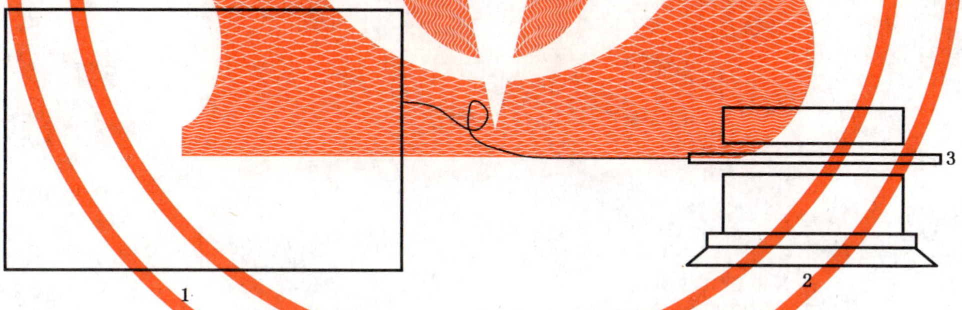

1——测汞仪；
2——管式炉；
3——捕汞金丝管。

图 N.2　测定装置示意图

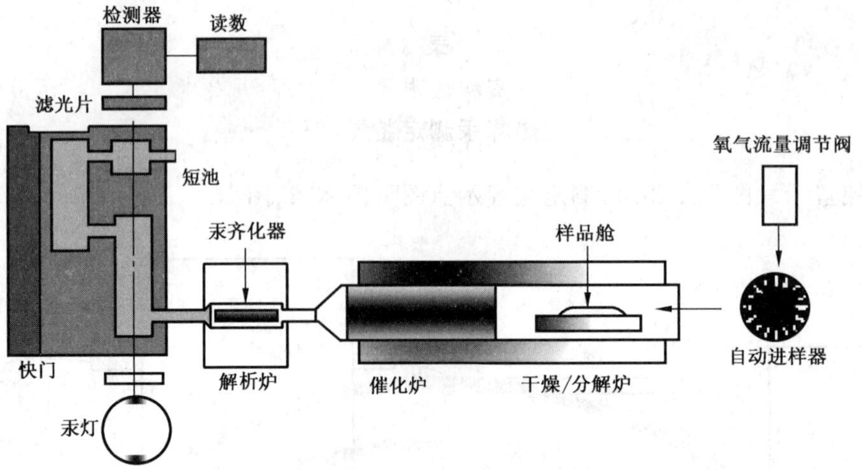

图 N.3 自动测定装置示意图

ICS 13.220.01
C 80

中华人民共和国国家标准

GB/T 29174—2012

物质恒温稳定性的热分析试验方法

Thermal analysis test method for constant-temperature stability of materials

2012-12-31 发布　　2013-10-01 实施

中华人民共和国国家质量监督检验检疫总局
中国国家标准化管理委员会　发布

前　　言

本标准按照 GB/T 1.1—2009 给出的规则起草。

本标准参考了美国试验与材料协会标准 ASTM E 487《化学品恒温稳定性的标准测试方法》(2009 英文版)。

本标准由中华人民共和国公安部提出。

本标准由全国消防标准化技术委员会基础标准分技术委员会(SAC/TC 113/SC 1)归口。

本标准负责起草单位:公安部天津消防研究所。

本标准主要起草人:陈迎春、刘晅亚、卓萍、郭歌、邓震宇、张彰。

本标准首次发布。

引　言

本标准通过在受控实验室条件下测试物质在恒定温度下的微小量放热，为物质热稳定性的评定提供科学、统一的试验方法，并为物质火灾危险性评估提供基础数据。

本标准和 GB/T 13464 的试验结果，可为物质发生自燃火灾危险性的评估提供依据。

物质恒温稳定性的热分析试验方法

1 范围

本标准规定了用微量量热仪测试物质恒温稳定性的术语和定义、原理、仪器和标定、试样、试验程序、试验结果记录、精确度以及试验报告等。

本标准适用于有放热反应的固体、液体或浆状物等物质的恒温稳定性的热分析试验。

2 规范性引用文件

下列文件对于本文件的应用是必不可少的。凡是注日期的引用文件，仅注日期的版本适用于本文件。凡是不注日期的引用文件，其最新版本（包括所有的修改单）适用于本文件。

GB/T 6425 热分析术语

GB/T 13464 物质热稳定性的热分析试验方法

3 术语和定义

GB/T 6425 和 GB/T 13464 中界定的以及下列术语和定义适用于本文件。

3.1

恒温稳定性 constant-temperature stability

物质在某一恒定温度下试验一段时间不发生焓变的性质。

3.2

安全裕度 safe extent

物质相对安全的温度区域为低于起始放热温度 T_{ie} 一定数值以下，这一数值表示充裕程度，一般取值范围在 50 ℃～100 ℃。

3.3

恒温放热温度 initial exotherm temperature in constant temperature

T_c

物质恒温稳定性试验测定出的最低放热温度。

4 原理

按照 GB/T 13464 测试试样的起始放热温度 T_{ie}，以 T_{ie} 为恒温试验温度上限，使用微量量热仪测试试样在不同恒定试验温度下和一定时间内发生焓变的现象，以此评估物质的恒温稳定性。

5 仪器和标定

5.1 差示扫描量热仪（DSC）或差热分析仪（DTA）

应符合 GB/T 13464 的要求。

5.2 微量量热仪

5.2.1 温度控制器

温度控制器可以控制微量量热仪进行程序升温。恒温控制的准确度为±0.02 ℃,温度的测量精度为±0.01 ℃。

5.2.2 热流感应器

热流感应器的量热精确度为±20 μW,量热检测限为 4 μW,基线漂移为<400 μW/24 h。

5.2.3 试样容器

试样容器应不与试样发生反应,并能承受与试验过程中试样发生焓变相适应的压力。

5.3 称重天平

称重天平的量程应不小于 50 g,精度:±0.01 g。

5.4 参比物

参比物应在试验温度范围内不发生焓变。典型的参比物如煅烧的氧化铝或空容器等。

5.5 校准与标定

5.5.1 校准

仪器的校准按厂商提供的手册进行。

5.5.2 标定

以纯棉纺织物浸油脂为标定物。标定物试验按照附录 A 进行。

6 试样

6.1 取样

选取的试样应能代表所测试物质的性状。

6.2 试样量

6.2.1 测试 T_{ie}的试样量应按 GB/T 13464 选取。

6.2.2 恒温试验的试样量应考虑仪器的灵敏度、样品容器的容量、试验温度、试验时间和被测物质的热稳定性等因素,一般为 1 g~20 g。

7 试验程序

7.1 测试试样的起始放热温度 T_{ie}

使用差示扫描量热仪或差热分析仪按照 GB/T 13464 的规定测试起始放热温度 T_{ie}。

7.2 恒温试验温度的选择

7.2.1 恒温试验温度的上限不得高于起始放热温度 T_{ie}。

7.2.2 首次恒温试验以低于起始放热温度 T_{ie} 一个安全裕度以下的温度开始试验，如果此温度低于环境温度则选取高于环境温度 10 ℃开始试验。

7.2.3 恒温试验温度高于（$T_{ie}-50$）℃的恒温试验要考虑其安全性。在充分考虑安全性的条件下可以选择所关注的温度进行恒温试验。

7.3 恒温试验时间

试验时间可以预设定为 96 h，也可以设定所关注的时间长度。如试验时间内发生放热，则放热过程完成后可以停止试验。

7.4 试验步骤

7.4.1 使用微量量热仪进行恒温试验，记录试验结果。

7.4.2 如果恒温试验未记录到放热，则将试验温度升高 10 ℃进行试验并记录试验结果；重复进行本条直到记录到放热为止。

7.4.3 如果试验记录到放热，则将试验温度降低 10 ℃再次进行试验并记录试验结果；重复进行本条直到记录不到放热或者试验温度已降低到环境温度以下为止。

7.4.4 以 7.4.2 或 7.4.3 记录到放热的最低试验温度低 2 ℃进行恒温 96 h 试验，直到试验记录不到放热为止，记录本次试验的最低放热温度即为恒温放热温度 T_c。

8 试验结果记录

记录每一次试验的温度、样品量、参比物、试验时间、出现放热的时间和放热功率。

9 精确度

不同实验室使用不同生产厂家的不同型号的仪器，多次测试结果用重复标准偏差表示其精确度，并应符合下述规定：

a) 恒温放热温度的重复标准偏差应不大于 3.4 ℃；

b) 恒温试验的起始放热时间重复标准偏差应不大于 10%；

c) 恒温试验放热功率的重复标准偏差应不大于 4.7%。

10 试验报告

试验报告应包含下列内容：

——试验委托单位名称；

——试验单位名称和试验负责人；

——送样日期和试验日期；

——试样和参比物的名称、组分、重量等；

——仪器型号和样品容器；

——试样的起始放热温度 T_{ie}、恒温放热温度 T_c；

——列出恒温试验温度、恒温试验时间和试样放热功率的数据表。

附　录　A
（规范性附录）
标定物试验

A.1　概述

标定物由单独放置的两部分组成，进行试验时应立即混合均匀。

A.2　试验步骤

按下述步骤进行标定物试验：

a）　从表 A.1 中第一组和第二组各任选一种物质按质量比 1∶1 混合组成标定物，设定恒温试验温度 50 ℃和 60 ℃，按第 7 章的规定进行试验；

表 A.1　标定物的选择

第一组	纯棉布料(A)	纯棉针织面料(B)
第二组	调和色拉油(C)	花生油(D)

b）　试验结果与表 A.2 对照，精确度应满足第 9 章的规定。

表 A.2　标定物的恒温试验

		标定物组成	(A)+(C)	(A)+(D)	(B)+(C)	(B)+(D)
恒温试验温度	50 ℃	最大放热功率 μW	0.19	0.20	0.23	0.26
	60 ℃		0.45	0.47	0.50	0.57
	50 ℃	开始放热时间 第小时	55	53	49	48
	60 ℃		21	21	17	16
	50 ℃	最大放热功率时间 第小时	88	87	85	84
	60 ℃		33	32	28	26

ICS 13.220.10
C 83

中华人民共和国国家标准

GB/T 29175—2012

消防应急救援　技术训练指南

Fire emergency rescue—Guidelines for technical training

2012-12-31 发布　　　　2013-10-01 实施

中华人民共和国国家质量监督检验检疫总局
中国国家标准化管理委员会　发布

前　言

本标准按照 GB/T 1.1—2009 给出的规则起草。

本标准由中华人民共和国公安部提出。

本标准由全国消防标准化技术委员会灭火救援分技术委员会(SAC/TC 113/SC 10)归口。

本标准起草单位:公安部上海消防研究所。

本标准主要起草人:施巍、张学魁、张磊、魏捍东、朱青、薛林、王治安、何宁、邓樑、苗国典、陈智慧、曹永强、阮桢、孙伯春、赵轶惠。

本标准为首次发布。

引　　言

我国《消防法》规定:公安消防队和专职消防队按照国家规定承担重大灾害事故和其他以抢救人员生命为主的应急救援工作。根据国务院有关规定,公安消防队主要承担地震等自然灾害、建筑施工事故、道路交通事故、空难等生产安全事故、恐怖袭击、群众遇险等社会安全事件的抢险救援任务,同时协助有关专业队伍做好水旱灾害、气象灾害、地质灾害、森林草原火灾、生物灾害、矿山事故、危险化学品事故、水上事故、环境污染、核与辐射事故、突发公共卫生事件等的抢险救援任务。

消防应急救援系列国家标准主要是针对公安消防队和专职消防队承担的自然灾害、生产安全事故和社会安全事件等抢险救援任务,以及目前由公安消防队和专职消防队实际承担的危险化学品事故、水灾、风灾、泥石流、水上事故、建筑物倒塌等抢险救援任务而制定的,目的是为了明确消防应急救援的对象,规范消防应急救援装备配备、训练设施建设、技术训练、作业规程和人员资质等。

本标准规定的内容是消防应急救援技术训练的要求,其训练项目组成以 GB/T 29176《消防应急救援　通则》中所提出的消防应急救援技术类型为依据,各类技术训练所采用的训练设施在 GB/T 29177《消防应急救援　训练设施要求》中规定。

消防应急救援　技术训练指南

1　范围

本标准规定了消防应急救援技术训练的术语、定义、技术训练项目和训练要求。

本标准适用于公安消防队和专职消防队的消防应急救援技术训练，其他消防队和应急救援队可参照执行。

2　规范性引用文件

下列文件对于本文件的应用是必不可少的。凡是注日期的引用文件，仅注日期的版本适用于本文件。凡是不注日期的引用文件，其最新版本(包括所有的修改单)适用于本文件。

GB/T 5907　消防基本术语　第一部分

GB/T 29176　消防应急救援　通则

GB/T 29177　消防应急救援　训练设施要求

GA/T 967—2011　消防训练安全要则

3　术语和定义

GB/T 5907 及 GB/T 29176 界定的术语和定义适用于本文件。

3.1

技术训练　technical training

为提高消防员应急救援技能和装备操作技术水平而组织开展的训练活动。

4　技术训练项目

4.1　根据救援技术类型要求和训练设施的功能，可将消防应急救援技术训练(以下简称技术训练)分为基础技术训练与应用技术训练。

4.2　基础技术训练项目包括：

a)　基本能力训练；

b)　训练塔及绳索救援技术训练；

c)　建筑构件破拆和支撑技术训练；

d)　心理行为训练。

4.3　应用技术训练项目包括：

a)　危险化学品事故救援技术训练；

b)　道路交通事故救援技术训练；

c)　建(构)筑物倒塌事故救援技术训练；

d)　水域救援技术训练；

e)　野外山岳救援技术训练；

f)　受限空间救援技术训练；

g) 沟渠救援技术训练；

h) 组合技术训练。

5 训练要求

5.1 人员要求

5.1.1 训练人员包括：训练组织者、教员、安全员、受训指挥员与受训战斗员。

5.1.2 训练组织者应制定形成文件的技术训练计划，规定训练目的、内容、进度和要求。

5.1.3 教员应向受训指挥员和受训战斗员清晰讲解训练目的、训练内容、训练设施与训练安全要求。

5.1.4 安全员的职责应符合 GA/T 967—2011 中附录 A 中的要求。

5.1.5 受训指挥员应具有一定的组织、协调、判断能力和现场指挥经验，训练中指挥程序清晰、内容完整、分工明确。

5.1.6 受训战斗员应具备基本训练器材的操作能力，训练中服从指挥、按规范正确操作。

5.2 基本要求

5.2.1 训练安全应符合 GA/T 967—2011 中的相关要求。

5.2.2 受训战斗员和受训指挥员应根据训练内容合理穿戴个人防护装备，并在使用前进行检查，检查项目应符合 GA/T 967—2011 附录 B 中的要求。

5.2.3 训练设施应符合 GB/T 29177 中的要求。

5.2.4 训练器材应为符合国家相关市场准入规定的合格产品。

5.2.5 受训战斗员在完成基础技术训练的基础上，方可参加应用技术训练。

5.2.6 训练中应有专人做好各类记录，按要求归档。

5.2.7 训练结束后，安全员应清点人数，整理和检查器材。

5.3 评价要求

5.3.1 教员应根据训练内容对受训指挥员与受训战斗员进行考核。

5.3.2 对基本能力训练，应分别对每类器材的使用进行训练评价，成绩按合格与不合格两级制评定，其中熟练使用器材并符合操作程序和要求的为合格，反之为不合格。

5.3.3 对心理行为训练，应分别对受训人员的心理适应能力和反应能力进行训练评价，成绩按合格与不合格两级制评定，其中心理适应能力和反应能力符合要求的为合格，反之为不合格。

5.3.4 对其他基础技术和应用技术训练，应分别对每类技术训练项目进行训练评价，成绩按优秀、良好、合格与不合格四级制评定，其中完成 100％训练内容的为优秀、能完成 80％训练内容的为良好、能完成 60％训练内容的为合格、不能完成 60％训练内容的为不合格。

5.3.5 训练组织者可结合训练操法、训练设施和训练器材的特点进一步确定评分细则。

6 基础技术训练

6.1 基本能力训练

6.1.1 训练目的

受训战斗员能够熟悉各类应急救援器材与个人防护器材的适用场合、功能特点、使用方法、安全事项等内容，能够熟练操作各类应急救援器材，佩戴个人防护器材，具备一定应急救援技能。

6.1.2 训练内容

6.1.2.1 教员通过理论学习、现场演示等方式组织受训战斗员学习各类应急救援器材与个人防护器材的适用场合、功能特点、使用方法、安全事项等内容。

6.1.2.2 教员组织受训战斗员开展各类应急救援器材与个人防护器材的实际操作训练。

6.1.2.3 教员通过理论学习、现场演示等方式组织受训战斗员，开展攀越消防障碍、攻坚技巧等个人技能训练。

6.2 训练塔及绳索救援技术训练

6.2.1 训练目的

使受训指挥员能准确实施救援计划，组织搜集、上报现场情况，确定抢险救援技术、战术措施，部署作战任务，组织协同作战，落实安全保障。

使受训战斗员能熟练应用防坠落、牵引、救生、个人防护等器材，掌握锚固、攀登、下降、水平移动、人员输送等绳索救援技术和防护方法。

6.2.2 训练内容

6.2.2.1 教员向受训指挥员与受训战斗员讲解消防训练塔高度、结构、锚固点位置等情况。

6.2.2.2 在地面上，受训战斗员进行结绳、绳索延伸、绳索固定、绳索拆解、绳索收整打包及安全带穿戴等训练。

6.2.2.3 在地面上，受训战斗员使用扁带或多功能吊带等器材，进行建立支点、绑缚、搬运伤员训练。

6.2.2.4 利用消防训练塔，受训战斗员使用绳索、8字环、上升器、下降器、安全钩等器材，进行锚固、攀登、下降、水平移动、制动训练。

6.2.2.5 利用消防训练塔，受训战斗员使用绳索、卷扬机、担架、躯体固定气囊等器材，进行向上救出、向下救出和水平救出训练。

6.2.3 训练安全要求

6.2.3.1 安全员应确保安全绳、安全钩固定点稳定可靠、安装牢固。

6.2.3.2 绳索与物体边缘接触时，应采取措施或使用器材进行保护。

6.3 建筑构件破拆和支撑技术训练

6.3.1 训练目的

使受训指挥员能熟悉建筑构件与破拆器材特性，能指导救援人员合理选择破拆器材和支撑方法。

使受训战斗员能熟悉建筑构件与破拆器材特性，掌握破拆建筑构件和支撑空间的技术。

6.3.2 训练内容

6.3.2.1 教员向受训指挥员与受训战斗员讲解建筑构件类型、承重结构等情况。

6.3.2.2 针对金属结构、木结构、砖石砌体以及钢筋混凝土墙体等不同建筑构件类型选择破拆器材。

6.3.2.3 受训战斗员使用所选器材对训练设施中的模拟防盗门、卷帘门、窗户栅栏、钢结构围栏等结构，进行破拆训练。

6.3.2.4 受训战斗员使用钢架、护木、千斤顶、支撑套具等起重支撑器材，对训练设施中由梁柱和各种形状砖石所构成的空间进行支撑训练。

6.3.3 训练安全要求

6.3.3.1 训练前,安全员应检查器材各部件连接情况,确保无松动、损坏现象。
6.3.3.2 破拆训练中应做好支撑保护,不应破拆超出作业范围的物体。
6.3.3.3 起重支撑器材应随支撑作业进度调整并补充支撑点,使被支撑对象保持稳固。

6.4 心理行为训练

6.4.1 训练目的

提高受训战斗员在高空、地下涵洞、烟热等环境下作业的心理适应能力和反应能力。

6.4.2 训练内容

主要包括在高空索桥、空中单杠、背摔台、绳网、竖井、悬崖训练区、烟热训练室等训练设施上进行的心理行为训练。

6.4.3 训练安全要求

6.4.3.1 训练前,受训战斗员应学习相关心理知识。
6.4.3.2 心理行为训练应由经过专业人员指导,并根据受训者进行针对性训练。
6.4.3.3 进行烟热环境下训练时,安全员在训练前应对正压式消防空气呼吸器进行检查,做好安全防护和现场急救准备工作,训练中应通过控制室对受训战斗员进行实时监测。
6.4.3.4 进行高空训练时,应使用防坠落器材、安全网、保护垫进行保护。

7 应用技术训练

7.1 危险化学品事故救援技术训练

7.1.1 训练目的

使受训指挥员能辨别危险化学品种类,对现场危险等级进行初步评估,指导救援人员合理选择器材,确定危险化学品处置方法。

使受训战斗员能熟练应用侦检、堵漏、输转、洗消、防护等器材,掌握侦检、警戒、稀释、围堵、分流、吸收、输转、堵漏、洗消和救生等救援技术和防护方法。

7.1.2 训练内容

7.1.2.1 针对泄漏物质种类、泄漏容器储量、泄漏部位以及现场风速、风向等环境情况,使用侦检器材,进行侦检训练。
7.1.2.2 受训指挥员与受训战斗员进行个人防护装备的穿戴训练。
7.1.2.3 通过识别危险化学品的品名和危害性表现,受训指挥员对现场危险状况进行初步评估。
7.1.2.4 根据侦检结果确定警戒范围,划分危险区和安全区,设置警戒标志和出入口,并根据检测数据,适时调整警戒范围。
7.1.2.5 模拟现场发生危险状况,安全员发出警示信号,现场所有人员进行撤离训练。
7.1.2.6 模拟气体危险品泄漏,受训战斗员使用喷雾水枪、水力排烟机等器材,进行驱散训练。
7.1.2.7 模拟液体危险品泄漏,受训战斗员使用木屑、沙土或吸附垫等器材,进行围堵、分流和吸收训练;泄漏物体可使用水稀释时,进行稀释训练。
7.1.2.8 模拟罐体、管道、阀门、法兰等处的泄漏,受训战斗员使用堵漏器材,进行带压封堵训练。

7.1.2.9 针对泄漏物质，受训战斗员使用输转泵、集污袋等输转器材，进行输转训练。

7.1.2.10 合理设置洗消站，选择正确的洗消方法，进行人员与器材洗消训练。

7.1.3 训练安全要求

7.1.3.1 堵漏训练时，泄漏点周围应设置水幕、喷雾水枪等进行保护。

7.1.3.2 输转训练时，管线、设备应良好接地，不应在地面拖拉倒罐输转器材。

7.1.3.3 使用洗消帐篷进行洗消时，应调节好水温；使用水枪进行洗消时，应避免水流冲击伤人。

7.1.3.4 使用洗消剂清洗现场时，避免残液存留，特别是在低洼地、下水道、沟渠等处。

7.2 道路交通事故救援技术训练

7.2.1 训练目的

使受训指挥员能根据现场情况迅速选择或制定合理的救援方案，准确实施救援计划。

使受训战斗员能熟练应用起重、撑顶、破拆、牵引、个人防护等器材，掌握警戒、起重、撑顶、破拆、牵引、救生等道路交通事故救援技术和防护方法。

7.2.2 训练内容

7.2.2.1 教员向受训指挥员与受训战斗员讲解模拟事故车辆类型、救援要点等情况。

7.2.2.2 检查和阻断燃油泄漏，切断电源。

7.2.2.3 针对事故车辆位置、受损或倾覆情况、事故环境和被困人员情况，进行侦检训练。

7.2.2.4 划定警戒区域，设置警戒线。

7.2.2.5 受训战斗员使用起重气垫、支撑套具等器材，进行起重和撑顶训练。

7.2.2.6 受训战斗员使用破拆器材，针对汽车 AB 柱、车窗、车门、方向盘、安全带、后备箱等重要构件，进行破拆训练。

7.2.2.7 受训战斗员使用抢险救援车、扩张器等器材，进行牵引训练。

7.2.2.8 针对现场被困人员，受训战斗员进行心肺复苏、骨折固定、伤员搬运等基本救生训练。

7.2.3 训练安全要求

7.2.3.1 现场作业时，受训战斗员应做好防飞溅、防挤压等防护。

7.2.3.2 起重撑顶训练时，应准确判断受力情况，做好固定和支撑保护。

7.2.3.3 安全员应确保起重气垫、支撑套具、钢索、钩环等器材安放到位、连接稳固。

7.3 建(构)筑物倒塌事故救援技术训练

7.3.1 训练目的

使受训指挥员能准确实施救援计划组织搜集、上报现场情况，确定抢险救援技、战术措施，部署作战任务，组织协同作战，落实安全保障。

使受训战斗员能熟练应用侦检、排烟、起重、支撑、破拆、个人防护等器材，掌握警戒、侦检、破拆、起重、撑顶、照明、送风、救生等建筑物倒塌事故救援技术和防护方法。

7.3.2 训练内容

7.3.2.1 教员向受训指挥员与受训战斗员讲解模拟倒塌建筑物的结构、布局、面积、承重构件等情况。

7.3.2.2 划定警戒区域,设置警戒线。

7.3.2.3 通过外部观察或使用检测设备,进行倒塌建筑结构的安全性判断训练。

7.3.2.4 受训战斗员使用起重气垫、支撑套具、单杠梯、护木等器材,针对出入通道、倾斜墙体等重点位置或不牢固建筑构件,进行起重和撑顶训练。

7.3.2.5 在倒塌建筑物入口处,受训战斗员使用气体探测仪等器材,对内部环境持续进行侦检训练。

7.3.2.6 受训战斗员使用生命探测仪等器材或搜救犬、机器人,进行被困人员侦检训练。

7.3.2.7 受训战斗员使用坑道小型空气输送机、排烟机等送风排烟器材,进行送风排烟训练。

7.3.2.8 受训战斗员进行废墟行走、黑暗摸索前进训练。

7.3.2.9 受训战斗员使用破拆器材,针对倒塌建筑物中的墙体、楼板等构件,进行破拆训练。

7.3.2.10 针对现场被困人员,受训战斗员进行伤情检查、心肺复苏、骨折固定、伤员搬运等基本救生训练。

7.3.3 训练安全要求

7.3.3.1 受训战斗员不得进入非作业区,未经许可不应进入结构已经明显松动的建筑内部,不应登上已经受力不均的阳台、楼板、屋顶等部位,不应钻入非稳固支撑的建筑废墟下方。

7.3.3.2 受训战斗员进入倒塌建筑物内部后,安全员应实时监测倒塌建筑物内部气体。

7.3.3.3 倒塌建筑物内部结构复杂或采光不佳时,应标明出入通道和进行现场照明。

7.3.3.4 进行送风训练时,应防止发动机尾气直接进入倒塌建筑内部。

7.4 水域救援技术训练

7.4.1 训练目的

使受训指挥员能准确实施救援计划组织搜集、上报现场情况,确定抢险救援技、战术措施,部署作战任务,组织协同作战,落实安全保障。

使受训战斗员能熟练应用安全绳、救生抛投器、冲锋舟、个人防护等器材,掌握侦检、警戒、保护、游泳、潜水、横渡、救生等水域救助技术和防护方法。

7.4.2 训练内容

7.4.2.1 教员向受训指挥员与受训战斗员讲解训练区水深、水面宽度、水质浑浊程度、现场环境等情况。

7.4.2.2 针对被困人员数量、位置、水流情况、离岸距离等现场环境,进行侦检训练。

7.4.2.3 划定警戒区域,设置警戒线。

7.4.2.4 在岸边,受训战斗员模拟进行水中受困者拖救技术、徒手搬运技术与心肺复苏训练。

7.4.2.5 在岸边,受训战斗员进行通信联络(手语、哨音等)训练。

7.4.2.6 在游泳训练区,模拟突发情况,受训战斗员进行紧急自救训练。

7.4.2.7 在游泳训练区,受训战斗员在岸边和船内使用安全绳、安全钩、救生圈、救生抛投器等器材,进行水面救生训练。在水中,进行游泳和徒手水面救生训练。

7.4.2.8 在基础潜水训练区,受训战斗员进行下潜、水下侦检等基础潜水训练。

7.4.2.9 在激流训练区,受训战斗员使用救生抛投器、绳索、冲锋舟等器材,进行横渡、水面救生和孤岛救助训练。

7.4.3 训练安全要求

7.4.3.1 受训战斗员下水前,应做好热身,穿着救生衣,并在安全绳保护下入水。

7.4.3.2　冲锋舟、橡皮艇下水应使用安全绳保护，船上人员应穿着救生衣。

7.4.3.3　安全员应确保安全绳固定点稳定可靠、安装牢固。

7.4.3.4　潜水训练前，安全员应按照 GA/T 967—2011 中附录 C 的要求进行安全检查。

7.4.3.5　潜水训练中，安全员应定时与受训战斗员进行联络。

7.4.3.6　离水后应立即擦干身体。

7.5　野外山岳救援技术训练

7.5.1　训练目的

使受训指挥员能准确实施救援计划组织搜集、上报现场情况，确定抢险救援技术、战术措施，部署作战任务，组织协同作战，落实安全保障。

使受训战斗员能熟练应用防坠落、牵引、救生、个人防护等器材，掌握侦检、攀登、缓降、救生等野外山岳救助技术和防护方法。

7.5.2　训练内容

7.5.2.1　教员向受训指挥员与受训战斗员讲解训练设施基本结构、高度、坡度、危险位置、锚固位置等情况。

7.5.2.2　在水平地面，受训战斗员使用绳索、背架、担架等器材，进行徒手搬运、背负搬运、担架搬运等训练。

7.5.2.3　攀岩训练和悬崖巨石训练的要求如下：

a)　对被困人员数量、位置、伤情、现场环境，受训战斗员进行侦检训练；

b)　受训战斗员使用绳带、救援支架、环钩等器材，进行锚固、攀登、缓降、水平移动训练；

c)　受训战斗员使用担架、躯体固定气囊等器材，进行向上救生、向下救生训练。

7.5.3　训练安全要求

7.5.3.1　教员、受训指挥员和受训战斗员应系好安全绳，并采用双保险措施。

7.5.3.2　安全员应确保救援支架支撑部位和安全绳、安全钩固定点稳定可靠、安装牢固。

7.5.3.3　下降和起吊时，应控制绳索速度并保持匀速。

7.6　受限空间救援技术训练

7.6.1　训练目的

使受训指挥员能准确实施救援计划组织搜集、上报现场情况，确定抢险救援技、战术措施，部署作战任务，组织协同作战，落实安全保障。

使受训战斗员能熟练应用侦检、排烟、照明、救生、个人防护等器材，掌握警戒、侦检、送风排烟、照明、破拆、撑顶、输转、救生等受限空间救助技术和防护方法。

7.6.2　训练内容

7.6.2.1　教员向受训指挥员与受训战斗员讲解受限空间走向、内部结构、危险位置等情况。

7.6.2.2　受训战斗员使用强光照明灯、消防用荧光棒，针对训练设施中的井深、井壁结构等情况，进行侦察训练。

7.6.2.3　受训战斗员使用气体探测仪等器材，对井内空气持续进行侦检训练。

7.6.2.4 划定警戒区域，设置警戒线。

7.6.2.5 清理井口周围区域，并对井口实施加固。

7.6.2.6 受训战斗员使用坑道小型空气输送机、排烟机等器材，进行送风排烟训练。

7.6.2.7 进入受限空间后，针对破拆物、救援通道、井内积水，受训战斗员分别进行破拆、撑顶和输转训练。

7.6.2.8 使用安全绳、救援支架、吊桶、担架、躯体固定气囊等器材，受训战斗员对被困人员进行下降提升救援、直立下井救援和悬垂下井救援等救生训练。

7.6.3 训练安全要求

7.6.3.1 受训战斗员进入深井内部后，安全员应实时监测深井内部气体。

7.6.3.2 井口周围不应堆放杂物以及发动机等易产生振动的设备。

7.6.3.3 进行送风训练时，应防止发动机尾气直接进入沟渠内部。

7.6.3.4 安全员应确保救援支架支撑部位和安全绳、安全钩固定点稳定可靠、安装牢固。

7.6.3.5 下降和起吊训练时，应控制绳索速度并保持匀速。

7.7 沟渠救援技术训练

7.7.1 训练目的

使受训指挥员能准确实施救援计划组织搜集、上报现场情况，确定抢险救援技、战术措施，部署作战任务，组织协同作战，落实安全保障。

使受训战斗员能熟练应用侦检、排烟、照明、支撑、救生、个人防护等器材，掌握侦检、警戒、送风、输转、照明、支护、起吊、救生等沟渠救助技术和防护方法。

7.7.2 训练内容

7.7.2.1 教员应向受训指挥员与受训战斗员讲解沟渠类型、内部结构、深度、宽度、斜度等情况。

7.7.2.2 受训战斗员使用气体探测仪等器材，对沟渠内空气持续进行侦检训练。

7.7.2.3 受训战斗员使用强光照明灯、消防用荧光棒等照明器材，针对训练设施中的沟渠深度、沟渠壁类型等情况，进行侦察训练。

7.7.2.4 划定警戒区域，设置警戒线，清理沟渠周围区域。

7.7.2.5 使用木板保护沟渠边缘。

7.7.2.6 受训战斗员使用坑道小型空气输送机、排烟机等器材，进行送风排烟训练。

7.7.2.7 受训战斗员使用护木、支撑套具、撑顶器、千斤顶等器材，针对沟渠边缘等危险位置，进行支护训练。

7.7.2.8 受训战斗员使用生命探测仪、工兵铲等器材，进行人员侦检和救生训练。

7.7.2.9 受训战斗员使用安全绳、救援支架、担架等器材，进行起吊、救生训练。

7.7.3 训练安全要求

7.7.3.1 受训战斗员进入沟渠内部后，安全员应实时监测沟渠内部气体。

7.7.3.2 沟渠边缘不应堆放杂物以及发动机等易产生振动的设备。

7.7.3.3 进行送风训练时，应防止发动机尾气直接进入沟渠内部。

7.7.3.4 安全员应确保救援支架支撑部位和安全绳、安全钩固定点稳定可靠、安装牢固。

7.7.3.5 下降和起吊训练时，应控制绳索速度并保持匀速。

7.8 组合训练

可根据需求组织开展包含不同救援技术类型的组合训练，训练内容与训练安全要求可按7.1至7.7的项目进行组合实施。

ICS 13.220.10
C 83

中华人民共和国国家标准

GB/T 29176—2012

消防应急救援　通则

Fire emergency rescue—General rules

2012-12-31 发布　　2013-10-01 实施

中华人民共和国国家质量监督检验检疫总局
中国国家标准化管理委员会　发布

前　言

本标准按照 GB/T 1.1—2009 给出的规则起草。

本标准由中华人民共和国公安部提出。

本标准由全国消防标准化技术委员会灭火救援分技术委员会(SAC/TC 113/SC 10)归口。

本标准起草单位:公安部上海消防研究所。

本标准主要起草人:朱青、魏捍东、施巍、薛林、张学魁、王治安、阮桢、何宁、曹永强、杨昀、赵铁惠、张磊。

本标准为首次发布。

引　言

我国《消防法》规定：公安消防队和专职消防队按照国家规定承担重大灾害事故和其他以抢救人员生命为主的应急救援工作。根据国务院有关规定，公安消防队主要承担地震等自然灾害、建筑施工事故、道路交通事故、空难等生产安全事故、恐怖袭击、群众遇险等社会安全事件的抢险救援任务，同时协助有关专业队伍做好水旱灾害、气象灾害、地质灾害、森林草原火灾、生物灾害、矿山事故、危险化学品事故、水上事故、环境污染、核与辐射事故、突发公共卫生事件等的抢险救援任务。

消防应急救援系列国家标准主要是针对公安消防队和专职消防队承担的自然灾害、生产安全事故和社会安全事件等抢险救援任务，以及目前由公安消防队和专职消防队实际承担的危险化学品事故、水灾、风灾、泥石流、水上事故、建筑物倒塌等抢险救援任务而制定的，目的是为了明确消防应急救援的对象，规范消防应急救援装备配备、训练设施建设、技术训练、作业规程和人员资质等。

本标准规定的内容是消防应急救援系列标准通用的规定，其术语和定义、原则和基本要求、适用灾害事故类别、救援技术类型等，是其他消防应急救援标准的基础和依据。

消防应急救援　通则

1　范围

本标准规定了消防应急救援的术语和定义、原则和基本要求、适用灾害事故类别以及救援技术类型等。

本标准适用于公安消防队和专职消防队的消防应急救援，其他消防队和应急救援队可参照执行。

2　规范性引用文件

下列文件对于本文件的应用是必不可少的。凡是注日期的引用文件，仅注日期的版本适用于本文件。凡是不注日期的引用文件，其最新版本(包括所有的修改单)适用于本文件。

GB/T 5907　消防基本术语　第一部分

GB 13690　化学品分类和危险性公示　通则

3　术语和定义

GB/T 5907 中界定的以及下列术语和定义适用于本文件。

3.1

消防应急救援　fire emergency rescue

公安消防队和专职消防队依据国家法律法规，针对除火灾之外的影响人身安全、财产安全、公共安全的生产安全事故、自然灾害、社会安全事件等灾害事故，所进行的以抢救人员生命为主的抢险救援活动。

3.2

处置技术　disposal technology

在消防应急救援活动中使用的专业技术与方法的组合。

3.3

危险化学品事故救援　hazardous materials accident rescue

对已发生或潜在的危险化学品事故进行处置的救援活动。

3.4

机械设备事故救援　machinery accident rescue

对人员操作的生产类机械设备或输送人员的运营类机械设备所引起的生产安全事故中遇险人员的处置救援活动。

3.5

建(构)筑物倒塌救援　structural collapse rescue

从倒塌的各类建(构)筑物中搜索和救援遇险人员和重要物资的活动。

3.6

水域救援　water rescue

从水中搜索和救援遇险人员和重要物资的活动。

3.7

野外救援 wild rescue

在山岳、洞穴等人迹罕至、交通条件不便或后勤保障困难的陆地环境下，进行的解救遇险人员的活动。

3.8

受限空间救援 confined space rescue

在人员或设备出入、人员呼吸、现场作业空间、通风照明等条件受到一定限制的空间环境下进行的救援活动。

3.9

沟渠救援 trench rescue

从坑道或沟渠中进行解救遇险人员的活动。

3.10

侦检 detection

通过观察、询问，或使用侦检器材检测，在现场查明灾害事故情况的行动。

3.11

警戒 guard

为保证消防应急救援活动的顺利进行或为避免潜在危害造成人员伤亡，通过设置标志和障碍物，控制灾害事故现场进出车辆和人员的行动。

3.12

稀释 dilution

在危险化学品事故现场所采取的降低泄漏物质浓度的行动。

3.13

堵漏 leaking stoppage

使用专业器材和方法，对危险化学品的泄漏所开展的封堵行动。

3.14

输转 transition

将危险化学品从危险区域回收或转移的行动。

3.15

救生 lifesaving

针对遇险人员所采取的解救及现场紧急救治的行动。

3.16

洗消 decontamination

对受污染对象所采取的清洗、消毒、去污和灭菌等行动。

3.17

破拆 forcible entry

对建(构)筑物或构件，车船、飞机等交通工具以及机械设备等，进行拆除或局部分离的行动。

3.18

起重 lifting

使用起重机械或装置抬升物体的行动。

3.19

撑顶 shoring

为防止建(构)筑物及构件倒塌或车船、飞机等交通工具倾覆，所采取的支撑或顶撑的行动。

4 消防应急救援的原则和基本要求

4.1 原则

消防应急救援应遵循救人第一、科学施救的原则。

4.2 基本要求

承担消防应急救援的公安消防队和专职消防队应人员专业、装备齐全、训练科学、作业规范。

开展消防应急救援，应做到快速反应，合理调派力量，正确判断灾情，科学决策部署，及时采取有效措施营救遇险人员，控制灾情发展，最大限度地减少事故危害。

5 适用灾害事故类别

5.1 危险化学品事故

按 GB 13690 规定的常用危险化学品分类，危险化学品事故可分为：

a) 爆炸品事故；
b) 压缩气体和液化气体事故；
c) 易燃液体事故；
d) 易燃固体、自燃物品和遇湿易燃物品事故；
e) 氧化剂和有机过氧化物事故；
f) 有毒品事故；
g) 放射性物品事故；
h) 腐蚀品事故。

5.2 交通事故

交通事故可分为：

a) 公路交通事故；
b) 铁路交通事故；
c) 内河湖泊船舶事故；
d) 空难事故；
e) 轨道交通事故。

5.3 建(构)筑物倒塌事故

建(构)筑物倒塌事故可分为：

a) 地面建(构)筑物倒塌事故；
b) 地下建(构)筑物倒塌事故。

5.4 自然灾害

自然灾害可分为：

a) 地震及其次生灾害；
b) 水灾及其次生灾害；
c) 风灾及其次生灾害；

d) 泥石流及其次生灾害。

5.5 社会救助事件

社会救助事件可分为：

a) 机械挤压事件；
b) 水域遇险事件；
c) 山地遇险事件；
d) 井下遇险事件；
e) 高空遇险事件；
f) 电梯遇险事件；
g) 污水池遇险事件。

6 消防应急救援技术类型

6.1 分类

消防应急救援技术类型可分为危险化学品事故处置技术、机械设备事故处置技术、建(构)筑物倒塌事故处置技术、水域救援处置技术、野外救援处置技术、受限空间救援处置技术和沟渠救援处置技术等。消防应急救援技术类型与适用灾害事故类别主要对应关系见表1。

6.2 危险化学品事故处置技术

主要包括侦检、警戒、稀释、堵漏、输转、救生、洗消等技术与方法，适用于危险化学品事故处置和社会救助事件处置等。

6.3 机械设备事故处置技术

主要包括警戒、破拆、起重、撑顶、牵引、救生等技术与方法，适用于交通事故处置、危险化学品事故处置和社会救助事件处置等。

6.4 建(构)筑物倒塌事故处置技术

主要包括警戒、侦检、破拆、起重、撑顶、救生等技术与方法，适用于建(构)筑物倒塌事故处置、危险化学品事故处置和自然灾害处置等。

6.5 水域救援处置技术

主要包括侦检、警戒、水面搜救、救生等技术与方法，适用于交通事故处置、自然灾害处置和社会救助事件处置等。

6.6 野外救援处置技术

主要包括侦检、攀登、缓降、救生等技术与方法，适用于社会救助事件处置、自然灾害处置和交通事故处置等。

6.7 受限空间救援处置技术

主要包括警戒、侦检、照明、破拆、撑顶、救生、送风排烟等技术与方法，适用于建(构)筑物倒塌事故处置、自然灾害处置和社会救助事件处置等。

6.8 沟渠救援处置技术

主要包括警戒、侦检、送风排烟、缓降、起吊、支护、救生等技术与方法，适用于交通事故处置、自然灾害处置和社会救助事件处置等。

表 1 消防应急救援技术类型与适用灾害事故类别主要对应关系

适用灾害事故类别		消防应急救援技术类型						
		危险化学品事故处置技术	机械设备事故处置技术	建(构)筑物倒塌事故处置技术	水域救援处置技术	野外救援处置技术	受限空间救援处置技术	沟渠救援处置技术
危险化学品事故	爆炸品事故	√	√	√				
	压缩气体和液化气体事故	√	√	√				
	易燃液体事故	√	√					
	易燃固体、自燃物品和遇湿易燃物品事故	√	√					
	氧化剂和有机过氧化物事故	√	√					
	有毒品事故	√	√					
	放射性物品事故	√	√					
	腐蚀品事故	√	√					
交通事故	公路交通事故		√				√	√
	铁路交通事故		√					
	内河湖泊船舶事故		√		√			
	空难事故		√		√	√		
	轨道交通事故		√				√	√
建(构)筑物倒塌事故	地面建(构)筑物倒塌事故			√			√	
	地下建(构)筑物倒塌事故			√			√	
自然灾害	地震及其次生灾害			√	√	√	√	√
	水灾及其次生灾害			√	√			
	风灾及其次生灾害			√	√	√	√	√
	泥石流及其次生灾害			√		√	√	√

表 1（续）

适用灾害事故类别		消防应急救援技术类型						
		危险化学品事故处置技术	机械设备事故处置技术	建(构)筑物倒塌事故处置技术	水域救援处置技术	野外救援处置技术	受限空间救援处置技术	沟渠救援处置技术
社会救助事件	机械挤压事件		√					
	水域遇险事件				√			
	山地遇险事件					√		
	井下遇险事件						√	√
	高空遇险事件		√				√	
	电梯遇险事件		√				√	
	污水池遇险事件	√					√	
注："√"为存在对应关系。								

ICS 13.220.10
C 83

中华人民共和国国家标准

GB/T 29177—2012

消防应急救援　训练设施要求

Fire emergency rescue—Requirements for training facilities

2012-12-31 发布　　　　2013-10-01 实施

中华人民共和国国家质量监督检验检疫总局
中国国家标准化管理委员会　发布

前　言

本标准按照 GB/T 1.1—2009 给出的规则起草。

本标准由中华人民共和国公安部提出。

本标准由全国消防标准化技术委员会灭火救援分技术委员会(SAC/TC 113/SC 10)归口。

本标准起草单位:公安部上海消防研究所。

本标准主要起草人:曹永强、王治安、阮桢、魏捍东、薛林、朱青、张磊、高宁宇、陈永胜、孟庆刚、张国立、苗国典、李国辉、施巍、赵铁惠。

本标准为首次发布。

引　言

我国《消防法》规定：公安消防队和专职消防队按照国家规定承担重大灾害事故和其他以抢救人员生命为主的应急救援工作。根据国务院有关规定，公安消防队主要承担地震等自然灾害、建筑施工事故、道路交通事故、空难等生产安全事故、恐怖袭击、群众遇险等社会安全事件的抢险救援任务，同时协助有关专业队伍做好水旱灾害、气象灾害、地质灾害、森林草原火灾、生物灾害、矿山事故、危险化学品事故、水上事故、环境污染、核与辐射事故、突发公共卫生事件等的抢险救援任务。

消防应急救援系列国家标准主要是针对公安消防队和专职消防队承担的自然灾害、生产安全事故和社会安全事件等抢险救援任务，以及目前由公安消防队和专职消防队实际承担的危险化学品事故、水灾、风灾、泥石流、水上事故、建筑物倒塌等抢险救援任务而制定的，目的是为了明确消防应急救援的对象，规范消防应急救援装备配备、训练设施建设、技术训练、作业规程和人员资质等。

本标准规定的内容是消防应急救援训练设施的要求，训练设施组成以 GB/T 29176《消防应急救援通则》中所列消防应急救援技术类型为依据，各类训练设施与 GB/T 29175《消防应急救援　技术训练指南》中的技术训练要求相对应。

消防应急救援　训练设施要求

1　范围

本标准规定了消防应急救援训练设施的术语和定义、建设原则、组成、设置和要求。

本标准适用于公安消防队和专职消防队的消防应急救援训练设施建设，其他消防队和应急救援队可参照执行。

2　规范性引用文件

下列文件对于本文件的应用是必不可少的。凡是注日期的引用文件，仅注日期的版本适用于本文件。凡是不注日期的引用文件，其最新版本(包括所有的修改单)适用于本文件。

GB/T 5907　消防基本术语　第一部分

GB/T 29176　消防应急救援　通则

JTG B01　公路工程技术标准

3　术语和定义

GB/T 5907 和 GB/T 29176 中界定的以及下列术语和定义适用于本文件。

3.1

消防应急救援训练设施　training facility for fire emergency rescue

用于进行消防应急救援训练和教学的所有场区、建筑、装置和设备的总称。

4　建设原则

4.1　合理性原则

消防应急救援训练设施(以下简称训练设施)的建设应根据当地实际情况，统一规划，合理设置。

4.2　实用性原则

训练设施的建设应符合当地消防应急救援的实际需求，满足应急救援训练任务的实用性要求。

4.3　综合性原则

训练设施的建设应充分考虑资金、土地和器材装备等资源的合理配套使用，并在满足应急救援训练的基础上，综合考虑灭火训练等功能。

4.4　安全性原则

训练设施应符合国家相关安全规定，并采取必要的技术措施确保训练安全和运行可靠。

5　组成与设置

训练设施的组成与设置应符合表 1 的要求。

表 1 训练设施的组成与设置

序号	训练设施	消防站	省、市级培训基地
1	基础技术训练设施	√	√
2	训练塔	√	
3	建筑构件破拆和支撑训练设施	√	
4	烟热训练室	√	√
5	危险化学品泄漏事故处置训练设施	√	√
6	道路交通事故处置训练设施	√	√
7	建(构)筑物倒塌事故处置训练设施		√
8	水域救助训练设施		√
9	野外山岳救助训练设施		√
10	受限空间救助训练设施		√
11	沟渠救助训练设施		√
12	心理行为训练设施		√
注:"√"为设置该类设施。			

6 要求

6.1 基础技术训练设施

6.1.1 构成和功能

基础技术训练设施用于应急救援中个人项目的基本操作训练,结合训练塔和心理行为训练设施还可以开展攻坚班组训练。包括:基本防护、消防障碍、攻坚技巧等各类技术训练。应急救援基础技术训练设施应设有操作平台、板障、独木桥、轮胎、石墩以及辅助设备等。

6.1.2 建设要求

6.1.2.1 基础技术训练设施应设在平整训练场地上,场地尺寸不应小于 110 m×8 m。可根据训练需要建设具有 400 m 环形跑道的训练场地。

6.1.2.2 操作平台上应设有绳索固定锚点,设置保护滑轮、安全钩等,用于绳索训练和防坠落保护。

6.2 训练塔

6.2.1 构成和功能

训练塔用于模拟多层或高层建筑,能够开展绳索救援训练、消防梯训练和徒手攀登训练等技术训练。训练塔宜设有楼梯、模拟窗口、单人和双人翻窗固定设施、落水管、攀登墙角、水带晾晒装置等。建有综合训练楼的地区,综合训练楼应能包含训练塔的训练功能,并设置相应的固定建筑消防设施。

6.2.2 建设要求

6.2.2.1 训练塔占地面积不应小于 80 m^2,层数不应少于四层,高层建筑物较多的城市,层数可适当增加。

6.2.2.2 训练塔的门窗可为木质框架，木质窗台上应装有用于绳索和消防梯训练的设计结构。

6.2.2.3 训练塔应设置绳索训练的锚点。锚点可以是梁、柱、楼梯栏杆或预埋的金属环。

6.2.3 安全要求

6.2.3.1 训练塔应设有避雷装置。

6.2.3.2 训练塔接触绳索的部位宜采用木质材料，防止绳索磨损。

6.2.3.3 训练塔中所有楼梯应有防滑以及防积水设计。

6.2.3.4 在训练塔顶层或较高楼层应设置保护滑轮、安全钩和绳索等，用于高空训练时的防坠落保护。

6.3 建筑构件破拆和支撑训练设施

6.3.1 构成和功能

建筑构件破拆和支撑训练设施用于训练消防员利用各种破拆和支撑器材，采取不同的技术手段和战术方法，迅速高效地破拆建筑材料，并能够进行建筑构件的支撑训练。建筑构件破拆和支撑训练设施宜设有模拟防盗门、卷帘门、窗户栅栏、钢结构围栏、梁柱、各种形状砖石、各种形式墙体，包括：木结构墙体、砖石砌体以及钢筋混凝土墙体等，宜设置提升装置等辅助设施。

6.3.2 建设要求

6.3.2.1 建筑构件破拆和支撑训练设施占地面积不应小于 100 m^2。所有训练用建筑构件的设计和布置应与实际情况相符合。

6.3.2.2 建筑构件破拆和支撑训练设施中用于破拆和支撑的梁柱、墙体、围栏、门等宜建成可更换的结构，形成各种形状的支撑空间。

6.3.3 安全要求

6.3.3.1 建筑构件破拆和支撑训练设施中应充分考虑现场被破拆和支撑结构的不稳定部位，进行支撑加固或预先破拆，移开会造成危险的构件。

6.3.3.2 建筑构件破拆和支撑训练设施内不得有可燃物和易燃物，防止破拆训练时被引燃。

6.4 烟热训练室

6.4.1 构成和功能

烟热训练室宜设有控制室、体能训练间、烟热训练通道和发烟升温装置。其结构可分为长廊式和网栅隔断式，可选用计算机自动控制、半自动控制和手动控制。可模拟高温和浓烟环境，开展体力承受能力、心理适应能力、通过障碍能力的测试和训练以及使用空气呼吸器的训练。

6.4.2 建设要求

6.4.2.1 长廊式烟热训练室占地面积应不小于 110 m^2，建筑面积应不小于 80 m^2，体能训练间面积应不小于 30 m^2，排烟时间应小于 5 min，温度控制在 36 ℃～70 ℃，通道长度应大于 60 m。

6.4.2.2 网栅隔断式烟热训练室占地面积应不小于 90 m^2，建筑面积应不小于 60 m^2，体能训练间面积应不小于 30 m^2，排烟时间应小于 3 min，温度控制在 36 ℃～70 ℃。

6.4.3 安全要求

6.4.3.1 烟热训练室应设有应急照明、监控、对讲、排烟装置和紧急救援通道。可以通过闭路电视或热成像仪等装置观察受训人员的训练情况，确定受训人员所处位置。

6.4.3.2　烟热训练室中应使用确定成分的无毒烟气。可专门设计并安装发烟装置产生烟气。

6.5　危险化学品泄漏事故处置训练设施

6.5.1　构成和功能

危险化学品泄漏事故处置训练设施用于模拟危险化学品生产、储存或运输设备出现的泄漏情况，可模拟罐、釜、塔、管道、阀门、法兰等不同部位，液相、气相等不同形式，矩形、沙眼、孔洞、裂缝、断裂等不同形状的泄漏，开展侦检、警戒、稀释、堵漏、输转、洗消、救生训练以及实战演练。危险化学品泄漏事故处置训练设施宜设有模拟危险化学品泄漏装置包括：储罐、釜、塔、管道、阀门、法兰、增压装置、控制系统和辅助设施。

6.5.2　建设要求

6.5.2.1　危险化学品泄漏事故处置训练设施占地面积不应小于 600 m^2。危险化学品泄漏装置的泄漏压力和流量应能够满足训练要求。

6.5.2.2　危险化学品泄漏事故处置训练设施应设置废料、废液降解回收装置以及油水分离、污水处理设施。

6.5.3　安全要求

6.5.3.1　危险化学品泄漏事故处置训练设施应设有视频监控系统、手动紧急断料开关和应急避险及稀释措施。

6.5.3.2　当使用危险化学品进行训练时，危险化学品泄漏事故处置训练设施应设置有毒有害气体探测装置。

6.6　道路交通事故处置训练设施

6.6.1　构成和功能

道路交通事故处置训练设施用于模拟车辆相撞、颠覆事故现场，开展破拆、起重、撑顶、牵引、救生等技术训练。道路交通事故处置训练设施宜建有公路平交道口、模拟汽车和辅助设施。

6.6.2　建设要求

6.6.2.1　道路交通事故处置训练设施占地面积不应小于 400 m^2，公路线长度不应小于 50 m。

6.6.2.2　模拟公路可按照 JTG B01 中二级公路进行建设。

6.6.3　安全要求

6.6.3.1　模拟汽车应采用不同的固定形式，进行稳妥固定，以防止训练时出现不受控制的车辆倾翻、移动的情况。

6.6.3.2　模拟汽车的燃料箱应注满水。

6.7　建(构)筑物倒塌事故处置训练设施

6.7.1　构成和功能

建(构)筑物倒塌事故处置训练设施用于模拟钢筋混凝土结构建筑倒塌、房梁断裂、墙体开裂和因建筑倒塌造成的人员被困、埋压等现场，开展侦检、破拆、起重、撑顶、救生等技术训练和实战演练。建筑倒塌事故处置训练设施宜建有钢筋混凝土梁、架、楼板、砖石等建筑倒塌废墟、多层建筑残垣、监控设施以及辅助设施。

6.7.2 **建设要求**

6.7.2.1 建(构)筑物倒塌事故处置训练设施占地面积不应小于400 m^2。建筑残垣不宜低于3层普通建筑物。

6.7.2.2 建(构)筑物倒塌事故处置训练设施应建有多种模拟人员被困的生存空间,包括:单斜式、V型式、多层间夹式等。

6.7.2.3 建(构)筑物倒塌事故处置训练设施中用于破拆训练的砌体宜建成可更换的结构,应便于起重和牵引。

6.7.3 **安全要求**

6.7.3.1 建(构)筑物倒塌事故处置训练设施内不应有不受控制的二次倒塌或对人员产生伤害的潜在危险。

6.7.3.2 建(构)筑物倒塌事故处置训练设施宜设有视频监控、通信联络以及应急广播等设施。

6.8 **水域救助训练设施**

6.8.1 **构成和功能**

水域救助训练设施用于模拟人员溺水和洪水等多种水域环境救援情况,开展游泳训练、船上救援训练、潜水基础训练和救生等技术训练。水域救助训练设施一般包括游泳、基础潜水、激流训练区以及辅助设施。

6.8.2 **建设要求**

6.8.2.1 游泳和基础潜水训练区可合并建设,其尺寸不应小于25 m×15 m。其中基础潜水训练区面积不应小于30 m^2,水深应为10 m~20 m。基础潜水训练区应设置出入水扶梯,水下可设置阶梯式或斜坡式涵洞。

6.8.2.2 激流训练区的河道长度不应小于100 m,水流速度不宜低于0.5 m/s,水深不宜小于1.2 m。可设计有转弯、堤坝以及各种不同的障碍物。

6.8.3 **安全要求**

6.8.3.1 水域救助训练区应设有必要的安全防护设施,包括:救生圈、救生杆、救生绳、氧气袋和急救设备。

6.8.3.2 基础潜水训练区应在水上设置救护观望岗,并应设置水上和水下照明设施、水下观察窗或水下及涵洞视频监控系统、通信联络以及广播设施。

6.8.3.3 激流训练区的河道两岸应设置安全保护锚点,以固定滑轮、安全钩、安全绳等。

6.9 **野外山岳救助训练设施**

6.9.1 **构成和功能**

野外山岳救助训练设施用于模拟悬崖峭壁、突兀怪石等,能够利用攀登、缓降、救生等器材装备,实施山岳救助技术模拟训练。野外山岳救助训练设施宜建有模拟悬崖、巨石以及攀岩训练设施等。

6.9.2 **建设要求**

6.9.2.1 野外山岳救助训练设施占地面积不宜小于1 000 m^2,可依托自然山体建设。

6.9.2.2 攀岩训练设施高度不应低于 10 m,可依托或毗邻训练塔或楼房的承重墙体进行建设,也可单独建设。

6.9.3 安全要求

6.9.3.1 野外山岳救助训练设施应设置安全保护锚点,包括:安全钩、安全环、滑轮、绳索,也可设置安全网或在地面上设置保护垫。

6.9.3.2 野外山岳救助训练设施应设置视频监控系统。

6.10 受限空间救助训练设施

6.10.1 构成和功能

受限空间救助训练设施用于模拟竖井、斜井、横坑等狭小空间,利用呼吸保护、防坠落、照明等器材装备进行警戒、侦检、照明、破拆、撑顶、救生、送风等训练。受限空间救助训练设施宜设有模拟深井、破拆障碍物、安全门等。

6.10.2 建设要求

6.10.2.1 模拟深井既可建设为单体的模拟工业储罐或机井,也可以建设为综合性模拟深井,将垂直竖井、横井以及斜井组合,模拟城市的地下管道设施。

6.10.2.2 单体模拟深井占地面积不应小于 20 m^2,深度不应小于 7 m。可建在地上或地下,建在地上的模拟深井可依托训练塔建设。

6.10.2.3 综合性模拟深井占地面积不应小于 300 m^2,管道长度不宜小于 80 m。可依托建筑垮塌事故处置训练设施进行建设,在出入口和适当的位置设计有可更换的破拆障碍物,井口和管道的截面可采用圆形、方形等不同形状。

6.10.3 安全要求

6.10.3.1 模拟深井应在底部和适当位置设置观察门或安全门。

6.10.3.2 模拟深井中应设置视频监控、照明系统、送风设备以及应急广播。

6.10.3.3 竖井的井口平台上应设置安全保护锚点,可以固定安全保护滑轮、栓绳金属环以及下降器,接触绳索的部位采用木质材料。

6.11 沟渠救助训练设施

6.11.1 构成和功能

沟渠救助训练设施用于模拟工程或公路坍塌事故、坠井事故时需要进行挖掘救援的情况,能够开展警戒、侦检、送风、缓降、起吊、支护、救生等救援技术训练。沟渠救助训练设施宜建有壕沟、水坑、沟口平台以及辅助设施。

6.11.2 建设要求

6.11.2.1 沟渠救助训练设施占地面积不应小于 100 m^2,壕沟深度不应低于 2.5 m,宽度不应低于 5 m,长度不应低于 10 m。

6.11.2.2 壕沟应在地面上进行挖掘,可在沟底灌注一定深度的水,以模拟特殊的坍塌事故现场环境。

6.11.3 安全要求

6.11.3.1 壕沟的挖掘斜度和侧壁类型应根据训练区土壤类型、壕沟的宽度和深度进行选取和设计,避免在训练中出现坍塌。

6.11.3.2 沟渠救助训练设施的选址应考虑地下水层和地下断层的深度，宜远离高层建筑及强振动源。

6.12 心理行为训练设施

6.12.1 构成与功能

心理行为训练设施用于模拟高空工作环境，开展空中横渡索桥、攀爬绳网、信任背摔等心理适应能力和反应能力训练。心理行为训练设施宜设有高空索桥、空中单杠、背摔台、绳网等器材。

6.12.2 建设要求

心理行为训练设施占地面积不应小于 300 m^2。

6.12.3 安全要求

高空索桥及空中单杠下应安装防坠落安全网，背摔台下应配有保护垫。

ICS 13.220.10
C 83

中华人民共和国国家标准

GB/T 29178—2012

消防应急救援　装备配备指南

Fire emergency rescue—Guidelines for equipment allocation

2012-12-31 发布　　2013-10-01 实施

中华人民共和国国家质量监督检验检疫总局
中国国家标准化管理委员会　发布

前　言

本标准按照 GB/T 1.1—2009 给出的规则起草。

本标准由中华人民共和国公安部提出。

本标准由全国消防标准化技术委员会灭火救援分技术委员会(SAC/TC 113/SC 10)归口。

本标准起草单位:公安部上海消防研究所。

本标准主要起草人:薛林、阮桢、赵铁惠、魏捍东、朱青、王治安、孙伯春、孟庆刚、施巍、张磊、杨昀、曹永强。

本标准为首次发布。

引　言

我国《消防法》规定：公安消防队和专职消防队按照国家规定承担重大灾害事故和其他以抢救人员生命为主的应急救援工作。根据国务院有关规定，公安消防队主要承担地震等自然灾害、建筑施工事故、道路交通事故、空难等生产安全事故、恐怖袭击、群众遇险等社会安全事件的抢险救援任务，同时协助有关专业队伍做好水旱灾害、气象灾害、地质灾害、森林草原火灾、生物灾害、矿山事故、危险化学品事故、水上事故、环境污染、核与辐射事故、突发公共卫生事件等的抢险救援任务。

消防应急救援系列国家标准主要是针对公安消防队和专职消防队承担的自然灾害、生产安全事故和社会安全事件等抢险救援任务，以及目前由公安消防队和专职消防队实际承担的危险化学品事故、水灾、风灾、泥石流、水上事故、建筑物倒塌等抢险救援任务而制定的，目的是为了明确消防应急救援的对象，规范消防应急救援装备配备、训练设施建设、技术训练、作业规程和人员资质等。

本标准提出了消防应急救援装备的配备原则，规定了针对不同灾害事故类别的消防应急救援装备配备要求，可为公安消防队和专职消防队应急救援装备的采购及优化配置提供指导依据。

消防应急救援　装备配备指南

1　范围

本标准规定了消防应急救援装备配备的术语和定义、配备原则和配备要求。

本标准适用于公安消防队和专职消防队的消防应急救援装备配备，其他消防队和应急救援队可参照执行。

2　规范性引用文件

下列文件对于本文件的应用是必不可少的。凡是注日期的引用文件，仅注日期的版本适用于本文件。凡是不注日期的引用文件，其最新版本(包括所有的修改单)适用于本文件。

GB/T 5907　消防基本术语　第一部分

GB/T 29176　消防应急救援　通则

3　术语和定义

GB/T 5907 和 GB/T 29176 中界定的以及下列术语和定义适用于本文件。

3.1

消防应急救援装备　equipment for fire emergency rescue

用于消防应急救援作业的各类车辆及器材装备。

3.2

典型灾害事故　typical disaster and accident

发生频率高或发生概率高、潜在危险性大的灾害事故。

4　配备原则

4.1　针对性

消防应急救援装备的配备应针对救援任务的特点、典型灾害事故的类别，并综合考虑当地的自然条件和经济发展水平，且装备性能应满足消防应急救援的需要。

4.2　配套性

消防应急救援装备的配备应确保系统配套、搭配合理、功能齐全、数量充足。

4.3　高效性

消防应急救援装备的配备应优先选择性能先进、轻便高效、功能多样、通用性强的装备，应定期对已配装备的有效性、使用效能等方面进行检查评估，及时淘汰过期和低效能装备。

4.4 统筹性

消防应急救援装备的配备应在省、自治区和直辖市范围内统一筹划，同类装备应尽量统一和兼容，消防应急救援工作中必不可少但使用频率低、价格昂贵的大(重)型装备应统筹配置。

5 配备要求

5.1 所配备的消防应急救援装备应为符合国家相关市场准入规定的合格产品。

5.2 应根据不同灾害事故类别，选择配备消防应急救援车辆类型，以及防护、侦检、救生、警戒、破拆、堵漏、输转、洗消、照明、送风、排烟、通信等类装备及其他器材设备，装备配备要求见表1～表10。

5.3 可针对本地区的典型灾害事故或其他特殊处置需求，选择配备本标准中未列出的消防直升机、消防船艇、水下搜救器、消防机器人等新型或特种装备。

表1 消防应急救援车辆类装备配备要求

装备名称	灾害事故类别							
	危险化学品事故	交通事故	建(构)筑物倒塌事故	自然灾害				社会救助事件
				水灾及其次生灾害	泥石流及其次生灾害	地震及其次生灾害	风灾及其次生灾害	
水罐消防车	√							√
泡沫消防车	√	√						
举高喷射消防车	√		√			√		
登高平台消防车		√	√			√	√	√
云梯消防车			√			√	√	√
抢险救援消防车	√	√	√	√	√	√	√	√
排烟消防车	√					√		
照明消防车	√	√	√	√	√	√	√	√
化学救援消防车	√							
洗消消防车	√							
侦检消防车	√							
通信指挥消防车	√	√	√	√	√	√	√	√
器材消防车	√		√	√	√	√	√	
供液消防车	√		√			√		√
供气消防车	√							
自装卸式消防车	√		√	√	√	√	√	
运兵车			√	√	√	√	√	
装备抢修车					√	√		
加油车					√	√		

注："√"表示相应灾害事故类别应配备的装备，表2～表10同。

表 2 消防应急救援防护类装备配备要求

装备名称	灾害事故类别							
	危险化学品事故	交通事故	建(构)筑物倒塌事故	自然灾害				社会救助事件
				水灾及其次生灾害	泥石流及其次生灾害	地震及其次生灾害	风灾及其次生灾害	
抢险救援头盔		√	√	√	√	√	√	√
抢险救援服		√	√	√	√	√	√	√
抢险救援腰带		√	√	√	√	√	√	√
抢险救援靴		√	√	√	√	√	√	√
抢险救援手套		√	√	√	√	√	√	√
消防员化学防护服	√					√		
防蜂服								√
防爆服	√							
防静电服装	√							
内置纯棉手套			√		√	√		√
消防护目镜		√	√		√	√	√	√
消防用防坠落装备	√	√	√	√	√	√	√	√
潜水装具				√				√
消防专用救生衣				√			√	√
消防员降温背心	√	√	√				√	
正压式消防空气呼吸器	√		√			√		√
正压式消防氧气呼吸器			√			√		√
强制送风呼吸器	√		√			√		√
移动供气源	√					√		√
消防员呼救器	√	√	√	√	√	√	√	√
佩戴式防爆照明灯	√	√	√	√	√	√	√	√
手提式强光照明灯	√	√	√	√	√	√	√	√
消防用荧光棒	√		√		√	√	√	√
防爆手持电台	√	√	√	√	√	√	√	√
消防单兵定位装置	√		√	√		√	√	√

表 3 消防应急救援侦检类装备配备要求

装备名称	灾害事故类别							
	危险化学品事故	交通事故	建(构)筑物倒塌事故	自然灾害				社会救助事件
				水灾及其次生灾害	泥石流及其次生灾害	地震及其次生灾害	风灾及其次生灾害	
有毒气体探测仪	√		√			√		√
军事毒剂侦检仪	√			√				
可燃气体检测仪	√	√	√			√		√
无线复合气体探测仪	√					√		√
水质分析仪				√	√	√	√	√
电子气象仪	√			√	√	√	√	
生命探测仪		√	√		√	√	√	√
消防用红外热像仪		√	√	√	√	√	√	√
漏电探测仪			√			√	√	√
电子酸碱测试仪	√							√
测温仪	√							
激光测距仪	√		√	√	√	√	√	√
便携危险化学品检测片	√					√		
金属探测仪								√
爆炸物探测仪	√		√			√		
侦察机器人	√		√				√	
余震预测报警仪						√		
搜救犬			√			√		√

表 4 消防应急救援救生类装备配备要求

装备名称	灾害事故类别							
	危险化学品事故	交通事故	建(构)筑物倒塌事故	自然灾害				社会救助事件
				水灾及其次生灾害	泥石流及其次生灾害	地震及其次生灾害	风灾及其次生灾害	
躯(肢)体固定气囊		√	√			√	√	√
婴儿呼吸袋	√							√
救生照明线			√			√		√
救援担架	√	√	√	√	√	√	√	√

表 4（续）

装备名称	灾害事故类别							
	危险化学品事故	交通事故	建(构)筑物倒塌事故	自然灾害				社会救助事件
				水灾及其次生灾害	泥石流及其次生灾害	地震及其次生灾害	风灾及其次生灾害	
伤员固定抬板		√	√		√	√	√	√
消防救生气垫								√
救生缓降器						√		√
医药急救箱	√	√	√	√	√	√	√	√
医用简易呼吸器	√	√	√	√	√	√	√	√
气动起重气垫	√	√	√		√	√	√	√
救援支架			√			√	√	√
救生抛投器				√	√	√	√	√
水面漂浮救生绳				√			√	√
机动橡皮舟				√			√	√
敛尸袋	√	√	√	√	√	√	√	√
救生软梯						√		√
自喷荧光漆	√	√	√	√	√	√	√	√

表 5　消防应急救援警戒类装备配备要求

装备名称	灾害事故类别							
	危险化学品事故	交通事故	建(构)筑物倒塌事故	自然灾害				社会救助事件
				水灾及其次生灾害	泥石流及其次生灾害	地震及其次生灾害	风灾及其次生灾害	
警戒标志杆	√	√	√	√	√	√	√	√
锥型事故标志柱		√						√
隔离警示带	√	√	√	√	√	√	√	√
出入口标志牌	√	√	√			√	√	
危险警示牌	√		√	√	√	√	√	√
闪光警示灯	√	√	√	√	√	√	√	√
手持扩音器	√	√	√	√	√	√	√	√

表6 消防应急救援破拆类装备配备要求

装备名称	灾害事故类别							
	危险化学品事故	交通事故	建(构)筑物倒塌事故	自然灾害				社会救助事件
				水灾及其次生灾害	泥石流及其次生灾害	地震及其次生灾害	风灾及其次生灾害	
剪切器		√	√			√	√	√
扩张器		√	√			√	√	√
剪扩器		√	√			√	√	√
救援顶杆		√	√			√	√	√
液压万向剪切钳		√	√			√	√	√
组合式液压破拆工具组		√	√		√	√	√	√
手动破拆工具组		√	√		√	√	√	√
双轮异向切割锯		√	√			√	√	√
机动链锯		√	√			√	√	√
无齿锯		√	√			√	√	√
气动切割刀		√						√
便携式防盗门破拆工具组		√				√		√
冲击钻		√	√			√	√	√
凿岩机			√			√	√	√
玻璃破碎器		√	√			√	√	√
手持式钢筋速断器		√	√			√	√	√
便携式汽油金属切割器		√	√			√	√	√
多功能刀具	√	√	√	√	√	√	√	√
多功能挠钩			√	√	√	√	√	√
穿透式破拆水枪		√				√		√
绝缘剪断钳		√						√
毁锁器								√
重型支撑套具		√	√		√	√	√	√
液压千斤顶		√	√		√	√	√	√

表 7 消防应急救援堵漏类装备配备要求

装备名称	灾害事故类别							
	危险化学品事故	交通事故	建(构)筑物倒塌事故	自然灾害				社会救助事件
				水灾及其次生灾害	泥石流及其次生灾害	地震及其次生灾害	风灾及其次生灾害	
内封式、外封式、捆绑式堵漏袋	√							
金属堵漏套管	√							√
堵漏枪	√							
阀门堵漏套具	√							√
注入式堵漏工具	√							
粘贴式堵漏工具	√							
电磁式堵漏工具	√							
强磁堵漏工具	√							
木制堵漏楔	√							√
气动吸盘式堵漏器	√							
无火花工具	√	√						

表 8 消防应急救援输转、洗消类装备配备要求

装备名称	灾害事故类别							
	危险化学品事故	交通事故	建(构)筑物倒塌事故	自然灾害				社会救助事件
				水灾及其次生灾害	泥石流及其次生灾害	地震及其次生灾害	风灾及其次生灾害	
手动隔膜抽吸泵	√							
防爆输转泵	√							
黏稠液体抽吸泵	√							
排污泵	√			√	√		√	√
有毒物质密封桶	√							√
围油栏	√							
吸附垫	√	√						√
集污袋	√							√
洗消器	√				√	√		
洗消药剂	√				√	√		
公众洗消站	√				√	√		
单人洗消帐篷	√				√	√		

表 9　消防应急救援照明、送风、排烟、通信类装备配备要求

装备名称	灾害事故类别							
	危险化学品事故	交通事故	建(构)筑物倒塌事故	自然灾害				社会救助事件
				水灾及其次生灾害	泥石流及其次生灾害	地震及其次生灾害	风灾及其次生灾害	
移动照明灯组	√	√	√	√	√	√	√	√
移动发电机	√	√	√	√	√	√	√	√
移动排烟机	√							√
坑道小型空气输送机	√		√			√		√
消防排烟机器人	√							√
卫星电话				√	√	√	√	
基地转信台				√	√	√		
GPS 导航仪				√	√	√	√	

表 10　消防应急救援其他装备配备要求

装备名称	灾害事故类别							
	危险化学品事故	交通事故	建(构)筑物倒塌事故	自然灾害				社会救助事件
				水灾及其次生灾害	泥石流及其次生灾害	地震及其次生灾害	风灾及其次生灾害	
移动式储水装置	√					√		√
空气充填泵	√					√		
电源逆变器	√	√	√	√	√	√	√	√
搜救标记	√		√	√	√	√	√	√
装备维保工具箱	√	√	√	√	√	√	√	√
行军帐篷				√	√	√	√	
指南针				√	√	√	√	
护肘护膝(硬)		√	√		√	√	√	√
雨衣				√	√	√	√	√
睡袋				√	√	√		
饮用水				√	√	√		

表 10（续）

装备名称	灾害事故类别							
	危险化学品事故	交通事故	建(构)筑物倒塌事故	自然灾害				社会救助事件
				水灾及其次生灾害	泥石流及其次生灾害	地震及其次生灾害	风灾及其次生灾害	
净水器				√	√	√		
野外个人(小组)炊具				√	√	√		
暖风机				√	√	√		
压缩干粮				√	√	√		

ICS 13.220.10
C 83

中华人民共和国国家标准

GB/T 29179—2012

消防应急救援 作业规程

Fire emergency rescue—Code of practice for operation

2012-12-31 发布 2013-10-01 实施

中华人民共和国国家质量监督检验检疫总局
中国国家标准化管理委员会 发布

前　言

本标准按照 GB/T 1.1—2009 给出的规则起草。

本标准由中华人民共和国公安部提出。

本标准由全国消防标准化技术委员会灭火救援分技术委员会(SAC/TC 113/SC 10)归口。

本标准起草单位:公安部上海消防研究所。

本标准主要起草人:魏捍东、施巍、吴立志、王治安、朱青、薛林、高宁宇、陈永胜、苗国典、李国辉、姜连瑞、赵铁惠、邓樑、张磊、曹永强。

本标准为首次发布。

引　言

我国《消防法》规定：公安消防队和专职消防队按照国家规定承担重大灾害事故和其他以抢救人员生命为主的应急救援工作。根据国务院有关规定，公安消防队主要承担地震等自然灾害、建筑施工事故、道路交通事故、空难等生产安全事故、恐怖袭击、群众遇险等社会安全事件的抢险救援任务，同时协助有关专业队伍做好水旱灾害、气象灾害、地质灾害、森林草原火灾、生物灾害、矿山事故、危险化学品事故、水上事故、环境污染、核与辐射事故、突发公共卫生事件等的抢险救援任务。

消防应急救援系列国家标准主要是针对公安消防队和专职消防队承担的自然灾害、生产安全事故和社会安全事件等抢险救援任务，以及目前由公安消防队和专职消防队实际承担的危险化学品事故、水灾、风灾、泥石流、水上事故、建筑物倒塌等抢险救援任务而制定的，目的是为了明确消防应急救援的对象，规范消防应急救援装备配备、训练设施建设、技术训练、作业规程和人员资质等。

本标准规定的内容是消防应急救援的作业规程要求，主要依据 GB/T 29176《消防应急救援　通则》中所提出的消防应急救援技术类型制定。

消防应急救援　作业规程

1　范围

本标准规定了消防应急救援作业的术语和定义，以及作业程序和作业规程。

本标准适用于公安消防队和专职消防队的消防应急救援作业，其他消防队和应急救援队可参照执行。

2　规范性引用文件

下列文件对于本文件的应用是必不可少的。凡是注日期的引用文件，仅注日期的版本适用于本文件。凡是不注日期的引用文件，其最新版本（包括所有的修改单）适用于本文件。

GB/T 5907　消防基本术语　第一部分

GB/T 29176　消防应急救援　通则

3　术语和定义

GB/T 5907、GB/T 29176 界定的以及下列定义和术语适用于本文件。

3.1

基本程序　basic procedure

消防应急救援行动过程中实施的从接警出动到清场撤离的一系列步骤。

3.2

作业规程　code of practice for operation

针对特定消防应急救援技术确立的规范性程序。

3.3

锚点　anchor point

在绳索救援系统中用于承受实际或潜在荷载的部件。

3.4

锚固系统　anchor system

由一个或多个锚点组成的为绳索救援系统组件提供结构性连接的系统。

3.5

边缘保护　edge protection

绳索救援系统中用于保护软质部件免受锐利物体或粗糙边缘损伤的方式或方法。

4　作业程序

4.1　基本程序

消防应急救援作业的基本程序包括：侦察检测、警戒疏散、安全防护、人员搜救、险情排除、现场清理。

4.2 侦察检测

通过各种手段，掌握灾害事故的特性、规模、危险程度，确定不同区域的危险等级；查明遇险人员的位置、数量、施救疏散路线；查明贵重物资设备的位置、数量；了解灾害事故现场及其周边的道路、水源、建（构）筑物结构以及电力、通信、气象等情况。

4.3 警戒疏散

依据侦检结果科学合理设置警戒区域，采取禁火、停电及禁止非救援人员进入等安全措施，疏散事故区域内的非救援人员。设立现场安全员，全程观察监测现场危险区域和部位可能发生的危险迹象。

4.4 安全防护

根据现场实际情况的危险性，按等级佩戴个人防护装备。

4.5 人员搜救

通过侦察检测手段确定遇险人员数量、位置，采取送风、破拆、起重、支撑、牵引、起吊等方法救助人员。

4.6 险情排除

分析评估现场危险因素，确定救援行动方案，组织力量排除现场存在或潜在的险情。

4.7 现场清理

检查清理现场，移交现场，清点人数，整理装备，安全撤离。

5 作业规程

5.1 分类

消防应急救援技术分类作业规程对应 GB/T 29176《消防应急救援　通则》中的应急救援技术类型，主要分为危险化学品事故救援作业规程、机械设备事故救援作业规程、建（构）筑物倒塌救援作业规程、水域救援作业规程、野外救援作业规程、受限空间救援作业规程和沟渠救援作业规程等类。

5.2 适用范围

5.2.1 作业规程与适用灾害事故类别之间的对应关系如表 1 所示。

5.2.2 危险化学品事故主要包括：火灾事故、爆炸事故以及泄漏事故等，本标准主要针对危险化学品泄漏事故的消防应急救援作业。

5.3 人员要求

消防应急救援人员需经过专业培训并通过相应考核。

表 1　作业规程与适用灾害事故类别对应关系表

适用灾害事故类别	作业规程						
	危险化学品事故救援作业规程	机械设备事故救援作业规程	建(构)筑物倒塌救援作业规程	水域救援作业规程	野外救援作业规程	受限空间救援作业规程	沟渠救援作业规程
危险化学品事故	√	√	√				
交通事故		√		√	√	√	√
建(构)筑物倒塌事故			√			√	
自然灾害			√	√	√	√	√
社会救助事件	√	√		√	√	√	√

5.4　危险化学品事故救援作业规程

5.4.1　侦察检测

侦察检测主要包含以下程序：

a)　人员及车辆应从上风或侧上风方向接近事故现场；
b)　了解事故类别，借助各类侦检设备，掌握泄漏物质种类、泄漏物质储量、泄漏部位、泄漏速度以及现场风速、风向等环境情况；
c)　了解遇险人员数量、位置和伤亡情况；
d)　了解先期疏散抢救人员、已经采取的处置措施、内部消防设施配备及运行等情况；
e)　查明拟定警戒区内的人员数量、地形地物、电源、火源及交通道路情况；
f)　掌握现场及周边的消防水源位置、储量和给水方式；
g)　评估现场救援处置所需的人力、器材装备及其他资源。

5.4.2　警戒疏散

警戒疏散主要包含以下程序：

a)　分析评估泄漏扩散范围和可能引发爆炸燃烧的危险因素及其后果；
b)　先行警戒或根据侦察检测情况确定警戒范围，划分重危区、轻危区、安全区，设置警戒标志和出入口；
c)　根据实际情况疏散泄漏区域和扩散可能波及范围内的非救援人员；
d)　动态监测现场情况，适时调整警戒范围；
e)　规定安全撤离信号。

5.4.3　安全防护

安全防护主要包含以下程序：

a)　根据侦察检测情况，确定安全防护等级，为进入重危区、轻危区的救援人员配备呼吸防护装备、化学防护服装等个人防护装备；
b)　安全员对救援人员的安全防护进行检查，做好记录。

5.4.4 人员搜救

人员搜救主要包含以下程序：

a) 评估现场情况，分析救助过程中可能存在的危险因素，确定救援行动方案；
b) 搜救人员携带器材装备进入搜救区域；
c) 采取正确的救助方式，将遇险人员疏散、转移至安全区；
d) 对救出人员进行必要的紧急救助后，移交医疗急救部门进行救护。

5.4.5 险情排除

险情排除主要包含以下程序：

a) 技术支持。对事故状况进行分析，为制定抢险救援方案提供技术支持。
b) 禁绝火源。切断事故区域内的强弱电源，熄灭火源，停运高热设备，落实防静电措施，使用无火花工具作业。
c) 现场供水。确定供水方案，选用可靠高效的供水车辆和装备，采取合理的供水方式和方法，保证消防用水量。
d) 稀释防爆。启用固定、半固定消防设施及移动消防装备，驱散积聚、流动的气体，稀释气体浓度，防止形成爆炸性混合物；对于液体泄漏，采用泡沫覆盖方式，降低泄漏的液相危险化学品的蒸发速度，缩小气云范围；对高温高压装置进行冷却抑爆。
e) 关阀堵漏。检查阀门情况，若阀门尚未损坏，可协助技术人员或在技术人员指导下，关闭阀门切断泄漏源；根据罐体、管道、阀门、法兰等的泄漏情况，采取相应堵漏方法实施堵漏。
f) 输转倒罐。在确保现场安全的条件下，合理采用惰性气体置换、压力差倒罐等方式转移事故容器中的危险化学品；对水面上的泄漏液体使用防爆抽吸泵、吸附垫等进行吸附、输转，或用分解剂降解驱散。
g) 主动点燃。当泄漏的气体物料有毒，或者容易积聚形成爆炸性混合气体，有可能造成人员中毒或爆炸等情况下，在确保安全的条件下可对具备点燃条件的泄漏气体实施主动点燃。
h) 洗消处理。在危险区和安全区交界处设置洗消站，对遇险人员进行洗消；行动结束后，对救援人员和器材装备进行洗消。

5.4.6 现场清理

现场清理主要包含以下程序：

a) 少量液体泄漏可用砂土、水泥粉、煤灰等吸附、掩埋；大量液体泄漏可用防爆泵抽吸或使用无火花容器收集，集中处理；
b) 用分解剂、蒸气或惰性气体清扫现场，特别是低洼地、下水道、沟渠等处，确保不留残液(气)；
c) 妥善处理污水污液，防止二次污染；
d) 对事故现场复查，确认现场已无遇险人员；
e) 做好登记统计，核实获救人数；
f) 清点救援人员，收集、整理器材装备；
g) 撤除警戒，做好移交，安全撤离。

5.5 机械设备事故救援作业规程

5.5.1 侦察检测

侦察检测主要包含以下程序：

a) 了解事故类别、事故现场及周边区域的道路、交通、水源等情况；
b) 了解遇险人员的位置、数量和伤亡情况；
c) 了解事故机械设备的主要特性；
d) 评估现场救援处置所需的人力、器材装备及其他资源。

5.5.2 警戒疏散

警戒疏散主要包含以下程序：
a) 根据侦察检测情况确定警戒范围，划定警戒区，设置警戒标志；
b) 疏散非救援人员，禁止无关车辆、人员进入现场；
c) 实施现场管理，视情况实行交通管制。

5.5.3 安全防护

安全防护主要包含以下程序：
a) 针对事故特点，采用相应的防护措施；
b) 救援人员应穿戴好个人防护装备；
c) 安全员对救援人员的安全防护进行检查，做好记录。

5.5.4 人员搜救及险情排除

人员搜救及险情排除主要包含以下程序：
a) 分析现场情况，充分考虑救助过程中可能存在的危险因素，确定救援行动方案；
b) 利用破拆、起重、撑顶、牵引等器材装备，采用合理的施救方法，救助遇险人员脱离困境；
c) 对事故造成燃油泄漏的，在破拆时应采用喷雾水枪实施掩护或喷射泡沫覆盖泄漏区域，防止因金属碰撞或破拆时产生的火花引起油蒸汽爆炸燃烧；
d) 遇险人员救出后交由医疗急救人员进行救护。

5.5.5 现场清理

现场清理主要包含以下程序：
a) 做好登记统计，核实获救人数；
b) 清点救援人员，收集、整理器材装备；
c) 撤除警戒，做好移交，安全撤离。

5.6 建(构)筑物倒塌救援作业规程

5.6.1 侦察检测

侦察检测主要包含以下程序：
a) 了解事故类别、事故现场及周边区域的道路、交通、水源等情况；
b) 了解遇险人员的位置、数量和伤亡情况；
c) 了解倒塌建筑的结构、布局、面积、高度、层数、使用性质、修建时间，发生倒塌的原因等情况；
d) 查明是否造成可燃气体管道泄漏、自来水管道破裂、停电等；
e) 通过外部观察和仪器检测，判断倒塌建筑结构的整体安全性，未倒塌部分是否还有再次倒塌的危险；
f) 评估现场救援处置所需的人力、器材装备及其他资源。

5.6.2 警戒疏散

警戒疏散主要包含以下程序：

a) 根据侦察检测情况确定警戒范围，划定警戒区，设置警戒标志；

b) 疏散非救援人员，禁止无关车辆、人员进入现场；

c) 实施现场管理，动态监测现场情况；

d) 规定安全撤离信号。

5.6.3 安全防护

安全防护主要包含以下程序：

a) 针对事故特点，采用相应的防护措施；

b) 救援人员应穿戴好个人防护装备；

c) 安全员对救援人员的安全防护进行检查，做好记录。

5.6.4 人员搜救及险情排除

人员搜救及险情排除主要包含以下程序：

a) 分析现场情况，充分考虑救助过程中可能存在的危险因素，确定救援行动方案；

b) 迅速清除障碍，开辟通道，建立抢险救援平台或前沿阵地；

c) 评估二次坍塌的可能性，采取救援气垫、方木、角钢等进行支撑保护；

d) 进一步侦察探测，确定遇险人员具体位置；

e) 尝试与遇险人员建立联系，如有呼吸问题，通过风机送风或吊放氧气(空气)瓶等方式，确保遇险人员能够正常呼吸；

f) 采用挖掘、破拆、起吊、起重、撑顶等方法进行施救，特殊情况下可调集工程机械到现场协助救援；

g) 对搜救区域、危险建筑结构或危险点、遇险人员位置等进行标记；

h) 遇险人员如受伤或不能行动，可采用躯/肢体固定气囊、包扎带等紧急包扎，使用多功能担架、伤员固定抬板等转移伤员，并交由医疗急救人员进行救护。

5.6.5 现场清理

现场清理主要包含以下程序：

a) 对事故现场复查，确认现场已无遇险人员；

b) 做好登记统计，核实获救人数；

c) 清点救援人员，收集、整理器材装备；

d) 撤除警戒，做好移交，安全撤离。

5.7 水域救援作业规程

5.7.1 侦察检测

侦察检测主要包含以下程序：

a) 了解事故类别、事故现场及周边区域的道路、交通等情况；

b) 了解溺水或受困人员情况，包括：溺水或受困时间、地点、人数等；

c) 了解水域温度、深度、水面宽度、水流方向、流速、水质浑浊程度、水面行驶船只等情况；

d) 了解岸边地形、地貌、建筑物等情况；

e) 了解前往溺水地点及孤岛的有效途径和方法;

f) 评估现场救援处置所需的人力、器材装备及其他资源。

5.7.2 警戒疏散

警戒疏散主要包含以下程序:

a) 根据侦察检测情况确定警戒范围,划定警戒区,设置警戒标志;

b) 疏散非救援人员,禁止无关船只、车辆、人员进入现场;

c) 实施现场管理,动态监测现场情况。

5.7.3 安全防护

安全防护主要包含以下程序:

a) 救援人员必须穿好救生衣、身系安全绳、戴水域救援头盔,携带口哨、灯具、切割装备等,在岸上人员的保护下入水;

b) 若需潜水救人时,须由专业潜水员着潜水服下水,并采取相应的安全措施;

c) 冲锋舟、橡皮艇下水时必须用安全绳保护;

d) 寒冷天气须考虑救援人员的防寒保暖;

e) 安全员对救援人员的安全防护进行检查,做好记录。

5.7.4 人员搜救及险情排除

人员搜救及险情排除主要包含以下程序:

a) 分析现场情况,充分考虑救助过程中可能存在的危险因素,确定救援行动方案。

b) 孤岛救援时,应优先考虑采用合理方式建立救生通道。冲锋舟、橡皮艇沿救生通道到达孤岛实施救援。如距离远、河水深、水流急,应使用较大船舶靠近孤岛,再施放冲锋舟救人。冲锋舟要用安全绳进行保护。

c) 溺水者救援时,根据实际情况划定搜索区域,利用冲锋舟、橡皮艇实施搜索,救援过程中应有保护措施。

d) 坠入水域车辆救援时,首先要击破车窗或打开车门救助车内人员,然后调用大型吊车到场,将落水车辆吊上路面。

e) 冰面塌陷人员掉入冰窖时,救援人员要穿戴救生衣、系安全绳,做好防寒保暖措施。

f) 上述救援过程中如需潜水抢救人员生命,须派受过专业训练的潜水队员下水作业,其他潜水作业应主要依托地方专业潜水队伍。

g) 被救上岸的溺水者,应迅速移交医疗急救人员进行救护。

5.7.5 现场清理

现场清理主要包含以下程序:

a) 对事故现场复查,确认现场已无遇险人员;

b) 做好登记统计,核实救援人数;

c) 清点人员,收集、整理器材装备;

d) 撤除警戒,做好移交,安全撤离。

5.8 野外救援作业规程

5.8.1 侦察检测

侦察检测主要包含以下程序:

a） 了解灾害事故类别，查明遇险人员所处位置，周围的地形、地貌、障碍物，以及有无救援器材的使用条件等情况；
b） 了解遇险人员的位置、数量和伤亡情况；
c） 掌握现场的天气、地质等情况；
d） 评估现场救援处置所需的人力、器材装备及其他资源。

5.8.2 警戒疏散

警戒疏散主要包含以下程序：
a） 根据侦察检测情况确定警戒范围，划定警戒区，设置警戒标志；
b） 疏散非救援人员，禁止无关车辆、人员进入现场；
c） 实施现场管理，动态监测现场情况。

5.8.3 安全防护

安全防护主要包含以下程序：
a） 救援人员个人防护装备佩戴齐全，携带野外通讯设备；
b） 救援人员应配备满足个人紧急用医疗救护包；
c） 救援人员应准备足够的食物和水；
d） 救援人员应携带地图、指南针、导航仪等装置，获取所需的地理信息；
e） 安全员对救援人员的安全防护进行检查，做好记录。

5.8.4 人员搜救及险情排除

人员搜救及险情排除主要包含以下程序：
a） 分析现场情况，充分考虑救助过程中可能存在的危险因素，确定救援行动方案；
b） 进一步侦察探测，确定遇险人员具体位置；
c） 采用正确的救援技术方法救出遇险人员；
d） 遇险人员如受伤或不能行动，可采用躯/肢体固定气囊、包扎带等紧急包扎，使用多功能担架、伤员固定抬板等转移伤员，交由医疗急救人员进行救护；
e） 情况危急、救援难度大时，请求调用飞机支援。

5.8.5 现场清理

现场清理主要包含以下程序：
a） 对事故现场复查，确认现场已无遇险人员；
b） 做好登记统计，核实获救人数；
c） 清点救援人员，收集、整理器材装备；
d） 撤除警戒，做好移交，安全撤离。

5.9 受限空间救援作业规程

5.9.1 侦察检测

侦察检测主要包含以下程序：
a） 了解事故类别、事故现场及周边区域的道路、交通、水源等情况；
b） 了解遇险人员的位置、数量和伤亡情况；
c） 了解受限空间的结构、设施等情况；

d) 检测受限空间内空气状况；

e) 评估现场救援处置所需的人力、器材装备及其他资源。

5.9.2 警戒疏散

警戒疏散主要包含以下程序：

a) 根据侦察检测情况确定警戒范围，划定警戒区，设置警戒标志；

b) 疏散非救援人员，禁止无关车辆、人员进入现场；

c) 实施现场管理，动态监测现场情况。

5.9.3 安全防护

安全防护主要包含以下程序：

a) 救援人员须佩戴有他救接头的呼吸器，携带备用逃生面罩、通信、照明以及绳索等器材装备。进行井下救援时，如井下有水，救援人员应着救生衣或潜水服装，并使用移动供气源。

b) 安全员对救援人员的安全防护进行检查，做好记录。

c) 与进入受限空间内的救援人员保持联系，时时掌握情况并做好接应准备。

5.9.4 人员搜救及险情排除

人员搜救及险情排除主要包含以下程序：

a) 分析现场情况，充分考虑救助过程中可能存在的危险因素，确定救援行动方案；

b) 对所需进入空间的空气进行持续性或者经常性地监测；

c) 进一步侦察探测，确定遇险人员具体位置；

d) 尝试与遇险人员建立联系，如有呼吸问题，通过风机送风或吊放氧气(空气)瓶等方式，确保遇险人员能够正常呼吸；

e) 采用破拆、撑顶、绳索救援等方法救助遇险人员；

f) 遇险人员如受伤或不能行动，可采用躯/肢体固定气囊、包扎带等紧急包扎，使用多功能担架、伤员固定抬板等转移伤员，交由医疗急救人员进行救护。

5.9.5 现场清理

现场清理主要包含以下程序：

a) 对事故现场复查，确认现场已无遇险人员；

b) 做好登记统计，核实获救人数；

c) 清点救援人员，收集、整理器材装备；

d) 撤除警戒，做好移交，安全撤离。

5.10 沟渠救援作业规程

5.10.1 侦察检测

侦察检测主要包含以下程序：

a) 了解事故类别、事故现场及周边区域的道路、交通等情况；

b) 了解遇险人员的位置、数量和伤亡情况；

c) 了解沟渠的土壤性质、结构与设施等情况；

d) 检测沟渠内的空气状况；

e) 评估现场救援处置所需的人力、器材装备及其他资源。

5.10.2 警戒疏散

警戒疏散主要包含以下程序：

a) 根据侦察检测情况确定警戒范围，划定警戒区，设置警戒标志；

b) 疏散非救援人员，禁止无关车辆、人员进入现场；

c) 实施现场管理，动态监测现场情况，若有二次坍塌的危险，应及时报警并撤离。

5.10.3 安全防护

安全防护主要包含以下程序：

a) 进入顶部敞开的沟渠的救援人员，须穿戴防护服装，携带照明、通信、绳索等器材装备；进入地下沟渠的救援人员须穿戴防护服装，佩戴有他救接头的呼吸器，携带备用逃生面罩、通信、照明以及绳索等器材装备；

b) 安全员对救援人员的安全防护进行检查，做好记录；

c) 与进入内部的救援人员保持联系，时时掌握情况并做好接应准备。

5.10.4 人员搜救及险情排除

人员搜救及险情排除主要包含以下程序：

a) 分析现场情况，充分考虑救助过程中可能存在的危险因素，确定救援行动方案；

b) 对所需进入空间的空气进行持续性或者经常性地监测；

c) 进一步侦察探测确定遇险人员具体位置；

d) 尝试与遇险人员建立联系，如有呼吸问题，通过风机送风或吊放氧气（空气）瓶等方式，确保遇险人员能够正常呼吸；

e) 采用挖掘、破拆、支护、绳索救援等方法救助遇险人员，特殊情况下可调集工程机械到现场协助救援；

f) 遇险人员如受伤或不能行动，可采用躯/肢体固定气囊、包扎带等紧急包扎，使用多功能担架、伤员固定抬板等转移伤员，交由医疗急救人员进行救护。

5.10.5 现场清理

现场清理主要包含以下程序：

a) 对事故现场复查，确认现场已无遇险人员；

b) 做好登记统计，核实获救人数；

c) 清点救援人员，收集、整理器材装备；

d) 撤除警戒，做好移交，安全撤离。

ICS 13.220.20
C 82

中华人民共和国国家标准

GB/T 29180.2—2012

电气火灾勘验方法和程序 第2部分：物证的溶解分离提取方法

The investigative methods and procedures for electrical fire—
Part 2: Methods for dissolution and separation of physical evidence

2012-12-31 发布 2013-10-01 实施

中华人民共和国国家质量监督检验检疫总局
中国国家标准化管理委员会 发布

前　言

GB/T 29180《电气火灾勘验方法和程序》分为两个部分：

——第1部分：火灾中电气故障模式及勘验程序；

——第2部分：物证的溶解分离提取方法。

本部分为GB/T 29180的第2部分。

本部分依据GB/T 1.1—2009给出的规则编写。

本部分由中华人民共和国公安部提出。

本部分由全国消防标准化技术委员会火灾调查分技术委员会(SAC/TC 113/SC 11)归口。

本部分负责起草单位：公安部沈阳消防研究所。

本部分参加起草单位：广西壮族自治区公安消防总队。

本部分主要起草人：刘术军、赵长征、林松、于丽丽、高伟、邸曼、孟庆山、吴莹。

本部分为首次发布。

电气火灾勘验方法和程序
第2部分:物证的溶解分离提取方法

1 范围

GB/T 29180 的本部分规定了用溶剂溶解分离和提取固着在塑料残留物中电气物证的方法。

本部分适用于 ABS、聚氯乙烯(PVC)、聚苯乙烯(PS)、聚碳酸酯(PC)等塑料残留物和铜、铝、铁等电气物证。

2 规范性引用文件

下列文件对于本文件的应用是必不可少的。凡是注日期的引用文件,仅注日期的版本适用于本文件。凡是不注日期的引用文件,其最新版本(包括所有的修改单)适用于本文件。

GB/T 1844.1 塑料 符号和缩略语 第1部分:基础聚合物及其特征性能

GB/T 20162 火灾技术鉴定物证提取方法

3 术语和定义

GB/T 1844.1 中界定的以及下列术语和定义适用于本文件。

3.1

塑料残留物 plastic residue

火灾现场中塑料熔融或燃烧后残留的物质。

3.2

溶解分离 dissolution and separation

用某种溶剂将塑料残留物溶解,而保持其中固着的电气物证的形状、状态、组织和形貌不发生变化。

4 试剂

除非另有说明,本部分所用试剂为分析纯,包括:二氯甲烷、乙酸乙酯、苯、甲酸、环已酮和四氢呋喃等。

5 器材

5.1 镊子、钳子等夹取类工具。

5.2 磁铁等吸附类工具。

5.3 玻璃器皿、试剂瓶等盛装类器皿。

5.4 量筒、量杯等量取类工具。

6 分离提取方法

6.1 确定塑料残留物种类

根据现场勘查或询问情况查明塑料残留物种类。对于无法确定种类的塑料残留物样品,可进行相应的物质鉴定。

6.2 选择溶剂

根据塑料残留物种类，按表1选择相应的溶剂。

表1 溶解不同塑料残留物所用溶剂

塑料残留物种类	溶剂
ABS	二氯甲烷-甲酸
PVC	四氢呋喃-乙酸乙酯-环己酮
PS	二氯甲烷-乙酸乙酯-苯
PC	二氯甲烷

6.3 配置溶剂

6.3.1 配制二氯甲烷-甲酸溶剂，宜选用溶剂体积比在8∶1～15∶1范围内，配制时用量杯先量取甲酸，后成比例量取二氯甲烷。

6.3.2 配制四氢呋喃-乙酸乙酯-环己酮溶剂，宜选用溶剂体积比在9∶0.5∶0.5～12∶0.5∶1范围内，配制时用量杯先量取环己酮，再量取乙酸乙酯，最后成比例量取四氢呋喃。

6.3.3 配制二氯甲烷-乙酸乙酯-苯溶剂，宜选用溶剂体积比在8∶1∶0.5～10∶1∶1范围内，配制时用量杯先量取苯，再量取乙酸乙酯，最后成比例量取二氯甲烷。

6.4 溶解分离

6.4.1 将固着有电气物证的塑料残留物放入适当大小的玻璃器皿中。

6.4.2 根据塑料残留物种类，在室温下加入配制好的溶剂，溶剂用量参考表2中最大溶解能力确定，并确保完全淹没塑料残留物，密封，直至溶解。

6.4.3 约2 h以后，用玻璃棒搅动塑料残留物，当塑料残留物完全软化成胶状变为澄清透明液体或混浊液体时，即可分离电气物证。

表2 溶剂对塑料残留物的最大溶解能力

塑料残留物种类	溶剂	最大溶解能力 g/mL
ABS	二氯甲烷-甲酸	0.18
PVC	四氢呋喃-乙酸乙酯-环己酮	0.15
PS	二氯甲烷-乙酸乙酯-苯	0.45
PC	二氯甲烷	0.20

6.5 提取

6.5.1 当溶解完毕呈澄清透明的液体时，用夹取类工具取出电气物证。

6.5.2 当溶解完毕呈混浊黏稠的液体时，将其倒入托盘中摊开，然后用夹取类工具或吸附类工具取出电气物证。

6.6 处理与保存

6.6.1 提取出的电气物证，宜先用自来水冲洗，再用镊子去除外表面覆盖的薄膜，然后装入物证保存袋中封存，并做好标记。

6.6.2 提取电气物证后所剩的残余液体，应放在玻璃器皿中密封保存，统一处理。

7 试验报告

试验报告应包括提取样品名称、提取人、提取日期、试验人、试验时间、分离提取方法和依据标准、试验结论等内容。

ICS 01.020
A 22

中华人民共和国国家标准

GB/T 29181—2012/ISO 16642:2003

术语工作　计算机应用　术语信息置标框架

Computer applications in terminology—Terminological markup framework

(ISO 16642:2003,IDT)

2012-12-31 发布　　2013-06-01 实施

中华人民共和国国家质量监督检验检疫总局
中国国家标准化管理委员会　发布

前　言

本标准按照 GB/T 1.1—2009 给出的规则起草。

本标准等同采用 ISO 16642:2003《术语工作　计算机应用　术语信息置标框架》。

本标准代替 GB/T 16642—2003《术语工作　计算机应用　术语信息置标框架》。

与标准中规范性引用的国际文件有一致性对应关系的我国文件如下：

——GB/T 15237.1—2000《术语工作　词汇　第 1 部分：理论与应用》(eqv ISO 1087-1：2000)。

——GB/T 16786—2007《术语工作　计算机应用　数据类目》(ISO 12620:1999,NEQ)。

——GB/T 17532—2005《术语工作　计算机应用　词汇》(ISO 1087-2:2000,MOD)。

本标准由全国术语与语言内容资源标准化技术委员会(SAC/TC 62)提出并归口。

本标准起草单位：中国标准化研究院。

本标准主要起草人：程永红、周长青、于欣丽、肖玉敬、王海涛、刘智洋、荀恩东。

术语工作 计算机应用
术语信息置标框架

1 范围

为了对术语数据集合中所记录的数据进行表达和描述，本标准针对需要使用的基本原则规定了具有指导作用的框架。该框架包括了元模型和用XML表示的特定术语标记语言(TML)的描述方法。本标准对TML中限定标记的使用方法作了定义，但除了附录B～附录D所定义的三种TML之外，本标准并没有为其他TML定义专门的限定标记。

本标准适用于计算机应用程序的开发和使用，其目的是有利于处理术语数据以及在不同应用程序之间进行术语数据交换。它并不是对ISO 12620及其他相关国际、国家标准中所规定的数据类目和数据结构规范的方法进行标准化。

本标准还定义了可以使一种以TML表示的数据映射到另一种TML上的条件，并规定了相应的通用映射工具(GMT)(见附录A)。

此外，本标准定义了对语言数据进行描述的一种通用性模型。

2 规范性引用文件

下列文件对于本文件的应用是必不可少的。凡是注日期的引用文件，仅注日期的版本适用于本文件。凡是不注日期的引用文件，其最新版本(包括所有的修改单)适用于本文件。

ISO 1087-1:2000 术语工作 词汇 第1部分：理论与应用(Terminology work—Vocabulary—Part 1:Theory and application)。

ISO 12620:1999 术语工作 计算机应用 数据类目(Computer applications in terminology—Data categories)。

ISO 1087-2:2000 术语工作 计算机应用 词汇(Terminology work—Vocabulary—Part 2:Computer applications)。

3 术语和定义

以下及ISO 1087-1:2000、ISO 1087-2:2000界定的以及下列术语和定义适用于本文件。

3.1

补充信息 complementary information;CI

对术语条目中所描述的内容予以补充，并在术语数据集合中共享的信息。

注：领域层级关系、机构描述和参考文献信息都是补充信息的典型例子。

3.2

数据类目 data category

关于给定数据字段的类型说明。

[ISO 1087-2:2000,6.14]

注1：一个数据类目是一种数据字段类型，如定义。

注2：ISO 12620:1999是数据类目的目录，也就是一种“DCR(见3.3)”。

3.3

数据类目注册库　data category registry;DCR

为了对 TML 予以描述而被用作规范性参考文件的数据类目规范。

注：ISO 12620:1999 在本标准的话语环境中是一个典型的 DCR。

3.4

数据类目选集　data category selection;DCS

限定信息内容范围并构成 TML 说明的组件。

注：信息内容可以受到限制，例如通过规定允许使用的数据类目种类以及各个数据类目的使用方法等。

3.5

扩展树　expansion tree

在某给定 TML 中，构成元模型某个层面的一组 XML 元素及其结构关系所形成的列表。

3.6

通用映射工具　generic mapping tool;GMT

术语信息置标框架 XML 模型的标准形式。

3.7

全局信息　global information;GI

应用于整个数据集合的技术性和管理性的信息。

示例：数据集的标题、历史修订记录。

3.8

信息单元　information unit;IU

附于元模型某层面上的某项不可拆分的基本信息。

3.9

语言段　language section;LS

术语条目上的片段，包含与某一种语言相关的信息。

注：一个术语条目可能包含一种、两种或多种语言的信息。

3.10

目标语言　object language

被描述的语言。

3.11

结构层　structural level

可附加一项或多项信息单元的元模型层面。

3.12

结构骨架　structural skeleton

按照元模型的要求而对某术语数据库的实例所作的抽象描述。

3.13

样式　style

与数据类目相关的一组属性，决定着用 XML 表述该数据类目的方式。

3.14

术语组件段　term component section;TCS

术语段中的片段，用以给出术语各组成成分的语言学信息。

3.15

术语段　term section;TS

语言段中给出术语信息的片段。

示例：术语用法、术语元素等信息。

3.16

术语数据集[合]　terminological data collection;TDC

包含特定专业领域有关各种概念的信息数据集合。

[ISO 1087-2:2000,2.21]

注：本标准假定术语数据集除包含严格意义的术语信息外，还包括 GI(3.7)和 CI(3.1)。

3.17

术语条目　terminological entry;TE

包含各种术语单元信息的条目。

示例：学科专属性概念、术语等。

注：TE 中的所有元素都可与 CI(3.1)、其他条目，以及同条目中的其他元素链接。

3.18

术语标记语言　terminological markup language;TML

用于对 TDC(3.16)进行描述、且遵循本标准阐述的限定标记方法的 XML 应用规范。

3.19

统一建模语言　unified modelling language;UML

用于对软件系统的各种特征进行描述、可视化、构建和文档化的语言。

3.20

词汇表　vocabulary

用于根据样式(3.13)实现数据类目的字符串集合。

3.21

工作语言　working language

用于描述对象的语言

3.22

XML 提纲　XML outline

一个术语数据库的组成部分，对应于元模型的 XML 实现方案。

4　术语信息置标的一般原则与互操作性原则

对某个特定的 TML 进行描述，可以看成是一个有着多种知识源、并在各种层次上互相作用的过程。这个过程引出了 TML 需要进行规范的两个重要方面：

——TML 的各种信息属性，即其对与术语描述相关的某项给定信息的表示能力；

——表达 TML 的方式，例如作为一个 XML 文档。

图 1 表示了构成本标准的基础，以及可形成 TML 总体规范的各种知识源。

上述知识源中有两项内容是所有 TML 共享的，可作为本标准的参照资料。

——元模型描述了结构层次的基本级别，所有 TML 都应遵循，正如本标准所定义的情况。

——DCR 是一组数据类目规范，任何特定的 TML 都应以其为依据建立自己的数据类目集。对于本标准的实际应用，ISO 12620 构成了参照使用的 DCR，用于某个 TML 规范的各种信息单元。

另外两种知识源用于定义给定 TML 的各种特定信息单元。该定义是从其信息属性和其在 XML 中的表示形式两方面出发进行的。

——DCS 描述了可在给定 TML 中使用的数据类目集。DCS 可包含 DCR 的子集和特定应用环境需要的任何特殊指定的数据类目。

——专用语规范(专用语)包括将给特定 TML 作为 XML 文档进行描述时所需要的各种元素。这些元素包含扩展树(3.5)、数据类目实例化样式(3.13)以及相应的词汇表(3.20)。

从术语相关的角度讲,元模型和某个给定 DCS 的相结合涵盖了 TML 所有的信息属性,足以对互操作性的条件进行定义。任何与这类条件相应的信息结构都可以用 GMT 表示法来规范地表达为 XML 文档。两种不同的 TML 之间的互操作性,完全取决于在这种层次上(见图 2)它们之间的兼容性。

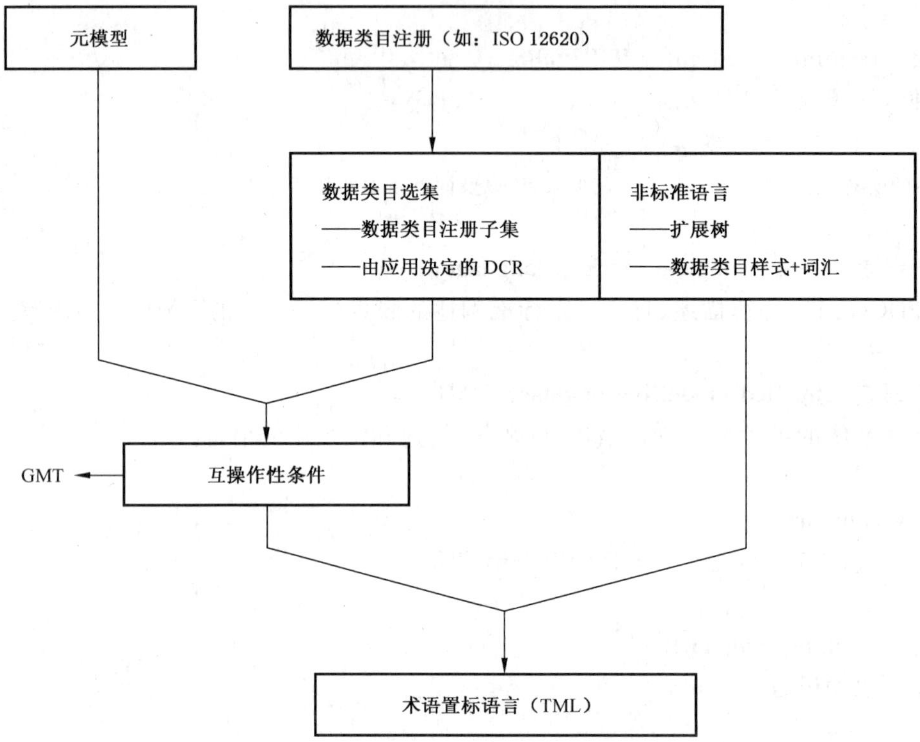

图 1 描述 TML 所涉及的各种知识源

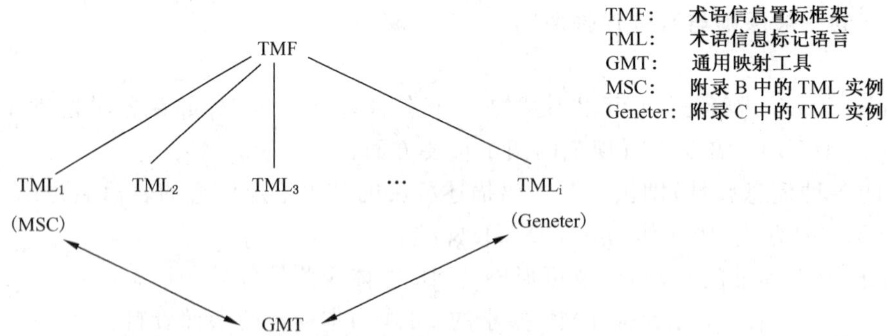

图 2 使用 GMT 时两种 TML 之间的互操作性

更准确地说,两种 TML 之间的互操作性可以通过把它们各自的规范进行相互比较来确定。如果两种 TML 基于同样的 DCS,那么任何以其中一种 TML 表达的术语数据集合都可以转换成以其他格式表示的术语数据集合,而且不会丢失信息。尤其是当用某种 TML 的 XML 实现形式来表达互操作条件时所需要的附加规定,并不会影响两种标记语言之间的互操作性级别。以上所述互操作性原理导致两个直接结果:

——证明了当以一种 TML 表达的数据转换成以另一种 TML 表达的数据时,GMT 作为一种主要标记语言的作用;

——当两种 TML 基于两个不同的 DCS 时,GMT 的作用是提供某种框架,用来识别哪些信息能够在这两种格式之间进行转换,以及在转换时哪些信息将会丢失(不充分的互操作性条件)。

专用语信息与各种互操作性条件结合在一起,提供了用 XML 表达给定的 TML 所必需的信息。

5 语言数据描述的一般模型及其在术语工作中的应用

5.1 导论

5.1.1 一般原则

从组织严密的数据(例如术语数据库)到松散结构的信息(例如简单标注了名称、日期等的文本),这些格式多种多样的信息资源中都存在着各种语言学结构。诠注语料库的表示形式是不分层级的,但却是建立在针对多种视角所作的表述基础之上的。这里所说的视角代表着各种层面的语言信息,而相应的表述通常要指向基本数据(例如词性标注),或指向其他说明(例如基于基础短语结构注释所作的参考注释)。

下面的模型确立了一类文件结构,可用来覆盖大量的语言诠注格式,并且提供了一种可以通过使用 XML 语言而得以实现的框架。

每种文档类型都是通过三层信息结构模式来描述的,这种三层信息结构模式描述的对象是:

——元模型,代表由与语言学描述相关的结构结点所组成的一种层级体系;

——各种特定的信息单元,可以与元模型中任一结构结点相关联;

——相关的注释,可以用来限定给定信息单元关联值的部分内容。

每个结构结点都可以使用一组基本的或复合的信息单元来予以限定。基本信息单元描述的是可以用数据类目直接表达的属性。复合信息单元常对应于某个层级上数个基本信息单元构成的组合,该组合反映的是一个完整连贯的信息单位。

例如,一个复合信息单元可以用来表示"某项事务应属于某个事务类型、具有某种责任,以及发生在事务日期"这样的事实信息所形成的信息单位。

基本信息单元,无论是直接附着在一个结构结点,还是附属在复合信息单元之内,可以具有两种非排他类型的值:

——原子值(atomic value),或者对应于某个 XML 方案(XML schema)中的简单类型(simple type),例如数、字符串、选择列表的元素等,或者对应于注释文本下的混合内容类型(mixed content type);

——结构结点的调用值,目的是表达该结构结点与当前结构结点之间的关系。

基本信息单元和复合信息单元都可以作为结构骨架中与具体结构结点相联系的一些特征值结构(feature-value structure)予以抽象地表述。例如,一个 Geneter 子文档内容为"〈Owner〉UHB〈/Owner〉"(见附录 C),可以用下列方式作为基础信息单元来进行建模:

[owner = UHB]

类似地,下列 MSC 子文档(见附录 B)

```
〈transacGrp〉
  〈transac〉modification〈/transac〉
  〈transacNote type="responsiblePerson"〉YYY〈/transacNote〉
  〈date〉1964-4-4〈/date〉
〈/transacGrp〉
```

可以被模型化为:

$$\left[\text{transacGrp}=\left[\begin{array}{l}\text{transac}=\text{modification}\\ \text{responsiblePerson}=\text{YYY}\\ \text{date}=1964\text{-}4\text{-}4\end{array}\right]\right]$$

信息单元描述所需的后续模型，应通过使用与其紧邻的上一层信息表达式来实现。这和语义信息与信息单元值的子值之间的关联是相对应的。这种类型的注释(annotation)的典型情况，发生在人们对术语定义中种属信息和(或)差异信息的特定引用信息进行标识的时候。例如下列有关“铅笔(lead pencil)”的定义：

英语	汉语
〈definition〉	〈definition〉
〈broaderConcept〉 pencil 〈/broaderConcept〉 whose	〈characteristic〉石墨〈/characteristic〉芯周围固着有
〈characteristic〉 casing〈/characteristic〉 is fixed around a central	〈characteristic〉外壳〈/characteristic〉的
〈characteristic〉 graphite〈/characteristic〉 medium which is	〈broaderConcept〉笔〈/broaderConcept〉,
〈characteristic〉used for writing or making marks〈/characteristic〉	〈characteristic〉一般用于书写或做记号〈/characteristic〉
〈/definition〉	〈/definition〉

这样的信息在 XML 中称为混合内容(mixed content)，这种信息不能直接用某种特征结构来表达，而要用类似下列 GMT 所使用的表述形式(〈annot〉元素)来直接表达。

5.1.2 范例

为了说明如何将某个 TDC 作为一个抽象的结构进行分析，下面将对一个简单的、使用符合 MSC 规范的 XML 文档来表达的术语条目进行考查：

```
〈? xml version="1.0"?〉
    〈martif type="MSC" lang="en"〉
      〈text〉
        〈body〉
          〈termEntry id="ID67"〉
            〈descrip type="subjectField"〉manufacturing〈/descrip〉
              〈descrip type="definition"〉A value between 0 and 1 used in ...
                〈/descrip〉
                  〈langSet lang="en"〉
                    〈tig〉
                    〈term〉alpha smoothing factor〈/term〉
                    〈termNote type="termType"〉fullForm
                  〈/termNote〉
                〈/tig〉
              〈/langSet〉
            〈langSet lang="hu"〉
          〈tig〉〈term〉Alfa ...〈/term〉〈/tig〉
        〈/langSet〉
      〈/termEntry〉
      〈/body〉
    〈/text〉
〈/martif〉
```

通过确定与元模型相对应的结构骨架，以及将所对应的信息单元与该结构骨架中的每个结构结点相关联，上述 XML 文档可以映射成为本节中所描述的抽象模型，见图 3。

此处的数据类目可以映射到 ISO 12620 中规定的相应数据类目：

ISO 12620:1999		GB/T 16786	
数据类目	编号	数据类目	编号
id	A. 10. 15	条目标识符	A. 10. 15
subjectField	A. 4	学科领域	A. 4
definition	A. 5. 1	定义	A. 5. 1
lang	A. 10. 7. 1	语言标识符	A. 10. 7. 1
term	A. 1	术语	A. 1
termType	A. 2. 1	术语类型	A. 2. 1
fullForm	A. 2. 1. 7	全称	A. 2. 1. 7

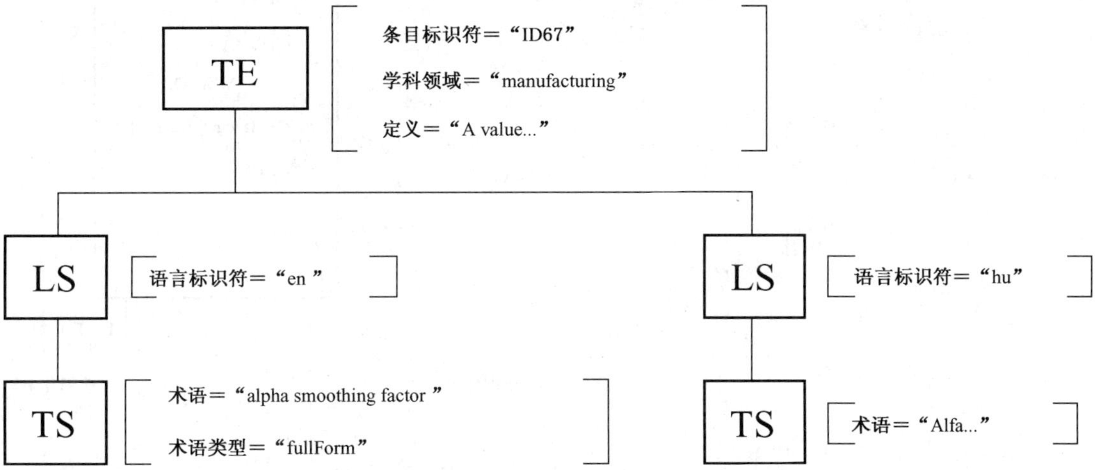

图 3 将 XML 文档映射成为抽象的模型

5.2 结构层次和信息单元的一般表示

5.2.1 语言数据可以用一个一般性的架构来表示。该架构是一个由众多基本结构结点所形成的体系构成的。其中各结构结点上附着有一个或多个信息单元。图 4 用统一建模语言(UML)图表示了这种架构。图 4 表达了以下所定义的类(class)对象之间的关系。这些类包括：

——结构结点：包含有一个属性(LevelName)的类，用来在给定语言资源(LR)格式的背景范围内标识本类型的对象。语言资源(LR)格式的实例，例如可以是各种术语库的术语条目(TE)格式。

——信息单元：包含有 3 个属性的类，这 3 个属性分别用来标识与某个给定数据类目(IUName，如 Definition，PartOfSpeech 等)相关的本类型对象，描述其内容的某种类型(C_type)，以及提供实际的内容的值(C_value)。

注：C_type 的值可以属于如 XML 标准第 2 部分数据类型中所定义的简单类型(simple type)集合，或属于 5.2.2 中描述的 MIXED(混合)型。

属于这两个类的对象可能以下列方式相关：

——association(关联)：表示一个结构结点通过层级链接与另一个结构结点相联系。对链接的数量或由这些链接创立的网络结构(诸如树图、有向无环图等)没有限制(0.. *)。

——hasContent(内容包含)：将一个结构结点和一些信息单元(例如加在一个术语条目上的定义)联系起来。一个信息单元的实例能且只能加载于一个结构结点之上(1..1)。

——refinement(细化):将一些带有附加信息的信息单元与另一个信息单元(IU)联系起来(例如,这个 IU 可以是一项注释、或补充说明、或一个定义)。一个用来作细化(补充说明)的 IU 与且只能与一个被细化的 IU 有联系(1..1)。

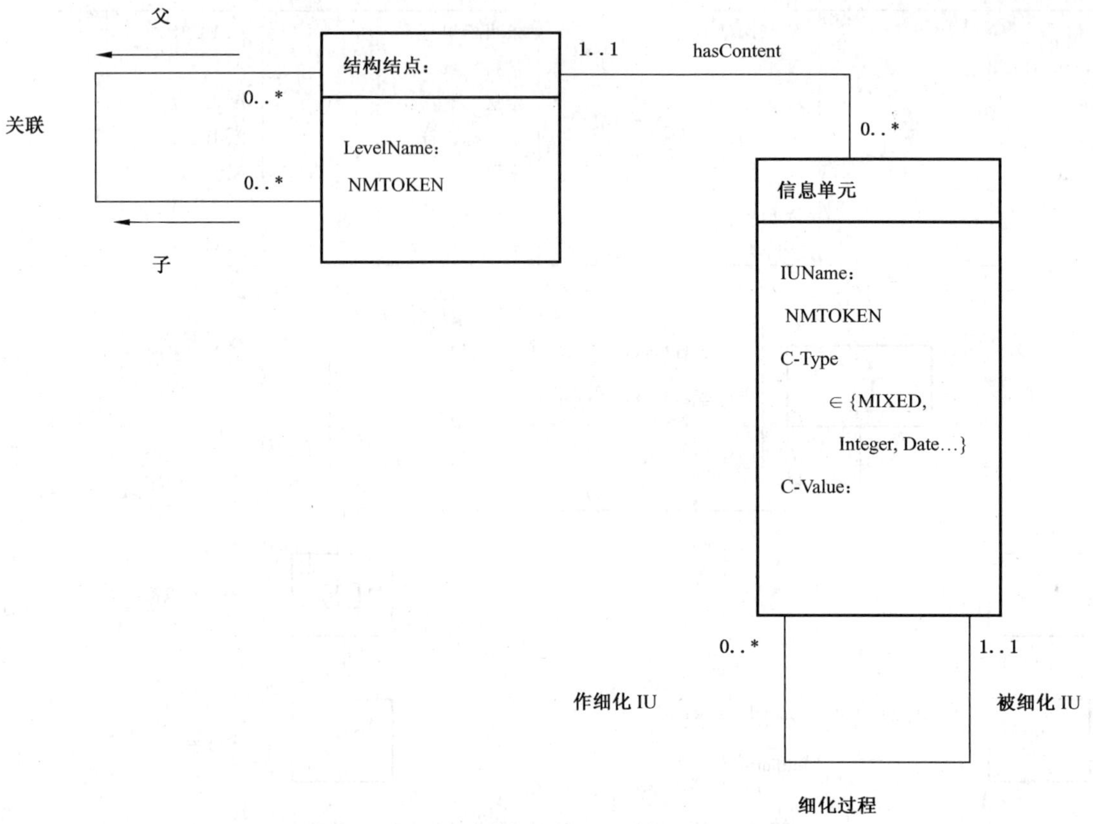

图 4　结构结点和信息单元的 UML 图表

5.2.2　MIXED(混合)类型是文本内容和一些信息单元构成的有规则的组合,可以对应于任一种注释内容,在 UML 中可以通过使用聚合操作符来表示,如图 5 所示。

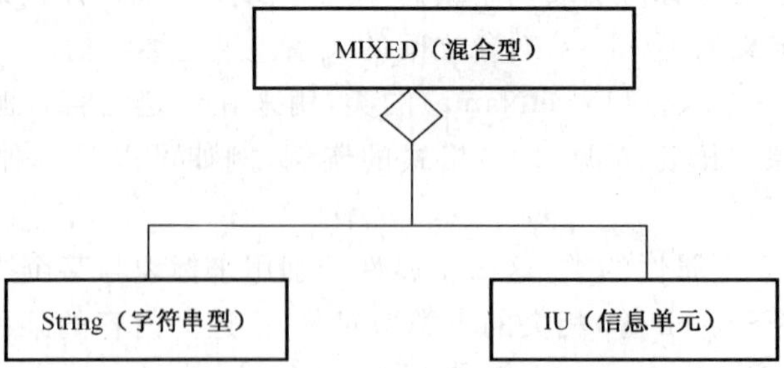

图 5　MIXED(混合型)对象类

如果接受并使用这种一般性的定义,可以引出了下述情况,即文本内容中的注释可由其他信息单元进一步细化(例如指明注释内容是在何时由谁来完成)。

5.3　术语信息的元模型

术语信息的元模型是以 ISO 704 标准中所描述的术语管理原则与方法纲要为基础的,其中术语管理内容包括了术语条目的制作。与词典编撰的条目相比,术语条目的最大特点是面向概念。一个术语条目涉及给定语言中的一个概念。在多语言的术语条目的情况下,一个术语条目涉及一个或多个在不同语言中完全或部分等价的概念。然而词典编撰的条目却只包含一个词目(单一词汇单位的基本形式),以及一个或多个由一种或更多语言表示的定义(表示不同的释意)。本国际标准表示的元模型为术语条目提供了指导。众所周知,在这样的前提下,虽然词典编撰的条目十分典型地包含着与词或词位(例如语音部分、性等)相关的信息,但是这样的一些词典编撰信息也经常包括在术语条目之中。

一个术语数据集包括了关于该集合的全局信息和一些术语条目。每个术语条目有三个功能:

——用一种或多种语言描述一个概念,或描述两个或更多个完全等价或部分等价的概念;

——列出指定概念的术语称谓;

——描述术语本身。

每个条目可以有多个语言段(3.9),而且每个语言段可以有多个术语单元;每个条目中的各个数据元素可以与各种描述性、管理性信息相联系;此外,还会有其他一些信息资源,它们不属于任何一个条目的组成部分,但是可以与一个或多个条目链接。这些其他资源包括参考书目信息、知识本体结构的描述,以及诸如用于解释说明概念的图像等二进制数据。

通过把5.2中表述的一般体系架构具体化(instantiating),术语元模型可由结构结点类衍生出的7个实例进行描述。

——TDC(术语数据集合):包含在术语系统中的所有信息的顶级容器。

——GI(全局信息):适用于一个文件中表述的所有元素的信息,与那些仅仅属于文件某些特定部分所具有的信息相对。全局信息通常包括(XML)文件的标题、文件的建立单位或个人、地址信息、版权信息、更新信息等。

——TE(术语条目):属于某个单一概念的信息。通常包括如,关于概念的描述性信息和相关概念的管理信息。术语条目可以包括一个或多个语言段(3.9),但要根据术语库是单语种的、双语的或是多语种的情况而定。

——CI(补充信息):通常包括如,驻留在文件之内或之外的文本文献或管理信息、静态或动态的图像、视频、音频,或任何可能的其他种类的二进制数据(即blob型数据),也可能包括引用其他术语资源或相关文本语料或本体结构的背景链接。这些补充信息信息项目经常被指定为共享资源,因为它们对术语库各点都是开放的,并且不在各个不同条目下重复。

——LS(语言段):包含了用于某术语条目上给定语言的所有术语段和其他相关信息,通常包括与该语言或该语言术语相关的定义、上下文等。

——TS(术语段):关于术语的信息。通常包括诸如用于指称术语条目主题概念的单一术语,和与该术语相关的任何其他信息(例如定义、上下文等)。

——TCS(术语组件段):关于词素、词或构成多语素(或多词素)术语的连续字符串。例如在汉语中,术语的读音、核心词语的切分等。德语或英语,没必要区别构成多词术语的单个组分的信息。而其他语言,例如法语或西班牙语,对于构成多词素术语的单词,存在着像词的性别等类信息。将这些信息包括在内非常重要,因为术语在文本中使用时,这些信息是必要的。

这些结构层级的实例通过对关联基数的限定实现了"联合(association)"关系(见图6),也可以用图7中的框架图显示。

——一个TE可包含任何数量的LS(0..*);

——一个LS可包含任何数量的TS(0..*);

——一个TS可能包含任何数量的TCS(0..*);

——一个TDC一定包含正好一个GI(1..1),至多一个CI-层级(0..1)和任何数量的TE(0..*);

——用于描述每种关系的双基数"(1..1)"限制条件保证了层级组织结构。

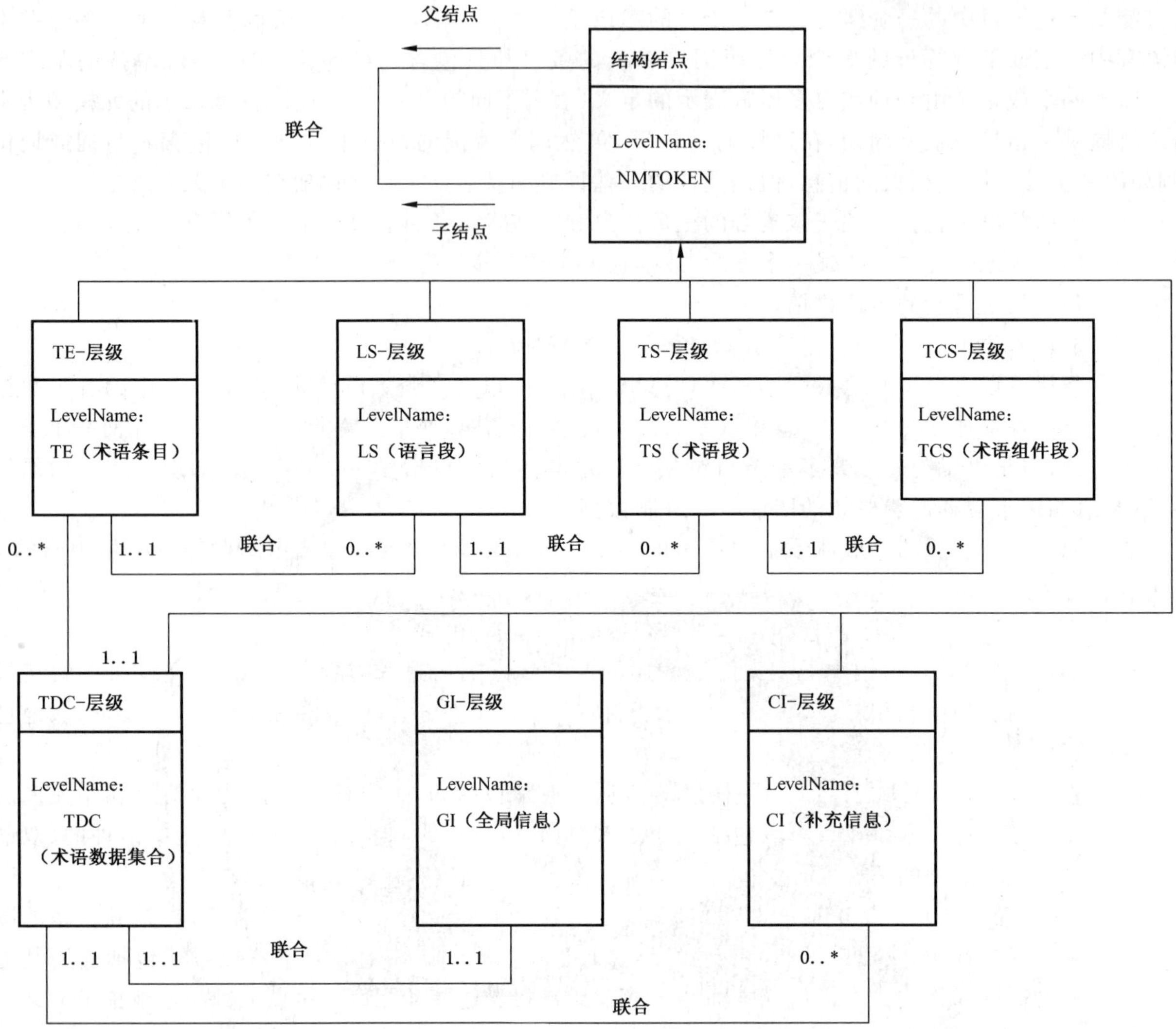

图 6　术语元模型——UML 图表

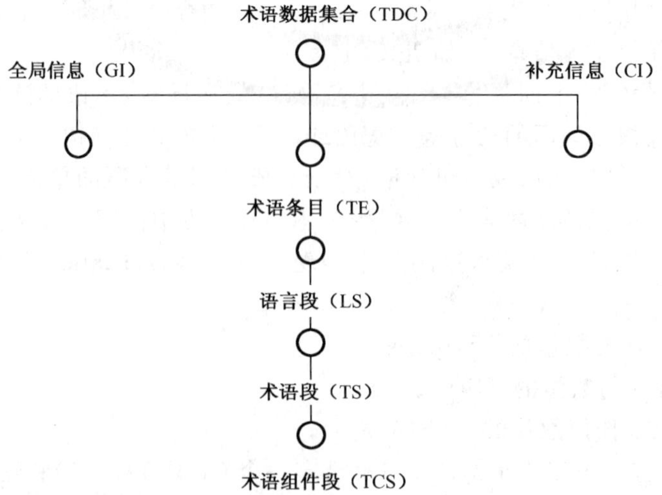

图 7　术语元模型——简略视图

5.4 以元模型为基础设计术语数据的表示形式

应该根据一些用户群的真实需要配备 DCS,DCS 应由来自 DCR(例如 ISO 12620)的一系列数据类目以及对每种数据的限定条件所构成。所谓限定条件应包括对每个数据类目取值的限制(取值范围从表示上下文实例的“标记文本”到语法词性的“选择列表”;也会有一些特殊数据类型,例如 XML 标准第二部分“数据类型”中所定义的类型,还可以是用来描述数字或日期的值)。对描述性数据类目的限定条件还要包括条目中特殊数据类目出现位置的限制,元模型的核心结构(即 TE、LS、TS 和 TCS)将为此提供可以选择的选项。

通过选择基于元模型的结构、选定一定的数据类目,以及为元模型类对象 TE、LS、TS 和 TCS 限定适用的数据类目取值,元模型可以根据实际的应用情况具体实施,成为大量可行数据模型的基础。

- 所有符合本标准的 XML 格式都基于上述元模型;
- 本质上源于 ISO 12620 的 DCS 的子集;
- XML DTD 或 XML 方案。

符合本标准的术语数据库应用系统都应基于:

- 本元模式;
- 本质上源于 ISO 12620 的 DCS 子集;
- 通过实体关系图定义的数据模型。

5.5 交换、发布和互操作性

交换所涉及的是两种计算机系统之间的信息传递。这种信息传递虽然经常是双向的,但并不总是需要如此。交换是利用中间格式完成的。发布是单向的,要么用于另一个计算机系统,要么用于人们使用时所面对的视图。遵照元模型和 ISO 12620 的 DCS 而构造的数据格式应该是可以互操作的,也就是应该能够将数据从一种格式转换到另一种格式或再次转换还原而不丢失信息(有时称为“无损循环”)。

如果数据是这样严格定义的,那么对于数据导入者来说便没有必要为了解释数据而去与数据原创人建立联系,该互换是无需干预的——“全盲”的。当只有两个互换方且二者彼此了解,此时“全盲”性就不是问题的关键。但是当涉及必须用单一例程导入多重来源的术语数据时,尤其如果希望添加更多的来源而不改变导入例程时,这种“全盲”性就变得很重要。

在双向交换中,目标通常最大限度地保全信息。但在发布的情况下,数据的表示形式可能特意做得不完整,而省去原始数据集合中本来存在的一些信息。例如,对于翻译人员来说,面向发布的数据不必包括管理信息,因为这些信息仅与术语专家维护数据库相关。

特定 XML 格式的细节会因其应用的目的(即为了发布还是为了交换),或因对“无干预性”操作是否有所要求而受到影响。无论是什么指导着数据库应用系统或 XML 格式的设计,设计一旦完成,数据库结构或 XML 格式就开始了自身的生存,并用于表示各类数据。但不能排除设计者始料不及的情况。通过遵循本标准所描述的集成化方案,所设定的数据格式会更有可能适应各种情况,并且会和其他的数据库结构或数据格式相兼容。

5.6 一般模型的 XML 规范表示

5.6.1 引言

可以在 XML 中通过对 5.3 所描述的抽象结构的具体化,并将信息单元与该结构相关联,来实现对元模型的层级组织体系和每个结构层的限定说明。

元模型可以用一般性元素〈struct〉(用于结构类型)代表,这种元素可以递归表达一个术语数据集合中各种信息表达层级的嵌套。元模型的每个结构结点应该通过一个与〈struct〉元素相关的类型属性予以标识。类型属性的可能值应是元模型层级的标识符，即 TDC，GI，CI，TE，LS，TS，TCS 等。

可以用〈feat〉(用于特征)元素表示与结构结点相关的基本信息单元。

可以用〈brack〉(用于括弧)元素表示复合信息单元。这种元素本身需要包含某个〈feat〉元素，该〈feat〉元素之后还可以有任何〈feat〉元素和〈brack〉元素的组合。每个信息单元必须由类型属性限定说明，而且应该选取 ISO 12620 中的数据类目名称或用户定义的数据类目名称作为值的内容。最后，〈feat〉元素内容模型可以包含通过〈annot〉(用于注释)元素表达的注释内容。〈annot〉元素也需由一个类型属性进行限定说明，该类型属性应根据 ISO 12620 中的数据类目或对等的用户定义数据类目取值。

5.6.2 范例

下列例子解释了使用 GMT 格式对 5.1.2 中所述的 MSC 术语条目所含有的信息进行编码的方法。该条目只包含基本信息单元，而且仅映射了元模型的三个层级，即 TE，LS 和 TS。

```
〈? xml version="1.0" encoding="iso-8859-1"?〉
〈tmf〉
    〈struct type="TE"〉
        〈feat type="entry identifier"〉ID67〈/feat〉
        〈feat type="subject field"〉manufacturing〈/feat〉
        〈feat type="definition"〉A value between 0 and 1 used in ...〈/feat〉
        〈struct type="LS"〉
              〈feat type="language identifier"〉en〈/feat〉
              〈struct type="TS"〉
              〈feat type="term"〉alpha smoothing factor〈/feat〉
              〈feat type="term type"〉fullForm〈/feat〉
       〈/struct〉
    〈/struct〉
    〈struct type="LS"〉
          〈feat type ="language identifier"〉hu〈/feat〉
                  〈struct type="TS"〉
                    〈feat type="term"〉Alfa ...〈/feat〉
                    〈/struct〉
               〈/struct〉
        〈/struct〉
  〈/struct〉
〈/tmf〉
```

5.6.3 GMT 格式的描述

5.6.3.1 〈tmf〉元素

5.6.3.1.1 基本描述

对于任何有效的 GMT 文档，〈tmf〉元素是根元素，它包含与 TDC(集合本身)相应的**全局信息**(3.7)和补充信息(3.1)，特别是那些含有用来对各种 TE 进行描述的有关外部资源的**补充信息**(3.1)。

5.6.3.1.2 内容模型(DTD)

```
〈! ELEMENT tmf (struct)〉
```

5.6.3.2 〈struct〉元素

5.6.3.2.1 基本描述

在给定的结构骨架中,〈struct〉元素可以用来表示一个结构结点。确切地讲,这类结构结点由一个〈struct〉元素表示。〈struct〉元素是可递归的,而且也可以包含〈feat〉和(或)〈brack〉元素,它所表达的是属于相应元模型层级的信息单元。

〈struct〉元素可以具有下列 XML 属性:

——type(类型):在由〈struct〉元素表达的元模型(TDC,GI,TE,CI,LS,TS 和 TCS)中,通过标识某个结构结点,而将〈struct〉元素分类;

——id(标识符):让结构骨架中的相应信息单元具有唯一标识;

——target(目标):指向另一个〈struct〉元素的指针,该〈struct〉元素是当前〈struct〉元素实际内容的承载对象;此指针的语义是当前〈struct〉元素和被指向〈struct〉元素的联合。

5.6.3.2.2 内容模型(DTD)

〈! ELEMENT struct ((feat|brack)*, struct*)〉

〈! ATTLIST struct

type (TDC|GI|CI|TE|LS|TS|TCS) #REQUIRED id ID #IMPLIED

target CDATA #IMPLIED〉

5.6.3.3 〈feat〉元素

5.6.3.3.1 基本描述

〈feat〉元素可以用于描述直接依附于结构骨架(由一些〈struct〉元素表述)中的结构结点上的信息单元,也可以在〈brack〉元素内与其他信息单元结合在一起。不论〈feat〉元素所对应的是通过〈annot〉元素所代表的严格注释,还是为特别应用方案所使用的、包含了外部置标方案的模块,〈feat〉元素可以包含任何类型的标记数据,如果是后者的情况,那么来自该模块的元素应该根据某特殊的命名空间[1)](namespace)予以限定说明。

〈feat〉元素可以具有下列 XML 属性:

——type(类型):通过引用相应数据类目名称而将〈feat〉元素分类。数据类目名称应取自 ISO 12620 或 GB/T 16786,也可以取自特殊应用条件中所描述的并且在 ISO 12620 中没有出现的数据类目;

——target(目标):指向〈struct〉元素的指针,在信息单元表达着结构骨架中当前结构结点和另一个结构结点之间关系的情况下使用;

——source(来源):指向〈struct〉元素的指针,用于信息单元在其所附属的结构结点外部被描述的情况。例如,要描述具有指向某 TDC 之外的概念链接关系的数据库,便可以用这种方法。

5.6.3.3.2 内容模型(DTD)

〈! ELEMENT feat (#PCDATA | annot)*〉

〈! ATTLIST feat

type CDATA #REQUIRED

---

1) Namespace 翻译成"名域"或"命名空间"。关于 namespace 对应的汉语术语的选择确定超出了本标准的范畴。

```
    target CDATA ＃IMPLIED
    source CDATA ＃IMPLIED〉
```

示例：

下列元素构成了信息单元的有效表达形式。

直接依附于结构结点(TE 层级)的基本信息单元：

```
〈struct type＝"TE"〉
        〈feat type＝"entry identifier"〉ID67〈/feat〉
〈/struct〉
```

基本信息单元值是结构骨架中某结构结点的引用值，该引用结点的标识符属性值是“TE24”：

```
〈struct type＝"TE"〉
      〈feat type＝"partitive relation" target＝"TE24"/〉
〈/struct〉
```

基本信息单元锚定到结构骨架的某结构结点上，其标识符属性值是“TE24”：

```
〈struct type＝"TE"〉
      〈feat type＝"entry identifier" source＝"TE24"〉ID67〈/feat〉
〈/struct〉
```

复合信息单元锚定到结构骨架的结构结点上，其标识符属性值是“TE23”，并且对结构骨架中标识符属性值是“TE24”的结构结点进行引用：

```
〈feat type＝"partitive relation" source＝"TE23" target＝"TE24"/〉
```

5.6.3.4 〈**brack**〉元素

5.6.3.4.1 基本描述

〈brack〉元素可用于表达任何信息单元组，该组中信息单元的含义是互相关联的。〈brack〉元素包括一个列表，该列表至少应包含一个〈feat〉元素，其后可以跟有任何〈brack〉和〈feat〉元素的组合。〈brack〉元素可以具有下列属性：

——source(来源)：指向〈struct〉元素的一个指针，当相关信息单元组在其所依附的结构结点之外被描述时使用。因此，该来源属性会被当前〈brack〉元素里包含的所有〈feat〉元素继承。

5.6.3.4.2 内容模型(DTD)

```
〈! ELEMENT brack (feat, (feat|brack)＋)〉
〈! ATTLIST brack
     source CDATA ＃IMPLIED〉
```

示例：

以下元素构成了信息单元的有效表达：

——包括两个基本特征的复合信息单元：

```
〈brack〉
      〈feat type＝"classification code"〉xxx〈/feat〉
      〈feat type＝"classification system"〉Lenoch〈/feat〉
〈/brack〉
```

——锚定在结构骨架中某结构结点的复合信息单元，其 id 属性值是“TE24”：

```
〈brack source＝"TE24"〉
      〈feat type＝"classification code"〉xxx〈/feat〉
      〈feat type＝"classification system"〉Lenoch〈/feat〉
〈/brack〉
```

5.6.3.5 〈**annot**〉元素

5.6.3.5.1 基本描述

在相应数据类目的内容类型允许的条件下，〈annot〉元素应该用于标记给定〈feat〉元素内容的任何部分。〈annot〉元素可以具有下列属性：

——type(类型)：引用相应数据类目的名称对〈annot〉元素进行分类，这些数据类目名称应取自 ISO 12620 标准，也可以是特定应用环境中规定的且不包含在 ISO 12620 之中的数据类目。

——target(目标)：指向〈struct〉元素的指针，用于表达对结构骨架中当前信息单元和另一结构结点之间关系的注释。

5.6.3.6 内容模型(DTD)

```
〈! ELEMENT annot (#PCDATA)〉
〈! ATTLIST annot
     type CDATA #REQUIRED
     target CDATA #IMPLIED〉
```

示例：

以下构成了信息单元的有效表达。

```
〈feat type="definition"〉
    〈annot type="broader concept generic"〉pencil〈/annot〉 whose
    〈annot type="characteristic"〉casing〈/annot〉 is fixed around a central
    〈annot type="characteristic"〉graphite〈/annot〉 medium which is
    〈annot type="characteristic"〉used for writing or making marks〈/annot〉
〈/feat〉
```

5.7 术语数据集中各种语言的表示法

在符合本 TMF 的任何术语数据集(3.16)之中，都应该对工作语言(3.21)和对象语言予以明确区分。这两种类型的语言信息可用于该术语数据集的任何层级上。

工作语言是用于描述数据集中的任何给定文本内容的语言。其有关信息可使用 W3C 推荐的扩展标记语言(XML)定义的 xml:lang 属性表示，并结合具体情况使用。需要注意的是，工作语言的范围是以声明该信息的元素为起始页的整个子文件，除非该声明被针对该子文件某些元素的其他工作语言声明所取代。

对象语言是术语信息所使用的语言，一般在术语数据集某个层级(典型地在语言段层级)进行描述。因此，它在 TMF 中作为一个数据类目(ISO 12620 中的“language identifier/语言标识符”)来表达，并且使用本标准所描述的样式(3.13)在给定的 TML 中予以描述。其可能的取值是 ISO 12620 或 GB/T 16786，或者给定 TML 定义的简约集中的参考数据类目。

以下例子表示了两种语言类型在 GMT 表达的 LS 里的使用方法。

```
〈struct type="LS" xml:lang="fr"〉
    〈feat type="language identifier"〉en〈/feat〉
    〈feat type="definition"〉Une valeur entre 0 et 1 utilisée...〈/feat〉
    〈struct type="TS"〉
        〈feat type="term" xml:lang="en"〉alpha smoothing factor〈/feat〉
        〈feat type="term type"〉fullForm〈/feat〉
```

〈/struct〉

〈/struct〉

同样的例子可以在 MSC 中表达如下：

〈langSet lang="en" xml:lang="fr"〉

〈descrip type="definition"〉Une valeur entre 0 et 1 utilisée...

〈/descrip〉

〈tig〉

〈term xml:lang="en"〉alpha smoothing factor〈/term〉

〈termNote type="termType"〉fullForm〈/termNote〉

〈/tig〉

〈/langSet〉

在 Geneter 系统中则表示为：

〈languageGrp value="en" xml:lang="fr"〉

〈Definition〉Une valeur entre 0 et 1 utilisée...〈/Definition〉

〈termGrp〉

〈Term formType='fullForm'〉alpha smoothing factor〈/Term〉

〈/termGrp〉

〈/languageGrp〉

6 定义 TML

6.1 概论

对一种 TML(3.18)的规定说明包含两个阶段的过程：

——第一个阶段包括指定 TML 所要求的数据类目，即某个 DCS。可通过在 ISO 12620 规定的数据类目中选择子集完成。如有必要，应指定当前 TML 所要求但不属于 ISO 12620 的附加数据类目。本阶段将定义与其他 TML 交互作用所需的互操作性条件。

——第二个阶段是在符合 XML 的格式下实现 TML。本阶段是通过提供与元模型各个不同结构结点相关联的扩展树，并且将扩展树中的必要信息样式和数据类目所需的词汇表予以具体化来完成的。该阶段为充分说明对 TML 实例的有效性起着控制作用的 XML 方案，以及可将 TML 实例转换到 GMT 实例(或反之)的筛选条件，提供了必要的信息。

在 6.2 和 6.3 里对这两个阶段作了更精确的定义。

6.2 互操作性条件的定义

互操作性条件的定义的基础，是就特定 TML 对有效的数据类目集作出规定说明。该规定说明依据的是对每个数据类目所提供的一组性质，这些性质可按照资源描述框架(RDF)表示法来构建模型。它们的具体内容如下：

——一个命名空间(意指 XML 的命名空间)，该命名空间或者是数据类目注册库(如 ISO 12620)的命名空间，或是与应用程序所定义的数据类目相关联的本地命名空间；

——命名空间内的一个唯一名称(RDF 里的 DCName 属性)；

——一种类型(如 DCType)，该类型指明了数据类目所描述的是 TML(DCType='complex')的某个可能的信息单元，还是某个信息单元(DCType='simple')可能的值；

——由可能的结构结点(DCLevel)组成的列表，用于 TML 的数据类目会在这些结点上出现；

——由一些允许值(Content)组成的列表,列出了在复杂数据类目情况下数据类目的允许值。

如从某 DCR(3.3)中选择了数据类目,可以应用以下约束条件:

——ISO 12620 中包括了对数据类目应具有内容的描述。例如,如果该内容通过某个数据类型予以限定,则该数据类型应该是 ISO 12620 所描述的某个数据类型子类型;或者如该内容通过可选列表来限定,则该列表应是 ISO 12620 中相应的可选列表的子集。

——数据类目可用于某个由结构结点构成的列表,这个列表是 ISO 12620 表述的权威认可的结构结点列表的子集。

6.3 TML 的实现

6.3.1 引言

作为 TML 来实现互操作性条件,要求对其 XML 结构进行规范,该规范应能够在具体的描述相应术语数据集的案例之中使用。这需要有一个 XML 大纲,该大纲是一些 XML 元素组成的集合,这些 XML 元素将实现该实例的结构骨架以及 DCS 中所描述的各种信息单元的锚定机制。

6.3.2 元模型的实现

TML 结构部分的定义,应通过把某 XML 子树(或扩展树)与元模型的每个结构结点相关联来完成。对于元模型里有父结点(即元模型里有比其更高的层)的每个结构结点,还应为其定义一个锚点。该锚点包括了其父扩展树上的一个结点,并且能够连接子结点自己的扩展树。

TML 某个实例的 XML 大纲包括了与其结构骨架相关联的所有的扩展树。

6.3.3 TML 的 XML 大纲中数据类目的锚定

6.3.3.1 概论

与一个结构结点相关联的扩展树含有一组 XML 元素结点。每个 XML 元素结点都是潜在锚点,可用来实现结构结点所允许的信息单元。根据与信息单元相关联的锚定样式,并结合实际 TML 中使用的相应词汇表,便能够具体说明把数据类目作为其锚点的 XML 子结构而予以表达的方法。各种相应的属性(锚点、样式和词汇表)应是与 TML 关联的完整 DCS 中的有关数据类目包括一起的一些附加描述内容。

6.3.3.2 样式和词汇表

联系在 TML 结构骨架上的任何信息单元,都可使用 Attribute、Element、TypedElement、ValuedElement 和 TypedValuedElement 这五种样式之一来实现。这些样式与 XML 特征数值对(feature-value pair)的表达方式相对应。

Attribute 样式将信息单元作为给定锚点的 XML 属性来实现,词汇代表本 XML 属性的名称,与特定信息单元相关联的值被作为本 XML 属性的内容。

示例:

GMT 表示法	MSC 表示法(anchor:〈termEntry〉)
〈struct type="TE"〉 〈feat type="entry identifier"〉ID67〈/feat〉 ... 〈/struct〉	〈termEntry id="ID67"〉 ... 〈/termEntry〉

GMT 表示法	Geneter 表示法(锚点:〈ldl〉)
〈struct type="LS"〉 〈feat type="language identifier"〉en 〈/feat〉 ... 〈/struct〉	〈ldl language="en"〉 ... 〈/ldl〉

Element 样式将信息单元作为 XML 元素予以实现,其本身是给定锚点的子元素。词汇代表本 XML 元素的名称,与给定信息单元相关联的值被当作本 XML 元素的内容。

示例:

GMT 表示法	MSC 表示法
〈struct type="TS"〉 〈feat type="term"〉alpha smoothing factor 〈/feat〉 〈/struct〉	〈tig〉 〈term〉alpha smoothing factor〈/term〉 〈/tig〉

GMT 表示法	Geneter 表示法(锚点:〈tl〉)
〈struct type="TS"〉 〈feat type="term"〉barbed wire〈/feat〉 〈/struct〉	〈tl〉 〈Term〉barbed wire〈/Term〉 〈/tl〉

TypedElement 样式将信息单元作为 XML 元素予以实现,其本身是给定锚点的子元素,并由某个 XML"type(类型)"进一步说明。词汇代表该 XML 元素的名称和 XML 属性"type(类型)"的值。与特定信息单元相关联的值被当作该 XML 元素的内容。

示例:

GMT 表示法	MSC 表示法
〈struct type="TE"〉 〈feat type="subject field"〉manufacturing 〈/feat〉 〈/struct〉	〈termEntry ... 〉 〈descrip type="subject field"〉 manufacturing〈/descrip〉 〈/termEntry〉

GMT 表示法	Geneter 表示法
〈struct type="TE"〉 〈feat type="subject field"〉manufacturing 〈/feat〉 〈/struct〉	〈terminologicalEntry ... 〉 〈free type="subject field"〉manufacturing 〈/free〉 〈/terminologicalEntry〉

ValueElement 样式将信息单元作为 XML 元素予以实现，其自身是给定锚点的子元素，并且由 XML 属性“value(值)”进一步说明。词汇代表该 XML 元素的名称。与特定信息单元相关联的值被当作 XML 属性“value(值)”的内容来实现。

TypedValuedElement 样式将信息单元作为 XML 元素予以实现，其本身是给定锚点的子元素，并且由 XML 属性“type(类型)”进一步说明。词汇代表该 XML 元素的名称以及该 XML 属性的名称。与特定信息单元相关联的数值被当作 XML 属性“type(类型)”的内容来实现。

6.3.3.3 信息单元数据类型的限制

尽管使用 Element 或 TypedElement 样式实现的信息单元可包含附加标记值(尤其是因注解而产生的标记)，但是使用 Attribute 或者 ValuedElement 样式实现的信息单元将不包含任何这类附加标记值。在为给定 TML 定义 DCS 时，要求在这方面进行一致性检查。

6.3.3.4 外部标记模型

DCS 可以包括对外部标记模块的引用信息。这些外部模块可以在信息单元的内容模型中使用，或者用来引用元模型中与 CI 相应的外部对象(例如参考书目)。这些模块是通过注册命名空间来引用的。

例如，以下 XML 方案声明可用于定义一个内容模型，该模型可能包含着来自 XHTML(推荐的可扩展超文本标记语言)任一元素的。

〈complexType name="xhtmlContent"〉

〈any namespace="http://www.w3.org/1999/xhtml"

minOccurs="0" 1

maxOccurs="unbounded"

processContents="skip"/〉

〈/complexType〉

6.3.4 注释的实现

像连接到给定 TML 结构骨架的信息单元一样，注释(GMT 中以〈annot〉元素表示)必须用同样方式实现，只是为此只有 Element 样式和 TypedElement 样式可以使用。

6.3.5 括弧的使用

被括弧括起来的信息单元(GMT 中以〈brack〉元素表达)必须通过提供某个元素的名称来实现。该〈brack〉元素与该组信息单元中的主要信息单元相关联，并且其内容是该组中已实现信息单元的集合。

6.3.6 命名空间

DCS 可能包括对某 XML 命名空间的描述，该 XML 命名空间提供了对某个实际 TML 规范所产生的各种不同 XML 对象(包括元素或属性)的引用信息。当附加标记模块与 TML 相关联时，这种描述便是强制性的。

附 录 A
（规范性附录）
GMT 格式的 XML 描述方案

本附录包括的是对 GMT 格式所作的说明。GMT 格式用到了《XML 方案 第二部分“数据类型语法”》。在不包含附加的标记模块的情况下，本方案将用作参照，以检查用 GMT 表示的任何数据的符合性程度。其他情况下，应进一步对本方案作修饰，以便纳入对所需要的、与将使用的外部标记相关联的命名空间所作的定义。

元素和 complexTypes 的 HTML 格式的描述，在以下文档 Schema gmt.html 中给出。

```
<?xml version="1.0" encoding="UTF-8"?>
<xs:schema xmlns:xs="http://www.w3.org/2001/XMLSchema"
elementFormDefault="qualified">
<xs:complexType name="annotType">
<xs:simpleContent>
<xs:restriction base="xs:string">
<xs:attribute name="type" type="xs:string"/>
<xs:attribute name="target" type="xs:string"/>
</xs:restriction>
</xs:simpleContent>
</xs:complexType>
<xs:complexType name="brackType">
<xs:sequence>
<xs:element name="feat" type="featType"/>
<xs:choice maxOccurs="unbounded">
<xs:element name="feat" type="featType"/>
<xs:element name="brack" type="brackType"/>
</xs:choice>
</xs:sequence>
<xs:attribute name="source" type="xs:string"/>
</xs:complexType>
<xs:complexType name="featType" mixed="true">
<xs:choice minOccurs="0" maxOccurs="unbounded">
<xs:element name="annot" type="annotType"/>
</xs:choice>
<xs:attribute name="type" type="xs:string" use="required"/>
<xs:attribute name="target" type="xs:string" use="required"/>
<xs:attribute name="source" type="xs:string"/>
</xs:complexType>
<xs:complexType name="structType">
<xs:sequence>
<xs:choice minOccurs="0" maxOccurs="unbounded">
<xs:element name="feat" type="featType"/>
```

```
〈xs:element name="brack" type="brackType"/〉
〈/xs:choice〉
〈xs:element name="struct" type="structType" minOccurs="0"
maxOccurs="unbounded"/〉
〈/xs:sequence〉
〈xs:attribute name="type" use="required"〉
〈xs:simpleType〉
〈xs:restriction base="xs:NMTOKEN"〉
〈xs:enumeration value="TDC"/〉
〈xs:enumeration value="GI"/〉
〈xs:enumeration value="CI"/〉
〈xs:enumeration value="TE"/〉
〈xs:enumeration value="LS"/〉
〈xs:enumeration value="TS"/〉
〈xs:enumeration value="TCS"/〉
〈/xs:restriction〉
〈/xs:simpleType〉
〈/xs:attribute〉
〈/xs:complexType〉
〈xs:element name="tmf"〉
〈xs:complexType〉
〈xs:sequence〉
〈xs:element name="struct" type="structType"/〉
〈/xs:sequence〉
〈/xs:complexType〉
〈/xs:element〉
〈/xs:schema〉
```

附　录　B
（规范性附录）
MSC TML

B.1　简介

TML是通过指定数据类目集，并结合该数据类目对本标准中详细描述的元模型（该元模型在下文中仅称为“元模型”）来制定的某个XML实现方案来定义的。称作MSC（即，有指定限制条件的MARTIF）的TML，是通过从ISO 12620所选取的数据类目的指定集合来定义，这些数据类目在B.4中给出。

在面向各种人员使用的术语数据库中，MSC的设计主旨是对分析、发布和信息交换等过程所使用的术语数据进行表达。

在MSC对数据类目的选择，符合支持“全盲”表达形式的目标。“全盲”的数据表达方式支持无需借助数据提供者而对数据进行解释。例如，语法上的词性这个数据类目。假设TML指定该数据类目的可能值是阳性、阴性和中性，其标准含义符合西欧语言语法。在语法上词性值为“阴性”的数据类目便可以不参考数据提供者而得以解释。对解释本数据类目的所有必要信息在TML中已有规定。另一方面，假设另外一个TML没有指定语法词性这一数据类目的可能值，而是需要由每个数据提供者去确定。语法词性值为“356”的数据类目会包含在术语数据集中。收到该术语数据集的用户，如不就数值“356”含义向数据提供者咨询，就不能解释该数据类目。“全盲性”不是某种格式的一个绝对化属性，它涉及的是“全盲性”程度的问题。

MSC中元模型的实现基于GB/T 18155(idt ISO 12200)，也就是MARTIF标准。元模型的每个实现方案都为元模型的每个结构结点规定一些扩展树，并为每个数据类目指定有XML类型和词汇。例如，MSC中的“语言段”结构结点作为XML元素〈langSet〉进行扩展，而数据类目“definition”使用了标记名称为词汇descrip和属性数值为definition(〈descrip type="definition"〉...〈/descrip〉)的TypeElement样式。选择该实现方式是为了支持多元模式的一致性检查，所有TML都支持一致性检查的模式。这种检查使用的是一种针对TML的复杂XML方案，把TML输入到通用XML分析器。该方式产生的错误信息适合MSC专家用户，因为专家用户对XML和综合MSC模式非常熟悉。TypedElement样式在MSC中的扩充应用，使其能够使用两个阶段而不是单个阶段的方式，来报告某XML文档针对MSC的一致性。在第一个阶段，要检查MSC的XML文档中TypedElement元素和结构结点的合理使用情况；在第二个阶段，要根据指定的数据类目检查文档。对不熟悉XML且在阅读XML方案方面没有经验的术语工作人员来说，这种交替的一致性检查方式支持产生的错误消息会更容易理解。

除了MSC之外，任何其他TML都可使用同样的元模型实现方式和不同的数据类目选集来定义。根据应用情况，给定的数据类目集合可以比MSC的数据类目（即包括MSC的子集）更有限或更广泛（即包括超集）。可设计一种便于术语工作人员使用的一致性检查器，能够根据为该TML选取的特定数据类目集合进行自动调整。

B.2　MSC XML文档的例子

以下是一个简单而完整的MSC文档的例子，该MSC条目例子具有以下几种特征：

- 它直接符合本标准的元模型；

- 它格式完好并且具有有效结构核心；
- 它支持默认 MSC 可扩展限定说明(XCS)。

左边数字是行号,它们不是 MSC 文档的一部分,主要用于标识以下对 MSC 文档注解。

```
1   〈? xml version='1.0'?〉
2   〈! DOCTYPE martif SYSTEM"./MSCcoreStructureDTD-v-1-0.DTD.TXT"〉
3   〈martif type='MSC'xml:lang='en'〉
4       〈martifHeader〉
5           〈fileDesc〉〈sourceDesc〉〈p〉from an oracle corporation termBase〈/p〉
            〈/sourceDesc〉〈/fileDesc〉
6           〈encodingDesc〉〈p type='DCSName'〉MSCdefaultXCS-v-1-0.XML〈/p〉
            〈/encodingDesc〉
7       〈/martifHeader〉
8       〈text〉〈body〉
9         〈termEntry id='eid-Oracle-67'〉
10            〈descrip type='subjectField'〉manufacturing〈/descrip〉
11            〈descrip type='definition'〉A value between 0 and 1 used in...
              〈/descrip〉
12            〈langSet xml:lang='en'〉
13                〈tig〉
15                    〈term tid='tid-Oracle-67-enl'〉alpha smoothing factor
                      〈/term〉
15                    〈termNote type='termType'〉fullForm〈/termNote〉
16                〈/tig〉
17            〈/langSet〉
18            〈langSet xml:lang='hu'〉
19                〈tig〉
20                    〈term tid='tid-Oracle-67-hul'〉
                      Alfa simítási tényezō〈/term〉
21                〈/tig〉
22            〈/langSet〉
23        〈/termEntry〉
24      〈/body〉〈/text〉
25  〈/martif〉
```

要理解以下解释,可能需要对 XML 有大致的了解。

第一和第二〈? xml……两行,表明随后各行构成了一个 XML 文档,该文档符合互联网企业协议组织(W3C)定义的 XML1.0 版以及 MSC DTD。

第三行〈martif……陈述了本特定 XML 文档是一 MSC 文档。因此,可根据 MSC 核心结构的规范进行有效性验证。对于本文档,其核心结构是一个 XML DTD,被称作 MSC default XCS-V-1-0.XML,并且对应着在 encoding Dgseripion 元素(第六行)中调用的 XCS 文件。作为选择,核心结构可根据核心结构描述的样式版本进行有效性验证。xml:lang 属性指出本文档文本的默认语言是英语(ISO 639标准编码为"en"),xml:lang 属性的取值为 ISO 639 标准中的编码,但也可取双联值,例如"fr-CA"表示加拿大法语。

第四到第七〈martifHeader……几行提供了关于该数据集的全局信息,准确地说是文档的描述信息,表明本例取自 Oracle 公司使用的数据库的一个条目,以及该 MSC XCS 是正在使用着的文件。

第八行〈text〉〈body〉:text 元素包括 body 元素,body 元素包含着面向概念的"TE"(〈termEntry〉)元素和可选的〈front〉和〈back〉元素的集合。

第九行〈termEntry……,每个 termEntry 元素都是本标准数据模式所说明的"TE"类对象的实例。

Id 属性在整篇文档中都有唯一值,以使其他元素有可能明确地指向该元素。id 'eid-Oracle-67'包含以下信息,即 eid [entry identifier]+数据库的名称[Oracle]+条目的序列号[67]。

第十行〈descrip type='subjectField'……中,学科领域数据类目由以上提到过的 XCS(数据限定说明)确定。由带有特定数据类目的元数据类目元素(descript)构成,所带的特定数据类目在 type 属性值内说明的。

第十一行〈descrip type='definition'……是描述性信息,同样与概念相关联。

第十二行〈langSet lang='en'〉。〈langSet〉元素符合"LS"类对象。以此为依据,一个 TE 包括着相关信息和一些 LS,本行标志着英语 LS(英语语言段)的开始。

第十三和十四行〈tig〉〈term〉……。本标准中的元模型表明,一个 LS 包含着一些"TS"类对象的实例。在 MSC 中,TS 类对象对应着〈tig〉或〈ntig〉元素。TS 的实例包括术语及其相关信息(在此是 termType)。名称 tig 代表术语信息组(英文 term information group 的首字母组合)。Id 值 'tid-Oracle-67-en1'包含以下信息:eid[条目标识]]+数据库名称[Oracle]+条目序列号[67]+语言编码[en]+语言组内[1]的 tig 序列号。

第十五行〈termNote type='termType'……是该术语相关的信息,是 ISO 12620 数据类目中的"term type"。在此其值是"fullForm"。因为信息与其术语本身紧密相关,而不是与需要描述的概念紧密相关,所以使用〈termNote〉标签。

第十六行〈/tig〉,该元素的作用是结束当前 TS(本语段)。

第十七行〈/langSet〉,该元素的作用是结束英语语言段 LS。

第十八行〈langSet lang='hu'〉,该元素标志了匈牙利语语言段 LS 的开始。

第十九到二十一行〈tig〉……,这几行包括一匈牙利语的术语段 TS,但不含定义和明确申明的术语类型。术语中每个不属于 ISO /IEC 646 的字符,用直接对应于 Unicode 字符的十六进制引用字符表示。实际的匈牙利术语是"Alfa simítási tényezõ",注意最后字符"õ"(o-tilde)更应该为 o-double-acute,将表示为以下 Unicode 的十六进制字符:"ő"。这是一个典型的 Latin 1 字库里没有的字符。在 XML 中,Unicode 的十六进制引用字符包含"&#x"+"Unicode 标准的四位十六进制数"+"一个分号"。

第二十二行〈/langSet〉,该元素的作用是结束匈牙利语语言段 LS。

第二十三行〈/termEntry〉,该元素的作用是结束当前 TE。

第二十四行〈/body〉〈/text〉,这些元素结束 TE 的集合集。但本例仅包含了一个条目。而 MSC 的文本元素应该是元模型中各个 TE 和被称作 CI 的其他资源的复合体(见 5.3)。在本 MSC 文档里,除 TE 之外没有其他资源。如果有其他资源,它们都应该位于 MSC 的〈back〉or〈front〉元素之内。

第二十五行〈/martif〉,该元素结束整个 MSC 文档。

B.3 扩展树

扩展树在图 B.1 中说明。

层级	结构	注解

TDC	martif
	├ martifHeader
	└ text
	  ├ front?
	  ├ body
	  │ └ termEntry*
	  └ back?
		以下代码表示：
		?：出现0或1次
		*：可重复元素
		+：出现至少一次

GI	martifHeader ├ fileDesc ├ encodingDesc? └ revisionDesc?	有更多的元素继承于fileDesc,、encodingDesc和revisionDesc，在此因空间有限不能给出。
CI	back ├ refObjectList* └ refObject+	在XCS文档中表示refObject的类型值不是包含于ISO 12620标准中的数据类目。
TE	termEntry └ langSet*	元素<ntig>因其termComponent层而不同于<tig>，这样**<ntig>**比<tig>更稳固。
LS	langSet ├ tig* └ ntig*	
TS	ntig └ termCompList*	
TS	tig	
TCS	termCompList	

图 B.1 扩展树

B.4 数据类目

HTML 格式中的 MSC 数据类目在下列文件：MSC data categories. html 里提供。

B.5 结论

根据本标准，MSC 是一种合乎要求的 TML。更进一步讲，与 TML 相关的格式，可通过简单选择不同数据类目的集合来定义，而不用改变 XML 扩展树、类型和词汇。这样定义出来的各种 TML 共享一个共同的核心结构。因此，MSC 构成了所有 TML 的 MSC 类型子集的基础。该子集构成了相关格式的系列，其中一些格式没有涉及“全盲”互换问题，但多数情况下互换问题可以用单一的软件工具进行处理。

附 录 C
（规范性附录）
Geneter TML

C.1 简介

本附录阐述了 Geneter TML 的特点，Geneter TML 可使用本标准定义的 TMF 来实现。

Geneter 为本标准中 TDC 定义的“元模型”提供了一种基于 XML 的实现方案。

Geneter 格式描述了 TDC 中的数据类目和相互关系。由于它不仅考虑到 ISO 12620 定义的，而且考虑到了实际应用中的数据类目，因而它是具有“一般性”。

从本格式出发，可以导出更多符合特定用户组需要的、有严格限制的子集。为了允许“全盲”互换，这些子集可以是“闭合的”。“Geneter 子集”将遵守 C.6.2 定义的“子集规则”。

要做到符合 Geneter 要求，Geneter 的实例都应符合本 Geneter 格式或 Geneter 的某个子集。一个符合要求的实例还应是符合扩展标记语言（XML）定义的有效 XML 文档（“如其具有相关文档类型说明，并且文档符合其中所说明的限制条件，则 XML 文档有效”）。

本附录提供了一个实例，来说明 Geneter TML 符合本标准中所定义的 TMF（见 C.2）。Geneter 对每个元模型层级的实现方案，分别在以下标准条款 GI (C.3)、TE (C.4)、CI (C.5)中作了说明。C.6 涉及的是限制或扩展 Geneter 格式的方法。

C.2 范例：作为 TML 的 Geneter 子集的规范

与用户需要相关的特定数据结构所对应的 Geneter 子集在 C.6.4 中作了说明。本 TML 构成的模型、编码示例，以及词汇表和样式说明，在以下段落和表 C.1 中作了阐述。

以下模型源自 C.6.4 给出的 Geneter 子集。

```
〈! -- structure definition --〉
〈! ELEMENT geneter (terminologicalEntry+) 〉
〈! ATTLIST geneter profile (oracle) 'oracle'〉
〈! ELEMENT terminologicalEntry (SubjectField, Definition, languageCtn+) 〉
〈! ATTLIST terminologicalEntry
identifier CDATA #IMPLIED〉
〈! ELEMENT languageCtn (Term *)〉
〈! ATTLIST languageCtn value (en|hu) #IMPLIED〉
〈! -- data categories definition --〉
〈! ELEMENT SubjectField (#PCDATA)〉
〈! ELEMENT Definition (#PCDATA)〉
〈! ATTLIST Definition xml:lang (en) 'en' 〉

〈! ELEMENT Term (#PCDATA) 〉
〈! ATTLIST Term formType (fullForm|abbreviation) #IMPLIED
                workingStatus (working|consolidated) #REQUIRED〉
```

条目的 XML 编码如下：

```
〈? xml version ="1.0" encoding="ISO -8859-1" ?〉
〈! DOCTYPE geneter SYSTEM 'oracle.dtd' []〉
〈geneter profile = "oracle"〉
〈terminologicalEntry identifier = 'ID67' workingStatus='consolidated'〉
    〈SubjectField〉Manufacturing〈/SubjectField〉
    〈Definition xml:lang ='en'〉A value between 0 and 1 used in ...
    〈/Definition〉
    〈languageCtn value='en'〉
        〈Term formType='fullForm'〉alpha smoothing〈/Term〉
    〈/languageCtn〉
    〈languageCtn value='hu'〉
        〈Term〉 Alfa simítási tényezō〈/Term〉
        〈/languageCtn〉
  〈/terminologicalEntry〉
〈/geneter〉
```

表 C.1 Geneter 样式和词汇表

ISO 12620	样式	Geneter 元素
条目类型(entry type)		terminologicalEntry
条目标识符(entry identifier)	Level(层):TE Type(类型):attribute Anchor information(锚点信息): terminologicalEntry Value(值):txt	terminologicalEntry identifier
学科领域(Subject fietd)	Level(层):TE Type(类型):element Value(值):txt	SubjectField
定义(definition)	Level(层):TE Type(类型):element Value(值):txt	Definition
?	Level(层):TE Type(类型):attribute Anchor information(锚点信息): definition Value(值):txt	Xml:lang
?		xml:lang
语言标识符(tangage identifier)	Level(层次):LS Type(类型):attribute Anchor infomation(锚点信息): languageCtn Value(值):txt	languageCtn value

表 C.1（续）

ISO 12620	样式	Geneter 元素
术语(term)	Level(层):TS Type(类型):element Value(值):txt	Term
相关信息的术语 (term related information)	Level(层次):TS Type(类型):attribute Anchor information(锚定信息):Term Value(值):picklist	Term formType
元素工作状态(element working status)	Level(层次):TS Type(类型):attribute Anchor infrmation(锚点信息):Term Value(值):picklist	Term workingStatus

C.3 GI

Geneter TDC 的 GI(3.7)包含了有关该数据集合的整体信息(元数据)，由〈header〉元素表示。根据 Dublin Core Qualifiers(都柏林核心修饰词)，元数据用 2 个命名空间来定义。

Geneter 文件头信息的命名空间声明如下：

xmlns:dc="http://purl.oclc.org/dc#"xmlns:dcq="http://purl.org/dc/qualifiers/1.0/"

Geneter 文件头信息的示例如下：

〈header〉

〈meta name = "DC.Type" scheme = "DCMIType" content = "Dataset"〉

〈meta name = "DC.Date.Issued" scheme = "ANSI.X3.X30-1985" content = "20011511"〉

〈/header〉

C.4 TE

C.4.1 概要

TE 包含有一些数据类目以及将用于新数据类目的容器(container)。

C.4.2 数据类目的类型

Geneter 格式的基础建立在以下 3 种类型的数据类目之上：

a) 结构型数据类目(例如〈Definition〉,〈Term〉或〈PartOfSpeech〉)用来描述术语信息。对照表 C.4.10.1 的第 2 栏列出有它们的名称、属性和内容模型。

b) 嵌入型数据类目用在结构数据类目的内容之中，作用是插入术语相关信息(见表 C.2)。它们的内容模型是%Line;(见 C.4.6.2 有关混合内容模型的类型)。

c) 基本(非特定)元素，在结构型数据类目或嵌入型数据类目(见表 C.3)的内容里使用。(〈Ptr〉元素将在 C.4.7 描述)。

表 C.2 嵌入元素

名称	属性	注释
Annotation	Type(类型):CDATA Scheme(模式):CDATA Value 值:CDATA %GeneralAttribute	其他语言信息
Characteristic	Type(类型):CDATA %GeneralAttribute	ISO 12620,A.5.8
EntailedTerm	Type(类型):CDATA %GeneralAttribute	ISO 12620,A.10.6.1
ForeignText	Type(类型):CDATA Language(语言):CDATA %GeneralAttribute	ISO 12620,A.10.8
Keyword	%GeneralAttribute	ISO 12620,A.9.4

表 C.3 基本元素

名称	属性	内容模式	注释
Data	%GeneratAttribute	#PCDATA	用于基本文本的简易数据类目
Date	Type(类型):CDATA Scheme(模式):CDATA Calendar(日程):CDATA %GeneratAttribute	CDATA	ISO 12620,A.10.2.1
Fpi	Type(类型):CDATA %GeneratAttribute	%URI;	ISO 12620,A.10.21.2
Quantity	Type(类型):CDATA Value(值):CDATA Unit(单位):CDATA %GeneratAttribute	EMPTY	
Range	Type(类型):CDATA Max(最小):CDATA Min(最大):CDATA %GeneratAttribute	EMPTY	ISO 12620,A.5.7
Segment	Type(类型):CDATA %GeneratAttribute	〈seg〉+(CDATA)	析分元素(连字符连接,构成音节……)
Unit	Type(类型):CDATA %GeneratAttribute	%basicLine;	ISO 12620,A.5.6
Url	Type(类型):CDATA %GeneratAttribute	%URL;	ISO 12620,A.10.21
Where	Type(类型):CDATA %GeneratAttribute	%basicLine;	定位符
Who	Type(类型):CDATA Role:CDATA %GeneratAttribute	%basicLine;	相关的个人或公司团体

以下是这 3 种类型数据类目的示例：

〈Definition〉A liquid with a 〈Characteristic〉boiling temperature〈/Characteristic〉of 〈Quantity value="100", Unit = "Celsius"/〉〈/Definition〉[2)]

C.4.3 Geneter 数据类目的特征：名称、属性和内容模型

Geneter 格式为每个数据类目规定了名称（一种 XML 通用标识符）、属性和内容模型。为了便于使用，结构数据类目被分为几个组，分别对应：

——数据功能（管理信息、属性描述、关系描述），

——TE 树型结构中的数据位置，（对应着元模型的 4 个层级 TE，LS，TS 和 TCS）

例如，在 TE 层级（与语言无关的段），元素归类到"%lisAdminDatCat;"、"%lisPropDatCat;"和"%lisRelDatCat;"几个块段；其他层级的前缀符分别是"lds（用于 LS）"、"term（用于 TS）"和"component（用于 TCS）"。

C.4.4 一般属性

可用于任何数据类目的属性包括：

——核心属性（id，class，style，title）和在 XHTML1 上定义的国际化属性。

——特定属性，例如 security 或 workingStatus，分别对应 ISO 12620 中的"element Working Status."和"security subset"

C.4.5 容器

容器是一种结构，用来细化修饰数据类目（例如，提供其他附加信息）。容器以其所要细化修饰的数据类目为开端内容。该要细化修饰的数据类目对于一个容器是唯一的和强制性的。在数据类目名称添加后缀 Ctn 便形成了容器的名称，如下所示。

用〈Source〉进行细化的示例

```
〈termCtn〉
  〈Term〉barbed wire〈/Term〉
  〈Source〉source〈/Source〉
〈/termCtn〉
```

空元素容器的示例：

```
〈registerCtn value='neuter'〉
  〈Note〉...〈/Note〉
〈/registerCtn
```

容器嵌套的示例：

```
〈termCtn〉
  〈Term〉barbed wire〈/Term〉
  〈sourceCtn〉
      〈Source〉source〈/Source〉
      〈Note〉note on source〈/Note〉
  〈/sourceCtn〉
〈/termCtn〉
```

2） 将内容换成汉语后，本例形式如下："〈Definition〉〈Characteristic〉沸点温度〈/Characteristic〉是〈Quantity value="100", Unit = "摄氏度"/〉的一种液体〈/Definition〉

递归数据类目的例子(即自我细化)：

〈subjectFieldCtn〉
  〈SubjectField〉chemistry〈/SubjectField〉
  〈subjectFieldCtn〉
    〈SubjectField〉petrol〈/SubjectField〉
  〈/subjectFieldCtn〉
〈/subjectFieldCtn〉

C.4.6 内容模型

C.4.6.1 概要

混合内容或复合内容都可用来表示元素的内容模型。这些模式分别在 C.4.6.2 和 C.4.6.3 描述。

C.4.6.2 混合内容

有四种混合内容,各自名称如下:"%Flow;""%Inline;""%Line;",以及"%basicLine;"。

前两者的定义作为 XHTML1.0 的扩展使用了 XHTML 的模块化方法;"%inline;"是 HTML"文本模块"实体,经过重新定义用来插入嵌入型数据类目((%embeddedDataCategories;)和基本数据类目(%basicDataCategories;)。因此,它们可出现在任何位置。HTML 实体"%inline;"的使用方法如下所示：

原始 XHTML"%inline;"的声明：

〈! ENTITY % inline "a | %special; | %fontstyle;|%phrase; |%inline.forms;"〉

修改后的 XHTML"%inline;"声明：

〈! ENTITY % inline "a | %special; | %fontstyle; | %phrase;| Data | Ptr |%embeddedDataCategories; | %basicDataCategories;"〉

原始"%inline;"实体因增加了基本元素而膨胀,并被重新命名为" %Line;",用作嵌入元素的内容模型。

原始"%inline;"实体并被重新命名为"%basicLine;"后,用作基本元素的内容模型。

下面是内涵扩充了的混合内容(在一个表中带有一嵌入的数据类目)的示例：

〈Example〉
  boiling points〈table〉〈tr〉〈td〉〈Characteristic value= "100" unit = "Celsius" /〉〈/td〉〈/tr〉〈/table〉
〈/Example〉

C.4.6.3 复合内容

复合元素是用有序的枚举元素集合创建的。这些创建元素或者是结构型数据类目(例如在递归性情况下),或者是基本数据类目

复合元素的示例：

〈Importation〉
    〈Date〉01-02-2001〈/Date〉
    〈Where〉EUROTERMS〈/Where〉
〈/Importation〉

C.4.7 指针

用〈Ptr〉元素表示的 TE 和 CI(见 C.5)之间的关系。这个〈Ptr〉元素符合 XML 链接语言规范(XML Linking Language 即 XLink)。

下面是使用〈Ptr〉元素的指针示例

〈Owner〉

〈Ptr xml:lang = 'en' xlink:embed = 'none' xlink:href = 'person01'〉 BROWN, J〈/Ptr〉

〈/Owner〉

C.4.8 TE 的结构

Geneter 的 TE 结构包括 3 个嵌入容器((languageCtn、termCtn 和 termComponentCtn),它们与元模型的对应关系如表 C.4。

表 C.4 TMF 锚点层级与 Geneter 的对应关系

Meta-model	Geneter
TE	terminologicalEntry
LS	languageCtn
TS	termCtn
TCS	termComponentCtn

C.4.9 TE 示例

在表 C.5 中详细解释了下面的示例:

〈terminologicalEntry identifier='07'〉

〈Owner〉〈Ptr xlink:href = 'person01'〉xxx〈/Ptr〉〈/Owner〉

〈languageCtn value = 'en'〉

〈Definition〉wire with short, sharp points on it〈/Definition〉

〈termCtn〉

〈Term〉barbed wire〈/Term〉

〈componentCtn rank = 1〉

〈Word〉barbed〈/Word〉

〈PartOfSpeech〉adj〈/PartOfSpeech〉

〈/componentCtn〉

〈/termCtn〉

〈/languageCtn〉

〈/terminologicalEntry〉

表 C.5 详细注释

Geneter 编码	注　　释	层级
〈terminologicalEntry identifier='TE07'〉	带标识符属性的 TE 开始	TE
〈Owner〉〈Ptr xlink:href = 'person01'〉xxx〈/Ptr〉〈/Owner〉	数据类目〈Owner〉,与对人员的描述的链接	
〈languageCtn value ='en'〉	带有语言属性 LS 容器	
〈Definition〉wire with short, sharp points on it〈/Definition〉	数据类目〈Definition〉,内容="wire with …"	LS
〈termCtn〉	术语及其补描述的容器	

表 C.5(续)

Geneter 编码	注　释	层级
〈Term〉barbed wire〈/Term〉	数据类目〈Term〉,内容="barbed wire"	TS
〈componentCtn〉	组件组的容器,属性 rank,指示着术语中组件的位置	TCS
〈Word〉barbed〈/Word〉	数据类目〈Word〉,内容="barbed"	
〈PartOfSpeech〉adj〈/PartOfSpeech〉	数据类目〈PartOfSpeech〉,内容="adj"	
〈/componentCtn〉	组件容器的结束	
〈/termCtn〉	术语容器的结束	
〈/languageCtn〉	语言容器的结束	
〈/terminologicalEntry〉	TE 结束	

C.4.10 术语条目的树型结构

C.4.10.1 Geneter 大纲

下面 HTML 文件中给出的树结构,表示了 Geneter 的名称、属性、内容模型、Geneter 结构里任何数据类目的位置,以及数据类目在 ISO 12620 中的位置。该文件是 Geneter synopsis.html。

不属于 ISO 12620 的元素和其他实体(实体在这里指重复性信息)在 C.4.10.2 定义。

C.4.10.2 不属于 ISO 12620 的数据类目

C.4.10.1 所述 Geneter 大纲中不属于 ISO 12620 的数据类目,列于 Geneter synopsis.html 文件的第 5 列(例如:(1),(2)等),对它们的解释如下:

(1) Contributor(贡献者)=在条目编写中发挥了作用的个人或组织。

(2) Coverage(覆盖面)=源内容所涉及的范围或领域。覆盖面将包括空间位置。

(3) LastModification(最后修改)=数据最后修改的责任和日期。

(4) SourceLanguage(源语言)=一个术语条目中,初始指称某个概念所使用的语言。

(5) TargetLanguage(目标语言)=一个术语条目中,提供等价称谓所使用的语言。

(6) Scope(范围)=对概念应用领域的进一步说明。

(7) CausalRelation(因果关系)=原因和结果之间的关联关系。[ISO 1087-1:2000,3.2.26]

(8) RelatedDescription(关系描述)=与术语(词典、词集)或概念(主题词表、本体结构)等的非术语学描述之间的链接。

(9) Free(释放)=见 C.6.5。

(10) FreeVal(释放值)=见 C.6.5。

(11) LanguageCtn(语言容器)=用某一种语言描述概念的容器。

(12) ExternalLanguageSection(外部语言段)=位于远程设备上的语言容器。

(13) Derivation(派生)=通过词素(后缀)或词干(词根)修改(添加、删除或替换)来进行新词的重组。

(14) Inflection(词尾变化)=对词元素作修改,以表达某些语法特征和语法关系。

(15) SyntacticalFunction(句法功能)=在语言学单位或语法结构的关系中,术语或词的功能。

(16) TermComplement(术语补充)=术语的辅助部分(例如英语动词不定始终的"to")。

(17) TermDiSplay(术语显示)=术语的可显示或可打印形式(例如包括嵌入的语法信息)。

(18) Homonym(同音同形异义术语)＝发音和或拼写一致而概念不同的术语。

(19) Homophone(同音术语)＝发音相同而拼写和概念不同的术语。

(20) Polysemy(多义性)＝有几种概念、几种值和几种意思等特征的符号。

C.4.10.3 内容模型的实体

内容模型的实体如下列出。方括号中的引用信息包含在 ISO 12620 中的位置或简洁的解释

%act;	'date?, who * ''[事项日期和责任]
%adminAgent;	'BusinessUnit | businessUnitCtn | Contributor | contributorCtn | Customer | customerCtn |Owner | ownerCtn'[人员或组织的管理信息]
%adminItem;	'Project | projectCtn | Product | productCtn | Application | applicationCtn | Environment |environmentCtn' [应用情况的管理信息]
%cpt;	(Note | noteCtn | Source | sourceCtn) * [容器内数据类目的补充]
%free;	(Free | freeCtn) * [用于额外数据类目的协调交换]
%URL;	[统一资源定位的内容类型(http://www.w3.org/TR/uri-clarification)]

C.4.10.4 用于建议可选列表的实体

以下列出了可用于所推荐可选列表的实体。方括号中的信息是相应数据类目信息在 ISO 12620 中的位置,或者是简短的解释

%AnimacyValue;	'animate | inanimate'[ISO 12620, A.2.2.4]
%AntonymType;	'antonymComplement | antonymContrast'[ISO 12620,A.10.18.6]
%CausalRelationType;	'cause | consequence'[概念间的因果关系]
%ComplementType;	'ante | pos' [术语的辅助部分]
%ContextType;	'definingContext | explanatoryContext | associativeContext | linguisticContext | metalinguisticContext' [ISO 12620, A.5.3]
%ContributorRole;	'expert | proposer'[贡献者对于工作的作用]
%DefinitionType;	'intensionalDefinition | extensionalDefinition | partitiveDefinition' [ISO 12620, A.5.1]
%DegreeOfEquivalenceDirectionality;	'bidirectional | monodirectional'[ISO 12620, A.3.3]
%DegreeOfEquivalenceValue;	'narrower | equivalent | quasiEquivalent | broader | nonEquivalent' [ISO 12620, A.3.1]
%DegreeOfSynonymyValue;	'narrower | synonymous | quasiSynonymous | broader |nonsynonymous' [ISO 12620, A.2.10]
%DerivationType;	'regressive | learned | improper'
%FormOfTermType;	'fullForm | abbreviation | shortFormOfTerm | initialism | acronym | clippedTerm'[ISO 12620, A.2.1.7, A.2.1.8]
%FrequencyValue;	'commonly | infrequently | rarely'[ISO 12620, A.2.3.4]
%GenericRelationType;	'superordinateConcept | subordinateConcept | coordinateConcept' [ISO 12620, A.6.1]
%GeographicalUsageType;	'used | nonUsed'[ISO 12620, A.2.3.2]
%GrammaticalGenderValue;	'masculine | feminine | neuter'[ISO 12620, A.2.2.2]
%GrammaticalNumberValue;	'singular | plural | dual | massNoun'[ISO 12620, A.2.2.3]
%IllustrationMediaType;	'image | audio | vedio'[ISO 12620, A.5.5]
%IllustrationType;	'symbol | formula | equation | logicalExpression | figure'[ISO 12620, A.2.1.13 to A.2.1.16]
%InflectionType	'root | verbal | nominal | pronominal'[type of modification of a word]

%LanguagePlanningQualifier;	'recommendedTerm | nonstandardizedTerm | proposedTerm |newTerm' [[ISO 12620, A. 2. 9. 2]
%NormativeAuthorizationValue;	'standardizedTerm | preferredTerm | admittedTerm | deprecatedTerm | prohibitedTerm | superseded Term | legalTerm | regulatedTerm' [ISO 12620, A. 2. 9. 1]
%NoteType;	'linguisticNote | technicalNote | userNote | workingNote | transferComment' [ISO 12620, A. 8]
%PartitiveRelationType;	'broaderConcept | narrowerConcept'[ISO 12620, A. 6. 2]
%ProcessStatusValue;	'unprocessed | provisionallyProcessed | finalized'[ISO 12620,A. 2. 9. 4]
%ProprietaryRestrictionValue;	'trademark | tradename'[ISO 12620,A. 2. 3. 7]
%RegisterValue;	'neutral | technical | benchLevel | slang | vulgar | familiar'[ISO 12620, A. 2. 3. 3]
%RelatedDescriptionList;	'ontology | thesaurus | documentaryLanguage | dictionary | lexicon |translationMemoryData'[术语或概念的非本语学描述]
%ResponsibilityType;	'person | corporateBody'
%SpatialRelationType;	'backward | forward | contiguous'[概念间的空间关系]
%SubjectFieldType;	'classificationNumber | indexHeading'[ISO 12620, A. 4]'archaicTerm | outdatedTerm | obsoleteTerm'[ISO 12620,A. 2. 3. 5]
%TemporalRelationType;	'Preceding | Succeeding | Coincident'[概念间的暂时关系]
%TermDesignationType;	'term | formula | symbol | equation | logicalExpression'[ISO 12620, A. 2. 1. 13 to A. 2. 1. 16]
%TermDegreeOfSynonymy;	'narrower | broader'[ISO 12620, A. 2. 10]
%TermFormType;	'fullForm | abbreviation | shortFormOfTerm | initialism | acronym | clippedTerm'[ISO 12620, A. 2. 1. 7, A. 2. 1. 8]
%terminologicalEntryType;	'conceptEntry | standardizedEntry | collocation | phrase | setPhrase |standardText | synonymousPhrase | neologism | geographicalName |commonName | properName | collectiveName | officialDenomination | parallelSegment | managementUnit | partNumber'[ISO 12620, A. 10. 10]
%TermLayout;	'main | secondary'[术语的管理状态]
%TermProvenanceType;	'transdisciplinaryBorrowing | translingualBorrowing | loanTranslation | shiftInMeaning'[ISO 12620, A. 2. 4. 1]
%TermStatus;	'neologism | wordCreation | foreignDesignation'[新术语的状态]
%TermType;	'collocation | formula | phrase | setPhrase | standardText | synonymousPhrase | internationalism | internationalScientificTerm | geographicalName | commonName | properName | collectiveName | officialDenomination | managementUnit | partNumber'[ISO 12620, A. 2]
%TermVariantType;	'orthographical | grammatical'[ISO 12620, A. 2. 1. 9]
%TransScript;	'transcribedForm | transliteratedForm | romanizedForm'[ISO 12620, A. 2. 1. 10 to A. 2. 1. 12]
%VariantDirectionality;	'isVariantOf | hasForVariant'[变量的定向性]

C. 5 CI

C. 5. 1 Geneter CI 类型

Geneter CI 类型如下:

——以 ISO 690 为根据的文献信息((〈monographEntry〉、〈partOfMonographEntry〉、〈contributionEntry〉、〈serialEntry〉、〈articleEntry〉、〈patentEntry〉、〈standardEntry〉、〈audioVideoEntry〉);

——以 ISO 690-Z 为根据的电子文档文献信息(〈eMonographEntry〉、〈ePartOfMonographEntry〉、〈eContributionEntry〉、〈eSerialEntry〉、〈eArticleEntry〉、〈eElectronicBoardEntry〉、〈eMessageEntry〉);

——以 ISO 12083 为根据的文献信息(〈refDocEntry〉);

——以 ISO 12083 文献描述为依据的人员描述(〈person〉);

——以 ISO 12083 文献描述为依据的公司团体描述(〈corporateBody〉);

——以 ISO 2788 和 ISO 5964 为依据的辞典描述(〈thesaurus〉);

——以 ISO 1951 为依据的机器可读词典描述;

——以本体推理层(Ontology Inference Layer)的专用化为基础的本体关系描述;

——XHML 文档(〈xymlPage〉);

——临时性语言容器,用于一种语言的一个概念的信息交换(〈transitoryLanguageCtn〉);

——理序序列[ISO 12620, A.10.9];

——编码二进制数据,用于交换图象或声音或其他非 XML 文档(doc, pdf, html, ...),(〈encodedFile〉);

——其他对象(〈freeObject〉)。

C.5.2 扩展 CI 机制

通过使用 XML 命名空间,其他类型的语言描述可以被纳入 Geneter 集合。可以使用这种机制来管理数据词典系统(OLIF 格式)、机器翻译的并行数据段(TMX 和 XLIFF)和专用本体(OIL)关系。〈RelatedDescription〉元素起着在这些描述与其相关术语条目之间的链接作用。

C.6 Geneter 限制和扩展

C.6.1 创建子集

C.6.1.1 为满足特殊需要,可以根据 Geneter 格式创建子集。任何 Geneter 子集的实例在 Geneter DTD 下必须是有效的。Geneter 子集必须有特定的"profile"属性,给出子集模型的统一资源定位信息。为了与通用模型兼容,子集必须符合 C.6.1.2 和 C.6.1.3 阐述的 XML 一般规则。

C.6.1.2 以下规则适用于数据元素:

a) 有出现次数指示符"?"或"*"的任何元素可删除。

b) 元素出现次数指示符(?,*,+)可删除。

c) 在内容模型中,由"OR"连接符号"|"连接的 2 个元素,其中一个可删除。

d) 指示符"*"可用指示符"?"或"+"替换。

C.6.1.3 下列规则适用于属性:

a) 预设值不是关键词"#REQUIRED"的属性可被删除。

b) 当属性值来自枚举列表时,可对列表进行简化,但是列表至少应包含一个值。

c) 当属性值是 CDATA 类型时,CDATA 可用枚举列表替换。

C.6.2 子集的不同类型

既不包含〈Free〉元素,也没有属性 free 的子集,是 Geneter 的"严格"子集。

如果子集包含〈Free〉元素,且该元素的类型和值是实值或者是取自枚举列表,那么子集是"封闭的"。这种子集可以称为 Geneter 的一个"jargon(专用子集)"。

如果子集包含〈Free〉元素,且该元素的类型和值是 CDATA,那么子集是"open(开放的)"。

C.6.3 “全盲”子集

把C.6.1.2中的规则a)应用于一些模糊的数据类目，比如〈Grammar〉，并将其用到所有的〈Free〉数据类目和〈free〉内容元素，则能够设计一种更简洁的Geneter模型用于“全盲”信息交换。C.6.2提到的子集就是这种“全盲”子集。

C.6.4 一个子集的建立：示例

C.6.4.1 本例的基础是一个简单的结构。在该结构中，所有数据“字段”由逗号界定。为了创建适合这种原始结构的Geneter子集，以及适合这些数据的一个Geneter实例，采用了如下4个步骤：

——对每个元素的类型进行标识；

——将每一个元素映象到一个Geneter位置；

——设计一个能且仅能集纳这些位置的一个Geneter子集；

——进行样本编码。

C.6.4.2 表C.6和表C.7分别显示了对于下列数据样本(简单结构，其中所有“字段”由逗号定界)所作的第一步和第二步分析。

67，制造，标准字母，alpha平滑因子，批准的，用于平衡需求波动统计预测计算的0～1区间内的值。ORACLE产品目录使用该因子来决定当计算预测的时候，目前需求的权值。Alfa simitási tényezō

表C.6 第一步：每个元素类型的标识

数据类目	数　据	ISO 12620的对应数据类目
EntryNumber(条目号)	67	entry identifier/条目标识符(A.10.15)
Domain(域)	制造	subject field/学科领域(A.4)
Product(产品)		product subset/产品子集标示符(A.10.3.5)
Datatype(数据类型——跟缩写相反的完全形式)	标准	term type/术语类型(A.2.1)
English(英语)	平滑常数	term/术语(A.1)
Status(状态——匈牙利术语管理状态的指示)	批准的	process status/处理状态(A.2.9.4)
Definition(定义)	用于平衡需求波动统计预测计算的0-1区间内的值	definition/定义(A.5.1)
Hungarian term(匈牙利术语)	Alfa simitási tényezō	term/术语(A.1)

表C.7 第二步：每个元素映象到Geneter位置

数据类目	C.4.10.1对照表中的Geneter等价体	
	数字	元素名称
EntryNumber(条目号)	1	treminologicalEntry(标识符属性)
Domain(域)	1.1.2.9	treminologicalEntry/SubjectField
Product(产品)	1.1.1.20	treminologicalEntry/Product
Datatype[a](数据类型)	1.2.5.2	treminologicalEntry/languageCtn/Term(形成类型属性)
English(英语)	1.2.5.2	treminologicalEntry/languageCtn/Term
Status(状态)	1.2.5.2	treminologicalEntry/languageCtn/Term(状态属性)
Definition[b](定义)	1.1.2.1	treminologicalEntry/Definition
Hungarian term(匈牙利术语)	1.2.5.2	treminologicalEntry/languageCtn/Term

[a] Datatype是属性不是关系，因此它作为属性(形式类型)进行编码。

[b] 在语言无关的信息段中放入定义，因为定义适用于整个条目。

C.6.4.3 第三步和第四步，给出子集设计和编码的内容见 C.2。

C.6.5 Geneter 的扩展内容和协议交换

对于特定需要，可在 Geneter 模型每一结构层级或在内容模型内部加入新数据类目。如果交换事务 XML 的有效性有所要求，则这些新元素必须转换为元数据类目〈Free〉或容器〈freeCtn〉（它们在 Geneter 格式中都已定义）。协议过程包括与接受数据的对方就这些 Free 型元素的语义信息进行交换。

例如，在 Geneter 模式里可以用下列语句定义某项扩展内容（本例中是一个结构型数据类目，其作用是说明一个数据项的 rate 单元）：

〈! ELEMENT Rate (Quantity)〉

这种元素（在本例是 Rate）必须加到 Geneter 树的某个层级（比如%lisAdminDatCat;块，因为它是个管理信息，表示的是整个条目的特征）之上。这种元素的一个实例（例如，用于区域管理的扩展内容）可能如下：

〈Rate〉〈Quantity value = "5" unit = "US Dollar"/〉〈/Rate〉

为了交换（例如，用于协议交换的扩展内容），这个附加的元素会作如下转换（比如通过某 XSLT 式样表）：

〈Free type = "Rate"〉〈Quantity value = "5" unit = "US Dollar"/〉〈/Free〉

此编码符合 Geneter 对〈Free〉元素的定义，据 Geneter 模型它将是有效的。

附 录 D
（资料性附录）
术语数据与 TMF 的一致性

D.1 概要

本附录所讨论的，是如何通过分析数据的结构和内容并进行某种转换，才能使以 XML 为基础的术语数据符合 TMF 的要求。最终结论便是要使用某种 TML 规范，这种 TML 规范不仅应能够表达术语数据而且应没有信息损失，同时还能与符合本标准规定的其他 TML 进行互操作。

D.2 示例术语数据

下面的例子来自汽车发动机术语数据库，是基于 XML 表达形式的术语条目。

```
〈termBank〉
    〈tbid〉00aa〈/tbid〉
    〈tbDescription〉Automotive Engineering〈/tbDescription〉
    〈conceptEntry〉
        〈domainOfConcept〉ABS〈/domainOfConcept〉
        〈conceptLastModified〉21-08-2001〈/conceptLastModified〉
        〈termGroup〉
            〈languageCode〉Deutsch〈/languageCode〉
            〈termDefinition〉 Bauteile, die die elektronischen Steuer- und
            Regelvorgänge für die Blockierregelung und die
            Antriebsschlupfregelung übernehmen. 〈/termDefinition〉
            〈termString〉ABS/ASR-Steuerung〈/termString〉
            〈usageDescriptors〉
                〈usedIn〉Germany〈/usedIn〉
                〈usedIn〉Switzerland〈/usedIn〉
            〈/usageDescriptors〉
            〈wordClass〉n〈/wordClass〉
            〈wordGender〉f〈/wordGender〉
            〈termLastModified〉21-08-2001〈/termLastModified〉
        〈/termGroup〉
        〈termGroup〉
            〈languageCode〉English〈/languageCode〉
            〈termString〉ABS/ASR control〈/termString〉
            〈usageDescriptors〉
                〈usedIn〉Britain〈/usedIn〉
            〈/usageDescriptors〉
            〈wordClass〉n〈/wordClass〉
            〈termLastModified〉20-08-2001〈/termLastModified〉
```

    〈/termGroup〉
  〈/conceptEntry〉
〈/termBank〉

D.3 元素内容的描述

表 D.1 描述了 D.2 中的示例所包含的信息

表 D.1 元素内容的描述

XML 元素	描述	内容描述
〈tbid〉	术语数据库的唯一标识符	字母数字编码
〈tbDescription〉	描述术语数据库的文本	文本
〈domainOfConcept〉	本概念条目的学科领域	与概念有关的选定值
〈conceptLastModified〉	与本概念有关的信息数据的最后改动日期	日期
〈languageCode〉	术语使用的语言	选自 ISO 639-1 的值，表示术语的语种
〈termDefinition〉	术语定义	文本
〈termString〉	术语本身	文本
〈usedIn〉	使用该语言术语的国家	自 ISO 3166-1 选定的值，作为英语文本描述符中表示
〈wordClass〉	术语的语法分类	典型地，n. 代表名词
〈wordGender〉	术语的语法词的性	m 代表阳性，f 代表阴性，或 n 代表中性
〈termLastModified〉	与本术语有关的信息数据的最后改动日期	日期

其他 XML 元素代表此信息的容器

注：在以上例子中，对〈languageCode〉的描述和〈termString〉与〈termDefinition〉元素的文本内容，意味着应该在置标标记中引入 XML 属性"xml:lang"，用来表示"此语言码以及表示该代码的语言都是德语"；例如，〈languageCode xml:lang="de"〉Deutsch〈/languageCode〉。此属性的引入应出现在最高点，因为需要在那里用该属性改写从结构中更高层元素传递下来的 xml:lang 值。

D.4 与 TMF 一致

D.4.1 元模型说明

通过把本例的 XML 框架与元模型的结构结点相比较，可以评估与元模型的一致程度。表 D.2 显示了这种比较。

表 D.2 XML 框架与元模型的结构结点比较

元模型标别符	词　　汇
TDC	〈termBank〉
GI	
TE	〈conceptEntry〉
LS	〈termGroup〉
TS	
CI	

本例没有 TS 的等同物。尽管如此，TS 可在无信息损失的情况下引入。本例中不包含 CI，而 GI 可

从〈tbid〉和〈tbDescription〉元素中创建。以下内容显示了这些改变的结果，其中粗体 XML 元素表示结构结点，而粗斜体表示新引入的部分，此外还在需要的地方加入了 Xml:lange 属性，用斜体表示。

〈**termBank** *xml:lang="en"*〉
〈***globalInformation***〉
〈tbid〉00*aa*〈/*tbid*〉
〈tbDescription〉Automotive Engineering〈/tbDescription〉
〈/***globalInformation***〉
〈**conceptEntry**〉
〈domainOfConcept〉ABS〈/domainOfConcept〉
〈conceptLastModified〉21-08-2001〈/conceptLastModified〉
〈**termGroup xml:lang="de"**〉
〈languageCode〉Deutsch
〈/languageCode〉
〈termDefinition〉Bauteile, die die elektronischen Steuer-undRegelvorgänge für die Blockierregelung und die Antriebsschlupfregelung übernehmen.
〈/termDefinition〉
〈***termSection***〉
〈termString〉ABS/ASR-Steuerung〈/termString〉
〈usageDescriptors〉
〈usedIn〉Germany〈/usedIn〉
〈usedIn〉Switzerland〈/usedIn〉
〈/usageDescriptors〉
〈wordClass〉n〈/wordClass〉
〈wordGender〉f〈/wordGender〉
〈termLastModified〉21-08-2001〈/termLastModified〉
〈/***termsection***〉
〈/**termGroup**〉
〈**termGroup**〉
〈languageCode〉English〈/languageCode〉
〈/***termsection***〉
〈termString〉ABS/ASR control〈/termString〉
〈usageDescriptors〉
〈usedIn〉Britain〈/usedIn〉
〈/usageDescriptors〉
〈wordClass〉n〈/wordClass〉
〈termLastModified〉20-08-2001〈/termLastModified〉
〈/***termSection***〉
〈/**termGroup**〉
〈/**conceptEntry**〉
〈/**termBank**〉

D.4.2 DCS

根据以上给出的对元素内容的描述，后面的内容表示了示例中的信息单元与 ISO 12620 中数据类目之间的映射关系，以及和所需要的不属于 ISO 12620 的数据类目之间的映射关系。例如，在 ISO 639-1:Data category specification. html. 中的数据类目便不属于 ISO 12620。

本例中的许多信息单元可直接映射到 ISO 12620 中的数据类目。理想情况下，所有的信息单元都应如此。

需要指出，所举示例中也有一些例外。首先，XML 元素〈usageDescriptors〉本身不含内容。对于一种 TML，这种信息分组是不必要的，因此可以删除掉。第二，有后缀 LastModified 的 XML 元素在 ISO 12620 中没有直接的等价内容。为实现此映射，需要进行适当的编码。LastModified 包含的是一个日期，用来指明该数据做最后一次修改的时间。事实上，这里实际应对两个信息单元进行编码，一个是表示术语管理进程的主单元，另一个是这个过程发生的时间。对于本例，前者是修改过程的发生，后者便是修改过程发生的日期。而这两个信息单元的确能映射到 ISO 12620。因为日期是对术语管理进程作细化说明的信息单元，所以应把该信息作相应的分组，例如：

〈termManProcGrp〉
〈termManProc〉modification〈/termManProc〉
〈modifiedDate〉20-08-2001〈/modifiedDate〉
〈termManProcGrp〉

〈brack〉的应用适合于这类数据的 GMT 表示方法。

D.4.3 内容映射

在要求使用特定的数据列表来构成一些特定 XML 元素的内容的情况下，为了互操作性而对这类共享的标识符进行映射，可简化这些进程。作为示例可以考虑将〈languageCode〉元素的内容转化成基于 ISO 639-1 标准的编码，例如，"英语"可变为 en. 639-1。同样地，国家代码也可映射到 ISO 3166-1 标准。

D.4.4 符合 TMF 的 XML 表示法(GMT)

按照上述分析，并用本标准和 ISO 12620 标准中的标识符进行替代，其结果便形成了以下 GMT 格式化的数据，这些数据可认为是符合 TMF 的 TML。

例如使用如 XSLT，可以把这里的 TML 自动转换为本标准中规范性附录 B 和附录 C 所阐述的格式，或反之，而不会有信息的丢失。

以下内容中，出自 ISO 12620 标准的数据类目以粗体表示。粗斜体表示对其他数据类目的引用，如 ISO 639-1 标准和 ISO 3166-1 标准中的数据类目。通过参照这些稳定的内容系统，保证了较高的互操作性程度。

〈struct type="TDC" xml:lang="en"〉
〈struct type="GI"〉
〈feat type="**subsetIdentifier-12620A. 10. 3**"〉00aa〈/feat〉
〈feat type="**projectSubset-12620A. 10. 3. 3**"〉Automotive Engineering〈/feat〉
〈/struct〉
〈struct type="TE"〉
〈feat type="**subjectField-12620A. 4**"〉ABS〈/feat〉
〈brack〉
〈feat type="**terminologyManagementTransactions-12620A. 10. 1**"〉modification-12620A. 10. 1. 3〈/feat〉
〈feat type="**modificationDate-12620A. 10. 2. 1. 3**"〉21-08-2001〈/feat〉
〈/brack〉
〈struct type="LS" xml:lang="de"〉
〈feat type="**languageIdentifier-12620A. 10. 7. 1**"〉***de-639. 1***〈/feat〉

〈feat type="**definition**-12620A. 5. 1"〉Bauteile, die dieelektronischen Steuer und Regelvorgänge für die Blockierregelungund die Antriebsschlupfregelung übernehmen.〈/feat〉
〈struct type="TS"〉
〈feat type="**term**-12620A. 1"〉ABS/ASR-Steuerung〈/feat〉
〈feat type="**geographicalUsage**-12620A. 2. 3. 2" xml:lang="en"〉***DE-3166. 1***〈/feat〉
〈feat type="**geographicalUsage**-12620A. 2. 3. 2" xml:lang="en"〉***CH-3166. 1***〈/feat〉
〈feat type="**partOfSpeech**-12620A. 2. 2. 1"〉n〈/feat〉
〈feat type="**grammaticalGender**-12620A. 2. 2. 2"〉**feminine**-12620A. 2. 2. 2. 2〈/feat〉
〈brack〉
〈feat type="**terminologyManagementTransactions**-12620A. 10. 1"〉**modification**-12620A. 10. 1. 3〈/feat〉
〈feat type="**modificationDate**-12620A. 10. 2. 1. 3"〉21-08-2001〈/feat〉
〈/brack〉
〈/struct〉
〈/struct〉
〈struct type="LS"〉
〈feat type="**languageIdentifier**-12620A. 10. 7. 1"〉***en-639. 1***〈/feat〉
〈struct type="TS"〉
〈feat type="**term**-12620A. 1"〉ABS/ASR control〈/feat〉
〈feat type="**geographicalUsage**-12620A. 2. 3. 2" xml:lang="en"〉***GB-3166. 1***〈/feat〉
〈feat type="**partOfSpeech**-12620A. 2. 2. 1"〉n〈/feat〉
〈brack〉
〈feat type="**terminologyManagementTransactions**-12620A. 10. 1"〉**modification**-12620A. 10. 1. 3〈/feat〉
〈feat type="**modificationDate**-12620A. 10. 2. 1. 3"〉21-08-2001〈/feat〉
〈/brack〉
〈/struct〉
〈/struct〉
〈/struct〉
〈/struct〉

ICS 01.140.20
A 14

中华人民共和国国家标准

GB/T 29182—2012/ISO 11620:2008

信息与文献　图书馆绩效指标

Information and documentation—Library performance indicators

(ISO 11620:2008,IDT)

2012-12-31 发布　　2013-06-01 实施

中华人民共和国国家质量监督检验检疫总局
中国国家标准化管理委员会　发布

前　言

本标准按照 GB/T 1.1—2009 给出的规则起草。

本标准等同采用 ISO 11620:2008《信息与文献　国际图书馆绩效指标》。

本标准由全国信息与文献标准化技术委员会(SAC/TC 4)提出并归口。

本标准主要起草单位:中国科学院国家科学图书馆、国家图书馆、清华大学图书馆、北京大学图书馆、中国社会科学院文献信息中心。

本标准主要起草人:初景利、李玲、贾延霞、黎知谨、刘彦丽、耿海英、张红霞。

引　　言

本标准旨在为各种类型图书馆的评价工作提供指导，支持在图书馆中使用绩效指标，传播开展绩效评价的知识，适用于我国各级各类图书馆和信息服务机构。

本标准遵循在制定国家标准中尽量与国际标准接轨的原则，鉴于我国目前尚没有同类标准，等同采用国际标准 ISO 11620:2008《信息与文献　国际图书馆绩效指标》，认同并支持国际标准化组织 ISO/TC 176 制定的一系列标准。

本标准的附录 A 提供了图书馆绩效指标一览表。附录 B 对附录 A 中的绩效指标进行了详细描述。

本标准中所包含的绩效指标或得到广泛使用或在文献中得到充分讨论。标准制定过程中涉及的研究成果和论文，见参考文献[1]～[35]。

本标准中提供的绩效指标可能没有涵盖图书馆绩效评估的所有方法和技术。图书馆绩效评估是一个发展中的领域，因此本标准不排除对尚未列入本标准的绩效指标的使用(见第 5 章)。

本标准提供的绩效指标可用于对同一图书馆不同时期情况的比较，也可用于不同图书馆之间的比较，但是应非常慎重。在不同图书馆之间进行比较时，一定要考虑图书馆服务对象的差异，充分了解所选择的绩效指标，并注意对数据进行合理解释(见 5.3.5)。

本标准中绩效指标存在其他一些局限性，例如依赖于图书馆的服务群体、服务要求、技术设施等本地因素，使用本标准中的绩效指标时最好对这些因素加以说明。

本标准所包含的绩效指标并没有反映所有可能的评估内容或评价技术。本标准只是提供了被人们所接受以及经过验证并可公共利用的评价图书馆各种服务指标的方式与方法。

本标准将由全国信息与文献标准化技术委员会第八分会组织的一个工作组负责维护，该工作组将密切跟踪和研究国际标准的发展动态，及时修订我国的相应国家标准。

信息与文献　图书馆绩效指标

1　范围

本标准规定了图书馆绩效指标的要求，并建立了一套可为各类型图书馆使用的绩效指标。它同时也为尚未使用绩效指标的图书馆如何使用绩效指标提供了指导。附录A列出了图书馆绩效指标一览表，附录B对图书馆绩效指标做了详细说明。

本标准提供了绩效指标的标准术语和简要定义。而且，本标准对绩效指标及其所需数据的采集和分析也进行了简明描述。

本标准适用于我国各种类型的图书馆。但应注意，并不是所有的绩效指标都适用于每类图书馆。附录B中列出了每一个绩效指标的适用范围。

本标准并未覆盖图书馆服务、活动和资源利用的所有绩效指标，因为在本标准制定时有些绩效指标尚未提出或得到验证，或因为有些绩效指标尚不符合标准的要求(见4.2)。

2　术语和定义

下列术语和定义适用于本文件。

2.1

可用性　accessibility

获得和利用图书馆服务和设施的方便程度。

2.2

当前借阅者　active borrower

报告期内至少借阅了一份资料的注册用户。

2.3

当前用户　active user

报告期内访问过或者使用过图书馆设施或接受过服务的注册用户。

注：可包括利用电子图书馆服务。

2.4

适用性　appropriateness

用以某种绩效指标相对于评估某项活动的适宜程度。

2.5

可获得性　availability

当用户需要时，图书馆实际提供的内容、文献、设施和服务的程度。

2.6

计算机文件　computer file

可在计算机可读磁盘、磁带或其他存储介质上获取，以提供用户外借或只在馆内使用的数据或软件程序(如计算机游戏、语言课程和其他应用软件)。

注：改写自ANSI/NISO Z39.7—2004。

2.7

下载的内容　content downloaded

从数据库、电子连续出版物或数字文献中成功获得的内容单元。

[GB/T 13191—2009,定义 3.3.3]

2.8

内容单元　content unit

计算机处理的已出版著作的唯一可识别文本或视听单位,这些已出版的著作可能是其他已出版作品的原文或者摘要形式。

注 1:改写自 COUNTER 实施规范 2004 年第 2 版(COUNTER Code of Practice,Release 2:2004)。

注 2:描述性记录不包括在内。

注 3:PDF、Postscript、HTML 和相同内容单元的其他格式单独统计。

[GB/T 13191—2009,定义 3.2.9]

2.9

数据库　database

以电子形式储存的描述性记录或者内容单元的集合(包括事实、全文、图像和声音),并带有统一的用户界面及检索、处理数据的软件。

注 1:内容单元或记录通常根据某一特定目的收集并且与某一特定的主题相关。数据库可能通过光盘、磁盘或者其他直接存取方式发行,或者作为一个计算机文件通过因特网来获取。

注 2:授权的数据库要单独统计,即使通过同一界面能够读取几个授权的数据库。

注 3:通过统一的界面提供对通常由出版商或代理商提供的电子期刊包或数字文档包的获取,也算作是数据库。此外,单一的电子期刊或数字文档需要各归入电子期刊或数字文档中计算。

[GB/T 13191—2009,定义 3.2.10]

2.10

描述性记录　descriptive record

由计算机处理的书目或其他标准格式的单个记录,用于标明、描述任何物理形式或某一内容单元中的文献。

注 1:描述性记录的集合通常以数据库的形式发布。

注 2:记录包括的元素有题名、作者、主题、摘要、原始日期等。

[GB/T 13191—2009,定义 3.2.11]

2.11

数字文献　digital document

由图书馆数字化或采购的,以数字形式存储的带有特定内容的信息单元,作为图书馆馆藏的一部分。

注 1:其中包括电子图书、电子专利、网络视听资料和其他数字文献,例如报告、制图和音乐文献以及预印本文献等。数据库和电子期刊不包括在内。

注 2:合并在数据库中的项目包含在 2.9 中。

注 3:一份数字文献可以构成一个或者多个文件。

注 4:一份数字文献包含一个或多个内容单元。

[GB/T 13191—2009,定义 3.2.12]

2.12

文献　document

在文献处理工作中作为一个单位处理的记录信息或者资料对象。

[ISO 5127:2001,定义 1.2.2]。

注:文献可能因其物理形式和特征而存在差异。

2.13

下载 download

成功请求了描述性记录或内容单元，例如显示、打印、保存或发送电子邮件。

注：对网络服务器日志的成功请求是获得那些特定返回代码，遵循美国国家超级计算应用中心（NCSA，National Center for Supercomputing Applications）的定义。

[GB/T 13191—2009，定义 3.3.4]

2.14

效益 effectiveness

对设定目标完成程度的测度。

注：一项活动最大限度地达到其所设定的结果，便是有效益的。

2.15

效率 efficiency

在既定目标实现过程中，对资源使用情况的测度。

注：在一项活动中，最小限度地使用资源或在使用相同资源的情况下能产生更好的绩效，被视为有效率。

2.16

电子图书 electronic book；eBook

授权或者没有授权的数字文献，通常可检索，如同印刷书籍一样阅读。

注 1：在许多情况下，电子图书的利用需要依赖专用的设备，或专用的阅读器或浏览软件。

注 2：电子图书可供读者借阅，或者下载到便携式设备上（电子图书阅读器），或者将电子图书的内容传输到用户的个人计算机中，只能保留有限的一段时间。

注 3：电子格式的博士学位论文也包括在内。

注 4：包括图书馆数字化的文献。

[GB/T 13191—2009，定义 3.2.15]

2.17

评估 evaluation

对图书馆服务或设施的效益、效率、利用率和相关性的评价过程。

2.18

外部用户 external user

注册用户以外的图书馆用户。

[GB/T 13191—2009，定义 3.3.8]

2.19

设施 facilities

图书馆为用户提供的设备和学习场所等。

注：包括复印机、网络终端、只读光盘工作站、阅览坐席和研究包厢，但不包括卫生间、咖啡厅和公共电话。

2.20

免费网络资源 free internet resources

无限制获取的网络资源。

[GB/T 13191—2009，定义 3.2.18]

2.21

全时工作当量 full-time equivalent；FTE

根据一位全职员工年工作时间折算的人数。

示例：如果雇佣 3 个人为馆员，一个人工作 1/4 的时间，一个人为 1/2，一个人为全职，那么，这 3 个人的全时工作当量(FTE)为 0.25+0.5+1.0=1.75 个馆员。

注：并非所有图书馆的全时工作当量都使用了相同的工作小时数来换算。因此在比较时，可能需要考虑不同的图书馆的全时工作当量是基于不同的工作小时数。

2.22

目标 goal

执行既定政策所预期取得的成效。

2.23

图书馆 library

某一个机构或机构的一部分，主要目的是建设和维护馆藏，促进信息资源与设施的利用，以满足用户在信息、研究、教育、文化或娱乐方面的需求。

注1：这是对一个图书馆的基本要求，不排除其主要目的附带的其他资源和服务。

注2：当图书馆有不止一种功能时（例如学校图书馆和公共图书馆），通常或者确定其主要功能，或者在特定情形下，分解其功能并报告相应的数据。

[GB/T 13191—2009，定义3.1.5]

注3：可包括支持图书馆基本定义的虚拟或电子图书馆。

2.24

图书馆网站 library website

由图书馆发布的多个网页所组成的唯一因特网域名，以此提供对图书馆的资源与服务的利用。

注1：网站的网页通常利用超文本链接方式连接。

注2：不包括满足电子馆藏定义的文献和从图书馆网站可链接到的免费网络资源。

注3：不包括在图书馆范围内由其他组织机构运营的网络服务。

2.25

借阅 loan

非电子形式的文献（例如图书），或以物理载体（例如光盘）或者其他设备（例如电子图书阅读器）储存的电子文献的直接借出和传递，或者将电子文献传送给一个用户在限定的时间内使用（例如电子图书）。

注1：借阅包括用户主动续借，也包括在图书馆内的登记借阅（现场借阅），续借要单独统计。

注2：借阅包括图书馆工作人员为用户提供的原始文献的复印件（包括传真）和电子文献的打印件。

注3：包括远程用户借阅物理文献。

注4：如果许可没有使用期限，则中介性的文献电子传送统计为电子文献传递，这包括对成员用户的传递。

[GB/T 13191—2009，定义3.3.14]

2.26

元数据 metadata

关于数据的结构化数据，包括与信息系统或者信息对象有关的数据，用于描述、管理、法定需求、技术功能、使用、保存。

注：改编自都柏林核心元数据计划。

2.27

宗旨 mission

由主管部门认定的对于组织机构的目标、服务范围和产品开发事宜的声明。

2.28

任务 objective

为了实现机构的目标而为某项活动设定的具体要求。

2.29

绩效 performance

图书馆提供服务的效益以及在提供服务过程中资源分配和利用的效率。

2.30

绩效指标 performance indicator

基于图书馆统计和数据，用数字、符号或文字表示，用以表征图书馆的绩效。

2.31

成员用户　population to be served

由图书馆提供服务和文献资料的人员集合。

注：对于公共图书馆而言，成员用户通常是法定辖区内的用户；对于高等教育机构图书馆而言，成员用户通常是全体教职员工和学生。

2.32

质量　quality

一组固有特性满足要求的程度。

注1："质量"一词可使用形容词如差、好或优秀来修饰。

注2："固有的"（相对于"赋予的"）就是指在某事或某物中本来就有的，尤其是那种永久的特性。

[ISO 9000:2005，定义3.1.1]

2.33

下载的记录　record downloaded

从数据库或者联机目录中请求成功的描述性记录。

[GB/T 13191—2009，定义3.3.19]

2.34

运行费　operating expenditure

日常经费　ordinary expenditure

用于员工及经常被耗费和更新的资源上的费用，不包括资本性支出，如用于大型基建项目、新建馆舍及对现有馆舍和计算机设备的扩充、改造的支出。

注：不同国家、不同主管部门、不同机构，计算运行费的方法不尽相同，似乎不能只规定一种方法。必须根据不同情景下的正常情况进行计算。也就是说只有按照同一原则进行计算时，才能进行有效的比较。运行费通常包括员工薪酬（其中包括员工的福利、社交开支等）、为采购馆藏资源的购书费、行政费用、馆舍和馆藏的维护费、馆舍和设备的租赁费或折旧费以及其他运行费用（供暖、照明、供电等）。除非某项绩效指标是用于国际间的比较，否则增值税、销售和服务税或其他地方性税收通常应计算在内。

2.35

注册用户　registered user

为了在图书馆内或图书馆以外使用图书馆的馆藏或服务而在该图书馆注册的个人或组织。

注：用户可根据要求进行注册或者在加入某机构时自动注册。

[GB/T 13191—2009，定义3.3.20]

2.36

被拒会话　rejected session

受阻进入　turnaway

由于超过并发用户数限制而导致对数据库或者联机目录的失败请求。

注：由于密码错误导致的失败请求不包括在内。

[GB/T 13191—2009，定义3.3.21]

2.37

可靠性　reliability

重复和持续地进行测度并产生同样结果的程度。

2.38

会话　session

对某一数据库或联机目录的成功请求。

注1：一次会话即是用户活动的一次循环，通常开始于用户连接到某一数据库或联机目录并结束于明确的（通过退出而断开与数据库的连接）或是不明确的（由于用户不活动而超时断开）在数据库中活动的终止。平均超时期限为30 min。如果采用另外的时限，需要特别报告。

注 2：对图书馆网站的登录按照虚拟访问计算。

注 3：对主入口页面或门户网页的请求不包括在内。

注 4：若可能，通过搜索引擎的请求不包括在内。

[GB/T 13191—2009，定义 3.3.25]

2.39

专项拨款　special grant

为特定项目提供的非经常性资金(或部分资金)。

[GB/T 13191—2009，定义 3.5.4]

2.40

目标人群　target population

适合某一图书馆特定服务目标或特定资料的主要用户的现实的和潜在的用户群。

2.41

题名　title

标识文献且通常用于区分其他文献的、位于文献顶端的词。

[ISO 5127:2001，定义 4.2.1.4.1]

注：为了测度，每一个文献都用独立的、与众不同的题名进行描述，无论文献是以一个还是几个物理单元发行，也不论图书馆有多少该文献的复本数。

2.42

用户　user

图书馆服务的接受者。

注：接受者可能是个人，也可能是一个机构，包括图书馆。

2.43

用户培训　user training

设立有特定课程计划的培训项目，旨在让用户学会利用图书馆及其他信息服务。

注 1：用户培训可以是图书馆参观、图书馆教学、或者是基于网络的用户培训。

注 2：课时长短不限。

[GB/T 13191—2009，定义 3.3.28]

2.44

有效性　validity

绩效指标实际测度内容与预设测度内容的一致程度。

2.45

虚拟访问　virtual visit

用户从图书馆外对图书馆网站的请求，不考虑浏览网页或内容的多少。

注 1：网站的访问者是从图书馆网站访问网页的特定网页浏览程序，或确定的 IP 地址。

注 2：若两次连续的请求视为同一次虚拟访问的话，其时间间隔通常不超过 30 min 的超时时限。超过 30 min 时间间隔的访问视为一次新的访问。

注 3：网络服务器提供的服务已在另一个站点统计时，则不应包括在图书馆网站的统计数据中。

[GB/T 13191—2009，定义 3.3.29]

2.46

到馆访问　visit

用户(个体)进入图书馆建筑内的访问。

[GB/T 13191—2009，定义 3.3.30]

注：包括简单的计数和数字间的比值，只要是用来表征图书馆的绩效。

3 标识

在国际标准 ISO 11620:2008 文本中,绩效指标名称中的重要词语用首字母大写的形式印刷,例如“Library Visits per Capita”,用以将绩效指标的名称与描述性的文本相区分。而在本标准中则用楷体字表示绩效指标的名称,以便与描述性的文本相区分。

4 标准及描述框架

4.1 概述

4.1.1 制订图书馆绩效指标的目的是:

a) 以绩效指标为工具,对图书馆所提供的服务、资源及各项活动的质量和效益进行评估;

b) 对图书馆为开展这些服务和活动所配置的资源的效率进行评估。

4.1.2 附录B列出了一系列绩效指标,这些指标或是已经被图书馆界广泛使用,或是经过专家明确验证并在文献中得到充分的论证。

4.1.3 附录B中所有的绩效指标都符合4.2中的标准,并且根据4.3中提出的描述框架进行详细说明。本标准修订版所增补的绩效指标也应符合同样的标准并遵循同样的描述框架。

4.1.4 为了涵盖图书馆其他活动和服务项目或出于某一特定目的,可以制定新的或可选择的图书馆绩效指标。这些绩效指标也应依照4.2和4.3的规定进行评估和描述(见第5章)。

注:需要注意的是,这些指标要单独描述,独立于其他指标。这并不意味着这些指标要孤立地使用。正如大多数手册所示,在采集数据时,很多情况下同时为两个或更多的指标采集数据才是切实可行的。

4.2 标准

4.2.1 依照本标准的要求,一项图书馆绩效指标必须经过全面测试、验证并(最好是)在文献中经过充分的论证。已被图书馆界广泛使用的绩效指标,即使尚未经过明确论证,也可以被接受。

4.2.2 测试绩效指标时宜遵循以下标准:

a) 内涵丰富。绩效指标必须内涵丰富才能作为工具来评估图书馆的某项活动,确认取得的成绩,指出存在的问题和不足,以便采取有效措施加以补救。绩效指标也应该能为决策提供信息,例如目标设定、预算分配、确定服务和活动的轻重缓急等。

b) 可靠性。绩效指标必须是可靠的,当在相同情况下重复运用时能始终如一地产生相同的结果。

注1:绩效指标反映了数据的内在多变性,例如借阅活动中季节性的变化和波动,这种情况并不意味着绩效指标本身是不可靠的。

c) 有效性。绩效指标应该在测度想测度的内容上是有效的。

注2:有些绩效指标是间接的绩效指标或者只是粗略的评估,这种情况并不意味着这些绩效指标是无效的。

d) 适用性。绩效指标应适用于它的预设目的。也就是说,计量单位和规模应相匹配,执行评估程序所必需的操作应与图书馆的工作流程及物理布局等相一致。

e) 实用性。绩效指标必须是实用的,就是说,评估指标利用了图书馆所产生的数据,就能够衡量一定的努力程度,如员工时间、员工素质、运行成本及用户时间与耐心。

如果打算将绩效指标用于图书馆间的比较,适于采用4.2.2f)。

f) 可比较性。图书馆绩效指标允许用于图书馆之间的比较。在考虑分值准确的情况下,如果分值相同即说明被比较的图书馆在服务质量或效率方面处于相同水平(见5.3.5)。

注3:确保被测评的活动是可比的,这一点极其重要。

注 4：可以按绩效指标的分值对各图书馆进行排名，但如果一个图书馆的分值为另一个图书馆的两倍，即认为其绩效就是那个图书馆的两倍则缺乏充分的依据。

4.3 描述框架

4.3.1 概述

附录 B 中的绩效指标按以下框架进行描述，在制订新的或可供选择的绩效指标时也宜按这个框架进行描述。

4.3.2 平衡记分卡方法

本标准中绩效指标的表述依照平衡记分卡方法(见参考文献[11])。依照此方法形成了绩效指标描述框架的四个主要评估方面。

a) 资源、获取和基础设施：评估图书馆资源和服务的满足率和可获得性(例如员工、文献数量、公用工作站)的绩效指标。

b) 利用：评估图书馆资源和服务的使用情况(例如：图书馆资料借阅、电子资源下载和设备使用)。

c) 效率：评估资源和服务的效率(例如借阅、电子资源访问或下载的平均成本；获取或加工文献的时间；正确回答率)的绩效指标。

d) 潜力与发展：评估图书馆在新增服务和资源方面的投入，以及获取充足发展资金的能力(例如，用于电子资源的经费和员工参加正式培训的次数)的绩效指标。

这一评估结构使得本标准的使用者能够通过绩效指标的内容和类型来辨识绩效评估的主要方面。这些绩效指标可根据服务和资源 5 个方面(馆藏、获取、设施、员工和总体情况)来进一步细分。

4.3.3 绩效指标的描述

4.3.3.1 概述

每一个绩效指标的描述应如 4.3.3.2～4.3.3.9 中所示。

4.3.3.2 名称

每一个绩效指标应有唯一描述性的名称。

4.3.3.3 目的

每一个绩效指标都应有一个明确的目标，以对所评估的各项服务、活动或资源利用给予说明。

4.3.3.4 绩效指标的适用范围

适用范围应说明绩效指标所适用的图书馆的类型。

适用范围可以说明绩效指标是否适用于图书馆间的比较以及与之相关的局限性。

适用范围可以包括绩效指标应用中的其他局限性。

注：适用范围的陈述可能包括绩效指标适于应用的条件、场合和情形。例如，可能说明该指标是否只适用于评估馆藏的特定部分，如外借馆藏或参考工具书；是否既适用于评估作为一个整体的图书馆服务和活动，也适用于评估图书馆的部分服务和活动；是否用于表明服务对象和成员用户组成部分之间的不同。

4.3.3.5 绩效指标的定义

每个绩效指标都应根据所采集的数据或数据之间确立的关系给出唯一定义。

表述中宜对用于绩效指标定义中而在本标准中其他地方又未予定义的专用术语进行定义。用于描述所采用方法的说明中所用专用术语亦同。

无歧义的常用术语不必定义。

4.3.3.6 方法

数据采集与计算过程应给予简要说明。

如果某种评估需要重复进行才能确定指标的数值，应给予明确的说明。

可以通过两种或两种以上等效的评估方法（如不同的数据和计算方法）来产生同一指标。

注：等效评估方法例如，采用总计与抽样，采用直接测量与基于不同数据的估算。

如果评估方法不止一种，就应该把最通用的方法列在最前面。评估方法的描述不应包括一般的统计方法，如抽样程序、抽样规模、估计置信区间和统计检验等。

如果采用问卷调查，评估方法的描述只包括所问的问题和所用的评分，不包括整个调查问卷设计的细节描述。

评估方法描述中应该尽可能说明在前期准备、数据收集和结果分析过程中所要做的工作。

4.3.3.7 说明及影响绩效指标的因素

解释性说明可以包括对绩效指标的使用结果加以说明的信息。

注：解释性说明在给出绩效指标全部数值范围的同时，也向本标准的使用者说明绩效指标的最高值、最低值或大多数状况下的理想值。

解释性说明可以包括预料到的可变性信息，如季节性变化或一天之中各时段的变化。为了有助于将绩效指标作为一种诊断工具，解释性说明也可以包括那些会对评估结果产生影响的图书馆内部和外部因素。用这种方式提供的信息有助于图书馆了解采取怎样的措施才能达到所期望的分值。

4.3.3.8 来源

参考文献提供了绩效指标的文献证明。宜明确说明本标准所采用的绩效指标是否已对来源文献中该绩效指标的描述进行了修订。

如果绩效指标名称与来源文献中的原名称不同，原名称置于参考文献后的圆括号之中。

参考文献可包括有关绩效指标应用、数据收集与分析方法等细节信息的文献。

4.3.3.9 相关绩效指标（可选择）

在适当的情况下，宜说明本项绩效指标与本标准中其他绩效指标之间的关系。

5 绩效指标的使用

5.1 总体思路

5.1.1 本标准提供的绩效指标能在图书馆评估中有效地发挥作用。在评估过程中，图书馆各项服务和活动的质量、效益以及资源利用效率将遵从图书馆自身的宗旨、目标和任务来评估。

5.1.2 绩效指标应与图书馆的整体规划和评价结合在一起。此外，评估宜定期进行。评估结果的公布方式应能影响图书馆的决策过程，并表明图书馆是怎样履行其宗旨的。

5.1.3 作为图书馆规划和评估的工具，绩效指标有两个主要任务。

a) 对管理过程进行监控；

b) 为图书馆员工、资助机构和用户群体之间提供参照与对话的基础，便于具有相同宗旨或任务的图书馆和信息服务机构进行对比分析。

5.1.4 近年来图书馆界采用了各种各样的绩效指标。有些绩效指标被广泛应用并成为惯例。应该看到,近年来为巩固在这一领域的研究成果所进行的种种尝试,促使业界同仁对建立一套绩效指标和如何在图书馆日常工作中加以实施达成了共识。

5.1.5 图书馆评估的领域将继续扩大。例如,近年来出现了基于效果的评估,以及在运用各种标准的环境下决定图书馆服务质量的新技术的涌现。这些评估的成果直接反映出图书馆需要向所服务群体证明其服务的价值、质量和影响。重要的是这些绩效指标的评估方法将会得到持续的关注、分析,并可能被收入本标准今后的修订版中。

5.2 绩效指标的选择

5.2.1 总的来说,本标准中提供的绩效指标对图书馆来说都是最有用的指标。本标准承认有很多不同类型的图书馆,其所处环境各异,服务于不同的用户群体,并有一系列的不同特性(如组织结构、资金来源和管理方法等),图书馆所能提供的服务和资源也会受到各种情境因素的影响。既然世界上的各种图书馆有很大的不同,所以要明白并非每个绩效指标对所有的图书馆都有用。最好把本标准中提供的绩效指标一览表看作是一份可供各类图书馆选用的绩效指标菜单。

5.2.2 图书馆在与主管机构和有关行政部门(如地方和国家政府)、用户以及其他资助人进行磋商时,需要决定哪些绩效指标最适合哪种特定的情况。这一决定应依据图书馆的宗旨、目标和任务来做出。例如,对公共基金资助的图书馆进行评估应放在公共政策发展的环境下进行。

希望所有利益相关的各方能对所采用绩效指标的适用性达成一致意见。

5.2.3 为了确定某一特定图书馆最适宜采用哪些绩效指标去进行数据采集、分析并在管理策略环境下加以解释,图书馆员工必须具备一系列技能。有些图书馆发现,在贯彻执行绩效指标之前,对员工进行培训和培养教育技能是重要和必要的。

5.2.4 在为某一特定图书馆选择绩效指标时,应考虑以下因素:

a) 所选绩效指标对图书馆管理、资助机构和成员用户是否有帮助;

b) 图书馆员工是否具备某些目前应当开展却没有开展的特殊活动或领域的知识,即使这只是员工的一种直觉,这就有了利用绩效指标找出存在问题的充足理由;

c) 图书馆员工为获取绩效指标能投入怎样的精力去采集和分析数据;绩效指标的获取需要花费员工的时间和各种资源,只有这些条件得到保障才会产生精确的绩效指标;图书馆员工还必须具有一系列统计程序方面的实用知识;

d) 外部行政管理部门是否要求图书馆对特定服务领域的数据进行报告,回答如果是肯定的,就要决定能否利用同一数据产生图书馆绩效指标。

本地因素可能对图书馆选择绩效指标产生重要影响。图书馆在选择绩效指标时应该做出明智的决定,以确保该绩效指标最大限度地帮助图书馆达到其所设定的目标和任务。

5.3 局限性

5.3.1 绩效指标分值的优化

图书馆绩效指标的使用者应当认识到,所有的绩效指标不可能同时达到最优化的分值。例如,一个图书馆可能取得了很高的用户满意度,但其用户人均支出费用必然增高。绩效指标的数值应按照图书馆期望达到的目标来解释,而不是简单地按照特定绩效指标的分值高低来解释。

5.3.2 准确度

对评估结果的解释应采取慎重态度,抽样失误、评测过程的主观因素或评测过程时间和所需资源的不足(如绩效指标 B.1.2.3 和 B.2.2.4),均会导致评估结果缺乏准确性。这也可能表明一些绩效指标本身具有不精确性(例如 B.2.1.1)。

注:在某些情况下,粗略的估计就足够了,过于追求精确度则会浪费精力。

5.3.3 用户技能与图书馆绩效

在某种程度上,用户是否具备有效利用图书馆的技能也会对图书馆绩效指标产生影响。例如,在一个图书馆中,用户对资源可获取性的满意度相当低,这可能表明几种情况,既可能是由于用户缺乏足够的知识去查找该图书馆文献,也可能是由于该图书馆没有足够的资源去满足用户需求。因此,对低分值应当进行必要的评估。根据评估结论,可能会建议图书馆采取必要的措施加强用户对图书馆活动的了解、提高用户利用图书馆的技能,也可能会建议通过改变借阅期限或增购复本来提高图书的可获取性。

5.3.4 图书馆资源与服务的关联

当绩效不佳时,似乎意味着需要增加资源来改进图书馆的服务,但并非必然如此。事实上,图书馆的资源和服务质量之间可能没有如此强烈的关联。员工的能力、管理方法及各种其他因素,包括增加资源的因素,都可能对不同图书馆服务质量的提高产生不同程度的影响。

5.3.5 绩效指标数据的可比性

使用绩效指标数据的首要目的就是自我诊断,这可能包括同一图书馆不同年度的绩效比较。第二个目的是鼓励不同图书馆之间进行有益的比较。规范化的绩效指标和数据采集程序有助于完成这个评估过程。然而,此类的比较应考虑各馆的下列情况:

a) 宗旨、目标和任务;

b) 绩效指标的实施范围;

c) 资源;

d) 用户群体;

e) 管理结构;

f) 工作流程。

如果对不同图书馆之间绩效指标的分值进行比较,须十分谨慎并充分意识到这种比较存在的局限性(见 4.2.2 f))。

附 录 A
(规范性附录)
图书馆绩效指标一览表

表 A.1 列出的是通过平衡记分卡法确认的图书馆普遍开展的活动和服务。本标准中描述的图书馆绩效指标按其与活动或服务的关系分组列出。表 A.1 中分类列出的每个绩效指标在附录 B 中都有描述。标记符号的设计便于将来增补各种活动和绩效指标。

注:图书馆现行的若干绩效指标在此没有描述。

表 A.1 图书馆普遍开展的活动和服务的绩效指标

对应标号	绩效指标	描述/任务
B.1	资源、获取和基础设施	测度图书馆资源和服务的满足率和可获得性(例如,员工、文献、公用工作站)
B.1.1	馆藏	
B.1.1.1	所需文献可获得性	评估当有用户需求时,图书馆馆藏文献或者被授权使用文献的实际可获取程度
B.1.1.2	所需文献占馆藏的比率	评估用户需要的文献在多大程度上是图书馆所拥有的。这个指标也可以评估图书馆馆藏对用户需求的满足程度
B.1.1.3	主题目录检索成功率	评估用户用图书馆的目录按照主题检索的成功率,并告知用户在何处以及如何查找有关某个主题的信息
B.1.1.4	被拒会话比率	确定是否有足够的授权电子数据库满足用户的需求
B.1.2	获取	
B.1.2.1	排架准确性	评估图书馆目录中所记录的文献在架上正确位置的程度
B.1.2.2	闭架书库索取文献时间的中位数	评估检索系统的有效性
B.1.2.3	馆际互借速度	评估从发出馆际互借或文献传递请求发出到收到所请求文献的时间间隔
B.1.2.4	馆际互借成功率	评估实际满足的馆际互借或者文献传递请求占所有馆际互借或者文献传递请求的百分比
B.1.3	设施	
B.1.3.1	千人人均公用工作站数	评估所提供的每 1 000 个成员用户中可使用的工作站的数量
B.1.3.2	人均可使用工作站时数	通过计算一个工作站在一年中可以给一定数量的人群提供服务的平均小时数来评估工作站的利用率
B.1.3.3	用户人均面积	评估图书馆作为一个学习、开会的场所以及学习中心的重要性,并说明图书馆对这些任务的支持程度
B.1.3.4	千人人均座位数	评估图书馆给每 1 000 个成员用户所能提供的在图书馆中学习、阅读或工作的座位数
B.1.3.5	实际开放时间与需要开放时间之比	评估图书馆开放时间符合用户需要的程度

表 A.1(续)

对应标号	绩效指标	描述/任务
B.1.4	员工	
B.1.4.1	用户千人拥有图书馆员工数	评估每1 000个成员用户有多少员工为其服务。成员用户的数量可以参照工作量按比例估算
B.2	利用	测度图书馆资源和服务的使用情况(例如,图书馆资料借阅、电子资源下载和设备使用)
B.2.1	馆藏	
B.2.1.1	馆藏流通率	评估馆藏的总体利用率。这个指标也可以用来评估图书馆馆藏对所服务人群的满足率
B.2.1.2	人均借阅量	评估服务人群对图书馆馆藏的使用情况。这个指标也可以用来评估馆藏质量和图书馆提高馆藏利用率的能力
B.2.1.3	呆滞馆藏率	评估在指定的时段内没有被使用的馆藏的数量。这个指标也可以用来评估馆藏对所服务人群的满足率
B.2.1.4	人均内容单元下载量	评估用户是否在电子资源中找到了所感兴趣的资料
B.2.1.5	馆内人均使用量	评估在图书馆内资源的使用量
B.2.2	获取	
B.2.2.1	人均到馆率	评估图书馆各种服务成功吸引用户的程度
B.2.2.2	通过电子方式提交信息请求的比率	评估通过电子的方式(例如电子邮件、数字参考咨询)提交信息请求的比例
B.2.2.3	外部用户比率	评估图书馆服务人群之外的用户占图书馆用户的百分比,以此评估图书馆在该区域的学习和文化中的重要性。同时,该绩效指标可以评价一个图书馆在其服务区域外的影响力或者吸引力
B.2.2.4	外部用户借阅率	评估图书馆对外部用户的服务程度。表明的图书馆馆藏对外部用户的吸引力
B.2.2.5	用户人均参加图书馆活动次数	评估图书馆活动对其服务人群的吸引力
B.2.2.6	用户人均参加培训次数	评估图书馆通过其服务方面的培训成功接触用户的情况
B.2.3	设施	
B.2.3.1	公共座位利用率	通过估算在任意特定时间内公共座位数使用的比例,评估图书馆提供的用于阅读和工作的公共座位的使用率
B.2.3.2	工作站利用率	通过估算在任意特定时间内工作站使用的比例,评估图书馆提供的工作站的使用率
B.2.4	总体情况	
B.2.4.1	服务目标人群比率	评估图书馆服务于目标人群的成功率
B.2.4.2	用户满意度	评估用户对图书馆整体或各种服务的满意程度
B.3	效率	评估资源和服务的效率(例如,借阅、电子资源访问或下载的平均成本;获取或加工文献的时间;正确回答率)

表 A.1（续）

对应标号	绩效指标	描述/任务
B.3.1	馆藏	
B.3.1.1	借阅平均成本	根据借阅量评估图书馆服务成本
B.3.1.2	数据库访问平均成本	根据数据库访问的数量评估一个数据库的访问成本
B.3.1.3	内容单元下载平均成本	根据内容单元的下载数量评估电子资源的合同成本
B.3.1.4	到馆服务平均成本	根据图书馆到馆人数评估图书馆服务的成本
B.3.2	获取	
B.3.2.1	文献采访时间的中位数	从速度方面评估提供图书馆资源的供应商的工作效率
B.3.2.2	文献加工时间的中位数	根据速度评估不同加工方法的有效程度
B.3.3	员工	
B.3.3.1	开展用户服务的员工占员工总数的比率	评估相对于后台服务，图书馆在公共服务方面的人员投入程度
B.3.3.2	回答正确率	评估员工能提供好的咨询服务或提供正确的咨询答案的程度
B.3.3.3	文献采访支出与员工成本比率	计算文献采访支出与员工成本的比，用于评估图书馆是否将其收入的一部分用于馆藏建设
B.3.3.4	员工文献加工能力	评估一定时间内（通常是一年）每一位员工加工文献（印刷本和电子文献）的平均数量
B.3.4	总体情况	
B.3.4.1	用户人均成本	根据用户数量评估图书馆的服务成本
B.4	潜力与发展	评估图书馆通过投入新增服务和资源，获取充足发展资金的能力（例如，用于电子资源的经费和员工参加正式培训的次数）
B.4.1	馆藏	
B.4.1.1	图书馆用于购买电子资源的支出占图书馆文献采访总支出的比率	评估图书馆建设电子馆藏的力度
B.4.2	员工	
B.4.2.1	提供电子服务的员工占员工总数的比率	评估图书馆中为电子服务提供技术支撑而投入的人力资源程度
B.4.2.2	员工接受正规培训人均时数	评估图书馆员工通过参加培训提高技能的状况
B.4.3	总体情况	
B.4.3.1	图书馆通过专项拨款或创收获得的经费比率	评估图书馆成功获得的额外资金的情况
B.4.3.2	资助机构拨付给图书馆的经费的比率	测度图书馆（以经费形式）对资助机构的重要程度和得到支持的程度

附 录 B
（规范性附录）
图书馆绩效指标描述

本附录中提到的绩效指标见表A.1。

B.1 资源、获取和基础设施

B.1.1 馆藏

B.1.1.1 所需文献可获得性

B.1.1.1.1 目的

评估当有用户需求时，图书馆馆藏文献或者被授权使用文献的实际可获取程度。

B.1.1.1.2 适用范围

适用于所有图书馆。参考工具书和外借馆藏宜分别测度。

本指标可用于对特定的馆藏、学科领域、分馆或者不同时间段的文献的可获得性进行评估。可对图书馆中每个特定范围的绩效指标分值进行比较，以观察其文献的可获得性是否有明显差异。

如果计算方法相同，本指标可用于宗旨相同的图书馆之间的比较。

B.1.1.1.3 指标定义

至少一个用户需要，且立即可获得印刷或电子格式的图书馆馆藏文献的百分比。

本指标中“可获得”是指文献的一个或多个复本可供用户借阅、馆内阅览或下载。从闭架库索取的文献复本也计算在内。

正在处理中（如编目、分类、装订、重新排架等）的复本，以及因偷盗、上错架等原因无法找到的复本，按不可获得计算，但其数量包括在总馆藏量中。另外，作为电子馆藏的一部分的文献，在用户需要时不可获得（例如并发使用，系统宕机）的，按不可获得计算，但其数量包括在总馆藏量中。

如果馆藏总量中包括期刊、图书、电子期刊或电子图书以及其他编目文献或资源中的单篇文献，本指标所指馆藏也包括这些单篇文献。必须对馆藏所包括的内容做明确说明。

B.1.1.1.4 方法

从印刷或电子格式的图书馆馆藏文献或被授权使用的文献中对至少一位用户需要的文献进行随机抽样。记录样本中的每种文献是否有一个可获得的复本。如果是粗略测评，只核对图书馆的馆藏记录即可，更为精确的测评则需要核对实际的复本数。

所需文献可获得性 I_{RTA} 的计算公式为：

$$I_{\mathrm{RTA}} = A/B \times 100$$

其中：

A ——样本中可获得的所需文献数量；

B ——样本中所需文献的总量。

I_{RTA} 按四舍五入法取整数。

所需文献的随机样本可通过以下两种方式得到：

a) 随机询问用户，了解其所需的图书馆印刷型或电子型馆藏，去除图书馆没有收藏或未授权使用的文献。样本仅包括特定题名的所需文献，不包括按主题搜寻的文献。样本中应去除重复的文献。为了得到真实的随机样本，应选取每个用户所需的所有文献，或者应从每个用户中随机选择一种文献。

b) 在实际借阅记录、异地检索请求、流通催还和馆内利用文献中进行随机抽样，去除重复的文献。

注：这种方法对用户干扰较小，但只反映了登记在借阅记录中的已经获得的文献的用户请求。在有些情况下，其测算结果也是令人满意的。

对于用户需求随季节性等因素变化明显的图书馆，可以通过测度各时段内所需文献的可获得性，然后计算平均可获得性。

如果参考工具书和外借文献混在一起，计算时最好剔除参考工具书。

B.1.1.1.5 说明及影响指标的因素

本指标是 0～100 之间的整数，评估随机抽取的用户需要的图书馆馆藏文献或授权使用文献可获取的可能性。分值高表明可获得性高。

有些图书馆的用户需求可能有明显的季节性变化，一个星期或一天内的情况也可能变化。

本指标受一些因素的影响，最显著的是以下几点：

——每种文献的复本量，尤其是那些需求量大的文献；

——与用户需求有关的馆藏的结构；

——图书馆的标准借阅期限，需求量大的文献的特殊借阅期限及可借阅文献的册数；

——统计期间电子馆藏的可获取数量；

本指标也会受到一些次要因素的影响，例如用于装订或其他加工处理过程中的文献数量、上架的速度等因素。

B.1.1.1.6 来源

更详细的信息见下列参考文献：

——[18], p. 300；

——[24], pp. 84-89 (“Availability”)；

——[29], pp. 60-71 (“Materials Availability”)。

B.1.1.1.7 相关指标

见“所需文献占馆藏的比率”(B.1.1.2)。

B.1.1.2 所需文献占馆藏的比率

B.1.1.2.1 目的

评估用户所需要的文献在多大程度上是图书馆所拥有的。本指标也可以评估图书馆馆藏对用户需求的满足程度。

B.1.1.2.2 适用范围

适用于所有图书馆。

本指标可用于对特定的馆藏、学科领域、分馆或不同时间段的文献进行评估。可对图书馆中每个特定范围的绩效指标分值进行比较，以观察其是否有明显差异。

本指标可用于任务相同的图书馆之间的比较。

B.1.1.2.3 指标定义

至少有一个用户所需的文献被图书馆收藏的百分比。

在调查之前已经出版且被图书馆订购、但尚未到馆的文献，应计入馆藏。

如果馆藏总量中包括期刊或图书中的单篇文献，本指标所指馆藏也包括这些单篇文献。必须对馆藏所包括的内容做明确说明。

B.1.1.2.4 方法

通过询问样本用户在图书馆查找文献的情况，对至少有一位用户需要的文献随机抽样。样本仅包括特定题名的文献，不包括按主题搜寻的文献。

注：除非每位用户只需要一种文献，否则这种方法并非真正的随机抽样。在大多数情况下，将用户提及的全部文献作为样本，评估结果也会令人满意。

对样本中的每一种文献，记录下图书馆是否拥有一个复本。

所需文献占馆藏的比率 I_{RTC} 的计算公式为：

$$I_{RTC} = A/B \times 100$$

其中：

A ——用户需要的样本文献已被图书馆收藏的数量；

B ——用户需要的样本文献的总量。

I_{RTC} 按四舍五入法取整数。

B.1.1.2.5 说明及影响指标的因素

本指标是 0～100 之间的整数，评估用户需要的文献被图书馆收藏的可能性。分值高表明馆藏较好地适应用户的需求。

注：分值低除了表明馆藏不能很好地适应用户的需求，也可能表明用户对馆藏文献的学科覆盖范围的理解有误。这类问题可通过提升图书馆服务来解决。

图书馆类型的不同(如专业图书馆或综合性图书馆、学术图书馆或公共图书馆等)，该指标测算的结果也会不同。

B.1.1.2.6 来源

更详细的信息见参考文献[24]，pp. 84-89 (Included in “Availability”: called “Acquisition Rate” or “Ratio of Acquired items to Sought items”)

B.1.1.2.7 相关指标

见“所需文献可获得性”(B.1.1.1)。

B.1.1.3 主题目录检索成功率

B.1.1.3.1 目的

评估用户用图书馆的目录按照主题检索的成功率，并告知用户在何处以及如何查找有关某个主题的信息。

B.1.1.3.2 适用范围

适用于拥有主题目录或分类目录的所有图书馆。

进行比较的图书馆须使用相同的编目著录规则和相似的目录形式，通常是联机目录。

注：联机目录提供的关键词或主题检索，相当于主题目录。

B.1.1.3.3 指标定义

用户通过检索主题目录而得到的、且与其所需主题匹配的文献的百分比。

B.1.1.3.4 方法

B.1.1.3.4.1

用户在目录中检索特定主题时，会被要求在表格中填写下列内容：

a) 简述所要查询的主题；

b) 所参考的主题词或代码符号；

c) 按照主题词或代码符号查到的相关文献；

d) 用户的身份(可选项)。

为了明确界定用户所要查询的主题，有必要在用户填完调查表后，增加一个用户访谈。用户开始时可能会使用宽泛的术语或上位类分类号，面谈有助于准确界定用户所期望的主题。然后，由图书馆员工反复进行主题检索，以检查是否考虑到了所有与用户所需主题相匹配的主题词或代码符号。排除用户确定的过于泛指或过于专指的主题词。最后，计算用户通过上述主题词或代码符号所查到的所有相关文献的数量。

B.1.1.3.4.2

用户的主题检索过程还可以通过事务日志进行分析。使用这种方法时，必须考虑保护用户数据。在特定情况下，允许通过事务日志跟踪个人检索，确认最终要求借阅的文献或要求下载的电子资源。这种方法可提供检索过程及检索失败等方面的有用信息。

同样，为了明确界定用户所要查询的主题，有必要进行面对面或在线形式的交流。然后，图书馆员工重新检索，以检查是否考虑到了所有与用户所需主题相匹配的主题词或代码符号。排除用户确定的过于泛指或过于专指的主题词。最后，计算用户通过上述主题词或代码符号所查到的所有相关文献的数量。

B.1.1.3.4.3

对 B.1.1.3.4.1 和 B.1.1.3.4.2 的方法，主题目录检索成功率 I_{SSSR} 的计算公式为：

$$I_{SSSR} = A/B \times 100$$

其中：

A——用户查到的与所需主题相匹配的文献数量；

B——目录中实际标引了的与用户所需主题相匹配的文献数量。

I_{SSSR} 按四舍五入法取整数。

B.1.1.3.5 说明及影响指标的因素

本指标是 0～100 之间的整数。

成功率受用户的能力水平影响。成功率低表明图书馆向用户提供的信息、用户界面或 OPAC 检索系统存在不足。也可能反映主题目录规则与用户检索模式不相匹配。

由此，可能的管理决策如下：

——完善帮助信息；

——在用户教育中专设有关主题目录的信息；

——增加"参见"条目或附加主题款目；

——如果可能，修改编目规则。

如果调查表中登记了用户身份，可针对特定的目标用户群体进行评估。指标结果可能受到季节性变化的影响，如大量新用户到馆的时期。确定文献是否与用户所需主题相匹配，也受到图书馆员工的沟通能力和检索技能等因素的影响。

B.1.1.3.6 来源

更详细的信息见下列参考文献：

——[24]，pp. 73-76（"Subject Search"）；

——[21]，pp. 181-206。

B.1.1.4 被拒会话比率

B.1.1.4.1 目的

确定是否有足够的授权电子数据库满足用户的需求。

B.1.1.4.2 适用范围

适用于拥有授权电子数据库的所有图书馆。

B.1.1.4.3 指标定义

特定时间段内，每个授权数据库的被拒会话占所有会话请求的百分比。

图书馆员工的会话请求和用户培训中发生的会话计算在内。

因为错误的密码或用户身份认证而产生的被拒会话不计算在内。

B.1.1.4.4 方法

计算特定时间段内，一个数据库中的所有会话请求数量和不成功的请求的数量。

被拒会话比率 I_{RS} 的计算公式为：

$$I_{RS} = A/B \times 100$$

其中：

A——特定时间段内一个授权数据库的所有被拒会话的数量；

B——特定时间段内一个授权数据库的所有被拒会话和成功会话的数量总和。

I_{RS} 按四舍五入法取整数，小于 10 的保留一位小数。

B.1.1.4.5 说明及影响指标的因素

本指标是 0～100 之间的整数。分值高表明授权数量不能满足用户的需求。

对每个数据库，本指标宜单独计算。计算所有数据库的整体数值没有意义。

B.1.1.4.6 来源

更详细的信息见下列参考文献：

——[3]，(PI 10)。

B.1.1.4.7 相关指标

见“所需文献可获得性”(B.1.1.1)。

B.1.2 获取

B.1.2.1 排架准确性

B.1.2.1.1 目的

评估图书馆目录中所记录的文献在架上正确位置的程度。

B.1.2.1.2 适用范围

适用于所有图书馆。

本指标可用于对特定的馆藏、学科领域或分馆进行评估。可对图书馆中每个特定范围的绩效指标分值进行比较，以观察其是否有明显差异。

进行图书馆之间的比较应考虑各图书馆馆藏量和利用频率的差异。

B.1.2.1.3 指标定义

特定时间段内，图书馆目录中所记录的文献在架上正确位置的百分比。

图书馆记录中登记为不在架的文献，如外借中，下架装订或修复，或注明丢失的文献，不计入样本。

B.1.2.1.4 方法

B.1.2.1.4.1 用排架清单帮助检查书架的随机样本。记录清单中的每种文献是否在正确的架位上。对所有架上找不到的文献，检查图书馆记录中是否登记为不在架。

开架借阅区的书架宜在闭馆时间检查，以便将那些馆内阅览的文献包括在内。

排架准确性 I_{SA1} 的计算公式为：

$$I_{SA1} = A/B \times 100$$

其中：

A——排架正确的文献数量；

B——所有样本文献的数量(不包括图书馆记录中登记为不在架的文献)。

I_{SA1} 按四舍五入法取整数。

注：不在架的数量包括放错位置的和被偷的文献，如果后者在图书馆记录中未注明为丢失的话。这里假定正确排架意味着巡架频繁，这样如有遗失很快会被注意到。

B.1.2.1.4.2 检查馆藏中的书架样本。记算每个样本书架上的文献数量。记录排错架的所有文献，不论排错的位置与正确位置的远近。开架借阅区的书架宜在闭馆时间检查，以便将那些馆内阅览的文献包括在内。

排架准确性 I_{SA2} 的计算公式为：

$$I_{SA2} = (A - B/A) \times 100$$

其中：

A——调查期间书架上的文献总数量；

B——书架上放错位置的文献数量。

I_{SA2} 按四舍五入法取整数。

注：估算时，采用 B.1.2.1.4 的方法就足够了。

B.1.2.1.5 说明及影响指标的因素

本指标是0～100之间的整数。分值高表明排架准确性高。排架准确性受一些因素的影响，最显著的有以下几点：

——巡架的频率；

——归架速度。

本指标也可反映出分类体系或其他排架定位体系对用户来说不够透明和不易使用，或者反映出需要一种保障机制。

如果图书馆有部分馆藏闭架，部分馆藏开架借阅，或者各部分馆藏之间使用差异较大，宜针对馆藏的不同部分分别评估排架准确性，因为开架借阅区的文献和使用频繁的文献更容易放错架。

B.1.2.1.6 来源

见参考文献[15]，pp. 129-146 ("Shelf Availability"; includes shelf accuracy in the context of an availability study)，以获得更多信息。

B.1.2.1.7 相关指标

见"所需文献可获得性"(B.1.1.1)。

B.1.2.2 闭架书库索取文献时间的中位数

B.1.2.2.1 目的

评估检索系统的有效性。

B.1.2.2.2 适用范围

适用于拥有闭架书库的所有图书馆。

进行图书馆之间的比较应考虑不同图书馆的馆舍和图书传送等当地环境情况。

B.1.2.2.3 指标定义

从用户向闭架书库提出索取文献的请求时起，到得到文献为止所需时间的中位数。

B.1.2.2.4 方法

对用户提出请求的图书馆闭架库馆藏文献进行随机抽样。

对每个请求的提交日期和时间以及用户拿到文献的时间进行登记。将用户获取文献的时间减去提交请求的时间，根据情况用分钟或小时作为适合的计量单位。

按索取到文献所耗时间数值的升序排列，闭架书库索取文献时间的中位数即为全部时间序列位置正中间的数值。如果请求样本为偶数，时间的中位数为全部时间序列中间两个数值的平均值，精确到分钟。

样本的抽取可按下述两种不同方法进行：

a) 从没有借出的馆藏文献中抽样，在抽样期间由调查人员或其委托人按随机时间提出索取文献的请求，记录提交请求的时间；

b) 以用户拿到闭架库文献时，真实的获取时间作为样本。本方法假定提交索取文献请求的日期和时间已作为常规工作的一部分记录在案。

注：不成功的索书申请因无法确定用户拿到文献的时间而不计算在内。

B.1.2.2.5　说明及影响指标的因素

本指标为无上限的实际时间，用分钟或小时和分钟表示。

索取文献所需时间短则被认为绩效优良，索取时间受到索取文献请求高峰时段的影响。

B.1.2.2.6　来源

更详细的信息见下列参考文献：

——[25]，pp. 202-205（"Lending Speed"）；

——[30]，pp. 112-113（items F 94，F 96，F 97，F 98）。

B.1.2.2.7　相关指标

见"馆际互借速度"(B.1.2.3)。

B.1.2.3　馆际互借速度

B.1.2.3.1　目的

评估从发出馆际互借或文献传递请求到收到所请求文献的时间间隔。

B.1.2.3.2　适用范围

适用于提供馆际互借和文献传递服务的所有图书馆。

包括获准向馆外出借文献的馆际互借。

包括文献传递。

B.1.2.3.3　指标定义

从图书馆员工接到请求到成功完成馆际互借或文献传递的小时数。

当文献由出借图书馆传递到发出请求的图书馆时，一个请求完成。

按图书馆工作时间（开馆办理相关业务的时间，排除周末、节假日或其他图书馆闭馆的天数）计算所需的时间。

馆际互借或文献传递请求指一个图书馆向该图书馆行政管理单位之外的图书馆提供文献的返还式出借或非返还式传递。

接收时间是指出借图书馆收到请求的时间和日期。

递到时间是指文献传递到发出请求的图书馆的时间和日期。

B.1.2.3.4　方法

馆际互借速度 I_{SIL} 的计算公式为：

$$I_{SIL} = A/B$$

其中：

A——完成特定数量的馆际互借或文献传递请求的总小时数；

B——A 中馆际互借和文献传递请求的总数量。

去除图书馆闭馆的天数。I_{SIL} 按四舍五入法取整小时数。

推荐用"典型周"方法取样。"典型周"是指既不特别忙碌也不特别清闲的时间。避免节假日、图书馆界或该图书馆中发生特别事件的时间。可选择图书馆正常开馆的一周。

如果选用"完整计数"方法，可每月收集数据以降低员工分析结果的负担。

B.1.2.3.5 说明及影响指标的因素

本指标是无上限的正实数。

分值低通常被认为绩效优良,可使图书馆了解其对流程的组织是否有效。

本指标受图书馆内在因素的影响。员工安排、馆藏量、图书馆闭馆天数、传递是否耽搁等因素都会显著影响评估分值。

本指标应依据图书馆的宗旨和任务来评判。

B.1.2.3.6 来源

见参考文献[11],(4.3),以获得更多信息。

B.1.2.3.7 相关指标

——见“馆际互借成功率”(B.1.2.4);

——见“闭架书库索取文献时间的中位数”(B.1.2.2)。

B.1.2.4 馆际互借成功率

B.1.2.4.1 目的

评估实际满足的馆际互借或者文献传递请求占所有馆际互借或者文献传递请求的百分比。

B.1.2.4.2 适用范围

适用于提供馆际互借和文献传递服务的所有图书馆。

包括获准向馆外出借文献的馆际互借。

包括文献传递。

不包括与同一个图书馆管理单位间的资源共享。

B.1.2.4.3 指标定义

一个图书馆向该图书馆行政管理单位之外的图书馆成功完成文献的返还式出借或非返还式传递的百分比。

成功完成一次馆际互借或文献传递是指被请求的文献传递到发出请求的图书馆。

传递包括利用各种途径递送文献资源,如传真、数字图片、PDF、邮局或其他外部传递服务形式。

B.1.2.4.4 方法

馆际互借成功率 I_{SuIL} 的计算公式为:

$$I_{SuIL} = A/B \times 100$$

其中:

A——成功完成馆际互借和文献传递请求的次数;

B——所有馆际互借和文献传递请求的次数。

I_{SuIL}按四舍五入法取整数。

向负责馆际互借的图书馆部门收集数据。

需要计算所有馆际互借请求和成功完成的馆际互借请求的总数量。

如果图书馆拥有自动统计馆际互借和文献传递请求及成功完成这些事务的工具,则很容易得到这些数据。

推荐用“典型周”方法取样。“典型周”是指既不特别忙碌,也不特别清闲的时间。避免节假日,图书馆界或该图书馆中发生特别事件的时间。可选择图书馆正常开馆的一周。

B.1.2.4.5 说明及影响指标的因素

本指标是0～100之间的整数。

分值高通常被认为绩效优良。是衡量图书馆馆藏质量的一个指标,也可表明该图书馆在图书馆界的重要性。

本指标受数据收集期间文献较高的借出或不可出借比例的影响。

本指标应依据图书馆的宗旨和任务来评判。

B.1.2.4.6 来源

见参考文献[11],(3.0),以获得更多信息。

B.1.2.4.7 相关指标

见“馆际互借速度”(B.1.2.3)。

B.1.3 设施

B.1.3.1 千人人均公用工作站数

B.1.3.1.1 目的

评估所提供的每1 000个服务人群中可使用的工作站的数量。

B.1.3.1.2 适用范围

适用于有明确服务群体的所有图书馆。

进行图书馆之间的比较应考虑图书馆任务和用户的差异,且说明使用的是相同类型的工作站(例如,互联网访问、单机、只读光盘(CD-ROM)、联机目录等)。

对联网的和不联网的工作站可分别统计。

B.1.3.1.3 指标定义

每1 000个图书馆成员用户平均可使用的工作站数量。

不包括预留给工作人员使用的工作站。期望图书馆对连接互联网的工作站数量单独统计。

B.1.3.1.4 方法

记录图书馆中用户可使用的公用工作站数量。

千人人均公用工作站数 I_{PAWC} 的计算公式为:

$$I_{PAWC}=A/B\times 1\ 000$$

其中:

A——公用工作站数量;

B——服务的人群数量。

I_{PAWC} 按四舍五入法取整数。

B.1.3.1.5 说明及影响指标的因素

本指标是无上限的正实数。分值高要好于分值低。用来测度图书馆提供给成员用户的设施的情况。

放置在图书馆之外其他地方的可使用的工作站数量会显著影响本指标的分值。

如果用户从其他地方的工作站可访图书馆的服务，或者图书馆提供无线网络服务，那么本指标分值低一些也没有太大影响。

B.1.3.1.6 来源

更详细的信息见下列参考文献：

——[2]，p. 28（改编自"Public access internet workstations in proportion to the legal service area population"）；

——[5]，p. 12（改编自"Total number of electronic workstations available to users per thousand population"）；

——[10]，p. 70（改编自"Number of students to a student workstation"）。

B.1.3.1.7 相关指标

——见"人均可使用工作站时数"(B.1.3.2)；

——见"工作站利用率"(B.2.3.2)。

B.1.3.2 人均可使用工作站时数

B.1.3.2.1 目的

通过计算一个工作站在一年中可以给一定数量的人群提供服务的平均小时数来评估工作台的利用率。

B.1.3.2.2 适用范围

适用于有明确成员用户的所有图书馆。进行图书馆之间的比较应考虑图书馆任务和用户的差异。对联网的和不联网的工作站可分别统计。

B.1.3.2.3 指标定义

一个工作站一年中可给成员用户中的一员提供服务的小时数。不包括预留给工作人员使用的工作站。

B.1.3.2.4 方法

记录图书馆的工作站数量、工作站可为用户提供服务的小时数以及成员用户的数量。准确记录不能工作或维修中的工作站的数量。为确保数据准确，应在典型工作日中随机选择时间进行统计。应从工作站总数量中扣除不能提供服务的工作站的平均数。工作站供用户使用的小时数一般与图书馆开馆小时数相同。

人均可使用工作站时数 I_{WHAPC1} 的计算公式为：

$$I_{\mathrm{WHAPC1}}=[(A-B)\times C]/D$$

其中：

A——工作站总数；

B——不能服务的工作站数量；

C——一年中工作站可为用户提供服务的小时数；

D——成员用户的数量。

如果图书馆中的部分工作站开放的小时数不同，这些工作站宜单独计算。

人均可使用工作站时数 I_{WHAPC2} 为：

$$I_{WHAPC2} = \{[(A_1 - B_1) \times C_1] + [(A_2 - B_2) \times C_2]\}/D$$

其中：

A_1——区域 1 的工作站总数；

B_1——区域 1 中不能服务的工作站数量；

C_1——区域 1 中的工作站一年中可为用户提供服务的小时数；

A_2——区域 2 的工作站总数；

B_2——区域 2 中不能服务的工作站数量；

C_2——区域 2 中的工作站一年中可为用户提供服务的小时数；

D——成员用户的数量。

I_{WHAPC2} 按四舍五入法取整数。

B.1.3.2.5 说明及影响指标的因素

本指标是无上限的正实数。其正常范围和图书馆的类型有关。可评估工作站为成员用户中每个人提供服务的平均小时数。分值越高，图书馆满足用户使用工作站需求的能力越高。

对学术性图书馆和专业图书馆，本指标受图书馆外其他地方的可用工作站数量的影响较为显著。

如果用户从其他地方的工作站可访图书馆的服务，或者图书馆提供无线网络服务，那么本指标分值低一些也没有太大影响。

B.1.3.2.6 参考文献

更详细的信息见下列参考文献：

——[3]，(P19)；

——[10]，p. 70（改编自“Hours of availability of open access workstations per student”）。

B.1.3.2.7 相关指标

——见“千人人均公用工作站数”(B.1.3.1)；

——见“工作站利用率”(B.2.3.2)。

B.1.3.3 用户人均面积

B.1.3.3.1 目的

评估图书馆作为一个研究、会议的场所以及学习中心的重要性，并说明图书馆对这些任务的支持程度。

B.1.3.3.2 适用范围

适用于拥有物理建筑的所有图书馆。

进行图书馆之间的比较应考虑图书馆宗旨和用户的差异。

B.1.3.3.3 指标定义

图书馆提供给成员用户的供用户使用面积的总和。

本指标所说的用户面积指为用户提供服务的净可用面积。包括阅览区、学习区、信息传递区、放置计算机终端和其他为用户提供服务的区域，以及作为用户服务区域整体一部分的开放库区（见ISO 2789）。

不包括一般情况下用户不可使用的区域。

B.1.3.3.4 方法

明确所服务的人群。

计算图书馆用户面积平米数和成员用户数量之间的关系。

用户人均面积 I_{UAC} 的计算公式为：

$$I_{UAC} = A/B$$

其中：

A——图书馆可为用户提供服务的面积的平米数；

B——成员用户。

I_{UAC} 按四舍五入法保留一位小数。

B.1.3.3.5 说明及影响指标的因素

本指标是无上限的实数。分值高通常被认为绩效优良。

本指标受图书馆在馆舍之外提供的研究、阅读、会议设施多少的影响。

B.1.3.3.6 来源

更详细的信息见下列参考文献：

——[6] (PI 1.1)；

——[25] pp. 46-50。

B.1.3.4 千人人均座位数

B.1.3.4.1 目的

评估图书馆给每 1 000 个成员用户所能提供的在图书馆中学习、阅读或工作的座位数。

B.1.3.4.2 适用范围

适用于有明确成员用户，配备了阅读和工作设备的图书馆。

B.1.3.4.3 指标定义

为每 1 000 个成员用户提供的可用公共座位的比率，不论这些座位是否配置了设备。

本指标所指座位包括研究包厢、研讨室、自习室、视听部和少儿部的座位。不包括专为员工使用的预留座位。

B.1.3.4.4 方法

明确图书馆内可以用于学习、阅读或工作的座位数。

千人人均座位数 I_{SC} 的计算公式为：

$$I_{SC} = A/B \times 1\,000$$

其中：

A——可用座位数；

B——成员用户的数量。

I_{SC}按四舍五入法取整数。

B.1.3.4.5 说明及影响指标的因素

本指标是无上限的整数。通常，较高的分值被认为绩效优良。

本指标受图书馆其他地方提供的研究、阅读或工作座位数的影响。

B.1.3.4.6 来源

更详细的信息见下列参考文献：

——[22]，3.3 a (variation of "Total Reading and Working Places")；

——[28] ，pp. 82-88(a special case of "Facilities Use Rate")。

B.1.3.4.7 相关指标

见：

——千人人均公用工作站数（B.1.3.1）；

——公共座位利用率(B.2.3.1)。

B.1.3.5 实际开放时间与需要开放时间之比

B.1.3.5.1 目的

评估图书馆开放时间符合用户需要的程度。

B.1.3.5.2 适用范围

适用于所有图书馆。

进行图书馆之间的比较应考虑图书馆宗旨和用户的差异。

本指标可用于不同的目标群体，如学生、教师、老年人。

本指标可用于分馆或图书馆非正常时间开放的部门。

B.1.3.5.3 指标定义

图书馆实际开放时间与用户期望开放时间之间的对比。

本指标中的开放时间，是指正常一周内图书馆提供主要服务(如参考咨询和借阅服务、阅览室)的时间。

B.1.3.5.4 方法

设计一个简单的调查表询问用户对图书馆开放时间的满意度，并且给出选项列举图书馆应该增加的开放时间。也可加入有关用户身份的问题，以便确定特殊用户群体的需要。

示例　调查示例：

您如何评价图书馆目前的开放时间？

[ ] 非常不满意

[ ] 不满意

[ ] 基本满意

[ ] 满意

[ ] 非常满意

请在相应的格子中画"O"，指出您期望的图书馆现有开放时间之外的时间。现有开放时间已经用"×"代表。

开放时间	每周开放时间						
	周一	周二	周三	周四	周五	周六	周日
0 点到 7 点							
7 点到 8 点							
8 点到 9 点	×	×	×	×	×		
9 点到 10 点	×	×	×	×	×		
10 点到 11 点	×	×	×	×	×	×	
11 点到 12 点	×	×	×	×	×	×	
12 点到 13 点	×	×	×	×	×	×	
13 点到 14 点	×	×	×	×	×	×	
14 点到 15 点	×	×	×	×	×	×	
15 点到 16 点	×	×	×	×	×	×	
16 点到 17 点	×	×	×	×	×	×	
17 点到 18 点	×	×	×	×	×	×	
18 点到 19 点	×	×	×	×	×	×	
19 点到 20 点	×	×	×	×	×		
20 点到 21 点	×	×	×	×	×		
21 点到 22 点	×	×	×	×	×		
22 点到 23 点							
23 点到 24 点							

在用户中抽取随机样本，并且请他们完整填写调查表。在适当情况下，图书馆可通过邮寄调查表、电子调查表或者电话调查来收集调查所需数据。在用户对图书馆服务的满意度的全面调查中也可加入该项调查。

如果图书馆在学期或假期的开放时间不同，建议对学期和假期中的开放时间分别进行调查。

实际开放时间与需要开放时间之比 I_{HOCD} 的计算公式为：

$$I_{HOCD}=A/B$$

其中：

A——当前开放时间；

B——用户提出的需要开放的时间(当前开放时间加上新增开放时间)。

如果图书馆每周开放 60 h，在调查表中，用户要求增加 10 h，分值应为 $I_{HOCD}=60/70=0.86$。

B.1.3.5.5 说明及影响指标的因素

本指标不仅说明用户是否需要图书馆增加开放时间，而且显示每天/每周内需要增加的具体时间。

如果不满意目前的开放时间，要求延长时间或者希望每天/每周内有不同的开放时间的被调查者占较高百分比时，图书馆应该对此做出反应，调整或者延长开放时间。这可能很难做到，尤其是如果用户要求在周末或晚间延长开放时间。

可以采用的解决方法就是开馆但是不提供所有服务，这样非专业馆员也可以在这些时间里保持图书馆的运转。

本统计指标会受到附近其他图书馆延长阅览和学习开放时间的影响。

预算和其他本地的因素可能影响图书馆满足用户增加开放时间的需求的能力。

B.1.3.5.6 来源

更详细的信息见下列参考文献：

——[9],p. 15 (“Opening Hours Compared to Demand”)；

——[25],pp. 54-59(“Opening Hours Compared to Demand”)。

B.1.4 员工

B.1.4.1 用户千人拥有图书馆员工数

B.1.4.1.1 目的

评估每 1 000 个成员用户有多少员工为其服务。成员用户的数量可以参照工作量按比例估算。

B.1.4.1.2 适用范围

适用于有明确成员用户的所有图书馆。

进行图书馆之间的比较应考虑图书馆宗旨和成员用户在社会经济因素方面的差别。

B.1.4.1.3 指标定义

图书馆员工数(包括学生助工和项目相关人员)和每 1 000 个成员用户的比例。

B.1.4.1.4 方法

获得包括学生助工和项目相关人员在内的员工(全时工作当量)数量。

将兼职员工转换成全时工作当量：

——年度受雇人数：每周工作时间除以每周正常的工作时间；

——非年度受雇人数：每周工作时间除以每周正常工作时间，然后乘以工作周数除以 52 的商；

用户千人拥有图书馆员工数 I_{LS} 的计算公式为：

$$I_{LS} = A/B \times 1\ 000$$

其中：

A——员工(全时工作当量)数量；

B——成员用户的数量。

I_{LS}按四舍五入法取整数。

B.1.4.1.5 说明及影响指标的因素

本指标是无上限的整数。

通常，较高的分值被认为绩效优良。本指标只可与评估服务质量和处理效率的指标共同(结合起来)考虑。

B.1.4.1.6 来源

更详细的信息见下列参考文献：

——[6],(PI 1.2)；

——[25],pp. 82-87。

B.2 利用

B.2.1 馆藏

B.2.1.1 馆藏流通率

B.2.1.1.1 目的

评估馆藏的总体利用率。这个指标也可以用来评估图书馆馆藏对所成员用户的满足率。

B.2.1.1.2 适用范围

适用于拥有借阅馆藏的所有图书馆。

本指标可用于对特定的馆藏、学科范围、分馆或者新采集的文献进行评估。可对图书馆中每个特定范围的绩效指标分值进行比较,以观察其流通率是否有明显差异。

本指标可用于具有相同使命(宗旨相同)的图书馆在同一时期内的比较。

B. 2.1.1.3 指标定义

在特定时期内(通常是一年),特定馆藏的借阅总量除以馆藏文献的总量。

B.2.1.1.4 方法

计算特定时期内特定馆藏被记录的借阅数量。

计算馆藏文献的总量。

馆藏流通率 ICT 的计算公式为:

$$\mathrm{ICT}=A/B$$

其中:

A——被记录的特定馆藏借阅数量;

B——特定馆藏文献总量。

ICT 按四舍五入法保留一位小数。

如果无法获得文献总量,可以用估计值来替代。估计值可以是排架目录的长度,或者是借阅馆藏所占用的书架的长度,乘以每单位长度预计平均文献数量。

如果参考工具书和外借文献混在一起,计算时应剔除参考工具书。

B.2.1.1.5 说明及影响指标的因素

本指标是无上限的实数。本指标的正常范围取决于图书馆的类型。本指标评估一年内馆藏文献的平均借阅次数,图书馆也可以评估其他时期内的流通量。分值越高,流通率就越高。

馆藏流通率受几个因素的影响,最显著的是以下几点:

a) 与用户需求相关的馆藏的结构,陈旧的或者不相称的资料所占馆藏比例越大,馆藏流通率越低;
b) 图书馆剔除废旧文献和不再需要的多余复本方面的政策;
c) 高需求文献的复本数;
d) 图书馆内借阅数量所占的比例。图书馆内使用比例高可能导致流通率低;
e) 图书馆标准借阅期限,需求量大的文献的特殊借阅期限及可借阅文献的册数;
f) 图书馆的宣传推广活动和员工在宣传推广方面的技巧;

g) 续借的方便程度。

如果图书馆流通系统可提供单个文献的数据，那么，可通过计算提供更多的细节：

——在特定时期内，没有使用的馆藏所占的百分比；

——在特定时期内，至少使用了一次的馆藏所占的百分比。

B.2.1.1.6 来源

更详细的信息见下列参考文献：

——[13], pp. 38-40；

——[20], p. 31 ("Circulation Rate")；

——[25], pp. 128-131 ("Collection Use")；

——[28], p. 47 ("Turnover Rate", Includes documents in reference collection)；

——[29], pp. 54-55 ("Circulation per Volume Held", given as a variation of "Circulation", On p. 60 also "Total Materials Use by Volume Held", given as a variation on "Total Materials Use" and including in-library use)。

B.2.1.2 人均借阅量

B.2.1.2.1 目的

评估成员用户对图书馆馆藏的使用情况。这个指标也可以用来评估馆藏质量和图书馆提高馆藏利用率的能力。

B.2.1.2.2 适用范围

适用于拥有借阅馆藏的所有图书馆。

本指标可用于对特定的馆藏、学科范围、分馆或者新采集的文献进行评估。可对图书馆中每个特定范围的绩效指标分值进行比较。

本指标可用于宗旨相同的图书馆在同一时期内的比较。

进行图书馆之间的比较应考虑图书馆的宗旨、社会经济因素和外借周期的差别。

B.2.1.2.3 指标定义

一年内外借总量除以成员用户数量。

B.2.1.2.4 方法

人均借阅量 I_{LPC} 的计算公式为：

$$I_{LPC} = A/B$$

其中：

A——一年内外借总量；

B——成员用户的数量。

I_{LPC} 按四舍五入法取整数，小于 10 的保留一位小数。

就该指标而言，图书馆提供的用作外借的复本可包括在内，图书馆舍内的借阅量要排除在外。当该指标用于图书馆之间的比较时，说明被包括和被排除的情况是十分重要的。

B.2.1.2.5 说明及影响指标的因素

本指标是为无上限的实数。

外借周期的变化或者是可同时外借的图书的数量变化会显著影响该指标。按照主题或借阅者的不同类型对该指标进行分析，将获得详细的资料。该指标也能被用来显示需求少或需求没有被满足的领域，以及使用情况可能增加的领域。

本指标只与外借情况相关，但却对许多不可控变量敏感。特别是，该指标会受到图书馆的学习条件，成员用户的文化程度、贫困程度和其他社会经济变量的影响。

该指标与图书馆员工推介馆藏的能力有很大的关系。

B.2.1.2.6 来源

见参考文献[28] pp. 42-44（"Circulation per capita"），以获得更多信息。

B.2.1.2.7 相关指标

见"馆内人均使用量"(B.2.1.5)。

B.2.1.3 呆滞馆藏率

B.2.1.3.1 目的

评估在指定的时段内没有被使用的馆藏的数量。这个指标也可以用来评估馆藏对所服务人群的满足率。

B.2.1.3.2 适用范围

适用于所有图书馆。

本指标可用于对特定的馆藏、学科领域、分馆或者不同时间段进行评估。可对图书馆中每个特定范围的绩效指标分值进行比较，以观察其呆滞馆藏的比率是否有明显差异。

B.2.1.3.3 指标定义

在指定时期内呆滞馆藏的比率(按四舍五入法取整数)。

本指标中，"使用"是指在指定时期内，一个资料作为已借状态被记录，或者作为图书馆舍内使用状态被记录。馆内使用只有当图书馆对其持续记录的情况下才包括在内。

评估所使用的周期取决于本指标的使用者。周期的选取应考虑图书馆的宗旨和政策。通常情况下，合适的周期最低值是一年。

B.2.1.3.4 方法

B.2.1.3.4.1

在图书馆的文献中进行随机抽取。记录样本中的每种文献在特定时期内，被借阅或是在图书馆馆舍内使用的情况。

呆滞馆藏率 I_{PSNU1} 的计算公式为：

$$I_{PSNU1} = (C - A - B)/C \times 100$$

其中：

A——样本中被借阅的文献的数量；

B——样本中在图书馆馆舍内使用的而且没有被借阅的文献的数量；

C——样本中文献的总数。

I_{PSNU1} 按四舍五入法取整数。

B.2.1.3.4.2

从计算机发布系统获得记录，计算在指定时期内被借阅的文献的数量。

呆滞馆藏率 I_{PSNU2} 的计算公式为：

$$I_{PSNU2} = (B - A)/B \times 100$$

其中：

A——被借阅的文献的数量；

B——可借阅馆藏文献的总数。

I_{PSNU2} 按四舍五入法取整数。

第二种方法的结果比实际比值偏大，因为它没有包括在图书馆馆舍内使用的而且没有被借阅的资料的数据。

B.2.1.3.5 说明及影响指标的因素

本指标是一个 0～100 之间的整数。评价在特定时期内，随机选择的图书馆文献的呆滞比率。分值越高意味着使用率越低。

本指标受到一些因素的影响，包括：

——图书馆的宗旨，例如，图书馆是否有文献存档的任务；

——图书馆的宣传推广活动；

——图书馆的采访和剔除政策及实施情况。

B.2.1.3.6 来源

更详细的信息见下列参考文献：

——[15]，pp. 36-39；

——[25]，pp. 132-136。

B.2.1.3.7 相关指标

见“馆藏流通率”(B.2.1.1)。

B.2.1.4 人均内容单元下载量

B.2.1.4.1 目的

评估用户是否在电子资源中找到了所感兴趣的资料。

B.2.1.4.2 适用范围

适用于所有图书馆。

B.2.1.4.3 指标定义

特定时期内，每个电子资源部分或整体内容单元的下载量，除以成员用户数量。

图书馆员工和用户培训使用的电子资源都包括在内容单元的下载内。

成员用户是首选的测量标准，不过，也可用特定的目标人群来取代，这需要在报告中加以说明。

B.2.1.4.4 方法

计算在特定时期内，从每个电子资源下载的内容单元的数量，除以同时间段内同一资源的成员用户的数量。

人均内容单元下载量 I_{NCUDC} 的计算公式为：

$$I_{NCUDC} = A/B$$

其中：

A——特定时间内，从特定电子资源下载的内容单元的数量；

B——成员用户数量。

I_{NCUDC} 按四舍五入法取整数，小于10的保留一位小数。

注：在一些特殊的情况下，图书馆可以在指标中使用特定的目标人群（如教师和高年级学生）。

B.2.1.4.5 说明及影响指标的因素

本指标是无上限的整数。分值高要好于分值低。

本指标受一些因素的影响，有些因素在图书馆可控范围之外。例如，用户技能水平、网络访问水平、访问或下载是否要收费以及服务的推介等。

内容单元的下载量会受到用户检索策略的质量和效率的影响。不建议根据数据推算所有服务的整体状况，原因是服务提供的是不同种类的内容单元，例如有的是提供全文，有的是提供引文，但是可以对比特定服务的数据。如果图书馆想要使用以下这些绩效指标：

——数据库的平均访问量；

——电子期刊、数字文档或数据库的平均下载量。

可以根据人均内容单元下载量这一指标的数据推算出来。

B.2.1.4.6 来源

见参考文献[3]，（改编自 PI 4），以获得更多信息。

B.2.1.4.7 相关指标

见“内容单元下载平均成本”（B.3.1.3）。

B.2.1.5 馆内人均使用量

B.2.1.5.1 目的

评估在图书馆内资源的使用量。

B.2.1.5.2 适用范围

适用于所有图书馆。通过分析不同主题的文献使用情况，可获得详细的资料。本指标可以用于特定的馆藏。

B.2.1.5.3 指标定义

一年内，图书馆文献在图书馆馆舍内的使用量除以成员用户数量。

B.2.1.5.4 方法

确定取样周期，在此期间，要求用户不要将在图书馆内使用的图书归架。在归架之前对文献计数。

馆内人均使用量 I_{IUC} 的计算公式为：

$$I_{IUC} = (A/B \cdot C)/D$$

其中：

A——在取样周期内计算出的文献数量；

B——在取样周期内图书馆开放天数；

C——全年图书馆总开放天数；

D——服务人群的数量。

I_{IUC}按四舍五入法取整数，小于 10 的保留一位小数。

B.2.1.5.5 说明及影响指标的因素

本指标是无上限的整数。一些高使用率的文献在被归架前可能被不止一个人使用；有些文献可能被从书架上取下来，但实际上并没有被使用。一些文献可能会被非成员用户所使用。

计数会受到与期刊合订本相关的图书馆政策的影响。

馆内使用受员工对文献的归架快慢和待归架文献能否被取回的影响。

B.2.1.5.6 来源

更详细的信息见下列参考文献：

——[24]，pp. 56-61（“Collection Use”）；

——[29]，pp. 55-59（“In-library Materials Use”）。

B.2.1.5.7 相关指标

见“人均借阅量”(B.2.1.2)。

B.2.2 获取

B.2.2.1 人均到馆率

B.2.2.1.1 目的

评估图书馆各种服务成功吸引用户的程度。

B.2.2.1.2 适用范围

适用于有明确成员用户的所有图书馆。进行图书馆之间的比较应考虑图书馆的宗旨和成员用户在社会经济因素方面的差别。

B.2.2.1.3 指标定义

在一年中访问图书馆的总数量(不论是物理的还是虚拟的访问)，除以图书馆成员用户的总数。

本指标中，一次访问是指进入图书馆馆舍或是访问图书馆网页，以获得图书馆某项服务的行为。

B.2.2.1.4 方法

B.2.2.1.4.1 使用十字转门或类似装置自动计算进入或离开图书馆的人群的数量。在入口或出口处计数，而不是两者同时计数。

计算从外部对图书馆网站的访问数量。

人均到馆率 I_{LVC1} 的计算公式为：

$$I_{LVC1} = A/B$$

其中：

A——一年内，估算的图书馆物理和虚拟访问(十字转门加外部虚拟访问)的总数；

B——成员用户的数量。

I_{LVC1}按四舍五入法取整数，小于10的保留一位小数。

B.2.2.1.4.2 计算在一个或多个取样周期内，进入或离开图书馆的总人数。在入口或出口处计数，而不是两者同时计数。计算在同一个取样周期内，外部虚拟访问的数量。取样周期的数量和时间长短由本指标的使用者决定。通过可得到的关于一年内变化的信息，估计一年内总的访问量。

注：公共图书馆通常可用一周作为一个周期；学术图书馆通常用两个或更多的周期来反映学术活动的周期。

人均到馆率 I_{LVC2} 的计算公式为：

$$I_{LVC2} = A/B$$

其中：

A——一年内，图书馆物理和虚拟访问（十字转门加外部虚拟访问）的总数；

B——成员用户的数量。

I_{LVC2}按四舍五入法取整数，小于10的保留一位小数。

计算虚拟访问时，参见GB/T 13191—2009中A.5.3。图书馆在计算本指标时应从中选择一种方法。

B.2.2.1.5 说明及影响指标的因素

本指标是无上限的整数。通常，较高的分值被认为绩效优良。

如果使用十字转门，计数可能很高，因为图书馆员工和其他非用户被包括在计数内，用户也因为多种原因不得不离开和重复进入。

获取虚拟访问量可依赖于计算的方法、软件的使用，以及图书馆仅提供外部虚拟访问的能力。

如果数量随季节变化显著，应选择使用更规律的较短时间段进行统计。

B.2.2.1.6 来源

更详细的信息见下列参考文献：

——[2]，pp. 29，34-35；

——[6]，(PI 2.1)；

——[25]，pp. 112-119。

B.2.2.1.7 相关指标

见“到馆服务平均成本”(B.3.1.4)。

B.2.2.2 通过电子方式提交信息请求的比率

B.2.2.2.1 目的

评估通过电子的方式（例如电子邮件、数字参考咨询）提交的信息请求的比例。

B.2.2.2.2 适用范围

适用于所有图书馆。

B.2.2.2.3 指标定义

在特定时期内，通过电子方式提交的信息请求与同时期内收到的信息需求总数的百分比。

B.2.2.2.4 方法

记录在一个具代表性的（抽样）时期内，所有图书馆员工收到的所有信息请求，注明提交方法。作为其中的一部分，计算电子方式提交的信息需求的数量，不论是通过电子邮件发送给图书馆的服务点或图书馆员，还是通过在线聊天的方式，或通过其他数字参考咨询服务方式。

通过电子方式提交信息请求的比率 I_{PIRSE} 的计算公式为：

$$I_{PIRSE} = (A/B) \times 100$$

其中：

A——在特定时期内，通过电子方式提交的信息请求数；

B——同一时期内，信息请求总数。

I_{PIRSE} 按四舍五入法取整数。

B.2.2.2.5 说明及影响指标的因素

本指标是一个 0～100 之间的整数。

指标值表明图书馆用户转向通过电子方式来交流的程度。

例如，分值高可能表明：

a) 图书馆中的大部分用户适应电子媒介，并且使用它们来获取图书馆服务；
b) 大量的用户在操作时与图书馆有一段距离。

分值低可能表明：

——大量的用户不熟悉电子媒介(需要进行用户培训或推介数字参考咨询服务)；
——因为图书馆员工的反馈时间很长(例如，一周只有一次)，用户可能避免通过电子方式提交信息请求。

指标值受到图书馆网站的可用性或者限定时间的数字参考咨询服务的影响。

B.2.2.2.6 来源

更详细的信息见下列参考文献：

——[2],p. 30 (“Percentage of virtual reference transactions to total reference questions”)；
——[3],(PI 7)；
——[5],p. 78 (“Percentage of electronic reference transactions of total reference”)。

B.2.2.2.7 相关指标

见“服务目标人群比率”(B.2.4.1)。

B.2.2.3 外部用户比率

B.2.2.3.1 目的

评估图书馆成员用户之外的用户占图书馆用户的百分比，以此评估图书馆在该区域的学习和文化中的重要性。同时，该绩效指标可以评价一个图书馆在其服务区域外的影响力或者吸引力。

B.2.2.3.2 适用范围

适用于所有为外部用户服务的图书馆。

B.2.2.3.3 指标定义

图书馆外部用户与所有图书馆用户的百分比。

本指标中，外部用户的定义是外部的当前借阅者，报告周期内至少借阅了一份资料的注册用户。

对于高等教育机构，通常包括不属于教学人员、专业员工和学生的用户。对于公共图书馆，通常可能包括法定服务区域之外的人群。

B.2.2.3.4 方法

在特定时间点(通常是年底),确定外部的当前借阅者的数量和当前借阅者的总数。

外部用户比率 I_{PEU}的计算公式为:

$$I_{PEU}=(A/B)\times 100$$

其中:

A ——外部的当前借阅者的数量;

B ——当前借阅者的总数。

I_{PEU}按四舍五入法取整数。

B.2.2.3.5 说明及影响指标的因素

本指标是一个 0~100 之间的整数。

较高的分值表明图书馆对所成员用户的重要性和吸引力,也能反映图书馆服务与广大人群的关系。被视作是好或是坏取决于图书馆的宗旨和目标。

本指标能提供有关图书馆在某些领域服务的不足之处以及潜在的或需要发展的领域等方面的信息。

本指标也可被用于评估图书馆在外部用户方面的工作量。

B.2.2.3.6 来源

见参考文献[7],p.2(Table 2),以获得更多信息。

B.2.2.3.7 相关指标

见:

——人均借阅量(B.2.1.2);

——服务目标人群比率(B.2.4.1);

——外部用户借阅率(B.2.2.4)。

B.2.2.4 外部用户借阅率

B.2.2.4.1 目的

评估图书馆对外部用户的服务程度。表明的图书馆馆藏对外部用户的吸引力。

B.2.2.4.2 适用范围

适用于为成员用户之外的用户提供了借阅服务的所有图书馆。

B.2.2.4.3 指标定义

非成员用户借阅与图书馆借阅总量的百分比。对于高等教育机构,通常包括不属于教学人员、专业员工和学生的用户。对于公共图书馆,通常包括法定服务区域之外的人群。

B.2.2.4.4 方法

计算外部用户的借阅量和图书馆借阅总量。图书馆系统应能分别计算外部用户的借阅量和成员用户中的当前用户借阅量。

外部用户借阅率 I_{PTLLEU} 的计算公式为：

$$I_{PTLLEU} = (A/B) \times 100$$

其中：

A——外部用户的借阅量；

B——借阅总量。

I_{PTLLEU} 按四舍五入法取整数。

B.2.2.4.5 说明及影响指标的因素

本指标是一个 0～100 之间的整数。

高的比值表示图书馆为成员用户之外的用户提供了大量服务。被视作是好或是坏取决于图书馆的宗旨和目标。

本指标会受到图书馆为外部用户提供服务的程度的影响。

B.2.2.4.6 来源

见参考文献[4]，以获得更多信息。

B.2.2.4.7 相关指标

见“人均借阅量”(B.2.1.2)。

B.2.2.5 用户人均参加图书馆活动次数

B.2.2.5.1 目的

评估图书馆活动对其成员用户的吸引力。

B.2.2.5.2 适用范围

一般适用于公共图书馆，但也可用于为成员用户提供各种活动的其他图书馆。

B.2.2.5.3 指标定义

在一年内，每 1 000 个成员用户中参与图书馆活动的总人次。在本指标中，活动包括具有文学、文化或教育意义的活动，例如作者座谈、阅读小组、文学讨论、讲习班等。

针对儿童、青少年和成人可以有不同的活动。

只包括由图书馆安排的活动。

不包括展览。

B.2.2.5.4 方法

计算每一场图书馆活动的参与人次，计算一年内的参与总人次。

如果同一个人参加了多次活动，每一次都应计算在内。

确定成员用户的数量。

用户人均参加图书馆活动次数 I_{ALEC} 的计算公式为：

$$I_{ALEC} = (A/B) \times 1\ 000$$

其中：

A——参与图书馆活动的人次；

B——成员用户的数量。

I_{ALEC}按四舍五入法取整数。

如果能区分每个群体的人数，本指标可以分别用于针对成年人、青少年或儿童的活动。

B.2.2.5.5 说明及影响指标的因素

本指标是无上限的整数。

分值高表明图书馆安排的活动适合于其所服务的人群。

不属于成员用户范围内的参加人员也可以算在里面。

B.2.2.5.6 来源

更详细的信息见下列参考文献：

——[9]，(PI 8)；

——[25]，pp.154-157。

B.2.2.5.7 相关指标

见“用户人均参加培训次数”(B.2.2.6)。

B.2.2.6 用户人均参加培训次数

B.2.2.6.1 目的

通过其服务方面的培训成功接触用户的情况。

B.2.2.6.2 适用范围

适用于有明确成员用户的所有图书馆。

B.2.2.6.3 指标定义

在特定时间段内，图书馆成员用户中每1 000个人参加培训课程的次数。

用户培训是指有特定课程计划的培训项目，目标在于让用户获得关于使用图书馆及其信息服务的特定知识。用户培训包括图书馆导览、图书馆学分课程或者基于网络的培训。

B.2.2.6.4 方法

计算在特定时间内(通常是一年)，参加图书馆培训课程的人数(如果合适的话，参观图书馆的人数也计算在内)。在该期间段结束时，把这些数字累加起来。

计算在同一时期内，参加图书馆(交互)在线培训模块的人数。在该期间段结束时，这些数字也应该累加起来。这些数字相加可用于计算该绩效指标。

用户人均参加培训次数I_{NUATLC}的计算公式为：

$$I_{NUATLC}=[(A+B)/C]\times 1\ 000$$

其中：

A——参加图书馆培训课程的人数(如果合适的话，把参观图书馆的人数也计算在内)；

B——参加图书馆(交互)在线培训模块的人数；

C——成员用户的人数。

I_{NUATLC}按四舍五入法取整数。

注：在某些特殊的情况下，图书馆可能希望使用某一特定目标人群(例如：教师、高年级学生)来说明该绩效指标。

B.2.2.6.5 说明及影响指标的因素

本指标是无上限的整数。分值高表明培训课程较多被用户接触到。

本指标受图书馆提供的培训课程的数量的影响。本指标既不评估培训课程的质量，也不评估培训活动的最佳成本支出。

B.2.2.6.6 来源

更详细的信息见下列参考文献：

——[6]，(PI 2.3)；

——[25]，pp. 145-149。

B.2.2.6.7 相关指标

见“用户人均参加图书馆活动次数”(B.2.2.5)。

B.2.3 设施

B.2.3.1 公共座位利用率

B.2.3.1.1 目的

通过估算在任意特定时间内公共座位数使用的比例，评估图书馆提供的用于阅读和工作的公共座位的使用率。

B.2.3.1.2 适用范围

适用于可提供阅读和工作座位的所有图书馆。测算可以在 1 d、一周或者一年的特定时间段内进行，例如高峰期或低谷期。这点在使用该指标时应该明确指出。

B.2.3.1.3 指标定义

在调查时间段内公共座位的使用百分比。专属员工使用的公共座位不包括在内。

B.2.3.1.4 方法

计算在任意特定时间内供阅读和工作的公共座位数量，不管这些公共座位是否带有设备。

计算被使用的公共座位的数量。包括非正式的座位。凡属图书馆辖区内的会议室或小组学习室的公共座位也包括在内。礼堂、学术报告厅、视听室等为观众和特殊事件提供的公共座位除外。

公共座位利用率 I_{PSOR} 的计算公式为：

$$I_{PSOR}=(A/B)\times 100$$

其中：

A——被使用的公共座位的数量；

B——图书馆提供的所有公共座位的总数量。

I_{PSOR} 按四舍五入法取整数。

即使用户不在座位上，只要大衣、书包、笔记本电脑等放在座位上，即认为该座位是被使用。由于本指标本身的易变性，可以在一段时间内，在任意时间间隔测算公共座位的使用率，之后计算这些使用率的平均值(使用中的公共座位总数除以公共座位的总数再乘以 100)来得到一个更准确的绩效指标值。

B.2.3.1.5 说明及影响指标的因素

本指标是 0～100 之间的整数。用来估算在任意时间点或者特定时间段公共座位的使用率。

B.2.3.1.6 来源

见参考文献[29],pp. 82-88(A special case of"Facilities Use Rate"),以获取更多信息。

B.2.3.1.7 相关指标

见"工作站利用率"(B.2.3.2)。

B.2.3.2 工作站利用率

B.2.3.2.1 目的

通过估算在任意特定时间内工作站使用的比例,评估图书馆提供的工作站的利用率。

B.2.3.2.2 适用范围

适用于所有图书馆。

测量应在有代表性(样本)的1 d、一周或一年进行,包括高峰时期或低谷时期,加起来得到一个平均值。可以单独计算网络工作站和非网络工作站。

B.2.3.2.3 指标定义

调查期间工作站的利用百分比。

B.2.3.2.4 方法

在一个时间段内,随机时间间隔测算工作站的利用率,再计算出平均利用率(使用中的工作站总数除以图书馆提供的工作站总数,再乘以100),以得到较为准确的值。每次测算时修正不能正常工作或被维修的工作站的数量。

为了这个修正,测算应在任意次典型的工作日中进行。不能正常运转的工作站平均数应该从总工作站数量中除去。

有些工作站可以提供不同的电子图书馆服务,例如,在线目录、单独的CD-ROMs或网络ROMs,并且这些机器可能有不同的使用方式和要求。如果是这样,单独计算提供不同服务的工作站的使用率更为妥当。如果需要所有工作站使用率的数值,应该用所有单独的使用率的平均值。

工作站利用率 I_{WUR1} 的计算公式为:

$$I_{WUR1} = (A/B) \times 100$$

其中:

A——利用中的工作站的平均数;

B——图书馆提供的可用的工作站的平均数。

I_{WUR1} 按四舍五入法取整数。

一种准确性较差的方法是调查特定时间内提供的工作站数量,计算使用中的工作站的数量。

工作站使用率 I_{WUR2} 的计算公式为:

$$I_{WUR2} = (A/B) \times 100$$

其中:

A——利用中的工作站的平均数;

B——图书馆提供的可用的工作站的平均数。

I_{WUR2} 按四舍五入法取整数。

B.2.3.2.5　说明及影响指标的因素

本指标是0～100之间的整数。它评估一个随机选定的工作站在任意时间或者特定时间使用的机率。高分值表明工作站被充分使用，并且有可能暗示需要增加工作站。

本指标可能受工作站的预订政策、连接时间、与网络连接的工作站的数量，以及是否有印刷型的参考资料可以替代电子资源等因素的影响。

B.2.3.2.6　来源

更详细的信息见下列参考文献：

——[2]，p. 83（"Percentage of public access workstations in use"）；

——[3]，（PI 8）。

B.2.3.2.7　相关指标

见"公共座位利用率"（B.2.3.1）。

B.2.4　总体情况

B.2.4.1　服务目标人群比率

B.2.4.1.1　目的

评估图书馆服务于目标人群的成功率。

注：目标人群可能是图书馆服务的人群，服务群体中的一个特定团体，或者是图书馆计划作为成员用户的一些团体。

B.2.4.1.2　适用范围

适用于所有的图书馆。

如果使用相同的方法计算，本指标可用来比较不同图书馆之间对相同成员用户服务的效果。

B.2.4.1.3　指标定义

目标人群使用图书馆的百分比。

本指标中，用户是指在过去的一年中，到过图书馆或者通过其他方式使用过图书馆的服务的人。可用已注册的有借阅权限（登记借出）的用户数量作为目标人群数量的估算值。

本指标中，一个用户可以是个人或者法人团体（一个组织、机构或公司）。

B.2.4.1.4　方法

B.2.4.1.4.1　从目标人群中随机抽取样本，询问样本中的每个人在过去的一年中是否到过图书馆或者通过其他方式使用过图书馆的服务。

服务目标人群比率 I_{PTPR1} 的计算公式为：

$$I_{PTPR1} = (A/B) \times 100$$

其中：

A——回答"是"的人数；

B——所有回答调查的人数。

I_{PTPR1} 按四舍五入法取整数。

B.2.4.1.4.2　用计算机系统记录计算出在过去的一年中借过文献的用户（属于目标人群的）的数量。

估算目标人群的数量。

服务目标人群比率 I_{PTPR2} 的计算公式为：

$$I_{PTPR2} = (A/B) \times 100$$

其中：

A——目标人群中当前借阅者的数量；

B——目标人群的总数量。

I_{PTPR2} 按四舍五入法取整数。

由于个人的全部使用不能都计算在内，所以使用该方法得出的数会比实际值偏低。

B.2.4.1.5 说明及影响指标的因素

本指标是 0～100 之间的整数。

通常认为分值高要好于分值低，但是对一个有特殊目标人群的特定图书馆来说，一个相对低的分值也可能被认为是满意的。

图书馆服务目标人群的百分比数值会受到很多因素的影响，其中许多是图书馆本身之外的影响因素。例如，目标人群的构成、城市化水平、受教育水平、教育服务的特点（例如教学方式、对学生的财政补贴水平等）、购书习惯、图书馆和用户间的位置距离、整体社会条件、经济水平等。

本指标受图书馆提升服务和改进现有服务的活动影响明显。

B.2.4.1.6 来源

更详细的信息见下列参考文献：

——[6]（PI 2.1）；

——[20]，p.35（"Percentage of the Population who have Books on Loan", using loans as an estimate of the percentage of the population who has used the library）；

——[25]，pp.100-104（"Market Penetration"）；

——[28]，pp.41-42（"Registrations as Percentage of Population"）；

——[30]，pp.88-90。

B.2.4.1.7 相关指标

见：

——"人均到馆率"（B.2.2.1）；

——"馆内人均使用量"（B.2.1.5）；

——"馆藏流通率"（B.2.1.1）。

B.2.4.2 用户满意度

B.2.4.2.1 目的

评估用户对图书馆整体服务或各项服务的满意程度。

B.2.4.2.2 适用范围

适用于所有图书馆。

本指标可用于比较同一图书馆在不同时间点的情况。一般来说，用来比较不同图书馆是很困难的，只有在环境、问题和程序都相同的情况下才是有效的。例如，同时调查并比较同一公共图书馆的不同分馆，可能会得到有意义的结论。

本指标可以用来评估特定用户对图书馆的满意度，例如本科生、教师或者年长者。

本指标可以用来度量用户对图书馆提供的任意公共服务的满意度。例如：

——开放时间；

——学习设施；

——文献的可获取性；

——馆际互借服务；

——参考咨询服务；

——用户培训；

——图书馆员工的态度；

——图书馆整体服务。

对图书馆的不同的个性化的服务也可以在上述调查中进行评估。

B.2.4.2.3　指标定义

用户对图书馆整体服务或各项服务的满意度进行等级划分的平均值。

等级划分设定取值范围可以是：

——4 级量表，从 1 级到 4 级，1 是最低级；

——5 级量表，从 1 级到 5 级，1 是最低级；

——7 级量表，从 1 级到 7 级，1 是最低级。

B.2.4.2.4　方法

设计一个简单的调查问卷，列出所要评估的特定服务或者服务的几个方面。调查问卷可采用 4 级、5 级或 7 级量表。一套调查问卷应该自始至终使用一种计分制。

调查问卷中也可以包括对用户身份的调查。不同类型的用户有不同的需求，用该数据可分析用户身份与用户满意度之间的关系。

随机抽取用户作样本，并且请他们填写调查问卷。数据收集可以采用各种适当的方式，如邮局邮寄调查表、电子版的调查表、面对面的采访或者电话采访。

用户对每项服务或者服务的几方面的平均满意度 I_{AUS} 的计算公式为：

$$I_{AUS}=A/B$$

其中：

A——用户对每项服务打分的分值的总和。

B——回答问题的人数。

I_{AUS}按四舍五入法取整数。

调查中对每项服务的指标值都要单独计算。对于每项服务，先要计算每个分值出现的频率，再计算出每个分值所占百分比。附加的分析可表明用户满意度在各种可能的数值范围的分布。

调查中特别挑出的问题可以用来确定令人不满意的方面，并且来分析各种服务的相对重要性。

B.2.4.2.5　说明及影响指标的因素

对每项服务或者一项服务的某些方面，本指标是有一位小数的数值，根据所选量表的刻度划分不同，分值可介于 1～4，1～5 或 1～7 之间。

用户的意见带有很大的主观性，并且依赖于调查期间个体所处的环境。用户的期望是一个重要的因素。如果他们没有享受过高质量的服务，那么他们可能对低质量的服务也很满意。正因为如此，很难拿一个图书馆跟另外一个图书馆进行比较。

B.2.4.2.6 来源

更详细的信息见下列参考文献：

——[13],pp.118-122；

——[25],pp.105-111；

——[29],pp.43-53。

B.3 效率

B.3.1 馆藏

B.3.1.1 借阅平均成本

B.3.1.1.1 目的

根据借阅量评估图书馆服务成本。

B.3.1.1.2 适用范围

适用于可提供借阅服务的所有图书馆。

本指标可以用来比较：

——一个特定的图书馆在一个给定的时期与另一个时期的单位借阅成本。

——一个特定的图书馆与另一个同等类型的图书馆的单位借阅成本。

B.3.1.1.3 指标定义

在一个完整的财政年度内，图书馆经常性支出总额，除以同一时期的借阅总次数。

经常性支出总额是以下各项支出的总和：

a) 文献采访支出(包括装订、授权和按次查阅计费的成本)；

b) 员工薪酬(包括项目聘用的员工、学生助工等)；

c) 其他用途的支出：计算机和网络的运行和维护费用、软件许可费、通讯费、房屋的租赁和维护费、公共设施成本(水、暖、电、污水处理费)、维修或更换现有家具和设施的费用以及其他费用，如用于书目记录、复印费、邮递、服务宣传、办公用品、保险、交通和通讯、咨询等的费用。

资产支出(获得或增加馆舍建筑场所费、新馆舍建设费及扩建费、计算机系统费、家具和设备费)剔除在外。

当用于国际间的比较时，增值税、销售和服务税以及其他当地的税也不包括在经常性支出中。

B.3.1.1.4 方法

借阅平均成本 I_{CPL} 的计算公式为：

$$I_{CPL} = A/B$$

其中：

A——一个财政年度的经常性支出总额，用相应的货币表示；

B——同一时期内总借阅次数。

I_{CPL} 按四舍五入法取整数，采用所使用货币的习惯用法。

本指标中，图书馆为补充外借提供的复本也可包括在内。馆际互借借出的次数可计算在内。馆际互借借入的次数不计算在内。指标用于图书馆之间的比较时，要说明包括了哪些和排除了哪些情形。

B.3.1.1.5 说明及影响指标的因素

本指标是无上限的实数。其正常范围依赖于图书馆的类型和所使用的货币。

本指标在图书馆借阅次数和图书馆提供服务的费用之间建立了联系，但是在通常情况下，不能被理解为对借阅事务的平均成本的评估。尤其是当借阅是图书馆的主要服务时，本指标只可以被用来评估服务的总体效率。

对结果的解释依赖于图书馆本地的因素，例如谈判授权协议、服务合同等。

本指标不宜单独使用，将其置于更为普遍的环境中会更有用。

B.3.1.1.6 来源

参见[13]，pp. 50-51（"Cost per use"，using an estimate of the actual cost of the circulation service），以获得更多信息。

B.3.1.1.7 相关指标

见：

——"用户人均成本"（B.3.4.1）；

——"到馆服务平均成本"（B.3.1.4）。

B.3.1.2 数据库访问平均成本

B.3.1.2.1 目的

根据数据库访问的数量来评估数据库的访问成本。

B.3.1.2.2 适用范围

适用于所有图书馆。

一定时间内图书馆本馆不同数据库或与其他图书馆的相同数据库进行比较时，应考虑到馆藏政策和社会经济因素的差异。

B.3.1.2.3 指标定义

特定时间段内每个数据库的成本除以数据库的访问数量。

数据库成本是图书馆支付的获取成本、订阅成本或者授权成本。

图书馆支付的按次查阅计费的成本算在内；用户支付的按次查阅计费的成本不算在内。

本指标只适用于有定价的数据库。

B.3.1.2.4 方法

对于每一个数据库，用特定时间段（通常是一个财政年）内的成本除以同期该数据库的访问量。如果数据库成本和数据库使用量不是在相同时间段内计算的，那么这个值是不规范的。

对于由很多子库组成的大数据库，每个子库都要分别计算。

图书馆工作人员访问数据库的数量以及用户培训中访问数据库的数量都应该包括在内。

如果与纸本打包购买的电子资源的费用不能清晰分开，那么应该去除这部分电子资源的下载数量。批量采购的数据库的成本应按比例分摊。

数据库访问平均成本 I_{CDS} 的计算公式为：

$$I_{CDS} = A/B$$

其中：

A——特定时期内每个数据库的成本；

B——同一时期内每个数据库的访问次数。

I_{CDS}按四舍五入法取整数，采用所使用货币的习惯用法。

B.3.1.2.5 说明及影响指标的因素

本指标是无上限的实数。其正常范围依赖于所使用的货币。

低分值表明数据库的成本效益高。但是，这个也应该连同数据库的影响价值一起来考虑，特别是每次访问该数据库时下载文献的数量。

访问的数据并不是每次都能得到。数据库提供商可能提供不一致或者不完全的数据。在某些情况中，有些用户会连续不断地使用已经建立的同一个连接。

可以借助用户调查或者访谈来确认该绩效指标的价值。

本指标不宜单独使用，但是可以连同“内容单元下载平均成本”指标和用户满意度调查一起使用。如果图书馆想使用下列绩效指标：

——数据库的平均访问量，

——电子期刊、数字文献或数据库的平均内容单元下载量，

可以从计算每次访问的平均内容单元的下载量这个绩效指标的数据中得到。

对结果的解释依赖于图书馆本地的因素，例如谈判授权协议、服务合同等。

B.3.1.2.6 来源

见参考文献[3]，P15，以获取更多的信息。

B.3.1.2.7 相关指标

见：

——内容单元下载平均成本(B.3.1.3)；

——借阅平均成本(B.3.1.1)。

B.3.1.3 内容单元下载平均成本

B.3.1.3.1 目的

根据内容单元的下载数量评估电子资源的成本。

B.3.1.3.2 适用范围

适用于所有图书馆。

一定时间内图书馆本馆不同电子资源或与其他图书馆的相同电子资源进行比较时，应考虑到馆藏政策和社会经济因素的差异。

本指标只适用于有定价的数据库。

B.3.1.3.3 指标定义

在一个特定时间段内，每个电子资源的成本除以从该电子资源下载的部分或者全部内容单元的数量。

电子资源的成本是图书馆用于支付获取、订阅或者授权该资源的成本。由于每次下载的成本是明确的，所以“按次下载”支付的成本不包括在内。

就指标而言,电子资源或数据库的条目是指可下载的一个或多个数据文档所组成的实体信息。主要的信息通常是全文的。下载通常是借助网页浏览器向服务器发出一个内容单元的请求而实现。

B.3.1.3.4 方法

对于每个电子资源来说,用特定时间段内(通常是一个完整的财政年度)的成本除以同期下载的数量。如果成本和使用量不是在相同时间段内计算的,那么这个值是不规范的。

图书馆员的下载或访问数量以及用户培训中的下载和访问数量都应该包含在内。

如果与纸本打包购买的电子资源的费用不能清晰分开,那么应该去除这部分电子资源的下载数量。批量采购的电子资源的成本应按比例分摊。

内容单元下载平均成本 I_{CCUD} 的计算公式为:

$$I_{CCUD}=A/B$$

其中:

A——特定时间段内每个电子资源的成本;

B——相同时间段内,每个电子资源下载的内容单元的数量。

I_{CCUD} 按四舍五入法取整数,采用所使用货币的习惯用法。

B.3.1.3.5 说明及影响指标的因素

本指标是无上限的实数。其正常范围依赖于所使用的货币。

低分值表明电子资源的成本效益较高。但是,这个也应该连同对电子资源的需求一起来考虑,特别是访问的数量。

由于用户隐藏浏览器的配置和使用代理服务器,数据库商提供的文献下载量通常要比实际值偏低。

可以借助用户调查或者访谈来确认该绩效指标的价值。

本指标不宜单独使用,但是可以连同"数据库访问平均成本"指标和用户满意度调查一起使用。如果图书馆想使用下列绩效指标:

——数据库的平均访问量,

——电子期刊、数字文献或数据库的平均内容单元下载量,

可以从计算每次访问的平均内容单元的下载量这个绩效指标的数据中获得。

对结果的解释依赖于图书馆本地的因素,例如谈判授权协议、服务合同等。

B.3.1.3.6 来源

见参考文献[3],16 页,以获得更多信息。

B.3.1.3.7 相关指标

见:

——数据库访问平均成本(B.3.1.2);

——借阅平均成本(B.3.1.1)。

B.3.1.4 到馆服务平均成本

B.3.1.4.1 目的

根据图书馆到馆人数评估图书馆服务的成本。

B.3.1.4.2 适用范围

适用于所有图书馆。

如果用相同的方法计算支出，本指标可用于宗旨相同的图书馆之间的比较。

B.3.1.4.3 指标定义

一个完整财政年度内经常性支出总额除以访问图书馆(包括虚拟访问)的总数。

经常性支出总额是以下支出的总和：

a) 文献采访支出(包括装订、授权和按次查阅计费的成本)；

b) 员工薪酬(包括项目聘用人员和学生助工费用等)；

c) 其他用途的支出：计算机和网络的运行和维护费用、软件许可费、通讯费、房屋的租赁和维护费、公共设施成本(水、暖、电、污水处理费)、维修或更换现有家具的费用以及其他费用，如用于书目记录、复印、邮递、服务宣传、办公用品、保险、交通和通讯、咨询等的费用。

B.3.1.4.4 方法

B.3.1.4.4.1 利用十字转门或相似的设备，来自动计算出人们进入或是离开图书馆的次数。计算同一时期虚拟访问的次数。用帐目数据计算出图书馆在一个财政年度的经常性支出总额。从预算数据中，可以得出本年度的估值。

到馆服务平均成本 I_{CLV1} 的计算公式为：

$$I_{\mathrm{CLV1}} = A/(B + C)$$

其中：

A——一个完整财政年度内图书馆经常性支出总额，用相应货币表示；

B——一年中实际到访图书馆的总人数；

C——一年中虚拟访问图书馆的总人数。

I_{CLV1} 按四舍五入法取整数，采用所使用货币的习惯用法。

B.3.1.4.4.2 实际到访者和虚拟访问者的数量可以用抽样的方式估算。在一个或多个样本抽样周期，计算进入或者离开图书馆的人数以及网上提问的数量。取样周期的数量和时间长短由本指标的使用者决定。通过可得到的关于一年内变化的信息，采用插补法估算一年内实际访问和虚拟访问的数量。

注：公共图书馆可以用一周作为一个抽样周期，学术图书馆用两个或多个抽样周期来反映学术活动的周期。

到馆服务平均成本 I_{CLV2} 的计算公式为：

$$I_{\mathrm{CLV2}} = A/(B \cdot C)$$

其中：

A——一个完整财政年度内图书馆经常性支出总额，用相应货币表示；

B——一年中实际到访图书馆的总人数；

C——一年中虚拟访问图书馆的总人数。

对于虚拟访问的计算方法，参见 GB/T 13191—2009，A.5.3。I_{CLV2} 按四舍五入法取整数，采用所使用货币的习惯用法。

B.3.1.4.5 说明及影响指标的因素

本指标是无上限的实数。

本指标不宜独自使用。将其置于更为普遍的环境中会更有用。本指标与图书馆服务的范围和质量相关，更与图书馆的服务目标相关。基于其目标来考虑，本指标有助于确定公共资金的支出，并有助于理解相似图书馆之间的成本差异。

计算方法的不同可能会影响计算结果。

通过计算机网络远距离使用图书馆可显著改变用户行为。

如果用十字转门计算访问者，数值可能会因包括了员工和其他非用户而偏高。

对那些为远距离用户提供有大量电子或电话咨询或其他服务类型的图书馆，计算方法对本指标的影响不大。

如果数量随季节变化显著,宜选择使用更规律的较短时间段进行统计。

对结果的解释依赖于类似服务合约等这样的图书馆本地因素。

B.3.1.4.6 来源

见参考文献[4]P52-53(variant of“Cost per User”)),以获得更多信息。

B.3.1.4.7 相关指标

见:

——用户人均成本(B.3.4.1);

——人均到馆率(B.2.2.1)。

B.3.2 获取

B.3.2.1 文献采访时间的中位数

B.3.2.1.1 目的

从速度方面评估提供图书馆资源的供应商的工作效率。

B.3.2.1.2 适用范围

本指标适用于所有的图书馆,尤其适用于专著采访。

可对供应商进行比较。

B.3.2.1.3 指标定义

一篇文献从订购之日到送到图书馆之日之间时间的中位数。不包括赠送或交换获取的文献和出版发行前订购的文献。

B.3.2.1.4 方法

B.3.2.1.4.1 对于有计算机采访系统的图书馆:图书馆最近订购或收到的所有专著在订单文件中按以下内容核对:

——订购日期;

——验收日期;

——供应商名称(如果图书馆使用不同的供应商)。

对每条书目,计算从订购到验收的天数。按照天数递减对书目进行排序。

文献采访时间的中位数即是排序表中处在中间位置的天数。

注:还没有到馆的文献不予计算,因为没有结束时间应归为未完成的交易。

如果书目数是偶数,则文献采访时间的中位数 I_{MTDA} 的计算公式为:

$$I_{MTDA}=(A+B)/2$$

这里 A 和 B 是排序表中中间的两个数值。

I_{MTDA} 按四舍五入法取整数。

B.3.2.1.4.2 对于没有计算机采访系统的图书馆:抽取不同学科专著的随机样本。如果图书馆使用多个供应商,应确保不同的供应商在样本中都有体现。

按照B.3.2.1.4.1中的方法继续进行。

结果可按供应商和按学科进行分析。

B.3.2.1.5　说明及影响指标的因素

本指标是无上限的整数。

本指标可指出供应商(出版商及卖方)绩效的不足以及图书馆索取程序的效率低下。

基于计算结果,可考虑以下管理决策:

——在线订购;

——审批计划;

——改进过期订单催询;

——更换供应商;

——提高供应商绩效(如果通知其结果的话)。

采访速度受出版商对供应商订单响应所花费时间的影响。从一个出版商的产品里得到足够的新近采访的图书样本以评估出版商对订单的反应,这可能并非易事。

那些多数订单在出版日期前发出的图书馆就会得到旧文献、外语文献、灰色文献及类似文献比例失调的样本从而导致分值较高。

B.3.2.1.6　来源

更详细的信息见下列参考文献:

——[1];

——[19];

——[23];

——[25],pp189-192("Acquisition Speed")。

B.3.2.1.7　相关指标

见"文献加工时间的中位数"(B.3.2.2)。

B.3.2.2　文献加工时间的中位数

B.3.2.2.1　目的

根据速度评估不同加工方法的有效程度。

B.3.2.2.2　适用范围

适用于所有图书馆。本指标尤其实用于专著,可应用于不同类型或不同学科的文献。

进行图书馆之间的比较应考虑任务中影响描述性编目、主题编目、装订政策等水平的差异。解释说明结果时,应特别注意计算机化和套录编目方面的差异。

B.3.2.2.3　指标定义

文献从到图书馆之日到用户可利用之日之间时间的中位数。

B.3.2.2.4　方法

B.3.2.2.4.1　测量时期(如1个月)由指标使用者确定。在指定时间内收集文献到达图书馆的相关数据。通过图书馆自动化系统的日志,或者通过文献处理过程的登记表获得相关记录。

对每条书目,记录以下所有文献加工过程的准确日期:

——验收,包括执行过程;

——编目/元数据标签;
——主题编目/元数据标签;
——装订准备;
——装订;
——上架。

对每条书目,计算其验收到可利用之间的天数。按照天数递减对书目进行排序。

文献加工时间的中位数即是排序表中处于中间位置的天数。

注:文献尚未加工完成的不予计算,因为没有完成时间应归为未完成的交易。

如果书目数是偶数,则文献加工时间的中位数 I_{MTDP1} 的计算公式为:

$$I_{MTDP1}=(A+B)/2$$

其中,A 和 B 是排序表中间的两个数值。

I_{MTDP1} 按四舍五入法取整数。

不同的文献(如加急处理的文献、珍贵文献、赠送和交换文献)有不同的加工程序,应分别分析。应使用同种方式计算每个加工阶段时间的中位数。

B.3.2.2.4.2 测量时期(如一个月)由指标使用者确定。收集指定时间内文献在图书馆内完成加工的相关数据。检查文件记录或计算机文件以确定下列日期:

——验收,包括执行过程;
——完成编目/元数据过程;
——完成主题编目/元数据过程;
——完成装订准备;
——完成装订;
——上架。

对每条书目,计算其验收到可利用之间的天数,按照天数递减对书目进行排序。文献加工时间的中位数即是排序表中处于中间的天数。

如果书目数是偶数,则文献加工时间的中位数 I_{MTDP2} 的计算公式为:

$$I_{MTDP2}=(A+B)/2$$

其中,A 和 B 是排序表中间的两个数值。

I_{MTDP2} 按四舍五入法取整数。

不同的文献(如加急处理的文献、珍贵文献、赠送和交换文献)有不同的加工程序,应分别分析。应使用同种方式计算每个加工阶段时间的中位数。

B.3.2.2.5 说明及影响指标的因素

本指标是无上限的整数。

收集到所有加工阶段的数据,本指标可显示:

a) 加工过程中的不足;
b) 由于积压导致的延期;
c) 由于劳动强度大导致的延期。

基于结果,可能的管理决策有:

——提高加工效率;
——缩短文献从一个部门到另一个部门的时间间隔;
——分配更多的员工。

B.3.2.2.6 来源

更多信息参见参考文献[25],pp193-198("Media Processing Speed")。

B.3.2.2.7 相关指标

见:"文献采访时间的中位数"(B.3.2.1)。

B.3.3 员工

B.3.3.1 开展用户服务的员工占员工总数的比率

B.3.3.1.1 目的

评估相对于基础业务,图书馆在公共服务方面的人员投入程度。

B.3.3.1.2 适用范围

适用于所有图书馆。

如果使用同样的员工职位测算方法,则本指标可用于比较具有相同宗旨和用户的图书馆。

B.3.3.1.3 指标定义

直接服务用户的全时工作当量员工数占图书馆全时工作当量员工数的百分比。

用户服务包括下列职责:借阅、提供参考咨询、馆际借阅、用户培训、影印、上架和查找文献。

B.3.3.1.4 方法

对于给定的预算期,确定直接分配给用户服务的全时工作当量职位数。

使用全时工作当量员工职位数,包括估计兼职员工用于用户服务的时间比例。

注:如果图书馆没有保存不同活动所花费时间的详细记录,这个比例可通过一次临时专门调查准确计算出来。

基于员工记录计算专职员工数。工作满一年的专职员工计数为1。工作不满一年的专职员工计为已工作时间占全年的比例(以带有两位小数点的小数表示)。兼职员工则计算其已工作时间占全年的比例乘以分配到用户服务上的时间比例(都以带有两位小数点的小数表示)。

如果以上任一职责外包给IT部门或其他外部机构(不管索取报酬与否),本指标仅适用于外部工作量可随之量化的情况(如全时工作当量FTE)。这个数值应加在公式里的A和B上。

不包括看门员工和建筑物维护员工。

开展用户服务的员工占员工总数的比率I_{USSPTS}的计算公式为:

$$I_{USSPTS}=(A/B)\times 100$$

其中:

A——分配给读者服务的全时工作当量员工数;

B——所有的全时工作当量员工数。

I_{USSPTS}按四舍五入法取整数。

B.3.3.1.5 说明及影响指标的因素

本指标是介于0～100的整数。

本指标应与质量绩效指标结合起来使用。

本指标受以下因素影响:

——图书馆的宗旨;

——用户类型(如成人,儿童);

——服务点的数量;

——开放时间;

——开架馆藏的比例；
——提供的服务范围和种类；
——自动化系统和其他技术服务的支撑。

B.3.3.1.6 来源

更多信息参见参考文献[27]P19(“qualified staff assigned to reference”,“size of staff”)。

B.3.3.1.7 相关指标

见“服务目标人群比率”(B.2.4.1)。

B.3.3.2 回答正确率

B.3.3.2.1 目的

评估员工能提供好的咨询服务或提供正确的咨询答案的程度。

B.3.3.2.2 适用范围

适用于所有图书馆。由于计算方法相当复杂并需要专门技术,因此本指标多用于大型公共或学术图书馆或图书馆系统。

B.3.3.2.3 指标定义

提供正确咨询答案的数量除以处理的所有咨询数量。

B.3.3.2.4 方法

使用的各种方法中,所谓的隐蔽性测试使用和描述最多。它包括汇编一套有代表性的且有答案的问题。然后让代理用户或代理人把这些问题作为真实的问题递送给信息服务员工,同时不能让员工觉察到他们正被测试。这种方法具有可在正常条件下评估服务的优点。隐蔽性测试可用于传统的面对面、电话或电子邮件联系,也可用于在线咨询服务。让代理用户把问题提交到电子表格里会更方便。使用数字参考咨询服务的图书馆,应包括计算本指标所需的那些业务。

为了获得有效的结果:
——使用的问题应精心挑选;
——代理用户应能代表真实用户群体;
——代理用户应就如何执行任务接受适当的培训。

注:很多情况下,很难确定问题的“正确”答案。这将影响到本指标的可靠性和实用性。

回答正确率 I_{CAFR} 的计算公式为:

$$I_{CAFR}=(A/B)\times 100$$

其中:
A——回答正确的咨询数;
B——处理的咨询总数。
I_{CAFR} 按四舍五入法取整数。

B.3.3.2.5 说明及影响指标的因素

本指标是 0～100 的整数。

应时刻牢记本指标仅关注咨询服务效益的一个方面。结果可能受诸如问题的选择、员工的交流技能和质量、咨询工作和数据库的多样性和可获得性等因素的影响。

通过确定导致绩效低的因素或不足的原因来设计测试，或者通过结合其他形式的数据收集，能提高测试结果的价值。这包括员工遵循什么流程来澄清问题（交流技能），是否依据详细的资源获得答案，如果没有发现答案，是否指引用户到其他地方咨询，员工的态度如何等信息。

另外，在线咨询服务环境中，本指标可提供更多有关员工所遵循的流程和使用的数据资源方面的信息。

参考咨询馆员的绩效，就正确性来说，会受教授用户如何使用参考资源和尽可能快地回答咨询这样竞争性目标的影响。

与所咨询问题的难易程度也有关系。注意有些问题有多个答案，或者给咨询者提供一个可选择的答案

更详细的信息见下列参考文献：

——[9]；

——[25]，pp213-225（"Reference Fill Rate"）。

B.3.3.3 文献采访支出与员工成本比率

B.3.3.3.1 目的

评估图书馆是否将其收入的一部分用于馆藏建设。

B.3.3.3.2 适用范围

适用于所有图书馆。本指标对那些有灵活预算或整体预算的图书馆，以及那些可以在员工和馆藏支出之间转换资源的图书馆非常有用。

本馆不同时间的比较或与其他图书馆进行比较时，应考虑馆藏政策和图书馆宗旨的差异。

B.3.3.3.3 指标定义

采访成本（包括装订费、许可费和按次查阅计费）除以用于正式员工（职位表上的员工）的支出。

B.3.3.3.4 方法

对于给定的预算期，确定图书馆用于采访、订阅和许可的花费（包括装订费和按次计费）。如果图书馆加入了联盟或其他广泛的契约，只计算图书馆自己分担的合约费用。

同一时期内，确定正式员工（职位表上的员工）的员工成本。专项拨款支付的员工和学生助手费用应排除在外。如果不能计算出实际支出，则使用平均费用。很多国家都可获取到由政府部门出版的职位表中每个级别的平均费用单。

文献采访支出与员工成本比率 I_{RAESC} 的计算公式为：

$$I_{\mathrm{RAESC}} = A/B$$

其中：

A——文献和信息资源方面的支出；

B——员工成本。

B.3.3.3.5 说明及影响指标的因素

本指标是无上限的实数。

通常认为分值越高越好。本指标可说明图书馆是否对文献采访过程进行有效组织以便将其收入的一部分用于馆藏建设。本指标会受到外部资金（如专项拨款）、馆藏建设经费削减、特殊主题馆藏等因素

的影响。本指标应根据图书馆的目标和任务来判定。馆藏政策、图书馆的主题馆藏以及人力密集型服务都会对分值有很大影响。

B.3.3.3.6 来源

更详细的信息见下列参考文献：

——[6](P13.2)；

——[25],PP175-179("Ratio of Acquisitions Costs to Staff Costs")。

B.3.3.4 员工文献加工能力

B.3.3.4.1 目的

评估一定时间内(通常是一年)每一位员工加工文献(印刷本和电子文献)的平均数量。本指标可有效说明员工的加工能力。

B.3.3.4.2 适用范围

适用于所有图书馆。

本馆不同时间的比较或与其他图书馆进行比较时，应考虑文献获取差异、文献加工过程中操作和方法的不同。

B.3.3.4.3 指标定义

评估员工的文献加工能力。获取的文献数量除以参与文献加工(采访和编目，不包括回溯性编目)的员工数(全时工作当量 FTE)。

B.3.3.4.4 方法

计算一定时间内获得的印刷本文献和电子文献的数量。对于电子期刊和报纸，一个年度的订阅量算作一册。

获取员工参与采访和编目(包括期刊的采访和编目，但不包括回溯性编目)的全时工作当量。同时考虑临时性和永久编制员工以及项目员工。因为员工有时会参与多项任务，因此记录下某个具有代表性的时间内他们花在每项任务上的时间。从而计算出每个员工投入到文献加工上的时间比例。如果时间记录获取不到，则时间比例可改为推测。

为了计算兼职员工的全时工作当量：

年度聘用：每周的工作小时数除以正规工作小时数。非年度聘用：每周的工作小时数除以正规工作时数，然后再乘以商(受雇周数除以 52)。

员工的文献加工能力 I_{EPMP} 的计算公式为：

$$I_{EPMP}=A/B$$

其中：

A——一定时间内已获得的文献数；

B——参与文献加工员工的全时工作当量。

I_{EPMP} 按四舍五入法取整数。

B.3.3.4.5 说明及影响指标的因素

本指标是无上限的整数。

通常认为分值越高越好。

本指标受加工的文献类型、文献加工方法和套录编目可能性等的影响。

本指标不适用于上述工作外包的情况，如购买编目数据。

B.3.3.4.6　来源

更详细的信息见下列参考文献：

——[6](PI 3.3)；

——[25]，pp199-201。

B.3.4　总体情况

B.3.4.1　用户人均成本

B.3.4.1.1　目的

根据用户数量评估图书馆的服务成本。

B.3.4.1.2　适用范围

适用于所有图书馆。

如果以同样的方式计算支出，则本指标可用于宗旨相同的图书馆之间的比较。

B.3.4.1.3　指标定义

一个完整的财政年度内图书馆的经常性支出总额或业务支出除以用户数量。

经常性支出总额是以下支出的总和：

a) 采访支出(包括装订、授权和按次查阅计费的成本)；

b) 员工薪酬(包括项目聘用员工、学生助工等)；

c) 所有其他用途的支出：计算机和网络的运行和维护，软件许可费，通讯费、房屋的租赁和维护费，公用设施成本(热、电、水、污水)，维修或更换现有家具和设备的费用，以及其他成本，如用于书目记录、复印、邮递、服务宣传、办公用品、保险、交通和通讯、专家咨询等的费用。

本指标中，一个用户是指在过去一年里到过图书馆或通过其他方式使用过图书馆服务的人。对于主要活动就是借阅服务的图书馆，登记借出的用户数量可作为目标群体用户的估计值。

在本指标中，用户可以是个人，也可以是法人团体(一个组织、机构或公司)。

B.3.4.1.4　方法

B.3.4.1.4.1　从成员用户中随机抽样。询问样本中的每个人在过去一年里是否到过图书馆，或者以其他方式使用过图书馆的服务。使用帐目数据计算一个财政年度里经常性支出总额。由预算数据做出本年度的估计值。

用户人均成本 I_{CUP1} 的计算公式为：

$$I_{CUP1}=(A/D)\times(C/B)$$

其中：

A——一个完整的财政年度里图书馆的经常性支出总额，以相应货币形式表示；

B——样本里回答“是”的人数；

C——样本里的人数；

D——成员用户的人数。

I_{CUP1}按四舍五入法取整数，采用所使用货币的习惯用法。

B.3.4.1.4.2　从计算机系统记录计算出过去一年里借阅过文献的用户(属于目标人群)的数量。

用户人均成本 I_{CUP2} 的计算公式为：

$$I_{CUP2}=A/B$$

其中：

A——一个完整的财政年度里图书馆的经常性支出总额，以相应货币形式表示；

B——过去一年里登记借阅的用户数量。

I_{CPU2} 按四舍五入法取整数，采用所使用货币的习惯用法。

B.3.4.1.5 说明及影响指标的因素

本指标是无上限的实数。

本指标可用于评价：

——图书馆不同时期的成本效益；

——与其他服务性机构相比，图书馆在本地社区的成本效益；

——与同类型其他图书馆相比，图书馆的成本效益。

本指标不宜单独使用。将其置于更为普遍的环境中会更有用。应考虑图书馆服务的范围和质量及其目标与本指标的关系。当基于其目标来考虑，本指标有助于确定公共资金的支出并有助于了解类似图书馆之间的成本差异。计算方法的不同可能会影响计算结果。如果仅计算登记借阅者，忽略那些使用其他服务但没有借阅文献的用户，结果可能会比实际的每个用户的平均成本偏高。

B.3.4.1.6 来源

更多信息见参考文献[4]，PP52-53。

B.3.4.1.7 相关指标

见：

——到馆服务平均成本(B.3.1.4)；

——借阅平均成本(B.3.1.1)。

B.4 潜力与发展

B.4.1 馆藏

B.4.1.1 图书馆用于购买电子资源的支出占图书馆文献采访总支出的比率

B.4.1.1.1 目的

评估图书馆建设电子馆藏的力度。

B.4.1.1.2 适用范围

适用于所有图书馆。

本指标可用于图书馆馆藏的一部分(如期刊、学科领域)或图书馆的分馆。就这些特定范围的指标进行比较，以了解不同类别所占百分比是否有很大差异。

进行图书馆之间的比较，应考虑所选学科主题、馆藏政策和成员用户的社会经济因素的差异。

B.4.1.1.3 指标定义

图书馆在电子资源方面的支出占图书馆信息资源总支出的百分比。

电子资源包括数据库、电子连续出版物和数字文献。

本指标中，电子资源支出包括图书馆的采访、订阅和许可成本。图书馆可以选择是否包括资源建设成本中的按次查阅计费及电子文献传递的成本。当公布指标或比较分值时需明确说明这一点。

资源总支出不应包括装订费。

基础设施方面的支出，如用于硬件、软件或网络以及文献数字化的费用不包括在内。

包括增值税、销售和服务税或其他地方税。这些税可能会影响国际间的比较。

B.4.1.1.4 方法

一定预算期内，确定图书馆电子资源的采访、订阅和许可方面的支出（如果愿意，也可包括按次查阅计费和电子文献传递费用）。如果图书馆加入了联盟或其他广泛的契约，则只计算图书馆自身分担的合约费用。如果文献电子版本与印刷本捆绑在一起购买，只计算为电子本多付出的那部分费用。

图书馆用于购买电子资源的支出占图书馆文献采访总支出的比率 $I_{PEIPSEC}$ 的计算公式为：

$$I_{PEIPSEC}=(A/B)\times 100$$

其中：

A——电子资源支出；

B——全部支出。

$I_{PEIPSEC}$ 按四舍五入法取整数。

B.4.1.1.5 说明及影响指标的因素

本指标是 0～100 的整数。

不同时期的比较可揭示图书馆将其重心转移到电子信息方面的程度。但是，印刷本资源和电子资源定价构成方面的差异会对这种比较有很大影响。

本指标应根据图书馆的目标和任务进行判定。图书馆馆藏政策、人群结构，特别是主题馆藏对分值有很大影响。

本指标不宜单独使用，应结合馆藏使用和用户满意度指标使用。

B.4.1.1.6 来源

更详细的信息见下列参考文献：

——[3] (PI 11)；

——[6] (PI 1.4)；

——[25] (PP233-237)。

B.4.1.1.7 相关指标

见“提供电子服务的员工占员工总数的比率”(B.4.2.1)。

B.4.2 员工

B.4.2.1 提供电子服务的员工占员工总数的比率

B.4.2.1.1 目的

评估图书馆中为电子服务提供技术支撑而投入的人力资源程度。

B.4.2.1.2 适用范围

适用于有员工提供电子服务的所有图书馆。如果使用相同的测量方法，则本指标可用于比较有同样目标和类似用户的图书馆。

B.4.2.1.3 指标定义

规划、维护、提供和开展信息技术服务以及通过技术改进与提供图书馆电子服务的图书馆员工数(全时工作当量 FTE)除以图书馆员工总数(全时工作当量 FTE)。

本指标中,提供电子服务是指维护和建立图书馆系统自动化、图书馆网络服务器、电子出版物储存、电子参考咨询系统和所有其他给用户提供应用软件,以及维护计算机硬件(服务器、电脑、打印机和扫描仪)的员工。

通知和提供帮助服务、采访或加工电子资源、电子资源的数字化、涉及电子图书馆服务的用户培训、以及有关图书馆网络服务相关内容工作的员工,不包括在内。

B.4.2.1.4 方法

通过对正式的和临时性员工,包括项目聘用员工,花在规划、维护、提供和开展信息技术服务以及通过技术改进与提供图书馆网络服务上的时间加和,确定提供开展图书馆电子服务的图书馆员工数量(全时工作当量 FTE)。

因为许多员工可能会分配一部分时间做技术支撑,因此可以通过抽样来收集数据。例如,员工可能有必要记录某日或几个有代表性的日子的工作日记,计算花在技术支撑上的时间总数,计算其占取样期间所有员工工作时间总数的百分比。

通过计算总的图书馆全时工作当量员工,包括所有正式和临时员工以及项目聘用员工,来确定图书馆员工总数。

提供电子服务的员工占总员工数的比率 I_{PLSPDELS} 的计算公式为:

$$I_{\mathrm{PLSPDELS}} = (A/B) \times 100$$

其中:

A——提供、维护和开展信息技术或网络服务的图书馆员工数(全时工作当量 FTE);

B——图书馆员工总数(全时工作当量 FTE)。

I_{PLSPDELS} 按四舍五入法取整数。

B.4.2.1.5 说明及影响指标的因素

本指标值是介于 0～100 的整数。分值可显示图书馆是否优先考虑提供和开展其信息技术和网络服务。

如果上述工作外包给 IT 部门或其他外部机构(不管是否索取报酬),本指标仅适用于外部工作量可随之(如,全时工作当量)量化的情况。这个数值应加到公式里的 A 和 B 中。

B.4.2.1.6 来源

更详细的信息见下列参考文献:

——[3],改编自 PI 13;

——[6],PI 4.4;

——[25],PP238-241。

B.4.2.1.7 相关指标

见"图书馆用于购买电子资源的支出占图书馆文献采访总支出的比率"(B.4.1.1)。

B.4.2.2 员工接受正规培训人均时数

B.4.2.2.1 目的

评估图书馆员工通过参加培训提高技能的状况。

B.4.2.2.2 适用范围

适用于所有图书馆。

B.4.2.2.3 指标定义

员工参加正规培训的小时数除以图书馆员工总数(人数,不是 FTE)。

培训是指有组织的预先计划了的授课,由图书馆员工或外部专家主持,可在室内或室外进行。

本指标也评估培训课程参加人数。

B.4.2.2.4 方法

通过图书馆员工参加正规培训课程的记录并计算这些课程的持续时间,来确定员工接受正规培训的时间。此时间数除以员工总数。

员工接受正规培训人均时数 I_{NAHFTLSM} 的计算公式为:

$$I_{\mathrm{NAHFTLSM}} = (A/B) \times 100$$

其中:

A——所有员工一定时间内接受正规培训的时间;

B——员工总数。

I_{NAHFTLSM} 按四舍五入法取整数。

B.4.2.2.5 说明及影响指标的因素

本指标是无上限的实数。分值越高意味着越有条件参加培训。分值越低则意味着需要加强员工培训。但是,参加正规培训人数多可能包括相同的员工。本指标不包括非正式培训,因此本指标只能说明进一步培训的平均程度而不能提供一个准确且全面的深入测量。

B.4.2.2.6 来源

更详细的信息见下列参考文献:

——[2] P35("hours of formal information technology instruction per staff member");

——[3] (改编自 PI 12);

——[6] (PI 4.1);

——[25] P238-241("Attendances at training lessons per staff member")。

B.4.2.2.7 相关指标

见"提供电子服务的员工占员工总数的比率"(B.4.2.1)。

B.4.3 总体情况

B.4.3.1 图书馆通过专项拨款或创收获得的经费比率

B.4.3.1.1 目的

评估图书馆成功获得的额外资金的情况。

B.4.3.1.2 适用范围

适用于所有图书馆。

进行图书馆不同时期的比较或图书馆之间的比较时,应考虑资助机构及图书馆因特定任务而持续受到外部团体资助等情况的差异。

B.4.3.1.3 指标定义

图书馆通过专项拨款或创收获得的经费百分比。

图书馆总经费包括用于资产支出的经费。通过专项拨款或创收获得的经费包括那些资产支出不是由资金机构支付的经费。

B.4.3.1.4 方法

确定图书馆总经费,包括用于资产支出的经费。对图书馆通过创收和专项拨款获得的经费求和,包括那些不是由资助机构支付的资产支出经费。通过专项拨款获得的经费包括安排失业人口资金。

图书馆通过专项拨款或创收获得的经费比率 I_{PLMRSGIG} 的计算公式为:

$$I_{\mathrm{PLMRSGIG}} = (A/B) \times 100$$

其中:

A——图书馆通过专项拨款和创收获得的经费;

B——图书馆总经费。

I_{PLMRSGIG} 按四舍五入法保留一位小数。

B.4.3.1.5 说明及影响指标的因素

本指标是介于 0～100 的实数。

分值越高说明图书馆在主动获得额外经费方面越成功。此情况下,认为该图书馆具有发展潜力。

本指标还有助于了解图书馆在多大程度上参与其主要任务外的其他任务并因此有资格获取外部经费。

本指标受图书馆参与研究工作多少的影响,因为研究工作可能会获得较多款项。也受图书馆获得资助机构资助经费减少的影响。如果图书馆专项拨款和收入不变的话,资助经费减少可导致此项指标值的增大。

B.4.3.1.6 来源

更详细的信息见下列参考文献:

——[6](PI 4.3);

——[25],PP246-249。

B.4.3.2 资助机构拨付给图书馆的经费的比率

B.4.3.2.1 目的

测度图书馆(以经费形式)对资助机构的重要程度和得到支持的程度。

B.4.3.2.2 适用范围

适用于所有高等教育机构的图书馆。集成的图书馆系统与有多个分部的图书馆的双层系统之间的比较有些困难。

公共图书馆可将本指标改编为获得的拨给图书馆的公共经费占政府总预算的百分比。

B.4.3.2.3 指标定义

资助机构拨付给图书馆的经费(不包括第三方资金)占资助机构总经费的百分比)。

本指标中,资助机构总经费包括机构年度的全部预算,但不包括第三方资金和上年节余。

本指标中，资助机构拨付给图书馆的经费包括从机构获得的所有资金，包括采访、材料、员工成本、资产支出和一次性资金。第三方资金、专项拨款和图书馆创收不包括在内。

专项拨款是非常规的用于资助(或部分资助)重点工程的款项。

B.4.3.2.4 方法

确定一定预算期内资助机构拨付给图书馆的经费(包括资产支出、从机构获得的一次性资金，不包括第三方资金和专项拨款以及图书馆创收)。

确定同期资助机构总经费(不包括第三方资金)。

资助机构拨付给图书馆的经费的比率 I_{PIMAL} 的计算公式为：

$$I_{PIMAL} = (A/B) \times 100$$

其中：

A——资助机构拨付给图书馆的经费；

B——资助机构总经费。

I_{PIMAL} 按四舍五入法保留一位小数。

B.4.3.2.5 说明及影响指标的因素

本指标是介于0～100的实数。

通常认为分值越高越好。这说明资助机构认可图书馆对于机构的价值以及图书馆的财政需要，并认为图书馆会对其用户提供更好的服务。

本指标会受外部资助实体和组织(如政府经费)存在的影响。也会受图书馆需高额资金的专项任务的影响，如特藏。

B.4.3.2.6 来源

更详细的信息见下列参考文献：

——[6] (PI 4.2)。

——[25] PP250-253。

参 考 文 献

[1] BARKER,J. W. Random vendor assignment in vendor performance evaluation. *Library Acquisitions*, 10,1986,pp. 265-280

[2] BERTOT,J. C. ,MCCLURE,C. R. AND RYAN,J. *Statistics and performance measures for public library. networked services*. American Library Association,Chicago,2001

[3] BROPHY,P. et al. *EQUINOX Library Performance Measurement and Quality Management System:Performance indicators for Electronic Library Services*. 2000,available at

http://www.equinox.dcu.ie/reports/pilist.html

[4] CHILDERS,T. Scouting the perimeters of unobtrusive study of reference. IN:*Evaluation of public services and public services personnel*. University of Illinois at Urbana-Champaign:Graduate School of Library & Information Science,1991

[5] DEPARTMENT OF CULTURE,MEDIA,AND SPORT. LIBRARIES,INFORMATION AND ARCHIVES DIVISION. *Comprehensive,efficient and modern public libraries to standards and assessment*. DCMS,London,2001

[6] *BIX to Der Bibliotheksindex*. Wissenschaftliche Bibliotheken,available at

http://www.bixtobibliotheksindex.de

[7] DIRECTION ASSOCIÉE DES BIBLIOTHÈQUES DE MONTRÉAL. DIVISION DE LA PLANIFICATION ET DU DÉVELOPPEMENT DU RÉSEAU. COMITÉ DE VIGIE. *Effets d'affluence:données statistiques sur les nouveaux abonnés janvier-décembre* 2004 *et Bilan de la migration des nouveaux abonnés* 2001—2004:*Observations tirées des nouveaux tableaux et bilans graphiques sur les effets d'affluence*,2005

[8] HERNON,P. and MCCLURE,C. R. *Unobtrusive testing and library reference services*. Ablex,Norwood,New Jersey,1987

[9] EDGREN,J. ,et al. *Quality handbook ,performance indicators for library activities*. Stockholm,Sweden:The Swedish Library Association's Special Interest Group for Quality Management and Statistics. 2005,available at http://www.biblioteksforeningen.org/sg/kvalitet/handbook_eng.html

[10] INFORMATION SYSTEMS AND TECHNOLOGY MANAGEMENT VALUE FOR MONEY STUDY. *Management Review Guide*. Higher Education Funding Council for England. HEFCE ref 98/43,Bristol,1998

[11] JANTTI,M. *Document delivery performance*(3rd ed.). Council of Australian University Librarians,Canberra,Australia,2003,available at http://www.anu.edu.au/caul/besttopractice/PerfInd.html

[12] KAPLAN,R. and NORTON,D. *Translating strategy into action:The Balanced scorecard*. Harvard Business School Press,Boston,Massachusetts,1996

[13] KING RESEARCH LTD. *Keys to success; performance indicators for public libraries; a manual of performance measures and performance indicators*. HMSO,London,1990

[14] KVALITETS-OG RESULTATINDIKATORER FOR BIBLIOTEK. *Versjon* 3.0:*Forslag til aktuelle indikatorer*. ABM-utvikling,Oslo,2004 available at http://www.abm-utvikling.no/bibliotek/statistikk-for-bibliotek

[15] LANCASTER,F. W. *If you want to evaluate your library*,2nd revised edition. Library

Association, London, 1993

[16] LANCASTER, F. W. and BAKER, S. L. *The measurement and evaluation of library services*. S. Information Resources Press, Arlington, Virginia, 2nd ed., 1991

[17] CREASER, C., MAYNARD, S. E. and WHITE, S. U. *LISU Annual library statistics* 2005. LISU, Loughborough, 2005, available at

http://www.lboro.ac.uk/departments/ls/lisu/pages/publications/als05.html

[18] MANSBRIDGE, J. Availability studies in libraries. *Library and Information Science Research*, 8, pp. 299-314

[19] MILLER, R. E. and NIEMEYER, M. W. (1986). Vendor performance: a study of two libraries. *Library Resources and Technical Services*, 30, pp. 60-68

[20] MOORE, N. *Measuring the performance of public libraries; a draft manual*. UNESCO, Paris, 1989

[21] ANSI/NISO Z39.7:2004, *Appendix A—Methods of Measurement*, available at

http://128.8.237.133/index.html

[22] NATIONAL LIBRARY OF FINLAND. *Research Library Statistics*, *Finland*, 2004, available at https://yhteistilasto.lib.helsinki.fi/language.do? action=change&choose_language=3.

[23] O'NEILL, A. Evaluating the success of acquisitions departments: a literature overview. *Library Acquisitions*, 16, 1992, pp. 209-219

[24] POLL, R. and TE BOEKHORST, P. with HIRALDO, R. A. *Measuring quality: international guidelines for performance measurement in academic libraries*. Saur, for IFLA Section for University Libraries & Other General Research Libraries (IFLA publications, 76), München, Germany, 1996

[25] POLL, R. and TE BOEKHORST, P. *Measuring quality: international guidelines for performance measurement in academic libraries*. *Saur*, for IFLA Section for University Libraries & Other General Research Libraries (IFLA publications, 127), München, Germany, 2nd ed., 2007

[26] SHIM, W., MCCLURE, C. R. AND BERTOT, J. C. *Measurement and statistics for research library networked services: procedures and issues*. *ARL E-metrics phase II report*. Association of Research Libraries, Washington, D. C., 2001

[27] VAN HOUSE, N. A. and CHILDERS, T. A. *The public library effectiveness study: the complete report*. American Library Association, Chicago, Illinois, 1993

[28] VAN HOUSE, N. A., LYNCH, M. J., MCCLURE, C. R., ZWEIZIG, D. L. and RODGER, E. J. *Output measures for public libraries*. American Library Association, Chicago, Illinois, 1987

[29] VAN HOUSE, N. A., WEIL, B. T. and MCCLURE, C. R. *Measuring academic library performance; a practical approach*. Association of College and Research Libraries, American Library Association, Chicago, Illinois, 1990

[30] WARD, S., SUMSION, J., FUEGI, D. and BLOOR, I. *Library performance indicators and library management tools*. European Commission, DG XIII—E3 (EUR 16483 EN), Luxembourg, 1995

[31] ISO 2789:2006[1)], *Information and documentation—International library statistics*

[32] ANSI/NISO Z39.7:2004, *Information Services and Use: metrics & statistics for libraries and information providers—Data Dictionary*

[33] ISO 5127:2001, *Information and documentation—Vocabulary*

[34] ISO 9000:2005,*Quality management systems—Fundamentals and vocabulary*
[35] Dublin Core Metadata Initiative,available at
http://dublincore. org/documents/usageguide/glossary. shtml

ICS 17.220
A 56

中华人民共和国国家标准

GB/T 29183—2012

红外热像法检测
建设工程现场通用技术要求

Infrared thermographic inspection—General technical requirements of in-situ inspection on construction engineering

2012-12-31 发布　　　　2013-06-01 实施

中华人民共和国国家质量监督检验检疫总局
中国国家标准化管理委员会　发布

前　言

本标准按照 GB/T 1.1—2009 给出的规则起草。

本标准由中国标准化协会提出并归口。

本标准起草单位：中国建筑科学研究院、中建二局第三建筑工程有限公司、荣盛建设工程有限公司、北京科技大学、交通部公路科学研究院、中国计量科学研究院、欧美大地仪器设备有限公司、沈阳市建设工程质量检测中心、重庆市建设工程质量监督总站检测中心、四川省建筑科学研究院、首都师范大学、广州飒特红外股份有限公司、天津市建筑工程质量检测中心、沈阳建筑大学、广西建筑科学研究设计院、北京东方建宇混凝土科学技术研究院、中国海洋大学、山西建筑科学研究院。

本标准主要起草人：张荣成、李军、宋杰、李晓刚、国天逵、张仁瑜、徐选才、李宏文、原遵东、章勇、葛苗、贾玉新、文先琪、张剑峰、张存林、张小清、叶锦亭、张九红、李杰成、王安岭、蒋济同、张波。

红外热像法检测
建设工程现场通用技术要求

1 适用范围

本标准规定了红外热像法在建设工程现场检测的技术要求。

本标准适用于红外热像法现场检测建筑外墙湿作业饰面材料粘贴质量、建筑外围护结构热工缺陷、屋顶渗漏、建筑外围护气密性、港工大体积混凝土表层缺陷、工业装置衬里损伤、工业装置保温效果确认、公路沥青路面铺装质量等建设工程施工质量。

2 规范性引用文件

下列文件对于本文件的应用是必不可少的。凡是注日期的引用文件，仅注日期的版本适用于本文件。凡是不注日期的引用文件，其最新版本(包括所有的修改单)适用于本文件。

GB/T 12604.9 无损检测 术语 红外检测

GB/T 20737 无损检测 通用术语和定义

JJF 1187—2008 热像仪校准规范

3 术语和定义

GB/T 12604.9、GB/T 20737 中界定的以及下列术语和定义适用于本文件。

3.1

辐射通量 radiant flux

单位时间内以辐射的形式发射、传播和接收的能量，单位为瓦(W)。

3.2

辐射亮度 radiance

单位投影面积在单位立体角内的离源辐射通量，单位为瓦每球面度平方米。

3.3

反射率 reflectance

从物体表面反射的辐射通量与入射到该物体表面上的辐射通量之比。

3.4

发射率 emissivity

在给定温度下，一个物体的辐射亮度与处于相同温度下黑体的相应辐射亮度之比。

3.5

黑体 blackbody

对任意入射方向和波长的入射辐射都能全部吸收的理想热辐射体。又称普朗克辐射体或完全辐射体。其发射率等于1。

3.6

红外辐射 infrared radiation

通常是指波长 0.75 μm～1 000 μm 波段的电磁波。

3.7

热像仪　thermal imager

通过红外光学系统,红外探测器和信号处理系统,将物体红外辐射信息转换成可见图像的设备。

3.8

工作波段　working spectrum band

通常按大气窗口分为短波红外段(0.75 μm～3 μm)、中波红外段(3 μm～5 μm)和长波红外段(8 μm～14 μm)三个使用波段。建设工程现场通常使用中长波段。

3.9

红外热像法　infrared thermography

采用红外成像方法,显示被测物体表面辐射亮度的变化(实际温度或发射率引起的变化,或两者共同引起的变化)的方法。

3.10

热像图　thermal image;thermogram

由物空间的红外辐射亮度分布转换成灰度或伪彩色的图像。

3.11

噪声等效温度差　noise equivalent temperature difference

在热像仪输出信号信噪比为1时,黑体目标与其背景之间的温度差,也称温度分辨力。

3.12

热异常区域　thermal abnormal region

检测人员根据被测物体的材料、结构等的分析,在热像图中判定的与预期的辐射亮度分布或变化存在差异的区域。

4　技术条件

4.1　人员

从事红外热像法检测的人员,应通过技术培训,持证上岗。

4.2　仪器

4.2.1　红外热像仪工作波段为中长波段。

4.2.2　热像仪温度分辨力值应根据现场的实际需要进行选择。

4.2.3　温度测量范围应符合现场检测要求。

4.2.4　红外热像仪的像素不应少于160×120点。

4.2.5　仪器宜在以下温湿度环境中使用:

a)　温度:−20 ℃～+50 ℃;

b)　相对湿度:≤85%RH。

4.2.6　红外热像仪宜定期进行校准,检测时应在校准的有效期内。校准方法及要求按照JJF 1187—2008执行。

4.3　检测环境

对于露天现场,红外热像法检测工作宜根据具体行业的检测目的、检测要求,在适宜的检测条件下进行,且应做必要的拍摄记录,与此同时尚应充分考虑如下情况:

a)　季节、天气、时间、气温、红外热像仪的工作位置、被测对象表面材料颜色和附近"热(或冷)"源等;

b) 与相邻构筑物之间的距离、被测对象的形状、方位及高度；

c) 被测对象与红外热像仪之间是否有遮蔽物；

d) 被测对象上是否有不规则凹凸状或高反射率材质的外形构造。

5 现场检测

5.1 在建设工程现场采用红外热像法检测工程质量缺陷时，应遵守以下基本工作流程：

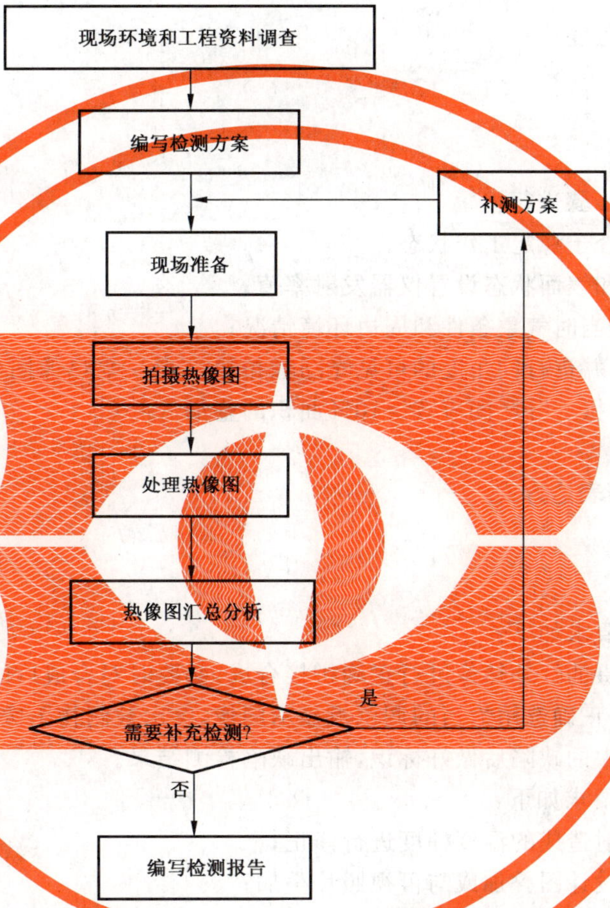

5.2 现场环境和工程资料调查

现场环境和工程资料调查中应确认和掌握的内容应包括：

a) 工程概况；

b) 工程设计文件；

c) 工程施工相关技术文件；

d) 被测对象的材质、方位、朝向、周边环境、使用环境；

e) 被测对象的维护记录(使用过程中的检查、维修记录)；

f) 近期气象条件；

g) 当前被测物内部及附近冷(热)源分布及使用情况。

5.3 检测方案编写

检测前应根据委托方检测目的、检测前现场环境和工程资料的调查结果编写检测方案。检测方案宜包括如下内容：

a） 预计检测时间及最佳检测时段；
b） 被检测目标的部位；
c） 检测仪器及现场的工作方式；
d） 检测参数（距离、俯仰角、位置）及检测次数；
e） 对红外热像法检测出的缺陷做验证的其他方法。

5.4 红外热像仪检查

现场检测前，对红外热像仪需进行如下检查并确认功能正常：

a） 调整焦距；
b） 调节亮度和对比度；
c） 测温；
d） 存储图像。

5.5 现场检测步骤

现场检测应按如下步骤进行：

a） 预热仪器使其处于稳定工作状态；
b） 根据被测材料和表面状态设置仪器发射率值；
c） 记录测试时间、当时气象条件和周边环境情况；
d） 拍摄红外热像，并进行同角度的可见光图像拍摄。当一幅热像图（或照片）不能拍完整个被测物时，应分区拍摄。分区间应有＞10％面积的叠加。

6 检测数据处理及结果表达方式

6.1 检测数据处理

a） 数据处理通用要求如下：
  1） 对分区拍摄的红外热像进行正确拼接合成，必要时对合成后的图像进行几何修正；
  2） 区分背景、正确选用恰当的调色板显示图像，突出被测物图像中的热异常区域；
  3） 确认图像中的缺陷后做好标识，输出缺陷检测结果。
b） 数据处理特殊要求如下：
  1） 对天空反射造成的温度梯度进行修正；
  2） 缺陷图与设计图叠加或与可视照片叠加；
  3） 计算确定缺陷部位或面积，预估缺陷等级。

6.2 检测结果表达方式

6.2.1 红外热像法检测结果表达方式，宜按其应用领域划分为建筑行业、市政及公路建设、港口建设及其他行业。

6.2.2 各领域检测结果表达方式的标准化，应遵循以下程序：

a） 确定检测结果的应用领域；
b） 调查被测对象待传递信息的客观需求；
c） 清晰地描述检测结果所表达的含义；
d） 若现行专业标准中已有检测结果的表达方式，则宜直接采用；若现行专业标准中无检测结果的表达方式或者未能采用现行专业标准，则应按照本标准的要求设计表达方式的方案，并对其可行性进行验证。

6.2.3 不同检测领域所属的检测结果名称，宜根据所检测对象的属性来命名。

6.2.4 检测结果应用图示或数据文件等形式表达，且宜符合该领域的习惯。

7 检测报告

7.1 检测报告宜由工程委托及相关信息、检测条件和检测结论三部分组成。

7.1.1 工程委托及相关信息

工程委托及相关信息应包括如下内容：

a) 委托单位；
b) 检测单位资质；
c) 检测单位名称及人员；
d) 工程名称及工程概况。

7.1.2 检测条件

检测条件应包括如下内容：

a) 检测设备信息；
b) 被测对象名称；
c) 检测时间及天气条件；
d) 检测范围及所涉及的其他用于确认的检测方法；
e) 图示的检测结果及必要的照片。

7.2 作为检测报告中的辅助内容，也可将相关文献等放入检测报告附页。

附 录 A
（资料性附录）
红外热像图温度数据处理的一般方法

A.1 概述

采用统计分析方法中已成熟的基本数据计算方法，同时根据红外热像图的特点，规定部分计算方法。对红外热像图中特定区域（可以是整幅图像，也可以是目标图像，还可以是人为选定的特定区域，如方形区域、圆形区域、任意多边形区域和线上的区域）中的温度数据进行计算与统计，用以分析该区域中目标的表面温度特征（包括最高温度、最低温度、平均温度、温度变化率、温度分布及其参数等）。

A.2 符号

本附录中引用的符号含义如下：

——P：区域图像 P；

——$P(i,j)$：区域图像 P 中的像素点位置；

——N_P：区域图像 P 中包含的图像像素的总和；

——$T(i,j)$：区域图像 P 中第 i 行，第 j 列像素对应的红外温度数值；

——$T_{\text{avg-}P}$：区域图像 P 中所有像素对应的红外温度值的平均温度；

——$T_{\max P}$：区域图像 P 中所有像素对应的红外温度值的最大值；

——$T_{\min P}$：区域图像 P 中所有像素对应的红外温度值的最小值；

——σ_P：区域图像 P 中所有像素对应的红外温度值的方差；

——$N_{\text{Tup-}P}$：区域图像 P 中所有像素对应的红外温度高于 T 温度的像素点数总和；

——$Count(p(c))$：区域图像 P 中，满足条件 c 的像素点 p 的个数总和；

——p：图像 P 中每个像素点；

——$N_{\text{Tdown-}P}$：区域图像 P 中所有像素对应的红外温度低于 T 温度的像素点数总和；

——$N_{T_1-T_2}$：区域图像 P 中，介于温度 $T_1\sim T_2$ 之间的像素点总和；

——$\sigma_{T_2\,\text{up}}$：区域图像 P 中，高于温度 T_2 的红外温度值的方差；

——$\sigma(T(c))$：区域图像 P 中，满足条件 c 的像素点温度 T 的方差；

——$\sigma_{T_1\,\text{down}}$：区域百分比中，低于温度 T_1 的红外温度值的方差；

——$\sigma_{T_1-T_2}$：区域百分比中，介于温度 $T_1\sim T_2$ 之间的红外温度值的方差；

——$N_P(T)$：区域图像 P 中，按温度 T 变化的像素点个数；

——T：表示某温度数值；

——$D_{PX}(i,j)$：区域图像 P 中，沿 X 轴方向温度梯度值；

——$D_{PY}(i,j)$：区域图像 P 中，沿 Y 轴方向温度梯度值；

——$D_{PXY}(i,j)$：区域图像 P 中，沿 X 轴和 Y 轴方向温度梯度值代数和；

——T^*：某基准温度，用于判定物体表面温度层于正常或非正常的温度值，如可以是目标表面温度合格的界定温度（通常由人、工艺参数或标准给定）；

——ΔT_{avg}：平均温度与基准温度的偏差；

——$T^*_{\max}$：最高允许温度；

——$T^*_{\min}$：最低允许温度；

——ΔT_{max}:最高偏差温度;

——ΔT_{min}:最低偏差温度;

——$D_{T^*_{max}X}$:区域图像 P 中,沿 X 轴方向最大允许温度梯度;

——$D_{T^*_{min}X}$:区域图像 P 中,沿 X 轴方向最小允许温度梯度;

——$D_{T^*_{max}Y}$:区域图像 P 中,沿 Y 轴方向最大允许温度梯度;

——$D_{T^*_{min}Y}$:区域图像 P 中,沿 Y 轴方向最小允许温度梯度;

——$D_{T^*_{max}XY}$:区域图像 P 中,沿 X 轴和 Y 轴方向最大允许温度梯度;

——$D_{T^*_{min}XY}$:区域图像 P 中,沿 X 轴和 Y 轴方向最小允许温度梯度;

——D_{maxPX}:区域图像 P 中,沿 X 轴方向最大的温度梯度值;

——D_{minPX}:区域图像 P 中,沿 X 轴方向最小的温度梯度值;

——D_{maxPY}:区域图像 P 中,沿 Y 轴方向最大的温度梯度值;

——D_{minPY}:区域图像 P 中,沿 Y 轴方向最小的温度梯度值;

——D_{maxPXY}:区域图像 P 中,沿 X 轴和 Y 轴方向最大的温度梯度值;

——D_{minPXY}:区域图像 P 中,沿 X 轴和 Y 轴方向最小的温度梯度值;

——$\Delta D_{T_{max}X}$:区域图像 P 中,沿 X 轴方向最高允许偏差梯度;

——$\Delta D_{T_{min}X}$:区域图像 P 中,沿 X 轴方向最低允许偏差梯度;

——$\Delta D_{T_{max}Y}$:区域图像 P 中,沿 Y 轴方向最高允许偏差梯度;

——$\Delta D_{T_{min}Y}$:区域图像 P 中,沿 Y 轴方向最低允许偏差梯度;

——$\Delta D_{T_{max}XY}$:区域图像 P 中,沿 X 轴和 Y 轴方向最高允许偏差梯度;

——$\Delta D_{T_{min}XY}$:区域图像 P 中,沿 X 轴和 Y 轴方向最低允许偏差梯度。

A.3 计算方法

A.3.1 区域图像 P 中所有像素对应的红外温度值的平均温度

$$T_{avg\text{-}P}=E\{T(i,j)\}=\frac{1}{N_P}\sum_{(i,j)\in P}T(i,j) \qquad \text{(A.1)}$$

该式描述了区域图像 P 中所有像素点温度的平均值。

A.3.2 区域图像 P 中所有像素对应的红外温度值的最大值 T_{maxP}

$$T_{maxP}=\max_{(i,j)\in P}\{T(i,j)\} \qquad \text{(A.2)}$$

T_{maxP}表示了区域图像 P 中的最高温度值。常用此值考察检测目标中是否有超标温度值。

A.3.3 区域图像 P 中所有像素对应的红外温度值的最小值 T_{minP}

$$T_{minP}=\min_{(i,j)\in P}\{T(i,j)\} \qquad \text{(A.3)}$$

T_{minP}表示了区域图像 P 中的最低温度值。常用此值考察检测目标中是否有超低温度值。

A.3.4 区域图像 P 中,所有像素对应的红外温度值的方差 σ_P

$$\sigma_P=E\{[T(i,j)-E(T(i,j))]^2\} \qquad \text{(A.4)}$$

σ_P描述了区域图像 P 中所有像素点对应温度的离散程度。

A.3.5 区域图像 P 中,所有像素对应的红外温度高于 T 温度的像素点数总和

$$N_{Tup\text{-}P}=Count(p(T(i,j)>T)) \qquad \text{(A.5)}$$

A.3.6 区域图像 P 中,所有像素对应的红外温度低于 T 温度的像素点数总和

$$N_{Tdown\text{-}P}=Count(p(T(i,j)<T)) \qquad \text{(A.6)}$$

A.3.7 区域图像 P 中,介于温度 $T_1\sim T_2$之间的像素点总和 $N_{T_1-T_2}$

$$N_{T_1-T_2}=Count(p(T_1<T(i,j)<T_2)) \qquad \text{(A.7)}$$

A.3.8 区域图像 P 中,温度高于温度 T_2 的红外温度值的方差 $\sigma_{T_2\mathrm{up}}$

$$\sigma_{T_2\mathrm{up}}=\sigma(T(T(i,j)>T_2)) \quad \cdots\cdots(\mathrm{A}.8)$$

A.3.9 区域图像 P 中,温度低于温度 T_1 的红外温度值的方差 $\sigma_{T_1\mathrm{down}}$

$$\sigma_{T_1\mathrm{down}}=\sigma(T(T(i,j)<T_1)) \quad \cdots\cdots(\mathrm{A}.9)$$

A.3.10 区域图像 P 中,温度介于温度 $T_1\sim T_2$ 之间的红外温度值的方差 $\sigma_{T_1-T_2}$

$$\sigma_{T_1-T_2}=\delta(T(T_1<T(i,j)<T_2)) \quad \cdots\cdots(\mathrm{A}.10)$$

A.3.11 区域图像 P 中,按温度变化的像素点个数 $N_P(T)$

$$N_P(T)=Count(p(T(i,j)=T)) \quad \cdots\cdots(\mathrm{A}.11)$$

$N_P(T)$ 记录了红外图像 P 中,其有特定温度 T 的像素点 p 的个数,反应了区域图像 P 中的温度分布情况。

A.3.12 区域图像 P 中,沿 X 轴方向温度梯度值 $D_{PX}(i,j)$

$$D_{PX}(i,j)=T(i+1,j)-T(i,j) \quad \cdots\cdots(\mathrm{A}.12)$$

其中图像的最后一列保持原图像素值不变。$D_{PX}(i,j)$ 反映了红外图像沿 X 轴方向相邻像素的温度变化率。

A.3.13 区域图像 P 中,沿 Y 轴方向温度梯度值 $D_{PY}(i,j)$

$$D_{PY}(i,j)=T(i,j+1)-T(i,j) \quad \cdots\cdots(\mathrm{A}.13)$$

其中图像的最后一行保持原图像素值不变。$D_{PY}(i,j)$ 反映了红外图像沿 Y 轴方向相邻像素的温度变化率。

A.3.14 区域图像 P 中,沿 X 轴和 Y 轴方向温度梯度值代数和 $D_{PXY}(i,j)$

$$D_{PXY}(i,j)=D_{PX}(i,j)+D_{PY}(i,j) \quad \cdots\cdots(\mathrm{A}.14)$$

$D_{PXY}(i,j)$ 同时反映了红外图像沿 X 轴和 Y 轴方向相邻像素的温度变化率。

A.3.15 平均温度与基准温度的偏差 ΔT_{avg}

$$\Delta T_{\mathrm{avg}}=T_{\mathrm{avg}\text{-}P}-T^{*} \quad \cdots\cdots(\mathrm{A}.15)$$

ΔT_{avg} 反映了区域图像 P 的平均温度偏离基准温度的大小。

A.3.16 最高偏差温度 $\Delta T_{\max}$

$$\Delta T_{\max}=T_{\max P}-T^{*}_{\max} \quad \cdots\cdots(\mathrm{A}.16)$$

$\Delta T_{\max}$ 反映了区域图像 P 中的最高温度与最高允许温度的偏差,该偏差可作为很多地方的评价参考。

A.3.17 最低偏差温度 $\Delta T_{\min}$

$$\Delta T_{\min}=T_{\min P}-T^{*}_{\min} \quad \cdots\cdots(\mathrm{A}.17)$$

$\Delta T_{\min}$ 反映了区域图像 P 中的最低温度与最低允许温度的偏差,该偏差可作为很多地方的评价参考。

A.3.18 区域图像 P 中,沿 X 轴方向的最大温度梯度 $D_{\max PX}$;

$$D_{\max PX}=\max_{(i,j)\in P}\{D_{PX}(i,j)\} \quad \cdots\cdots(\mathrm{A}.18)$$

A.3.19 区域图像 P 中,沿 X 轴方向的最小温度梯度值 $D_{\min PX}$;

$$D_{\min PX}=\min_{(i,j)\in P}\{D_{PX}(i,j)\} \quad \cdots\cdots(\mathrm{A}.19)$$

A.3.20 区域图像 P 中,沿 Y 轴方向的最大温度梯度值 $D_{\max PY}$;

$$D_{\max PY}=\max_{(i,j)\in P}\{D_{PY}(i,j)\} \quad \cdots\cdots(\mathrm{A}.20)$$

A.3.21 区域图像 P 中,沿 Y 轴方向的最小温度梯度值 $D_{\min PY}$;

$$D_{\min PY}=\min_{(i,j)\in P}\{D_{PY}(i,j)\} \quad \cdots\cdots(\mathrm{A}.21)$$

A.3.22 区域图像 P 中,沿 X 轴和 Y 轴方向的最大温度梯度值 $D_{\max PXY}$;

$$D_{\max PXY}=\max_{(i,j)\in P}\{D_{PXY}(i,j)\} \quad \cdots\cdots(\mathrm{A}.22)$$

A.3.23 区域图像 P 中，沿 X 轴和 Y 轴方向的最小温度梯度值 $D_{\min PXY}$：

$$D_{\min PXY} = \min_{(i,j)\in P}\{D_{PXY}(i,j)\} \qquad \cdots\cdots(A.23)$$

A.3.24 区域图像 P 中，沿 X 轴方向最大偏差梯度 $\Delta D_{T_{\max}X}$：

$$\Delta D_{T_{\max}X} = D_{\max PX} - D_{T^*_{\max}X} \qquad \cdots\cdots(A.24)$$

$\Delta D_{T_{\max}X}$反映了 X 轴方向最大的温度梯度与最大允许温度梯度之差，可作为红外图像评价参考。

A.3.25 区域图像 P 中，沿 X 轴方向最小偏差梯度 $\Delta D_{T_{\min}X}$：

$$\Delta D_{T_{\min}X} = D_{\min PX} - D_{T^*_{\min}X} \qquad \cdots\cdots(A.25)$$

$\Delta D_{T_{\min}X}$反映了 X 轴方向最小的温度梯度与最小允许温度梯度之差，可作为红外图像评价参考。

A.3.26 区域图像 P 中，沿 Y 轴方向最大偏差梯度 $\Delta D_{T_{\max}Y}$：

$$\Delta D_{T_{\max}Y} = D_{\max PY} - D_{T^*_{\max}Y} \qquad \cdots\cdots(A.26)$$

$\Delta D_{T_{\max}Y}$反映了 Y 轴方向最大的温度梯度与最大允许温度梯度之差，可作为红外图像评价参考。

A.3.27 区域图像 P 中，沿 Y 轴方向最小偏差梯度 $\Delta D_{T_{\min}Y}$：

$$\Delta D_{T_{\min}Y} = D_{\min PY} - D_{T^*_{\min}Y} \qquad \cdots\cdots(A.27)$$

$\Delta D_{T_{\min}Y}$反映了 Y 轴方向最小的温度梯度与最小允许温度梯度之差，可作为红外图像评价参考。

A.3.28 区域图像 P 中，沿 X 轴和 Y 轴方向最大偏差梯度 $\Delta D_{T_{\max}XY}$：

$$\Delta D_{T_{\max}XY} = D_{\max PXY} - D_{T^*_{\max}XY} \qquad \cdots\cdots(A.28)$$

$\Delta D_{T_{\max}XY}$反映了 X 轴和 Y 轴方向最大的温度梯度与最大允许温度梯度之差，可作为红外图像评价参考。

A.3.29 区域图像 P 中，沿 X 轴和 Y 轴方向最小偏差梯度 $\Delta D_{T_{\min}XY}$：

$$\Delta D_{T_{\min}XY} = D_{\min PXY} - D_{T^*_{\min}XY} \qquad \cdots\cdots(A.29)$$

$\Delta D_{T_{\min}XY}$反映了 X 轴和 Y 轴方向最小的温度梯度与最小允许温度梯度之差，可作为红外图像评价参考。

ICS 35.040
A 24

中华人民共和国国家标准

GB/T 29184—2012

物流单证分类与编码

Classification and coding of logistics documents

2012-12-31 发布　　2013-06-01 实施

中华人民共和国国家质量监督检验检疫总局
中国国家标准化管理委员会　发布

前　言

本标准按照GB/T 1.1—2009给出的规则起草。

本标准由全国物流信息管理标准化技术委员会(SAC/TC 267)提出并归口。

本标准起草单位:广东省标准化研究院、中山大学、广东外语外贸大学、宝供物流企业集团有限公司、中国外运广东有限公司。

本标准主要起草人:黄娟、熊勇、段新颖、耿靖松、李木华、钟祖昌、陈功玉、张琳、张宏斌、顾小昱、周立雄、王仁仲、黄振华。

物流单证分类与编码

1 范围

本标准规定了物流单证分类与编码的原则和方法、代码结构，给出了分类代码表。

本标准适用于对流通领域的物流单证进行分类、检索、编码标识等。

2 规范性引用文件

下列文件对于本文件的应用是必不可少的。凡是注日期的引用文件，仅注日期的版本适用于本文件。凡是不注日期的引用文件，其最新版本（包括所有的修改单）适用于本文件。

GB/T 7027 信息分类和编码的基本原则与方法

GB/T 10113 分类与编码通用术语

GB/T 18354 物流术语

GB/T 20001.3 标准编写规则 第3部分：信息分类编码

3 术语和定义

GB/T 18354、GB/T 10113 中界定的以及下列术语和定义适用于本文件。

3.1

物流单证 logistics documents

物流过程中使用的所有单据、票据、凭证的总称。

[GB/T 22263.1—2008，定义 3.11]

3.2

物流单证分类 classification of logistics documents

把具有共同属性或特征的物流单证归并在一起，把具有不同属性或特征的物流单证区别开来的过程。

3.3

代码 code

表示特定事物或概念的一个或一组字符。

[GB/T 10113—2003，定义 2.2.5]

3.4

物流单证编码 coding of logistics documents

给各种物流单证(3.1)赋予代码(3.3)的过程。

3.5

线分类法 method of linear classification

将分类对象按选定的若干属性（特征），逐次地分为若干层级，每个层级又分为若干类目。同一分支的同层级类目之间构成并列关系，不同层级类目之间构成隶属关系。

[GB/T 10113—2003，定义 2.1.5]

4 分类

4.1 原则

物流单证分类原则应符合 GB/T 7027 的规定，应具有科学性、系统性、兼容性、合理性、可扩延性、综合实用性。

4.2 方法

本标准采用线分类法对物流单证进行分类，分为 3 层，即物流单证大类、中类、小类。其中：

a) 大类主要根据物流业务属性分为 5 类，即运输单证、仓储单证、配送单证、包装单证、其他物流单证；

b) 中类主要是按照物流单证的基本用途分类。如运输单证分为 9 个中类，包括运单、提单、通知单等；

c) 小类主要是按照物流单证的使用特点，对物流单证中类进一步划分。

5 编码

5.1 原则

物流单证编码原则应符合 GB/T 7027 和 GB/T 20001.3 有关编码的规定，应具有唯一性、合理性、可扩充性、简明性、适用性、规范性。

5.2 代码结构

物流单证的分类代码采用层次码，分为三层，层次由高到低分别命名为大类代码、中类代码、小类代码。代码结构见图 1。

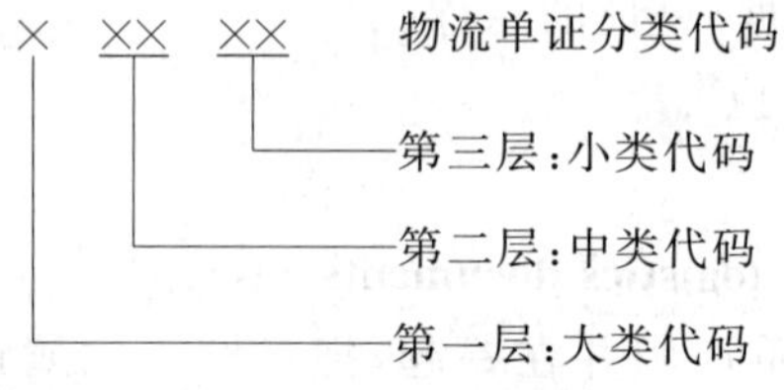

图 1 代码结构

5.3 方法

5.3.1 物流单证分类代码采用 5 位全数字层次编码，5 位数字表示一个类目名称，各层编码基本方法如下：

a) 第一层用 1 位阿拉伯数字表示，代码为 1～9，按升序排列；

b) 第二层用 2 位阿拉伯数字表示，代码为 00～99，按升序排列；

c) 第三层用 2 位阿拉伯数字表示，代码为 00～99，按升序排列。

5.3.2 第一层中数字“9”和第二、三层中数字“99”的代码均表示收容类目，即不能归入已成系列类目中的项目归入此类目中。

5.3.3 第三层中数字“00”表示该中类代码下尚无小类划分。

6 分类代码表

6.1 大类代码表

大类代码见表 1。

表 1 大类代码表

代码	中文名称	英文名称	说明
1	运输单证	Transport documents	运输过程中流通使用的用于证明货物运输合同,并作为货物收据等的单据,包括运单、提单、通知单等
2	仓储单证	Storage documents	仓储过程中流通使用的用于证明货物责任转移,并作为货物收据等的单据
3	配送单证	Distribution documents	配送过程中流通使用的用于证明货物责任,并作为货物收据等的单据
4	包装单证	Packing documents	记载或描述商品包装情况的单据
9	其他物流单证	Other logistics documents	收容类目,其他物流相关的单证的集合
注 1:代码 5~8 未分配,预留给将来使用。 注 2:说明栏是为了更好地理解、解释本标准中所指单证类目,供理解参考,不是对单证类目的严格定义。			

6.2 物流单证分类代码表

物流单证分类代码表见表 2,代码的每一层级上的数字表示所处的类目编码。如 10205,表示运输单证中运单里的公路运单。

表 2 物流单证分类代码表

代码	中文名称	英文名称	说明
1	运输单证		
10100	订舱单	Booking note(b/n)	又称订舱委托单,承运人或其代理人在接受发货人或货物托运人的订舱时,根据发货人的口头或书面申请货物托运的情况安排货物运输而制定的单证。该单证一经承运人确认,便作为承、托双方订舱的凭证
102	运单	Waybill	由承运人签发的,证明货物运输合同和货物由承运人接管,以及承运人保证将货物交给指定的收货人的一种不可流通的单证,只具有货物收据和运输合同这两种性质。它不是物权凭证。是一种不可转让的债权凭证
10201	铁路运单	Rail waybill	是由铁路运输承运人签发的货运单据,是收、发货人同铁路之间的运输契约,具有运输合同和货物收据的性质
10202	航空运单	Air waybill	是承运人与托运人之间签订的运输契约,也是承运人或其代理人签发的货物收据。航空运单还可作为核收运费的依据和海关查验放行的基本单据

表 2（续）

代码	中文名称	英文名称	说　明
10203	海运单	Sea waybill	又称海上货运单，是证明海上货物运输合同和货物已经由承运人接收或装船，以及承运人保证据以将货物交给指定的收货人的一种不可流通转让的单证
10204	内河运单	Freshwater waybill	是由内河运输承运人签发的货运单据，是收、发货人同内河运输承运人之间的运输契约，具有运输合同和货物收据的性质
10205	公路运单	Road waybill	是由公路运输承运人签发的货运单据，是收、发货人同公路运输承运人之间的运输契约，具有运输合同和货物收据的性质
10299	其他运单	Other waybill	其他运单收容类目
103	提单	Bill of lading(B/L)	用以证明货物运输合同和货物已经由承运人接收，以及承运人保证据以交付货物的单证，是证明承运人已接管货物的收据
10301	海运提单	Ocean B/L	承运人收到货物后出具的货物收据，也是承运人所签署的运输契约的证明，还代表所载货物的所有权，是一种物权凭证
10302	提货单	Delivery order	又称小提单，收货人在货物到达目的地后，凭提单等运输单据向承运人的代理人换取的提货凭证，用于办理进口报关、提货等手续
10303	货代提单	Forwarder B/L House B/L	货代签发的提单，收货人凭此提单向货代在目的地的分支机构或代理人要求提货
10304	多式联运单据	Multimodal transport document	是指证明多式联运合同以及证明多式联运经营人接管货物并负责按照合同条款交付货物的单据
10399	其他提单	Other B/L	其他提单收容类目
104	通知单	Letter of notice	用以通知收货方货物已经起运、提货、到货等的通知文件
10401	装运通知	Shipping advice	货物离开起运地后，由出口商发送给进口商通知后者一定数量的货物已经起运的通知文件
10402	到货通知	Arrival notice	货物到达时，承运人发此通知书给收货人，通知收货人办理提货手续
10403	提货通知	Delivery notice	货代在目的地的分支机构或代理人向收货人或通知人发出的预计到达时间的通知
10499	其他通知单	Other letter of notice	其他通知单收容类目
10500	装货单	Shipping order	接受了托运人提出装运申请的承运人，签发给托运人的用以命令将承运的货物装运的单据

表 2（续）

代码	中文名称	英文名称	说　明
10600	收货单	Mate's receipt	是承运人收到货物的收据及货物已经装运的凭证
10700	货物溢短单	Overlanded and shortlanded cargo List	是指卸货完毕后由理货长将卸货记录汇总而编制的表明货物所卸的数量与提单或其他有关单证所载数量比较，溢卸或短缺情况的书面证明
10800	货物残损单	Broken and damaged cargo list	是指卸货理货时，对属于承运人责任的货损所签发的单证。货物残损单由理货员填写，交理货组长签署，它是承运人与货主间索赔与理赔的依据之一
19900	其他运输单证	Other transport documents	其他运输单证收容类目
2	仓储单证		
201	通知单	Letter of notice	仓储过程中用于通知入库、拒收、出库等的通知
20101	入库通知单	Warehousing notice	商品入库前，存货人告知仓储单位将要入库商品的名称、数量、规格型号、单价、金额等信息，开具的入库证明文件。仓管员根据“入库通知单”提前做好入库准备，并随订货合同副本作为接受商品的凭证
20102	拒收通知单	Rejection notice	仓储单位拒收商品入库之前，告知存货人开具的凭证
20103	出库通知单	Ex-warehouse notice	商品离开仓库之前，提单人告知仓储单位将要出库商品的名称、入库凭证号码、数量等信息，开具的出库证明文件，仓管员根据“出库通知单”提前做好商品出库准备
20199	其他通知单	Other letter of notice	其他通知单收容类目
202	入库单据	Warehousing documents	货物入库后，仓管员给存货人开具的证明文件，货物的保管权转移，商品在库期间发生的损毁、丢失等风险，将由仓储单位承担
20201	入库单	Warehouse warrant	仓库统一设置的入库单证，一般由仓库管理部门预填入库货物信息后交付到仓库，作为向仓库下达的仓库作业命令，也是商家和商家之间互相调货的凭证
20202	代管入库单	Escrow warehouse warrant	存货人委托仓储单位代管商品的入库凭证
20203	移库入库单	Relocation warehouse warrant	由于业务上的需要或商品特性的原因，而需要变更储存场所，从甲仓库转移至乙仓库时，有关部门向乙仓库开具的入库凭证
20299	其他入库单据	Other warehousing documents	其他入库单据收容类目
203	出库单据	Outbound documents	货物离开仓库时库管要开具的证明文件
20301	出库单	Outbound order	又称出仓单，作为向仓库下达的出库作业命令

表 2(续)

代码	中文名称	英文名称	说 明
20302	代管出库单	Escrow outbound order	存货人委托仓储单位代管商品的出库凭证
20303	移库出库单	Relocation outbound order	由于业务上的需要或商品特性的原因,而需要变更储存场所,从甲仓库转移至乙仓库时,有关部门向甲仓库开具的出库凭证
20399	其他出库单据	Other outbound documents	其他出库单据收容类目
20400	调拨单	Transferring order	调入仓库和调出仓库单据,选择物资要调入调出的仓库,对该仓库下的物资进行调拨。调拨单明细中的数量可以修改,表示要调拨出物资的数量,调拨单审核后物资从调出仓库调出,进入调入仓库,调拨业务完成
20500	拣货单	Picking list	根据原始客户订单信息输入电脑,经过信息处理后,生成并打印出来的拣货单据,仓管员根据拣货单据上提供的具体信息,进行高效、准确的拣货作业
20600	补货单	Replenishment order	在拣货区的存货低于设定标准的情况下,系统自动生成并打印出补货单据,仓管员根据补货单中提供的信息将货物从仓库保管区域搬运到拣货区
29900	其他仓储单证	Other storage documents	其他仓储单证收容类目
3	配送单证		
30100	配送单	Distribution order	验证所发货物的数量、质量的一种证明凭证,跟随货物流转
30200	送货单	Delivery bill	由发货方出具、交给收货方,由收货方签字并交回发货方,表明已收到货物,证明货物所有权发生转移的一种凭证。一般是多联单。其中,一种是厂家送货单,厂家提供送货单给收货仓库的仓管员,仓管员收货无误后,在送货单上签收,一联自留,其余联交对方;另一种是配送中心送货单,配送中心提供送货单给收货方,收货方清点无误后,在送货单上签收,一联自留,其余联交给对方;此外,也可以由其他发货单位出具
30300	退换货单	Changing or refunding order	仓库已办理出库手续并已发货出库的商品,因某些原因,客户将商品退回仓库,所使用的单据凭证
30400	邮包收据	Parcel post receipt	邮局收到寄件人的邮包后所签发的凭证,也是收件人凭以提取邮件的凭证,当邮包发生损坏或丢失时,它还可以作为索赔和理赔的依据。但邮包收据不是物权凭证
30500	快递详情单	Express waybill	用于记录快件原始收寄信息及服务约定的单据
39900	其他配送单据	Other distribution documents	其他有关配送单据收容类目
4	包装单证		
40100	装箱单	Packing list	用以说明货物包装细节的清单 补充发票内容,详细记载包装方式、包装材料、包装件数、货物规格、数量、重量等内容,便于进口商或海关等有关部门对货物的核准

表 2（续）

代码	中文名称	英文名称	说 明
40200	重量单	Weight list	按照装货重量成交的货物，在装运时出口商必须向进口商提供的一种证明文件，它证明所装货物的重量与合同规定相符，货到目的港有缺重量时出口商不负责任。 重量单上所反映的内容除了装箱单上的内容以外，需要尽量清楚地表明商品每箱毛、净重以及总重量的情况，供买方安排运输、存仓时参考
40300	尺码单	Measurement list	是一种偏重于说明货物每件的尺码和总尺码的包装单据，它是在装箱单的基础上再重点说明每件、每种规格项目的尺码和总尺码，如果包装内不是统一尺码的货物则应逐一加以说明
49900	其他包装单证	Other packing documents	收容类目，其他有关包装单证
9	其他物流单证		
90100	报关单证	Customs documents	进出口过程中报关所需要的单据
90200	报检单证	Customs inspection documents	进出口过程中报检所需要的单据
90300	担保函	Letter of guarantee	作用包括凭保函交付货物、凭保函签发清洁提单、凭保函倒签预借提单
90400	运输保险单	Transportation insurance policy	保险公司签发的，承保一定运输里程内的某一批货物的风险和损失的一种保险单据
905	质押单据	Pledge documents	银行质押货物时，银行（质权方）和货主（出质方）、仓库之间操作的单据
90501	查询及出质通知书	Queries and pledge notice	质权方接受出质方存放于监管库内的货物作为质押物时，质权方和出质方共同向监管方签发"查询及出质通知书"，监管方有义务接受质权方对货物仓单、提货单、质押清单或货物保管的其他书面凭证的实地查询，并对查询属实的上述单据的真实性、合法性、有效性承担责任
90502	出质提货通知书	Pledge delivery notices	被监管的货物提取与出库时，出质人凭质权方签发的"提货通知书"办理货物的提取和出库
90599	其他质押单据	Other pledge documents	其他质押单据收容类目
90600	订货单	Indent	物流企业代客户或自己向供货商提出订货要求，供货商形成一张采购订单，送货时将采购订单一并送交收货，其中采购订单也可称订货单
99900	其他物流相关单证	Other relative logistics documents	其他物流相关单证收容类目
注：说明栏是为了更好地理解、解释本标准中所指单证类目或单证含义，供理解参考，不是对单证类目的严格定义。			

7 代码管理与维护

物流单证分类代码的管理和维护由国家物品编码管理机构负责。

参 考 文 献

[1] GB/T 10113—2003 分类与编码通用术语
[2] GB/T 22263.1—2008 物流公共信息平台应用开发指南 第1部分:基础术语
[3] GB/T 23560—2009 服装分类代码
[4] GB/T 23831—2009 物流信息分类与代码

ICS 03.140
A 00

中华人民共和国国家标准

GB/T 29185—2012

品牌价值　术语

Brand value—Vocabulary

2012-12-10 发布　　2013-03-01 实施

中华人民共和国国家质量监督检验检疫总局
中国国家标准化管理委员会　发布

前　言

本标准按照 GB/T 1.1—2009 给出的规则起草。

本标准由全国品牌价值及价值测算标准化技术委员会(TC 532)提出并归口。

本标准起草单位:中国标准化研究院、中国质量协会、山东省标准化研究院、中国农业大学、正邦品牌顾问服务集团、天健兴业资产评估有限公司、中和资产评估有限公司、中发国际资产评估有限公司。

本标准主要起草人:吴芳、张荣静、康键、李钊、段永刚、林海、王海瑛、陆娟、程建文、崔劲、朱军、陈思。

引　言

品牌是企业和各类组织最重要的资产之一。加强品牌建设、提升品牌价值对于提升企业和各类组织市场竞争力具有重要意义。然而，品牌价值管理活动的各参与方之间缺乏统一的沟通语言。因此，本标准为企业和各类组织品牌价值管理过程中提供规范、一致的品牌价值相关术语。

品牌价值 术语

1 范围

本标准提供了品牌价值管理活动中相关术语和定义。

本标准适用于各类组织开展的品牌战略规划、定位、架构、识别、传播、评价等活动。

2 术语和定义

2.1

品牌 brand

与营销相关的无形资产，包括(但不限于)名称、用语、符号、形象、标识、设计或其组合，用于区分产品、服务和(或)实体，或兼而有之，能够在利益相关方意识中形成独特印象和联想，从而产生经济利益(价值)

[GB/T 29187—2012,2.2]

2.2

品牌规划 brand planning

对确定的品牌进行设计规划，是塑造品牌的工具、方法和途径。

2.3

品牌定位 brand positioning

为建立品牌的竞争优势，进行独特的品牌价值设计，使品牌在消费者及其他利益相关方中形成独特的印象和联想。

2.4

品牌架构 brand structure

同一组织所拥有的不同品牌的组合，体现各品牌的作用、相互关系及其在整体架构中的不同角色，亦称品牌组合。

2.5

品牌营销 brand marketing

综合运用产品、定价、渠道和传播等营销活动来增强品牌认知、改进品牌形象、提升品牌正面反应、增加品牌资产的过程。

2.6

品牌资产 brand equity

与品牌、品牌名称或标志相联系，能够增加或减少品牌所有者销售产品或服务的价值的一系列资产与负债，包括品牌忠诚度、品牌认知、感知质量、品牌联想及其他专有资产，亦称品牌权益。

2.7

品牌价值 brand value

以可转让的货币单位表示的品牌经济价值。

[GB/T 29187—2012,2.4]

2.8

品牌价值测算 brand value measurement

特定目的下按照规定程序对测算品牌在测算基准日的价值进行分析、估算、得出测算结果的行为和过程。

2.9

品牌知名度　brand awareness

消费者及其他利益相关方对特定品牌的知晓程度。

2.10

品牌认知度　brand cognition

消费者及其他利益相关方对品牌定位、内涵、个性、形象、价值等的理解和认识。

2.11

品牌美誉度　brand favorite

消费者及其他利益相关方对特定品牌的偏好、信任和认同程度。

2.12

品牌忠诚度　brand loyalty

消费者购买决策中，多次表现出对某品牌具有偏向性的行为反应。表现为消费者为购买该品牌自愿投入的时间、精力、金钱以及其他超越购买该品牌所需的最基本花费。

2.13

品牌愿景　brand vision

品牌营销将如何适应组织发展目标的描述。

2.14

品牌理念　brand mind

反映组织明确的品牌经营意识的价值体系，能够体现品牌自身个性特点，促使并保持组织正常运作以及长足发展。

2.15

品牌命名　brand naming

确定品牌名称的过程。

2.16

品牌个性　brand personality

品牌拟人化的个性特征，反映特定的品牌差异。

2.17

品牌形象　brand image

消费者及其他利益相关方对品牌相关信息进行个人选择和加工，形成有关该品牌的印象和联想的集合，分为展示的形象和记忆的形象两部分。

2.18

品牌识别　brand identity

能引起消费者及其他利益相关方形成品牌印象的联想物，由一组品牌元素(2.19)构成。

2.19

品牌元素　brand element

用以识别和区分品牌的各种理念的、行为的和视觉的元素。

注1：主要的品牌元素有品牌名称、标识、形象代表、品牌口号、音乐、包装和符号等。

注2：品牌口号：体现品牌理念、品牌利益或企业价值观的宣传用语。

2.20

品牌联想　brand association

消费者及其他利益相关方记忆中与特定品牌相关的所有想法，包括对其名称、产品、产业、形象、服务、价值等方面的想法、感受及期望等。

2.21

品牌延伸　brand extension

利用一个已经建立的品牌资产进行扩张的行为，包括向上延伸、向下延伸、横向延伸、纵向延伸、品牌联合延伸等形式。

中 文 索 引

英 文 索 引

B

ICS 03.140
A 00

中华人民共和国国家标准

GB/T 29186—2012

品牌价值　要素

Brand value—Elements

2012-12-10 发布　　2013-03-01 实施

中华人民共和国国家质量监督检验检疫总局
中国国家标准化管理委员会　发布

前　言

本标准按照 GB/T 1.1—2009 给出的规则起草。

本标准由全国品牌价值及价值测算标准化技术委员会(TC 532)提出并归口。

本标准起草单位:中国标准化研究院、中国质量协会、山东省标准化研究院、国家行政学院、清华大学、连城资产评估有限公司、中发国际资产评估有限公司、正邦品牌顾问服务集团。

本标准主要起草人:王立志、吴芳、康键、李钊、段永刚、林海、孙良泉、李兴国、郑毓煌、刘伍堂、陈思、程建文。

品牌价值　要素

1　范围

本标准提供了影响组织品牌价值的要素。

本标准适用于各类组织开展的品牌价值创建、传递、实现及维护等活动，同时也适用于第三方中介机构开展的品牌价值评价活动。

2　规范性引用文件

下列文件对于本文件的应用是必不可少的。凡是注日期的引用文件，仅注日期的版本适用于本文件。凡是不注日期的引用文件，其最新版本(包括所有的修改单)适用于本文件。

GB/T 29185—2012　品牌价值　术语

3　术语和定义

GB/T 29185—2012《品牌价值　术语》中界定的术语和定义适用于本文件。

4　品牌价值形成过程

4.1　总则

通过分析品牌价值的形成过程，组织能够识别品牌价值影响要素，掌握影响品牌价值的关键因素，按照品牌价值的形成过程持续改进品牌价值管理，提升品牌价值，为品牌价值管理活动提供基础依据。

4.2　品牌价值形成阶段

品牌价值的形成包括品牌价值创建、价值传递、价值实现与维护三个阶段：

a)　品牌价值创建

本阶段是品牌价值形成的主要环节，是创建品牌所依附的实体阶段，包括研发设计和生产管理两个过程。组织研发设计获得的图纸、样品、专利、技术秘诀等知识产权，可通过生产管理转化为产品或服务，成为品牌价值的物质基础。组织应具备必要的资源及资源协调配置能力，保证品牌价值创建的实施。在品牌价值创建阶段，质量能力、财务状况、创新能力、社会责任和法律保护是影响品牌价值创建的主要因素。

b)　品牌价值传递

本阶段是组织完成了实体创建活动后，将品牌内涵向消费者推广的过程，决定着品牌的市场化能力。组织可通过渠道建设、品牌营销、品牌文化传播等环节实施品牌价值传递，通过营销传播活动将品牌差异优势转化为市场竞争优势。在品牌价值传递阶段，市场竞争力、市场稳定性、品牌营销渠道、品牌文化和品牌供应链是影响品牌价值传递的主要因素。

c)　品牌价值实现与维护

本阶段是顾客拥有品牌产品或服务后获得效用、组织获得经济利益和品牌资产的过程。顾客的购买行为决定了品牌价值的最终实现，顾客的购买行为受产品属性(质量、功能、种类等)、产品外部因素

(价格、广告、包装、购买渠道和品牌形象等)及顾客消费偏好等因素的共同影响。品牌价值实现后,组织与顾客之间建立了以品牌为纽带的客户关系,组织通过制定并执行品牌价值维护和提升策略,维持和提高品牌价值。在品牌价值实现与维护阶段,顾客满意度、品牌形象、顾客期望、顾客对产品质量的感知、顾客对价值的感知、品牌忠诚度和顾客投诉是影响品牌价值实现与维护的主要因素。

5 品牌价值构成要素

5.1 总则

品牌价值构成要素是选取品牌价值测算指标的重要依据。

组织可根据品牌价值的形成过程识别品牌价值要素。

5.2 品牌价值创建要素

5.2.1 质量能力

质量是品牌创建、生存和发展的基础,是构成品牌价值的核心内容。组织可将实物质量水平和质量管理水平作为反映品牌质量能力的要素。

5.2.1.1 实物质量水平可从以下方面反映

a) 市场准入情况:国家发布的行业准入条件、国家规定的许可事项(如生产、安全、环保、进出口等)的执行情况。

b) 产品合格/认证情况:国家监督抽查和地方监督抽查结果,国外通报情况,进出口检验结果,进出口分级分类结果,以及产品认证情况。

c) 标准执行情况:所执行的标准以及达标情况。

d) 质量信用情况:质量信用记录状况。

5.2.1.2 质量管理水平可从以下方面反映

a) 认证情况:通过的国际/国家体系认证及其他各类认证情况。

b) 质量奖励情况:获得的国际或国内质量相关奖项情况。

c) 标准参与情况:参与国际或国家标准的制定情况。

d) 企业标准情况:本企业标准的制定和执行情况。

5.2.2 财务状况

财务状况反映了品牌的盈利能力,是品牌价值以货币形式体现的基础。财务状况可从组织一定期间的盈利能力、资产质量、债务风险和经营绩效增长四个方面进行分析与评判。

a) 盈利能力分析与评判主要通过资本及资产报酬水平、成本费用控制水平和经营现金流量状况等方面的财务指标,综合反映组织的投入产出水平以及盈利质量和现金保障能力。

b) 资产质量分析与评判主要通过资产周转速度、资产运行状态、资产结构以及资产有效性等方面的财务指标,综合反映组织所占用经济资源的利用效率、资产管理水平与资产安全性。

c) 债务风险分析与评判主要通过债务负担水平、资产负债结构、或有负债情况、现金偿债能力等方面的财务指标,综合反映组织的债务水平、偿债能力及其面临的债务风险。

d) 经营绩效增长分析与评判主要通过销售增长、资本积累、效益变化以及技术投入等方面的财务指标,综合反映组织的经营绩效增长水平及发展潜力。

5.2.3 创新能力

创新能力是组织持续获得和保持核心竞争力的关键，创新能力可从技术和管理两方面进行综合分析与评价，组织可将技术创新能力和管理创新能力作为反映品牌创新能力的要素。

a) 技术创新能力包括研究开发创新能力、生产创新能力和投入创新能力等。技术创新能力可以进行量化反映，如投入创新能力可从研发资金投入占总投入的比重、技术研发人员比例、每万元固定资产投资中用于科技的固定资产数等方面进行综合分析与评价。

b) 管理创新能力包括管理创新能力、营销创新能力、财务创新能力、服务创新能力及竞争创新能力等。管理创新能力可以进行量化反映，如营销创新能力可从新产品投放市场后的特定时间内，新产品销售量与全部产品销售量之比进行综合分析和评价。

5.2.4 社会责任

社会责任是塑造品牌形象、扩大品牌影响和美誉度的关键要素。组织应在组织治理、人权、劳工实践、环境、公平运行实践、消费者问题、社区参与和发展等方面积极履行社会责任。

a) 组织治理可从是否建立能够促进社会责任原则和实践的决策程序和组织结构反映。

b) 人权可从人权尽责审查、人权风险状况、避免同谋、处理申诉、非歧视和关注弱势群体、公民权利和政治权利、经济社会和文化权利以及工作中的基本原则和权利等方面反映。

c) 劳工实践可从就业和雇用关系、工作条件和社会保护、社会对话、工作中的健康和安全、发展与培训等方面反映。

d) 环境可从防止污染、资源可持续利用、减缓并适应气候变化、环境保护、生物多样性与自然栖息地恢复等方面反映。

e) 公平运行实践可从反腐败、负责任的政治参与、公平竞争、在价值链中促进社会责任、尊重产权等方面反映。

f) 消费者问题可从公平营销、真实公正的信息和公平的合同实践、保护消费者健康与安全、可持续消费、消费者服务、支持及投诉和争议处理、消费者信息保护与隐私、基本服务获取、教育和意识等方面反映。

g) 社区参与和发展可从社区参与、教育和文化、就业创造和技能开发、技术开发与获取、财富与收入创造、健康、社会投资等方面反映。

5.2.5 法律保护

法律保护是影响品牌价值的重要因素，通过相关法律法规赋予品牌所有者规范第三方使用同一品牌，获得独占收益的合法权利。品牌价值应考虑对其产生积极或消极影响的法律法规要素。

a) 品牌所享有的合法权利由相关的法规、政策决定，也可以通过注册、使用等途径获得，通常包括商标、专利、版权、产品技术标准、专有技术等。

b) 品牌所享有的合法权利数量多少决定其权利排他性的范围，进而影响品牌价值大小。

c) 合法权利的范围包括注册区域、使用范围(商品、服务、方法等)，需考虑合法权利使用的区域和市场认可程度。

5.3 品牌价值传递要素

5.3.1 市场竞争力

市场竞争力反映品牌的市场竞争状况。

可从国内市场和国际市场两方面，将国内市场占有率、国际市场占有率、出口产品销售率、国际化程度及品牌覆盖率等作为反映市场地位的要素。

5.3.2 市场稳定性

市场稳定性反映品牌持续盈利能力。

可将销售收入增长率、连续盈利年数及销售利润率等作为反映市场稳定性的要素。

5.3.3 品牌营销渠道

品牌营销渠道反映品牌推广与价值传递的能力。

可将渠道控制、渠道支持、营销人员比例、促销力度等作为反映品牌营销渠道的要素。

5.3.4 品牌文化

品牌文化反映组织的经营理念、精神、道德、规范以及管理制度。

品牌文化通过市场传递给消费者及其他利益相关方,形成消费者的品牌定位、品牌认知和品牌联想。

5.3.5 品牌供应链

品牌供应链反映组织开展品牌价值创建和传递的保障能力,涉及供给、生产、流通及销售多方面。

可将供应商数量及规模、投资方信心、融资能力、销售渠道、物流配送能力等作为反映品牌供应链的要素。

5.4 品牌价值实现与维护要素

5.4.1 顾客满意度

从顾客角度反映了产品或服务满足其需求的程度。

可将与理想品牌满意度的比较、与竞争品牌满意度的比较及与顾客期望品牌满意度的比较作为反映顾客满意度的要素。

5.4.2 品牌形象

品牌形象取决于品牌联想和顾客对品牌的信念,反映顾客对品牌整体的认知与认可程度,显示品牌的独特性。

可将品牌知名度、品牌美誉度及品牌个性等作为反映品牌形象的要素。

5.4.3 顾客期望

反映顾客对组织未来所提供产品或服务质量的判断与预测。

可将顾客对产品质量的期望、服务期望以及能否满足其个性化需求的期望等作为反映顾客期望的要素。

5.4.4 感知质量

反映顾客在购买并使用产品后所获得的效用。

可将产品可靠性、产品满足需求的程度、销售及售后服务质量等作为反映顾客对产品质量感知的要素。

5.4.5 感知价值

反映顾客在综合产品质量和价格情况下的感受。

可将给定质量下对价格的感知、给定价格下对质量的感知等作为反映顾客对价值感知的要素。

5.4.6 品牌忠诚度

反映顾客愿意重复购买和使用相同品牌产品的程度。

可将重复购买可能性、溢价支付意愿等作为反映品牌忠诚度的要素。

5.4.7 顾客投诉

反映顾客对品牌的不满意状况。

可将顾客投诉率、重复投诉率、投诉处理响应等作为反映顾客投诉的要素。

参 考 文 献

［1］ GB/T 19012—2008 质量管理 顾客满意 组织处理投诉指南
［2］ GB/T 19010—2009 质量管理 顾客满意 组织行为规范指南
［3］ GB/T 19039—2009 顾客满意度测评通则
［4］ ISO 26000—2010 Guidance on Social Responsibility(中文版)

ICS 03.140
A 00

中华人民共和国国家标准

GB/T 29187—2012/ISO 10668:2010

品牌评价　品牌价值评价要求

Brand valuation—Requirements for monetary brand valuation

(ISO 10668:2010,IDT)

2012-12-10 发布　　　　2013-03-01 实施

中华人民共和国国家质量监督检验检疫总局
中国国家标准化管理委员会　发布

前　言

本标准按照 GB/T 1.1—2009 给出的规则起草。

本标准使用翻译法等同采用 ISO 10668:2010《品牌评价　品牌价值评价要求》。

本标准作了下列编辑性修改：

a) 将“本国际标准”改为“本标准”。

b) 删除了国际标准的前言。

c) 删除了 4.1 目的声明中的“注 1”。

本标准由全国品牌价值及价值测算标准化技术委员会(SAC/TC 532)提出并归口。

本标准起草单位：中国标准化研究院、中国资产评估协会、海尔集团公司、天健兴业资产评估有限公司、中联资产评估集团有限公司、中和资产评估有限公司、四川长虹电器股份有限公司、深圳市创卓企业管理顾问有限公司。

本标准主要起草人：康键、汤万金、吴芳、李钊、韩立英、陈明海、宋照伟、崔劲、胡智、朱军、毛守勇、沈斌。

引 言

无形资产被公认为高价值资产,品牌资产可以说是其中最有价值但也是被理解的最不充分的无形资产。然而,品牌需要被赋予可靠的价值。本标准为品牌价值评价提供一致且可靠的方法,包括财务、行为和法律等方面。

品牌评价　品牌价值评价要求

1　范围

本标准规定了品牌价值的测算程序和方法的要求。

本标准规定了品牌评价的框架，包括目的、评价基础、评价途径、评价方法和合格数据源以及假设。同时规定了评价结果的报告方法。

2　术语和定义

下列术语和定义适用于本文件。

2.1

资产　asset

一个实体拥有或控制的合法权利或可组织的资源，这些权利和资源具备产生经济利益的能力。

2.2

品牌　brand

与营销相关的无形资产，包括(但不限于)名称、用语、符号、形象、标识、设计或其组合，用于区分产品、服务和(或)实体，或兼而有之，能够在利益相关方(2.7)意识中形成独特印象和联想，从而产生经济利益(价值)。

2.3

无形资产　intangible asset

可识别的无实物形态的非货币性资产。

2.4

品牌货币价值　monetary brand value

品牌价值　brand value

以可转让的货币单位表示的品牌经济价值。

注：所计算的品牌价值可以是单一数值或数值区间。

2.5

价值前提　premise of value

最适宜价值评价的交易环境假设。

2.6

现值　present value

未来的一笔货币收益折算到当前时刻的价值。

2.7

利益相关方　stakeholder

决策受到或可能受到品牌影响的人或组织。

注：通常利益相关方有顾客、消费者、供应商、雇员、潜在雇员、股东、投资者、政府当局和非政府组织等。

2.8

商标　trade mark

能够将一个企业的货物或服务与其他企业的货物或服务区分开来的，受到法律保护的符号或符号的任意组合。

示例:词语(包括人名)、字母、数字、形象元素和色彩组合。

注1:该定义符合WTO《与贸易有关的知识产权协议(TRIPS)》中对商标的定义。

注2:商号名称是用于识别企业、协会或其他组织的名称。商号名称可以与用于区分公司的货物和(或)服务的商标相同或不同。

2.9

评价报告日 valuation date

做出评价结论的日期。

2.10

评价基准日 value date

评价输入数据、评价假设和评价结果的有效日期。

3 一般要求

3.1 透明性

品牌货币价值评价过程应透明,包括评价输入数据、假设以及风险的披露与量化,适当的情况下还应进行品牌价值对评价模型中主要参数的敏感度分析。

3.2 有效性

评价应基于从评价基准日起有效和相关的数据及假设。

3.3 可靠性

重复评价时,稳定地得出可比且一致的结论。

3.4 充分性

品牌评价应建立在充分的数据和分析基础上,以形成可靠的结论。

3.5 客观性

评价人员进行评价时不应带任何形式的偏见。

3.6 财务、行为和法律因素

评价品牌货币价值时,应考虑财务、行为和法律因素,这些因素构成总体评价的一部分。品牌货币价值评价应在财务、行为和法律模块调查结果的基础上进行。

4 具体要求

4.1 目的声明

目的声明应规定预期用途、评价报告使用者、被评价资产、价值前提、评价人员(评估者)资质要求、评价报告日和评价基准日。

根据评价目的界定价值的概念。

4.2 价值概念

品牌的货币价值代表品牌在其预期的有效经济寿命期内所具有的经济利益。通常,货币价值应参照现金流进行计算,现金流参考收入、经济利润或成本节约来确定。

4.3 品牌界定

评价人员应识别、定义和描述被评价品牌。

5 评价途径和方法

5.1 总则

评价人员应采用收入、市场或成本途径评价品牌价值。评价目的、价值概念和被评价品牌的特征将决定使用哪一种或几种途径计算品牌价值。

5.2 收入途径

5.2.1 收入途径描述

收入途径通过参考品牌在剩余的有效经济寿命期内预期产生的经济利益的现值测量品牌价值。

采用收入途径时应遵循的步骤包括估算品牌剩余有效经济寿命期预期内,归属于品牌的税后现金流;选择适当的折现率将税后现金流折算成现值。

5.2.2 现金流的确定

5.2.2.1 一般要求

在品牌评价现金流(或可替代的衡量品牌收益的其他标准)应是使用该品牌后产生的现金流与不使用该品牌所产生的现金流之间的差值。确定现金流的方法可参照(不限于)5.2.2.2～5.2.2.7 所列。

5.2.2.2 溢价法

溢价法根据品牌产生的溢价估算品牌的价值。

将具有特定品牌的商品或服务的价格与一般产品(如无品牌产品)的价格进行比较。

为了识别出可归因于品牌的额外现金流,评价人员应分辨和剔除所评价的产品或服务中可能为品牌所有者带来较高价格的非品牌因素。

为了获取溢价所发生的额外和附加的成本,应从收取的溢价中扣除。

在许多行业,很难识别可与被评价品牌相比的无品牌或一般品牌产品,可以参考市场上品牌强度最弱的品牌(见 6.2.4)来估计溢价。

使用溢价法时应考虑与溢量法结合使用,并且考虑成本节约带来的收益。

5.2.2.3 溢量法

溢量法根据品牌产生的销售量的增加来估算品牌价值。

可以采用溢量法确定品牌产生的现金流。在这种方法中,由于销售量增加产生的额外现金流应根据对市场份额的分析来确定。

品牌产生的额外现金流是与超额市场份额相关的经营性现金收益。

评价应注意可能存在其他影响特定市场份额的因素。市场不完善是这类因素中非常重要的一种。当评价一个具有显著市场地位的品牌时,应识别所有市场不完善因素对现金流的影响,并将其从归属于品牌的现金流中扣除。

与溢价法一样,使用溢量法时应考虑为保持较大的市场份额或快速扩大市场份额所发生的额外成本。

使用溢量法时应考虑与溢价法结合使用,并且考虑成本节约带来的收益。

5.2.2.4 收益分成法

收益分成法通过估算经济利润中归因于品牌的利润现值来评价品牌价值。经济利润相当于扣除以市场价值计量的企业运营资本回报后的净营业利润。用行为分析结果来识别品牌对收入增加或成本减少的贡献。品牌价值相当于品牌剩余有效经济寿命期内的那部分经济利润的现值。

5.2.2.5 多周期超额收益法

多周期超额收益法通过计算扣除企业运营所需的所有其他资产回报后的未来剩余现金流现值来评价品牌价值。

当企业现金流由几种无形资产共同产生时,为了能够计算各项无形资产的资本成本,此方法要求评估每项无形资产的价值。

5.2.2.6 增量现金流法

增量现金流法通过与无相同品牌的可比企业比较,识别企业品牌所产生的现金流。在实践中,很难找到经营状况相似,却没有品牌这一特殊资产的可比企业。现金流不仅可以通过增加收入产生,而且还可以通过降低成本产生,在评价品牌价值时应识别并考虑这种成本效率。

5.2.2.7 特许使用节约法

为了确定品牌产生的现金流,可以采用特许使用节约法。此方法假设品牌是通过特许使用而获得并非自主拥有,则品牌价值为预期的未来特许使用费的现值。应用特许使用节约法计算得到的评价值就是通过拥有这个品牌所节省的特许使用费的现值。

在确定使用费率时,应深入分析可比品牌许可协议中的可用数据,以及许可方与被许可方之间的适当的品牌收益分成率,并尽可能接近与被评价品牌具有同样特征和规模的其他品牌的许可使用费率。

5.2.3 财务变量的确定

5.2.3.1 折现率的确定

在收入途径下,没有在未来现金流中反映出来的风险应在折现率中予以考虑。

用以折现归属于品牌的未来现金流的折现率,应由企业整体现金流的折现率,如加权平均资本成本(weighted average cost of capital,WACC)推导获得。由于企业是资产和负债的投资组合,因此品牌现金流折现率也应反映该品牌的特有风险。

如果在现金流预测或在品牌估计经济寿命中没有明确考虑某些企业特定因素,则应在折现率中予以考虑。这些因素包括但不限于市场、行为和法律风险。

5.2.3.2 有效经济寿命

采用收入途径时,品牌的有效经济寿命应参考被评价品牌所在行业中的品牌经济寿命的一般趋势。所评价的品牌价值不应包括超出品牌剩余有效经济寿命期外的价值。

注:品牌的有效经济寿命可能是无限期的。

5.2.3.3 税收因素

5.2.3.3.1 税率

收入途径中,现金流应采用税后口径。

5.2.3.3.2 税收摊销收益(Tax Amortization Benefit,TAB)

评价品牌价值时,应考虑折旧(摊销)所产生的节税效应,必要时可计算出来。

如果品牌价值包括节税价值,评价报告应明确说明,并且在适当的情况下将其单独披露。

5.2.3.4 长期增长率

在收入途径下,超出明确预测期的期间应当用长期预期增长率评价。所使用的长期增长率应建立在合理的经济规律之上。

5.3 市场途径

5.3.1 市场途径描述

市场途径依据市场上与被评价的品牌类似的品牌交易时的价格来估算被评价品牌的价值。

市场途径根据假设被评价品牌出售时预计获得的合理价格估计品牌价值。采用市场途径时,应收集可比品牌成交价格的相关数据,并根据被评价品牌与可比品牌之间的差异进行调整。对于所选择的可比对象,应以收购价格为基础计算价值倍数,这些价值倍数将应用到被评价品牌的价值合计中。

5.3.2 采用市场途径应考虑的因素

采用市场途径时,作为可比的品牌应具有与被评价品牌相似的特性,如品牌强度、商品和服务、经济和法律状况。

为保证可比性,可比品牌交易的完成时间应接近于被评价品牌的评价基准日,并在合理的期限内。

评价应考虑到以下事实:各独立各方在交易中协商确定的实际价格可能反映了品牌持有者所不能实现的战略价值和协同效应。

注:品牌作为独立资产交易的相关案例很少。另外,即便可比对象的数据可以获知,被评价品牌的特性可能与这些极少的被售出的品牌的特性显著不同。

5.4 成本途径

5.4.1 成本途径描述

成本途径根据在建立品牌时的投资成本,或复原重置成本,或更新重置成本测算品牌价值。

注:成本途径建立在谨慎的投资者对品牌的投入不会超过更新或复原该品牌的成本这一假设基础之上。

对品牌的实际投资成本应包括截至评价基准日花费在建立和保护品牌的所有费用。复原重置成本包括以评价时的价格构建一个具有同等效用的相似品牌的成本。更新重置成本表示在评价基准日重新创建一个相似品牌发生的成本,并应按照品牌知名度和品牌强度的潜在损失对再生成本进行调整。

5.4.2 采用成本途径应考虑的因素

采用成本途径时,应对投入与这种投入产生的品牌知名度进行对比分析,不应自然地认为支出与价值之间一定存在某种必然联系。

注:成本途径评价通常建立在历史数据之上,没有考虑企业未来的盈利潜力。

当其他评价途径无法应用,并且可以获得成本估计所需的可靠数据时,可以采用成本途径。

成本途径可用于评价其他评价途径所得评价结果的一致性和合理性。

6 必要的评价输入

6.1 市场和财务数据

为了评估被评价品牌的市场运营情况(如规模、趋势),应对目前和预测的市场销量、价值、利润和渠道等因素进行调查分析评审。评价人员应保证上述评审结论在评价过程中有所体现。

评估应包括所有相关财务数据的分析评价。

6.2 行为方面

6.2.1 与财务状况的关系

为了评价品牌的价值，关键财务参数和评价假设应根据品牌行为方面的分析进行调整。

当采用收益途径时，为了确定可归因于品牌的货币比例和在确定折现率时评估与品牌相关的风险，应进行品牌行为方面的分析。

当采用市场途径时，为了确定适当的价值乘数，应进行品牌行为方面的分析。

当采用成本途径时，为了确定建立相等效用相似品牌的成本，应进行品牌行为方面的分析。

6.2.2 一般考虑因素

品牌评价应明确说明品牌产生价值的方式，并且应考虑品牌经营中，由品牌功能所产生的全部经济利益。

注：品牌价值的核心在于利益相关方的品牌印象和联想。品牌印象和联想能够限制或扩展品牌的不同使用目的。品牌带来的经济利益很多，例如：

a） 品牌创造更好的认知和沟通信息的连接，从而提高企业的各种沟通活动效率，有利于提高品牌经营的利润率。

b） 品牌促进产品和服务的差异化，如果差异是有意义的，则对顾客的购买行为有积极影响。这种有意义的差异将产生偏好，最终带来财务增长。

c） 品牌有利于获取和保留顾客，从而增强业务的可持续性，为未来需求提供了保证，从而降低企业的经营风险。

6.2.3 确定品牌状况

评价应包括品牌在市场中的形势评估和品牌价值驱动因素。

注：利益相关方对品牌理性或感性的精神诉求将决定品牌未来的成功，从而保持或提高品牌价值，或二者兼而有之。这些关系是品牌效用和品牌忠诚产生的基础，能够带来持续购买并形成品牌溢价能力。因此，如果缺乏对利益相关方对本品牌和竞争品牌感知情况的全面细致地比较分析，那么对品牌价值和品牌特定风险的评估通常是无意义的。

6.2.4 品牌强度

为了估计将来的销售量、收入和风险状况，评价人员应在利益相关群体中进行品牌强度分析并在评价中予以体现。

注 1：用于解释品牌强度的常用指标包括品牌知名度、品牌感知特征、品牌知识、品牌态度和品牌忠诚度。

注 2：评价中可获取的品牌强度数据的质量和数量在不同品牌之间有显著差别。

注 3：品牌强度受消费行为和趋势的变化、品牌投资、竞争活动和实施商标保护计划的影响。

6.2.5 对需求的影响

品牌评价应与对品牌在其所处的特定市场和行业环境中的相关性评价相结合。品牌相关性描述了由品牌施加给市场中目标群体购买决策的影响。应将品牌的行业相关性与公司特点相结合来分析品牌对整体价值的贡献。

注：该信息表明现金流中哪些归属于品牌。

当前和未来的品牌价值均应考虑品牌相关性。因此在品牌价值评价中，应包括对品牌在所调查的市场或细分行业中相关性变化（提高或下降）的估计。

6.3 法律方面

6.3.1 法律保护评价

品牌价值评价应包括对品牌所享有的法律保护情况的评估，需识别：

——品牌所享有的每一项合法权利；

——每一项合法权利的合法所有人；

——对品牌价值产生负面或积极影响的法律因素。

注1：品牌价值评价的一个重要组成部分是确定品牌在每个相关司法领域内享有的法律保护。法律保护是影响品牌价值的一个因素，因为法律保护允许品牌持有人利用正式法律体系排除第三方使用同一品牌，从而提供了专有权。

注2：现有的品牌保护方面的法律权利在不同法律体系之间存在差别。除少数例外（如欧盟商标体系），这些法律权利仅在国家层面有效。

6.3.2 需要评估的合法权利

6.3.2.1 概述

基于当地法律的分析应是品牌价值评价的必要组成部分。

评价人员应识别品牌所有者和与品牌相关的合法权利。

注：一般来说，法律保护最重要的形式是注册商标，当然也存在保护品牌的其他合法权利。例如，商号保护权，在用未注册商标的保护权、注册或未注册设计保护权、版权，以及防止不正当、欺骗性或反竞争行为的权利。上述合法权利并非在所有市场都是与品牌相关的，并且除上述权利外，还可能存在其他国家权利。

6.3.2.2 所有权

在品牌价值评价中确定的价值只属于合法权利的所有者。

6.3.2.3 合法权利的确定

合法权利应根据相关的国家或地区法律确定。

注：合法权利通过注册、使用或立法付诸执行。合法权利以单项权利或系列权利形式存在。

6.3.2.4 通过注册获得的合法权利

通过注册获得的合法权利在注册文件中应以符号、商品/服务、地域加以界定。

6.3.2.5 通过使用获得的合法权利、潜在权利，或兼而有之

通过使用获得的权利应根据相应国家和地区的法律规定，考虑使用的区域和市场的认可情况来加以界定。

6.3.3 影响品牌价值的法律因素

评价人员应考虑对品牌价值产生积极或消极影响的所有法律因素，包括：

a） 特殊性；

b） 使用范围/注册范围（区域、商品和服务）；

c） 使用程度；

d） 品牌坏名声或知名程度；

e） 作废、优先及弱化的风险，以及持有人强化合法权利的能力或意愿。

注1：法定因素依赖于品牌的合法权利与其运行的市场之间的关联。这些因素通常决定了合法权利与市场认知之间的关系。

注2：第三方权利能够对现有品牌或品牌的使用计划产生影响，进而影响其价值。

6.4 可靠数据和假设的来源及使用

评价人员应确保获得完成品牌价值评价所需要的可靠数据。应包括品牌持有人和合适的第三方提供的数据。评价人员应充分评估所使用的数据和假设的相关性、一致性和充分性。

7 报告

品牌评价报告应明确陈述下列内容：

a) 评价人员的立场和身份；
b) 评价目的；
c) 被评价品牌的界定；
d) 品牌相关资产的估值；
e) 报告使用者或读者；
f) 价值前提；
g) 采用的途径和方法；
h) 评价报告日；
i) 评价基准日；
j) 品牌评价结果；
k) 使用数据的来源；
l) 合法权利、行为方面和财务分析概述；
m) 关键假设和敏感性；
n) 使用限制。

8 独立性

评价人员在形成评价意见时，应行使认真的专业判断，在评价意见中保持独立性和客观性。

ICS 03.140
A 00

中华人民共和国国家标准

GB/T 29188—2012

品牌评价　多周期超额收益法

Brand valuation—Multi-cycle excess earnings method

2012-12-10 发布　　2013-03-01 实施

中华人民共和国国家质量监督检验检疫总局
中国国家标准化管理委员会　发布

前　言

本标准依据 GB/T 1.1—2009 给出的规则起草。

本标准是对 GB/T 29187—2012《品牌评价　品牌价值评价要求》提出评价方法的具体化，遵循 GB/T 29187—2012《品牌评价　品牌价值评价要求》的要求与原则。

本标准由全国品牌价值及价值测算标准化技术委员会(SAC/TC 532)提出并归口。

本标准起草单位：中国标准化研究院、中国资产评估协会、中企华资产评估公司、海尔集团公司、中国人寿保险(集团)公司、中国农业大学、中国风险投资有限公司、北京大学光华管理学院、中国科学院研究生院、上海质量管理科学研究院、昆明理工大学质量安全研究院、上海市标准化研究院、山东省标准化研究院、河南质量工程职业学院、中国质量认证中心、中联资产评估集团有限公司、连城资产评估有限公司。

本标准主要起草人：李钊、康键、吴芳、于跃、李光明、王梅艳、韩国卿、陆娟、刘晓兵、张然、刘朝、郭政、张悟移、戴宇欣、孙良泉、程智韬、杨玄烨、胡俊航、刘哲明、胡智、刘伍堂。

引　言

0.1　总则

在经济全球化的时代，品牌已经成为全球经济和科技竞争的制高点，成为企业核心竞争力的重要标志和企业价值的重要组成部分。科学评估品牌价值，可以帮助企业提升影响力，增强投资者信心，提高顾客忠诚度，并可为企业并购、重组提供参考。品牌价值评价逐渐成为一个重要的管理工具，被运用于企业战略规划、市场营销和财务管理等领域。

本标准以《质量发展纲要(2011～2020年)》和相关技术文件为依据，以品牌价值评价领域相关研究成果与实践经验为基础，充分考虑我国市场环境和企业发展现状，通过充分的分析、创新、试点等研究工作后制定。编制本标准的目的是为企业加强品牌管理、提升品牌价值提供指导和技术支撑，引导企业加强品牌建设，提升品牌价值和效应，增强市场竞争优势，同时为相关部门开展品牌建设提供工作依据。

0.2　与GB/T 29187—2012《品牌评价　品牌价值评价要求》的关系

GB/T 29187—2012《品牌评价　品牌价值评价要求》规定了品牌价值评价的一般要求、评价方法、评价数据、评价报告以及评价独立性等通用性内容，是开展品牌价值评价的主要依据。GB/T 29187—2012《品牌评价　品牌价值评价要求》规定，品牌价值可采用收入途径、市场途径或成本途径进行评估。选择何种方法进行评价，要视评价目的、价值概念和被评价品牌的特征而定。

本标准采用收入途径中的多周期超额收益法，是对GB/T 29187—2012的“5.2.2.5　多周期超额收益法”的具体化，遵循GB/T 29187—2012的要求与原则。

0.3　多周期超额收益法

超额收益法考虑品牌在未来经济寿命周期内带来的现金流量，用适当的折现率转换为现值来测算品牌价值。鉴于未来远期收益存在较大不确定性，难以准确预测，因此将品牌未来收益周期分为近期可预测的高速增长期和未来中远期等多个周期。将品牌强度系数引入品牌价值测算中，来反映品牌对未来现金流折现能力的影响。

品牌评价　多周期超额收益法

1　范围

本标准规定了基于多周期超额收益法的品牌价值评价方法的测算模型、计算方法、指标体系与过程要求。

本标准适用于测算企业或企业集团的综合品牌价值，可用于企业或企业集团进行品牌价值的自我评价，也可作为第三方进行品牌价值评价的依据。

2　术语和定义

下列术语和定义适用于本文件。

2.1

品牌　brand

与营销相关的无形资产，包括(但不限于)名称、用语、符号、形象、标识、设计或其组合，用于区分产品、服务和(或)实体，或兼而有之，能够在利益相关者意识中形成独特印象和联想，从而产生经济利益(价值)。

[GB/T 29187—2012,2.2]

注：在本标准中，术语"品牌"主要是指企业或企业集团拥有和使用的名称、用语、符号、形象、标识、设计或其组合。

2.2

品牌价值　brand value

以可转让的货币单位表示的品牌经济价值。

注：所计算的品牌价值可以是单一数值或数值区间。

[GB/T 29187—2012,2.4]

2.3

多周期超额收益法　Multi-cycle excess earnings method

计算扣除企业经营所需的所有其它资产的收益后的未来剩余现金流的现值来测算品牌价值。

2.4

品牌现金流　brand cash flow

由品牌带来的货币形式的收益。

2.5

评价年　valuation year

品牌价值评价的目标年份。

2.6

高速增长期　rapid growth period

开展品牌价值评价时，能对企业或企业集团品牌现金流进行明确预测的未来一段时期。

注：高速增长期一般为 3 到 5 年。

2.7

折现率　discount rate

将未来收益转化为现值所使用的报酬率。

2.8

品牌价值折现率 brand value discount rate

将品牌未来收益转化为现值所使用的报酬率。

2.9

永续增长率 sustainable growth rate

假设企业未来长期稳定、可持续的增长，高速增长期以后的企业现金流增长率。

注：本标准采用长期预期通货膨胀率计算。

2.10

品牌强度系数 brand strength coefficient

由质量先进性、技术创新、品牌建设、客户关系、市场地位以及法律权益等因素构成，反映品牌影响力。

3 测算模型

3.1 多周期超额收益法模型

本标准中所使用的有关技术参数及其符号参见附录A。

基于多周期超额收益法的企业或企业集团品牌价值按式(1)计算：

$$V_{B}=\sum_{t=1}^{T}\frac{F_{BC,t}}{(1+R)^{t}}+\frac{F_{BC,T+1}}{(R-g)}\cdot\frac{1}{(1+R)^{T}} \qquad \cdots\cdots(1)$$

式中：

V_B ——品牌价值；

$F_{BC,t}$ ——t 年度品牌现金流；

$F_{BC,T+1}$ ——$T+1$ 年度品牌现金流；

T ——高速增长时期，根据行业特点，一般为3～5年；

R ——品牌价值折现率；

g ——永续增长率，可采用长期预期通货膨胀率。

3.2 品牌现金流的确定

3.2.1 品牌现金流

每年的品牌现金流 F_{BC} 按式(2)计算：

$$F_{BC}=(P_{A}-I_{A})\times\beta \qquad \cdots\cdots(2)$$

式中：

F_{BC}——当年度品牌现金流；

P_A ——当年度调整后的企业净利润，适用时考虑非经常性经营项目影响；

I_A ——当年度企业有形资产收益；

β ——企业无形资产收益中归因于品牌部分的比例系数。

预测高速增长期及更远期的品牌现金流时，可采用将评价基准年前3～5年品牌现金流加权平均等方法进行预测。

3.2.2 有形资产收益的确定

3.2.2.1 有形资产收益

有形资产收益应按式(3)计算：

$$I_A = A_{CT} \times \beta_{CT} + A_{NCT} \times \beta_{NCT} \qquad (3)$$

式中：

I_A ——有形资产收益；

A_{CT} ——流动有形资产总额；

β_{CT} ——流动有形资产投资报酬率；

A_{NCT}——非流动有形资产总额；

β_{NCT} ——非流动有形资产投资报酬率。

3.2.2.2 流动有形资产收益率

流动有形资产收益率可参照中国人民银行公布的短期基准贷款利率进行计算，如1年期银行贷款基准利率。

3.2.2.3 非流动有形资产收益率

非流动有形资产收益率可参照中国人民银行公布的长期基准贷款利率进行计算，如5年期银行贷款基准利率。

3.3 品牌价值折现率的确定

3.3.1 品牌价值折现率

品牌价值折现率应按式(4)计算：

$$R = Z \times K \qquad (4)$$

式中：

R ——品牌价值折现率；

Z ——行业平均资产报酬率；

K ——品牌强度系数。

3.3.2 行业平均资产报酬率

行业平均资产报酬率可通过计算相近行业、类型和规模的上市企业平均资产报酬率得到，也可通过统计调查等方式获得行业平均资产报酬率。

3.3.3 品牌强度系数

品牌强度系数由组织行为(K_1)、客户关系(K_2)、市场地位(K_3)、法律权益(K_4)等一级指标，按式(5)计算：

$$K = \sum_{i=1}^{4} K_i \times W_i \qquad (5)$$

式中：

K ——品牌强度系数；

K_i ——第 i 个一级指标评估值；

W_i ——第 i 个一级指标对品牌强度系数 K 的影响权重。

若组织行为(K_1)、客户关系(K_2)、市场地位(K_3)、法律权益(K_4)等方面指标由二级指标构成时，可用式(6)计算：

$$K_i = \sum_{j=1}^{j} K_{ij} \times W_{ij} \qquad (6)$$

式中：

K_i ——第 i 个一级指标得分；

K_{ij} ——第 i 个一级指标下的第 j 个二级指标评估值；

W_{ij} ——第 j 个二级指标对一级指标 i 的影响权重；

根据我国企业和市场实际情况，通过特定的转化方法，将品牌强度系数取值范围限定在科学的范围内，如取值范围为0.6～2之间。

4 品牌强度系数指标体系

4.1 组织行为方面的指标

4.1.1 指标构成

组织行为(K_1)由质量先进性(K_{11})、创新能力(K_{12})和品牌建设(K_{13})三个二级指标构成。

4.1.2 质量先进性($\boldsymbol{K}_{11}$)

在企业质量先进性方面可包括：

——质量管理水平，如通过各类管理体系认证情况、获得各级政府质量奖励情况等；

——质量安全状况；

——质量信用总体情况；

——质量保障能力；

——企业标准体系建设情况；

——执行标准先进性；

——国家级、省级等产品质量监督抽查情况；

——进出口分级分类情况等。

4.1.3 创新能力($\boldsymbol{K}_{12}$)

在企业创新能力方面可包括：

——企业创新能力总体水平；

——拥有专利数量与销售额比重；

——研发经费投入占销售额比重等。

4.1.4 品牌建设($\boldsymbol{K}_{13}$)

在企业品牌建设方面可包括：

——在广告、品牌维护、品牌建设等方面的经费投入力度；

——品牌管理机构与专职人员设置情况；

——履行社会责任及发布社会责任报告情况等。

4.2 客户关系方面的指标

在企业客户关系(K_2)方面可包括：

——品牌形象；

——顾客满意度；

——品牌忠诚度等。

4.3 市场地位方面的指标

在市场地位方面(K_3)可包括：

——企业或企业集团在行业中的领导地位；

——品牌知名度；

——国际市场开拓情况；

——品牌历史等。

4.4 法律权益方面的指标

在法律权益方面(K_4)可包括：

——是否属于国家鼓励类产业；

——参与地方、行业、国家、国际标准制定情况；

——获得驰名商标、(省级)中国名牌、中华老字号等称号情况；

——获得地理标志产品、原产地证书等情况；

——是否属于知名品牌创建示范区范围；

——知识产权受保护情况，如注册商标、著作权、科技成果权；

——传统知识、遗传资源等。

5 测算过程

5.1 识别评价目的

根据测算意向用途、结果使用方、被测算品牌特性等因素确定评价目的。不同的评价目的，会影响评价程序、测算精度和结果报告形式。

5.2 明确价值影响因素

本标准所测算的品牌价值综合考虑企业的财务、质量、技术和市场等方面的因素，尤其是质量等非财务要素对品牌价值的影响。

5.3 描述测算品牌

测算前应识别、界定和描述接受评价的品牌，包括其产品范围、价值范围等。

5.4 确定模型参数

根据国家有关政策规定和当前市场经济情况，确定：

——评价年和评价周期；

——现金流预测方法；

——评价周期内的永续增长率、行业平均资产报酬率、无形资产收益中归因于品牌部分的比例系数等模型参数；

——各级评价指标的权重等。

5.5 采集测算数据

遵循真实、准确、客观的原则，采集企业财务与其他信息，作为企业或第三方评价的输入值。

5.6 执行测算过程

测算过程包括：

——根据企业财务信息，计算每个评价周期内的品牌现金收益（F_{BC}），预测未来各周期品牌现金流；

——采用适当方法汇总各级评价指标，计算品牌强度系数 K；

——将上述信息输入到评价模型中，计算所测算品牌的价值。

5.7 报告测算结果

根据评价目的，选择适当形式报告测算结果。

附　录　A
（资料性附录）
本标准使用的符号与缩写

本标准使用的符号与缩写如表 A.1 所示。

表 A.1　本标准使用的符号与缩写表

类别	指标名称	符　号
通用	品牌货币价值	V_B
	t 年度品牌现金收益	$F_{BC,t}$
	$T+1$ 年度品牌现金收益	$F_{BC,T+1}$
	高速增长时期	T
	品牌强度系数	K
	第 i 个一级指标评估值	K_i
	第 i 个一级指标对品牌强度系数 K 的影响权重	W_i
	第 i 个一级指标下的第 j 个二级指标评估值	K_{ij}
	第 j 个二级指标对一级指标 i 的影响权重	W_{ij}
利润	当年度调整后的企业净利润	P_A
收益	有形资产收益	I_A
	持有至到期投资	I_{HD}
	长期股权投资	I_{LE}
成本	开发支出	E_D
资产	流动有形资产总额	A_{CT}
	非流动有形资产总额	A_{NCT}
	流动资产合计	A_C
	非流动资产合计	A_{NC}
	交易性金融资产	A_{TF}
	可供出售净资产	A_{FS}
	投资性房地产	P_I
	无形资产	A_I
	商誉	B_R
	土地使用权	R_{LU}
负债	流动负债合计	L_C
	非流动负债合计	L_{NC}
率	流动有形资产收益率	β_{CT}
	非流动有形资产收益率	β_{NCT}
	行业平均资产报酬率	Z
	品牌价值折现率	R
	永续增长率	g
	企业无形资产收益中归因于品牌部分的比例系数	β

ICS 59.100.20
Q 50

中华人民共和国国家标准

GB/T 29189—2012

碳纳米管氧化温度及灰分的热重分析法

Thermo gravimetric analysis (TGA) for determination of oxidation temperature and ash content of carbon nanotubes

2012-12-31 发布　　2013-06-01 实施

中华人民共和国国家质量监督检验检疫总局
中国国家标准化管理委员会　发布

前　言

本标准按照 GB/T 1.1—2009 给出的规则起草。

本标准由全国纳米技术标准化技术委员会(SAC/TC 279)提出并归口。

本标准起草单位:中国科学院物理研究所、国家纳米科学中心。

本标准主要起草人:李静波、江潮、陈景然、饶光辉。

碳纳米管氧化温度及灰分的热重分析法

1 范围

本标准规定了空气气氛下测量碳纳米管氧化温度及灰分的热重分析法的原理、使用仪器、试样准备、测量步骤、数据处理和测试报告等内容。

本标准适用于利用热重分析法测定碳纳米管空气氧化特性及碳纳米管灰分含量。

2 规范性引用文件

下列文件对于本文件的应用是必不可少的。凡是注日期的引用文件，仅注日期的版本适用于本文件。凡是不注日期的引用文件，其最新版本(包括所有的修改单)适用于本文件。

GB/T 6425—2008 热分析术语

GB/T 19619 纳米材料术语

3 术语和定义

GB/T 19619 和 GB/T 6425—2008 界定的以及下列术语和定义适用于本文件。

3.1

碳纳米管氧化温度 oxidation temperature of carbon nanotubes

T_0

碳纳米管在空气气氛下质量损失速率为最大值[$|dm/dT|_{max}$]时所对应的温度。

3.2

灰分含量 ash relative content

R_{res}

碳纳米管充分氧化后热分析仪坩埚中残余物质的质量与碳纳米管初始质量的比。

4 原理

碳纳米管热重分析是指碳纳米管试样在空气气氛中，随温度变化其物理和(或)化学变化引起试样质量的变化，用热分析仪记录试样质量与温度的关系，即热重(TGA)曲线。求质量对温度的微分得到质量变化速率($|dm/dT|$)随温度的变化关系，即微分热重(DTG)曲线。试样在空气气氛下质量损失速率最大值[$|dm/dT|_{max}$]所对应的温度定义为所测试样的氧化温度，碳纳米管充分氧化后所剩残余物的质量与碳纳米管初始质量的比定义为碳纳米管的灰分含量。

5 仪器

5.1 热重分析仪：推荐使用卧式热重(TGA)热分析仪。卧式热重分析仪可避免竖式分析仪中的烟囱效应。要求天平灵敏度优于 1 μg，测温范围高于 1 000 ℃，DTA 灵敏度优于 0.01 ℃，量热精度±2%，可实现气氛控制。

5.2 精密分析天平，分辨力 0.01 mg。

5.3 恒温干燥箱，可实现 105 ℃±2 ℃程控恒温。

5.4 马弗炉，可实现室温到 1 000 ℃程控升温。

5.5 干燥器。

6 试样准备

6.1 干燥处理。取碳纳米管样品，样品量满足 6 次独立热分析（>30 mg），放入三氧化二铝（Al_2O_3）坩埚，与热分析仪专用三氧化二铝坩埚共同放入恒温干燥箱，于 105 ℃恒温干燥处理 60 min，之后置于干燥器内冷却到室温。

6.2 利用精密分析天平称量干燥处理后热分析仪样品坩埚的质量 m_c。

7 测量步骤

7.1 热重分析仪校正：校正所采用的工作条件（温度、气氛、流速）与实验条件相同。

7.1.1 热重-差热分析仪重量校正：采用标准砝码或随机附带的经溯源标定的砝码进行校正。

7.1.2 热重-差热分析仪基线校正：依不同机型，按仪器操作规范进行正确基线校正。

7.1.3 热重-差热分析仪温度校正：采用标准样品进行标定，低温段用铟标定，中温段用石英标定，高温段用碳酸锶标定，具体标定方法见附录 A。

7.2 碳纳米管的氧化温度和灰分测定方法：

7.2.1 打开仪器，接通干燥空气（露点：<－43 ℃），恒定气体流量 100 mL/min（依实验采用的不同型号热分析仪，采用设备推荐流量）。

7.2.2 称取 3 mg～5 mg 干燥处理的碳纳米管（m_0）放入样品坩埚，置于样品池。

7.2.3 于 40 ℃恒温 5 min，以 5 ℃/min 速率升温至 950 ℃，记录样品质量随温度的变化。

注：依碳纳米管样品不同，碳物质完全氧化的结束温度各不相同，试验终止温度应取碳物质完全氧化温度之后50 ℃的温度。

7.2.4 关闭加热炉，保持干燥空气流量，冷却到室温，读取样品质量，即灰分质量（m_{res}）。对于灰分含量小于 10%的样品，推荐采用精密分析天平称量样品坩埚和反应残余物的总质量 m_e。

注：虽然热重分析仪能够较准确地直接给出样品的质量，但由于仪器的电子天平随时间会产生电子零点漂移或一定量的重量波动，对灰分含量小于 10%样品推荐采用精密分析天平独立称量残余物质量。

7.2.5 每种材料至少进行三次平行测定。每次测试结果的有效性依 8.3 中所列要求予以判定。

7.2.6 当测定灰分含量小于 5%时，为得到精确的样品灰分含量需要采用较大样品量（1 g～3 g）的灼烧实验，通过称重得到灰分含量。灼烧实验具体操作规程见附录 B。

8 数据处理

8.1 氧化温度 T_0 以摄氏度表示，其数值取一位小数。

氧化温度 T_0（5 ℃/min）按式（1）计算：

$$T_0(5\ ℃/\mathrm{min}) = T\left(\left|\frac{\mathrm{d}m}{\mathrm{d}T}\right|_{\max}\right) \qquad \cdots\cdots(1)$$

因加热速率对 T_0 影响较大，所定义的氧化温度应加注升温速率，如 T_0（5 ℃/min）。附录 C 中图 C.1 给出典型的碳纳米管 TGA 曲线和 DTG 曲线。

注：DTG 曲线上可能出现多峰，如可挥发性物质的挥发峰和无定形碳、富勒烯(Fullerene)片或石墨颗粒等对应的氧化峰。此时碳纳米管 T_0 温度可根据各种碳物质的氧化稳定性对其加以判断，必要时需辅以其他检测手段。按氧化稳定性排序，在同一碳纳米管样品中，通常无定形碳＜单壁碳纳米管＜富勒烯片＜石墨颗粒；单壁碳纳米管＜多壁碳纳米管。

8.2 碳纳米管灰分含量 R_{res} 按式(2)计算：

$$R_{res} = \frac{m_{res}}{m_0} \times 100 \quad \cdots\cdots (2)$$

式中：

R_{res}——灰分含量，%；

m_0——碳纳米管样品的初始质量(见 7.2.2)；

m_{res}——碳纳米管样品的灰分质量，表达如式(3)：

$$m_{res} = m_e - m_c \quad \cdots\cdots (3)$$

式中：

m_e——试样在空气气氛下升温到 950 ℃，经干燥空气冷却到室温后，残余物和坩埚的总质量(见 7.2.4)；

m_c——装样品的干燥坩埚质量。

8.3 取三次独立测试结果的平均值。当个别测试结果不能满足如下误差要求时，予以剔除。

每个独立测试的结果，其氧化温度 T_0 与平均值($\bar{T}_0$)之差不能超过 5 ℃；灰分含量之差(ΔR)与平均值($\bar{R}$)的比($\Delta R/\bar{R}$)的允许值见表 1。

表 1 灰分含量与其相对误差的最大允许值

灰分含量的范围	$\Delta R/\bar{R}$ 的允许值
＞10 %	10 %
10 % ～ 3 %	15 %
＜3 %	20 %

9 测试报告

测试报告应包括下列内容：

a) 试验依据的标准编号；

b) 试样的品种(包括样品的制备条件、来源)和编号；

c) 所用仪器的型号；

d) 测试条件，包括气氛、气体流量、碳纳米管初始质量、测试温度范围和升温速率；

e) 测试结果，包括 TGA 和 DTA 曲线分析图，三次测试结果及其平均值；

f) 试验中出现的异常现象；

g) 本标准未规定的操作步骤；

h) 试验日期。

附　录　A
（规范性附录）
热重分析仪温度校正

A.1　适用范围

本试验方法适用于热重分析仪温度校正。

A.2　试剂、材料

干燥空气，露点：＜－43 ℃；铟（In，纯度 ＞99.999%）；石英（SiO_2，＞99.95%，粉末）；碳酸锶（$SrCO_3$，＞99.95%，粉末）；α-氧化铝（α-Al_2O_3，＞99.95%，粉末）。

A.3　校正条件

A.3.1　工作室气氛：流动干燥空气。
A.3.2　流速：100 mL/min（见 7.2.1）。
A.3.3　程序升温速率：5 ℃/min（见 7.2.3）。
A.3.4　参比物：α-Al_2O_3。

A.4　校正步骤

A.4.1　打开气源，启动仪器，调节工作室内干燥空气流量为 100 mL/min，于 40 ℃恒温 5 min；
A.4.2　低温段温度标定：取约 10 mg 铟作为样品，参比物 α-Al_2O_3 约 10 mg，在升温速率 5 ℃/min 的条件下进行热分析测试。铟的 DTA 曲线有唯一的吸热峰，吸热峰的外推起始温度应为 156.6 ℃±3.0 ℃；
A.4.3　中温段温度标定：取约 20 mg 石英作为样品，参比物 α-Al_2O_3 约 10 mg，在升温速率 5 ℃/min 的条件下进行热分析测试。石英的 DTA 曲线在 571 ℃附近存在吸热峰，吸热峰的外推起始温度应为 571.0 ℃±4.0 ℃；
A.4.4　高温段温度标定：取约 10 mg 碳酸锶作为试样，参比物 α-Al_2O_3 约 10 mg，在升温速率5 ℃/min 的条件下进行热分析测试。碳酸锶的 DTA 曲线在 928 ℃附近存在吸热峰，吸热峰的外推起始温度应为 928.0 ℃±4.0 ℃；
A.4.5　根据所测得的标样的实际反应温度，依据所用仪器的操作规范校正仪器温度。

附　录　B
（规范性附录）
碳纳米管灼烧工艺

B.1　适用范围

本实验方法适用于碳纳米管灰分测量。

B.2　实验设备

马弗炉。

B.3　实验步骤

B.3.1　利用精密分析天平，测量经干燥处理后的 Al_2O_3 坩埚质量 m_c。
B.3.2　取经干燥处理的碳纳米管(1～3)g 置于 Al_2O_3 坩埚内，利用精密分析天平测量坩埚和碳纳米管的总质量 m_s。
B.3.3　加盖置于马弗炉内。在空气气氛下，以 10 ℃/min 升温到 950 ℃，恒温 20 min，炉冷到室温。盖与坩埚非密闭配制。
B.3.4　利用精密分析天平测量烧后残余物和坩埚的总质量 m_e。
B.3.5　碳纳米管灰分质量 $m_{res}=m_e-m_c$，碳纳米管初始质量为 $m_0= m_s-m_c$。
B.3.6　利用 8.2 中式(2)计算得到灰分含量。

附 录 C
（资料性附录）
碳纳米管 TGA,DTG 典型曲线

C.1 经纯化处理的多壁碳纳米管 TGA、DTG 和 DTA 曲线见图 C.1。测试条件如下：样品质量：3.89 mg；加热速度：5 ℃/min；气氛：干燥空气，100 mL/min。

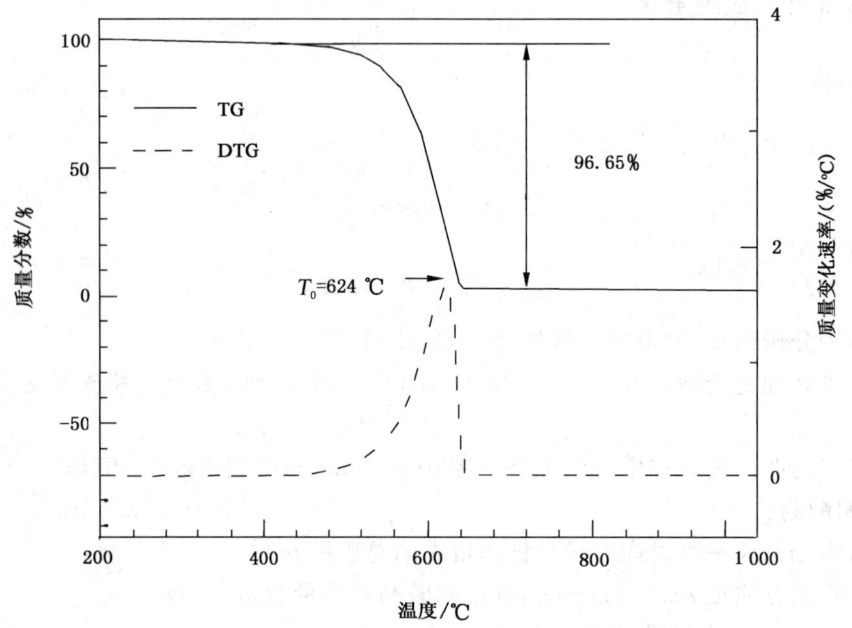

图 C.1 经纯化处理的多壁碳纳米管 TGA、DTG 和 DTA 曲线

参 考 文 献

[1] GB/T 3780.10－2002 炭黑灰分的测定

[2] GB/T 14837—1993 橡胶及橡胶制品组分含量的测定热重分析法

[3] GB/T 19469—2004 烟火药剂着火温度的测定 差热-热重分析法

[4] Zujin Shi,Yongfu Lian,Fu Hui Liao,Xihuang Zhou,Zhennan Gu,Y. Zhang, S. Iijima,Solid State Communi. 1999,112：35-37

[5] Nuria Ferrer-Anglada1,Jordi Perez Puigdemont1,and Siegmar Roth, Phys. Stat. Sol. B,2008, 245：2276-2279

[6] Yiyu Feng, Hongbo Zhang, Ye Hou, Thomas Patrick McNicholas, Dongning Yuan, Sungwoo Yang, Lei Ding, Wei Feng, and Jie Liu, ACS Nano 2008, 2:1634-1638

[7] M. Yudasaka, T. Ichihashi, D. Kasuya , H. Kataura, S. Iijima, Carbon,2003, 41：1273-1280

ICS 17.180.99
A 60

中华人民共和国国家标准

GB/T 29190—2012

扫描探针显微镜漂移速率测量方法

Measurement methods of drift rate of scanning probe microscope

2012-12-31 发布　　　　2013-06-01 实施

中华人民共和国国家质量监督检验检疫总局
中国国家标准化管理委员会　发布

前　言

本标准按照 GB/T 1.1—2009 给出的规则起草。

请注意本文件的某些内容可能涉及专利。本文件的发布机构不承担识别这些专利的责任。

本标准由中国科学院提出并归口。

本标准由全国纳米技术标准化技术委员会(SAC/TC 279)归口。

本标准起草单位:中国科学技术大学、上海市计量测试技术研究院。

本标准主要起草人:黄文浩、陈宇航、李源、傅云霞、褚家如、李家文、牛顿、朱五林、刘一。

引　言

扫描探针显微镜(Scanning Probe Microscope,以下简称 SPM)是纳米科学与技术中的主要工具之一。对于具有纳米级以至原子级分辨力的 SPM,其时间稳定性与仪器的设计、操作环境和使用等密切相关。作为 SPM 的重要规格参数,漂移速率的大小直接关系着 SPM 的使用性能。例如,无失真图像的连续获取、样品局域物化特性的测量、样品表面动态特性的实时观测、微纳装配和操纵等。此外,漂移速率的大小对于评价仪器也有重要指导意义。目前,许多 SPM 配置漂移补偿模块或闭环控制模块;尽管漂移速率大幅降低,但漂移依然存在。因此,SPM 在 x、y 和 z 方向漂移速率的定义和漂移速率测量方法的规范化具有重要意义。

本标准给出了 SPM 在 x、y 和 z 方向漂移速率的测量方法,以便于制造商在仪器规格中提供漂移数据,帮助用户表征仪器漂移特性。

扫描探针显微镜漂移速率测量方法

1 范围

本标准规定了SPM漂移速率的术语和定义、缩略语、测量步骤、性能参数规格，及基于SPM扫描图像的漂移速率测量基本方法。

本标准适用于0.01 nm/s到10 nm/s的漂移速率测量。本标准中的漂移测量不适用于图像校正。

2 规范性引用文件

下列文件对于本文件的应用是必不可少的。凡是注日期的引用文件，仅注日期的版本适用于本文件。凡是不注日期的引用文件，其最新版本(包括所有的修改单)适用于本文件。

GB/T 15000.3 标准样品工作导则(3) 标准样品 定值的一般原则和统计方法；

JJF 1001 通用计量术语及定义；

JJF 1059 测量不确定度评定与表示(ISO GUM:1995,IDT)；

ISO 18115 表面化学分析 名词，第2部分：扫描探针显微镜适用术语(Surface chemical analysis—Vocabulary—Part 2:Terms used in scanning—probe microscopy)。

3 术语和定义、缩略语

GB/T 20000.1界定的以及下列术语和定义、缩略语适用于本文件。

3.1 术语和定义

3.1.1

漂移 drift

SPM仪器中探针相对于样品的实际位置与设定位置的偏差。

注：所有参数设置均可能产生漂移，如x、y、z方向的位移，激光光斑在悬臂梁上的位置，扫描近场光学显微镜的光源强度等。本标准中，漂移限定为x、y和z方向上，探针相对于样品设定位置的改变。

3.1.2

漂移速率 drift rate

一定时间间隔内的漂移与该时间间隔之比。

注1：时间间隔通常选定为连续扫描得到的相邻图像间的时间。

注2：漂移速率可给定为x、y和z方向的漂移速率，或相应矢量的合成幅值。

3.1.3

设定时间 settling time

从选定待测量的样品区域或样品上的点开始，至漂移测量的时间间隔。

注：设定时间通常选为5 min～60 min。

3.2 缩略语

下列缩略语适用于本文件。

SPM:扫描探针显微镜(Scanning Probe Microscope)

AFM:原子力显微镜(Atomic Force Microscope)

STM:扫描隧道显微镜(Scanning Tunneling Microscope)

NSOM:近场扫描光学显微镜(Near-field Scanning Optical Microscope)

NPG:非周期光栅(Non-Periodic Grating)

4 测量方法

对于SPM漂移速率的测量,本标准推荐了以下方法:

——图像相关分析法(附录A);

——特征点法(附录B);

——非周期光栅法(附录C)。

为了实现小于0.1 nm漂移量的测量,附录D中给出了原子光栅法。为了便于选择测量方法,附录E中给出了测量方法比较。

5 要求

5.1 仪器要求

5.1.1 SPM在测量周期内应具备测量和记录样品表面数字图像的能力。

5.1.2 SPM在测量周期内应能保持测量精度。

5.2 环境要求

5.2.1 SPM应在仪器说明书规定或更优的环境条件下工作。

5.2.2 用于仪器比对时,建议在可控环境下进行测量,具体参照仪器说明书或比对各方约定文件。测试环境应清洁,无或可忽略的影响仪器工作的电磁干扰、振动、噪声。

6 测量步骤

测量过程按下列步骤进行:

a) 根据仪器说明书选择并安装探针;

b) 清洁测试样品(包括参考样品),以减小测量过程中表面污染引起的误差;

c) 根据仪器说明书安装样品;

d) 根据仪器说明书进行测量并优化成像参数,以获得高质量图像;

e) 按照漂移测量要求选定设定时间;

f) 选择附录A至附录E中提供的方法进行扫描并记录图像;

g) 计算漂移速率(必要时可进行多次测量,给出漂移速率的平均值和标准偏差);

h) 完成测试报告。

注1:对于STM测试样品应具有满足成像要求的导电性;对于NSOM测试样品应具有满足成像要求的光学对比度。

注2:不当地放置样品可能会使漂移增大。

注3:较高的针尖载荷会导致针尖磨损进而影响漂移测量的准确性。

7 测量报告

测量报告应包含以下内容：

a) 引用本标准；

b) 探针和 SPM 仪器的详细信息；

c) 漂移速率的测量方法；

d) 测量参数，包括：

  1) 工作模式；

  2) 参考信号；

  3) 扫描速率，快速扫描方向；

  4) 图像尺寸；

  5) 扫描像素数。

e) 设定时间；

f) 样品及其放置方法；

g) 可提供的测试环境信息(如温度、湿度等)；

h) 测得的漂移速率。

附 录 A
（规范性附录）
图像相关分析法

A.1 简介

SPM在x、y和z方向的漂移速率由连续扫描图像的互相关分析得到。其基本假设是，连续扫描图像时扫描范围和扫描分辨力不变。

注1：该方法参见参考文献[1]。

注2：计算z方向的漂移速率参见参考文献[2]。

A.2 原理

假设参考图像为$f(x,y)$，用于比较的图像为$g(x,y)$，则两幅图像的互相关函数可表示为：

$$C(u,v)=\frac{\sum_x\sum_y[f(x,y)-f_m][g(x+u,y+v)-g_m]}{\sqrt{\sum_x\sum_y[f(x,y)-f_m]^2}\sqrt{\sum_x\sum_y[g(x+u,y+v)-g_m]^2}} \qquad \text{(A.1)}$$

式中：f_m和g_m分别为图像f和图像g的高度平均值(如AFM中的样品表面平均高度)。互相关函数的最大值表示两幅图像的最佳匹配，而最大值位置相对于相关函数中心点的偏离量代表两幅图像在x和y方向的漂移距离(单位:纳米)。

z方向的漂移速率通过计算参考图像和比较图像间公共区域内各点高度偏差的平均值来测定。假设图像在x和y方向的漂移为图像的整体线性平移，通过式(A.1)可将图像对准，如图(A.1)所示。

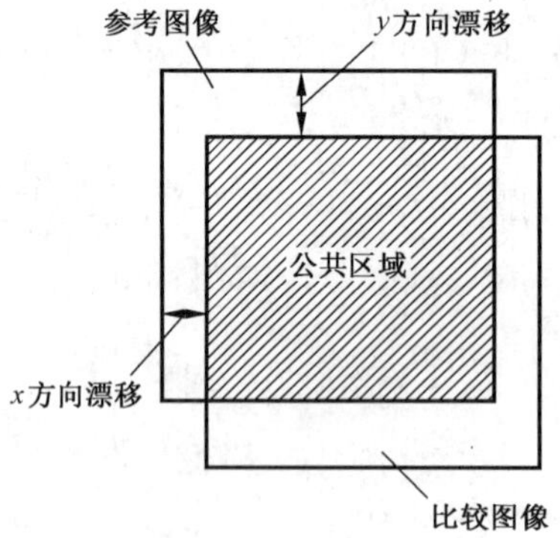

图A.1 z向漂移速率的计算示意图

A.3 步骤

测量步骤如下：

a) 原始数据采集：

1) 根据第6章进行测量；

2) 经过设定时间后，扫描记录一系列图像(至少10幅)以及图像的采集时间，如图A.2。

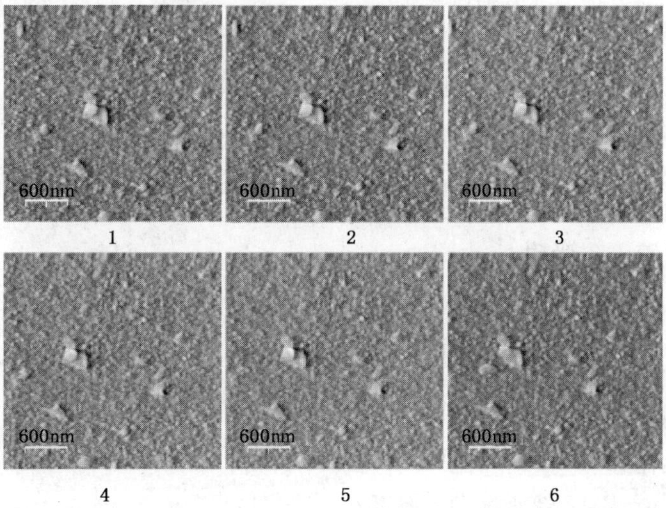

图 A.2 连续扫描得到的样品部分形貌图

b) 计算 x 和 y 方向的漂移速率：
   1) 由式(A.1)，计算相邻图像间在 x 和 y 方向的漂移(单位：纳米)；
   2) 确定相邻图像间的漂移与时间的对应关系。注意每一整幅图像对应一个时间间隔，该时间间隔为图像采集开始至结束所需时间的平均值；
   3) 对漂移-时间间隔曲线作最小二乘拟合计算 x 和 y 方向的漂移速率，如图 A.3。

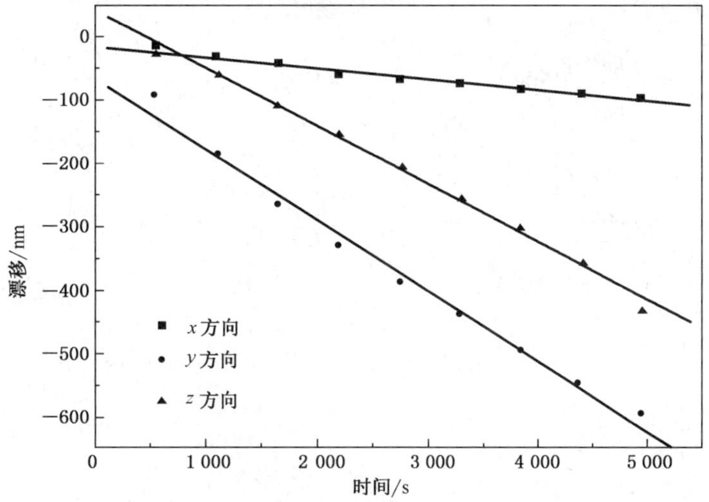

图 A.3 某 SPM 在 x、y 和 z 方向的漂移随时间的变化示例图

c) 计算 z 方向的漂移速率：
   1) 将相邻图像沿 x 和 y 方向对准(见图 A.1)；
   2) 确定相邻图像间公共区域内各采集点的高度变化(公共区域如图 A.1 所示)；
   3) 计算相邻图像间公共区域的平均高度变化；
   4) 确定相邻图像间的平均高度变化与时间的对应关系，如图 A.3；
   5) 对 z 方向漂移-时间间隔曲线作最小二乘拟合计算漂移速率。

A.4 示例

应用图像相关分析法测量SPM漂移速率的示例：

SPM：扫描探针显微镜；

探针：镀铂探针；

样品：硅基底上的铂薄膜；

样品放置方法：双面胶＋磁吸附；

参考信号：法向力；

操作模式：接触模式；

环境：超净间，温度：22 ℃，湿度：45％；

扫描速率：1.220 Hz；

快速扫描方向：x（横向）；

扫描面积：3 μm×3 μm，512像素×512像素；

设定时间：15 min；

测得的漂移速率：x方向：－0.02 nm/s；y方向：－0.11 nm/s；z方向：－0.09 nm/s。

注：漂移速率负号表示漂移方向与坐标轴方向相反。

附　录　B
（规范性附录）
特征点法

B.1　简介

SPM 在 x 和 y 方向的漂移速率由系列扫描图像中至少 2 个特征点的位置变化得到。其基本假设是，连续扫描图像时扫描范围和扫描分辨力不变。

注：该方法参见参考文献[3]。

B.2　步骤

测量步骤如下：

a）原始数据采集：
   1）根据第 6 章进行测量；
   2）在样品图像上选定特征点（至少 2 个）。选定样品成像区域，使其满足至少存在 2 个呈对角分布且相距约 1/4 成像尺寸的特征点；
   3）经过设定时间后，记录采得的图像以及图像的采集时间，如图 B.1。

b）计算 x 和 y 方向的漂移速率：
   1）由所有选定的特征点，计算相邻图像间在 x 和 y 方向的漂移（单位：纳米）；
   2）确定相邻图像间的漂移与时间的对应关系。注意，在扫描图像中，每个特征点的位置对应于一个唯一的成像时间；
   3）对漂移-时间间隔曲线作最小二乘拟合计算 x 和 y 方向的漂移速率，如图 A.3。

c）计算 z 方向的漂移速率：
   1）计算相邻图像间所有特征点的平均高度变化；
   2）确定相邻图像间每个特征点的平均高度变化与时间的对应关系。注意，在扫描图像中，每个特征点的位置对应于一个唯一的成像时间。因此，所有特征点的平均成像时间是最准确的成像时间。在本标准中，取整幅图像的成像时间作为测量漂移速率的时间间隔；
   3）对 z 方向漂移-时间间隔曲线作最小二乘拟合计算漂移速率（如图 A.3）。

B.3　示例

应用特征点法测量 SPM 漂移速率的示例：

SPM：扫描探针显微镜；

探针：镀铂金探针；

样品：硅基底上的铂薄膜；

样品放置方法：双面胶和磁吸附；

参考信号：法向力；

操作模式：接触模式；

环境：超净间，温度：22 ℃，湿度：45%；

扫描速率：1.220 Hz；

快速扫描方向：x（横向）；

扫描面积：3 μm×3 μm，512 像素×512 像素；

设定时间：15 min；

测得的漂移速率：x 方向：−0.02 nm/s；y 方向：−0.11 nm/s；z 方向：−0.09 nm/s。

注：漂移速率负号表示漂移方向与坐标轴方向相反。

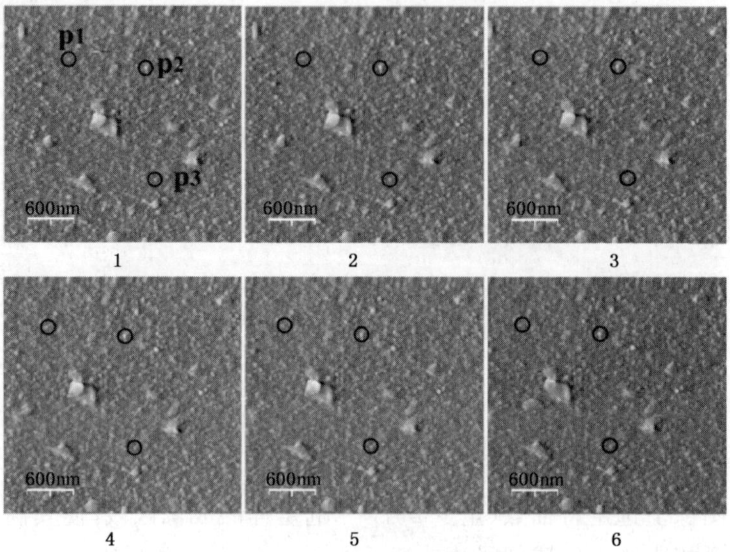

图 B.1　标记有特征点的样品部分形貌图

附　录　C
（规范性附录）
非周期光栅法

C.1　简介

本方法使用一块二维非周期光栅(NPG)为参考样品进行漂移速率测量。它具有测量范围大、对比度高、不易受针尖尺寸干扰等优点。其基本假设是，连续扫描图像时扫描范围和扫描分辨力不变。

注：本方法用于漂移测量的原理参见参考文献[4,5]。

C.2　原理

二维 NPG 的结构可用一个二进制矩阵表示：

$$[x_{ij}]=\begin{bmatrix} x_{11} & x_{12} & \cdots & x_{1n} \\ x_{21} & x_{22} & \cdots & x_{2n} \\ \vdots & \vdots & \vdots & \vdots \\ x_{n1} & x_{n2} & \cdots & x_{nn} \end{bmatrix}_{n\times n} \quad \cdots\cdots\cdots\cdots(\text{C.1})$$

式中，n^2 为光栅单元总数。如果两块相同的二维 NPG 分别在 x 和 y 方向具有 k 单位和 l 单位的相对位移，那么两块光栅间的相关函数可表示为 $S_{kl}=\sum_i\sum_j x_{ij}x_{i+k,j+l}$。如果用“1”表示光栅凸起单元，“0”表示光栅凹陷单元，“1”单元的总数为 τ，那么相关函数 S_{kl} 的最大值为

$$S_{\max}=\sum_{i=1}^{n}\sum_{j=1}^{n}x_{ij}=\tau \quad \cdots\cdots\cdots\cdots(\text{C.2})$$

定义互相关矩阵的对比度为相关函数最大值与次最大值之比。用 D 代表对比度，则 $D=S_{\max}/S$。式中，S 为相关函数的次最大值，可表示为 $\max\limits_{k^2+l^2\neq 0}[S_{kl}]$。优化 NPG 的编码使其具有最大的 D 值。图 C.1 给出了一种二维 NPG 的编码结构及其自相关函数。

所设计的二维 NPG 具有唯一的高对比度的相关峰，从而使 NPG 作为参考样品，能通过相关分析对漂移的大小和方向进行准确稳定的测定。

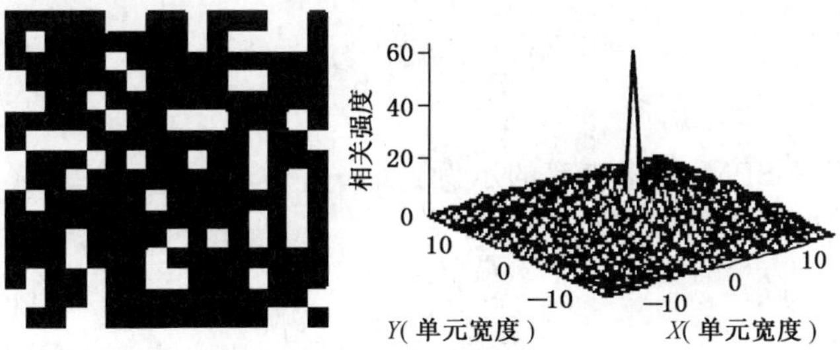

图 C.1　16×16 编码的 NPG 结构及其自相关函数示意图

C.3　步骤

测量步骤如下：

a) 原始数据采集：
   1) 选用 NPG 作为样品，根据第 6 章进行测量；
   2) 经过设定时间后，记录采得的图像以及图像的采集时间，如图 C.2 所示。

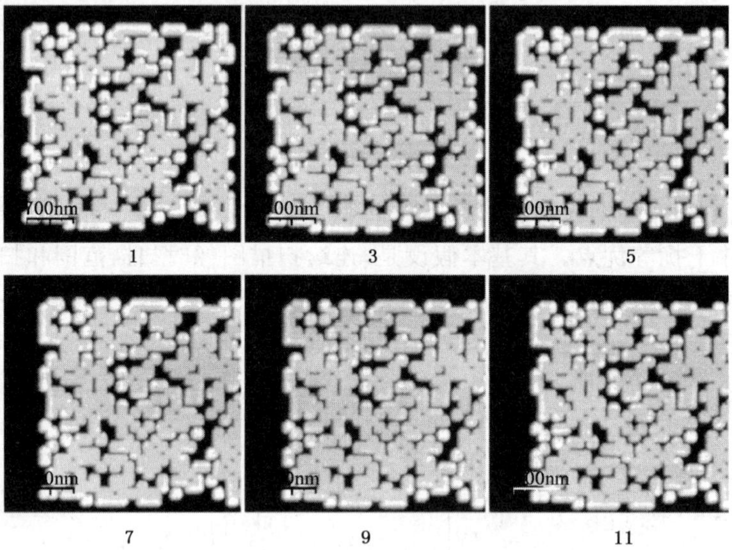

图 C.2 连续扫描得到的二维非周期光栅部分形貌图

b) 计算 x 和 y 方向的漂移速率：
   1) 由式(A.1)，计算相邻图像间在 x 和 y 方向的漂移(单位：纳米)；
   2) 确定相邻图像间的漂移与时间的对应关系。注意每一整幅图像对应一个时间间隔，该时间间隔为图像采集开始至结束所需时间的平均值；
   3) 对漂移-时间间隔曲线作最小二乘拟合计算 x 和 y 方向的漂移速率，如图 A.3。
c) 计算 z 方向的漂移速率：
   1) 将相邻的图像沿 x 和 y 方向对准(见图 A.1)；
   2) 确定相邻图像间公共区域内各采集点的高度变化(公共区域如图 A.1 所示)；
   3) 计算相邻图像间公共区域的平均高度变化；
   4) 确定相邻图像间的平均高度变化与时间的对应关系；
   5) 对 z 方向漂移-时间间隔曲线作最小二乘拟合计算漂移速率(如图 A.3)。

C.4 示例

应用非周期光栅法测量 SPM 漂移速率的示例：

SPM：扫描探针显微镜；

探针：硅探针；

样品：二维非周期光栅；

样品放置方法：双面胶和磁吸附；

参考信号：探针振幅；

操作模式：轻敲模式；

环境：超净间，温度：22 ℃，湿度：45%；

扫描速率：1.970 Hz；

快速扫描方向：x(横向)；

扫描面积：3.5 μm×3.5 μm；
采样点：512 像素×512 像素；
设定时间：30 min；
测得的漂移速率：x 方向：0.03 nm/s；y 方向：0.09 nm/s；z 方向：0.002 nm/s。

附 录 D
（资料性附录）
原子光栅法

D.1 简介

对于小于0.01 nm的漂移量的测量，推荐使用本方法。利用莫尔条纹的放大作用，可达到0.01 nm的横向分辨力。

注1：该方法参见参考文献[6]。

注2：本方法可选择新解理的高定向热解石墨(HOPG)或其他能得到清晰表面原子图像的材料作为样品。

D.2 原理

当两幅原子分辨的SPM图像以一较小相对转角叠加时，会产生莫尔条纹(图D.1)。两幅高定向热解石墨(HOPG)图像以5.7°转角相互叠加出现六边形莫尔条纹，其中a)图没有相对位移，b)图两幅图像有半个原子栅格周期的位移[6](图D.1)。通过模板匹配或相关方法(式A.1)分析比较不同时刻的莫尔条纹，即可得到漂移的大小和方向。

莫尔条纹的放大倍率为：

$$M=\frac{w}{\theta} \qquad \cdots\cdots(D.1)$$

式中：

w ——原子栅格的周期；

θ ——两原子图像间的相对转角。

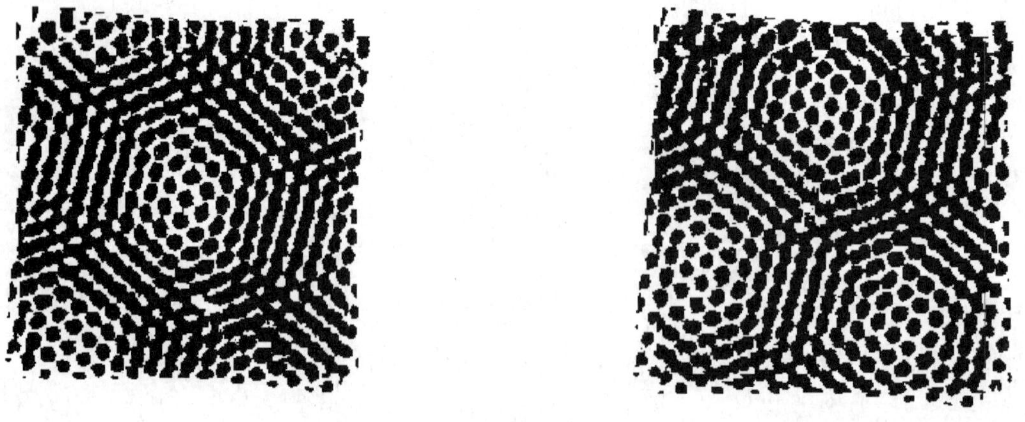

a)　　　　　　b)

图D.1 原子光栅法原理图

应用原子光栅法可实现小于0.01 nm的漂移量的测量。由于样品表面原子栅格的周期性，本方法仅能对小于一个栅格周期的漂移进行测量。

D.3 步骤

测量步骤如下：

a) 原始数据采集：

   1) 根据第6章进行测量；

   2) 经过设定时间后，记录采得的图像以及图像的采集时间。

b) 计算 x 和 y 方向的漂移速率：

   1) 将每幅图像和转动一定角度的前一幅图像叠加，生成一系列莫尔条纹图案；

   2) 由式(A.1)，计算相邻莫尔条纹图案在 x 和 y 方向的漂移(单位：纳米)；

   3) 莫尔条纹图案的漂移距离除以相对转角得到相邻图像在 x 和 y 方向的漂移；

   4) 确定相邻图像间的漂移与时间的对应关系；

   5) 对漂移-时间间隔曲线作最小二乘拟合计算 x 和 y 方向的漂移速率，如图 A.3。

c) 计算 z 方向的漂移速率：

   1) 将相邻的原始图像沿 x 和 y 方向对准(见图 A.1)；

   2) 确定相邻原始图像间公共区域内各采集点的高度变化(公共区域如图 A.1 所示)；

   3) 计算相邻原始图像间公共区域的平均高度变化；

   4) 确定相邻图像间的平均高度变化与时间的对应关系；

   5) 对 z 方向漂移-时间间隔曲线作最小二乘拟合计算漂移速率(如图 A.3)。

附 录 E
（资料性附录）
测量方法比较

为了方便用户选择合适的漂移速率测量方法，表 E.1 列出了本标准所列各种漂移速率测量方法的优缺点。

表 E.1 漂移速率测量方法的优点和缺点

方法	附录	优 点	缺 点
图像相关分析法	A	自动化； 快捷； 无需单独的软件或数据转换； 无需进行算法验证（如果制造商已经完成）； 适用于绝大部分样品	可能需要一个单独且手动的 z 向漂移速率评价
特征点法	B	无需软件或数据转换； 无需进行算法验证； 适用于绝大部分样品； 可验证其他基于计算机的方法	计算缓慢； 需手动进行
非周期光栅法	C	测量范围大； 稳定性高； 受针尖尺寸影响小	需使用标准样品而非工作样品； 可能引入附加的设定时间
原子光栅法	D	可测量小于 0.01 nm 的漂移	需使用标准样品； 仅能对小于一个栅格周期的漂移进行测量

参 考 文 献

［1］ Huang W H,Wang W W,Xia A D,et al. Time-stability measurement and compensation of a scanning probe microscope instrument. J. Vac. Sci. Technol. B,2000,18(4): 2027-2029.

［2］ Niu D,Chen Y H,Huang W H. Methods for Vertical Drift Measurements of Scanning Probe Microscopes. Anal. Sci. ,2011,27: 149-152.

［3］ Clifford C A,Seah M P. Simplified drift characterization in scanning probe microscopes using a simple two-point method. Meas. Sci. Technol,2009,20:095103(8pp).

［4］ Chen Y H,Huang W H. Application of a novel non-periodic grating in scanning probe microscopy drift measurement. Rev. Sci. Instrum,2007,78(7):073701(5pp).

［5］ Niu D,Li J W,Chen Y H,et al. Comparative study on the nonperiodic and periodic gratings for scanning probe microscopy drift measurements. J. Vac. Sci. Technol. B,2010,28(5):1070-1072.

［6］ Huang W H,Hu Q,Hu K C,et al. Principle of atomic grating and its application in nanotechnology. J. Vac. Sci. Technol. B,1997,15(4):1498-1501.

ICS 35.240.01
L 70

中华人民共和国国家标准

GB/T 29191—2012

共性服务信息描述规范

Specification for description of common service information

2012-12-31 发布

2013-06-01 实施

中华人民共和国国家质量监督检验检疫总局
中国国家标准化管理委员会
发布

前　言

本标准按照 GB/T 1.1—2009 给出的规则起草。

本标准由全国电子业务标准化技术委员会(SAC/TC 83)提出并归口。

本标准起草单位:中国标准化研究院、长风开放标准平台软件联盟、用友软件股份有限公司、中国科学院计算技术研究所、神州数码(中国)有限公司、易达讯网络科技(北京)有限公司。

本标准主要起草人:刘颖、曾硝、杨冬菊、章建方、马胜男、隋媛、付东普、朱律玮、李方平、王华飞、谢静、郭炜、倪旻、蒋严冰。

引　言

近年来随着互联网和信息技术的迅速发展，现代服务业逐渐成为我国经济的支撑产业。现代服务业主要依托信息技术和现代管理理念发展起来，由于产业分工的社会化和专业化，衍生出种类繁多的共性服务。共性服务作为各领域、行业普遍使用的服务，需要对它们的内涵和服务接口等信息进行精确的定义和规范化描述，以便被不同行业和不同应用所调用，指导和规范共性服务的开发和应用。

共性服务标准制定者可以按照本标准框架制定各种具体的共性服务标准，以便于服务资源的共享与使用；共性服务提供者也可以在本标准的指导下，开发共性服务，供服务使用者使用。

共性服务信息描述规范

1 范围

本标准规定了共性服务及服务接口的描述模型,包括服务概要、服务接口、服务质量和服务策略,并给出服务描述的扩展方式和规则。

本标准适用于共性服务标准的制定和共性服务的开发。

2 规范性引用文件

下列文件对于本文件的应用是必不可少的。凡是注日期的引用文件,仅注日期的版本适用于本文件。凡是不注日期的引用文件,其最新版本(包括所有的修改单)适用于本文件。

GB 2312 信息交换用汉字编码字符集 基本集

GB/T 7408 数据元和交换格式 信息交换 日期和时间表示法

GB 11714 全国组织机构代码编制规则

3 术语和定义

下列术语和定义适用于本文件。

3.1

服务 service

由某个实体,以约定的接口提供的满足特定需求的功能或功能的集合。

注1:改写ISO 19119:2005,定义4.1.1。

注2:服务在技术上可以有多种表现形式和使用方式。如Web服务等。

3.2

共性服务 common service

跨行业、领域普遍使用的、可重用的服务,一般通过标准开放的网络协议和标准接口被外部访问和使用。

3.3

值域 value domain

允许值的集合。

3.4

接口 interface

表征实体行为的操作的命名集合。实体或实体的某种代表(如:服务)通过接口来实现功能。

3.5

操作 operation

被执行的某一转换或查询的规范说明。操作是对信息系统相关实体执行的行为。

注:某个操作具有一个名称和一列参数。

4 缩略语

下列缩略语适用于本文件。

CSDM:共性服务描述模型(Common Service Description Model)

LCC:首字母小写(Lower Camel Case)

SOAP:简单对象访问协议(Simple Object Access Protocol)

UML:统一建模语言(Unified Modeling Language)

URI:统一资源标识符(Uniform Resource Identifier)

URL:统一资源定位符(Uniform Resource Locator)

XML:可扩展置标语言(Extensible Markup Language)

5 描述模型的基础

5.1 概述

本标准采用UML描述CSDM。附录A给出了CSDM的XML Schema。

本标准中,用UML中"类"的概念表示"描述项"(简称"项");用UML中"类的属性"的概念表示"描述项的元素"。

描述项和元素的英文名称采用LCC方式,即除第一个英文单词外,每个单词的首字母大写,并把这些单词组合起来。

5.2 模型中关系及符号说明

本标准涉及UML定义的以下两种模型关系,并采用UML静态结构图表示描述项之间的关系:

a) 关联,用于描述两个或更多描述项之间的一般关系。

关联的方向需说明。如果不指明方向,则假定为双向关联,见图1中的b);如果是单向关联,关联方向可以在线段终点用箭头来标记,见图1中的a)。

模型中使用"角色名称"说明源对象与目标对象之间的关系,见图1中的c)。在双向关联中,提供两个角色名称。角色名称"角色1"是描述项1对描述项2的关系;"角色2"是描述项2对描述项1的关系;"基数1"表示描述项1与描述项2单个实例关联的实例的数量;"基数2"表示描述项2与描述项1单个实例关联的实例的数量。基数的取值可以是一个n,也可以是"m..n",其中m是非负整数,n是正整数,m小于或等于n。当基数取值为1时,可以省略不写。

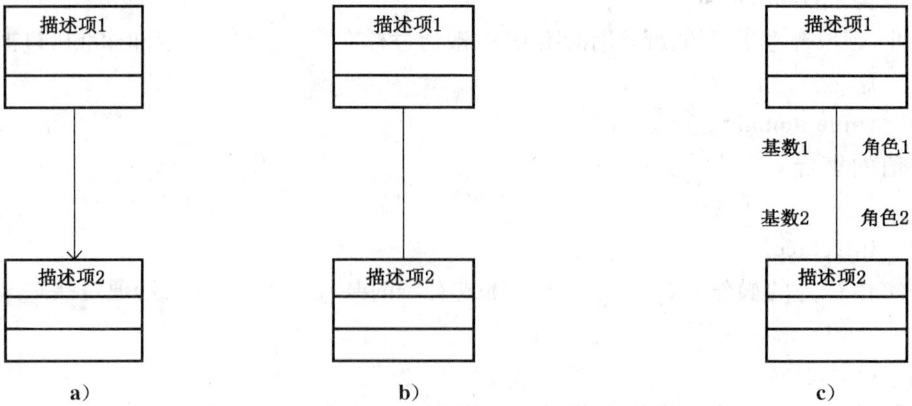

图1 关联关系

b) 聚合,用于说明两个项之间的部分与整体的关系。

在聚合关系中,一个项(H)包含另外的项(J、K),J、K可认为是H的子描述项(简称子项),见图2。对于子项J、K,可标注"基数",表示H包含的J的实例数量、K的实例数量。基数的取值可以是一个n,

也可以是"m..n"，其中 m 是非负整数，n 是正整数，m 小于或等于 n。当基数取值为 1 时，可以省略不写。

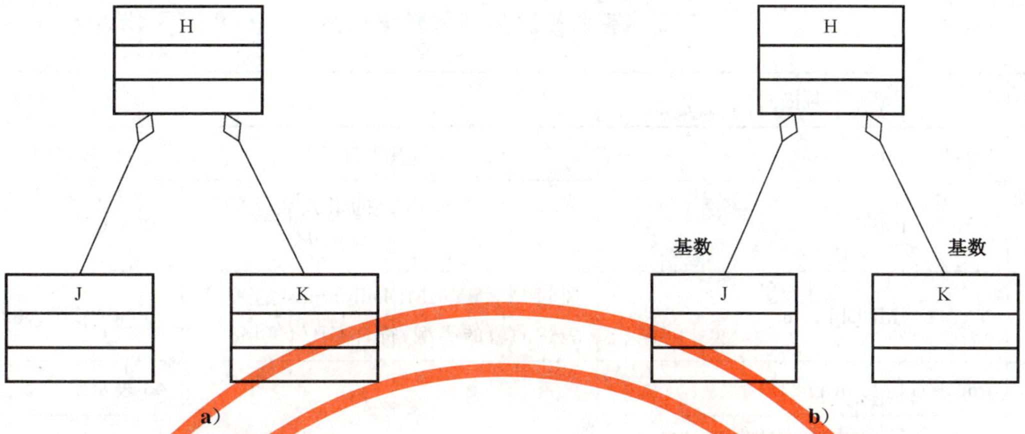

图 2　聚合关系

5.3　模型中描述项及描述项中元素的描述方法

本标准中共性服务描述项及描述项的元素采用的表述方式分别见表 1 和表 2。

表 1　模型中描述项描述方法

英文名称	中文名称	可选性	最大出现次数	说　明

表 2　模型中元素描述方法

英文名称	中文名称	数据类型	数据格式	可选性	最大出现次数	值域	说明

其中：

英文名称：描述项或元素的英文名称。

中文名称：描述项或元素的中文名称。

数据类型：元素的数据类型，元素的有效值域和允许对该值域内的值进行有效操作的规定。本标准中涉及的基本数据类型见 5.4。

数据格式：从业务的角度规定的描述项或元素的格式需求，包括所允许的最大和/或最小字符长度，描述项或元素的表示格式等。

可选性：说明该描述项或元素是否为描述共性服务所必选的(M)、条件必选(C)或可选的(O)。

最大出现次数：说明该描述项或元素可以具有的最大实例数目。

值域：说明该元素的取值范围。

说明：对描述项或元素含义的进一步解释。

5.4　基本数据类型和数据格式

基本数据类型包括布尔型(boolean)、日期型(date)、日期时间型(datetime)、数字型(number)、字符型(string)、文本型(text)。本标准采用 UML 描述 CSDM 概念模型时所用的基本数据类型和数据格式见表 3。

表 3　基本数据类型和数据格式

数据类型	数据格式	说明	示例
boolean	On/Off、True/False、1/0	两个且只有两个表明条件的值	
date	YYYYMMDD	通过 YYYYMMDD 的形式表达的值的类型,符合 GB/T 7408	20081025
datetime	YYYYMMDDhhmmss	通过 YYYYMMDDhhmmss 的形式表达的值的类型,符合 GB/T 7408	20080908104532
number	nm 表示定长 m 位的数字	通过从"0"到"9"数字形式表达的值的类型	n5 表示定长 5 位的数字
	n..p,q (p,q 均为自然数)表示最长 p 位数字,小数点后 q 位		n..17,2 表示最长 17 位数字,小数点后两位
	n..表示确定了最小和最大位数的不定长数字,前面附加最小位数,后面附加最大位数		n2..10 表示最大 10 位、最小 2 位的不定长数字
string	Cm (m 为自然数)表示定长 m 个字符集(字符集默认为 GB 2312)	通过字符形式表达的值的类型	C5 表示定长 5 个字符
	C..ul 表示长度不确定的文本		
	C..表示确定了最小和最大长度的不定长字符,前面附加最小长度,后面附加最大长度		C2..10 表示最大长度为 8,最小长度为 3 的不定长的字符
text		长文本,长度不确定	

6　共性服务描述模型

6.1　共性服务描述模型总体框架

共性服务描述模型的总体框架见图 3。

图 3　共性服务描述模型的总体框架

共性服务通过基本元素和其包含的子项给出完整的描述。commonService(共性服务)的基本元素有:serviceEName(服务英文名称)、serviceCName(服务中文名称)、serviceID(服务标识符),见表4。commonService(共性服务)的四个子项包括服务概要、服务接口、服务质量、服务策略,见表5。

表4 commonService(共性服务)的基本元素

英文名称	中文名称	数据类型	数据格式	可选性	最大出现次数	值域	说明
serviceEName	服务英文名称	string		M	1		服务的英文名称,命名规则采用LCC方式
serviceCName	服务中文名称	string		M	1		服务的中文名称
serviceID	服务标识符	string		C	1		服务的唯一标识,按照一定规则组成。 当服务向注册中心注册时,注册中心应设定服务标识

表5 commonService(共性服务)的描述项

英文名称	中文名称	可选性	最大出现次数	说明
serviceProfile	服务概要	M	1	服务的简要描述,定义服务所属的类别,服务执行成功的前提条件,服务执行的可能结果等;模型的详细描述见6.2
serviceInterface	服务接口	M	1	描述服务的调用,表达服务的相关操作及输入和输出信息,服务部署的访问点,绑定的协议等;模型的详细描述见6.3
serviceQuality	服务质量	O	1	描述服务的稳定性和性能,包括可用性、可访问性、可靠性、故障恢复时间、响应时间、吞吐量、并发性等方面的内容;模型的详细描述见6.4
servicePolicy	服务策略	O	1	包含安全性、事务性、约束等策略,通知服务请求者需要某些补充性要求方可成功调用;模型的详细描述见6.5

6.2 服务概要

6.2.1 服务概要描述模型

服务概要是对服务的简要描述。serviceProfile(服务概要)包含basicInformation(基本信息)、serviceFunction(服务功能)、serviceProvider(服务提供者)和informationOfServiceUpdate(服务更新信息)等四个描述项。具体定义服务所属的类别,表达服务的关键词、服务提供的功能、服务执行成功的前提条件、服务执行的可能结果、服务的提供者相关信息以及服务更新信息的地址。服务概要描述模型见图4。

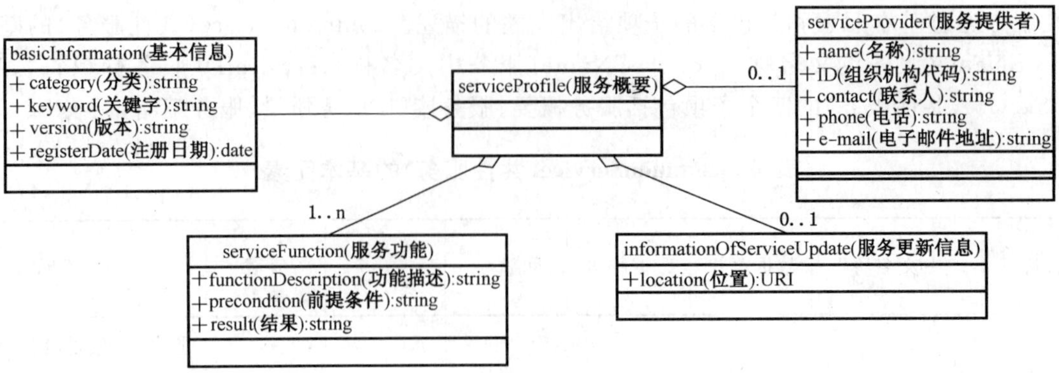

图 4 服务概要描述模型

6.2.2 服务概要子项及其元素描述

服务概要包括四个子项：basicInformation（基本信息）、serviceFunction（服务功能）、serviceProvider（服务提供者）和 informationOfServiceUpdate（服务更新信息），见表 6。各子项的元素描述如表 7～表 10 所示。

表 6 **serviceProfile**（服务概要）的描述项

英文名称	中文名称	可选性	最大出现次数	说明
basicInformation	基本信息	M	1	服务的基本信息，包括服务类别，常用的关键字、版本、注册日期等内容
serviceFunction	服务功能	M	1	说明服务的功能，包括服务的功能描述，服务执行的前提条件和结果
serviceProvider	服务提供者	O	1	服务提供者的相关信息
informationOf-ServiceUpdate	服务更新信息	O	1	提供服务更新的相关信息

表 7 **basicInformation**（基本信息）的元素

英文名称	中文名称	数据类型	数据格式	可选性	最大出现次数	值域	说明
category	类别	string		O	N		服务的类别
keyword	关键字	string		O	N		描述服务关键特性的词，用于服务检索。如：认证、计费
version	版本	string		M	1		服务的当前版本。一般用 v1.0、v1.1、v2.0...形式表示
registerDate	注册日期	date	YYYYMMDDhhmmss	C	1		当服务向注册中心注册时，注册中心须记录注册日期

表 8 serviceFunction(服务功能)的元素

英文名称	中文名称	数据类型	数据格式	可选性	最大出现次数	值域	说明
functionDescription	功能描述	text		M	1		描述服务的功能
precondition	前提条件	string		O	n		执行服务所需的必要条件的描述或标识
result	结果	string		O	n		服务执行结果的描述或标识

表 9 serviceProvider(服务提供者)的元素

英文名称	中文名称	数据类型	数据格式	可选性	最大出现次数	值域	说明
name	名称	string		M	1		提供服务的机构名称
ID	组织机构代码	string		O	1	符合 GB 11714 中的组织机构代码编制规则	由组织机构代码中心分配
contact	联系人	string		O	1		联系人的姓名
phone	电话	string		O	1		联系人的电话
e-mail	电子邮件地址	string		O	1		联系人的电子邮件地址

表 10 informationOfServiceUpdate(服务更新信息)的元素

英文名称	中文名称	数据类型	数据格式	可选性	最大出现次数	值域	说明
location	位置	URI		M	1		给出可查阅有关服务更新信息的网络地址,以 URL 方式描述

6.3 服务接口

6.3.1 服务接口描述模型

serviceInterface(服务接口)表达服务执行时在服务提供者和服务请求者之间进行服务交互的接口。serviceInterface 包括多个描述项。从抽象的角度来看,服务由一个或多个接口提供。因此,interface(接口)是 serviceInterface 的核心描述项,interface 和 message(消息)给出抽象消息模型,未限定到特定消息交换协议和通信端点;serviceDeployment(服务部署)和 binding(绑定)将抽象服务限定到特定协议和通信端点。服务接口描述模型见图 5。

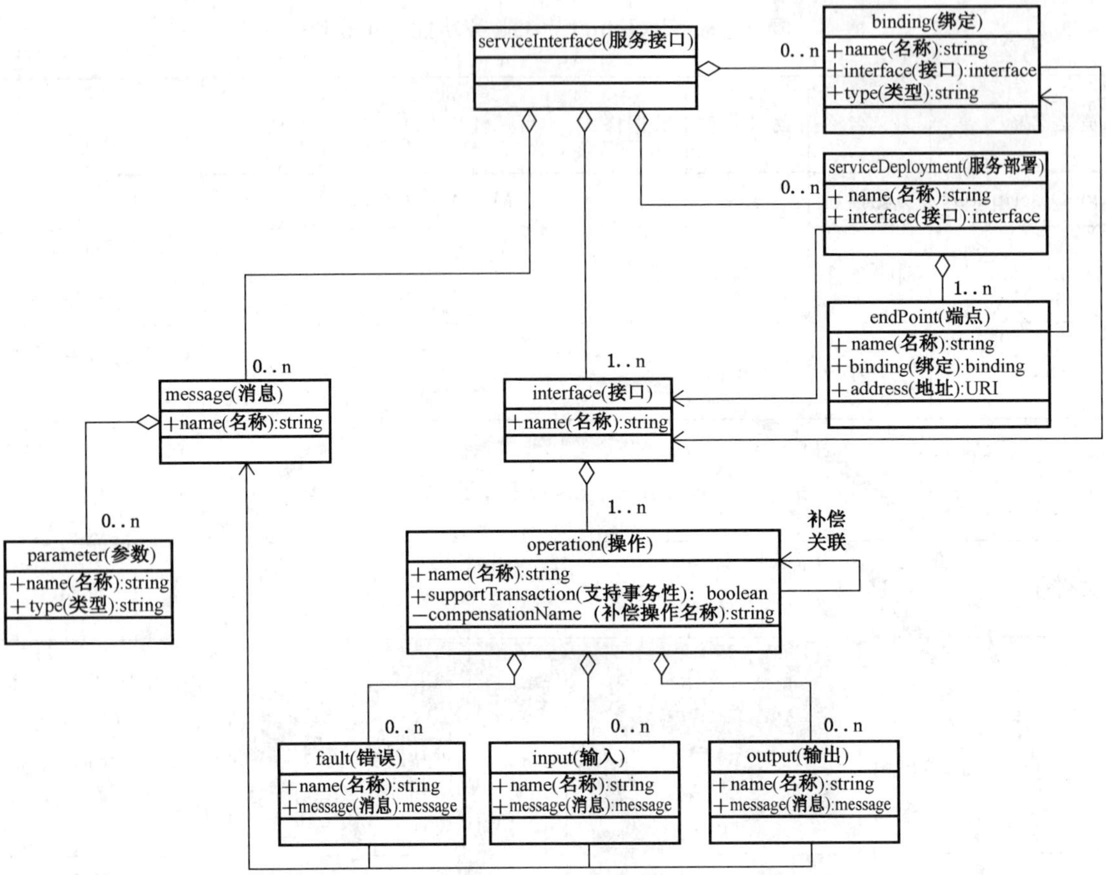

图 5 服务接口描述模型

6.3.2 服务接口子项及元素描述

serviceInterface 包括以下几个子描述项：interface(接口)、message(消息)、serviceDeployment(服务部署)、binding(绑定)，见表 11。

表 11 serviceInterface(服务接口)的子项

英文名称	中文名称	可选性	最大出现次数	说明
interface	接口	M	N	将与操作相关的消息组织到对应的操作，由此描述了一个服务发送和(或)接收的消息集
message	消息	O	N	用来描述服务发出或收到的一个特定消息的抽象格式，是一系列具有指定数据类型的参数的集合。定义了作为操作的一部分进行交换的数据
serviceDeployment	服务部署	O	N	服务具体实现的描述
binding	绑定	O	N	描述了接口与具有特定消息格式和传输协议的操作之间的具体绑定

每个 interface(接口)由一系列 operation(操作)组成。interface 的元素描述如表 12 所示，其子项的描述见表 13。

表 12 interface(接口)的元素

英文名称	中文名称	数据类型	数据格式	可选性	最大出现次数	值域	说明
Name	名称	string		M	1		接口的名称

表 13 interface(接口)的子项

英文名称	中文名称	可选性	最大出现次数	说明
Operation	操作	M	N	每个 operation(操作)由 input(输入)、output(输出)、fault(出错)等相关 message(消息)组成

operation(操作)的元素描述见表 14,其子项的描述见表 15。

表 14 operation(操作)的元素

英文名称	中文名称	数据类型	数据格式	可选性	最大出现次数	值域	说明
Name	名称	string		M	1		接口中操作的名称
supportTransaction	支持事务性	boolean		M	1	1,0 或 true,false	当取值为 1(true)时,支持事务性;当取值为 0(false)时,不支持事务性
compensationName	补偿操作名称	string		C	1	已定义操作的名称	当 supportTranscation 取值为 1 时,则应选择该元素。此时 compensationName 代表原子事务或长事务的补偿操作

表 15 operation(操作)的子项

英文名称	中文名称	可选性	最大出现次数	说明
input	输入	O	N	与操作相关的输入项
output	输出	O	N	与操作相关的输出项
fault	错误	O	N	与操作相关的错误项

input(输入)、output(输出)和 fault(错误)项的元素描述见表 16~表 18。

表 16 input(输入)的元素

英文名称	中文名称	数据类型	数据格式	可选性	最大出现次数	值域	说明
name	名称	string		M	1		输入的名称
message	消息	复合类型 message		M	1	已定义的消息	对已定义的消息的引用,见表 19

表 17 output(输出)的元素

英文名称	中文名称	数据类型	数据格式	可选性	最大出现次数	值域	说明
name	名称	string		M	1		输出的名称
message	消息	复合类型 message		M	1	已定义的消息	对已定义的消息的引用,见表 19

表 18 fault(错误)的元素

英文名称	中文名称	数据类型	数据格式	可选性	最大出现次数	值域	说明
name	名称	string		M	1		错误的名称
message	消息	复合类型 message		M	1	已定义的消息	对已定义的消息的引用,见表 19

每个 message(消息)是根据所涉及的 parameter(参数)进行定义的。message 的元素描述如表 19 所示,其子项的描述见表 20。

表 19 message(消息)的元素

英文名称	中文名称	数据类型	数据格式	可选性	最大出现次数	值域	说明
name	名称	string		M	1		消息的名称

表 20 message(消息)的子项

英文名称	中文名称	可选性	最大出现次数	说明
parameter	参数	O	N	

parameter(参数)的元素描述见表 21。

表 21 parameter(参数)的元素

英文名称	中文名称	数据类型	数据格式	可选性	最大出现次数	值域	说明
name	名称	string		M	1		消息参数的名称
type	类型	string		M	1		消息参数的数据类型,可以是基本数据类型或复合数据类型

serviceDeployment(服务部署)包含一系列 endPoint(端点)。serviceDeployment 中如果定义了关联的 interface,则在绑定中可以不定义 interface,这时绑定的元素 interface 的缺省值就是在 serviceDeployment 中定义的。serviceDeployment 的元素描述见表 22,其子项的描述见表 23。

表 22　serviceDeployment(服务部署)的元素

英文名称	中文名称	数据类型	数据格式	可选性	最大出现次数	值域	说明
name	名称	string		M	1		服务部署的名称
interface	接口	复合类型 interface		O	1	已定义的接口	对已定义接口的引用，见表 12

表 23　serviceDeployment(服务部署)的子项

英文名称	中文名称	可选性	最大出现次数	说　明
endPoint	端点	M	N	每个 endPoint 包含 URL 形式的地址信息

endPoint(端点)的元素描述见表 24。

表 24　endPoint(端点)的元素

英文名称	中文名称	数据类型	数据格式	可选性	最大出现次数	值域	说明
name	名称	string		O	1		服务部署端点的名称
binding	绑定	复合类型 binding		M	1	已定义的绑定	对已定义绑定的引用，见表 25
address	地址	URI		M	1		服务端点的访问地址，用 URL 方式表示

每个 interface(接口)是通过为其提供一个 binding(绑定)来实现服务。binding 的元素描述见表 25。

表 25　binding(绑定)的元素

英文名称	中文名称	数据类型	数据格式	可选性	最大出现次数	值域	说明
name	名称	string		M	1		绑定的名称
interface	接口	复合类型 interface		C	1	已定义的接口	对已定义接口的引用，见表 12；当 serviceDeployment 项中未选择 interface 元素时，该元素必选；否则，可选，也可不选
type	类型	string		M	1		绑定的协议类型，即访问服务的消息格式和通讯协议，如消息 SOAP 协议、通讯 http 协议等

6.4 服务质量

6.4.1 服务质量描述模型

serviceQuality(服务质量)是服务满足规定或潜在要求(或需要)的特征和特性的总和。服务质量描述模型见图6。

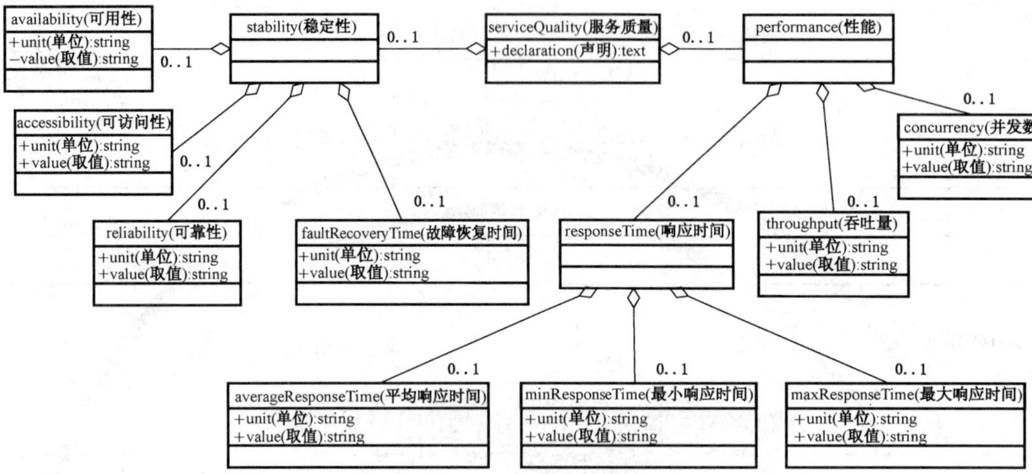

图6 服务质量描述模型

6.4.2 服务质量子项及元素描述

serviceQuality(服务质量)主要从性能和稳定性两方面来说明。服务提供者应在declaration(声明)中,对服务的平均响应时间、可用性、可访问性、可靠性等统计量是在什么运行环境下、多长时间或频次下测量和估算得到的进行申明,见表26。serviceQuality(服务质量)包含以下几个子项:performance(性能)、stability(稳定性),见表27。

表26 serviceQuality(服务质量)的元素

英文名称	中文名称	数据类型	数据格式	可选性	最大出现次数	值域	说明
declaration	声明	text		M	1		对所给出的服务质量的在什么运行环境下、多长时间或频次下如何测量和估算得到的进行申明

表27 serviceQuality(服务质量)的子项

英文名称	中文名称	可选性	最大出现次数	说　明
performance	性能	O	1	用于描述服务的性能和并发服务的能力,包括服务执行所支持的并发请求数量、服务吞吐量以及服务响应时间等关键内容
stability	稳定性	O	1	用来描述服务稳定性方面的能力,包括服务可用性、可靠性、可访问性及故障恢复时间等

performance(性能)的子项描述如表 28 所示,stability(稳定性)的子项描述见表 35。

表 28 performance(性能)的子项

英文名称	中文名称	可选性	最大出现次数	说　明
responseTime	响应时间	O	1	发送请求和接收响应之间的往返时间,包括 maxResponseTime(最大响应时间)、minResponseTime(最小响应时间)和 averageResponseTime(平均响应时间)
concurrency	并发数	O	1	表示在同一时刻执行服务请求数,描述了服务的并发请求处理能力
throughput	吞吐量	O	1	表示在单位时间内完成的服务请求处理数,描述了服务的请求处理能力

responseTime(响应时间)的子项描述如表 29 所示,concurrency(并发数)的元素描述如表 33 所示,throughput(吞吐量)的元素描述见表 34。

表 29 responseTime(响应时间)的子项描述

英文名称	中文名称	可选性	最大出现次数	说　明
maxResponseTime	最大响应时间	O	1	发送请求到接收响应之间的最大往返时间
minResponseTime	最小响应时间	O	1	发送请求到接收响应之间的最小往返时间
averageResponseTime	平均响应时间	O	1	发送请求到接收响应之间的平均往返时间

maxResponseTime(最大响应时间)、minResponseTime(最小响应时间)、averageResponseTime(平均响应时间)的元素描述分别见表 30～表 32。

表 30 maxResponseTime(最大响应时间)的元素

英文名称	中文名称	数据类型	数据格式	可选性	最大出现次数	值域	说明
unit	单位	string		M	1		最大响应时间的表示单位
value	取值	number		M	1		最大响应时间的表示值

表 31 minResponseTime(最小响应时间)的元素

英文名称	中文名称	数据类型	数据格式	可选性	最大出现次数	值域	说明
unit	单位	string		M	1		最小响应时间的表示单位
value	取值	number		M	1		最小响应时间的表示值

表 32 averageResponseTime(平均响应时间)的元素

英文名称	中文名称	数据类型	数据格式	可选性	最大出现次数	值域	说明
unit	单位	string		M	1		平均响应时间的表示单位
value	取值	number		M	1		平均响应时间的表示值

表 33 concurrency(并发数)的元素

英文名称	中文名称	数据类型	数据格式	可选性	最大出现次数	值域	说明
unit	单位	string		M	1		并发数的表示单位
value	取值	number		M	1		并发数的表示值

表 34 throughput(吞吐量)的元素

英文名称	中文名称	数据类型	数据格式	可选性	最大出现次数	值域	说明
unit	单位	string		M	1		吞吐量的表示单位
value	取值	number		M	1		吞吐量的表示值

表 35 stability(稳定性)的子项

英文名称	中文名称	可选性	最大出现次数	说 明
availability	可用性	O	1	表示服务是否存在或是否已就绪可供立即使用。较大的值表示服务具有较高的可用性,较小的值意味着无法预知在某个特定时刻服务是否可用。计算公式: 可用性=可用时间/服务总时间
accessibility	可访问性	O	1	表示服务响应请求的概率,较大的值表示服务具有较高的可靠性,较小的值意味着服务请求的成功率较低。计算公式: 可访问性=响应次数/请求次数
reliability	可靠性	O	1	表示对请求服务进行有效响应的概率。较大的值表示服务具有较高的可靠性,较小的值意味着服务有效响应的概率较低。计算公式: 可靠性=有效响应次数/请求次数
faultRecoveryTime	故障恢复时间	O	1	因发生故障不能提供服务到系统恢复正常服务的时间

availability(可用性)、accessibility(可访问性)、reliability(可靠性)、faultRecoveryTime(故障恢复时间)的元素描述分别见表36～表39。

表 36 availability(可用性)的元素

英文名称	中文名称	数据类型	数据格式	可选性	最大出现次数	值域	说明
unit	单位	string		M	1		可用性的表示单位
value	取值	number		M	1		可用性的表示值

表 37 accessibility(可访问性)的元素

英文名称	中文名称	数据类型	数据格式	可选性	最大出现次数	值域	说明
unit	单位	string		M	1		可访问性的表示单位
value	取值	number		M	1		可访问性的表示值

表 38 reliability(可靠性)的元素

英文名称	中文名称	数据类型	数据格式	可选性	最大出现次数	值域	说明
unit	单位	string		M	1		可靠性的表示单位
value	取值	number		M	1		可靠性的表示值

表 39 faultRecoveryTime(故障恢复时间)的元素

英文名称	中文名称	数据类型	数据格式	可选性	最大出现次数	值域	说明
unit	单位	string		M	1		故障恢复时间的表示单位
value	取值	number		M	1		故障恢复时间的表示值

6.5 服务策略

6.5.1 服务策略描述模型

servicePolicy(服务策略)是表示服务的能力、要求和一般特性的约定,用来为服务消费者和服务提供者之间传递交互条件。如服务的安全、事务等方面的行为要求或能力的约定等。服务策略描述模型见图7。

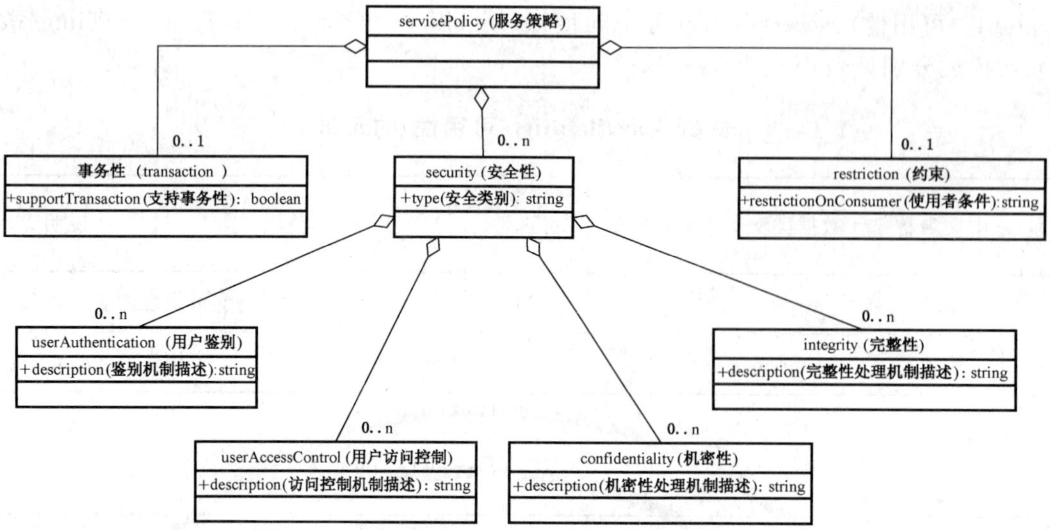

图 7　服务策略描述模型

6.5.2　服务策略子项及元素描述

servicePolicy(服务策略)包含以下几个子项:transaction(事务性)、security(安全性)和 restriction(约束),见表 40。

表 40　servicePolicy(服务策略)的子项

英文名称	中文名称	可选性	最大出现次数	说　明
transaction	事务性	O	1	服务的事务性要求相关策略,服务提供的操作是否支持事务性要求,如原子性、完整性及补偿事务等
security	安全性	O	N	能够被合法并正确授权用户所使用的能力。包括用户鉴别、用户访问控制、数据机密性、数据完整性等
restriction	约束	O	1	对使用服务的一些限制条件

transaction(事务性)的元素描述见表 41,restriction(约束)的元素描述见表 42,security(安全性)的元素及子项描述分别见表 43 和表 44。

表 41　transaction(事务性)的元素

英文名称	中文名称	数据类型	数据格式	可选性	最大出现次数	值域	说明
supportTransaction	支持事务性	boolean		M	1	1,0	说明该服务是否支持事务性,1 表示支持;0 表示不支持

表 42　restriction(约束)的元素

英文名称	中文名称	数据类型	数据格式	可选性	最大出现次数	值域	说明
restrictionOnConsumer	使用者条件	string		M	1		描述能够使用该服务的用户应符合的条件

表 43　security(安全性)的元素

英文名称	中文名称	数据类型	数据格式	可选性	最大出现次数	值域	说明
type	安全类别	string		M	N		描述该服务所采用的安全类别

表 44　security(安全性)的子项

英文名称	中文名称	可选性	最大出现次数	说　明
userAuthentication	用户鉴别	O	N	描述用户身份的鉴别机制
userAccessControl	用户访问控制	O	N	描述用户的访问控制机制
confidentiality	机密性	O	N	描述服务的机密性处理机制
integrity	完整性	O	N	描述服务的完整性处理机制

userAuthentication(用户鉴别)、userAccessControl(用户访问控制)、confidentiality(机密性)、integrity(完整性)的元素描述分别见表45～表48。

表 45　userAuthentication(用户鉴别)的元素

英文名称	中文名称	数据类型	数据格式	可选性	最大出现次数	值域	说明
description	鉴别机制描述	string		M	1		描述用户身份的鉴别机制

表 46　userAccessControl(用户访问控制)的元素

英文名称	中文名称	数据类型	数据格式	可选性	最大出现次数	值域	说明
description	访问控制机制描述	string		M	1		描述用户的访问控制机制

表 47　confidentiality(机密性)的元素

英文名称	中文名称	数据类型	数据格式	可选性	最大出现次数	值域	说明
description	机密性处理机制描述	string		M	1		描述服务的机密性处理机制

表 48　integrity(完整性)的元素

英文名称	中文名称	数据类型	数据格式	可选性	最大出现次数	值域	说明
description	完整性处理机制描述	string		M	1		描述服务的完整性处理机制

7 共性服务信息描述扩展方式和规则

7.1 扩展方式

本标准的内容是对各行业领域所涉及的共性服务的主要特征进行描述，各行业各领域所具有的特定的、专有的特征可按照本章中的扩展方式进行扩展。具体扩展方式如下：

a) 可以增加新的描述项；

b) 可以在描述项中增加新的元素；

c) 可以对现有描述项或元素的可选性进行更严格的限制；

d) 可以对现有描述项或元素的最大出现次数进行更严格的限制；

e) 可以创建新的代码表，作为现有元素的值域；

f) 可以调整现有元素的值域。

7.2 扩展规则

各行业各领域按照本标准中的扩展方式进行扩展时，应遵循以下扩展规则：

a) 不能改变本标准中现有描述项和元素的名称、定义；

b) 增加的描述项和元素应尽可能与本标准所确定的结构相兼容；

c) 允许以代码表替代值域为自由文本的现有元素的值域；

d) 扩充后的代码表应与扩充前的代码表保持结构一致。

附　录　A
（规范性附录）
CSDM 的 XML Schema 表示

用 XML Schema 表达的共性服务描述模型(CSDM)如下：

```
〈xs:schema targetNamespace = "http://schemas.e - service.org.cn/csdm"
xmlns = "http://schemas.xxxx.org.cn/csdm" xmlns:xs = "http://www.w3.org/2001/XMLSchema"
elementFormDefault = "qualified" attributeFormDefault = "unqualified"〉
  〈xs:element name = "commonService"〉
    〈xs:complexType〉
      〈xs:sequence〉
        〈xs:element name = "serviceProfile" type = "tServiceProfile"/〉
        〈xs:element name = "serviceInterface" type = "tServiceInterface"/〉
        〈xs:element name = "serviceQuality" type = "tserviceQuality" minOccurs = "0"/〉
        〈xs:element name = "servicePolicy" type = "tServicePolicy" minOccurs = "0"/〉
      〈/xs:sequence〉
      〈xs:attribute name = "serviceEName" type = "xs:string" use = "required"/〉
      〈xs:attribute name = "serviceCName" type = "xs:string" use = "required"/〉
      〈xs:attribute name = "serviceID" type = "xs:string" use = "required"/〉
    〈/xs:complexType〉
  〈/xs:element〉
  〈! - - * * * * * * * * * * * * basic share element * * * * * * * * * * * * * - - 〉
  〈xs:complexType name = "tExtensibleElements"〉
    〈xs:annotation〉
      〈xs:documentation〉
      type is extended by other component types to allow elements and attributes from
      namespaces to be added at the modeled places.
      〈/xs:documentation〉
    〈/xs:annotation〉
  〈/xs:complexType〉
  〈xs:complexType name = "tTypes"〉
    〈xs:complexContent〉
      〈xs:extension base = "tExtensibleElements"/〉
    〈/xs:complexContent〉
  〈/xs:complexType〉
  〈xs:complexType name = "tParameter"〉
    〈xs:complexContent〉
      〈xs:extension base = "tExtensibleElements"〉
        〈xs:attribute name = "name" type = "xs:string" use = "required"/〉
        〈xs:attribute name = "type" type = "xs:string" use = "required"/〉
      〈/xs:extension〉
    〈/xs:complexContent〉
```

```
  </xs:complexType>
  <! -- ************* Service Profile ************** -->
  <xs:complexType name="tServiceProfile">
    <xs:sequence>
      <xs:element name="basicInformation">
        <xs:complexType>
          <xs:sequence>
            <xs:element name="category" type="xs:string" minOccurs="0"
maxOccurs="unbounded"/>
            <xs:element name="keyWord" type="xs:string" minOccurs="0"
maxOccurs="unbounded"/>
          </xs:sequence>
          <xs:attribute name="version" type="xs:string" use="required"/>
          <xs:attribute name="registryDate" type="xs:dateTime" use="optional"/>
        </xs:complexType>
      </xs:element>
      <xs:element name="serviceFunction" maxOccurs="unbounded">
        <xs:complexType>
          <xs:sequence>
            <xs:element name="functionDescription" type="xs:string"/>
            <xs:element name="precondition" type="xs:string" minOccurs="0"
maxOccurs="unbounded"/>
            <xs:element name="result" type="xs:string" minOccurs="0"
maxOccurs="unbounded"/>
          </xs:sequence>
        </xs:complexType>
      </xs:element>
      <xs:element name="serviceProvider" minOccurs="0">
        <xs:complexType>
          <xs:sequence>
            <xs:element name="name" type="xs:string"/>
            <xs:element name="ID" type="xs:string" minOccurs="0"/>
            <xs:element name="contact" type="xs:string" minOccurs="0"/>
            <xs:element name="phone" type="xs:string" minOccurs="0"/>
            <xs:element name="e-mail" type="xs:string" minOccurs="0"/>
          </xs:sequence>
        </xs:complexType>
      </xs:element>
      <xs:element name="informationOfServiceUpdate" minOccurs="0">
        <xs:complexType>
          <xs:sequence>
            <xs:element name="location" type="xs:anyURI"/>
          </xs:sequence>
```

```
        </xs:complexType>
      </xs:element>
    </xs:sequence>
  </xs:complexType>
  <!-- ************** Service Interface ***************-->
  <xs:complexType name="tServiceInterface">
    <xs:sequence>
      <xs:element name="interface" type="tInterface" maxOccurs="unbounded"/>
      <xs:element name="message" type="tMessage" minOccurs="0" maxOccurs="unbounded"/>
      <xs:element name="serviceDeployment" type="tServiceDeployment" minOccurs="0"
maxOccurs="unbounded"/>
      <xs:element name="binding" type="tBinding" minOccurs="0" maxOccurs="unbounded"/>
    </xs:sequence>
  </xs:complexType>
  <xs:complexType name="tMessage">
    <xs:complexContent>
      <xs:extension base="tExtensibleElements">
        <xs:sequence>
          <xs:element name="parameter" type="tParameter" minOccurs="0"
maxOccurs="unbounded"/>
        </xs:sequence>
        <xs:attribute name="name" type="xs:string" use="required"/>
      </xs:extension>
    </xs:complexContent>
  </xs:complexType>
  <xs:complexType name="tInterface">
    <xs:complexContent>
      <xs:extension base="tExtensibleElements">
        <xs:sequence>
          <xs:element name="operation" type="tOperation" maxOccurs="unbounded"/>
        </xs:sequence>
        <xs:attribute name="name" type="xs:string" use="required"/>
      </xs:extension>
    </xs:complexContent>
  </xs:complexType>
  <xs:complexType name="tOperation">
    <xs:complexContent>
      <xs:extension base="tExtensibleElements">
        <xs:sequence>
          <xs:element name="input" type="tInOutFault"/>
          <xs:element name="output" type="tInOutFault"/>
          <xs:element name="fault" type="tInOutFault"/>
        </xs:sequence>
```

```
        <xs:attribute name="name" type="xs:string" use="required"/>
        <xs:attribute name="supportTransaction" type="xs:boolean" use="required"/>
        <xs:attribute name="compensationName" type="xs:string" use="required"/>
        <xs:attribute name="parameterOrder" type="xs:string" use="required"/>
      </xs:extension>
    </xs:complexContent>
  </xs:complexType>
  <xs:complexType name="tInOutFault">
    <xs:complexContent>
      <xs:extension base="tExtensibleElements">
        <xs:sequence>
          <xs:element name="message" type="tMessage"/>
        </xs:sequence>
        <xs:attribute name="name" type="xs:string" use="optional"/>
      </xs:extension>
    </xs:complexContent>
  </xs:complexType>
  <xs:complexType name="tBinding">
    <xs:complexContent>
      <xs:extension base="tExtensibleElements">
        <xs:sequence>
          <xs:element name="interface" type="tInterface" minOccurs="0"
maxOccurs="unbounded"/>
        </xs:sequence>
        <xs:attribute name="name" type="xs:string" use="required"/>
        <xs:attribute name="type" type="xs:string" use="required"/>
      </xs:extension>
    </xs:complexContent>
  </xs:complexType>
  <xs:complexType name="tBindingOperation">
    <xs:complexContent>
      <xs:extension base="tExtensibleElements">
        <xs:sequence>
          <xs:element name="input" type="tBindingOperationMessage" minOccurs="0"/>
          <xs:element name="output" type="tBindingOperationMessage" minOccurs="0"/>
          <xs:element name="fault" type="tBindingOperationFault" minOccurs="0"
maxOccurs="unbounded"/>
        </xs:sequence>
        <xs:attribute name="name" type="xs:string" use="required"/>
      </xs:extension>
    </xs:complexContent>
  </xs:complexType>
  <xs:complexType name="tBindingOperationMessage">
```

```
    <xs:complexContent>
      <xs:extension base="tExtensibleElements">
        <xs:attribute name="name" type="xs:string" use="optional"/>
      </xs:extension>
    </xs:complexContent>
  </xs:complexType>
  <xs:complexType name="tBindingOperationFault">
    <xs:complexContent>
      <xs:extension base="tExtensibleElements">
        <xs:attribute name="name" type="xs:string" use="required"/>
      </xs:extension>
    </xs:complexContent>
  </xs:complexType>
  <xs:complexType name="tServiceDeployment">
    <xs:complexContent>
      <xs:extension base="tExtensibleElements">
        <xs:sequence>
          <xs:element name="interface" type="tInterface" minOccurs="0"/>
          <xs:element name="endPoint" maxOccurs="unbounded">
            <xs:complexType>
              <xs:complexContent>
                <xs:extension base="tEndPoint">
                  <xs:sequence/>
                </xs:extension>
              </xs:complexContent>
            </xs:complexType>
          </xs:element>
        </xs:sequence>
        <xs:attribute name="name" type="xs:string" use="required"/>
      </xs:extension>
    </xs:complexContent>
  </xs:complexType>
  <xs:complexType name="tEndPoint">
    <xs:complexContent>
      <xs:extension base="tExtensibleElements">
        <xs:sequence>
          <xs:element name="binding" type="tBinding"/>
          <xs:element name="address" type="xs:anyURI"/>
        </xs:sequence>
        <xs:attribute name="name" type="xs:string"/>
      </xs:extension>
    </xs:complexContent>
  </xs:complexType>
```

```
<!-- ************** Service QoS ************** -->
<xs:complexType name="tserviceQuality">
  <xs:sequence>
    <xs:element name="performance" minOccurs="0">
      <xs:complexType>
        <xs:sequence>
          <xs:element name="responseTime" minOccurs="0">
            <xs:complexType>
              <xs:sequence>
                <xs:element name="maxResponseTime" type="tUnitValue" minOccurs="0"/>
                <xs:element name="minResponseTime" type="tUnitValue" minOccurs="0"/>
                <xs:element name="averageResponseTime" type="tUnitValue" minOccurs="0"/>
              </xs:sequence>
            </xs:complexType>
          </xs:element>
          <xs:element name="concurrency" type="tUnitValue" minOccurs="0"/>
          <xs:element name="throughput" type="tUnitValue" minOccurs="0"/>
        </xs:sequence>
      </xs:complexType>
    </xs:element>
    <xs:element name="stability" minOccurs="0">
      <xs:complexType>
        <xs:sequence>
          <xs:element name="availability" type="tUnitValue" minOccurs="0"/>
          <xs:element name="accessibility" type="tUnitValue" minOccurs="0"/>
          <xs:element name="reliability" type="tUnitValue" minOccurs="0"/>
          <xs:element name="faultRecoveryTime" type="tUnitValue" minOccurs="0"/>
        </xs:sequence>
      </xs:complexType>
    </xs:element>
  </xs:sequence>
  <xs:attribute name="declaration" type="xs:string" use="required"/>
</xs:complexType>
<xs:complexType name="tUnitValue">
  <xs:simpleContent>
    <xs:extension base="xs:decimal">
      <xs:attribute name="unit" type="xs:string" use="required"/>
      <xs:attribute name="value" type="xs:integer" use="required"/>
    </xs:extension>
  </xs:simpleContent>
</xs:complexType>
<!-- ************** Service Policy ************** -->
<xs:complexType name="tServicePolicy">
```

```
    〈xs:sequence〉
      〈xs:element name="transaction" minOccurs="0"〉
        〈xs:complexType〉
          〈xs:sequence〉
            〈xs:element name="supportTransaction" type="xs:boolean"/〉
          〈/xs:sequence〉
        〈/xs:complexType〉
      〈/xs:element〉
      〈xs:element name="security" minOccurs="0" maxOccurs="unbounded"〉
        〈xs:complexType〉
          〈xs:sequence〉
            〈xs:element name="userAuthentication" type="tDescription" minOccurs="0"
maxOccurs="unbounded"/〉
            〈xs:element name="userAccessControl" type="tDescription" minOccurs="0"
maxOccurs="unbounded"/〉
            〈xs:element name="confidentiality" type="tDescription" minOccurs="0"
maxOccurs="unbounded"/〉
            〈xs:element name="integrity" type="tDescription" minOccurs="0"
maxOccurs="unbounded"/〉
          〈/xs:sequence〉
          〈xs:attribute name="type" type="xs:string" use="required"/〉
        〈/xs:complexType〉
      〈/xs:element〉
      〈xs:element name="restriction" minOccurs="0"〉
        〈xs:complexType〉
          〈xs:sequence〉
            〈xs:element name="restrictionOnConsumer" type="xs:string"/〉
          〈/xs:sequence〉
        〈/xs:complexType〉
      〈/xs:element〉
    〈/xs:sequence〉
  〈/xs:complexType〉
  〈xs:complexType name="tDescription"〉
    〈xs:sequence〉
      〈xs:element name="description" type="xs:string"/〉
    〈/xs:sequence〉
  〈/xs:complexType〉
〈/xs:schema〉
```

参 考 文 献

[1] GB/T 18793—2002 信息技术 可扩展置标语言(XML)1.0
[2] ISO 19119 Geographic information—Services
[3] W3C Recommendation XML Schema 1.1:2004
[4] WSDL 1.1
[5] WSDL 2.0

ICS 35.240.60
R 07

中华人民共和国国家标准

GB/T 29192—2012

城市交通流信息采集与存储

Urban traffic flow information collection and storage

2012-12-31 发布 2013-06-01 实施

中华人民共和国国家质量监督检验检疫总局
中国国家标准化管理委员会 发布

前　言

本标准按照 GB/T 1.1—2009 给出的规则起草。

本标准由全国电子业务标准化技术委员会(SAC/TC 83)提出并归口。

本标准起草单位:杭州市公安局交通警察支队、银江股份有限公司、浙江工业大学、中国标准化研究院。

本标准主要起草人:吴越、周为钢、金相东、唐晓东、吴伟、柳展、陈才君、徐建军、刘颖、隋媛。

城市交通流信息采集与存储

1 范围

本标准规定了城市道路交通管理中交通流信息参数采集要求与信息存储格式。

本标准适用于城市道路交通管理中对机动车交通流信息的采集、存储以及数据库表设计等。

2 规范性引用文件

下列文件对于本文件的应用是必不可少的。凡是注日期的引用文件，仅注日期的版本适用于本文件。凡是不注日期的引用文件，其最新版本(包括所有的修改单)适用于本文件。

GB/T 2260 中华人民共和国行政区划代码

GB/T 2312 信息交换用汉字编码字符集 基本集

GB/T 7408 数据元和交换格式 信息交换 日期和时间表示法

GB 18030 信息技术 中文编码字符集

GB/T 21381—2008 交通管理地理信息实体标识编码规则 城市道路

GA 17.6—2003 道路交通事故现场信息代码 第6部分：道路路口、路段类型代码

JT/T 132—2003 公路数据库编目编码规则

3 术语和定义

下列术语和定义适用于本文件。

3.1

交通流 traffic flow

机动车在道路上连续行驶形成的车流。

3.2

采样周期 sampling period

T

某一采样点相邻两次实测之间的时间间隔。

$$T = t_{n+1} - t_n \qquad \cdots\cdots (1)$$

式中：

t_{n+1}——某采样点的第 $n+1$ 个时间记录；

t_n ——该采样点的第 n 个时间记录。

3.3

误差率 ratio of error

E

某采样点在采集过程中测量结果与被测量真值之差的绝对值与被测量真值之比。

$$E = \frac{|O_t - O_r|}{O_t} \times 100\% \qquad \cdots\cdots (2)$$

式中：

O_t——被测量真值；

O_r——测量结果。

3.4

延迟　delay

D

交通流信息由采样点设备传输到中心数据库进行存储所需要的间隔时间。

$$D = t_{s+1} - t_s \quad \cdots\cdots(3)$$

式中：

t_{s+1}——存储端采集到交通流信息的时间；

t_s ——采样点设备发送交通流信息的时间。

3.5

延迟率　ratio of delay

$\boldsymbol{R_d}$

延迟时间与采样周期之比。

$$R_d = \frac{D}{T} \times 100\% \quad \cdots\cdots(4)$$

式中：

D——延迟时间；

T——采样周期。

3.6

车流量　traffic volume

F

单位时间内，通过道路上某一横断面的车辆数，单位为辆/小时。

3.7

车道空间占有率　roadway ratio of occupancy

$\boldsymbol{R_s}$

某一瞬时，单位长度路段上行驶的车辆总长占该路段长度的百分比。车道空间占有率用R_s表示。

$$R_s = \frac{\sum_{i=1}^{n} l_i}{L} \times 100\% \quad \cdots\cdots(5)$$

式中：

l_i——行驶的个体车辆长度；

L——某一指定路段的长度。

3.8

平均行程时间　average travel time

$\boldsymbol{\overline{T}}$

采样周期内，通过某一路段所有车辆的行程时间总和与车辆数的比值，单位为秒(s)。

$$\overline{T} = \frac{\sum_{i=1}^{n} T_i}{n} \quad \cdots\cdots(6)$$

式中：

T_i——采样周期内，通过某一路段每辆车的行程时间；

n ——采样周期内，通过某一路段车辆的总数。

3.9

平均行车速度　average vehicle speed

V

采样周期内，车辆通过某一路段的平均行驶速度，单位为 km/h。

指定路段长度与通过这一路段的平均行程时间的比值：

$$V=\frac{L}{\overline{T}} \quad\cdots\cdots(7)$$

式中：

L ——某一路段长度；

$\overline{T}$ ——采样周期内，通过某一路段的平均行程时间。

3.10

排队长度　queue length

$\overline{L}$

采样周期内，某一车道从队尾停车车辆到路口停车线之间的平均距离，单位为米(m)。

3.11

平均等待时间　waiting time

$\overline{T_w}$

采样周期内，车辆从第一次停车到越过停车线所用的时间，单位为秒(s)。

4　信息采集与信息要求

4.1　信息参数

信息参数主要有车流量、车道空间占有率、平均行程时间、平均行车速度、排队长度和平均等待时间，各参数的具体定义见 3.6、3.7、3.8、3.9、3.10 和 3.11。

4.2　信息参数采集要求

城市道路交通管理中信息参数见 4.1，其中车流量、车道空间占有率和平均行车速度是必备的。信息参数的采集要求见表 1。使用中可根据实际需要对信息参数项进行扩展，扩展的信息参数项的采集误差率和延迟率应不大于 20%。

表 1　城市道路交通管理中信息参数采集要求

交通流信息	采样周期 T/s	误差率/%	延迟率/%	延迟
车流量	$10\leqslant T\leqslant 600$	≤5	≤20	≤60 s
车道空间占有率	$10\leqslant T\leqslant 600$	≤10	≤20	≤60 s
平均行车速度	$10\leqslant T\leqslant 600$	≤20	≤20	≤60 s

5 信息参数的存储

5.1 信息参数存储总体结构

本标准采用统一建模语言(UML)描述城市道路交通管理中信息参数存储的总体结构,包括信息参数的数据子集、数据实体和数据元素之间的关系。UML 中的包表示数据子集,类表示数据实体,属性表示数据元素。

信息参数存储总体结构如图 1 所示。

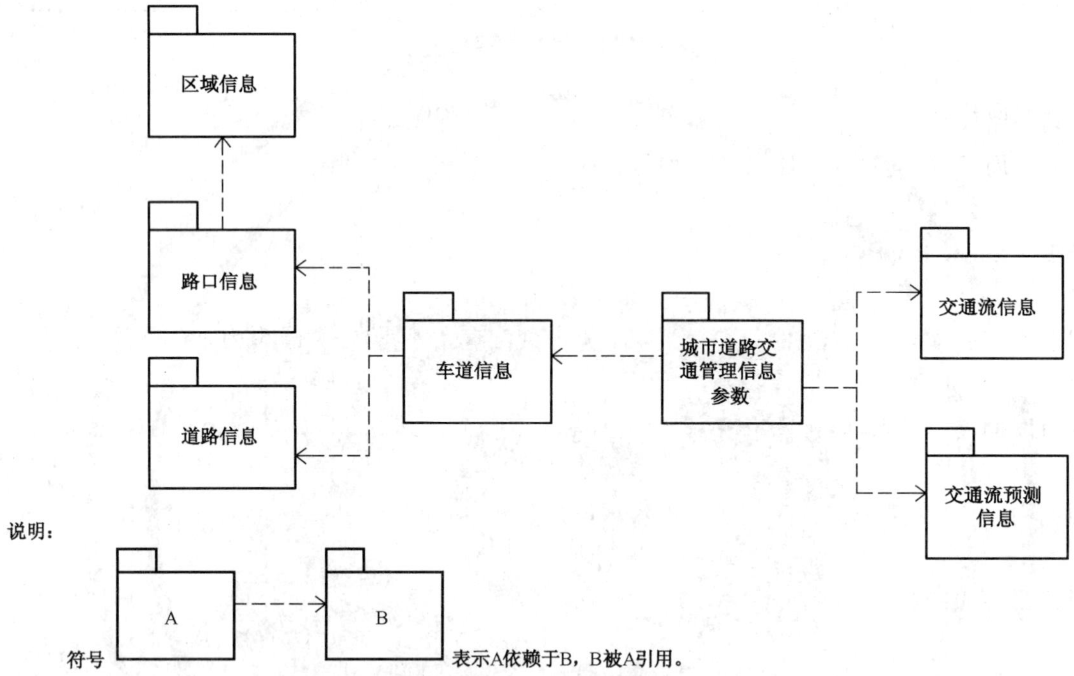

图 1 信息参数存储总体结构

信息参数存储结构包括车道信息存储和基本参数信息存储(见 4.1);路口信息被车道信息引用,道路信息被车道信息引用,而区域信息被路口信息引用。

5.2 城市道路交通管理信息参数存储结构

根据图 1 的信息参数存储总体结构关系以及参数之间的关联关系,对信息参数的存储结构进行设计,详细如图 2 所示。

5.3 数据结构

5.3.1 字符表示方法

所有字符采用 GB/T 2312 中规定的字符。GB/T 2312 没有规定的字符,采用 GB 18030,其中汉字用 2 个字节表示,其余字符用 1 个字节表示。

5.3.2 数据类型含义与表示方法

本标准规定以下数据类型,见表 2。

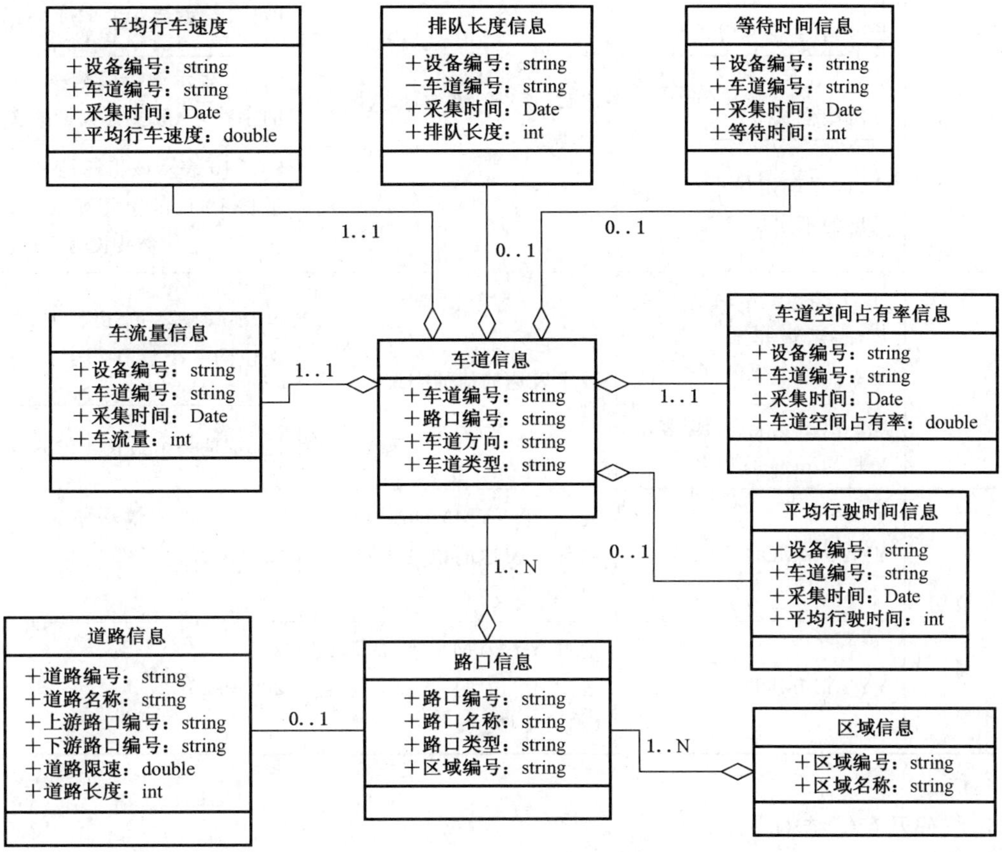

说明：

符号
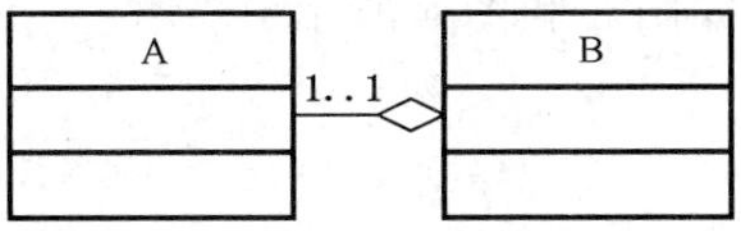

表示A对B是必选的，且只能出现一次；

符号
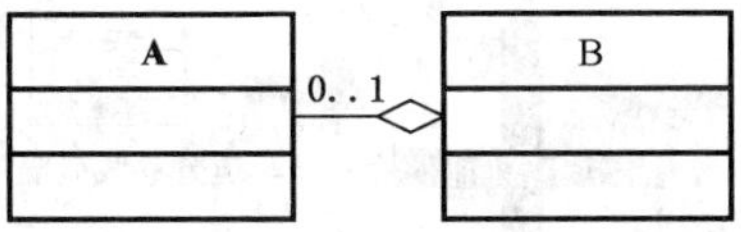

表示A对B是可选的，且只能出现一次；

符号
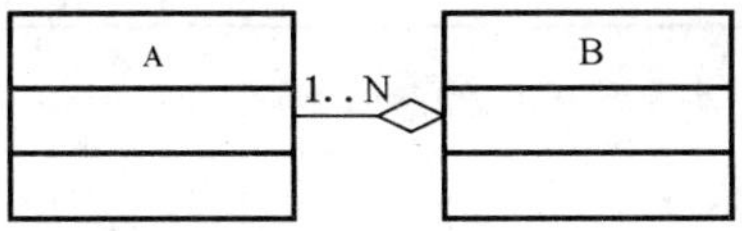

表示A对B是必选的，且至少出现一次，可出现多次。

图 2　信息参数存储及关联关系

表 2 数据类型表

数据类型	数据格式	说明	示例
字符型(string)	Cm (m 为自然数)表示定长 m 个字符型格式	字母、数字、汉字表达的值的类型	C5 表示定长 5 个字符
	C..ul 表示长度不确定的字符型格式		C..ul 表示该指标是一个长度不确定的字符,一般多为大量的文本内容。
	C..表示确定最小和最大长度的不定长字符		C1..10 表示该指标是一个最短 1 位、最长 10 位的字符型格式;C..6 表示该指标是一个最长为 6 位的字符
数值型(int、double)	N..p,q (p,q 均为自然数)表示最长 p 位数字,小数点后 q 位	数字表达的值的类型	N..17,2 是一个最长 17 位、小数点后两位的一个数值
	N..m(m 为自然数)表示最长为 m 位的数字		N..4 是一个最长 4 位的数值
日期时间型(Date)	YYYYMMDDhhmmss	通过 YYYYMMDDhhmmss 的形式表达的值的类型,符合 GB/T 7408	20080908104532
	YYYYMMDD	通过 YYYYMMDD 的形式表达的值的类型,符合 GB/T 7408	20080925

5.3.3 车道编码及存储结构

车道作为交通流信息采集的最小空间单元,其编码方式具体如图 3 和图 4 所示。

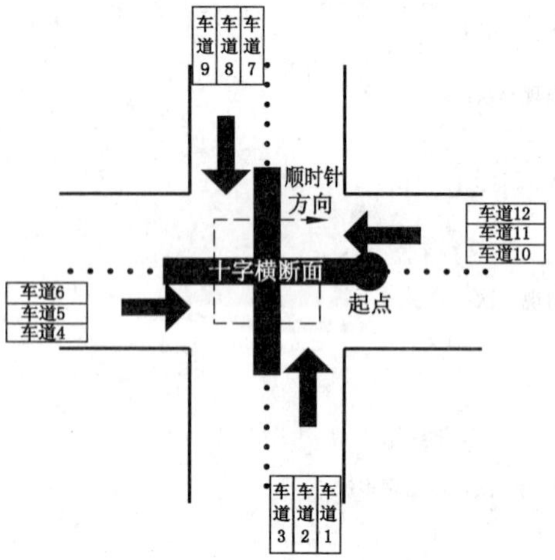

图 3 交叉口车道编码示意图

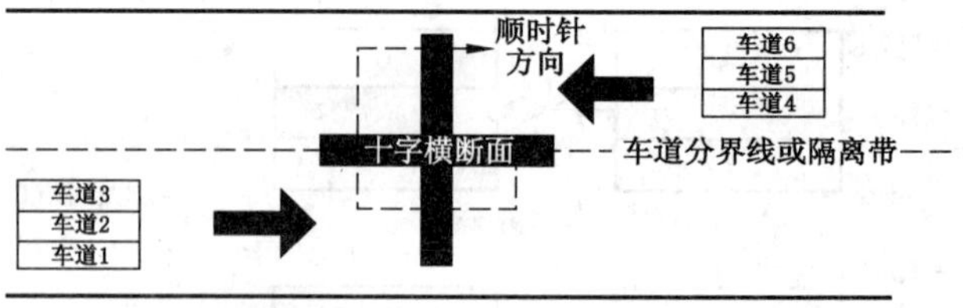

图 4 无交叉口车道编码示意图

在编码的过程中,为了防止重复编码,仅对进入十字横断面方向的车道进行编码;如图 3、图 4 的箭头所示。其编码的结构组成如图 5 所示。其中:前 13 位代表路口编号,其编码规则引用 GB/T 21381—2008;无交叉口时,编码中的路口编号为该车道下游路口的编号;后 2 位表示车道顺序号。车道信息的存储结构详见表 3。

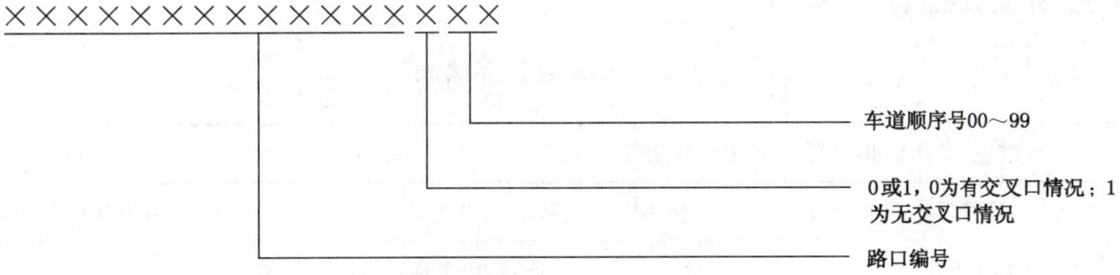

图 5　车道编码结构示意

表 3　车道信息存储表

序号	参数项	数据类型及格式	制约	说明	引用文件
1	车道编号	C16	M	编码结构见图 5	
2	路口编号	C13	M	路口编号的规则：使用 13 位固定字符表示路口的编号	引用 GB/T 21381—2008
3	车道方向	C2	M	即车道所在路口的方向：01——正北向；02——东北向；03——正东向；04——东南向；05——正南向；06——西南向；07——正西向；08——西北向	引用 JT/T 132—2003
4	车道类型	C2	M	01——左转和掉头车道；02——直行车道；03——右转车道；04——左转和直行车道；05——直行和右转车道；06——左转、直行和右转车道；10——其他类型	

5.3.4　交通流信息存储

路口信息存储数据结构如表 4 所示。

表 4　路口信息存储表

序号	参数项	数据类型及格式	制约	说明	引用文件
1	路口编号	C13	M	路口编号的规则：使用 13 位固定字符表示路口的编号	引用 GB/T 21381—2008
2	路口名称	C..ul	M	路口名称，例如：××省××市××区××路××路交叉口	
3	路口类型	C2	M	11 表示三枝分叉路口；12 表示四枝分叉路口；13 表示多枝分叉路口；14 表示环行交叉路口；15 表示立体交叉路口；16 表示铁道路口；17 表示非规划路口；19 表示其他路口	GA 17.6—2003
4	区域编号	C6	M	行政区域编码，例如：××市××区编码为××××××	引用 GB/T 2260

道路信息存储数据结构如表5所示。

表5　道路信息存储表

序号	参数项	数据类型及格式	制约	说明	引用文件
1	道路编号	C13	M	路段编码代码	引用GB/T 21381—2008
2	道路名称	C..ul	M	道路路段名称；例如：××省××市××区××路至××路	
3	上游路口编号	C13	M	路段的起始点路口	引用GB/T 21381—2008
4	下游路口编号	C13	M	路段的终点路口	引用GB/T 21381—2008
5	道路限速	N..5,2	O	路段的最高限速，精确到小数点后2位	
6	道路长度	N..6	O	路段的长度，精确到米(m)	

区域信息存储数据结构如表6所示。

表6　区域信息存储表

序号	参数项	数据类型及格式	制约	说明	引用文件
1	区域编号	C6	M	行政区域编码	引用GB/T 2260
2	区域名称	C..ul	M	城市行政区域名称	引用GB/T 2260

交通流信息存储数据结构如表7、表8、表9、表10、表11、表12所示。

表7　车流量信息存储表

序号	参数项	数据类型及格式	制约	说明	引用文件
1	设备编号	C5	M	横断面采集数据设备编号	
2	车道编号	C16	M	详见5.3.3	
3	采集时间	YYYYMMDD hhmmss	M	该记录产生的日期和时间，精确到秒(s)，24小时制	
4	车流量	N..6	M	单位：辆/小时	

表8　车道空间占有率信息存储表

序号	参数项	数据类型及格式	制约	说明	引用文件
1	设备编号	C5	M	横断面采集数据设备编号	
2	车道编号	C16	M	详见5.3.3	
3	采集时间	YYYYMMDD hhmmss	M	该记录产生的日期和时间，精确到秒(s)，24小时制	
4	车道空间占有率	N..5,3	M	精确到小数点后3位	

表 9　平均行程时间信息存储表

序号	参数项	数据类型及格式	制约	说明	引用文件
1	设备编号	C5	M	横断面采集数据设备编号	
2	车道编号	C16	M	详见 5.3.3	
3	采集时间	YYYYMMDD hhmmss	M	该记录产生的日期和时间，精确到秒(s)，24 小时制	
4	平均行程时间	N..6	M	精确到秒(s)	

表 10　平均行车速度信息存储表

序号	参数项	数据类型及格式	制约	说明	引用文件
1	设备编号	C5	M	横断面采集数据设备编号	
2	车道编号	C16	M	详见 5.3.3	
3	采集时间	YYYYMMDD hhmmss	M	该记录产生的日期和时间，精确到秒(s)，24 小时制	
4	平均行车速度	N..6,2	M	精确到小数点后 2 位	

表 11　排队长度信息存储表

序号	参数项	数据类型及格式	制约	说明	引用文件
1	设备编号	C5	M	横断面采集数据设备编号	
2	车道编号	C16	M	详见 5.3.3	
3	采集时间	YYYYMMDD hhmmss	M	该记录产生的日期和时间，精确到秒(s)，24 小时制	
4	排队长度	N..5	M	精确到米(m)	

表 12　等待时间信息存储表

序号	参数项	数据类型及格式	制约	说明	引用文件
1	设备编号	C5	M	横断面采集数据设备编号	
2	车道编号	C16	M	详见 5.3.3	
3	采集时间	YYYYMMDD hhmmss	M	该记录产生的日期和时间，精确到秒(s)，24 小时制	
4	等待时间	N..5	M	精确到秒(s)	

5.3.5　交通流预测信息存储

交通流预测信息存储数据结构如表 13、表 14、表 15、表 16、表 17、表 18 所示。

表 13 预测车流量信息存储表

序号	参数项	数据类型及格式	制约	说明	引用文件
1	设备编号	C5	M	横断面采集数据设备编号	
2	车道编号	C16	M	详见 5.3.3	
3	预测时间	YYYYMMDD hhmmss	M	该记录产生的日期和时间，精确到秒(s)，24 小时制	
4	预测车流量	N..6	M	整数形式	
注：预测时间是指根据采集到的数据参数对下一时刻数据参数进行预测，所预测对象发生的下一时刻时间即为预测时间。					

表 14 预测车道空间占有率信息存储表

序号	参数项	数据类型及格式	制约	说明	引用文件
1	设备编号	C5	M	横断面采集数据设备编号	
2	车道编号	C16	M	详见 5.3.3	
3	预测时间	YYYYMMDD hhmmss	M	该记录产生的日期和时间，精确到秒(s)，24 小时制	
4	预测车道空间占有率	N..5,3	M	精确到小数点后 3 位	
注：预测时间是指根据采集到的数据参数对下一时刻数据参数进行预测，所预测对象发生的下一时刻时间即为预测时间。					

表 15 预测平均行程时间信息存储表

序号	参数项	数据类型及格式	制约	说明	引用文件
1	设备编号	C5	M	横断面采集数据设备编号	
2	车道编号	C16	M	详见 5.3.3	
3	预测时间	YYYYMMDD hhmmss	M	该记录产生的日期和时间，精确到秒(s)，24 小时制	
4	预测平均行程时间	N..5	M	精确到秒(s)	
注：预测时间是指根据采集到的数据参数对下一时刻数据参数进行预测，所预测对象发生的下一时刻时间即为预测时间。					

表 16 预测平均行车速度信息存储表

序号	参数项	数据类型及格式	制约	说明	引用文件
1	设备编号	C5	M	横断面采集数据设备编号	
2	车道编号	C16	M	详见 5.3.3	

表 16（续）

序号	参数项	数据类型及格式	制约	说明	引用文件
3	预测时间	YYYYMMDD hhmmss	M	该记录产生的日期和时间，精确到秒(s)，24 小时制	
4	预测平均行车速度	N..6,2	M	精确到小数点后 2 位	
注：预测时间是指根据采集到的数据参数对下一时刻数据参数进行预测，所预测对象发生的下一时刻时间即为预测时间。					

表 17　预测排队长度信息表

序号	参数项	数据类型及格式	制约	说明	引用文件
1	设备编号	C5	M	横断面采集数据设备编号	
2	车道编号	C16	M	详见 5.3.3	
3	预测时间	YYYYMMDD hhmmss	M	该记录产生的日期和时间，精确到秒(s)，24 小时制	
4	预测排队长度	N..5	M	精确到米(m)	
注：预测时间是指根据采集到的数据参数对下一时刻数据参数进行预测，所预测对象发生的下一时刻时间即为预测时间。					

表 18　预测等待时间信息存储表

序号	参数项	数据类型及格式	制约	说明	引用文件
1	设备编号	C5	M	横断面采集数据设备编号	
2	车道编号	C16	M	详见 5.3.3	
3	预测时间	YYYYMMDD hhmmss	M	该记录产生的日期和时间，精确到秒(s)，24 小时制	
4	预测等待时间	N..5	M	精确到秒(s)	
注：预测时间是指根据采集到的数据参数对下一时刻数据参数进行预测，所预测对象发生的下一时刻时间即为预测时间。					

参 考 文 献

[1] 国家智能交通工程技术研究中心.中国智能交通体系框架
[2] GB/T 20609—2006 交通信息采集 微波交通流检测器
[3] GB/T 20134—2006 道路交通信息采集 事件信息集
[4] 倪本会,刘继泉.交通工程概论